Experimental and Natural Rock Deformation

Experimentelle und natürliche Gesteinsverformung

Proceedings
of the International Symposium
Darmstadt, February 17-18, 1969

Editor
P. Paulitsch

Springer-Verlag Berlin Heidelberg New York 1970

Professor Dr. PETER PAULITSCH
Institut für Mineralogie der
Technischen Hochschule Darmstadt

ISBN-13: 978-3-642-95189-3 e-ISBN-13: 978-3-642-95187-9
DOI: 10.1007/978-3-642-95187-9

Im Buchhandel durch den Springer-Verlag

Obtainable through the book trade from Springer-Verlag

Softcover reprint of the hardcover 1st edition 1970

Library of Congress Catalog Card Number: 73-123308
Title-No. 1696

Den Autoren und dem Herausgeber ist es eine große Ehre, diese wissenschaftlichen Originalbeiträge Herrn Professor Dr. Dr. e.h. B. SANDER zum 85. Geburtstag zu widmen und zugleich für die Grundlegung der Gefügekunde und zahlreiche persönliche Anregungen zu danken.

It is a great honour for the editor and the authors to dedicate this collection of original scientific papers to Professor Dr. Dr. e.h. B. SANDER on the occasion of his 85th birthday. We hope he will accept it as the expression of our thanks to him for erstablishing structural petrology as a scientific discipline and for the encouragement he has always given to workers in this field.

PREFACE

Ten years have passed since the last symposium on "Rock Deformation" was held in Los Angeles. The intervening period has seen striking advances in X-ray and experimental structural petrology.

The Symposium of the Working Group on X-Ray and Experimental Structural Petrology, held at the invitation of the Deutsche Forschungsgemeinschaft on 17 and 18 February, 1969, in the Mineralogy Institute of the Technische Hochschule Darmstadt, was intended to display the progress made in this field. A meeting on the same had been held in 1968 at the Mineralogy Institute of the Technische Hochschule Aachen.

The outcome of many years of effort has been the development of new, automated instruments for the X-ray processing of specimens. The X-ray and optical data so obtained are processed by computer to give complete texture diagrams; it is also possible to rotate the coordinates, and to make an indirect determination of data which have not been measured.

In experimental structural petrology, the temperature and pressure dependence of the translational system has been studied in minerals from various types of rock formation which had not previously been investigated, and deductions were made concerning certain mineral parageneses.

The original contributions on field findings were conceived and executed so as to point up the possible links with experimental work on structural petrology. They determine for a given mineral facies the pressure and temperature ranges to be applied in experimental studies of deformation in single crystals and in rocks.

Much remains to be done before one of the main objectives of modern structural petrology is achieved: for a preferred crystal orientation, to produce in the laboratory the natural environment and its wide range of genetic conditions; to find new ways of synthesizing minerals in rocks at both high and low temperatures.

I am grateful to the authors for agreeing to the necessary abridgement of their manuscripts. Lack of space unfortunately prevented the inclusion of the lengthy discussions among the participants, who represented a variety of disciplines: geology, geometry, the study on mineral deposits, metallography, mineralogy, petrology and theoretical physics.

I should also like to thank those authors who, though unable to attend the Symposium, contributed papers on advances in structural petrology.

A special word of thanks is due to Prof. Dr. Doris Schachner for help in selecting the papers to be printed in this volume.

I also acknowledge with thanks the support of the Deutsche Forschungsgemeinschaft for the Symposium, and grants to defray printing expenses from Ernst Leitz KG and Siemens AG, also the Alexander-von-Humboldt-Stiftung.

Darmstadt, February 1970

P. Paulitsch
Editor

VORWORT

Seit dem letzten Symposium „Rock Deformation“ in Los Angeles sind 10 Jahre vergangen. In dieser Zeit haben sich die röntgenographische und die experimentelle Gefügekunde entscheidend weiterentwickelt.

Diese Entwicklung darzustellen war das Ziel des Symposiums des Arbeitskreises „Röntgenographische und experimentelle Gefügekunde“, zu dem die Deutsche Forschungsgemeinschaft zum 17. und 18. Februar 1969 nach Darmstadt in das Institut für Mineralogie der Technischen Hochschule eingeladen hatte und dem bereits 1968 ein wissenschaftliches Gespräch im Institut für Mineralogie der Technischen Hochschule Aachen vorangegangen war.

Ein Ergebnis langjähriger Bemühungen der röntgengenographischen Gefügekunde sind neue, automatisierte Geräte. Die von ihnen ermittelten röntgengenographischen und optischen Daten können im Computer zu vollständigen Texturdiagrammen verarbeitet werden. Zugleich ist es möglich, die Koordinaten zu rotieren und nicht gemessene Daten indirekt zu bestimmen.

Die experimentelle Gefügekunde hat in bisher noch nicht untersuchten Mineralien aus verschiedenen Bildungsbereichen das Translationssystem in Abhängigkeit von Druck, Zug und Temperatur untersucht und Hinweise auf besondere Mineralparagenesen erbracht.

Die wissenschaftlichen Originalbeiträge über Geländebefunde zeigen in Fragestellung und Methodik die möglichen Zusammenhänge mit der experimentellen Gefügekunde. Sie geben mit der Mineralfazies die Druck-, Zug- und Temperaturbereiche an, die bei experimenteller Einkristall- und Gesteinsdeformation angewendet werden sollen.

Vieles bleibt noch zu tun, um ein heute im Vordergrund stehendes Ziel der Gefügekunde zu erreichen: Im Labor die natürliche Umwelt mit ihren vielfältigen Entstehungsbedingungen für eine bevorzugte Orientierung von Kristallen zu reproduzieren; neue Wege zur Synthese eines Minerals in Gefügen sowohl bei hohen als auch bei tiefen Temperaturen zu finden.

Den Autoren ist zu danken, daß sie bereitwillig auf die notwendige Kürzung der Manuskripte eingegangen sind. Auf die Wiedergabe der umfangreichen Diskussion der Teilnehmer aus den verschiedenen Wissenschaftsgebieten, wie Geologie, Geometrie, Lagerstättenkunde, Metallkunde, Mineralogie, Petrologie und Theoretische Physik, mußte aus Platzmangel verzichtet werden.

Allen Mitwirkenden, auch jenen Autoren, die nicht persönlich am Symposium teilnehmen konnten, durch eine Arbeit aber beigetragen haben, die Fortschitte der Gefügekunde darzustellen, sei ebenfalls gedankt.

Frau Prof. Dr. D. Schachner danke ich besonders für die Mitwirkung bei der Auswahl der Arbeiten für diesen Band.

Die Förderung des Symposiums durch die Deutsche Forschungsgemeinschaft, die Förderung der Drucklegung durch die Ernst Leitz KG und die Siemens AG sowie durch die Alexander-von-Humboldt-Stiftung sei dankend anerkannt.

Darmstadt, im Februar 1970 — Der Herausgeber

INHALTSVERZEICHNIS

3 Gelände

CONTENTS

RÖNTGENOGRAPHISCHE GEFÜGEANALYSE [MIT DEM ZÄHLROHR-TEXTURGONIOMETER] VON QUARZSCHIEFERN AUS ZENTRAL-SHIKOKU, JAPAN.

Takashi Suzuki
Geologisches Institut der Universität Kochi, Kochi, Japan.
derzeit, Mineralogisches Institut der TH Darmstadt

Inhaltsverzeichnis

Abstract

The petrofabrics of quartz in the quartz-schists of the Sambagawa metamorphic zone in central Shikoku, Japan, were analysed optically with an universal stage and by the X-ray method with a texture goniometer, for the grasp of the relation between metamorphic grade and quartz-orientation. The accumulation of quartz-c-axes increases and their positions are changed gradually in the ascending order of the metamorphic grade. In the zone of the glaucophane-schists facies, a prism-plane m $(10\bar{1}0)$ of quartz lies always parallel to the fabric plane-(ac). In the zone of the epidote-amphibolite facies, the quartz-diagrams show a distinctive preferred orientation of poles of prism-planes a $(11\bar{2}0)$ and m $(10\bar{1}0)$, namely, am-girdle. At the part of the highest metamorphic grade the diagrams show almost nearly single one-crystal-fabrics through the positions of sub-planes of quartz. The mechanism of quartz-orientation was also discussed.

I. Einleitung

Die gefügekundlichen Analysen vieler Autoren führten in den letzten Jahrzehnten zu verschiedenen Vorstellungen, Hypothesen, Theorien und Experimenten über die Wechselwirkung zwischen dem internen Kornmechanismus und dem externen Kräfteplan von *Quarz*.

Steigendes Interesse hat die Orientierung des Quarzes im Gestein gefunden, seit es mit optischen und röntgenographischen Methoden möglich ist, quantitative Aussagen über die Drehlage der Körner im Gestein zu gewinnen. Es ist nicht genug, die Lage der optischen Hauptachsen allein zu bestimmen, weil die Raumlage des Kristalls nicht erfaßt wird, d.h., es ist notwendig, das Wissen um die Stellung der kristallographischen *Nebenachse* zu bekommen.

Da durch optische Gefügeuntersuchungen nur die Lage der optischen Hauptachsen bestimmt wird, mußten *Röntgen*methoden verwendet werden. Mit dem röntgenographischen Texturgoniometer werden für Quarz die Gefügelagen der Prismen m und a, und Rhomboeder r und z bestimmbar.

In dieser Arbeit wurden quantitative Kornorientierungsmessungen an Quarz optisch mit dem U-Tisch und röntgenographisch mit dem Zählrohr-Texturgoniometer durchgeführt. Das Verhältnis der Quarzregelung zum metamorphen Grad sowie zu den Faltentypen wurde untersucht. Der Mechanismus der Quarz-Regelung in Hinblick auf die Relation zwischen Makrogefüge und Quarzkornorientierung wird diskutiert.

Diese Arbeit wurde im mineralogischen Institut der Technischen Hochschule *Darmstadt* in der Zeit, in der der Autor ein Stipendiat der Alexander von Humboldt-Stiftung war, angefertigt.

Herrn Professor Dr. P. Paulitsch danke ich herzlich für seine Unterstützung bei meiner Arbeit, sowie für seine Großzügigkeit bei der Gewährung von Arbeitsmitteln und seine kritische Durchsicht des Manuskripts.

Den Herrn Professoren Dr. George Kojima und Dr. Kei Hide in der Universität *Hiroshima,* Japan, danke ich auch für die belehrende Führung, sowie für die Überlassung und die Sendung der Handstücke aus Japan.

II. Allgemeine Geologie in Zentral-Shikoku, Japan

Die metamorphe Sambagawa (Sanbagawa)-Zone besteht aus epi- und mesometamorphen Gesteinen, die zu den Glaukophanschiefer- und Epidot-Amphibolit-Fazies gehören. Diese Zone dehnt sich von den Kanto Bergen im Osten bis in das Yatsushiro Gebiet in Kyushu im Westen aus. Es ist etwa 1200 km lang; die Breite ist weniger als 45 km (Abb. 1). Das Gebiet der Untersuchung gehört zur metamorphen Sambagawa-Zone in Zentral-Shikoku. Viele Abhandlungen, die die Geologie und Petrologie dieses Gebietes behandelt haben, liegen vor (Kojima, 1951, 1963; Hide, Yoshino und Kojima, 1956; Banno, 1964).

Hauptsächlich besteht diese Zone aus sandigen, tonigen, quarzigen und basischen Schiefern mit Kalken. Im Gebiet tritt eine große Peridotit-Masse mit Eklogit und viele kleine Serpentinite auf.

Die nördliche Seite der Sambagawa-Zone wird durch eine große Verwerfung (e.i. Mitte-Dislokationslinie) durchschnitten. In vielen Gebieten der südlichen Seite werden fortlaufende Veränderungen der epi-kristallinen Schiefer zu weniger metamorphen

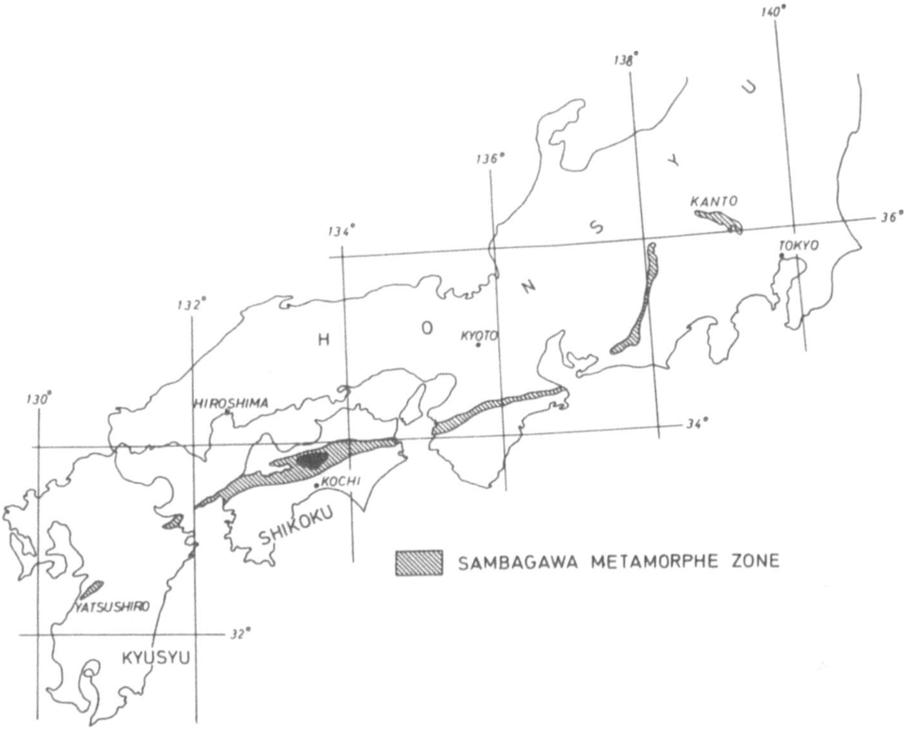

Abb. 1.
Verbreitung der metamorphen Sambagawa-Zone.
Das schwarze Gebiet ist das Untersuchungsgebiet.

paloäozoischen Gesteinen beobachtet, die hauptsächlich zum Perm gehören (Suzuki, 1965). Aber ein Teil der Gesteine innerhalb der gesamten metamorphen Zone mag zu älteren Gesteinen gehören.

Die K-Ar Alter der Glimmer von verschiedenen Punkten aus diesem Gebiet wurden bestimmt. Alle Daten der K-Ar Alter liegen zwischen 80–105 Millionen Jahren (Banno, 1964). Damit endigte die Sambagawa-*Metamorphose* in der Kreide.

Der geologische Bau der japanischen Inseln besteht aus *vier* metamorphen Zonen, die von der Seite des Japanischen Meeres nach der Pazifischen Seite liegen: Hida-, Sangun-, Ryoke-Abukuma- und Sambagawa Zonen. Wie Miyashiro (1961) erklärt, laufen in der Zirkum-Pazifischen Gegend zwei metamorphe Zonen nebeneinander. Eine wurde unter niedrigeren Drucken gebildet, die andere unter höheren Drucken. Das Alter der zwei Zonen ist fast dasselbe. Gewöhnlich liegt die metamorphe Zone, die unter höheren Drücken gebildet wurde, an der pazifischen Seite.

Die Anordnung der metamorphen Zonen auf der japanischen Insel ist in Übereinstimmung mit dieser allgemeinen Richtung. Denn unter den vier metamorphen Zonen in Japan, wurden die Hida- und Ryoke-Abukuma-Zonen unter niedrigeren Drucken gebildet und die Sangun- und Sambagawa-Zonen unter höheren Drucken. Die Hida- und Sangun-Zonen bilden ein Paar metamorpher Zonen und die Ryoke-Abukuma- und Sambagawa-Zonen ein anderes Paar. Jedes Paar wurde bei zwei verschiedenen Orogenesen gebildet.

a) Stratigraphie

Die kristallinen Schiefer in diesem Gebiet werden nach Kojima, Hide und Yoshino (1954) nach aufsteigender *stratigraphischer* Ordnung in die Koboke-, Minawa- und Ojoin-Formationen eingeteilt.

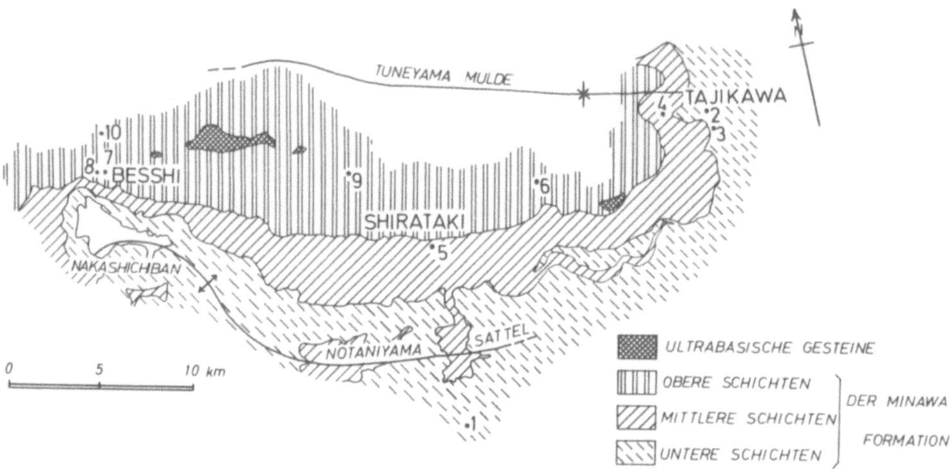

Abb. 2.
Geologische Übersichtskarte von Zentral-Shikoku.
Die Ziffern zeigen die Fundorte der Proben.

Das Forschungsgebiet gehört nur zur Minawa Formation. Die wichtigen Merkmale dieser Schichtfolge sind 1) große Mengen von mächtigen basischen Schiefern, die die Produkte aus dem submarinen Vulkanismus sein mögen, und 2) quarzige Schiefer (ein Teil mit Kalken) und Kieslager.

Sie wird noch in drei Teile eingeteilt (Abb. 2). Die unteren Schichten bestehen vorzüglich aus *tonigen* Schiefern. Sandige, quarzige und basische Schiefer treten nur selten auf. Die mittleren Schichten bestehen meist aus *basischen* Schiefern mit einigen dünnen Schichten von quarzigen Schiefern. In den oberen Schichten wechsellagern tonige, quarzige und basische Schiefer. Darin treten die großartigen Kieslager (mit den Bergwerken von Besshi, Shirataki usw.), ultrabasische Gesteine und einige Kalke auf.

b) Bauformen

In Zentral-Shikoku wird das Kristallingebiet der Sambagawa-Zone aus etwas langen, kuppelartigen Sätteln und schüsselartigen Mulden sowie aus liegenden Sätteln und Mulden gebildet. Sie sind ungefähr 15–30 km lang und 5–7 km breit. Die Breite der liegenden Falten ist wegen der Stauchung von mehreren liegenden Falten (Besshi-Shirataki Gegend) nicht gleichmäßig.

Das Forschungsgebiet gehört zugleich zu dem südlichen Flügel der Tuneyama Mulde und dem nördlichen Flügel des Notaniyama-Nakashichiban Sattels. Siehe Abb. 2. Das nördliche Gebiet besteht aus grobkörnigen Schiefern mit großen Porphyroblasten von Albit oder Oligoklas; das südliche Gebiet aus den kleinerkörnigen und niedriger metamorphen Schiefern, worin keine Feldspat-Prophyroblasten gefunden werden. Stratigraphisch stimmt die Grenze zwischen den oberen und mittleren Schichten mit der Minawa Formation überein; d.h. es gibt fast einen Parallelismus zwischen metamorphem Grad und Stratigraphie, wie genau im nächsten Paragraph beschrieben ist. Deshalb gehören die oberen Schichten der Minawa-Formation zur Zone mit Porphyroblasten und die mittleren und unteren Schichten zur Zone ohne Porphyroblasten.

Die Schichten (ss) der Minawa Formation streichen im Forschungsgebiet meist von O-W bis NW-SO Richtungen und sind monoklin nordwärts geneigt. Die geologischen Bauformen zeigen einen bemerkenswerten Gegensatz zwischen den Zonen mit und ohne Porphyroblasten (Kojima, 1953).

Die Zone *ohne* Porphyroblasten wird durch *flache,* wellige Bauformen der Schichten charakterisiert. Dicke, sandige Schichten als kompetente Gesteine treten in der Art von Biege-Falten auf, die inkompetenten, tonigen Gesteine entwickeln Bruchspalten oder Scherflächen (s). Hierbei schneiden sich die Schichten üblich mit den Scherflächen in einem *steilen* Winkel. Auf der Schichtfläche wird ein deutliches *lineares* Element gefunden, das eine Schnittgerade von Schichtflächen und Bruchspalten oder Scherflächen angibt. Die *Lineationen* sind üblich horizontal; ihre Richtungen stimmen mit regionalen *Faltenachsen* der metamorphen Sambagawa-Zone (ONO-WSW) überein.

Die Zone *mit* Porphyroblasten von Plagioklas bildet liegende oder isokline Falten. Eine Achse eines liegenden Sattels kann über 40 km von Besshi bis Shirataki verfolgt werden. Im porphyroblastenreichen Gebiet scheinen Fließfalten (mit Plastizität) vorzuherrschen. Die Schnittgerade von Schicht (ss) und Achsenebene bestimmt genau die deutliche B-Lineation. Sie stimmt auch mit den Faltenachsen im kleinen Bereich und mit den regionalen B-Achsen in der Richtung überein. Innerhalb der Schiefer des porphyroblastenreichen Gebietes sind *lineare* Elemente des Gesteinaufbaus häufiger als Flächenelemente und die Gesteine spalten *stengelartig.*

In der Zonen mit und ohne Porphyroblasten stimmen die Richtungen der Lineationen meist überein. Aber im Schiefer *mit* Porphyroblasten werden oft Palimpsestbauformen erkannt; Reliktlineationen, Reliktfalten, (kornform-dimensionale) Orientierung von Epidot parallel zu diesen alten Falten, Rotation von Muskowit und Chlorit um sie, usw.. Diese Palimpsestbauformen sind sehr ähnlich dem jetzt im Schiefer der Zone ohne Porphyroblasten gefundenen Habitus; in diesem Fall bilden die Gesteine häufig B ∡ B'-Gefüge (Kojima & Hide, 1958).

Deshalb wird vermutet, daß, ehe die Metamorphose mit der Porphyroblasten-Bildung begann, alle Gesteine der metamorphen Sambagawa-Zone in der Art vorlagen wie sie jetzt in der niedermetamorphen Zone *ohne* Porphyroblasten gefunden wird und daß die liegenden Falten in der Zone *mit* Porphyroblasten erst in der späteren Phase gebildet wurden.

c) Mineralogische Zoneneinteilung

Petrographisch gesehen, wird das Forschungsgebiet in *fünf* Zonen, A, B, C, D und E mit aufsteigender Ordnung des metamorphen Grades eingeteilt (Banno, 1964). Diese Zonen werden vom Gesichtspunkt der Stabilität von Mineralienparagenesen der *basischen* Schiefer bestimmt.

Die physikalischen Umstände der niedrig metamorphen Zonen A und B gehören in die Glaukophanschiefer-Fazies (Zone A: Pumpellyit-Epidot-Glaukophan-Subfazies, Zone B: Epidot-Glaukophan-Subfazies) und die der höher metamorphen Zonen D und E gehören in die Epidot-Amphibolit-Fazies (Zone D: Albit-Epidot-Hornblende-Subfazies, Zone E: Oligoklas-Epidot-Amphibolit-Subfazies). Die physikalischen Umstände der Zone C liegen in der Mitte *zwischen* Glaukophanschiefer-Fazies und der Epidot-Amphibolit-Fazies. Die Grenze zwischen den Gesteinen mit und ohne Plagioklasporphyroblasten entspricht fast der Grenze der metamorphen Zonen zwischen B und C; die Zonen A und B gehören zur Zone ohne Porphyroblasten; die Zonen C,D und E gehören zur Zone *mit* Porphyroblasten.

Die stratigraphischen Grenzen und die Zonen des metamorphen Grades sind fast parallel; die Gesteine der metamorphen Zone A gehören zu den unteren Schichten der Minawa Formation, jene der Zone B zu den mittleren Schichten und jene der metamorphen Zonen C, D und E zu den oberen Schichten. Der metamorphe Grad des Forschungsgebietes wird mit aufsteigender stratigraphischer Ordnung höher.

III. Methodik der Röntgen-Texturgoniometer-Messung

Gefügediagramme können quantitativ röntgenographisch mit einem Zählrohr-Texturgoniometer gemessen werden. Mit dieser Methode kann man außer der c-Achsen-Richtung der Körner auch die Regelung anderer Nebenrichtungen messen. Bei Quarz werden die a-, m-, r- und z-Flächenpole gemessen, die optisch nicht direkt bestimmt werden können.

Die röntgenographischen Methoden mit dem Zählrohr-Texturgoniometer werden schon eingehend bei Neff (1956), Neff & Paulitsch (1959, 1960), Higgs, Friedman & Gebhart (1960), Gehlen (1960) und Gehlen & Voll (1961) behandelt.

Zur Methodik sei hier nur hervorgehoben, daß die Messung bei feststehendem Zählrohr durchgeführt wird, also nur für *eine* bestimmte Gitterrichtung oder Gitterebene der betreffenden Kristallart. Die Probe wird einer automatischen Bewegung in zwei senkrecht aufeinander stehenden Teilkreisen unterworfen. Dadurch kann man die Probe in alle Stellungen des Raumes bringen. Zusätzlich wird die Probe noch von einem Kurbeltrieb *parallel* zu ihrer Oberfläche auf einem Schlitten hin und her bewegt, um eine Mittelung über eine größere Probenoberfläche zu erhalten.

Das Zählrohr tastet die Besetzungsdichte der Normalen der ausgewählten Gitterebenen auf der (halben) Lagekugel spiralig ab. Die Intensität wird auf einem Schmidt-Netz entlang einer Spirale eingetragen. Bei dieser Methode kann man aber keine vollständige geometrische Erfassung der Polfigur erreichen, weil die Absorption der Strahlung in der Probe bei großen Neigungswinkeln sehr stark wird (Neff & Paulitsch, 1960). Bei dem Rückstrahlverfahren wird der Bereich von etwa 20° Breite, am Rand der Projektion nur unvollständig erfaßt. Wird eine vollständige Polfigur benötigt, so sind die Aufnahmen von neuen Schnittlagen nötig. Im folgenden werden in jedem Material *drei*

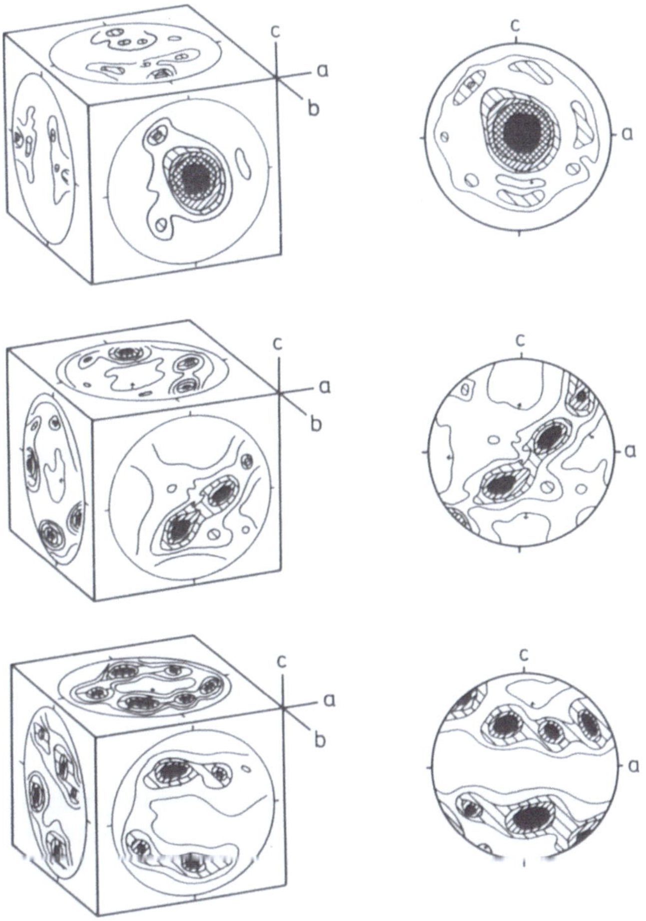

Abb. 3.
Beispiele der Blockdiagramme von Sammeldiagrammen.
Oben: Prismenfläche *m* der Probe *3.*
Intensitätsisopyknen: 8.0-6.0-5.5.-5.0-4.5 (x 10^3).
Mitte: Prismenfläche *a* der Probe *6.*
Intensitätsisopyknen: 7.0-6.0-5.0-4.0-3.0 (x 10^3)
Unten: Rhomboederfläche *r,z* der Probe *10.*
Intensitätsisopyknen: 4.5-4.0-3.0-2.0 (x 10^4)

senkrecht aufeinander abgeschnittene Proben vorbereitet und zwar senkrecht zur Gefügekordinate a, b und c des Materials. Ein Sammeldiagramm wurde durch Rotation dieser drei unvollständigen Diagramme erhalten, wie in Abb. 3 dargestellt.

Auf die folgenden Punkte wurde große Sorgfalt verwendet.

1) Bei der röntgenographischen Texturuntersuchung muß ein *homogenes* Gefüge vorliegen. Für die Untersuchung wurden Quarzschiefer gewählt, da sie über 90 Volumprozent von Quarz haben und homogen sind. Wegen der ungewöhnlich starken Häufungen der c-Achsen von Quarz mit einem Maximum wie 8–30.5 % war es ganz einfach, Sammeldiagramme zu machen.

2) Auch der Oberflächenzustand der Probe muß berücksichtigt werden (vgl. Neff & Paulitsch, 1960). Die Probe hat eine Größe von 20 mm Breite und 25 mm Länge. Es wurde unter folgenden Bedingungen gearbeitet: Anode: Cu, Filter: Ni, Spannung: 40 KV, Leistung: 24 mA. Der Kurbeltrieb parallel zur Oberfläche der Probe wurde auf dem Schlitten immer 8 mm hin und her bewegt. Die Aperturblende des Texturgoniometers wurde immer konstant gehalten (die primäre: 1 x 1 mm, die sekundäre: 1 x 4 mm).

IV. Ergebnisse der simultanen optischen und röntgenographischen Untersuchungen

Zehn Proben mit verschiedenem metamorphem Grad und aus verschiedenem stratigraphischem Horizont der Minawa Formation in Zentral-Shikoku wurden gesammelt. (Abb.2). Die Proben 1–3 wurden in den *unteren* Schichten der Minawa Formation (Zone A des metamorphen Grades) gewählt. Die Proben 4–5 wurden in den *mittleren* Schichten (Zone B) und jene 6–10 in den *oberen* Schichten (Probe 6: Zone C, Proben 7–9: Zone D, Probe 10: Zone e) gesammelt.

Weil alle Proben unter den gleichen Bedingungen untersucht wurden, ist es möglich, die Intensitäten aus den Registrier-Kurven zu vergleichen. In der Abb.4 sind die Ergebnisse des Intensitätsvergleiches gegeben, die aus den Proben des verschiedenen metamorphen Grades gewonnen wurden. Die Querachse des Diagramms zeigt den Grad der Metamorphose und die Längenachse den Unterschied der Intensitäten zwischen Maximum und Minimum ($\Delta I = I_{max} - I_{min}$). Die Intensitäten wurden nur von Daten ausgehend vom zentralen Punkt des Gefügediagramms bis zu 70° verwendet, weil die Daten der Peripherie wegen der geometrischen Faktoren und der Absorption ausgelassen wurden.

Daraus ist zu ersehen, daß mit höherem Grad der Metamorphose auch ΔI ansteigt.

Das Gefüge von Quarz wurde optisch mit einem U-Tisch und quantitativ röntgenographisch mit einem Zählrohr-Texturgoniometer (für die m-, a-, r- und z-Flächen) im Hinblick auf die Relation zwischen Makrogefüge und Quarzkorn-Orientierung gemessen (Abb. 5 und 6).

Abb. 5 zeigt Quarz-Gefügediagramme der niedrig metamorphen Zone (Zonen A und B des metamorphen Grades). Ein hervorragendes Merkmal dieser Gefügetypen von

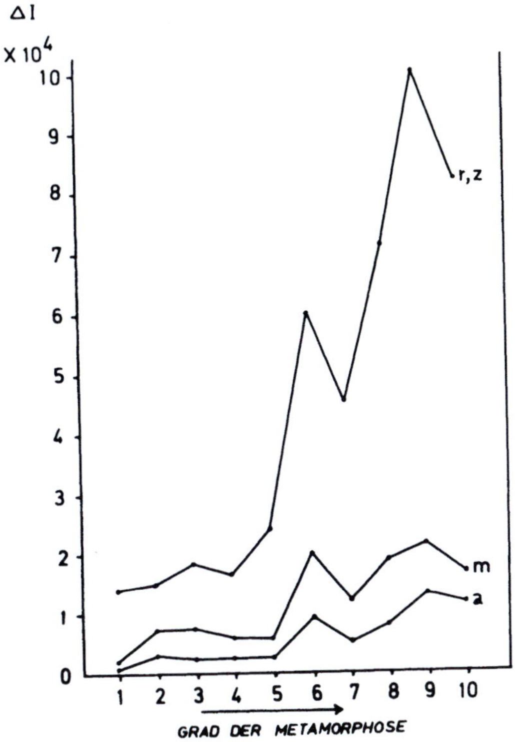

Abb. 4.
Intensitätsvergleich aus Registrier-Kurven.
Die Ziffern der Querachse zeigen Nummern der Proben.
Das Verhältnis m : a beträgt in Pulveraufnahmen 3 : 2
Das Verhältnis m : r/z beträgt in Pulveraufnahmen 3 : 5

Quarz ist die Rotation der optischen Quarzachsen um B des Gefüges zu einem (ac)-Gürtel. Hierbei liegt immer eine Prismenfläche m $(10\bar{1}0)$ *parallel* zur Gefügefläche (ac). Deshalb liegt der Pol *einer* Prismenachse a $(11\bar{2}0)$ im Gefügegürtel- (ac). Zwei weitere Prismeachsen a bilden immer einen schwach besetzten breiten Kleinkreis um B, ihre Maxima liegen in der Nähe der Gefügefläche- (bc), für die Quarzhauptachsen resultiert ein (ac)-Gürtel mit möglichen Maxima I oder II nach Fairbarin (1949). In dieser Zone sind die Falten im allgemeinen Scherfalten mit (h01)-Scherspalten. Der Faltenstil der Probe 6 liegt zwischen Scherfalten und liegenden oder isoklinen Falten.

Abb. 6 zeigt Quarz-Gefügediagramme der *höher* metamorphen Zone (Zonen C, D und E). Die Gefügediagramme der Probe 6 zeigen einzelne oder *zwei* gekreuzte Gürtel der a- und m-Flächenpole, die sich in B schneiden und vier geneigte Gürtel der r- und z-Rhomboederflächenpole; daraus resultieren für die Quarzhauptachse zwei Maxima II. Hierbei überwiegen im Diagramm die Pole *eines* Prismas m $(10\bar{1}0)$ senkrecht auf der Gefügeebene (ac). Die Faltenstile im höher metamorphen Gebiet werden phänomenologisch durch liegende oder isoklinische Falten mit Plastizität charakterisiert. Die Gefügediagramme der Proben 7–9 zeigen eine deutliche Regelung der Pole der Prismenfläche

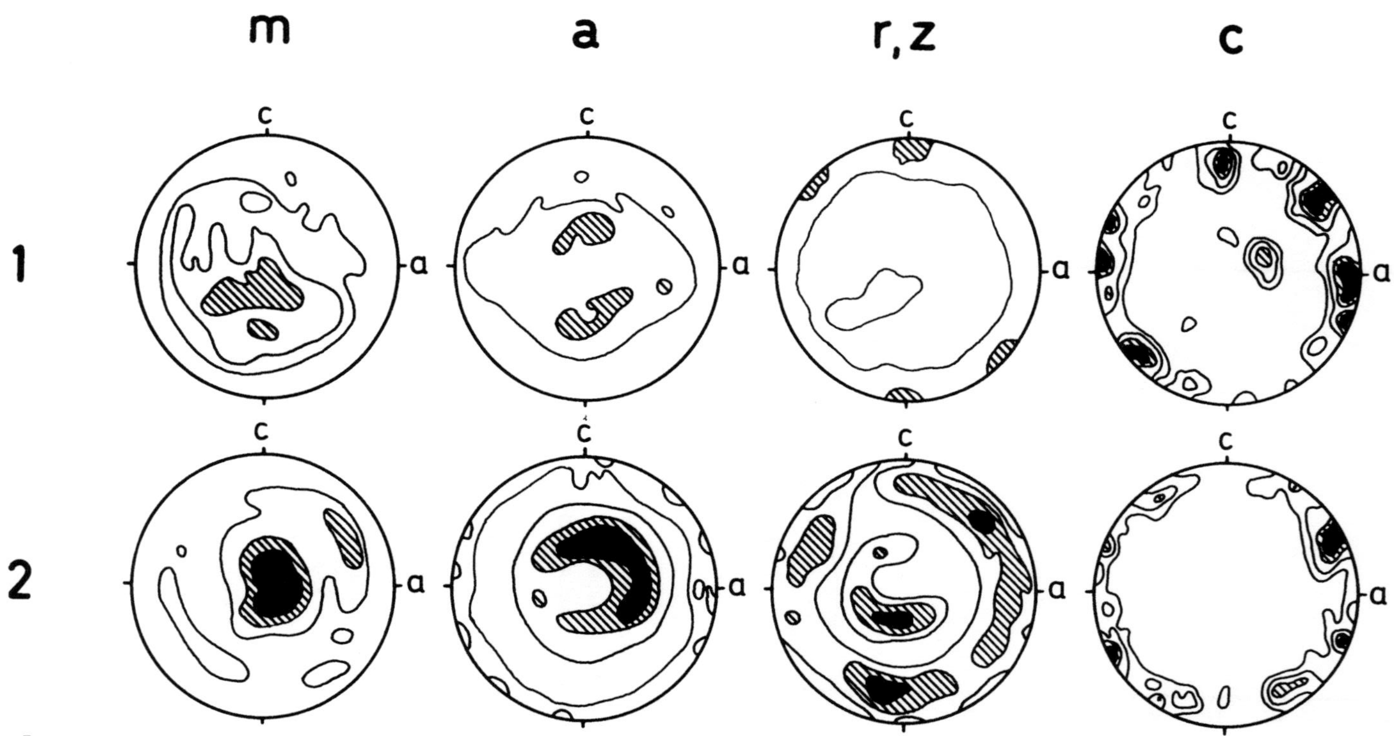

Intensitätsrelation:

m : 6.0 – 5.5 – 5.0 (x 10^3)	m : 9.0 – 8.0 – 7.0 (x 10^3)
a : 2.8 – 2.6 (x 10^3)	a : 5.0 – 4.5 – 4.0 – 3.0 (x 10^3)
r,z : 2.2 – 1.9 – 1.6 (x 10^4)	r,z : 2.5 – 2.2 – 1.9 (x 10^3)
c : 5 – 4 – 3 – 2 % (max.: 5.5 %) (200)	c : 5 – 4 – 3 – 2 % (max.: 5.5 %) (200)

Abb. 5.
Röntgenographische und optische Quarz-Gefügediagramme der niedriger-metamorphen Zone.

3

4

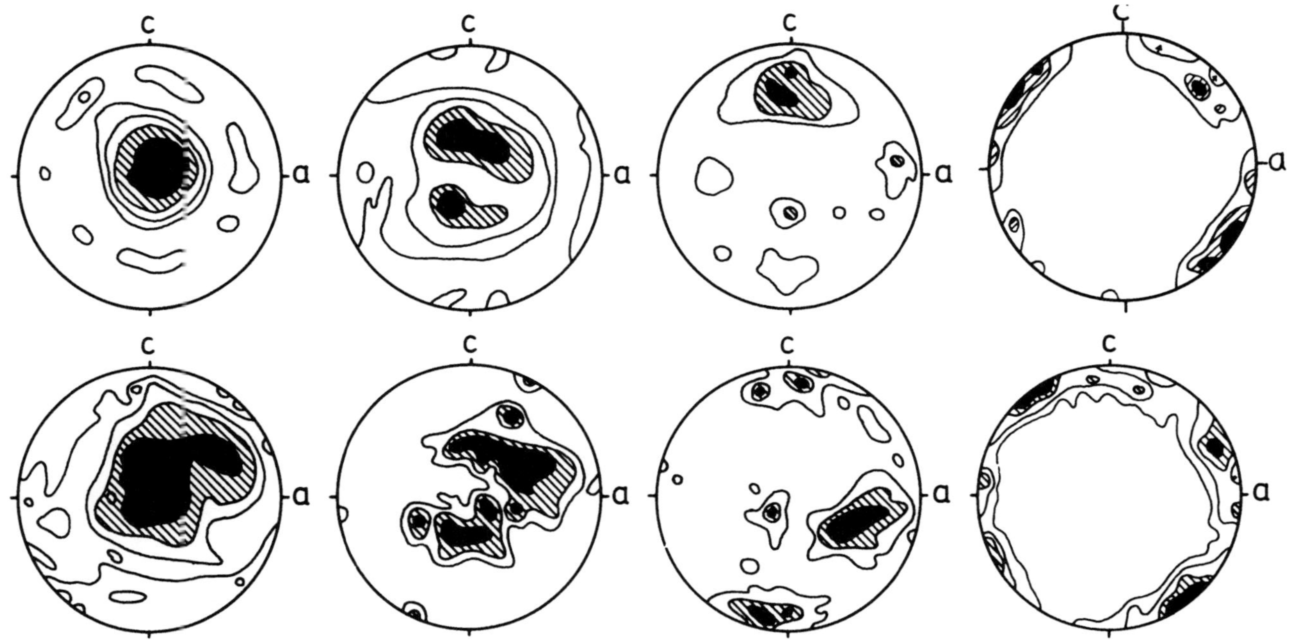

Intensitätsrelation:

m : 8.0 – 6.0 – 5.5 – 5.0 (x 10^3)

a : 3.2 – 2.8 – 2.4 – 2.0 (x 10^3)

r,z : 2.5 – 2.2 – 2.0 (x 10^4)

c : 6 – 4 – 2 % (max.: 10 %) (200)

m : 7.5 – 7.0 – 6.5 – 6.0 (x 10^3)

a : 4.0 – 3.8 – 3.6 (x 10^3)

r,z : 2.8 – 2.6 – 2.4 (x 10^4)

c : 5 – 4 – 3 – 2 % (max. : 6 %) (200)

zu Abb. 5.

5

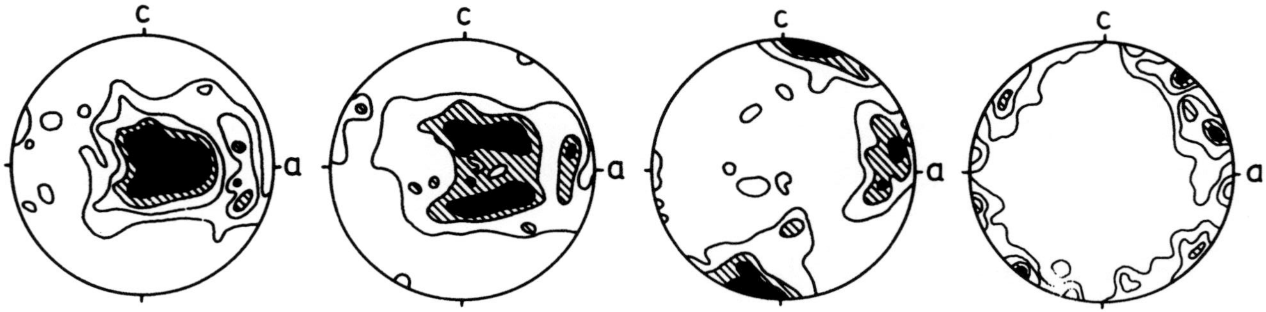

Intensitätsrelation:

m : 7.0 – 6.5 – 6.0 – 5.5 (x 10^3)

a : 4.0 – 3.5 – 3.0 (x 10^3)

r,z : 2.5 – 2.2 – 1.9 (x 10^4)

c : 5 – 4 – 3 – 2 % (max.: 5 %) (200)

zu Abb. 5.

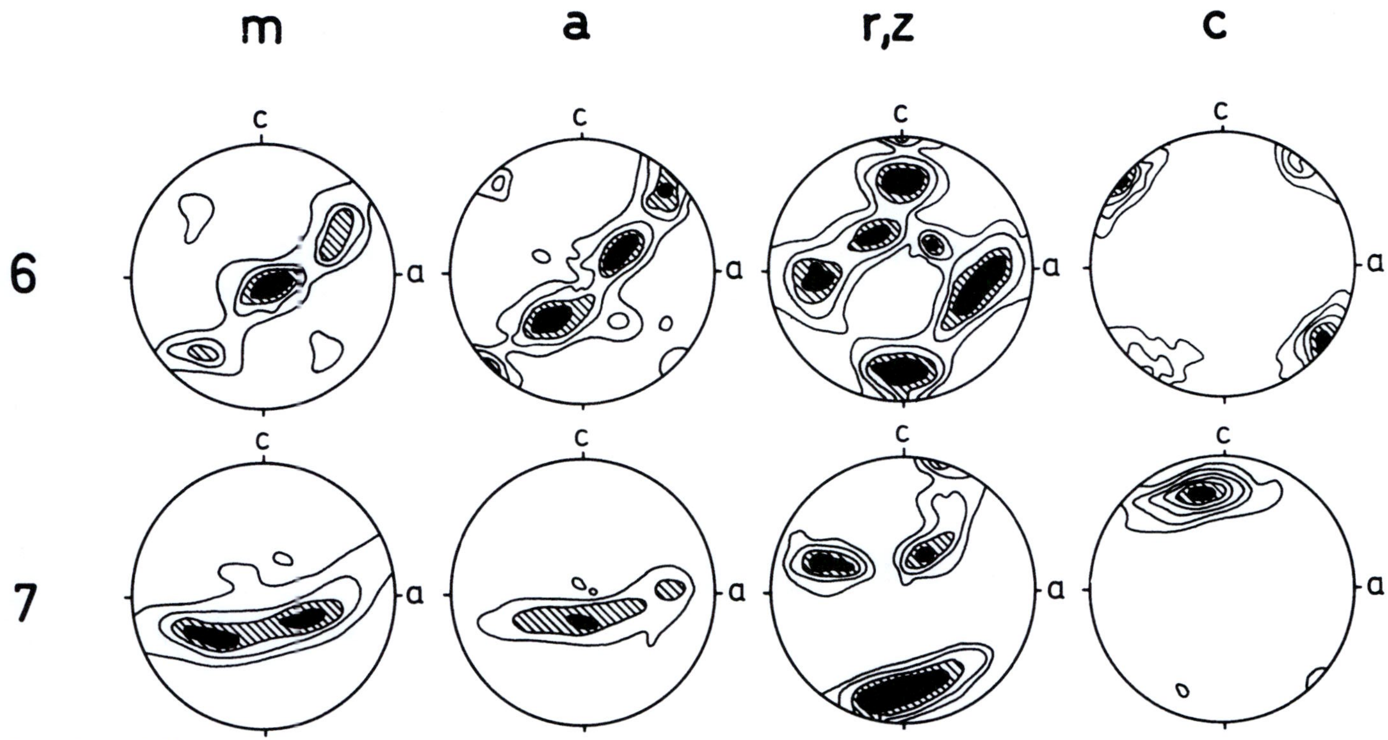

Intensitätsrelation:

m : 1.8 – 1.5 – 1.2 – 0.9 (x 10^4)

a : 7.0 – 6.0 – 5.0 – 4.0 (x 10^3)

r,z : 6.0 – 5.0 – 4.0 – 3.0 (x 10^4)

c : 14 – 10 – 6 – 4 – 2 % (max.: 17 %) (200)

m : 1.4 – 1.2 – 1.0 – 0.8 (x 10^4)

a : 6.0 – 5.0 – 4.0 (x 10^3)

r,z : 4.5 – 4.0 – 3.5 – 3.0 (x 10^4)

c : 12 – 10 – 8 – 6 – 4 – 2 % (max.: 15.7 %) (350)

Abb. 6.
Röntgenographische und optische Quarz-Gefügediagramme der höher-metamorphen Zone. Die Diagramme der c-Achsen von den Proben 7 und 8 stammen aus der Abhandlung von Hide (1961). Seite xx, Nr.xx.

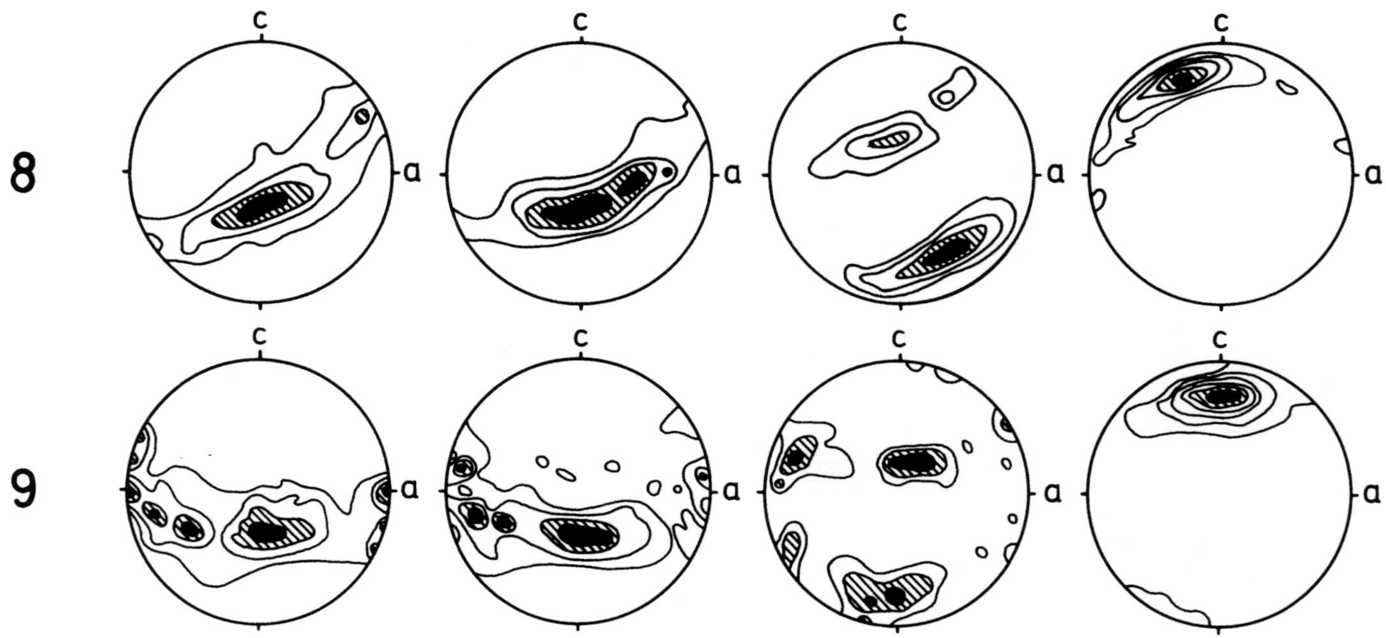

Intensitätsrelation:

m : 1.7 – 1.4 – 1.1 – 0.8 (x 10^4)

a : 7.0 – 6.0 – 5.0 – 4.0 (x 10^3)

r,z : 7.0 – 6.0 – 5.0 – 4.0 (x 10^4)

c : 12 – 8 – 6 – 4 – 2 % (max.: 15.2 %) (350)

m : 2.4 – 2.0 – 1.6 – 1.2 (x 10^4)

a : 1.2 – 1.0 – 0.8 – 0.6 (x 10^4)

r,z : 1.0 – 0.8 – 0.6 (x 10^5)

c : 15 – 10 – 8 – 6 – 4 – 2 % (max.: 16 %) (300)

zu Abb. 6.

10

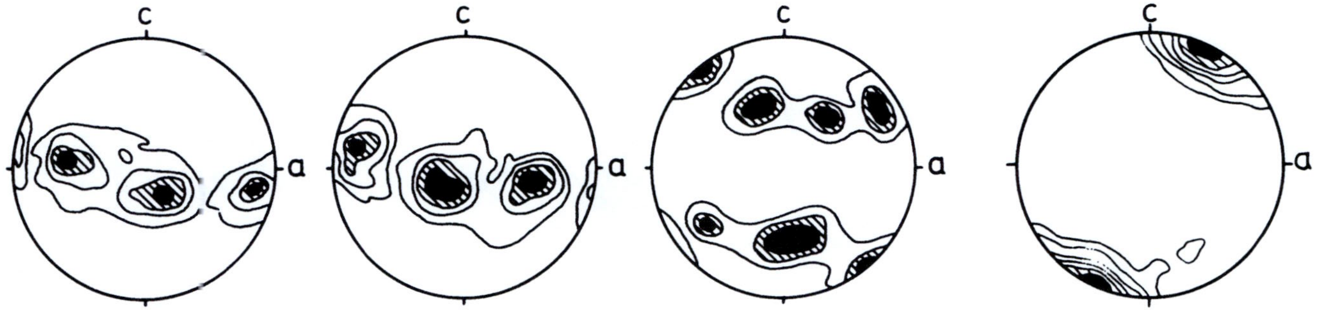

Intensitätsrelation:
m : 1.7 – 1.4 – 1.1 – 0.8 (x 10^4)
a : 7.0 – 6.0 – 5.0 – 4.0 (x 10^3)
r,z : 4.5 – 4.0 – 3.0 (x 10^4)
c : 20 – 15 – 12 – 8 – 4 – 2 % (max.: 30.5 %) (200)

zu Abb. 6.

a und m (am-Gürtel), die *nahe* zu Gefügeebene (ab) liegen, aber *nicht* mit dieser parallel sind. Für die Quarzhauptachse resultiert Maximum (III oder) IV.

Die Probe aus dem Punkt des höchsten metamorphen Grades im Forschungsgebiet (Probe 10) zeigt durch die Stellungen der Nebenflächen von Quarz ein Fast-Einkristallgefüge, mit einem c-Achsen-Maximum von 30° zum Schieferungspol nahe Maximum II, aber nicht mit II identisch (51° = r : c).

Der Mechanismus der Quarz-Regelung im Forschungsgebiet wird wie folgt gedeutet.

Die Hauptachsen von Quarz nehmen die Stellungen der Maxima I, II, III oder IV nach Fairbairn (1949) ein. Mit der Zunahme der Metamorphose wird die *Besetzungsdichte* der Maxima größer, zugleich verändern sie allmählich ihre Stellungen; nämlich zuerst liegen sie *nahe a* in (ac) und zuletzt *nahe c* des Gefüges. In der Zone der Glaukophanschiefer-Fazies (Proben 1–5) mag a $(11\bar{2}0)$ des Quarzes Gleitfläche und c Gleitgerade gewesen sein. Aber es ist wichtig, daß die deutliche Regelung *einer* Prismenfläche m parallel zur Gefügeebene-(ac) die Rotation von Quarzkristallen durch Scherfaltung um B erleichtert haben muß (Siehe das linke Diagramm der Abb. 7).

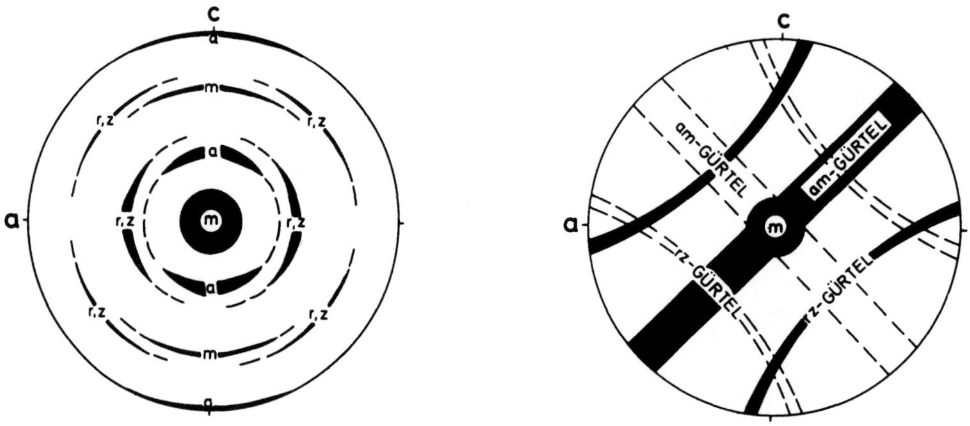

Abb. 7.

Schematische Züge der röntgenographischen Quarz-Gefügediagramme der niedriger-metamorphen Zonen.

Links: Schematisches Diagramm der Glaukophan-Schiefer Fazies (Proben 1 bis 5).

Rechts: Schematisches Diagramm von der Phase zwischen Galukophan-Schiefer Fazies und Epidot-Amphibolit-Fazies (Probe 6).

In den Quarz-Gefügen der Phasen zwischen der Glaukophanschiefer- und Epidot-Amphibolit-Fazies (Probe 6), bleibt noch die Einregelung einer Prismenfläche m parallel zur Gefügeebene-(ac). Aber es ist sicher, daß die Rotation von Quarzkristallen um B schwieriger als jene in der Glaukophanschiefer-Fazies gewesen sein muß (Abb. 7).

In der Zone der Epidot-Amphibolit-Fazies wird aus den Gefügediagrammen vermutet, daß in den liegenden oder isoklinalen Falten die Rotation von Quarz um B sehr schwierig gewesen sein muß. Durch das Auftreten eines merklichen (am)-Gürtels wird vermutet, daß sich die Quarz-Kristalle mit der Rotationsachse parallel zu c des Quarzes aufgestellt hatten (Siehe das linke Diagramm der Abb. 8). Mit dem Aufsteigen des me-

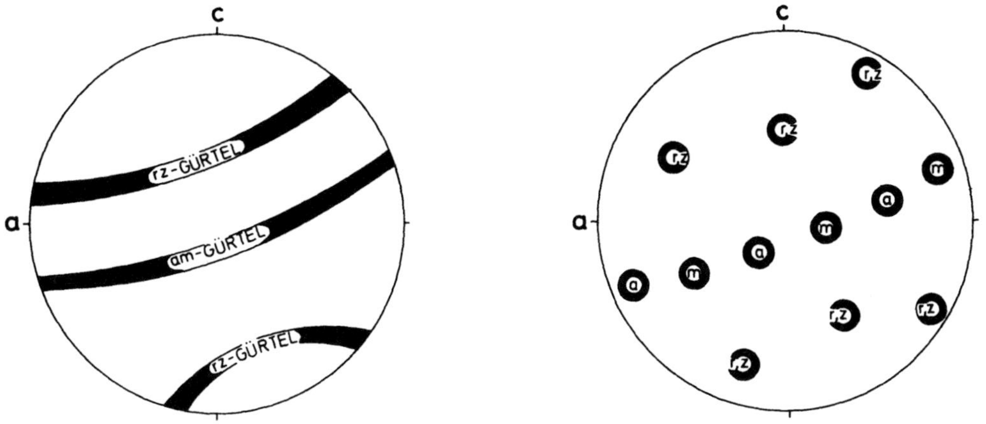

Abb. 8.
Schematische Züge der röntgenographischen Quarz-Gefügediagramme der höher-metamorphen Zone.
Links: Schematisches Diagramm von Epidot-Amphibolit Fazies (Proben 7 bis 9).
Rechts: Schematisches Diagramm von Epidot-Amphibolit Fazies (Probe 10).

tamorphen Grades wird die Besetzungsdichte der Quarz-c-Maxima größer und stellt sich in der Nähe des Gefügepoles c ein. In den Proben 7–9 können trikline Tektonite mit mehreren B-Achsen (Sander, 1948, 1950; Kojima & Hide, 1958) vorliegen.

Im Gebiet des höchsten metamorphen Grades wird das *Fast-Einkristallgefüge* als die stabilste Regelung gedeutet (Siehe das rechte Diagramm der Abb. 6, Zeile 10).

Zusammenfassung

In Quarzschiefern der epi- bis meso-metamorphen Sambagawa-Zone in Zentral-Shikoku, Japan, wurden quantitative Gefügediagramme von Quarz optisch mit einem U-Tisch und röntgenographisch mit einem Zählrohr-Texturgoniometer in Hinblick auf die Relation zwischen Metamorphosegrad und Quarzkorn-Orientierung gemessen. Mit steigendem Metamorphosegrad werden die Häufungen der Hauptachsen von Quarz unter Änderung ihrer Raumlage intensiver. In der Zone der Glaukophanschiefer-Fazies liegt immer *eine* Prismenfläche m ($10\bar{1}0$) von Quarz parallel zur (ac)Ebene; a ($11\bar{2}0$) und (1010) bilden (am)-Gürtel. In der höchstmetamorphen Zone treten Fast-Einkristallgefüge auf, die durch die Stellung der Nebenflächen von Quarz charakterisiert sind. Der Mechanismus der Quarz-Regelung wird gedeutet.

Literatur

Banno, S.: Petrologie studies on Sanbagawa crystalline schists in the Bessi-Ino district, central Sikoku, Japan. Journ. Fac. Sci. Univ. Tokyo, 2, 15, 3, 203–319, Tokyo, 1964.

Fairbairn, H.W.: Structural petrology of deformed rocks. Cambridge, Mass., Addison & Wesley Publ., 1949.

Gehlen, K.v.: Die röntgenographische und optische Gefügeanalyse von Erzen, insbesondere mit dem Zählrohr-Textur-goniometer. Beitr. Min. Petr. 7, 340–388, 1960.

– & Voll, G.: Röntgenographische Gefügeanalyse mit dem Texturgoniometer am Beispiel von Quarziten aus Kaledonischen Überschiebungszonen. Geol. Rdsch., 51, 440–450, Stuttgart, 1961.

Hide, K., Yoshino, G. & Kojima, G.: Einleitung – Die geologische Bauformen der Besshi fleckigen Schiefer-Zone (in Japanisch). Journ. Geol. Soc. Japan, 62, 574–584, Tokyo, 1956.

–: Geologische Bauformen und Metamorphismus der Sambagawa Kristallinschiefer vom Besshi-Shirataki Bergwerk-Gebiet in Shikoku, Südwest-Japan (in Japanisch). Geol. Rep. Hiroshima Univ., 9, 1–87, Hiroshima, 1961.

Higgs, D.V., Friedman, M. & Gerhart, J.E.: Petrofabric analysis by means of the X-ray diffractometer. Geol. Soc. Amer. Memoir 79, 275–292, 1960.

Kojima, G.: Über das „Feld der Metamorphose" der Sambagawa kristallinen Schiefer – besonders in Bezug auf Bildung des kristallinen Schiefergebietes in Zentral-Shikoku. Journ. Sci. Hiroshima Univ., 1,1, 1–18, Hiroshima, 1961.

–: Contributions to the knowledge of mutual relations between three metamorphic zones of Chugoku and Shikoku, southwestern Japan, with special reference to the metamorphic and structural features of each metamorphic zone. Journ. Sci. Hiroshima Univ., 1, 3, 17–46, Hiroshima, 1953.

–, Hide, K. & Yoshino, G.: Die stratigraphischen Stellen der Kieslager in der Sambagawa Zone, Shikoku (in Japanisch). Journ. Geol. Soc. Japan, 62, 30–45, Tokyo, 1956.

– & Hide, K.: Kinematic interpretation of the quartz fabric of triclinic tectonites from Besshi, central Shikoku, Japan. Journ. Sci. Hiroshima Univ., 2, 3, 195–226, Hiroshima, 1958.

–: Über die Grundbauformen der Sambagawa Kristallinschiefer-Zone (in Japanisch). Geol. Rep. Hiroshima Univ., 12, 173–182, Hiroshima, 1963.

Miyashiro, A.: Evolution of metamorphic belts. Journ. Petrol. 2, 3, 277–311, Oxford, 1961.

Neff, H.: Ein neues Zählrohrgoniometer für die Texturbestimmung an Blechen. Z. Metallkde., 47, 646–649, 1956.

– & Paulitsch, P.: Bestimmung natürlicher Korngefüge mit dem Zählrohrgoniometer. Naturwiss., 46, 490, 1959.

– & –: Röntgenographische Bestimmung der Hämatitregel in natürlichen Gefügen. N. Jb. Min. Abh., 94, 1401–1410, 1960.

Sander, B.: Einführung in die Gefügekunde der geologischen Körper. 2 Bde. Wien & Innsbruck, Springer 1948/50.

Suzuki, T.: On the Kamiyakawa-Ikegawa tectonic line. Geol. Rep. Hiroshima Univ., 14, Hiroshima, 1965.

CALCULATION OF X-RAY DIFFRACTION PATTERNS FOR ANISOTROPIC MINERAL AGGREGATES

Briant L. Davis
Department of Geology and Geological Engineering
South Dakota School of Mines and Technology
Rapid City, South Dakota

Abstract

By examining the density distribution of poles [hkℓ] over the reciprocal lattice sphere given idealized girdle and point distributions of a reference direction $[hk\ell]_o$, a series of "anisotropy" coefficients have been derived which describe the density of any [hkℓ] at any point on the reciprocal lattice sphere. The coefficients are used in the calculation of diffraction intensities for an anisotropic mineral fabric whose $[hk\ell]_o$ pole figure can be described by a number of superimposed point and girdle maxima. Preferred orientation about $[hk\ell]_o$ is not accounted for in the theory. Calculations are made by simply combining the appropriate anisotropy coefficients with area-corrected pole density data obtained from the contour values of $[hk\ell]_o$ distributions, and standard calculated intensities for the given material. Calculated and observed diffraction patterns for apatite in tibia of *bos taurus* and for calcite in Yule marble are in good agreement.

Introduction

Many relatively new methods have been devised for the determination of pole figures of mineral and metal fabrics using various optical and x-ray methods (see the review by Higgs, *et al.* 1960; also papers by Paulitsch, 1961, and Neff, 1956). The reverse process of obtaining pole density data as represented by x-ray diffraction intensities for any crystallographic direction from pole-figure data has not been developed as yet. The following presents such a method that is based on simple spherical trigonometric relations in reciprocal space. The technique is thus far developed only for pole figures of unique crystallographic direction and for the case where preferred orientation around this direction is absent.

Determination of Anisotropy Coefficients

In Fig. 1 is depicted a sphere of reflection (Ewald sphere) intersected by one reciprocal lattice sphere having all poles $[hkl]_o$, the crystallographic reference direction defining a given pole figure, oriented such as to create a girdle about axis A. The inter-

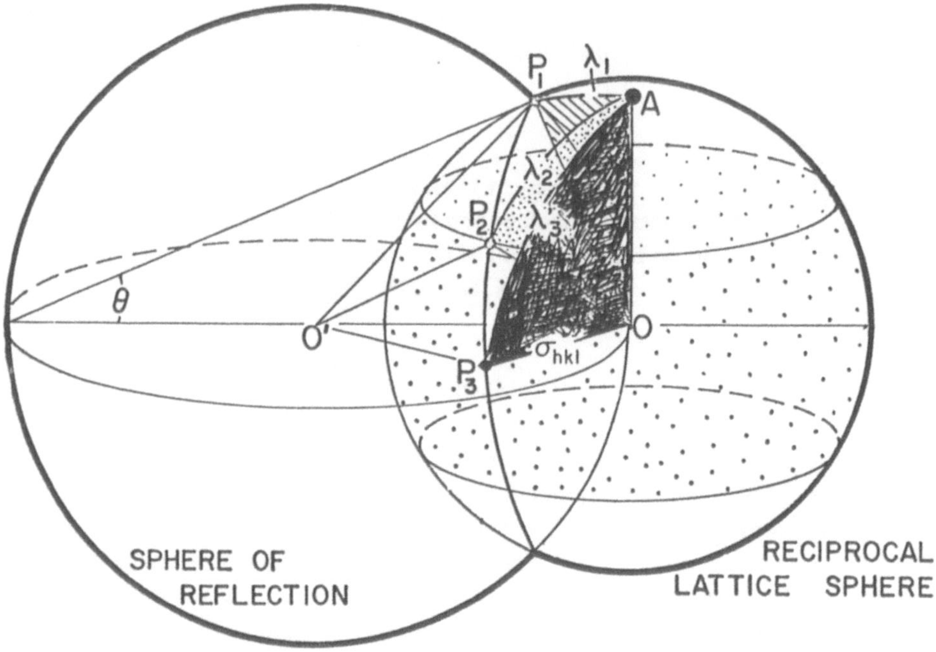

Figure 1.
Possible detector positions and λ angles for girdle distribution of $[hk\ell]_o$ on reciprocal lattice sphere.

section of the two spheres defines the locus of all points satisfying the Bragg conditions. Thus, depending upon the orientation of the axis A with respect to the detection element P lying on the arc PQ (or its opposite counterpart) the actual intensity of reflection will depend upon the density of $[hk\ell]_o$ encountered at that point. In Fig. 2 we show a similar girdle, within which we assume the poles $[hk\ell]_o$ to be very closely spaced, with the pole density, or poles per unit area of sphere surface, uniform throughout. Let the angular width of the girdle be Ψ and the angle between $[hk\ell]_o$ and another $[hk\ell]$ be ϕ. The radius $\sigma_{hk\ell}$ of the sphere for $[hk\ell]$ is of course different from that of $[hk\ell]_o$, but the geometrical relations can be projected through the origin 0 onto the sphere for $[hk\ell]_o$. We will consider for the moment only one crystallographic direction of the form $\langle hk\ell\rangle_o$; for this single pole $[hk\ell]_o$ the possible positions of $[hk\ell]$ on its reciprocal lattice sphere is given by the small-circle obtained from the intersection of the cone of half-angle ϕ with the reciprocal lattice sphere. Our initial premise that no anisotropy of position exists about $[hk\ell]_o$ implies that the probability of locating the pole $[hk\ell]$ at any point on the ϕ-circle is the same as for any other point.

In the following discussion it will be shown that the density of $[hk\ell]$ existing at any point on the reciprocal lattice sphere is a function of (1) the area on this sphere covered by $[hk\ell]$ poles relative to that covered by $[hk\ell]_o$ poles (both reciprocal lattice spheres assigned a radius of unity), and (2) the position of the detector P within the zone containing the $[hk\ell]$ poles. We will consider the latter condition first with the $[hk\ell]_o$ distribution taking the form of a uniform girdle.

If we consider one row of pole intersections for $[hk\ell]_o$ taken along the great-circle section lying within the girdle boundaries, the possible positions for $[hk\ell]$ are as shown by the ϕ-circles of Fig. 2. Considering all such rows around the girdle perimeter we see

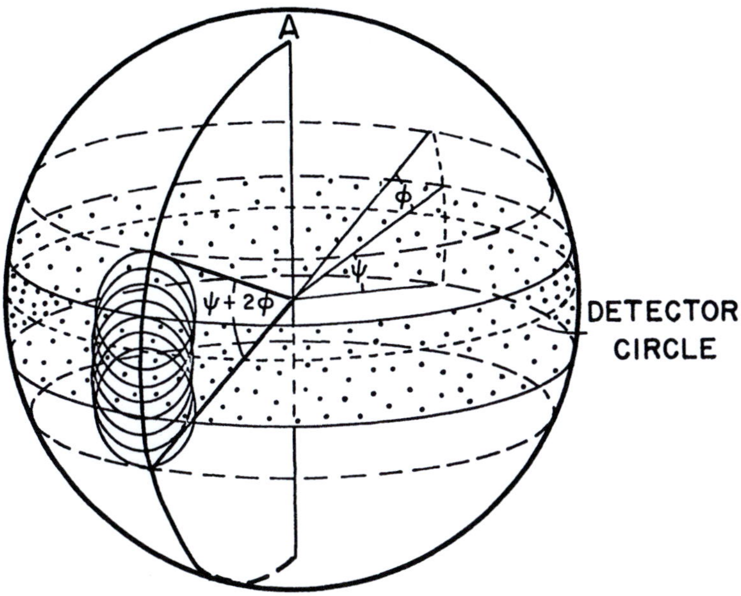

Figure 2.
ϕ-circles for $[hk\ell]$ for one uniformly spaced row of points $[hk\ell]_o$ in girdle of angular width Ψ.

that all density variations vanish around the perimeter and that density variations exist only along great-circles containing A. The relative density of $[hk\ell]_o$ along this segment of the great-circle is proportional to that length of arc of the small circle with axis A and containing the detector position (hereafter called "detector circle") that is enclosed within the ϕ-circles. This can be empirically verified in an approximate way from densitometer measurements of a series of closely spaced circles. The length of arc mentioned includes any extra increments due to overlap of the ϕ-circles such as would occur in the central portion of the girdle shown in Fig. 2.

A set of such circles, with corresponding points for $[hk\ell]_o$, is shown in greater detail in Fig. 3, which may be considered as a distorted stereographic projection of actual small-circles from the reciprocal lattice sphere. In the figure are shown 9 $[hk\ell]_o$ points defining girdles of width Ψ for $[hk\ell]_o$ and $\Psi + 2\phi$ for $[hk\ell]$. To illustrate the method by which the anisotropy coefficients were calculated, the case for $\phi > \Psi/2$ and $\phi + \Psi/2 < \pi/2$ will be developed.

In Fig. 3 if two detector positions are P and P$'$, the arcs of interest are x–x$'$ and y–y$'$, with the angular radius of the detector circles being λ_1 and λ_2, respectively. We need consider only one half of the reciprocal lattice sphere. Considering the complement to λ, denoted by γ, the simplest anisotropy zone of this case has limits $\Psi/2 + \phi \geqslant \gamma_1 \geqslant$

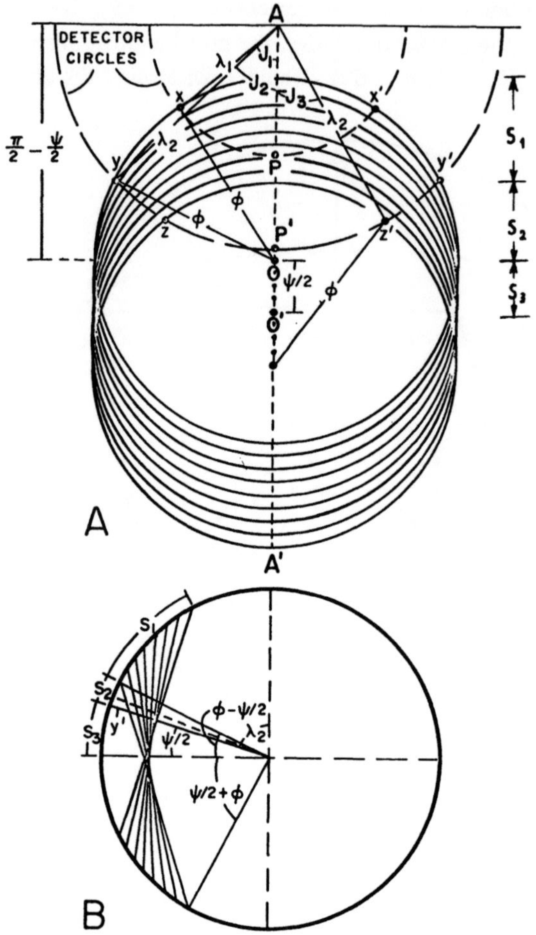

Figure 3.

A. Stereographic projection of ϕ-circles from reciprocal lattice sphere. Slight distortion present to yield uniform spacing. $AO' = \pi/2$.

B. Great-circle projection of ϕ-circles with distribution as in A.

$\phi - \Psi/2$. Here the arclength $x{-}x' = S_1 = 2J_1 \sin\lambda_1 = 2J_1 \cos\gamma_1$ for a reciprocal lattice sphere of unit radius. Solution of the oblique spherical triangle OAX yields

$$(1) \qquad J_1^s = \arccos\left\{\frac{\cos\phi - \sin(\Psi/2)\sin\gamma_1}{\cos(\Psi/2)\cos\gamma_1}\right\}$$

where in this case the spherical angle J_1^s is equal to the plane angle J_1 in the plane normal to A.

For a detector position P′ the arc increment $z{-}z'$ must be subtracted from $y{-}y'$ to obtain the net arclength of λ_2 intersecting the ϕ-circles.
Thus,

$$S_2 = \cos\gamma_2(2J_2 - 2J_3)$$

$$= 2\cos\gamma_2\left[\arccos\left\{\frac{\cos\phi - \sin(\Psi/2)\sin\gamma_2}{\cos(\Psi/2)\cos\gamma_2}\right\}\right.$$

(2) $$\left. - \arccos\left\{\frac{\cos\phi + \sin(\Psi/2)\sin\gamma_2}{\cos(\Psi/2)\cos\gamma_2}\right\}\right]$$

with the inverse trigonometric terms again being obtained from solutions of oblique spherical triangles. Limits of the anisotropy zone corresponding to eq. (2) are $\phi - \Psi/2 > \gamma_2 > \pi/2 - \alpha$, where $\alpha = \arccos[\cos\phi\sin(\Psi/2)]$ is the value of λ below which overlap from the opposite set of ϕ-circles occurs. Now when γ has the limits $0 < \gamma_3 < \pi/2 - \alpha$, another zone is defined with arclength

(3) $$S_3 = 2\cos\gamma_3\left[2\arcsin(\sin\phi/\cos\gamma_3) - \arccos\left\{\frac{\cos\phi - \sin(\Psi/2)\sin\gamma_3}{\cos(\Psi/2)\cos\gamma_3}\right\}\right.$$

$$\left. - \arccos\left\{\frac{\cos\phi + \sin(\Psi/2)\sin\gamma_3}{\cos(\Psi/2)\cos\gamma_3}\right\}\right]$$

The three zones discussed above are shown in both A and B of Fig. 3, the latter being a projection of the ϕ-circles onto the great-circle containing the axis A and points $[hk\ell]_o$.

Since we are concerned at the moment only with relative changes in reflection probability along the row of $[hk\ell]_o$ points we normalize the arclength quantities to obtain the final girdle anisotropy coefficients G_i. When $\lambda > \phi$ the maximum probability occurs when $\phi < \Psi/2$ from $\gamma = 0$ to $\gamma = \Psi/2 - \phi$. In this region the portion of the small-circle of radius λ that intersects the ϕ-circles is given by

(4) $$S_{max} = 2\cos\gamma\arcsin(\sin\phi/\cos\gamma).$$

Since overlap of ϕ-circles occurs from $[hk\ell]_o$ points lying at both positive and negative values of $\Psi/2$ as measured about the girdle plane, the actual probability is $2S_{max}$, this latter value then constituting the normalizing factor for $\lambda > \phi$.

A similar overlap occurs when $\Psi/2 + \phi > \pi/2$, so that when $\lambda < \phi$, $S_{max} = 2\pi\cos\gamma$, the factor of two coming from overlap. One should note that because we are considering only half of the reciprocal lattice sphere only 1/2 of the λ-circle is used in the analysis. Recall also that the probability of reflection in each ϕ-circle pertains to one pole only of the form $\langle hk\ell\rangle_o$ (thus temporarily eliminating multiplicity considerations).

A similar set of relations is obtained for cone, or "point" distributions. Here γ is the same angle as before, except that the reference is now the cone axis rather than the plane of the girdle distribution. The angle $\Psi/2$ is now the cone half-angle rather than half the girdle angular width. The arc of the detection circle, of radius γ, is thus measured about the cone axis and the complementary angle λ has little significance.

Small-circle girdle distributions differ from great-circle distributions in that the plane of the former type is a chord of the reciprocal lattice sphere instead of containing one of its great-circles. Pole distributions within small-circle girdles can be represented by differences between great-circle distributions of two different angular widths inasmuch as the outer boundaries of such girdles are themselves small-circles. Thus in Fig. 4 the small-circle girdle (stippled) for $[hk\ell]_o$ has an angular width of $\delta = (\Psi/2)_u - (\Psi/2)_\ell$ and half-angle $\chi = 1/2[(\Psi/2)_u + (\Psi/2)_\ell]$. The ϕ-circles pertaining to those $[hk\ell]_o$ poles included within δ are drawn with heavy line; all such distributions about the girdle axis serve to define the small-circle girdle for the $[hk\ell]$ poles. With the detector at P the net anisotropy coefficient is the difference between the coefficients calculated for $(\Psi/2)_u$ and $(\Psi/2)_\ell$, ϕ and γ (or λ) being the same in each case.

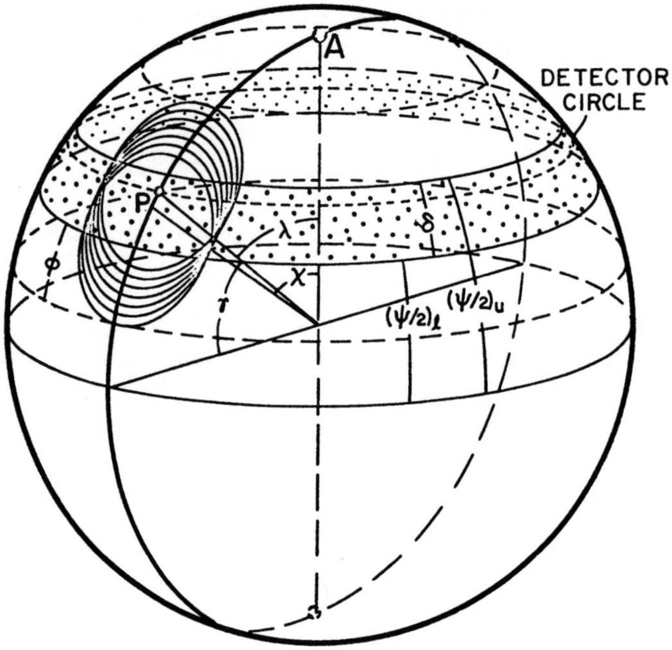

Figure 4.
Hypothetical small-circle $[hk\ell]_o$ girdle of width δ, cone angle χ, with associated $[hk\ell]$ small-circle girdle. Only one row of $[hk\ell]_o$ points with ϕ-circles are shown.

In the illustrative case given above only three of the anisotropy zones were derived; fortunately, there exists only a relatively small number of such zones for all possible $\Psi - \phi$ combinations over the reciprocal lattice sphere. Tables 1 and 2 contain the anisotropy coefficients G_i and P_i for girdle and point distributions, respectively, and the bounding limits b_i of γ for all possible anisotropy zones. The dummy index i refers to the various zones in which γ may lie. The entries are arranged for convenience in locating the proper zone given ϕ, $\Psi/2$, and γ for a particular situation.

Table 1. Anisotropy Coefficients for Girdle Distribution

	G_i	i
I. $\lambda < \phi \quad (\gamma > \pi/2 - \phi)$		
A. $\phi \geqslant \Psi/2, \Psi/2 + \phi \leqslant \pi/2$		
1. $\pi/2 - \phi < \gamma \leqslant \phi - \Psi/2$	$(B-A)/\pi$	1
2. $\phi - \Psi/2 \leqslant \gamma \leqslant \Psi/2 + \phi$	B/π	2
3. $\Psi/2 + \phi \leqslant \gamma \leqslant \pi/2$	0	3
B. $\phi \leqslant \Psi/2, \Psi/2 + \phi < \pi/2$		
1. $\pi/2 - \phi \leqslant \gamma \leqslant \Psi/2 + \phi$	B/π	4
2. $\Psi/2 + \phi \leqslant \gamma \leqslant \pi/2$	0	5
C. $\Psi/2 + \phi > \pi/2$		
1. $\pi/2 - \phi < \gamma \leqslant \lvert\Psi/2 - \phi\rvert$		
a. $\phi > \Psi/2$	$(B-A)/\pi$	6
b. $\phi < \Psi/2$	B/π	7
2. $\lvert\Psi/2 - \phi\rvert \leqslant \gamma < \pi - \Psi/2 - \phi$	B/π	8
3. $\pi - \Psi/2 - \phi \leqslant \gamma \leqslant \pi/2$	1	9
II. $\lambda > \phi \; (\gamma \leqslant \pi/2 - \phi)$		
A. $\Psi/2 \leqslant \phi \leqslant \Psi$		
1. $0 \leqslant \gamma \leqslant \phi - \Psi/2 \; (\gamma \leqslant \pi/2 - \alpha)$	$1-(A+B)/2C$	10
$(\gamma > \pi/2 - \alpha)$	$(B-A)/2C$	11
2. $\phi - \Psi/2 \leqslant \gamma \leqslant \Psi/2 \; (\gamma \leqslant \pi/2 - \alpha)$	$1-B/2C$	12
$(\gamma > \pi/2 - \alpha)$	$B/2C$	13
3. $\Psi/2 \leqslant \gamma \leqslant \pi/2 - \phi$	$B/2C$	14
B. $\Psi < \phi \leqslant \pi/2$		
1. $0 \leqslant \gamma \leqslant \pi/2 - \alpha$	$1-(A+B)/2C$	15
2. $\pi/2 - \alpha \leqslant \gamma \leqslant \phi - \Psi/2$	$(B-A)/2C$	16
3. $\phi - \Psi/2 \leqslant \gamma \leqslant \pi/2 - \phi$	$B/2C$	17
C. $0 < \phi \leqslant \Psi/2$		
1. $0 \leqslant \gamma \leqslant \Psi/2 - \phi$	1	18
2. $\Psi/2 - \phi \leqslant \gamma \leqslant \pi/2 - \alpha$	$1-B/2C$	19
3. $\pi/2 - \alpha \leqslant \gamma \leqslant \Psi/2 + \phi$	$B/2C$	20
4. $\Psi/2 + \phi \leqslant \gamma < \pi/2$	0	21
III. $\phi = 0$		
A. $0 < \gamma \leqslant \pi/2 \quad (\Psi/2 = 0)$	0	22
B. $0 \leqslant \gamma \leqslant \Psi/2 \quad (\Psi/2 > 0)$	1	23
C. $\Psi/2 < \gamma \leqslant \pi/2$	0	24

$$A = \arccos\left\{\frac{\cos\phi + \sin(\Psi/2)\sin\gamma}{\cos(\Psi/2)\cos\gamma}\right\}$$

$$B = \arccos\left\{\frac{\cos\phi - \sin(\Psi/2)\sin\gamma}{\cos(\Psi/2)\cos\gamma}\right\}$$

$$C = \arcsin(\sin\phi/\cos\gamma)$$

$$\alpha = \arccos[\cos\phi \, \sin(\Psi/2)]$$

Table 2. Anisotropy Coefficients for Point Distributions

Condition	P_i	i
I. $0 \leqslant \gamma \leqslant \phi$		
A. $\phi > \Psi/2$		
1. $0 \leqslant \gamma \leqslant \phi - \Psi/2$	0	1
2. $\phi - \Psi/2 \leqslant \gamma \leqslant \phi$	$1 - A'/\pi$	2
B. $\phi \leqslant \Psi/2$		
1. $0 \leqslant \gamma \leqslant \Psi/2 - \phi$	1	3
2. $\Psi/2 - \phi \leqslant \gamma \leqslant \phi$	$1 - A'/\pi$	4
C. Additional Condition*($\phi + \Psi/2 > \pi/2$)		
1. $\pi - \Psi/2 - \phi < \gamma \leqslant \pi/2$	B'/π	5
II. $\phi < \gamma \leqslant \pi/2$		
A. $\phi > \Psi/2$		
1. $\phi \leqslant \gamma \leqslant \beta$	$1 - A'/2C'$	6
2. $\beta \leqslant \gamma \leqslant \Psi/2 + \phi$	$A'/2C'$	7
3. $\Psi/2 + \phi < \gamma \leqslant \pi/2$	0	8
B. $\phi \leqslant \Psi/2$		
1. $\phi \leqslant \gamma \leqslant \Psi/2 - \phi$	1	9
2. $\Psi/2 - \phi \leqslant \gamma \leqslant \beta$	$1 - A'/2C'$	10
3. $\beta \leqslant \gamma \leqslant \Psi/2 + \phi$	$A'/2C'$	11
4. $\Psi/2 + \phi < \gamma \leqslant \pi/2$	0	12
C. Additional Condition*($\phi + \Psi/2 > \pi/2$)		
1. $\pi - \Psi/2 - \phi < \gamma \leqslant \pi/2$	$B'/2C'$	13
III. $\phi = 0$		
A. $0 \leqslant \gamma \leqslant \Psi/2$	1	14
B. $\Psi/2 < \gamma \leqslant \pi/2$	0	15
IV. $\phi = \pi/2$		
A. $0 \leqslant \gamma < \pi/2 - \Psi/2$	0	16
B. $\pi/2 - \Psi/2 \leqslant \gamma \leqslant \pi/2$	1	17

$$A' = \arccos\left\{\frac{\cos\phi - \cos(\Psi/2)\cos\gamma}{\sin(\Psi/2)\sin\gamma}\right\}$$

$$B' = \arccos\left\{\frac{\cos\phi + \cos(\Psi/2)\cos\gamma}{\sin(\Psi/2)\sin\gamma}\right\}$$

$$C' = \arcsin(\sin\phi/\sin\gamma)$$

$$\beta = \arccos[\cos\phi\cos(\Psi/2)]$$

*) Add P_5 or P_{13} to any other P_i for which conditions are appropriate.

We now examine the effect of area on [hkℓ] density. From our initial stipulation that [hkℓ] be represented by only a single pole of the form ⟨hkℓ⟩$_o$ it is obvious that for a given [hkℓ]$_o$ density (poles/area) the corresponding density of [hkℓ] is directly proportional to the area containing the ϕ-circles defining its possible positions. Thus if the area bounded by the dashed lines in Fig. 2 is twice the stippled area, the average density of [hkℓ] is half that of [hkℓ]$_o$. If D_Ψ is the density of [hkℓ]$_o$ within a girdle of angular width Ψ we have

(5) $$D_{hk\ell} = D_\Psi (R_o/R_{hk\ell})_\Psi$$

where R_o is the area contained within the Ψ distribution for [hkℓ]$_o$, and $R_{hk\ell}$ is the area generated by $f(\Psi,\Phi)$. The determination of G_i and P_i has already accounted for the relative variations within each anisotropy zone i, which fact simplifies the area zones greatly. These area zones are composite zones, containing several of the anisotropy zones i within their boundaries. The forms for calculation of R_o and $R_{hk\ell}$ are readily obtained from elementary trigonometric relations for sectors of a sphere and will not be derived here. Areas for similar zones describing point maxima densities, denoted by Q_o and $Q_{hk\ell}$ are likewise obtained. Forms for both types are summarized in Table 3.

Table 3. Composite Area Zones on Reciprocal Lattice Sphere

I. Girdle Distribution

ϕ	R
$0 \leqslant \phi \leqslant \pi/2 - \Psi/2$	$2\pi\sin(\phi + \Psi/2)$
$\pi/2 - \Psi/2 \leqslant \phi \leqslant \pi/2$	2π

II. Point Distribution

ϕ		Q
$0 \leqslant \phi \leqslant \Psi/2$	$(\phi + \Psi/2 < \pi/2)$	$2\pi[1 - \cos(\phi + \Psi/2)]$
$\Psi/2 \leqslant \phi < \pi/2$	$(\phi + \Psi/2 \leqslant \pi/2)$	$2\pi[\cos(\phi - \Psi/2) - \cos(\phi + \Psi/2)]$
$\Psi/2 \leqslant \phi \leqslant \pi/2$	$(\phi + \Psi/2 \geqslant \pi/2)$	$2\pi\cos(\phi - \Psi/2)$
$\pi/2 - \Psi/2 \leqslant \phi \leqslant \Psi/2$	$(\phi + \Psi/2 > \pi/2)$	2π

Intensity Calculations

The major features of all fabric pole figures showing some degree of anisotropy can be approximated by the three types of distributions discussed previously, namely, great- and small-circle, girdles, and point maxima. Application of the anisotropy coefficients of Tables 1 and 2 require that the following assumptions be made:

(a) all distributions for $[hk\ell]_o$ are of uniform density
(b) There is no preferred orientation of the $[hk\ell]$ direction within its small-circle about $[hk\ell]_o$.
(c) Boundaries of such distributions conform to the geometry specified
(d) A finite angular aperture exists at the detector position (permitting an angular range of poles on the reciprocal lattice sphere to be measured)

Obviously natural fabrics do not conform to such rigid requirements. Therefore, exact agreement between calculated and observed intensities would not be expected. Nevertheless, using the major features of a pole figure one can obtain very good results, as illustrated in the examples of the next section.

Because of the finite angular aperture mentioned above the calculated intensities should rigorously involve arclengths of λ (or γ) integrated over the range of the aperture. Thus the total diffracted intensity $I^*_{hk\ell}$ for reflection $hk\ell$ expected to occur at the detector making an angle γ with the distribution reference direction (cone axis or girdle plane), having distribution width Ψ, and detector angular aperture ΔW, is

(6) $$I^*_{hk\ell} = NI^c_{hk\ell}\,\Sigma K_\Psi = NI^c_{hk\ell}\,\Sigma[D_{hk\ell}\int_{W_\ell}^{W_u} G_i(\gamma)d\gamma]$$

where $I^c_{hk\ell}$ is the observed or calculated relative intensity for plane $hk\ell$ in a *random* aggregate, N is a normalizing factor used to reduce $I^c_{hk\ell}$ to absolute values, and the summation taking account of all of the Ψ distributions. Frequently an anisotropy zone boundary b_i falls within the limits of ΔW in which case both zones must be considered; K_Ψ then becomes

(7) $$K'_\Psi = D_{hk\ell}[\int_{W_\ell}^{b} G_\ell(\gamma)d\gamma + \int_{b}^{W_u} G_u(\gamma)d\gamma]$$

where W_ℓ and W_u are lower and upper values (given in terms of γ) for the angular aperture, and G_ℓ and G_u are the corresponding anisotropy coefficients for zones lying between W_ℓ and b and between b and W_u. Unfortunately, most of the integrals of $G(\gamma)$ are difficult or impossible to evaluate analytically. However, because of the small width of ΔW, they may be replaced by close approximations, yielding

(8) $$I^*_{hk\ell} = NI^c_{hk\ell}\,\Sigma K_\Psi = NI^c_{hk\ell}\,\Sigma[D_{hk\ell}\,\Delta W G_i(\bar{\gamma})]$$

for an approximation to eq. (6), and

(9) $$K'_\Psi = D_{hk\ell}[\Delta W_\ell G_\ell(\bar{\gamma}_\ell) + \Delta W_u G_u(\bar{\gamma}_u)]$$

for an approximation to eq. (7), where $\Delta W_\ell = b - W_\ell$, and $\Delta W_u = W_u - b$ are the lower and upper aperture increments, respectively. In the latter case $\bar{\gamma}_\ell = (W_\ell + b)/2$ and $\bar{\gamma}_u = (W_u + b)/2$. It should be noted that when $\bar{\gamma} = \pi/2$, or 0, the ΔW interval is split into equal and symmetrical halves. In general, little error is introduced in using $\bar{\gamma} = \pi/2$, or 0, with ΔW equal to the full value, rather than using ΔW_ℓ and $\bar{\gamma}_\ell$ or ΔW_u and $\bar{\gamma}_u$ and doubling the resulting G_i or P_i. The only exception to this is when $\phi = \pi/2$ for girdles, in which case the value for G_i vanishes. Thus, for $\phi = \pi/2$ and $\bar{\gamma} = 0$, the values ΔW_u and $\bar{\gamma}_u$ should be used and G_i doubled.

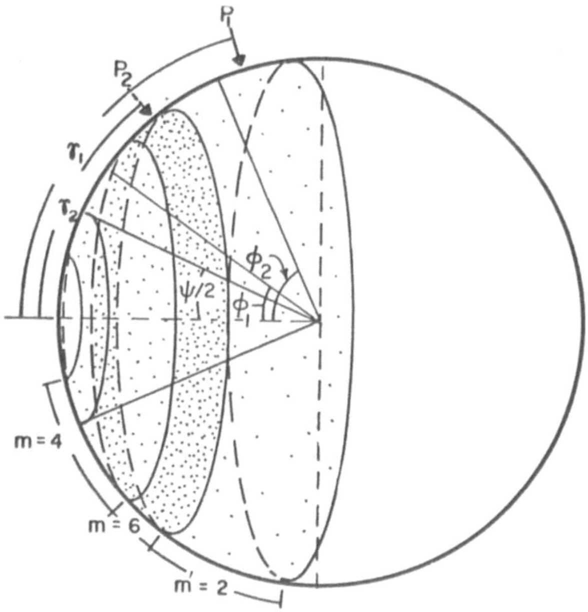

Figure 5.
Reciprocal lattice sphere showing hypothetical splitting of multiplicities for a $[hk\ell]_o$ point maximum.

In consideration of multiplicity it was pointed out above that the diffraction probability was based on a single pole $[hk\ell]$ within the ϕ-circles. For all unique crystallographic directions multiplicity is properly accounted for in $I^c_{hk\ell}$. However, when non-unique directions are selected for $[hk\ell]_o$ partitioning of multiplicity values is necessary when planes of the same form have different ϕ-angles with respect to $[hk\ell]_o$. Consider, for example, the point distribution in Fig. 5. Zones involving ϕ_1 and ϕ_2 with multiplicities $m = 4$ and $m' = 2$ ($M = 6$ for the form) created by a $[hk\ell]_o$ distribution of width Ψ require separate consideration. At P_1

(10) $$(I_1^*)_{hk\ell} = (m'/M)NI^c_{hk\ell}[D_{hk\ell}\Delta WP_{i1}(\bar{\gamma}_1)]$$

whereas at P_2 the intensity is

(11) $$(I_2^*)_{hk\ell} = (m/M)NI^c_{hk\ell}[D_{hk\ell}\Delta WP_{i2}(\bar{\gamma}_2)] + (m'/M)NI^c_{hk\ell}[D_{hk\ell}\Delta WP_{i2}(\bar{\gamma}_2)]$$

where P_{i1} and P_{i2} are the anisotropy coefficients for a point distribution at the two detector positions in question. If the structure factor contributions associated with m and m′ are also different then $I^c_{hk\ell}$ in each term of eq. (11) will be replaced by $I^{c1}_{hk\ell}$ and

$I^{c2}_{hk\ell}$ with m, m′, and M removed (since they are already partitioned in the calculated intensities). In principle it is possible to carry out the same analysis for non-unique crystallographic directions as for unique ones, but application becomes considerably more tedious and will not be considered further here.

Application to Natural Fabrics

Tibia of *Bos Taurus*

The pole figure for [0001] of apatite crystallites in Bovine tibia represents a simple type of anisotropy that can be determined only by an x–ray technique (Davis, *et al.*, 1966). Figure 6 includes the determined pole figure and a breakdown of the figure into 1 girdle and 3 point distributions. The average density of [0001] in the 40° girdle distribution is approximately 1/2 (1.0 + 0.7); that in the 35° point distribution 1/2 (1.3 + 1.0), and so on. Since each distribution zone lies on top of each successively larger zone,

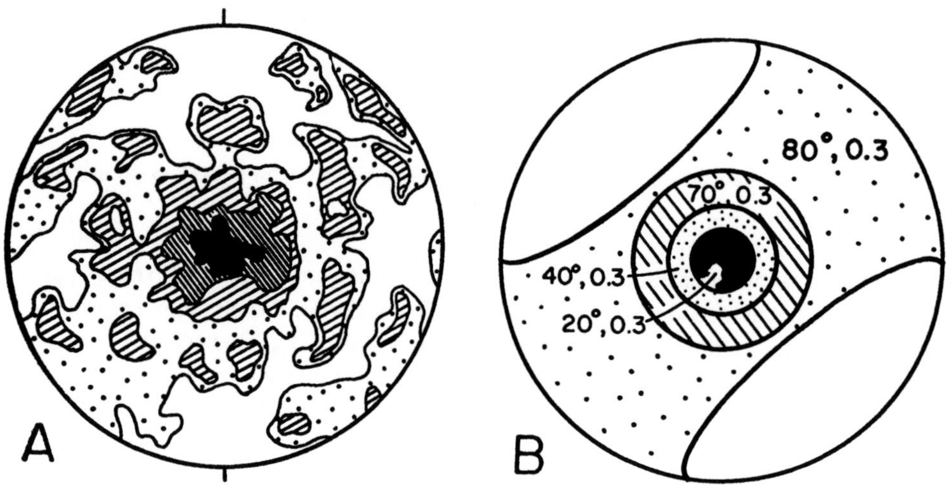

Figure 6.

A. X-ray c-axis pole figure for apatite in tibia of *bos taurus* determined by small-circle net technique. Contours 0.7, 1.0, 1.3, 1.6 (max. of 1.9). Schmidt equal area net.

B. Specific distributions selected to represent the major features of A. Numbers are Ψ and D_Ψ, respectively.

the *net* density of each zone must be used. This then is D_Ψ. Summarizing, we have for the zones and densities:

$\Psi°$	D_Ψ	Type
1. 80	0.3	Great-circle girdle
2. 70	0.3	Point maximum
3. 40	0.3	Point maximum
4. 20	0.3	Point maximum

For the x-ray values of D_Ψ the units are dimensionless, they being approximate factors times the pole density expected for a randomly distributed crystallite fabric.

Actual calculation of anisotropy coefficients and resulting intensities $I^*_{hk\ell}$ will be illustrated by three examples, the $21\bar{3}\bar{3}$, $21\bar{3}\bar{1}$, and 0002 reflections, having ϕ-angles of 36.9°, 66.0°, and 0°, respectively. One of the surfaces for which x-ray data is available coincides with the primitive circle of the c-axis pole figure. Thus $\gamma = 0$ and $\lambda = \pi/2$ relative to this plane. For this sample the angular aperture ΔW used was 1°. Each value of K_Ψ of eq. (8) is calculated using the above densities and forms for G_i, P_i, $R_{hk\ell}$, and $Q_{hk\ell}$ obtained from Tables 1–3. The pertinent steps are tabulated for the three reflections as follows.

$21\bar{3}\bar{3}$ $\quad \phi = 36.9°$

1. $\Psi = 80°$, $D_\Psi = 0.3$, $\bar{\gamma} = 0$, girdle
   a. The above constants specify zone G_{18}, Table 1 (II–C–1); $G_{18} = 1.0$
   b. $R_o = R(\phi = 0) = 2\pi\sin(\Psi/2) = 4.04$
      $R_{21\bar{3}\bar{3}} = 2\pi\sin(\phi + \Psi/2) = 6.12$
      $D_{hk\ell} = 0.3(4.04/6.12) = 0.198$
   c. $K_{80} = (0.198)(1.0)(1.0) = 0.198$
2. $\Psi = 70°$, $D_\Psi = 0.3$, $\bar{\gamma} = 0$, point
   a. The above constants specify zone P_1, Table 2 (I–A–1); $P_1 = 0$
   b. K_{70} is also 0; no further calculations necessary.
3. Similarly to step 2, $K_{40} = K_{20} = 0$.
4. $\Sigma K_\Psi = 0.198$, and
   $I^*_{hkil} = I^*_{21\bar{3}\bar{3}} = (0.198)(37.3)N = 7.4N$

$21\bar{3}\bar{1}$ $\quad \phi = 66.0°$

1. $\Psi = 80°$, $D_\Psi = 0.3$, $\bar{\gamma} = 0$, $\alpha = 74.8°$, girdle
   a. The above constants specify zone G_{10}, Table 1 (II–A–1); since $\bar{\gamma} = 0$, and
      $C = \phi$, $G_{10} = 1 - (A + B)/2C = 1 - A/\phi$
      Thus, $G_{10} = 1 - 0.873 = 0.127$
   b. $R_o = R(\phi = 0) = 4.04$
      $R_{21\bar{3}\bar{1}} = 6.28$
      $D_{21\bar{3}\bar{1}} = 0.3(4.04/6.28) = 0.192$
   c. $K_{80} = (0.192)(1.0)(0.127) = 0.024$
2. $\Psi = 70°, 40°, 20°$, $D_\Psi = 0.3$, $\bar{\gamma} = 0$, $\alpha = 74.8°$, point
   a. For each of these Ψ values the above constants specify zone P_1, Table 2 (I–A–1); $P_1 = 0$.
   b. $K_{70} = K_{40} = K_{20} = 0$

3. $\Sigma K_\Psi = 0.024$, and
$I^*_{21\bar{3}1} = (100)(0.024)N = 2.4N$

0002 $\phi = 0$

1. $\Psi = 80°$, $D_\Psi = 0.3$, $\bar{\gamma} = 0$, girdle
   a. The above constants specify zone G_{23}, Table 1 (III–B); $G_{23} = 1.0$
   b. $R_o = R_{0002} = 4.04$
   $D_{0002} = 0.3(4.04/4.04) = 0.3$
   c. $K_{80} = (0.3)(1.0)(1.0) = 0.3$
2. $\Psi = 70°$, $D_\Psi = 0.3$, $\bar{\gamma} = 0$, point
   a. These constants specify zone P_{14}, Table 2 (III–A); $P_{70} = 1.0$
   b. As in 1–b, $D_{0002} = 0.3$
   c. $K_{70} = (0.3)(1.0)(1.0) = 0.3$
3. Similarly, $K_{40} = K_{20} = 0.3$
4. $I^*_{0002} = (56.8)(1.20)N = 68.3N$

Table 4. Diffraction Intensities for Apatite in Tibia of *Bos Taurus*

hkil	$\phi°$	ΣK_Ψ	$I^{c'}_{hkil}$	$I^{*'}_{hkil}$	$I^{f'}_{hkil}$
0002	0	1.200	56.8	100.0	100.0
$21\bar{3}0$	90.0	≈0	16.0	≈0	0
$10\bar{1}2$	23.3	0.330	9.1	4.4	6.8
$21\bar{3}1$	66.1	0.024	100.0 } **	25.6	96.0
$11\bar{2}2$	36.0	0.198	76.3 }		
$30\bar{3}0$	90.0	≈0	54.6	≈0	0
$20\bar{2}2$	40.0	0.195	28.0	8.1	7.0
$30\bar{3}1$	68.0	0.021	5.7	0.2	4.2
$11\bar{2}3$	26.1	0.210	10.3	3.2	4.4
$22\bar{4}2$	55.0	0.053	28.8	2.2	4.4
$21\bar{3}3$	36.9	0.198	37.3	10.8	22.2

$[hkil]_o$ = optic c–axis = [0002] **) unresolved $I^{c'}_{hkil}$ from observed powder pattern of natural apatite

As can be seen from the above examples the calculations for this specimen are extremely simple and straightforward. The complete set of data for the apatite fabric of *bos taurus* tibia is given in Table 4. Note that N is eliminated in the re-normalizing procedure and never has to be considered explicitly. The observed relative x-ray diffraction intensities form this section were obtained from a cut and polished section taken normal to the tibia axis and mounted in a special sample holder for the Norelco diffractometer. These observed data, denoted by $I^{f'}_{hk\ell}$ compare very well to those calculated from theory. A more objective "figure of merit" is here defined by

(12) $$M^* = \frac{1}{n}\sum_n \frac{|I^{*\prime}_{hk\ell} - I^{f\prime}_{hk\ell}|}{\frac{1}{2}[I^{*\prime}_{hk\ell} + I^{f\prime}_{hk\ell}]}$$

which must be substantially less than

(13) $$M = \frac{1}{n}\sum_n \frac{|I^{c\prime}_{hk\ell} - I^{f\prime}_{hk\ell}|}{\frac{1}{2}[I^{c\prime}_{hk\ell} + I^{f\prime}_{hk\ell}]}$$

in order for the calculated data to be a better predictor of the correct fabric features than simply the powder pattern of randomly oriented crystallites. In eqs. (12) and (13) n is the number of reflections used in the analysis, and the primes denote that the intensities have been normalized into relative intensities (strongest reflection = 100). For the apatite fabric of the tibia sample M = 0.79 and M* = 0.52, indicating that the calculated intensities are in harmony with a fabric given by Fig. 6.

Yule Marble

Pole figures are available from both optical and x-ray analysis of calcite c-axes for this fabric (Davis, 1966). Figure 7A-7D present the observed x-ray and optical pole figures, and density distribution data. Because the two centrally located c-axis maxima of the pole figure are probably minor "false" maxima, as explained by Davis, the entire central region between the point maximum was considered to be part of two wide girdles. Here a 4-degree angular aperture was used to obtain three independent x-ray diffraction patterns from the F-section (Davis, 1966, Fig. 1). We compare the calculated intensities with the average of those from the three sections in order to reduce variations due to the relatively coarse grain size for the specimen. This section is inclined 45 degrees to the well-known T-section so that for girdle distributions, $\bar{\gamma} = 45°$ and for point distributions $\bar{\gamma} = 90°$. Pole densities were obtained in the same manner as for the apatite fabric.

In the Yule marble calculations the use of the 4-degree aperture resulted in several cases requiring splitting of ΔW. An example from $\Psi = 120°$ of the optical case will illustrate the situation. For the $10\bar{1}4$ reflection $\pi/2 - \phi = 45.4°$ and with $W_\ell = 43°$ and $W_u = 47°$ ΔW is split into sub-zones $\Delta W_\ell = 2.4$ and $\Delta W_u = 1.6$ with $\bar{\gamma}_\ell = 44.2°$ and $\bar{\gamma}_u = 46.2°$. In this case $G_\ell = G_{20}$ and $G_u = G_7$ of Table 1. The calculations result in $G_\ell = 0.46$, $G_u = 0.42$, $R_u (= R_{0006}) = 5.44$ and $R_{10\bar{1}4} = 6.28$, yielding

$$K_{120} = (0.6)(5.44/6.28)[(2.4)(0.46) + (1.6)(0.42)] = 0.925$$

The calculated intensities for 20 reflections in the F-section are compared with the corresponding observed data in Table 5. For the x-ray data $M^*_x = 0.67$, and for the optic data $M^*_o = 0.46$, whereas the "random" powder intensities give M = 0.87. We can conclude from examination of Table 5 and from these M values that the optically derived c-axis pole figure is more reliable than that derived from the small-circle net analysis of Davis (1966), even though both methods yield essentially the same positions for the

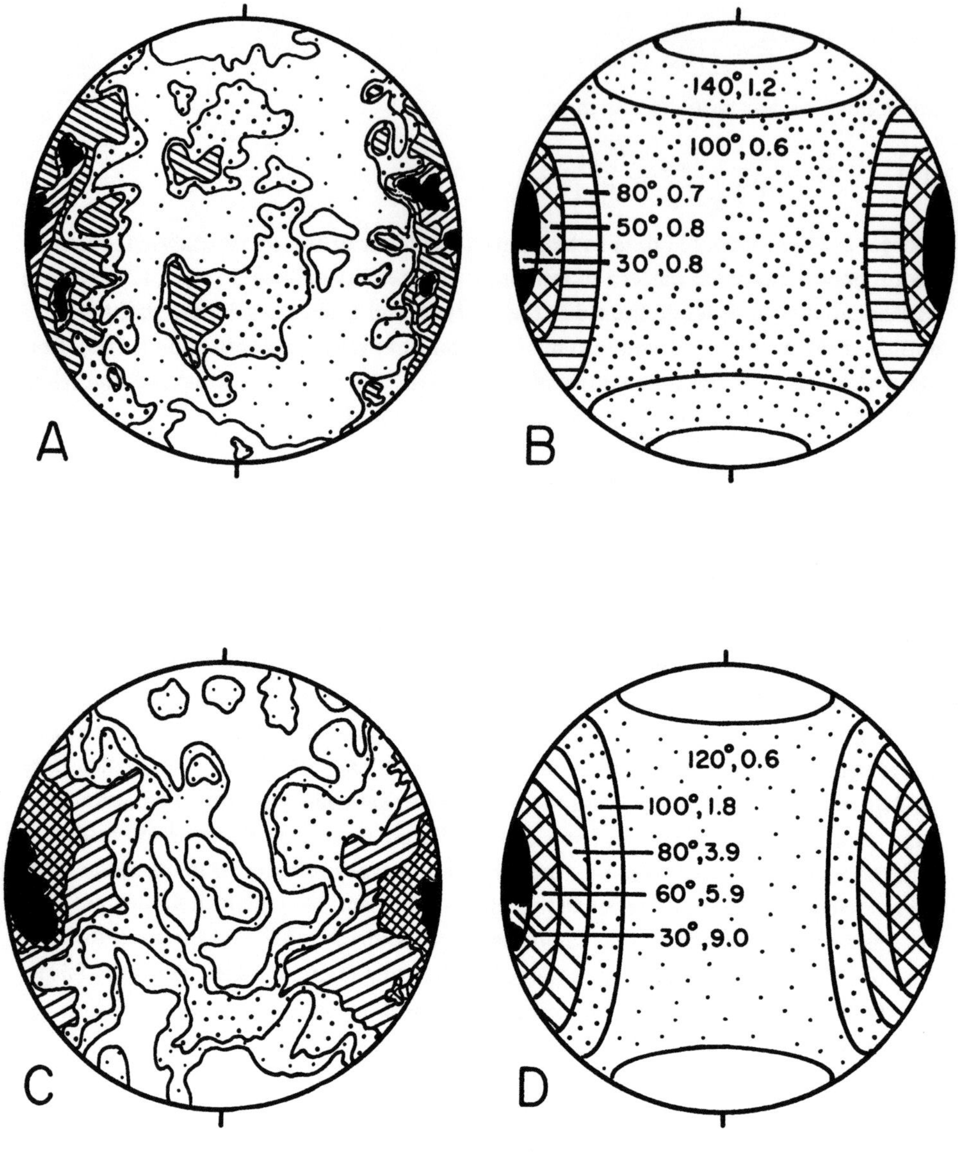

Figure 7.

A. X-ray c-axis pole figure for calcite in Yule Marble, T-section. F = pole to F-section. Schmidt equal area net. Contours 0.8, 1.6, 2.0, 3.0, 3.5 (max. of 4.8).

B. Specific distributions selected to represent the major features of A. Numbers are Ψ and D_Ψ, respectively.

C. Optic c-axis pole figure for calcite in Yule Marble. 300 axes from T-section. F = pole to F-section. Contours 0.4, 1.2, 3.0, 5.0 (max. of 9) percent per 1 percent net area. Schmidt equal area net.

D. Specific distributions selected to represent the major features of C. Numbers are Ψ and D_Ψ, respectively.

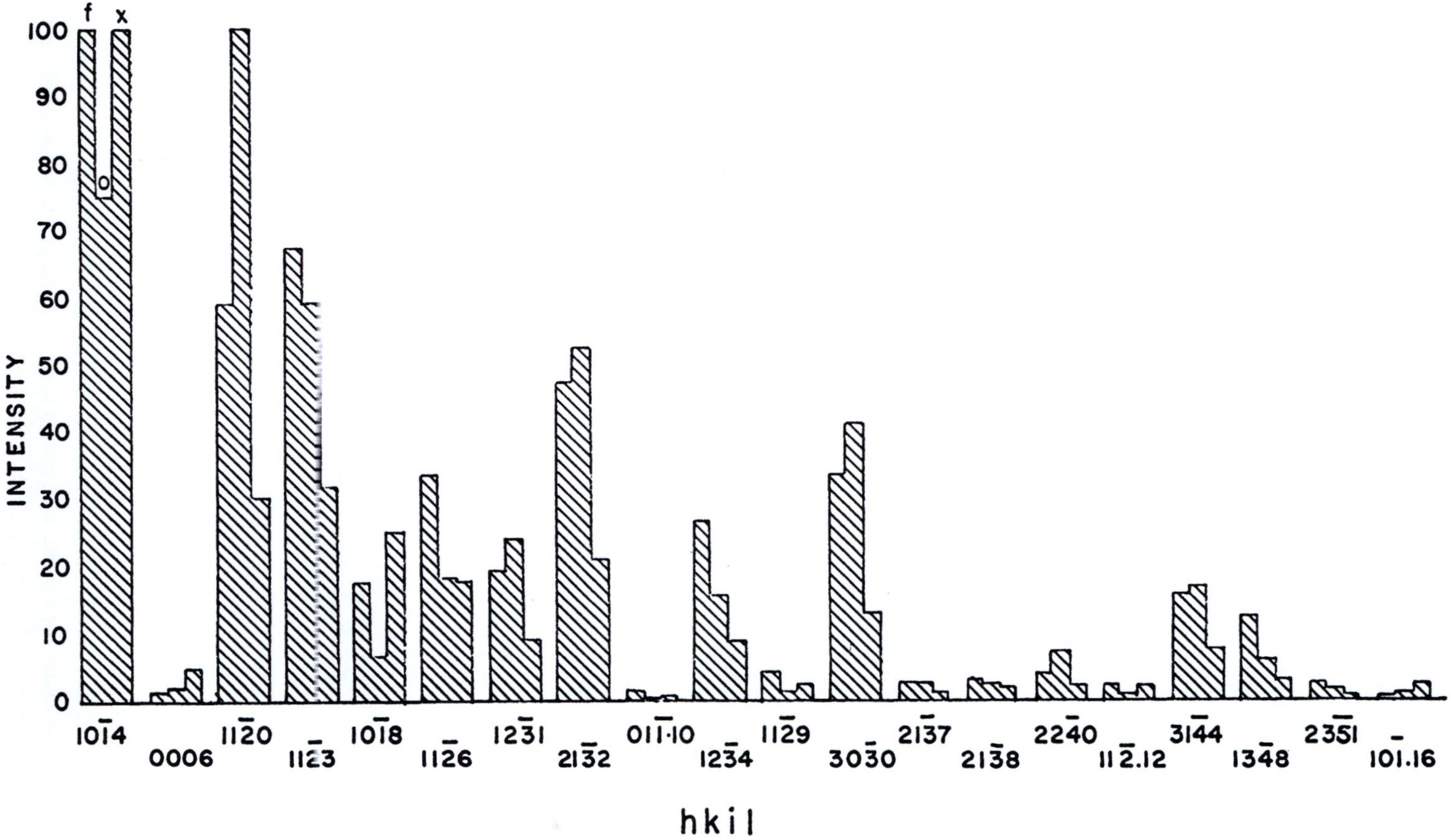

Figure 8.
Plot of intensities $I^{f'}_{hkil}$ = f, $I^{*'}_{hkil}$ = o, and $I^{*'}_{hkil}$ = x, for observed fabric, calculated optic, and calculated x-ray, respectively, for 20 reflections of calcite in Yule Marble.

major features. Although these major features are believed to be correct, the "flattened" gradient of c-axis pole density presented by the x-ray contour values has suppressed the intensities of reflections of large ϕ-angle and enhanced those of small ϕ-angle, as can be easily seen from Table 5. Had the optic equivalent contours been used (Davis, 1966, p. 1007) to determine D_Ψ for the x-ray analysis, M^*_x would have been considerably reduced. The flattened gradient in pole density characteristic of the small-circle net technique now appears to be one of its significant weaknesses.

Table 5. Diffraction Intensities for Calcite in Yule Marble

hkil	$\phi°$	$I^{c'}_{hkil}$	$I^{f'}_{hkil}$	ΣK_Ψ x-ray	$I^{*'}_{hkil}$ x-ray	ΣK_Ψ optic	$I^{*'}_{hkil}$ optic
$10\bar{1}4$	44.6	100.0	100.0	3.37	100.0	2.17	75.0
0006	0.0	2.2	1.4	7.20	4.7	2.40	1.8
$11\bar{2}0$	90.0	13.2	58.0	7.93	30.0	21.92	100.0
$11\bar{2}3$	66.3	18.4	67.0	5.93	31.2	9.29	59.0
$10\bar{1}8$	26.3	19.1	17.3	4.41	25.0	1.02	6.7
$11\bar{2}6$	48.7	19.8	33.0	3.00	17.6	2.66	18.1
$12\bar{3}1$	84.3	3.9	19.7	7.39	8.6	17.90	24.2
$21\bar{3}2$	79.6	10.0	47.0	6.82	20.2	15.16	52.5
$01\bar{1}\cdot10$	21.5	0.8	1.8	5.40	1.3	1.09	0.3
$12\bar{3}4$	69.9	4.5	26.4	6.11	8.2	10.24	16.0
$11\bar{2}9$	37.2	2.6	4.6	3.18	2.5	1.09	1.0
$30\bar{3}0$	90.0	5.5	34.4	7.93	13.0	21.92	41.8
$21\bar{3}7$	55.9	1.5	2.7	3.90	1.7	5.24	2.7
$21\bar{3}8$	52.3	2.3	3.9	3.49	2.4	4.08	3.2
$22\bar{4}0$	90.0	1.0	4.3	7.93	2.4	21.92	7.5
$11\bar{2}\cdot12$	29.7	1.9	2.0	3.73	2.1	1.00	0.7
$31\bar{4}4$	74.3	4.0	15.9	6.39	7.6	11.97	16.5
$13\bar{4}8$	60.7	2.7	12.8	4.60	3.7	6.49	6.0
$23\bar{5}1$	86.6	0.3	2.3	7.58	0.7	18.98	2.0
$10\bar{1}\cdot16$	13.7	1.5	0.9	5.83	2.6	2.08	1.7

$[hkil.c.]_o$ = optic c-axis = [0006]

$I^{c'}_{hkil}$ from T. Zoltai and C. Jahanbagloo (University of Minnesota)

Practical Considerations

Calculation of both anisotropy coefficients and final intensities can best be facilitated by digital computer methods. However, for only a few distribution zones (girdles, etc.) in the pole figure the calculations can be done by hand in a few hours. The *bos taurus* data took about two hours to complete by hand.

Use of small angular apertures eliminates splitting of ΔW and eliminates extra calculation; the value actually used is of course dependent upon grain size and resolution requirements in measuring the observed intensities. Ideally, calculated intensities should be used for $I^{c}_{hk\ell}$, but observed data from a carefully prepared powder sample provide an alternative. Of course, preferred orientation of any kind must be eliminated from such a pattern.

It is important that calculations not be made for minor features of pole figures that may not be real or consistently present from sample to sample. Best results are obtained using only the major features, even though a series of small irregular maxima are combined into one large one.

Another possible use of the theory would be to generate the pole figure for any $[hk\ell]$ desired given the pole figure of some other reference direction $[hk\ell]_0$. This can now be done for unique directions with the tables presented herein; further development of the zonal relations for non-unique directions will be the subject of further study. A general method of this type should be a powerful tool since a direct and objectively derived theoretical pole figure can be calculated for comparison with analogous figures obtained experimentally from texture goniometers.

Finally, although the present technique implies no anisotropy about $[hk\ell]_0$, such anisotropy could in principle be taken into account given a pole figure of some appropriate direction (such as hk0 reflections for anisotropy about 00ℓ) that defines such variations. The zone boundaries b_i, and hence coefficients G_i and P_i would not differ from those given in Tables 1–3 in any case; it is the variation in density around these belt-like zones that require identification. These variations would appear to be most readily described by some kind of trigonometric series.

References

Davis, B. L., X-ray Fabric Study of Yule Marble, Bull. Geol. Soc. America, *77*, 1005–1016 (1966).

– , G. Rapp. Jr., and A. S. Posner, Application of the Small-Circle Net Method to the Study of Bovine Bone and Tooth Fabrics, Archs. Oral Biol., *11*, 1241–1260, (1966).

Higgs, D. V., M. Friedman, and J. E. Gebhart, Petrofabric Analysis by Means of the X-ray Diffractometer, p. 275–292 *in* D. Griggs and J. Handin, *eds.*, Rock Deformation, Memoir 79, Geol. Soc. America, 382 pp. (1960).

Neff, H.: Ein Neues Zählrohrgoniometer für die Texturbestimmung an Blechen, Zeitschr. f. Metallkunde, *47*, 646–648, (1956).

Paulitsch, P., Zur Angewandten Korngefügekunde, Silikattechn., *12*, 258–263, (1961).

A COMPUTER PROGRAMME TO CONSTRUCT SPHERICAL PROJECTIONS

John Starkey
Department of Geology University of Western Ontario
London, Ontario–Canada

Spherical projections are frequently used to represent three dimensional orientation data on a plane surface. In petrofabric studies the projection most commonly used is the Lambert Equal Area Projection (or Schmidt Net) and hence the accompanying com-

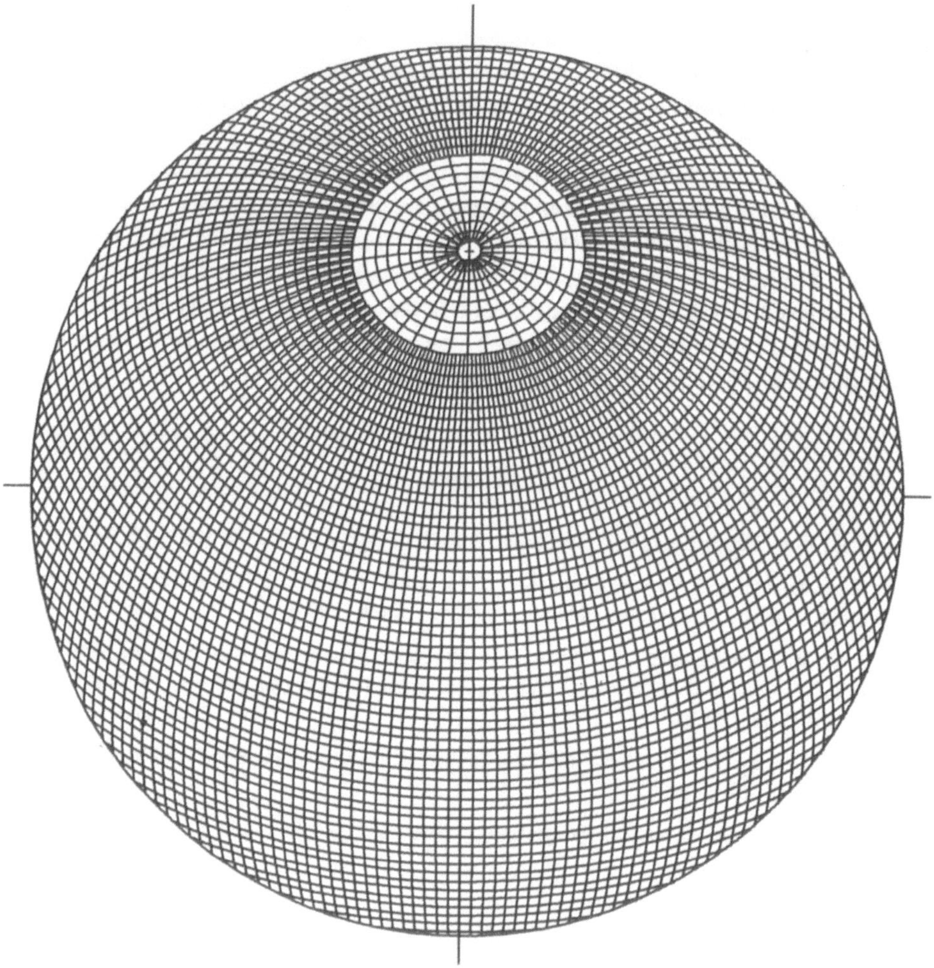

Fig. 1.
Sample output. The input data was TILT=45; the fields for RQ and IV were blank so that values of 100 and 2 were assumed.

puter listing pertains to this projection. However the programme is readily modified to construct other spherical projections.

The programme produces a projection of the reference sphere on any scale and in any orientation. It is primarily the latter consideration which prompted the writing of the programme for, although equatorial and polar spherical projections are obtainable, inclined projections (*i.e.* where the plane of projection is tangential to the sphere at some point other than the pole or equator, see Fig. 1) are not generally available. Such inclined projections are invaluable both for the interpretation of orientation patterns and for the rotation of projected data around inclined axes.

Programme Outline:

The programme consists of a main routine MAIN and seven subroutines. Four of the subroutines perform the trigonometrical solution of spherical triangles, the remaining three subroutines are part of the CalComp 563 System as used at the Computer Centre of the University of Western Ontario. Figure 1 illustrates a sample of the output. A listing of the programme is presented in Table 1.

Table 1.
A Fortran IV listing of the programme exclusive of the subroutines PLOTS, PLOT and ENDPLIT which are part of the CalComp 563 System.

```
$IBFTC MAIN
C
C       TO CONSTRUCT AN EQUAL AREA PROJECTION OF RADIUS RO AND INCLINATION
C       TILT
C       SET CONSTANTS.(IV=SPACING OF CALCULATED POINTS IN DEGREES)
C
        DIMENSION XA(4),XB(4),YA(4),YB(4)
        IJS=0
        RAD=57.2957795
        CONV=25.399978
        RNINTY=90.0/RAD
        FF=RNINTY/2.0
        PI=180.0/RAD
        WEST=270.0/RAD
  100   READ(5,101)TILT,RO,IV
  101   FORMAT(2F10.0,I10)
        IF(TILT.GT.100.0)GOTO192
        IJS=IJS+1
        IF(RO.LE.0.0)RO=100.0
        YWIDE=11.0
        IF(RO.GT.150.0)YWIDE=29.5
        IF(IV.LE.0)IV=2
        IF( IJS.GT.1 )GOTO102
        CALL PLOTS (90,60.0,YWIDE)
  102   CONTINUE
        ITILT=TILT
        RO=RO/CONV
        R=RO/SIN(0.5*RNINTY)
        TILT=TILT/RAD
        SSC=TILT
        SA=RNINTY-TILT
```

```
C       MOVE THE PLOTTER ORIGIN                                         MAIN0310
C                                                                       MAIN0320
        IF(IJS.GT.1)GOTO103                                             MAIN0330
        GOTO104                                                         MAIN0340
  103 XMOVE=(RO*2.0)+1.0                                                MAIN0350
        CALL PLOT (XMOVE.0.0.-3)                                        MAIN0360
        GOTO105                                                         MAIN0370
  104 CONTINUE                                                          MAIN0380
        CALL PLOT (1.0.1.0.-3)                                          MAIN0390
  105 CONTINUE                                                          MAIN0400
C                                                                       MAIN0410
C       CALCULATE POLAR POINT.                                          MAIN0420
C                                                                       MAIN0430
        RSC=SA                                                          MAIN0440
        DIST=R*SIN(0.5*RSC)                                             MAIN0450
        RY=RO+DIST                                                      MAIN0460
        RX=RO                                                           MAIN0470
        RX1=RX+0.04                                                     MAIN0480
        RX2=RX-0.04                                                     MAIN0490
        CALL PLOT(RX.RY.3)                                              MAIN0500
        CALL PLOT(RX.RY.2)                                              MAIN0510
        CALL PLOT (RX1.RY.1)                                            MAIN0520
        CALL PLOT (RX2.RY.1)                                            MAIN0530
        CALL PLOT (RX.RY.1)                                             MAIN0540
C                                                                       MAIN0550
C       CALCULATE GREAT CIRCLES                                         MAIN0560
C                                                                       MAIN0570
        KONT=0                                                          MAIN0580
        DO137 LONG=2.358.4                                              MAIN0590
        XLONG=LONG                                                      MAIN0600
        IF(LONG-180)107.106.108                                         MAIN0610
  106 KONT=0                                                            MAIN0620
        GOTO122                                                         MAIN0630
  107 XX=+1.0                                                           MAIN0640
        RLONG=PI-(XLONG/RAD)                                            MAIN0650
        GOTO109                                                         MAIN0660
  108 XX=-1.0                                                           MAIN0670
        RLONG=(XLONG/RAD)-PI                                            MAIN0680
  109 KONT=KONT+1                                                       MAIN0690
        IF(RLONG.GT.RNINTY)GOTO110                                      MAIN0700
        CALL OST4 (ZA.CHI.SA.RLONG.RNINTY.C)                            MAIN0710
  110 IF(KONT-5)111.112.112                                             MAIN0720
  111 LLIM=20                                                           MAIN0730
        MLIM=160                                                        MAIN0740
        GOTO113                                                         MAIN0750
  112 LLIM=2                                                            MAIN0760
        MLIM=178                                                        MAIN0770
        KONT=0                                                          MAIN0780
  113 CALL OST5 (RNINTY.SA.RLAT.RLONG.RA.AZ)                            MAIN0790
        YY=+1.0                                                         MAIN0791
        JLAT=RLAT*RAD                                                   MAIN0800
        JL=JLAT/IV                                                      MAIN0810
        JJ=JL*IV                                                        MAIN0820
        IF(JJ.NE.JLAT)JLAT=JLAT-1                                       MAIN0830
        IF(JLAT.LT.LLIM)GOTO122                                         MAIN0840
        IF(JLAT.GT.MLIM)GOTO114                                         MAIN0850
        MLIM=JLAT                                                       MAIN0860
        RSC=RNINTY                                                      MAIN0870
        GOTO115                                                         MAIN0880
  114 RLAT=MLIM                                                         MAIN0890
        RLAT=RLAT/RAD                                                   MAIN0900
        CALL OST3 (SA.RLAT.RSC.RA.AZ.RLONG)                             MAIN0910
        YY=-1.0                                                         MAIN0911
  115 DIST=R*SIN(0.5*RSC)                                               MAIN0920
        RYL=RO+(COS(AZ)*DIST*YY)                                        MAIN0930
        RXL=RO+(SIN(A7)*DIST*XX)                                        MAIN0940
        DO121 LAT=LLIM.MLIM.IV                                          MAIN0950
        XLAT=LAT                                                        MAIN0960
```

```
      RLAT=XLAT/RAD
      CALL OST3 (SA,RLAT,RSC,RA,AZ,RLONG)
      DIST=R*SIN(0.5*RSC)
      IF(RLONG.GT.RNINTY)GOTO116
      IF(CHI-RLAT)117,116,116
  116 YY=+1.0
      GOTO118
  117 YY=-1.0
  118 RX=RQ+(SIN(AZ)*DIST*XX)
      RY=RQ+(COS(AZ)*DIST*YY)
      IF(LAT.EQ.LLIM)GOTO119
      GOTO120
  119 CALL PLOT (RX,RY,3)
      CALL PLOT (RX,RY,2)
      GOTO 121
  120 CALL PLOT(RX,RY,1)
  121 CONTINUE
      CALL PLOT (RXL,RYL,1)
  122 KONG=LONG+2
      XLONG=KONG
      IF(KONG-180)124,123,125
  123 KONT=0
      GOTO137
  124 XX=+1.0
      RLONG=PI-(XLONG/RAD)
      GOTO126
  125 XX=-1.0
      RLONG=(XLONG/RAD)-PI
  126 KONT=KONT+1
      IF(RLONG.GT.RNINTY)GOTO127
      CALL OST4 (ZA,CHI,SA,RLONG,RNINTY,C)
  127 IF(KONT-5)128,129,129
  128 LLIM=20
      MLIM=160
      GOTO130
  129 LLIM=2
      MLIM=178
      KONT=0
  130 CALL OST5 (RNINTY,SA,RLAT,RLONG,RA,AZ)
      YY=+1.0
      JLAT=RLAT*RAD
      JL=JLAT/IV
      JJ=JL*IV
      IF(JJ.NE.JLAT)JLAT=JLAT-1
      IF(JLAT.LT.LLIM)GOTO137
      IF(JLAT.GT.MLIM)GOTO131
      MLIM=JLAT
      RSC=RNINTY
      GOTO132
  131 RLAT=MLIM
      RLAT=RLAT/RAD
      CALL OST3 (SA,RLAT,RSC,RA,AZ,RLONG)
      YY=-1.0
  132 DIST=R*SIN(0.5*RSC)
      RYL=RQ+(COS(AZ)*DIST*YY)
      RXL=RQ+(SIN(AZ)*DIST*XX)
      CALL PLOT (RXL,RYL,3)
      CALL PLOT (RXL,RYL,2)
      LAT=MLIM+IV
      DO136 KAT=LLIM,MLIM,IV
      LAT=LAT-IV
      XLAT=LAT
      RLAT=XLAT/RAD
      CALL OST3 (SA,RLAT,RSC,RA,AZ,RLONG)
      DIST=R*SIN(0.5*RSC)
      IF(RLONG.GT.RNINTY)GOTO133
      IF(CHI-RLAT)134,133,133
```

```
  133 YY=+1.0
      GOTO135
  134 YY=-1.0
  135 RX=RO+(SIN(AZ)*DIST*XX)
      RY=RO+(COS(AZ)*DIST*YY)
      CALL PLOT (RX,RY,1)
  136 CONTINUE
  137 CONTINUE
C
C     CALCULATIONS FOR SMALL CIRCLES
C
      LIM=ITILT/2
      LIM=LIM*2
      IF(LIM.EQ.0)GOTO153
      DO152 LAT=2,LIM,2
      RLAT=LAT
      RLAT=RLAT/RAD
      TIRL=TILT+RLAT
      TIRL=TILT+RLAT
      IF(TILT.LE.FF)GOTO138
      IF(TIRL.LE.RNINTY)GOTO138
      IF(RLAT.GT.RNINTY)GOTO138
      CALL OST5 (RLAT,SA,SC,RNINTY,B,CHI)
  138 CONTINUE
      RSC=SA+RLAT
      DIST=R*SIN(0.5*RSC)
      RYI=RO+DIST
      RXI=RO
      RXF=RXI
      CALL PLOT(RXI,RYI,3)
      CALL PLOT (RXI,RYI,2)
      DO151 LONG=2,358,IV
      IF(LONG-180)139,145,140
  139 XX=+1.0
      XLONG=LONG
      RLONG=PI-(XLONG/RAD)
      GOTO141
  140 XX=-1.0
      XLONG=LONG
      RLONG=(XLONG/RAD)-PI
  141 CONTINUE
      CALL OST3 (SA,RLAT,RSC,RA,AZ,RLONG)
      DIST=R*SIN(0.5*RSC)
      IF(TILT.LE.FF)GOTO142
      IF(TIRL.LE.RNINTY)GOTO142
      IF(RLAT.GT.RNINTY)GOTO143
      IF(RLONG-CHI)143,142,142
  142 YY=+1.0
      GOTO144
  143 YY=-1.0
  144 RX=RO+(SIN(AZ)*DIST*XX)
      RY=RO+(COS(AZ)*DIST*YY)
      GOTO150
  145 RX=RO
      IF(SA-RLAT)147,146,148
  146 RY=RO
      GOTO149
  147 RSC=RLAT-SA
      YY=-1.0
      GOTO149
  148 RSC=SA-RLAT
      YY=+1.0
  149 DIST=R*SIN(0.5*RSC)
      RY=RO+DIST*YY
  150 CALL PLOT(RX,RY,1)
  151 CONTINUE
      CALL PLOT (RXF,RYI,1)
  152 CONTINUE
```

```
153 LIM=LIM+2                                           MAIN2300
    LMAX=(180-ITILT)/2                                  MAIN2310
    LMAX=LMAX*2                                         MAIN2320
    RLMAX=LMAX                                          MAIN2330
    IF(LIM.GT.LMAX)GOTO188                              MAIN2340
    DO188 LAT=LIM,LMAX,4                                MAIN2350
    RLAT=LAT                                            MAIN2360
    RLAT=RLAT/RAD                                       MAIN2370
    RSC=RNINTY                                          MAIN2380
    TIRL=TILT+RLAT                                      MAIN2390
    IF(TIRL.LE.RNINTY)GOTO154                           MAIN2400
    IF(RLAT.GT.RNINTY)GOTO154                           MAIN2410
    CALL OST5 (RLAT,SA,SC,RNINTY,B,CHI)                 MAIN2420
154 CONTINUE                                            MAIN2430
    CALL OST1 (RSC,RLAT,SA,RLONG,AZ,RA)                 MAIN2440
    XLONG=(PI-RLONG)*RAD                                MAIN2450
    XX=+1.0                                             MAIN2460
    DIST=R*SIN(0.5*RSC)                                 MAIN2470
    IF(TIRL.LE.RNINTY)GOTO155                           MAIN2480
    IF(RLAT.GT.RNINTY)GOTO156                           MAIN2490
    IF(RLONG-CHI)156,155,155                            MAIN2500
155 YY=+1.0                                             MAIN2510
    GOTO157                                             MAIN2520
156 YY=-1.0                                             MAIN2530
157 RXI=RO+(SIN(AZ)*DIST*XX)                            MAIN2540
    RYI=RO+(COS(AZ)*DIST*YY)                            MAIN2550
    RXF=RO-(RXI-RO)                                     MAIN2560
    I=XLONG+1.0                                         MAIN2570
    J=I/IV                                              MAIN2580
    J=J*IV                                              MAIN2590
    IF(J.NE.I)I=I+1                                     MAIN2600
    II=I                                                MAIN2610
    III=360-II                                          MAIN2620
    CALL PLOT (RXI,RYI,3)                               MAIN2630
    CALL PLOT (RXI,RYI,2)                               MAIN2640
    DO 170 LONG=II,III,IV                               MAIN2650
    IF(LONG-180)158,164,159                             MAIN2660
158 XX=+1.0                                             MAIN2670
    XLONG=LONG                                          MAIN2680
    RLONG=PI-(XLONG/RAD)                                MAIN2690
    GOTO160                                             MAIN2700
159 XX=-1.0                                             MAIN2710
    XLONG=LONG                                          MAIN2720
    RLONG=(XLONG/RAD)-PI                                MAIN2730
160 CONTINUE                                            MAIN2740
    CALL OST3 (SA,RLAT,RSC,RA,AZ,RLONG)                 MAIN2750
    DIST=R*SIN(0.5*RSC)                                 MAIN2760
    IF(TIRL.LE.RNINTY)GOTO161                           MAIN2770
    IF(RLAT.GT.RNINTY)GOTO162                           MAIN2780
    IF(RLONG-CHI)162,161,161                            MAIN2790
161 YY=+1.0                                             MAIN2800
    GOTO163                                             MAIN2810
162 YY=-1.0                                             MAIN2820
163 RX=RO+(SIN(AZ)*DIST*XX)                             MAIN2830
    RY=RO+(COS(AZ)*DIST*YY)                             MAIN2840
    GOTO169                                             MAIN2850
164 RX=RO                                               MAIN2860
    IF(SA-RLAT)166,165,167                              MAIN2870
165 RY=RO                                               MAIN2880
    GOTO168                                             MAIN2890
166 RSC=RLAT-SA                                         MAIN2900
    YY=-1.0                                             MAIN2910
    GOTO168                                             MAIN2920
167 RSC=SA-RLAT                                         MAIN2930
    YY=+1.0                                             MAIN2940
168 DIST=R*SIN(0.5*RSC)                                 MAIN2950
    RY=RO+DIST*YY                                       MAIN2960
```

```
169 CALL PLOT(RX,RY,1)
170 CONTINUE
    CALL PLOT (RXF,RYI,1)
    RLAT=LAT+2
    IF(RLAT.GT.RLMAX)GOTO188
    RLAT=RLAT/RAD
    RSC=RNINTY
    TIRL=TILT+RLAT
    IF(TIRL.LE.RNINTY)GOTO171
    IF(RLAT.GT.RNINTY)GOTO171
    CALL OST5 (RLAT,SA,SC,RNINTY,B,CHI)
171 CONTINUE
    CALL OST1 (RSC,RLAT,SA,RLONG,AZ,RA)
    XLONG=(PI-RLONG)*RAD
    XX=+1.0
    DIST=R*SIN(0.5*RSC)
    IF(TIRL.LE.RNINTY)GOTO172
    IF(RLAT.GT.RNINTY)GOTO173
    IF(RLONG-CHI)173,172,172
172 YY=+1.0
    GOTO174
173 YY=-1.0
174 RXI=RO+(SIN(AZ)*DIST*XX)
    RYI=RO+(COS(AZ)*DIST*YY)
    RXF=RO-(RXI-RO)
    I=XLONG+1.0
    J=I/IV
    J=J*IV
    IF(J.NE.I)I=I+1
    II=I
    III=360-II
    CALL PLOT (RXF,RYI,3)
    CALL PLOT (RXF,RYI,2)
    LONG=III+IV
    DO187 KONG=II,III,IV
    LONG=LONG-IV
    IF(LONG-180)175,181,176
175 XX=+1.0
    XLONG=LONG
    RLONG=PI-(XLONG/RAD)
    GOTO177
176 XX=-1.0
    XLONG=LONG
    RLONG=(XLONG/RAD)-PI
177 CONTINUE
    CALL OST3 (SA,RLAT,RSC,RA,AZ,RLONG)
    DIST=R*SIN(0.5*RSC)
    IF(TIRL.LE.RNINTY)GOTO178
    IF(RLAT.GT.RNINTY)GOTO179
    IF(RLONG-CHI)179,178,178
178 YY=+1.0
    GOTO180
179 YY=-1.0
180 RX=RO+(SIN(AZ)*DIST*XX)
    RY=RO+(COS(AZ)*DIST*YY)
    GOTO186
181 RX=RO
    IF(SA-RLAT)183,182,184
182 RY=RO
    GOTO185
183 RSC=RLAT-SA
    YY=-1.0
    GOTO185
184 RSC=SA-RLAT
    YY=+1.0
185 DIST=R*SIN(0.5*RSC)
    RY=RO+DIST*YY
```

```
  186 CALL PLOT(RX,RY,1)
  187 CONTINUE
      CALL PLOT (RXI,RYI,1)
  188 CONTINUE
C
C     PLOT THE PRIME MERIDIAN
C
      RX=RO
      RY=0.0
      RYF=2.0*RO
      CALL PLOT (RX,RY,3)
      CALL PLOT (RX,RY,2)
      CALL PLOT (RX,RYF,1)
C
C     PLOT THE PRIMITIVE CIRCLE
C
      XI=RO
      YI=2.0*RO
      CALL PLOT (XI,YI,3)
      CALL PLOT (XI,YI,2)
      DO189J=1,359
      RJ=J
      ANG=RJ/RAD
      X=RO+(SIN(ANG)*RO)
      Y=RO+(COS(ANG)*RO)
      CALL PLOT (X,Y,1)
  189 CONTINUE
      CALL PLOT (XI,YI,1)
      ANG=0.0
      DO190 K=1,4
      X=RO+(SIN(ANG)*RO)
      Y=RO+(COS(ANG)*RO)
      X1=RO+(SIN(ANG)*RO1)
      Y1=RO+(COS(ANG)*RO1)
      CALL PLOT (X,Y,3)
      CALL PLOT (X,Y,2)
      CALL PLOT (X1,Y1,1)
      ANG=ANG+RNINTY
  190 CONTINUE
C
C     PLOT PERIPHERAL NINETY DEGREE MARKS.
C
      XA(1)=RO
      XA(2)=2.0*RO
      XA(3)=RO
      XA(4)=0.0
      XB(1)=XA(1)
      XB(2)=XA(2)+0.25
      XB(3)=XA(3)
      XB(4)=XA(4)-0.25
      YA(1)=2.0*RO
      YA(2)=RO
      YA(3)=0.0
      YA(4)=RO
      YB(1)=YA(1)+0.375
      YB(2)=YA(2)
      YB(3)=YA(3)-0.25
      YB(4)=YA(4)
      DO191 K=1,4
      CALL PLOT (XA(K),YA(K),3)
      CALL PLOT (XA(K),YA(K),2)
      CALL PLOT (XB(K),YB(K),1)
  191 CONTINUE
      GOTO100
  192 CONTINUE
      CALL ENDPLT
      STOP
      END
```

```
$IBFTC OST1                                                              OST10000
      SUBROUTINE OST1 (SA,SB,SC,A,B,C)                                   OST10010
C     TO SOLVE OBLIQUE SPHERICAL TRIANGLE KNOWING THREE SIDES (SA,SB,SC)OST10020
C     (MAKE SA THA SHORTWR SIDE)                                         OST10030
      A=ARCOS((COS(SA)-(COS(SB)*COS(SC)))/(SIN(SB)*SIN(SC)))             OST10040
      B=ARSIN((SIN(SB)*SIN(A))/SIN(SA))                                  OST10050
      C=ARSIN((SIN(SC)*SIN(A))/SIN(SA))                                  OST10060
      RETURN                                                             OST10070
      END                                                                OST10080

$IBFTC OST3                                                              OST30000
      SUBROUTINE OST3 (SA,SB,SC,A,B,C)                                   OST30010
C     TO SOLVE OBLIQUE SPHERICAL TRIANGLE KNOWING TWO SIDES AND THE      OST30020
C     INCLUDED ANGLE (SA,SB,C)                                           OST30030
      SC=ARCOS((COS(SA)*COS(SB))+(SIN(SA)*SIN(SB)*COS(C)))               OST30040
      A=ARSIN((SIN(SA)*SIN(C))/SIN(SC))                                  OST30050
      B=ARSIN((SIN(SB)*SIN(C))/SIN(SC))                                  OST30060
      RETURN                                                             OST30070
      END                                                                OST30080

$IBFTC OST4                                                              OST40000
      SUBROUTINE OST4 (SA,SB,SC,A,B,C)                                   OST40010
C     TO SOLVE AN OBLIQUE SPHERICAL TRIANGLE KNOWING TWO ANGLES          OST40020
C     THE INCLUDED SIDE (A,B,SC)                                         OST40030
      C=ARCOS(-(COS(A)*COS(B))+(SIN(A)*SIN(B)*COS(SC)))                  OST40040
      SA=ARSIN((SIN(A)*SIN(SC))/SIN(C))                                  OST40050
      SB=ARSIN((SIN(B)*SIN(SC))/SIN(C))                                  OST40060
      RETURN                                                             OST40070
      END                                                                OST40080

$IBFTC OST5                                                              OST50000
      SUBROUTINE OST5 (SA,SB,SC,A,B,C)                                   OST50010
C     TO SOLVE OBLIQUE SPERICAL TRIANGLE KNOWING TWO SIDES AND AN        OST50020
C     ANGLE OPPOSITE ONE OF THE SIDES (SA,SB,A)                          OST50030
      B=ARSIN((SIN(A)*SIN(SB))/SIN(SA))                                  OST50040
      SC=ARCOS(((COS(SA)*COS(SB))-(SIN(SA)*SIN(SB)*COS(A)*COS(B)))/      OST50050
     1(1.0-((SIN(SB)**2)*(SIN(A)**2))))                                  OST50060
      C=ARCOS((COS(SC)-(COS(SA)*COS(SB)))/(SIN(SA)*SIN(SB)))             OST50070
      RETURN                                                             OST50080
      END                                                                OST50090
```

Routines:

MAIN is responsible for reading the input data and preparing the parameters for all calculations and operations performed by the subroutines. The first part of MAIN is concerned with reading the input data, setting constants and moving the plotter origin. The polar point is then plotted followed by the great circles and then the small circles. Finally the great circle, which is a diameter of the net, is drawn and the primitive circle and the ninety degree marks around the periphery of the net are added.

OST1 solves a spherical triangle given three sides.

OST3 solves a spherical triangle given two sides and the included angle.

OST4 solves a spherical triangle given two angles and the included side.

OST5 solves a spherical triangle given two sides and an angle opposite one of the sides.

PLOTS initializes the plotter package. The input parameters specify the maximum plotting time, in minutes, and the maximum X and Y plot dimensions in inches.

PLOT writes data on the plotter tape. The input parameters are the X and Y pen co-ordinates and the pen mode.

ENDPLT terminates the plot.

Input Data:

For each net to be drawn one input data card is required with values for TILT, RQ and IV according to format (2F10.0,I10).

TILT defines the orientation of the net. It is the angle, in degrees, between the pole of the reference sphere and the plane of projection. A value for TILT greater than 100 indicates end of data and must be the last data card.

RQ is the radius of the net, in millimeters. If this field is blank a radius of 100 millimeters is assumed.

IV is the spacing, in degrees, of the calculated data points along the great and small circles. If this field is blank a value of 2° is assumed.

Computational Procedure:

The plotter co-ordinates of the centre of the net are X = RQ and Y = RQ. All pen co-ordinates are calculated relative to the centre of the net and are therefore added to RQ. The following discussion outlines the derivation of the pen co-ordinates relative to the centre of the net. In order to reduce plotting time the following sequence is followed in calculating the great and small circles. The great circles are calculated in pairs so that the pen first draws a great circle from the pole to the periphery of the net, the adjacent great circle is drawn from the periphery to the pole. The small circles are calculated as follows. First those small circles which are complete are drawn (*i.e.* those whose angular distance from the pole is less than TILT); the remainder are calculated in pairs so that the pen first draws a small circle from right to left and the next is drawn from left to right.

Calculation of Great Circles:

1. MAIN0580–0680. The X co-ordinate of the pen is determined as positive or negative relative to the centre of the net (Figs. 2 and 3).

2. MAIN0700–0710. It is determined if the Y co-ordinate of the pen may become negative relative to the centre of the net. If so the angular limit, CHI, between positive and negative Y co-ordinates is calculated (Figs. 2 and 3).

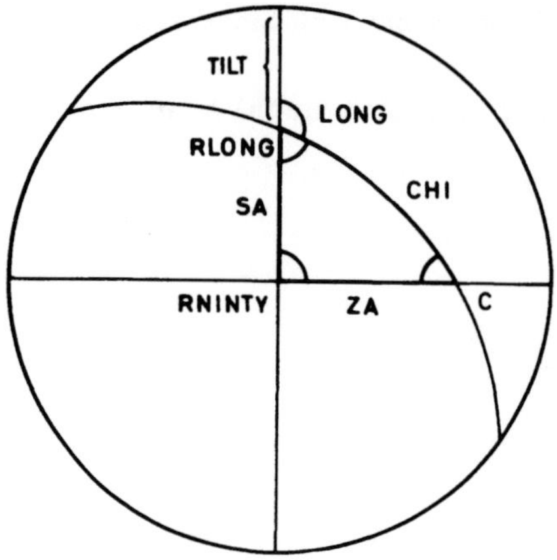

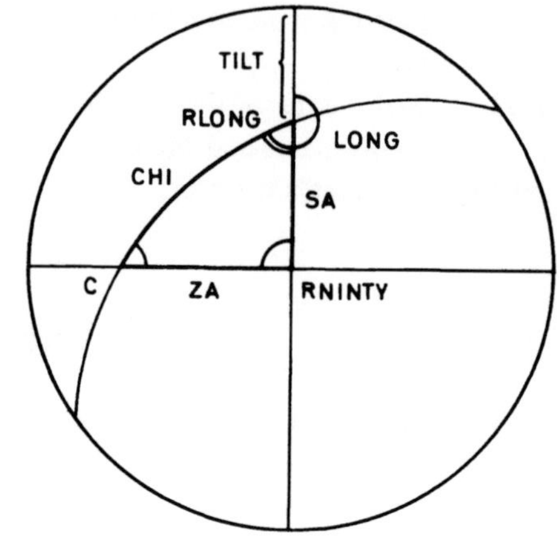

Fig. 2.
The spherical triangle to be solved when X is positive (MAIN-0580–0710). CHI is the limit beyond which Y becomes negative as the great circles are constructed.

Fig. 3.
The spherical triangle to be solved when X is negative (MAIN-0580–0710). CHI is the limit beyond which Y becomes negative as the great circles are constructed.

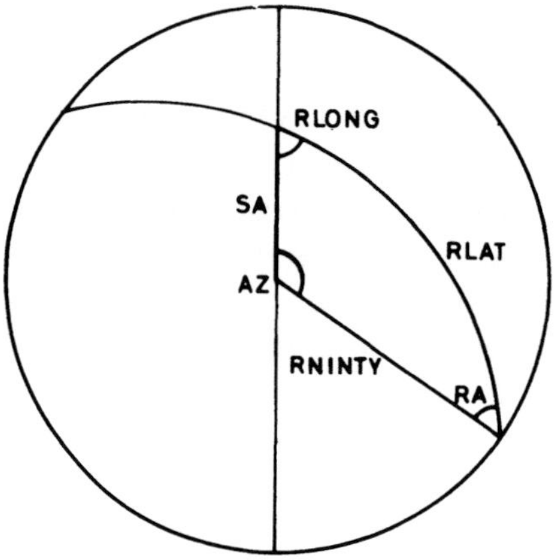

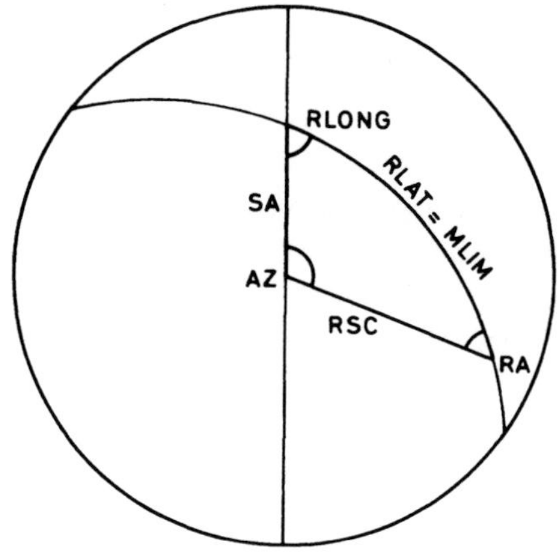

Fig. 4.
The angular distance, RLAT, from the pole to the periphry of the net along a great circle.

Fig. 5.
When the great circle is interrupted before the periphry of the net the limiting value of RLAT, MLIM, is determined.

3. MAIN0720–0780. The angular limits of the great circle relative to the pole of the projection are set. Every fifth great circle extends from 2°–178°, the intervening ones from 20°–160°. The smaller value is LLIM and the larger one MLIM.

4. MAIN0790–0920. The angular distance from the pole to the periphery of the net along the great circle is calculated, RLAT (Fig. 4). If RLAT is less than MLIM then MLIM is made equal to RLAT (Fig. 5).
5. MAIN0950–1130. Successive pen positions along the great circle are calculated by incrementing RLAT by IV (Fig. 6). The sign of Y is determined by comparing RLAT against CHI.

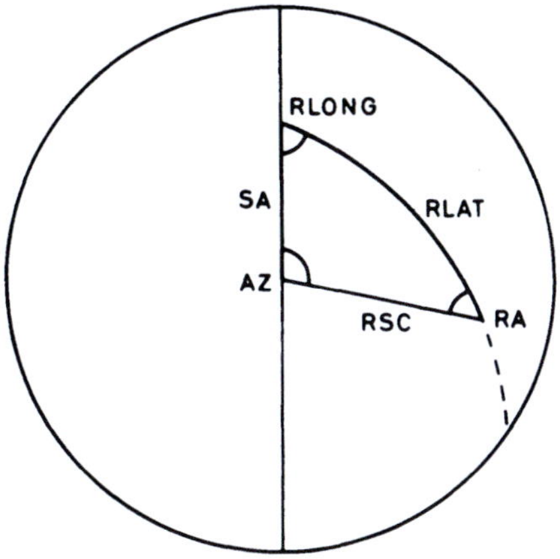

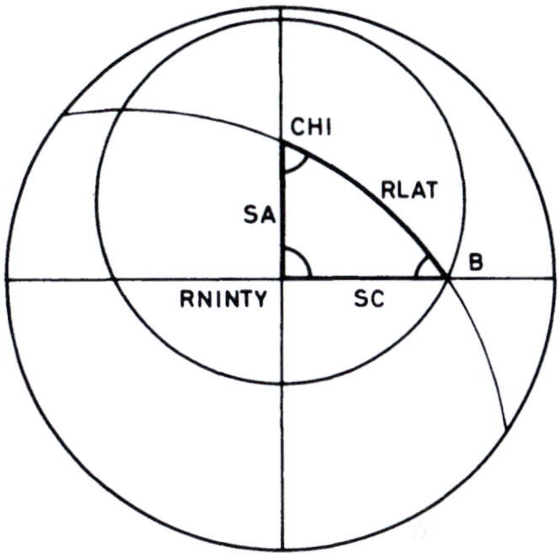

Fig. 6.
The spherical triangle to be solved for successive values of RLAT as the great circles are drawn.

Fig. 7.
The angle CHI is the limit beyond which Y becomes negative as the small circles are constructed.

The next great circle is calculated in a similar manner, the same limits are set but the successive pen positions (step 5 above) are calculated in the reverse order.

Calculation of Small Circles:

The complete small circles are calculated first.
1. MAIN1810–1850. It is determined if the Y co-ordinate of the pen may become negative relative to the centre of the net. If so the angular limit, CHI, between positive and negative Y co-ordinates is calculated (Fig. 7).
2. MAIN1860–1920. The initial and final pen positions on the small circle are determined.
3. MAIN1930–2270. Successive pen positions along the small circle are calculated by incrementing LONG by IV. When LONG exceeds 180 the X co-ordinate is negative. The sign of Y is determined by comparing RLONG against CHI (Fig. 8).

The incomplete small circles are computed in the same manner as the complete circles except that the initial and final pen positions (see step 2 above) are determined by the intersection of the small circles with the periphery of the net (Fig. 9, MAIN

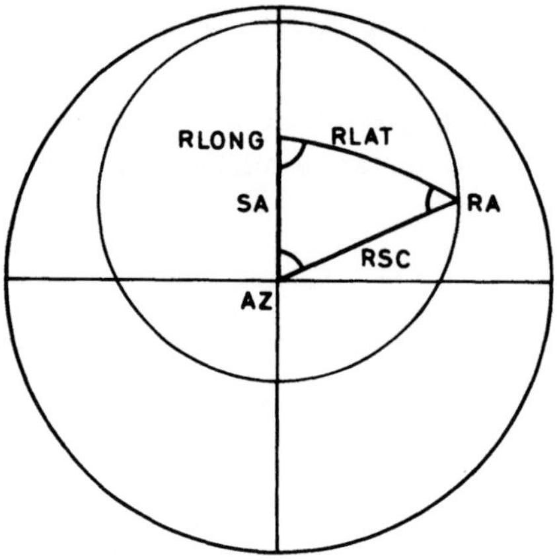

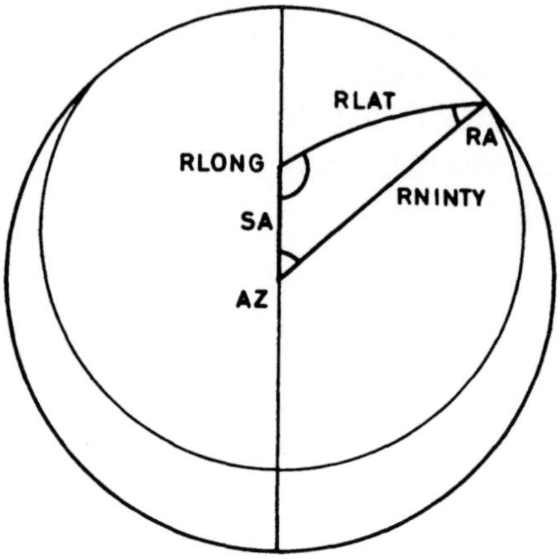

Fig. 8.
The spherical triangle to be solved for successive values of RLONG as the small circles are constructed.

Fig. 9.
RLONG is the angle at which an incomplete small circle intersects the periphry of the net.

2440–2640). Alternate, incomplete small circles are drawn by reversing the order in which successive pen positions are calculated.

Conclusion:

Using an IBM 7040 Computer and CalComp 563 Plotter an Equal Area Projection with RQ = 100 and IV = 2 can be computed in less than 8 minutes and plotted in 17 minutes.

The programme can be readily modified to produce other spherical projections. For instance substituting all statements DIST=R*SIN(0.5*RSC) by DIST=R*TAN(0.5*RSC) produces a stereographic projection. (The cards which must be replaced are: MAIN0450, 0920, 0990, 1480, 1590, 1870, 2040, 2240, 2470, 2760, 2950, 3120, 3430 and 3620).

Acknowledgement:

This project was supported by an operating grant from the National Research Council of Canada.

A COMPUTER PROGRAMME TO PREPARE ORIENTATION DIAGRAMS

John Starkey
Geology Department
University of Western Ontario
London, Ontario–Canada

Abstract

In petrofabric studies orientation data are usually represented in spherical projection in one of three ways; as great circle diagrams, where planes are represented by great circles, as scatter diagrams, where poles are plotted as points, or as contoured diagrams, where the distribution of poles is contoured. (The term pole refers, here, to any linear direction and not just to the normal to a plane). The programme discussed here produces any or all of these types of diagram and, furthermore, the input data can pertain to poles or planes, mixed if required. It also permits up to four successive rotations of the data about any axes with subsequent redrawing of the orientation diagrams. The rotated data can be produced as punched card output. Provision is also made for the inclusion of special poles and/or great circles on the orientation diagrams to represent particular fabric elements. All diagrams are constructed on a Lambert Equal Area Projection, lower hemisphere.

Programme Outline

The programme consists of a main routine MAIN and eleven subroutines, a Fortran IV listing is presented in Tables 1 und 2. There are, in addition, five sub-routines which are part of the CalComp 563 System as used at the Computer Centre of the University of Western Ontario. The function of the routines is outlined below and the use of comment cards in the source deck (see listing) identifies the major operations.

MAIN

The main routine is responsible for reading the input data and supervising the calculations and output. A flow diagram of this routine is presented in Figure 1.

ROT8

This sub-routine is called if the data are to be rotated. The input parameters are the azimuth and dip of the unrotated data. The geometry involved in the rotation of a pole is illustrated in Figures 2 and 3 which also define the variables used in the subroutine. The output parameters are the azimuth and dip of the rotated poles.

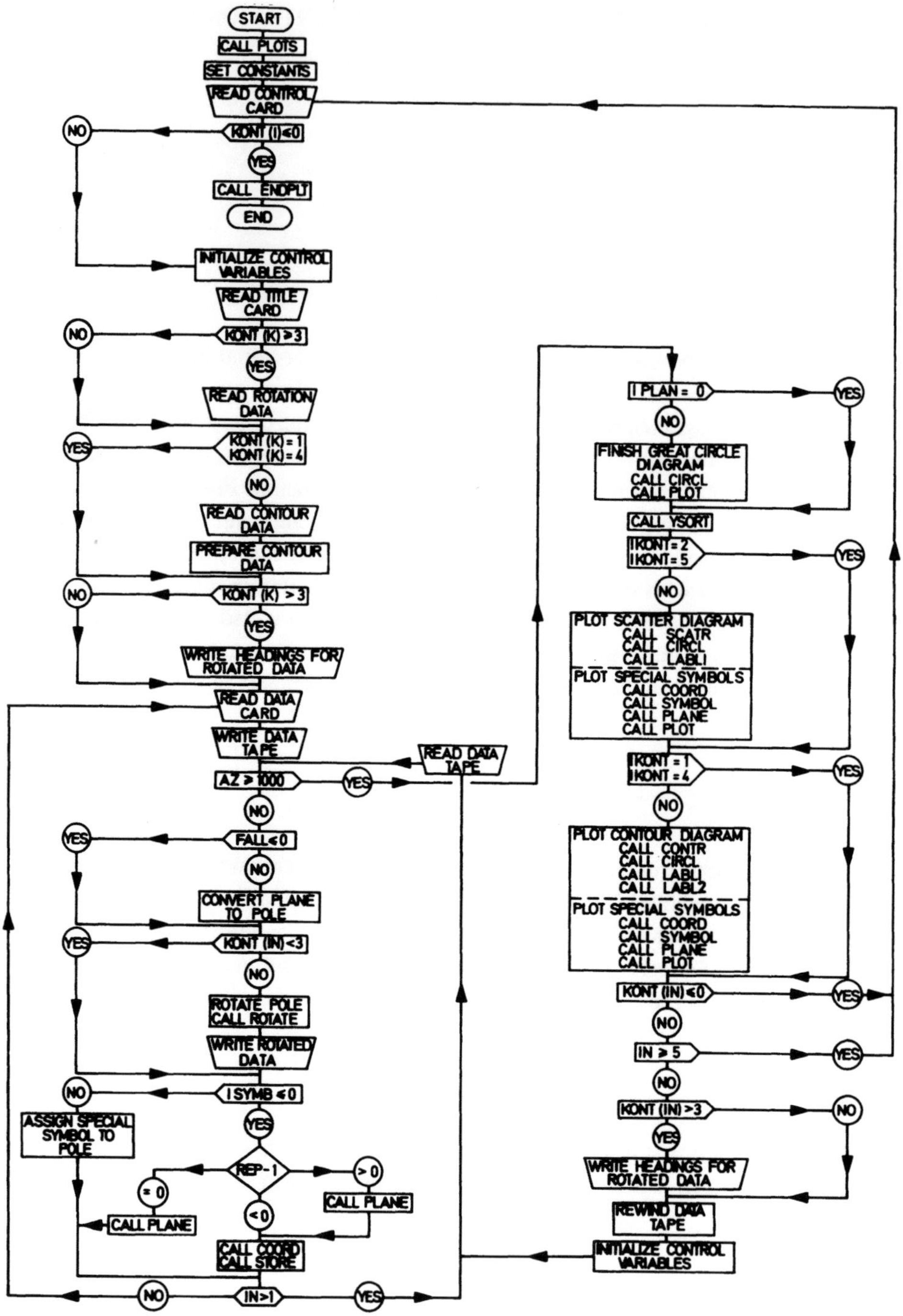

Fig. 1.
Flow chart for the routine MAIN.

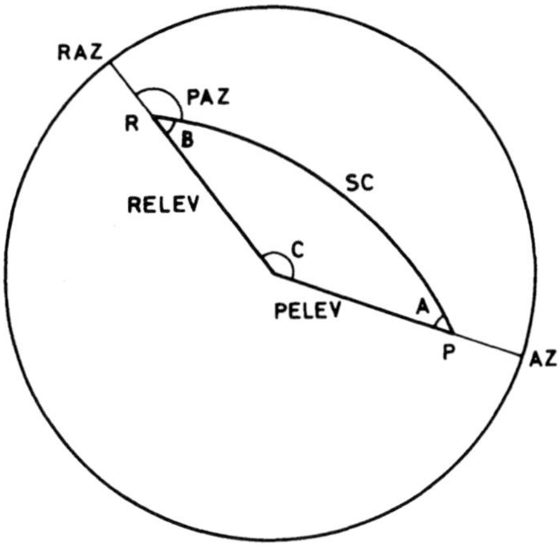

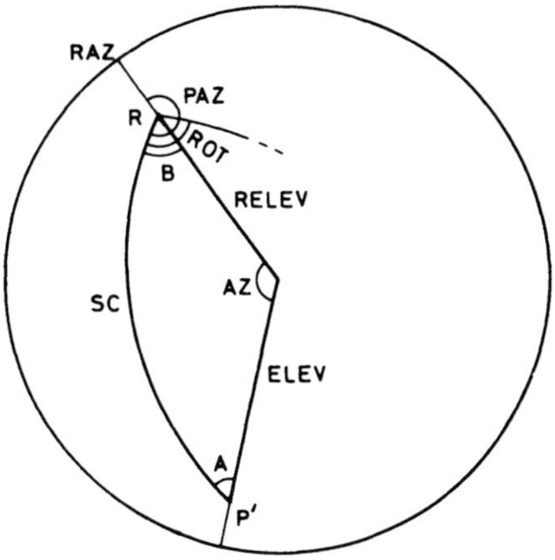

Fig. 2.
The rotation of a pole, P, around a rotation axis, R, showing the geometry before rotation, the nomenclature is the same as that used in sub-routine ROT8 (*c.f.* ROT 0140-0370).

Fig. 3.
The rotation of a pole around a rotation axis, R, to a position P′, showing the geometry after rotation (*c.f.* Fig. 2). The nomenclature corresponds to that used in sub-routine ROT8 (*c.f.* ROT 0400-0690).

COORD

The input parameters for this sub-routine are the azimuth and dip of the pole (previously rotated if necessary). The orientation data is then converted into plotter co-ordinates. The output data are the X and Y plotter co-ordinates and a variable INDEX. INDEX is set equal to 1 if the distance of the pole from the centre of the projection exceeds DMAX, in which case the co-ordinates of a second pole, which is diametrically opposite to the first, are calculated. DMAX defines the peripheral area of the projection where the counting circle used to contour the data extends beyond the primitive circle.

STORE

The X and Y plotter co-ordinates of the poles are read into this sub-routine and stored in two one dimensional arrays.

YSORT

This sub-routine sorts the stored X and Y plotter co-ordinates in order of increasing Y values. This shortens the plotting time for the scatter diagrams and the calculation time for the contoured diagrams.

CONTR

The contouring method used in this sub-routine is that of placing a counting circle over the projected data points. The centre of the counting circle is positioned according to a square grid. Note that there are two versions of CONTR, one is listed in Table 1 and the other is listed separately in Table 2. They differ only in the presentation of the data.

Table 1.

A Fortran IV listing of the computer programme.

```
$IBFTC MAIN
C*****MAIN PROGRAM. READS AND CONVERTS INPUT DATA AND SUPERVISES THE
C*****PLOTTING
      COMMON EAST,WEST,PI,TWOPI,RAD,R,SR,GRID,NO,NUF,CC,DS,HWID,NUM
      COMMON X(5000),Y(5000),SPAZ(100),SPDIP(100),TITLE(12),KONT(5)
      COMMON RAZ(4),RDIP(4),ROT(4),CONT(18),AREA(100),DMAX,RNUM,ILK
      WIDE=10.0
      HWID=WIDE/2.0
      CALL PLOTS (90,60.0,11.0)
C*****SET CONSTANTS.
      CALL PLOT (0.0,0.0,-3)
      CONV=2.5399978
      RAD=57.2957795
      EAST=90.0/RAD
      PI=180.0/RAD
      WEST=270.0/RAD
      TWOPI=360.0/RAD
C*****READ CONTROL CARD.
  100 READ(5,101)(KONT(K),K=1,5),DIAM,GRID,CC
  101 FORMAT(5I1,5X,3F10.0)
      IF(KONT(1).LE.0)GOTO154
      KIN=0
      REWIND 10
C*****INITIALIZE THE CONTROL VARIABLES.
      NUM=0
      NUMP=0
      NO=0
      IN=0
      IDATA=0
      IROT=0
      IPLAN=0
      INK=14
      IF(DIAM.LE.0.0)DIAM=20.0
      HT=(DIAM/75.0)/CONV
      R=(DIAM/2.0)/CONV
      DS= R/SIN(0.5*EAST)
      SR=0.0
C*****READ TITLE CARD.
      READ(5,102)(TITLE(K),K=1,12)
  102 FORMAT(12A6)
C*****READ ROTATION DATA CARD. OMIT CARD IF NOT REQURED.
      DO103K=1,4
  103 IF(KONT(K).GT.3)GOTO104
      GOTO107
  104 READ(5,105)(RAZ(K),RDIP(K),ROT(K),K=1,4)
  105 FORMAT(4(2F6.0,F8.0))
      DO106 K=1,4
      RAZ(K)=RAZ(K)/RAD
      RDIP(K)=RDIP(K)/RAD
  106 ROT(K)=ROT(K)/RAD
```

```
C*****READ CONTOUR DATA CARD. THIS CAN BE BLANK. OMIT CARD IF NOT REQUIR
  107 DO109 K=1,4
      IF(KONT(K)-1)109,109,108
  108 IF(KONT(K)-4)110,109,110
  109 CONTINUE
      GOTO116
  110 READ(5,111)(CONT(I),I=2,17)
  111 FORMAT(16F5.0)
      IF(GRID.LE.0.0)GRID=1.0
      GRID=(GRID/10.0)/CONV
      IF(CC.LE.0.0)CC=1.0
      SR=SQRT((PI*R**2*(CC/100.0))/PI)
C*****DETERMINE THE CONTOUR INTERVALS.
      CONT(1)=0.0
      CONT(18)=100.0
      IF(CONT(2).GT.100.0)GOTO112
      ILK=2
      GOTO113
  112 CONT(2)=1.0
      ILK=3
  113 DO115 K=ILK,17
      IF(CONT(K))114,114,116
  114 IF(ILK.EQ.2)RK=K-1
      IF(ILK.EQ.3)RK=K-2
  115 CONT(K)=RK
  116 IN=IN+1
      IKONT=KONT(IN)
      DMAX=R-(2.0*(SR+GRID))
C*****FILL THE SPAZ AND SPDIP ARRAYS
      DO117 K=1,100
      SPAZ(K)=99999.0
  117 SPDIP(K)=0.0
C*****WRITE HEADINGS FOR ROTATED DATA.
      IF(KONT(IN).GT.3)GOTO118
      GOTO121
  118 TROT=ROT(IN)*RAD
      TRAZ=RAZ(IN)*RAD
      TRDIP=RDIP(IN)*RAD
      WRITE(6,119)TROT,TRAZ,TRDIP
  119 FORMAT(1H1,14HPOLES ROTATED F5.1,33H DEGREES ABOUT AXIS WITH AZIMU
     1TH F5.1,17H AND INCLINATION F4.1,9H DEGREES./)
      WRITE(6,120)
  120 FORMAT(1H0,2X,17HNON-ROTATED POLES,5X,13HROTATED POLES/3X,7HAZIMUT
     1H,5X,3HDIP,5X,7HAZIMUTH,5X,3HDIP)
C*****READ DATA CARD.
  121 READ(5,122)AZ,DIP,FALL,REP,SYMB
  122 FORMAT(5F10.2)
      WRITE(10,122)AZ,DIP,FALL,REP,SYMB
      GOTO124
  123 READ(10,122)AZ,DIP,FALL,REP,SYMB
  124 IF(AZ.GT.1000.0)GOTO140
      ISYMB=SYMB
      NUM=NUM+1
      IF(FALL.LE.0.0)GOTO130
C*****CONVERT PLANE TO POLE.
      DIP=90.0-DIP
      FALL=FALL-AZ
      IF(FALL.LT.0.0)FALL=FALL+360.0
      IF(FALL-180.0)125,126,128
  125 AZ=AZ+270.0
      GOTO129.
  126 WRITE(6,127)AZ,DIP,FALL,REP,SYMB,HT
  127 FORMAT(1H ,43HERROR IN AZ AND/OR FALL IN THIS DATA CARD (,6F10.0,
     11H))
      GOTO139
  128 AZ=AZ+90.0
  129 IF(AZ.GE.360.0)AZ=AZ-360.0
      FALL=0.0
```

```
  130 AZ=AZ/RAD
      DIP=DIP/RAD
C*****ROTATE POLE.
      IF(KONT(IN).LE.3)GOTO133
      OAZ=AZ*RAD
      ODIP=DIP*RAD
      CALL ROT8 (AZ,DIP,IN)
      TAZ=AZ*RAD
      TDIP=DIP*RAD
      WRITE(6,131)OAZ,ODIP,TAZ,TDIP
  131 FORMAT(1H ,F8.1,3F10.1)
      IF(KONT(5).LE.0)GOTO133
      WRITE(7,132)TAZ,TDIP,FALL,REP,SYMB,HT
  132 FORMAT(6F10.2)
C*****ASSIGN SPECIAL SYMBOL TO POLE.
  133 IF(ISYMB.LE.0)GOTO135
      IF(ISYMB.LE.14)GOTO134
      INK=INK+1
      ISYMB=INK
  134 SPAZ(ISYMB)=AZ
      SPDIP(ISYMB)=DIP
      NUM=NUM-1
      GOTO139
C*****DETERMINE REPRESENTATION OF DATA.
  135 IF(REP-1.0)138,136,137
C*****PLOT PLANE.
  136 CALL PLANE (AZ,DIP)
      IPLAN=1
      NUM=NUM-1
      NUMP=NUMP+1
      GOTO139
C*****PLOT PLANE STORE POLE.
  137 CALL PLANE (AZ,DIP)
      IPLAN=1
      NUMP=NUMP+1
C*****STORE POLE.
  138 INDEX=0
      CALL COORD (AZ,DIP,TX,TY,INDEX)
      CALL STORE (TX,TY)
      IF(INDEX.EQ.0)GOTO139
      AZ=AZ+PI
      IF(AZ.GE.TWOPI)AZ=AZ-TWOPI
      DIP=-DIP
      CALL COORD (AZ,DIP,TX,TY,0)
      CALL STORE (TX,TY)
  139 IF(IN.GT.1)GOTO123
      GOTO121
*****MOVE PAPER AFTER GREAT CIRCLE DIAGRAM.
  140 IF(IPLAN.EQ.0)GOTO141
      CALL CIRCL
      CALL PLOT (10.0,0.0,-3)
  141 CONTINUE
      CALL YSORT
      GOTO(142,146,142,142,146,142),IKONT
*****PLOT SCATTER DIAGRAM.
  142 CALL SCATR
      CALL CIRCL
      CALL LABL1
      DO143I=1,14
      IF(SPAZ(I).GT.1000.0)GOTO143
      CALL COORD (SPAZ(I),SPDIP(I),SX,SY,0)
      CALL SYMBOL (SX,SY,I-1,HT,0.0,-1)
  143 CONTINUE
      DO144I=15,100
      IF(SPAZ(I).GT.1000.0)GOTO145
      CALL PLANE (SPAZ(I),SPDIP(I))
  144 CONTINUE
```

```
  145 CONTINUE
      CALL PLOT (10.0.0.0.-3)
 *****PLOT CONTOUR DIAGRAM.
  146 GOTO(155,147,147,155,147,147),IKONT
  147 CONTINUE
      CALL CONTR (KIN)
      CALL CIRCL
      CALL LABL1
      CALL LABL2
      DO148I=1.14
      IF(SPAZ(I).GT.1000.0)GOTO148
      CALL COORD (SPAZ(I).SPDIP(I).SX.SY.0)
      CALL SYMBOL (SX.SY.I-1.HT.0.0.-1)
  148 CONTINUE
      DO149I=15.100
      IF(SPAZ(I).GT.1000.0)GOTO150
      CALL PLANE (SPAZ(I).SPDIP(I))
  149 CONTINUE
  150 CONTINUE
      CALL PLOT (10.0.0.0.-3)
  155 CONTINUE
C*****PREPARE FOR SECOND. THIRD AND FOURTH SETS OF PLOTS FROM THE DATA.
      IN=IN+1
      IF(KONT(IN).LE.0)GOTO100
      IF(IN.GE.5)GOTO100
C*****FILL THE SPAZ AND SPDIP ARRAYS
      DO151 K=1.100
      SPAZ(K)=99999.0
  151 SPDIP(K)=0.0
      IKONT=KONT(IN)
C*****WRITE HEADINGS FOR ROTATED DATA.
      IF(KONT(IN).GT.3)GOTO152
      GOTO153
  152 TROT=ROT(IN)*RAD
      TRAZ=RAZ(IN)*RAD
      TRDIP=RDIP(IN)*RAD
      WRITE(6.119)TROT.TRAZ.TRDIP
      WRITE(6.120)
  153 REWIND 10
C*****INITIALIZE THE CONTROL VARIABLES.
      NUM=0
      NUMP=0
      NO=0
      IDATA=0
      IROT=1
      INK=14
      IPLAN=0
      GOTO123
  154 CONTINUE
      CALL ENDPLT
      STOP
      END

$IBFTC ROT8
      SUBROUTINE ROT8(AZ.DIP.IN)
C*****ROTATE POLE ABOUT A ROTATION AXIS.
C*****AZ=INITIAL AZIMUTH OF THE POLE AND FINAL AZIMUTH OF POLE.
C*****DIP=INITIAL DIP OF POLE AND FINAL DIP OF POLE.
C*****RAZ(IN)=AZIMUTH OF ROTATION AXIS.
C*****RDIP(IN)=DIP OF ROTATION AXIS.
C*****ROT(IN)=AMOUNT OF ROTATION ABOUT THE ROTATION AXIS. A POSITIVE
C*****         VALUE = CLOCKWISE ROTATION AS VIEWED FROM THE CENTRE OF
C*****         THE SPHERE IN THE DIRECTION OF THE AXIS. A NEGATIVE VALUE
C*****         = ANTICLOCKWISE ROTATION.
      COMMON EAST.WEST.PI.TWOPI.RAD.R.SR.GRID.NO.NUF.CC.DS.HWID.NUM
      COMMON X(5000).Y(5000).SPAZ(100).SPDIP(100).TITLE(12).KONT(5)
      COMMON RAZ(4).RDIP(4).ROT(4).CONT(18).AREA(100).DMAX.RNUM.ILK
```

```
C       SET ROTATION AXIS ONTO NORTH RADIUS
        PAZ=AZ-RAZ(IN)
        IF(PAZ.LT.0.0)PAZ=PAZ+TWOPI
C       SOLVE THE TRIANGLE
        RELEV=EAST-RDIP(IN)
        IF(DIP.EQ.EAST)PAZ=0.0
        PELEV=EAST-DIP
        IF(PAZ.EQ.0.0)GOTO200
        IF(PAZ-PI)204,205,206
  200 IF(PELEV-RELEV)201,202,203
  201 SC=RELEV-PELEV
      PAZ=PI
      GOTO208
  202 DIP=EAST-PELEV
      AZ=PAZ
      GOTO218
  203 SC=PELEV-RELEV
      GOTO208
  204 C=PAZ
      GOTO207
  205 SC=PELEV+RELEV
      GOTO208
  206 C=TWOPI-PAZ
  207 CALL OST3 (RELEV,PELEV,SC,A,B,C)
      IF(PAZ.LE.PI)PAZ=PI-B
      IF(PAZ.GT.PI)PAZ=PI+B
  208 PAZ=PAZ+ROT(IN)
      IF(PAZ.GE.TWOPI)PAZ=PAZ-TWOPI
      IF(PAZ.LT.0.0)PAZ=PAZ+TWOPI
      IF(PAZ.EQ.0.0)GOTO209
      IF(PAZ-PI)210,211,215
  209 ELEV=RELEV+SC
      AZ=0.0
      GOTO216
  210 B=PI-PAZ
      CALL OST3 (RELEV,SC,ELEV,A,AZ,B)
      GOTO216
  211 AZ=PI
      IF(SC-RELEV)212,214,213
  212 ELEV=RELEV-SC
      GOTO216
  213 ELEV=SC-RELEV
      GOTO216
  214 ELEV=0.0
      AZ=0.0
      GOTO216
  215 B=PAZ-PI
      CALL OST3 (RELEV,SC,ELEV,A,AZ,B)
      AZ=TWOPI-AZ
  216 IF(ELEV.LE.EAST)GOTO217
      ELEV=PI-ELEV
      AZ=AZ+PI
  217 IF(AZ.GE.TWOPI)AZ=AZ-TWOPI
  218 AZ=AZ+RAZ(IN)
      IF(AZ.GE.TWOPI)AZ=AZ-TWOPI
      DIP=EAST-ELEV
      RETURN
      END

$IBFTC COORD
      SUBROUTINE COORD (AZ,DIP,TX,TY,INDEX)
C*****DETERMINE X AND Y PLOTTER CO-ORDINATES OF POLE.
C*****AZ=AZIMUTH OF POLE.
C*****DIP=DIP OF POLE.
C*****TX=PLOTTER CO-ORDINATE X.
C*****TY=PLOTTER CO-ORDINATE Y.
      COMMON EAST,WEST,PI,TWOPI,RAD,R,SR,GRID,NO,NUF,CC,DS,HWID,NUM
      COMMON X(5000),Y(5000),SPAZ(100),SPDIP(100),TITLE(12),KONT(5)
```

```
      COMMON RAZ(4),RDIP(4),ROT(4),CONT(18),AREA(100),DMAX,RNUM,ILK
      PELEV=EAST-DIP
      DIST=DS*SIN(0.5*PELEV)
      IF(DIST.GT.DMAX)INDEX=1
      TX=HWID+(DIST*SIN(AZ))
      TY=HWID+(DIST*COS(AZ))
      RETURN
      END

$IBFTC STORE
      SUBROUTINE STORE (TX,TY)
C*****STORE X AND Y PLOTTER CO-ORDINATES IN TWO ONE DIMENSIONAL ARRAYS.
C*****TX=PLOTTER CO-ORDINATE X.
C*****TY=PLOTTER CO-ORDINATE Y.
      COMMON EAST,WEST,PI,TWOPI,RAD,R,SR,GRID,NO,NUF,CC,DS,HWID,NUM
      COMMON X(5000),Y(5000),SPAZ(100),SPDIP(100),TITLE(12),KONT(5)
      COMMON RAZ(4),RDIP(4),ROT(4),CONT(18),AREA(100),DMAX,RNUM,ILK
      NO=NO+1
      X(NO)=TX
      Y(NO)=TY
      RETURN
      END

$IBFTC YSORT
      SUBROUTINE YSORT
C*****SORT THE DATA POINTS IN ORDER OF INCREASING Y-CO-ORDINATES.
      COMMON EAST,WEST,PI,TWOPI,RAD,R,SR,GRID,NO,NUF,CC,DS,HWID,NUM
      COMMON X(5000),Y(5000),SPAZ(100),SPDIP(100),TITLE(12),KONT(5)
      COMMON RAZ(4),RDIP(4),ROT(4),CONT(18),AREA(100),DMAX,RNUM,ILK
      NN=NO-1
      DO 501 I=1,NO
      KOUNT=0
      DO 500 J=1,NN
      IF(Y(J).LE.Y(J+1))GOTO500
      KOUNT=KOUNT+1
      DUMMY=Y(J)
      Y(J)=Y(J+1)
      Y(J+1)=DUMMY
      DUMMX=X(J)
      X(J)=X(J+1)
      X(J+1)=DUMMX
  500 CONTINUE
      IF(KOUNT.EQ.0)GOTO502
  501 CONTINUE
  502 RETURN
      END

$IBFTC CONTR
      SUBROUTINE CONTR (KIN)
C*****CONTOUR THE DATA POINTS.
C*****THIS VERSION OF CONTR USES A COUNTING CIRCLE PLACED ON GRID POINTS
C*****AND ORNAMENTS AREAS OF DIFFERENT CONCENTRATIONS.
      COMMON EAST,WEST,PI,TWOPI,RAD,R,SR,GRID,NO,NUF,CC,DS,HWID,NUM
      COMMON X(5000),Y(5000),SPAZ(100),SPDIP(100),TITLE(12),KONT(5)
      COMMON RAZ(4),RDIP(4),ROT(4),CONT(18),AREA(100),DMAX,RNUM,ILK
      RNUM=NUM
      PCT=RNUM/100.0
      DO400 K=1,100
  400 AREA(K)=0.0
C                KEEPS COUNT OF STRENGTH OF MAX
      CMAX=0.0
      IF(KIN.GT.0)GOTO404
      KIN=99
      DO402 I=ILK,18
      IF(CONT(I))403,403,401
  401 CONT(I)=CONT(I)*PCT
  402 CONTINUE
  403 NUF=I
```

```
      CONT(NUF)=100.0*PCT
C**** SELECT INITIAL POINTS FOR COUNTING CIRCLE
  404 IY= (R/GRID)
      RIY=IY
      CENTY=HWID-(RIY*GRID)
      IX=SQRT(R**2-(RIY*GRID)**2)/GRID
      RIX=IX-1
      CENTX=HWID-(RIX*GRID)
      CALL PLOT (CENTX,CENTY,3)
      GP=0.0
      XZ=+1.0
      MON=999
  405 KOUNT=1
      RMINX=CENTX-SR
      RMAXX=CENTX+SR
      RMINY=CENTY-SR
      RMAXY=CENTY+SR
      DO 408 I=1,NO
      IF(Y(I).LT.RMINY)GOTO408
      IF(Y(I).GT.RMAXY)GOTO409
      IF(X(I).GE.RMINX.AND.X(I).LE.RMAXX)GOTO406
       GOTO408
  406 DIST=SQRT((X(I)-CENTX)**2+(Y(I)-CENTY)**2)
      IF(DIST-SR)407,407,408
  407 KOUNT=KOUNT+1
  408 CONTINUE
  409 RKOUNT=KOUNT-1
      DO410 I=1,NUF
      IF(RKOUNT.GE.CONT(I).AND.RKOUNT.LT.CONT(I+1))GOTO411
  410 CONTINUE
  411 IPEN=I
      IF(RKOUNT.GT.CMAX)CMAX=RKOUNT
      AREA(KOUNT)=AREA(KOUNT)+1.0
      INUF=(INUF/3)+1
      DO413 K=1,INUF
      IF(IPEN-3)414,414,412
  412 IPEN=IPEN-3
  413 CONTINUE
  414 GOTO(415,416,417),IPEN
  415 CALL PLOT (CENTX,CENTY,3)
      GOTO418
  416 CALL SYMBOL(CENTX,CENTY,0.01,2,0.0,-1)
      GOTO418
  417 CALL PLOT (CENTX,CENTY,1)
      CALL PLOT (CENTX,CENTY,2)
  418 GP=GP+1.0
      CENTX=CENTX+GRID*XZ
C*** CHECK TO SEE IF CENTER OF COUNTING CIRCLE STILL WITHIN PROJECTION
C     CIRCLE ON X
      DD=SQRT((CENTX-HWID)**2+(CENTY-HWID)**2)
      IF(DD-R)405,405,419
  419 CALL PLOT (CENTX,CENTY,3)
      CENTY=CENTY+GRID
      XZ=-XZ
C**** CHECK TO SEE IF CENTER OF COUNTING CIRCLE STILL  WITH PROJECTION
C     CIRCLE ON Y
      IF(CENTY-(HWID+R))420,420,421
C**** INITIALIZE X FOR NEW TRAVERSE
  420 XX=SQRT(R**2-(HWID-CENTY)**2)
      IX=XX/GRID
      RIX=IX
      CENTX=HWID-(RIX*GRID*XZ)
      GOTO405
  421 CONTINUE
      CMAX=(CMAX/RNUM)*100.0
      WRITE(6,422)CMAX
  422 FORMAT(1H1,27HTHE MAXIMUM CONCENTRATION =,F6.2,8HPERCENT./)
      WRITE(6,423)
```

```
  423 FORMAT(1H .77H PERCENTAGE OF THE AREA OF THE PROJECTION COVERED BY
     1 DIFFERENT CONCENTRATIONS/)
      DO424 L=1.100
      RL=L-1
      TOTAL=(AREA(L)/GP)*100.0
      XL=(RL/RNUM)*100.0
      WRITE(6.425)XL.TOTAL
  424 IF(XL.GE.100.0)GOTO426
  425 FORMAT(1H .F6.2.29H PERCENT CONCENTRATION COVERS.F8.4.38H PERCENT
     1OF THE AREA OF THE PROJECTION)
  426 CONTINUE
      DO427 K=2.NUF
  427 CONT(K)=CONT(K)/PCT
      RETURN
      END

$IBFTC SCATR
      SUBROUTINE SCATR
C*****PLOT DATA POINTS WHICH LIE WITHIN THE PRIMITIVE CIRCLE.
      COMMON EAST.WEST.PI.TWOPI.RAD.R.SR.GRID.NO.NUF.CC.DS.HWID.NUM
      COMMON X(5000).Y(5000).SPAZ(100).SPDIP(100).TITLE(12).KONT(5)
      COMMON RAZ(4).RDIP(4).ROT(4).CONT(18).AREA(100).DMAX.RNUM.ILK
      DO600 I=1.NO
      DIST=SQRT((X(I)-HWID)**2+(Y(I)-HWID)**2)
      IF(DIST.GT.R)GOTO600
      CALL SYMBOL (X(I).Y(I).0.01.2.0.0.-1)
  600 CONTINUE
      RETURN
      END

$IBFTC PLANE
      SUBROUTINE PLANE (PAZ,PDIP)
C*****PLOT GREAT CIRCLE NORMAL TO A POLE.
C*****PAZ=AZIMUTH OF POLE.
C*****PDIP=DIP OF POLE.
      COMMON EAST,WEST,PI,TWOPI,RAD,R,SR,GRID,NO,NUF,CC,DS,HWID,NUM
      COMMON X(5000),Y(5000),SPAZ(100),SPDIP(100),TITLE(12),KONT(5)
      COMMON RAZ(4),RDIP(4),ROT(4),CONT(18),AREA(100),DMAX,RNUM,ILK
      AZP=PAZ+EAST
      IF(AZP.GT.TWOPI)AZP=AZP-TWOPI
      AZ=AZP
      DIP=0.0
      CALL COORD (AZ,DIP,TX,TY,0)
      CALL PLOT (TX,TY,3)
      CALL PLOT (TX,TY,2)
      DO707 IJ=1,179
      RIJ=IJ
      PHI=RIJ/RAD
      IF(IJ-90)703,702,704
  702 AZ=AZP+EAST
      IF(AZ.GE.TWOPI)AZ=AZ-TWOPI
      DIP=EAST-PDIP
      GOTO706
  703 CALL OST3 (PHI,EAST,SC,A,B,PDIP)
      AZ=AZP+A
      GOTO705
  704 PHI=PI-PHI
      CALL OST3 (PHI,EAST,SC,A,B,PDIP)
      AZ=AZP+(PI-A)
  705 IF(AZ.GE.TWOPI)AZ=AZ-TWOPI
      DIP=EAST-SC
  706 CALL COORD (AZ,DIP,TX,TY,0)
      CALL PLOT (TX,TY,1)
  707 CONTINUE
      AZ=AZP+PI
      IF(AZ.GE.TWOPI)AZ=AZ-TWOPI
      DIP=0.0
```

```
      CALL COORD (AZ,DIP,TX,TY,0)                                       PLAN0370
      CALL PLOT (TX,TY,1)                                               PLAN0380
  708 RETURN                                                            PLAN0390
      END                                                               PLAN0400

$IBFTC CIRCL                                                            CIRC0000
      SUBROUTINE CIRCL                                                  CIRC0010
C*****PLOT THE PRIMITIVE CIRCLE OF THE NET.                             CIRC0020
      COMMON EAST,WEST,PI,TWOPI,RAD,R,SR,GRID,NO,NUF,CC,DS,HWID,NUM     CIRC0030
      COMMON X(5000),Y(5000),SPAZ(100),SPDIP(100),TITLE(12),KONT(5)     CIRC0040
      COMMON RAZ(4),RDIP(4),ROT(4),CONT(18),AREA(100),DMAX,RNUM,ILK     CIRC0050
      DIMENSION XA(4),XB(4),YA(4),YB(4)                                 CIRC0060
      XI=HWID                                                           CIRC0070
      YI=HWID+R                                                         CIRC0080
      CALL PLOT (XI,YI,3)                                               CIRC0090
      CALL PLOT (XI,YI,2)                                               CIRC0100
      DO 800 K=1,359                                                    CIRC0110
      RK=K                                                              CIRC0120
      ANG=RK/RAD                                                        CIRC0130
      XX=HWID+(R*SIN(ANG))                                              CIRC0140
      YY=HWID+(R*COS (ANG))                                             CIRC0150
      CALL PLOT (XX,YY,1)                                               CIRC0160
  800 CONTINUE                                                          CIRC0170
      CALL PLOT (XI,YI,1)                                               CIRC0180
      XA(1)=HWID                                                        CIRC0190
      XA(2)=HWID+R                                                      CIRC0200
      XA(3)=HWID                                                        CIRC0210
      XA(4)=HWID-R                                                      CIRC0220
      XB(1)=XA(1)                                                       CIRC0230
      XB(2)=XA(2)+0.25                                                  CIRC0240
      XB(3)=XA(3)                                                       CIRC0250
      XB(4)=XA(4)-0.25                                                  CIRC0260
      YA(1)=HWID+R                                                      CIRC0270
      YA(2)=HWID                                                        CIRC0280
      YA(3)=HWID-R                                                      CIRC0290
      YA(4)=HWID                                                        CIRC0300
      YB(1)=YA(1)+0.375                                                 CIRC0310
      YB(2)=YA(2)                                                       CIRC0320
      YB(3)=YA(3)-0.25                                                  CIRC0330
      YB(4)=YA(4)                                                       CIRC0340
      DO801 K=1,4                                                       CIRC0350
      CALL PLOT (XA(K),YA(K),3)                                         CIRC0360
      CALL PLOT (XA(K),YA(K),2)                                         CIRC0370
      CALL PLOT (XB(K),YB(K),1)                                         CIRC0380
  801 CONTINUE                                                          CIRC0390
      RETURN                                                            CIRC0400
      END                                                               CIRC0410

$IBFTC LABL1                                                            LAB10000
      SUBROUTINE LABL1                                                  LAB10010
C*****LABEL ORIENTATION DIAGRAM WITH TITLE AND NUMBER OF POLES.          LAB10020
      COMMON EAST,WEST,PI,TWOPI,RAD,R,SR,GRID,NO,NUF,CC,DS,HWID,NUM     LAB10030
      COMMON X(5000),Y(5000),SPAZ(100),SPDIP(100),TITLE(12),KONT(5)     LAB10040
      COMMON RAZ(4),RDIP(4),ROT(4),CONT(18),AREA(100),DMAX,RNUM,ILK     LAB10050
      XX=HWID-4.32                                                      LAB10060
      YY=HWID+R+1.0                                                     LAB10070
      HT1=0.14                                                          LAB10080
      CALL SYMBOL (XX,YY,HT1,TITLE(1),0.0,72)                           LAB10090
      WT1=HT1*(6.0/7.0)                                                 LAB10100
      XX=HWID-((21.0*WT1)/2.0)                                          LAB10110
      YY=HWID+R+0.5                                                     LAB10120
      CALL SYMBOL (XX,YY,HT1,18HNUMBER OF POLES = ,0.0,18)              LAB10130
      XX=XX+(18.0*WT1)                                                  LAB10140
      RNUM=NUM                                                          LAB10150
      CALL NUMBER (XX,YY,HT1,RNUM,0.0,-1)                               LAB10160
      RETURN                                                            LAB10170
      END                                                               LAB10180
```

```
$IBFTC LABL2                                                            LAB20000
      SUBROUTINE LABL2                                                  LAB20010
C*****LABEL CONTOURED ORIENTATION DIAGRAM WITH CONTOUR INTERVALS.       LAB20020
      COMMON EAST,WEST,PI,TWOPI,RAD,R,SR,GRID,NO,NUF,CC,DS,HWID,NUM     LAB20030
      COMMON X(5000),Y(5000),SPAZ(100),SPDIP(100),TITLE(12),KONT(5)     LAB20040
      COMMON RAZ(4),RDIP(4),ROT(4),CONT(18),AREA(100),DMAX,RNUM,ILK     LAB20050
      DIMENSION CX(18)                                                  LAB20060
      HT=0.14                                                           LAB20070
      HTS=HT*(4.0/7.0)                                                  LAB20080
      WT=HT*(6.0/7.0)                                                   LAB20090
      XX=HWID-R                                                         LAB20100
      YY=HWID-R-0.1                                                     LAB20110
      CALL SYMBOL (XX,YY,HT,16HCONTOUR INTERVAL,0.0,16)                 LAB20120
      XX=HWID+1.1                                                       LAB20130
      CALL SYMBOL (XX,YY,HTS,21,0.0,-1)                                 LAB20140
      XX=XX+(2.0*WT)                                                    LAB20150
      CALL SYMBOL (XX,YY,HT,17HCONCENTRATION PER,0.0,17)                LAB20160
      XX=XX+(18.0*WT)                                                   LAB20170
      CALL NUMBER (XX,YY,HT,CC,0.0,1)                                   LAB20180
      RMULT=5.0                                                         LAB20190
      IF(CC.LT.10.0)RMULT=4.0                                           LAB20200
      XX=XX+(RMULT*WT)                                                  LAB20210
      CALL SYMBOL (XX,YY,HTS,21,0.0,-1)                                 LAB20220
      XX=XX+(2.0*WT)                                                    LAB20230
      CALL SYMBOL (XX,YY,HT,4HAREA,0.0,4)                               LAB20240
C     WRITE CONTOUR VALUES                                              LAB20250
      YY=HWID-R-0.5                                                     LAB20260
      CX(1)=XX                                                          LAB20270
      CMAX=NUF                                                          LAB20280
      J=NUF-1                                                           LAB20290
      DO 900 K=2,J                                                      LAB20300
      CX(K)=CX(K-1)+0.375                                               LAB20310
      RMULT=3.0                                                         LAB20320
      IF(CONT(K).GE.10.0)RMULT=4.0                                      LAB20330
      XS=CX(K)-(RMULT*(WT/2.0))                                         LAB20340
      CALL NUMBER (XS,YY,HT,CONT(K),0.0,1)                              LAB20350
      IF(XS.LE.7.5)GOTO900                                              LAB20360
      YY=HWID-R-0.9                                                     LAB20370
      CX(K)=HWID-R                                                      LAB20380
  900 CONTINUE                                                          LAB20390
      RETURN                                                            LAB20400
      END                                                               LAB20410

$IBFTC OST3                                                             OST30000
      SUBROUTINE OST3 (SA,SB,SC,A,B,C)                                  OST30010
C*****SOLVE AN OBLIQUE SPHERICAL TRIANGLE KNOWING TWO SIDES AND THE     OST30020
C*****INCLUDED ANGLE (SA,SB,C).                                         OST30030
      COMMON EAST,WEST,PI,TWOPI,RAD,R,SR,GRID,NO,NUF,CC,DS,HWID,NUM     OST30040
      COMMON X(5000),Y(5000),SPAZ(100),SPDIP(100),TITLE(12),KONT(5)     OST30050
      COMMON RAZ(4),RDIP(4),ROT(4),CONT(18),AREA(100),DMAX,RNUM,ILK     OST30060
      SC=ARCOS((COS(SA)*COS(SB))+(SIN(SA)*SIN(SB)*COS(C)))              OST30070
      A=ARCOS((COS(SA)-(COS(SB)*COS(SC)))/(SIN(SB)*SIN(SC)))            OST30080
      B=ARCOS((COS(SB)-(COS(SC)*COS(SA)))/(SIN(SC)*SIN(SA)))            OST30090
      RETURN                                                            OST30100
      END                                                               OST30110
```

The first version of CONTR (Table 1) produces an ornamented diagram (Fig. 4). Three forms of ornament are used; namely blank, dot and line. Going from low to high concentrations the sequence of ornamentation is blank, dot, line, blank, dot, line etc. Contrary to a first impression this scheme suffers from little ambiguity, for instance the sequence line-blank-line-dot-line-blank-dot-line, means, medium-high-medium-low-me-

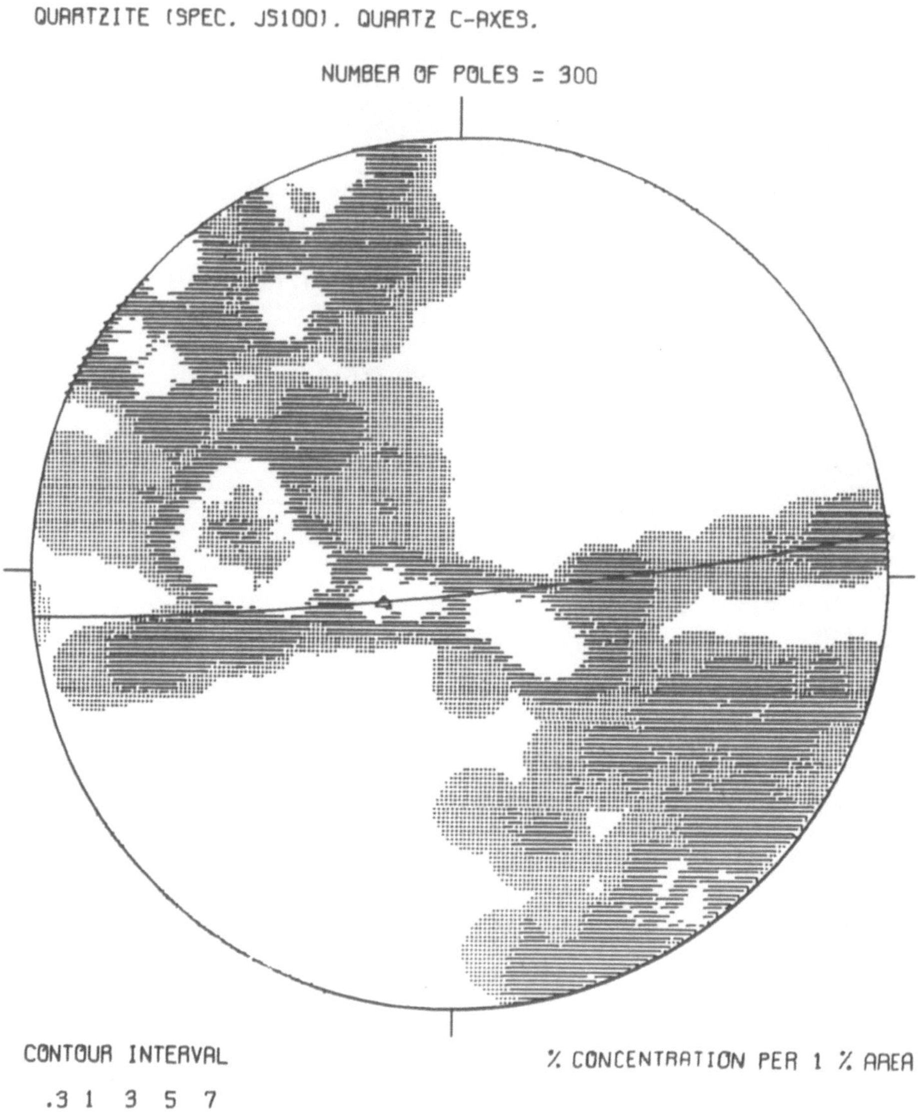

Fig. 4.
A sample contoured diagram using the version of CONTR contained in Table 1.

dium-high-higher-highest concentration. When the value of any one contour is known the value of any other can be determined. Blank is always on the high side of line and on the low side of dot; dot is on the high side of blank and on the low side of line;line is on the high side of dot and on the low side of blank.

The second version of CONTR (Table 2) produces contours which consists of a sequence of isolated dots (Fig. 5).

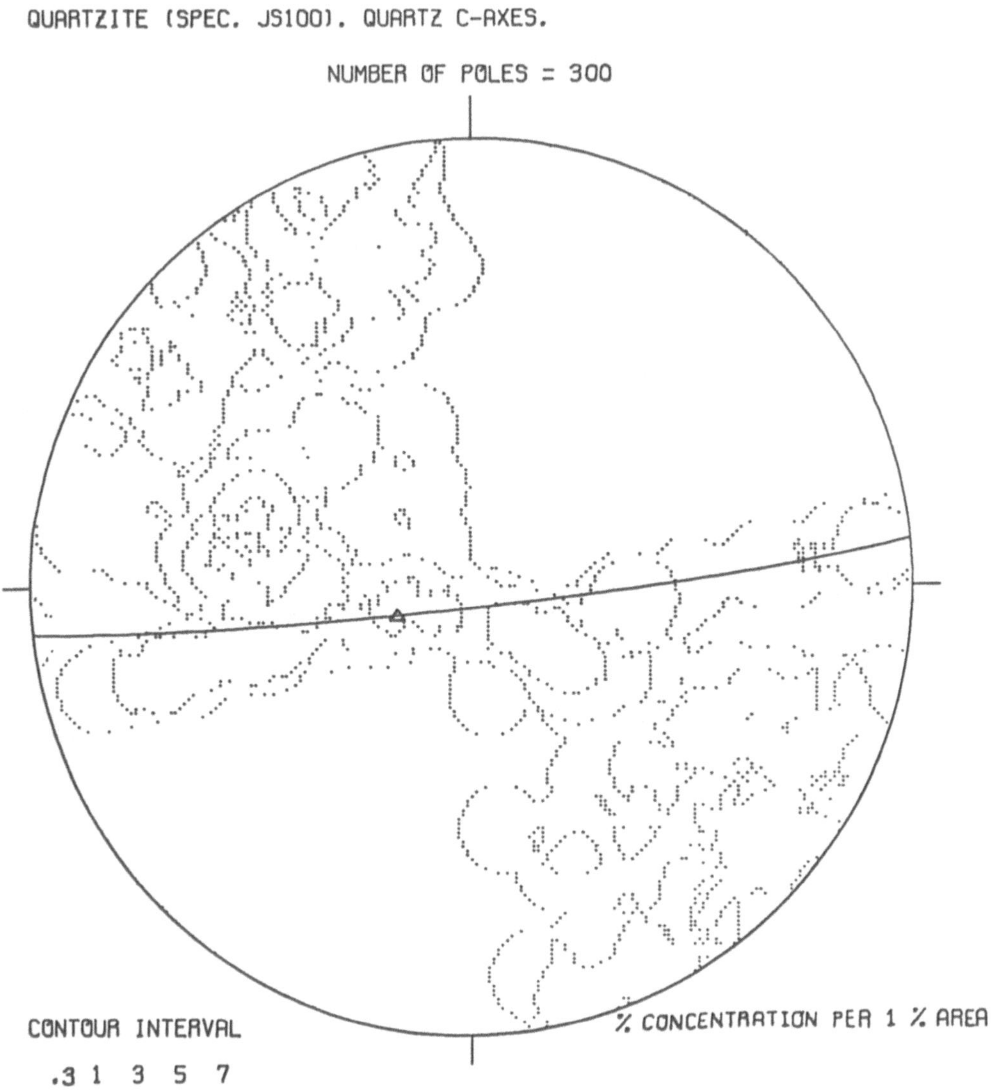

Fig. 5.
A sample contoured diagram using the version of CONTR listed in Table 2.

Table 2.
A Fortran IV listing of the alternative version of sub-routine CONTR.

```
$IBFTC CONTR                                                            CNTR0000
      SUBROUTINE CONTR (KIN)                                            CNTR0010
C*****CONTOUR THE DATA POINTS.                                          CNTR0020
C*****THIS VERSION OF CONTR USES A COUNTING CIRCLE PLACED ON GRID POINTSCNTR0030
C*****AND PRODUCES CONTOURS WHICH CONSIST OF A SERIES OF POINTS.        CNTR0040
      COMMON EAST,WEST,PI,TWOPI,RAD,R,SR,GRID,NO,NUF,CC,DS,HWID,NUM     CNTR0050
      COMMON X(5000),Y(5000),SPAZ(100),SPDIP(100),TITLE(12),KONT(5)     CNTR0060
      COMMON RAZ(4),RDIP(4),ROT(4),CONT(18),AREA(100),DMAX,RNUM,ILK     CNTR0070
      RNUM=NUM                                                          CNTR0080
      PCT=RNUM/100.0                                                    CNTR0090
      DO400 K=1,100                                                     CNTR0100
  400 AREA(K)=0.0                                                       CNTR0110
C                KEEPS COUNT OF STRENGTH OF MAX                         CNTR0120
      CMAX=0.0                                                          CNTR0130
      IF(KIN.GT.0)GOTO404                                               CNTR0140
      KIN=99                                                            CNTR0150
      DO402 I=ILK,18                                                    CNTR0160
      IF(CONT(I))403,403,401                                            CNTR0170
  401 CONT(I)=CONT(I)*PCT                                               CNTR0180
  402 CONTINUE                                                          CNTR0190
  403 NUF=I                                                             CNTR0200
      CONT(NUF)=100.0*PCT                                               CNTR0210
C**** SELECT INITIAL POINTS FOR COUNTING CIRCLE                         CNTR0220
  404 IY= (R/GRID)                                                      CNTR0230
      RIY=IY                                                            CNTR0240
      CENTY=HWID-(RIY*GRID)                                             CNTR0250
      IX=SQRT(R**2-(RIY*GRID)**2)/GRID                                  CNTR0260
      RIX=IX-1                                                          CNTR0270
      CENTX=HWID-(RIX*GRID)                                             CNTR0280
      CALL PLOT (CENTX,CENTY,3)                                         CNTR0290
      GP=0.0                                                            CNTR0300
      XZ=+1.0                                                           CNTR0310
      MON=999                                                           CNTR0320
  405 KOUNT=1                                                           CNTR0330
      RMINX=CENTX-SR                                                    CNTR0340
      RMAXX=CENTX+SR                                                    CNTR0350
      RMINY=CENTY-SR                                                    CNTR0360
      RMAXY=CENTY+SR                                                    CNTR0370
      DO 408 I=1,NO                                                     CNTR0380
      IF(Y(I).LT.RMINY)GOTO408                                          CNTR0390
      IF(Y(I).GT.RMAXY)GOTO409                                          CNTR0400
      IF(X(I).GE.RMINX.AND.X(I).LE.RMAXX)GOTO406                        CNTR0410
       GOTO408                                                          CNTR0420
  406 DIST=SQRT((X(I)-CENTX)**2+(Y(I)-CENTY)**2)                        CNTR0430
      IF(DIST-SR)407,407,408                                            CNTR0440
  407 KOUNT=KOUNT+1                                                     CNTR0450
  408 CONTINUE                                                          CNTR0460
  409 RKOUNT=KOUNT-1                                                    CNTR0470
      DO410 I=1,NUF                                                     CNTR0480
      IF(RKOUNT.GE.CONT(I).AND.RKOUNT.LT.CONT(I+1))GOTO411              CNTR0490
  410 CONTINUE                                                          CNTR0500
  411 IF(MON.GT.0)GOTO416                                               CNTR0510
      IF(RKOUNT.GT.CMAX)CMAX=RKOUNT                                     CNTR0520
      AREA(KOUNT)=AREA(KOUNT)+1.0                                       CNTR0530
      IF(LAST-I)413,415,412                                             CNTR0540
  412 TEMPX=CENTX-(GRID*XZ)                                             CNTR0550
      GOTO414                                                           CNTR0560
  413 TEMPX=CENTX                                                       CNTR0570
  414 CALL SYMBOL (TEMPX,CENTY,0.01,2,0.0,-1)                           CNTR0580
      LAST=I                                                            CNTR0590
  415 GP=GP+1.0                                                         CNTR0600
      GOTO417                                                           CNTR0610
```

```
416 LAST=I
417 CENTX=CENTX+(GRID*XZ)
    MON=0
C*** CHECK TO SEE IF CENTER OF COUNTING CIRCLE STILL WITHIN PROJECTION
C    CIRCLE ON X
    DD=SQRT((CENTX-HWID)**2+(CENTY-HWID)**2)
    IF(DD-R)405,405,418
418 CALL PLOT (TEMPX,CENTY,3)
    CENTY=CENTY+GRID
    XZ=-XZ
C**** CHECK TO SEE IF CENTER OF COUNTING CIRCLE STILL  WITH PROJECTION
C    CIRCLE ON Y
    IF(CENTY-(HWID+R))419,419,420
C**** INITIALIZE X FOR NEW TRAVERSE
419 XX=SQRT(R**2-(HWID-CENTY)**2)
    IX=XX/GRID
    RIX=IX+1
    CENTX=HWID-(RIX*GRID*XZ)
    MON=999
    GOTO405
420 CONTINUE
    CMAX=(CMAX/RNUM)*100.0
    WRITE(6,421)CMAX
421 FORMAT(1H1,27HTHE MAXIMUM CONCENTRATION =,F6.2,8HPERCENT./)
    WRITE(6,422)
422 FORMAT(1H ,77H PERCENTAGE OF THE AREA OF THE PROJECTION COVERED BY
   1 DIFFERENT CONCENTRATIONS/)
    DO423 L=1,100
    RL=L-1
    TOTAL=(AREA(L)/GP)*100.0
    XL=(RL/RNUM)*100.0
    WRITE(6,424)XL,TOTAL
423 IF(XL.GE.100.0)GOTO425
424 FORMAT(1H ,F6.2,29H PERCENT CONCENTRATION COVERS,F8.4,38H PERCENT
   1OF THE AREA OF THE PROJECTION)
425 CONTINUE
    DO426 K=2,NUF
426 CONT(K)=CONT(K)/PCT
    RETURN
    END
```

Table 3.
The special symbols corresponding to the values of SYMB.

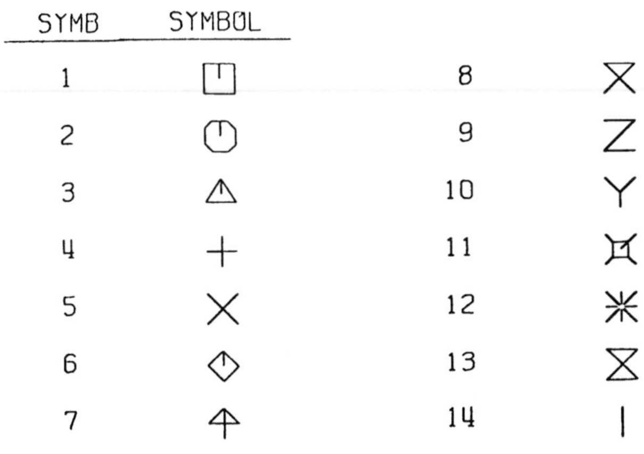

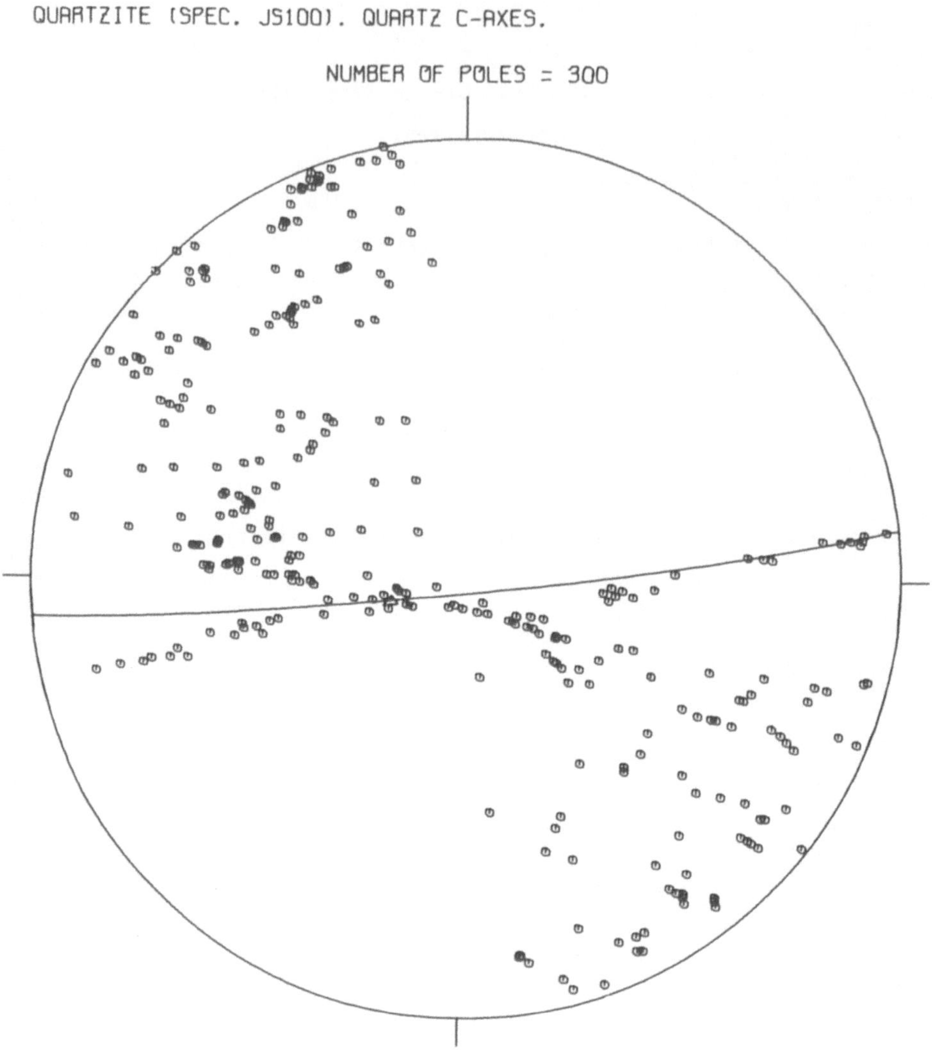

Fig. 6.
A sample scatter diagram.

SCATR

Subroutine SCATR produces a scatter diagram (Fig. 6). The poles are represented by symbol number 2 of Table 3.

PLANE

Subroutine PLANE constructs a great circle normal to a pole. The input parameters are the azimuth and dip of the pole.

CIRCL

This sub-routine draws the primitive circle of the projection.

LABL1

This sub-routine writes the title and the number of poles as a heading for the scatter and contoured diagrams.

LABL2

Sub-routine LABL2 writes the contour values on the contoured diagram.

OST3

This sub-routine performs the trigonometrical solution of a spherical triangle when two sides and the included angle are known.

PLOTS

Sub-routine PLOTS initializes the plotter package. The input parameters are the maximum plotting time, in minutes, and the X and Y plotting limits, in inches. This and the remaining four sub-routines are part of the CalComp 563 System.

PLOT

Sub-routine PLOT writes data on the plotter tape. The input parameters are the X and Y pen co-ordinates and the pen mode.

SYMBOL

This sub-routine writes alpha-numeric text. The input parameters are the X and Y co-ordinates, the height of the characters, the alpha-numeric text or symbols, the angle between the base line of the text ant the X axis (in this case 0°) and the number of alpha-numeric characters.

NUMBER

This sub-routine writes the numerical value of a variable. The input parameters are the X and Y co-ordinates, the height of the characters, the variable to be written, the angle between the base line of the digits and the X axis (in this case 0°) and an interger to specify the number of digits to be written after the decimal point.

ENDPLT

Sub-routine ENDPLT terminates the plot.

Glossary of the Variables in Common Exclusive of Input Data

EAST	90° in radians.
WEST	270° in radians.
PI	180° in radians.
TWOPI	360° in radians.
RAD	one radian in degrees.
R	The radius of the projected sphere.
SR	The radius of the counting circle used to prepare contoured diagrams.
GRID	The spacing of the grid points over which the counting circle is centred when preparing contoured diagrams.
NO	The number of X-Y co-ordinates, i.e. the co-ordinates of all data points including those produced beyond the periphery of the projection for the purpose of contouring.
NUF	The subscript of the highest desired contour value stored in CONT.
CC	The area of the counting circle.
DS	The diameter of the reference sphere.
HWID	The half-width of the final, individual diagrams, including margins.
NUM	The number of poles, i.e. data points (not including the points produced beyond the periphery of the net for the purpose of contouring).
X	The X plotter co-ordinate of the data point.
Y	The Y plotter co-ordinate of the data point.
SPAZ	The azimuth of a pole to be represented by a special symbol.
SPDIP	The dip of a pole to be represented by a special symbol.
AREA	The areas covered by different concentration densities.
DMAX	This variable defines the peripheral area of the projection where the counting circle overlaps the primitive circle.
RNUM	Floating point equivalent of NUM.
ILK	The subscript indicating the storage location of the first required contour value in CONT, (other than 0% or empty space).

Input Data

The data deck consists of two, three or four control cards (depending on the output desired) followed by *n* data cards. A final card with a one in column 1 indicates the end of the input data. Several data sets may be read, each preceded by control cards and terminated by a card with a one on column 1. The end of the job is indicated by a card with a zero in column 1.

Card 1: READ(KONT(K),K=1,5),DIAM,GRID,CC
FORMAT(5I1,5X,3F10.0)

Column 1. Kont(1), Indicates the desired output according to the following code –
1 = Scatter diagram.
2 = contoured diagram.
3 = scatter diagram and contoured diagram.
4 = data to be rotated about the first rotation axis and a scatter diagram produced.
5 = data to be rotated about the first rotation axis and a contoured diagram produced.
6 = data to be rotated about the first rotation axis and both a scatter diagram and a contoured diagram produced.

Column 2 KONT(2). Indicates additional output according to the same code as KONT(1) except that rotation is about the second rotation axis.*

Column 3 KONT(3). Indicates additional output according to the same code as KONT(1) except that rotation is about the third rotation axis.*

Column 4 KONT(4). Indicates additional output according to the same code as KONT(1) except that rotation is about the fourth rotation axis.*

**n.b.* each set of rotated data are derived from the initial input data.

Columns 11–20 DIAM. The diameter of the projected sphere, in centimeters. If this field is blank 20 cms. is assumed.

Columns 21–30 GRID. The spacing of the square grid, in millimeters, on which the counting circle is centred when a contoured diagram is produced. If this field is blank 1 mm. is assumed.

Columns 31–40 CC. The area of the counting circle used to prepare contoured diagrams, expressed as a percentage of the projected hemisphere. If this field is blank a 1% area is assumed.

Card 2: READ(TITLE(K),K=1,12)
FORMAT(12A6)

Columns 1–72 TITLE. The heading to be printed above each diagram.

Card 3: READ (RAZ(K),RDIP(K),ROT(K),K=1,4)
FORMAT (4(2F6.0,F8.0))

Columns 1–6 RAZ(1). The azimuth, in degrees, of the first rotation axis.

Columns 7–12 RDIP(1). The dip, in degrees, of the first rotation axis.

Columns 13–20 ROT(1). The amount of rotation, in degrees, about the first rotation axis. A positive value indicates a clockwise rotation (i.e. viewed from the centre of the projection in the direction of the rotation axis), a negative value indicates a counter-clockwise rotation.

Columns 21–26 RAZ(2).
Columns 27–32 RDIP(2).
Columns 33–40 ROT(2).
Columns 41–46 RAZ(3).
Columns 47–52 RDIP(3).
Columns 53–60 ROT(3).
Columns 61–66 RAZ(4).
Columns 67–72 RDIP(4).
Columns 73–80 ROT(4).

These variables have the same significance as RAZ(1), RDIP(1) and ROT(1) but pertain to the second, third and fourth rotation axes.

n.b. The first rotation axis is used in conjunction with KONT(1), the second with KONT(2) etc. This card must be omitted if rotation is not required.

Card 4: READ(CONT(I),I=2,17)
FORMAT(16F5.0)

Columns 1–5 CONT(2). The value of the minimum contour to be drawn, in terms of percentage concentration, per specified area (c.f. CC). A one in column 1 results in a contour being drawn around the empty space on the projection (i.e. at a concentration of one point per specified area).

Columns 6–10 CONT(3). The second contour value.

.

.

.

Columns 76–80 CONT(17). The sixteenth contour value.

n.b. This card is included only if a contoured diagram is to be produced. If all fields on this card are blank, contours will be drawn at intervals of 1% concentration from 1% to 16%. If all fields are blank except for a one in column 1 a contour will be constructed around the empty space and further contours will be drawn at intervals of 1% contentration from 1%–15%. If all contour values are to be explicity defined they must be punched in consecutive fields, surplus fields may be left blank.

Card 5: READ AZ,DIP,FALL,REP,SYMB
FORMAT (5F10.5)

Columns 1–10 AZ. The azimuth of a pole or strike of a plane in degrees.

Columns 11–20 DIP. The plunge of a pole or dip of a plane in degrees.

Columns 21–30 FALL. The direction towards which a plane dips, in degrees; this need only be approximate and it must not be zero. A value of 0° or a blank field indicates that AZ and DIP relate to a pole, and not a plane.

Columns 31–40 REP. The required representation of the data is indicated by the following code: 0 or blank = A pole will be plotted on the scatter diagram and/or counted on the contoured diagram. (c.f. SYMB).
1 = The data will be represented by a great circle on the great circle diagram only.*
2= The data will be represented by a great circle on the great circle diagram* and also by a pole on the scatter diagram and/or contoured diagram (c.f. SYMB).

**n.b.* A great circle diagram will be drawn automatically if REP=1 or 2 on any data card.

Columns 41–50 SYMB. This variable indicates the symbol to be used in plotting the data. A zero or a blank field indicates that no special symbol is to be used. Values 1–14 result in the pole being represented by one of the special symbols tabulated in Table 3, based on the CalComp 563 System: the special symbol will be plotted on the scatter diagram and on the contoured diagram but it will not be counted when the contoured diagram is prepared. Note that each special symbol may be used only once.

A value greater than 14 results in a great circle being drawn on the orientation diagrams (except on the great circle diagram), up to 85 such great circles may be drawn.

If more than one form of representation is required for any data duplicate cards must be read.

Card 5+*n* Other cards of type 5.

Card 5+*n*+1 A card with a one in column 1 indicates the end of the data.

Card 5+*n*+2 A blank card or a card with a zero in column 1 indicates the end of the job.

Output

Samples of the graphical output are presented in Figs. 4, 5 and 6. Using an IBM 7040 Computer and CalComp 563 Plotter the scatter diagram of Fig. 6 was calculated in 8 minutes and plotted in 20 minutes. The contoured diagrams, Figs. 4 and 5, were contoured using a 1% counting circle centred on a 1 mm. square grid, the computer time for each was 15 minutes and the plotter time 43 minutes.

In some instances printed output is also produced. If the data are rotated the azimuth and dip of both the unrotated and rotated poles are printed. If a contoured diagram is produced a table is printed containing the area of the projected sphere covered by different concentrations.

Conclusion

The use of a computer to prepare orientation diagrams, with the consequent saving in time and effort, makes it feasible to experiment with orientation patterns. For instance, different contour intervals can be tried and compared. Also, the orientation patterns can be rotated into different orientations so that a more precise view of the geometry and symmetry of the pattern can be obtained. It is primarily the latter consideration which prompted the writing of the programme.

In writing this programme an attempt has been made to achieve a high degree of flexibility while at the same time keeping the amount of input data to a minimum. It is hoped that the programme will prove adequate for most general needs. The subdivision of the programme into several sub-routines should facilitate subsequent modification to cover specific requirements.

Zusammenfassung

Es wird ein Computer-Programm für Großkreisdiagramme, Punktdiagramme und Isoliniendiagramme zur Darstellung von Gefügedaten im Schmidt'schen Netz beschrieben. Gleichzeitig können 4 aufeinanderfolgende Rotationen ausgeführt und die rotierten Daten auf Lochkarten ausgegeben werden. Alle Diagramme werden auf der unteren Halbkugel des Schmidt'schen Netzes konstruiert.

Acknowledgement

The work was supported by an operating grant from the National Research Council of Canada.

R. Bradshaw and F. C. Phillips
University of Bristol

1. Introduction

Since the observation by Trener in 1906 that in a foliated metamorphic rock from Tonale a majority of the quartz grains were oriented with their optic axes approximately normal to the foliation, the examination of such 'patterns of preferred orientation' has played an important part in the study of rock fabrics. At first the only available procedure involved the use of a compensator above the section and the measurement of extinction angles against directions of determined optical character in a large number of grains. Such observations did not provide a complete determination of the rotational attitude of the indicatrix of each grain (Sander, 1950, p. 20), but in 1925, W. Schmidt, following a suggestion made by F. Becke, published the first fabric diagrams of complete orientations determined by using a universal stage. This optical method at once became, and still remains, a most valuable petrofabric technique, but there are inherent limitations. For a uniaxial mineral, such as quartz, only the attitude of the principal axis, and not the complete rotational attitude, can be determined unless there are visible morphological features such as cleavage or twinning. No results can be obtained for isotropic minerals; for opaque minerals, too, satisfactory optical procedures are virtually lacking. Moreover, perhaps in some ways the most important restriction, there is a limit to grain-size below which U-stage techniques become impracticable. All these difficulties can be overcome by the use of X-rays, for which the only important restriction in petrofabric work is that they cannot be used to study patterns of preferred orientation by shape.

Pioneering studies carried out in Germany over the years 1928-30 by G. Sachs and others, following suggestions put forward by B. Sander (Sander & Sachs, 1930), applied to rocks the X-ray procedures first described by Debye & Scherrer and by Hull, widely known as the "powder method". In this application, as in later developments, structural petrologists have tended to follow the lead given by metallographers and it is of some interest to note the reasons for this. Metals are composed of atoms of high reflecting power for X-rays, their crystal structures are mostly comparatively simple, metal fabrics are rarely composed of many crystal species, and (a matter of considerable practical import!) the immediate industrial applications of the metallographers' researches have always commanded a high degree of financial support. In contrast, rock-forming minerals are predominantly poor reflectors, their crystal structures are often complex, most rocks are polymineralic, and the work of the structural petrologist offers little prospect of direct industrial application.

General accounts of the development of X-ray procedures in metallography and allied sciences will be found in standard text-books (e.g. Klug & Alexander, 1954; Taylor,

1961; Wassermann & Grewen, 1962; Barrett & Massalski, 1966) and in review articles (e.g. Richards, 1949; Hargreaves, 1955; Dillamore & Roberts, 1965; Paulitsch, 1966a; Holland, 1967). We propose here to give an account of the application of these method: specifically to petrofabric problems.

2. Film Methods

In his initial studies of a fine-grained quartz tectonite Sachs used specimens in the form of flat plates 1.0 – 1.5 mm thick, irradiated by a filtered beam from a molybdenum target, the diffracted beams being received on a flat film placed 9.0 cm behind the specimen. With a current of 8 mA an exposure of several hours was necessary. From the outset he recommended translation of the flat specimen in its own plane; the greate number of crystals thus irradiated reduced the granularity of the photograph and increased in an upward direction the range of grain-sizes to which the method could be applied. It was later found convenient to use much thinner specimens, mounted on stiff paper rather than glass (Fairbairn, 1943; 1949, p. 271); for very friable rocks reflection from a prepared surface can be used instead of transmission (see, for example, Brindley, 1953, following Custers, 1948 a, b).

A powder photograph of sufficiently fine-grained material completely lacking preferred orientation would show continuous rings (Fig. 1a) each of uniform intensity (for

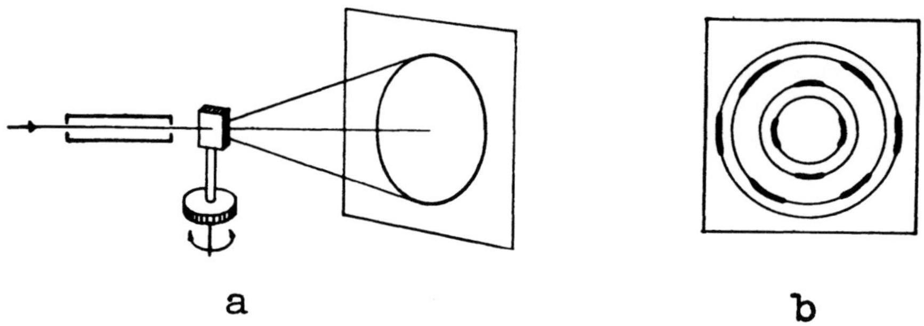

Fig. 1.
Photographic patterns on flat films:
(a) continuous Debye-rings produced by a random orientation.
(b) discontinuous rings resulting from preferred orientation.

which reason, of course, the standard procedure for mineral identification uses a strip of film recording only the equatorial portions of the rings). A preferred orientation gives rise to concentration of diffracted rays along certain portions of the cones of 'reflection' (Figs. 1b, 2). The symmetry of distribution of these more intense arcs on the photograpl is directly related to the symmetry of distribution of the contributing crystals in the fabric *around the direction of the X-ray beam.* By choosing the orientation of the specimen plate in relation to a visible fabric feature on the hand-specimen this method could be used to pursue a symmetrological analysis of the fabric. If, for example, the plate is

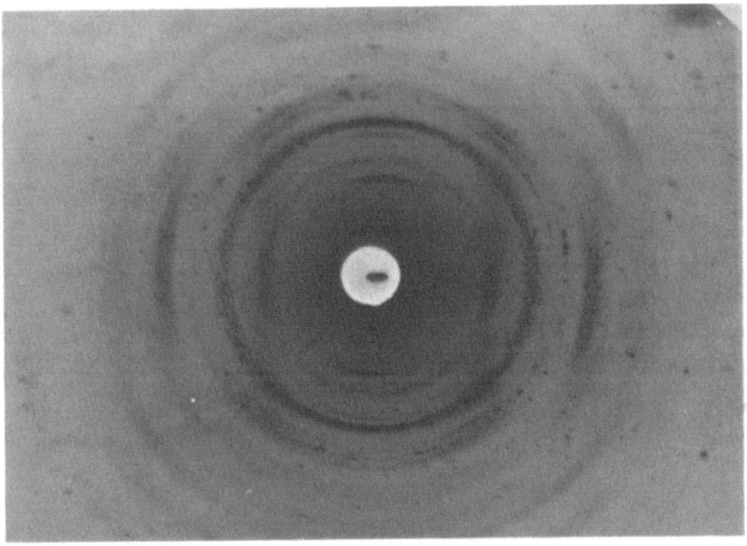

Fig. 2.
Stationary flat-film photograph of a schist from Start Point, Devon. X-ray beam parallel to the schistosity. (Photo – B. Marshall)

cut parallel to a plane of schistosity which is tentatively accepted as the *ab*-plane of the fabric, a single plane of symmetry in the X-ray photograph determines the *ac*-plane and suggests a possible *a*-axis. If two planes of symmetry at right angles are visible, however, this determination does not distinguish between them. Moreover, the establishment of a plane of symmetry from the uneven distribution of intensity of certain rings on the photograph of a polymineralic fabric does not justify the conclusion that such a plane is present for *all* the component fabrics, and therefore for the whole fabric. It is a recognized finding, however, that in very many rocks the various component fabrics homogeneously penetrating each other are in fact oriented with mutually conformable symmetry (Sander, 1950, p. 46).

Using a plate cut perpendicular to an *s*-plane, so that the incident beam traverses the fabric in this plane, a visible lineation in the plane can be checked for possible character as a *B*-axis. A photograph taken with the beam travelling parallel to the lineation is compared with one taken with the beam travelling perpendicular to this direction (still within the *s*-plane). As a consequence of the rotational component of a *B*-axis, micaceous minerals will be less sharply oriented, with greater angular spread of the blackened arcs corresponding to 001 reflections, in the former.

For a more complete exploration of an entire fabric a large number of photographs would be necessary – Sachs suggested a number between 15 and 20 – which might be obtained by successive rotations of a specimen, through an angle of about 20°, about its length and width. This doubtless accounts for the fact that only limited use of the method has been made in the following years; Lamcke (1936) published some brief observations on a number of mineral aggregates; Ehlers (1938) compared photographs obtained from natural clays with those afforded by artificial aggregates formed by pressing mineral powder between two glass plates to yield a film about 1.0 mm thick.

The use of a flat film results in a considerable fall-off of intensity at higher values of 2θ and increasing line-broadening. Braitsch (1954, 1957) overcame this disadvantage by using a conical camera with a 60° angular opening, the axis of the cone being set parallel to the primary beam. Attached to the lid of the camera is a lead plate to which the specimen is fastened and in which a circular aperture from 0.1 – 0.5 mm diameter serves both as an entry-diaphragm and to locate the precise area irradiated on the specimen. The diffraction pattern is recorded as semicircles on a semicircular film.

A very important limitation to the use of the flat-film method for examining polymineralic rocks is the possibility that reflection from different species may give rise to coincident rings. In some slates, for example, 006 for a micaceous component coincides with a strong quartz-ring (Fairbairn, 1943, p. 248); the usual lack of preferred orientation of quartz in such rocks may mask completely an uneven distribution of intensity for the micaceous mineral. However, at the same time that petrologists were making their first tentative applications of X-rays a new technique was being developed by crystallographers to help overcome this limitation. Kratky published in 1930 a description of a moving-film goniometer designed for the study of polycrystalline aggregates. In this instrument the film, mounted in a cylindrical camera with its axis collinear with the incident beam, is translated to and fro synchronously with the rotation of the specimen about an axis at right angles to the beam. A cylindrical metal screen mounted coaxially within the camera and inside the film carries a slit which can be adjusted in position to pass only the diffracted rays from a selected set of crystal planes (see also Haworth, 1940; Wooster, 1948; Milner & James, 1953).

The earliest application of a goniometer of this type to petrographic studies was published by Ho in 1947, and Wenk (1965b, p. 520) has commented on the surprising neglect by petrologists for so long of a method which first made it possible in principle to determine the orientation of a crystal aggregate from a single photograph. Ho used specimens in the form of cylindrical rods, which are not very easily prepared from some types of rock, but the immediate further development of his work was cramped also by his mistaken assumption that he was recording 0003 reflections and thus determining directly the orientations of the quartz optic axes. Braitsch (1957) has pointed out that this mistake arose through acceptance of an incorrect indexing by Sachs (Sander & Sachs, 1930); the reflection believed to correspond to 0003 was in fact the closely adjacent $11\bar{2}2$ (the difference in θ-value is only 13′). Sachs found that this reflection was in any event too weak to be used with certainty. The true intensity of 0003 is less than 1/100 of the most intense reflection from quartz, and for many years it has been accepted that the *c*-axis distribution for quartz could only be determined indirectly by X-ray methods.

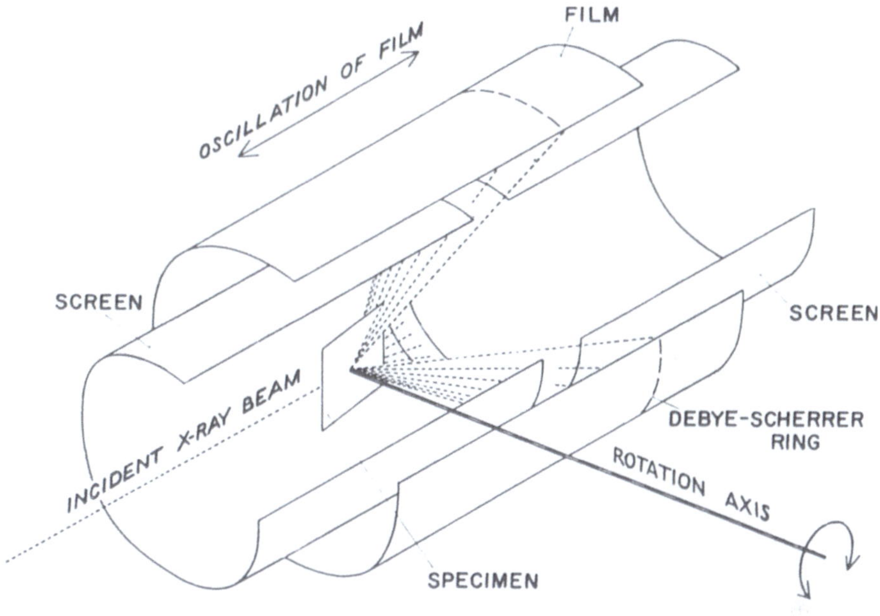

Fig. 3.
Geometry of a moving-film camera (Starkey, 1964).

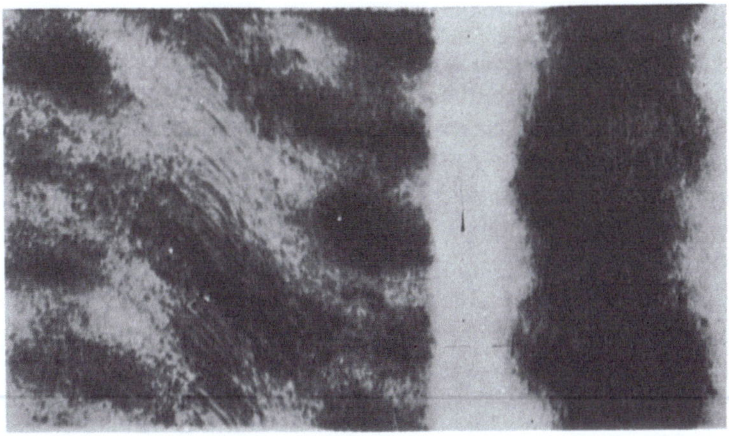

Fig. 4.
(a) Photograph of the $10\bar{1}1$ reflections of quartz taken with camera illustrated in Fig. 3.

Recently, however, it has been found by Wenk *et al.* (1967), using a diffractometer as described below, that in specimens with a particularly high degree of orientation the 0003 reflection is sufficiently intense to be measured directly; it would seem that with improved instrumentation it will be possible to determine the *c*-axis fabric of fine-grained quartz rocks directly by X-rays.

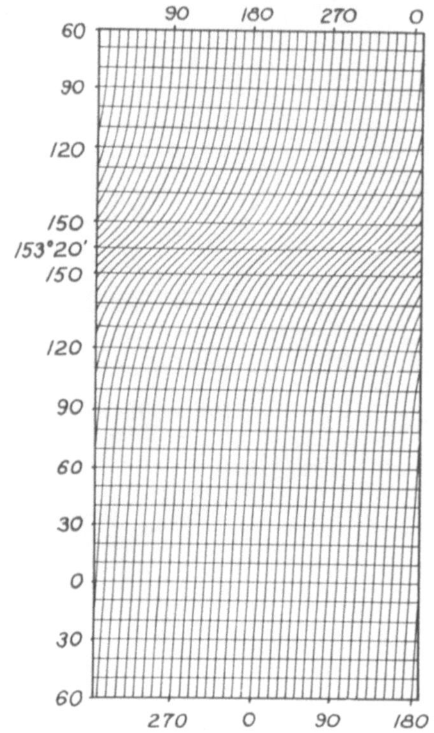

Fig. 4
(b) Chart for interpretation of (a).
(Figs. 3 and 4 reproduced by permission of the Editor, American Journal of Science.)

Largely because of the complication and costliness of the equipment involved in later developments, there is still continuing interest in films methods and two new cameras have been recently described (Wenk, 1963, 1965b; Starkey, 1964a). Both are designed to use the customary thin section as specimen, so that optical analysis can be carried out in addition on the same material; for the Starkey camera, which uses both reflection and transmission, the rock section must be removed from the glass slide, for the Wenk camera it is sufficient to remove the cover glass. The latter also provides for mechanical translation of the specimen. The camera arrangement due to Starkey, an example of a photographic record and the chart for its interpretation are illustrated in Figs. 3, 4a, b.

3. Diffractometer and Texture Goniometer methods

Quantitative determination of the intensity of X-ray reflections became possible with the development of the recording diffractometer or X-ray diffraction spectrogoniometer though little use has been made of the unmodified instrument in petrofabric analysis. Carapezza (1957) compared the intensities from selected crystal planes using an oriented plane specimen of rock with those from a randomly oriented powdered sample of the same material. He attempted to draw conclusions about the degree of preferred orientation in the rock but was not able to produce a petrofabric diagram or pole-figure.

Davis (1964) based his small-circle net method on similar procedures. From four to six plane slices with known angular relationship are cut from the specimen and 15-20 of the more intense reflections are measured. The known geometry of reflection allows small circles, of appropriate radius according to the reflecting plane used, to be drawn on a Wulff net about the poles of the normals to the various sections used. The intensity ratios rock section/powder for each reflection give values to be assigned to each small circle and where three or more circles intersect these values are averaged and plotted at that point. (These are arithmetic means but in Davis (1966) they are changed to geometric means.) In order to obtain a standard equal-area petrofabric diagram these values must then be replotted.

Unoriented samples of illite show an intensity ratio of 10 : 9 for the 002 and 110 reflections. Since these two planes are almost at right angles to one another the intensity ratio from sections taken parallel to the bedding in a shale should be different from that at right angles to the bedding, if there is any preferred orientation. Kaarsberg (1959) used these comparisons in a study of shales and was able to show that the orientation of illite varied. A similar approach was used by White (1961) in a study of shales from the Palaeozoic of Illinois.

Meade (1961) devised an orientation index for montmorillonite by comparing the peak heights of 001 and 020 reflections from two mutually-perpendicular sections, one cut parallel to the bedding. Similarly Bennetts (1963), using a specimen spinning device on a standard diffractometer, calculated an orientation index based on the intensity of 001 reflections of kaolinite.

The standard diffractometer was slightly modified by Silverman and Bates (1960) to give transmission through thin sections of Chattanooga shales. From a Chi square statistic analysis of the intensity curves an orientation index was derived.

The above methods however, with the exception of that of Davis, give only qualitative and comparative pictures of preferred orientation though, particularly in metallurgy in which field the major advances in techniques have been made, quantitative determinations are desirable. Texture goniometers (pole-figure devices), based on the Geiger-counter spectrometer were therefore developed earlier, in fact, than some of the methods just outlined. Those based on flat specimens using either transmitted or reflected X-rays have proved most useful and a whole series of modifications have been made to the original designs but one technique, that of Jetter and Borie (1953) is rather different and, certainly in petrofabrics, has not been widely used except by Higgs *et al.* (1960) and Chen (1966).

Jetter and Borie used a spherical specimen so that for any orientation-changes by rotation about any axis through the centre of the sphere the diffraction geometry is not altered and hence no intensity corrections are required. Complete pole-figure data may be obtained from only one specimen.

The geometry of the method is outlined in Fig. 5. The 'sphere' can be machined at the end of a cylindrical rod by which the specimen is mounted in a special goniometer fixed in the diffractometer so that the top of the sphere is on the line of the diffracto-

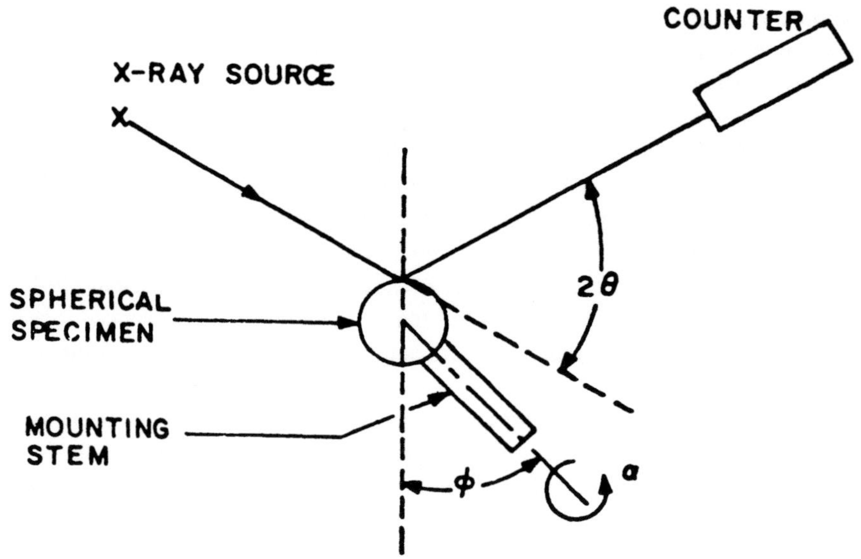

Fig. 5.
Geometry of the Jetter and Borie method (based on Holland, 1967).

meter axis and the cylinder in the plane of the diffractometer. The cylinder and sphere can be rotated (angle a) and the axis of the cylinder can be moved about a horizontal axis through the angle ϕ in the spectrometer plane, keeping the upper part of the sphere always on the diffractometer axis. The Geiger-counter can be set to the appropriate 2θ angle. Strip-chart recordings of intensities from reflections in varying positions of ϕ and a are transferred directly without correction, apart from background, to a polar equal-area net. However no translation of the specimen is possible, to bring bigger areas under the X-ray beam, and there is some difficulty in making perfectly spherical specimens of some geological materials.

In 1948 Decker *et al.* described for the first time a method for determining pole-figure data using a Geiger counter X-ray diffraction goniometer (Fig. 6). A thin section is mounted within the plane of a ring so that the vertical diameter is always perpendicular to the X-ray beam which is transmitted through it and diffracted to a Geiger-counter set up at an appropriate 2θ angle. The specimen can be rotated about an axis normal to itself (a rotation) and it can also be rotated by turning the ring in which it is mounted (ϕ rotation). Suits (1951) added an integrating movement by translating the specimen in its own plane and thus extending the useful range to larger grain sizes. The goniometer is set manually to a given ϕ and is then rotated mechanically through 360° about a; ϕ is changed by 5° or 10° and the 360° rotation is repeated. The position of the diffracting material can be located in terms of the ϕ and a angular co-ordinates and the intensities can be read off from the strip-chart recorder.

Decker *et al.* found that because of increasing diffracting volume and absorption the intensity of the diffracted beam varied with the angle of inclination, ϕ, so that a

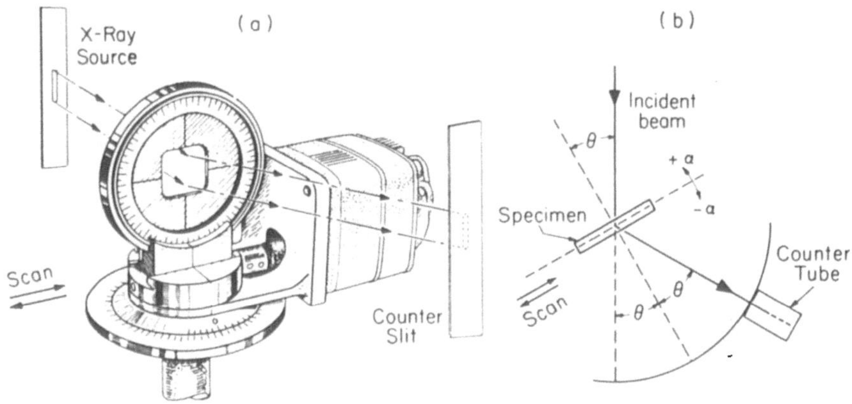

Fig. 6.
Transmission method after Decker *et al.* (1948).
(a) Specimen holder and horizontal scanner.
(b) Geometry. The a rotation indicated corresponds with the ϕ rotation in the text.

correction factor has to be applied. This can be derived mathematically or experimentally by comparing intensity for random samples and the specimen. A more general formula for this correction was derived by Smoluchowski and Turner (1949) who gave a graphical presentation of typical curves for an Fe/Co alloy. Such curves need to be determined for each material used. However in transmission scans of specimens of undeformed flint 70-90 μ-thick Baker *et al.* (1969) found that when using small collimators the intensities of all planes remained constant to a ϕ tilt of up to 40° so that no corrections were necessary. (In this investigation the ϕ tilt was automated by mounting an additional motor on the pole-figure device.) Schulz (1949b) achieved similar results on thin specimens by using a diverging beam and adjusting the slit system of the pole-figure device.

Metallurgists however often need to know the orientations of phases in relatively massive specimens so that soon reflection methods were developed, some of the earliest being due to Field and Merchant (1949) and Norton (1948). These were closely followed by that of Schulz (1949a) which forms the basis of one of the techniques most widely used by metallurgists and petrologists.

The geometry of the original Schulz device is illustrated in Fig. 7. The texture-goniometer is fitted into a standard diffractometer by spindle P which supports a ring R_1 in which there is an inner ring R_2; this can be rotated about an axis F-F_1 which is in the reflection surface of the specimen C mounted on a post H about which the specimen can rotate. S_1, S_2 and S_3 are slits, W_1 and W_2 are wedges limiting the X-ray beam which has a line source at L. The rotation of the specimen C about an axis perpendicular to its surface is called a, that about F-F_1 which can be read off on R_2, is ϕ. θ is the Bragg angle and 2θ the angle between the undeviated and the refracted beams. The a and ϕ rotations were effected manually and the intensities, which do not need absorption corrections if the specimen is 'infinitely' thick, measured at each position.

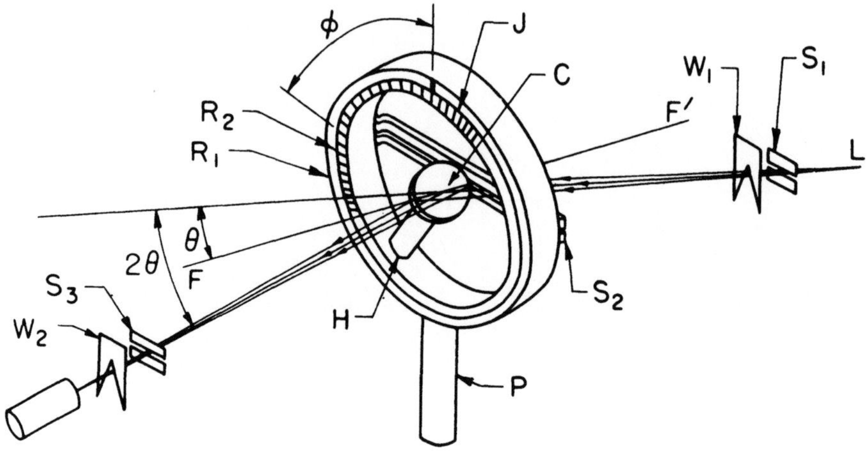

Fig. 7.
Geometry of the Schulz reflection method (for explanation see text).
(Figs. 6 and 7 (slightly modified) reproduced from A. Taylor – X-ray Metallography (1961) by permission of J. Wiley & Sons Inc.)

Modifications were suggested by Holden (1953) who, by means of synchronous motors, arranged that the α and ϕ rotations should be continuous and simultaneous so that the normal to the specimen surface describes a spiral on the surface of the recording sphere and hence on the projection. In order that a good statistical picture of the preferred orientation can be built up Chernock *et al.* (1953) considered that it is necessary to have reflections from a minimum of 10^4 grains (see also Haessner, 1958) and for coarser-grained samples therefore the specimen must be translated in a plane parallel to itself. Their new device not only allowed this movement but also provided for an automatic sequence of fixed counts at selected positions.

Modern texture goniometers – such as those available commercially from Philips, Siemens-Halske, General Electric, Nonius and Rigaku-Denku – incorporate these three movements – α, ϕ and translation – and can also be adapted for transmission methods as first described by Decker *et al.* (1948) and modified by Schulz (1949b). General descriptions of these instruments and of their application have been given by Suits (1953), Neff (1956, 1957, 1959) and others. While the same basic geometrical principles apply there are differences in the use of the slit systems, collimators and recording devices.

The slight falling-off in intensity beyond a ϕ tilt of 75° and a marked fall beyond 80° noticed by Schulz, and at 50°–60° by Hu and Beck (1950) using a different spectrometer unit, was analysed by Chernock and Beck (1952) who showed it to be a defocusing effect which can be minimised by accurate specimen alignment, by decreasing the width of the main slit and by increasing the length of the receiving slit. Fuller and Vaux (1953) advocated the removal of the main slit in order to increase the range of ϕ tilt up to 90°, but Mueller and Knott (1954) replied that this would lead to worse defocusing and to an increase in background intensity. Corrections which must therefore be applied at high angles of tilt were derived mathematically by Feng (1965), and empirically, on undeformed flint, by Baker *et al.* (1969) who found that there is a marked dependence of intensity fall-off with 2θ. Part of this decrease in intensity is due to defocusing and part to the beam leaving the specimen at high angles of tilt.

This latter feature was mentioned in a penetrating discussion by v. Gehlen (1960) of the possible sources of error which can creep into preferred orientation determinations by the Schulz reflection technique. Spurious patterns, also discussed by Geisler (1954a.) can be caused, for example, by the specimen being too small, faultily adjusted or containing several minerals giving overlapping peaks. Instrumental errors include the size of the slit openings, relations of the spacing of the recording spiral and the chart recording of intensities. To these and several others noted by v. Gehlen can be added the precession effect of the a rotation which Holland (1964) found could be as much as $6°$-$10°$ in a ϕ tilt of $60°$. These problems have also been reviewed by Barrett and Massalski (1966).

It is thus not possible to obtain a complete pole-figure from one specimen using the Schulz reflection technique but if the orientation is fairly marked the fall-off after $75° \phi$ imposes only slight restrictions. The complete figure can be obtained by combining the reflection and transmission methods on the same specimen or by taking two slabs mutually perpendicular to one another.

4. X-Ray Universal Stage

The significance of asterism and related appearances in Laue diagrams in relation to crystal deformation has long been appreciated (e.g. Leonhardt, 1924; Berg, 1934). The investigation in this field of most immediate interest to structural petrologists was the provision of the first conclusive X-ray evidence of plastic deformation in quartz (Bailey *et al.*, 1958). It was shown that deformation takes place by bend-gliding and polygonization, and that one of the *a*-axes is always the major axis of bending, though no unique glide direction could be found. In an "X-ray Universal Stage" (Fig. 8) developed by Paulitsch (1963a, b; 1966a, c) the specimen is mounted on a three-axis stage in front of a television amplifier and fluorescent screen, in such a way that the interference effects provide a directly visible Laue diagram. This arrangement lends itself immediately to such problems as the determination of orientation of allotriomorphic crystals (e.g. diamond dies, Paulitsch, Guyot & Mons, 1967) and the correlation of such fabric features as cleavage cracks or strain shadows with crystal orientation (Guyot & Paulitsch, 1964; Paulitsch, 1966b; Paulitsch & Guyot, 1967). It has been developed further to enable a statistical survey of orientation in a fabric, and it is hoped that a full description will be published when the apparatus has been perfected and becomes available commercially.

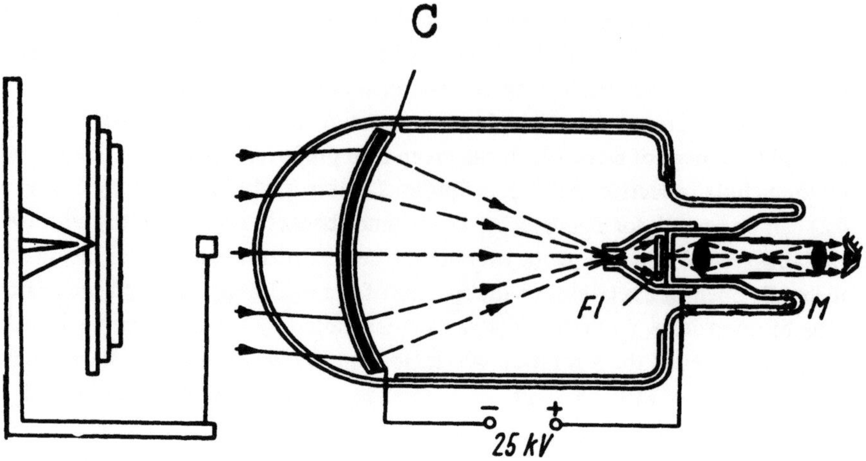

Fig. 8.
X-ray Universal Stage (after Paulitsch). C – cathode, M – microscope, Fl – fluorescent screen.

5. Data Processing; Inverse Pole-Figures

Holland *et al.* (1961) were among the first investigators to apply computer techniques to the plotting of pole-figures of rolled metal sheets. They employed the Schulz reflection technique, recording intensities on a standard strip-chart and determining background and defocusing corrections from a second chart, recording the intensities from a random powder mount. These corrections are applied when the intensities are transferred on to IBM punched cards. Since the ϕ and α rotations are latitude and longitude co-ordinates they must be transformed into rectangular co-ordinates before the pole positions and intensities can be fed into an automatic pole-figure plotter (Geisler, 1953, 1954b). The program, which allows for other correction factors to be utilised provided they have been accurately established, is for a Burroughs 205 computer but can be modified for IBM 740 or 605 or a Burroughs CDC 1604. It can also be modified for the Schulz transmission technique and other quantitative X-ray methods. This procedure clearly saves time in determining partially corrected intensities and in the plotting of pole-figures but as Siemes (1967), who used a similar method but with a program written in Fortran, pointed out, the intensities still have to be taken off manually and several sources of error are not eliminated. One of these errors lies in determining intensities from the height of maxima on the strip chart, because, with the constant angular velocity of rotation of the specimen about its normal, the velocity of traverse of a given length of arc on the sphere increases with increasing ϕ (v. Gehlen, 1960). This can be obviated by using an impulse-counter in place of the pen-recorder and counting point by point at predetermined positions as ϕ and α vary. The setting of the instrument to the various positions may be in part manual (Schachner & Siemes, 1963) or fully automatic (Jones, 1962). In the latter case, in a polymer study, the angular settings of the texture goniometer are made by motors activated by a computer, a Bendix G-15D. At each setting the intensity, punched on to tape, is processed for corrections and is then punched on to a second tape which can be handled by an automatic plotter to give either equal area or stereographic pole-figures.

Atterwell *et al.* (1969a, b) again using the Schulz technique have a program written in PL 1 to run on an IBM 360/67 computer. The input is either on punched cards or on paper tape which can be coupled to the goniometer, either counting for a fixed time or integrating during the rotations. Any number of constructive rotations may be performed on one texture scan and either equal-area or stereographic pole-figures can be plotted and contoured at intervals of 10% of maximum count. Siemes (1967) programmed his computer for constructive rotations and also for the preparation of collective diagrams.

In the analysis of metal specimens in particular it is desirable to know the relative volume of materials associated with a high degree of preferred orientation. To do this Holland (1964) proposed a method of treating intensity measurements made by fixed time counts at specific positions using a Schulz goniometer. This applies the necessary corrections to the new measurements, generates data to plot the pole-figures, and determines the degree of preferred orientation by calculating the standard deviation from the ideally randomly oriented state, in addition to calculating the relative volumes of reflecting substances.

The usual way of representing preferred orientation data is as a pole-figure which is either a stereographic or, preferably, an equal-area projection of the poles to the planes giving the reflections. The production of these pole-figures is described in the standard texts already referred to and in articles by, among others, Wood (1948) and Holland (1963). The validity of such figures was discussed by Decker (1945) and the appearance of spurious areas in them by Geisler (1954a).

Recently however the *inverse pole-figure* which has been used for some time in metal and polymer research (Roe, 1965; Bunge, 1959, 1965a, b; Roe & Krigbaum, 1964; Krigbaum & Roe, 1964; Barrett & Massalski, 1966) has been introduced into petrofabrics. This is the preferred orientation of the unique fabric symmetry-axis (r) with respect to the crystal axes and is thus restricted to axially symmetrical fabrics. It enables the preferred orientation of all the crystallites in a fabric to be represented compactly and completely.

Wenk *et al.* (1968) have shown how the inverse pole-figures of calcite and dolomite can be constructed from the pole-figures of optically determinable characters – the optic axis [0001], and twin and cleavage planes. Because of symmetry all the data on these pole-figures can be represented on a single sector of 60° on a hemisphere extending from [0001] to $[10\bar{1}0]$ to $[01\bar{1}0]$ and the inverse pole-figures show good axial symmetry.

Such axially symmetrical fabrics are rare in quartz-rocks but they have recently been described by Wenk and Kolodny (1968), Baker *et al.* (1969), Wenk *et al.* (1967) and Green (1967). The pole-figures of up to fifteen different planes in quartz were utilised in the production of the inverse pole-figures which in some cases (Baker *et al.*, 1969) showed that there are differences in the orientations of the positive and negative [direct and inverse] trapezohedral and rhombohedral forms – a fact which cannot be elucidated using standard X-ray measurements and pole-figures.

When the fabric is not axially symmetrical the inverse pole-figure is not valid but from the pole figures of a number of peaks the *crystallite distribution function* can be determined and from this pole-figures of planes which cannot be directly measured. Baker and Wenk (1969) analysed a quartzite specimen with monoclinic symmetry and were able to calculate the pole-figures for positive and negative [direct and inverse] rhombohedral and trapezohedral planes and also for (0001) which latter showed good agreement with universal stage measurements. The authors considered that the application of methods of spherical harmonic analysis in the treatment of fabric data with the consequent resolution of positive and negative forms in quartz should be of great significance in the elucidation of the mechanisms by which quartz acquires its preferred orientations.

The generation of these inverse pole-figures by spherical harmonic analysis of the data from strip-chart recordings and the transformations which can be made from the figures necessitate a great deal of calculation which can be achieved by the program written by Baker in Fortran IV for IBM 7094 and 360 computers (Wenk & Kolodny, 1968; Baker *et al.*, 1969). The latter authors made the interesting comment that direct digital recording was considered but was rejected because of (1) the high cost of a compatible system and (2) the fact that errors in setting and adjustments can easily be seen on chart recordings and can be corrected manually.

Although not concerned with fabrics studied by X-rays Wenk and Tromsdorff (1965) manipulated optically determined fabric elements of calcite and dolomite using an IBM 1620 computer and a program in Fortran II. Hertweck and Kruckeberg (1963) have also applied computer techniques to fabric data.

6. Some Recent Results

Quartz. Not surprisingly, in view of the prominent position occupied by quartz in earlier fabric studies and the promise of much more complete information about its preferred orientation offered by X-ray methods, a large amount of work has been done on this mineral.

The observations of Bailey *et al.* (1958) appeared to prove that quartz deformed with an *a*-axis as the major axis of bending, without an associated unique glide direction. v. Gehlen & Voll (1961), studying quartzites from the Caledonian overthrust zones, believed that their evidence supported the existence of several glide planes and glide lines in the zone perpendicular to a^*, with $(11\bar{2}0)$ as preferred glide plane and *c* as glide line. The lineation in quartzites with no apparent schistosity investigated by Starkey (1964b), which optical measurements showed to be at right angles to well-defined girdles of *c*-axes, proved to have a statistical concentration of $[10\bar{1}0]$ parallel to it. Paulitsch (1966b) found that in undulose quartz the axis of bending is usually an *a*-axis, occasionally $[a:c]$.

He and co-workers have been specially interested (Guyot & Paulitsch, 1964, 1967; Paulitsch & Guyot, 1967) in attempting to correlate orientation data on quartz cleavages and fracture-planes, undulose extinction and preferred orientation, obtained by means of the X-ray Universal Stage, with particular paragenetic relationships. Planes *r, z, m* have been observed as cleavages in volcanic paragenesis; planes *z, m, a* in 'magmatic' paragenesis; planes *z* and *m* in metamorphic paragenesis. They also found that in girdle tectonites an *m*-plane tends to lie parallel to *(ac)* of the fabric (i.e. perpendicular to a *B* lineation); in tectonites with pronounced *c*-maxima, as Maximum II of Sander, a prism plane *a* is sometimes parallel to fabric *(ac)*.

A surprising pattern of preferred orientation of quartz in the matrix of a chert breccia believed to have been produced by vertical loading during diagenesis has been reported by Wenk and Kolodny (1968) who noted a strong concentration of *c*-axes perpendicular to the bedding. These are similar to some remarkable fabrics with an extreme degree of preferred orientation, arising from the annealing of flint under high pressure after hot-working in the β-quartz stability field (Green, 1967) which have been studied by Wenk *et al.* (1967). Transmission intensity profiles of suitable diffracting planes were determined using a specimen 90μ thick. It was found that annealing increased the strength of a *c*-axis maximum, parallel to the direction of compression, six- to eight-fold; it was this feature which made it possible to measure the weak 0003 reflection directly.

Similar *c*-axis maxima, again parallel to the direction of compression, described by Wenk and Kolodny (1968), were one component in a mixed fabric in experimentally deformed flint. The other component was a parallelism of the poles of $10\bar{1}1$ with the compression axis and this was dominant in more coarsely recrystallised (hotter) regions of the specimen.

A typical example of the use of X-ray methods to supplement optical observations is afforded by the work of Heritsch and others on quartz in graphic granites (Heritsch, 1953a, b; Heritsch & Paulitsch, 1954; Heritsch *et al.*, 1962). Optical methods demonstrated the extensive parallelism of *c*-axes; X-rays showed that parallelism extended also to the horizontal axes, so that many single grains were single crystals or Dauphiné twins. As observations were extended over a wider range of occurrences there were found also examples in which the quartz individuals were aggregates of grains within a boundary, and in some cases both single crystals and aggregates occurred within one boundary. Conclusions could be drawn concerning the degree of deformation of the granite.

Wenk (1965a) used his photographic method to supplement other petrofabric observations in a study of the quartz-lenses and -layers of the Tessin and Toce culmination (Lepontine Alps), and commented that the evidence afforded by the X-ray analyses was purely geometrical and offered no direct information concerning genetic processes.

Silicates. The observations of Paulitsch (1966a) and Dalziel & Bailey (1968) on garnet are examples of the use of X-ray methods to study isotropic minerals. The latter authors were able to demonstrate that garnet porphyroblasts in the form of oblate spheroids in a mylonitic rock had no preferred orientation crystallographically. Braitsch (1954) sought to prove with the help of X-rays the existence of a pattern of preferred orientation of [100] of mica within the *s*-plane of well-oriented, highly micaceous rocks.

Such a pattern seemed necessary to explain the optical properties observed in some phyllites in sections parallel to *s*, but he was successful in demonstrating it only in favourable special cases. Davis (1964) included dunite among the rocks to which he applied his small circle net method.

Carbonates. Early investigations of limestones with a texture-goniometer were usually carried out on material for which optical results were already well established. Higgs *et al.* (1960), for example, included Yule marble and Solnhofen limestone in the rocks examined by their development of the Jetter & Borie technique. Davis, likewise, has applied his small-circle net method to an X-ray fabric study of Yule marble (1966), and believes that this revealed the existence and position of minor features which could not be completely discerned by optical measurement of about 200 grains. Textures in undeformed Solnhofen limestone and in an experimentally deformed specimen were compared by Siemes (1966), a minor depositional or growth fabric with preferred orientation of the *c*-axis in the plane of sedimentation, superimposed on a predominant fabric without preferred orientation, survived in relict form in the deformed specimen, in which new fabrics were developed in good agreement with those already found in experimentally deformed marbles.

X-ray observations were used by Ambs (1966c) together with optical methods when comparing the fabric of a coarse-grained marble from a granite contact with that of a fine-grained marble at the centre of the marble lens. The same author (Ambs, 1966b) has described the fabric of carbonatites from four different occurrences in an attempt to distinguish between five possible theories of origin. Powder photographs of the rocks were used to check for coincidences of calcite peaks with foreign reflections, and where indirect determination of the *c*-axis orientations by measurement of $10\bar{1}0$ and $11\bar{2}0$ was impossible for this reason direct measurement of the weak 0006 reflection was carried out.

Growth fabrics in fibrous calcite were examined by Bradshaw & Phillips (1967). In addition to elongation of the fibres parallel to an edge of the cleavage rhombohedron, long known from optical observations, fibre axis parallel to *c* and fibre axis perpendicular to *c* were found in other specimens. The orientation of calcite in echinoderms has been studied by West (1937), Garrido and Blanco (1947), Donnay (1956), Nissen (1963) and Wenk (1965b), lamellibranchs by Wenk (1965b) and belemnites by Vetter (1968).

Ore minerals. A number of observations have been made on *hematite.* The growth fabric of hematite in kidney ore (Bradshaw & Phillips, 1967) proved, in accordance with very early optical observations, to involve elongation in the plane (0001). The fibre axis is normal sometimes to a $(11\bar{2}0)$-plane and sometimes to a $(10\bar{1}0)$-plane, the orientation occasionally changing along the length of the fibres of a single specimen. Early observations by Neff & Paulitsch (1959, 1960) on preferred orientation in hematite-schists and related rocks were confirmed and amplified by later work (Ambs, 1966a; Paulitsch, 1966a; Paulitsch, Schicht & Mons, 1967). In general the basal plane (0001) is oriented parallel to *ab (s)* of the fabric. The basal reflection itself could not be measured, but observations were made on $10\bar{1}2$, $10\bar{1}4$, $11\bar{2}0$ and $10\bar{1}0$. In some instances the rhombohedral poles fall on small circles around the pole of *s*, indicating little further preferred orientation; in others there is a strong approach to a quasi-single-crystal fabric. Disposition of rhombohedral poles on an *ac*-girdle indicates a fabric due to gliding on several planes. Examples of superimposed deformations, with $B \perp B'$ or $B \wedge B'$, can also be demonstrated.

Amongst *sulphides*, an early observation by Lamcke (1936) failed to detect any preferred orientation in a galena *harnisch*, and the author suggested that this might be due to later recrystallization. Siemes (1964), Siemes & Schachner-Korn (1965) have made extensive studies of shear textures in naturally deformed galena and their response to heat-treatment. The natural textures agree well with those derived theoretically on the basis of certain assumptions; changes in the fabric during heat-treatment can be compared with recrystallization in metals.

In a study of a fold of cm-dimensions in pyrrhotite ore from the Bayerland mine, v. Gehlen (1962) determined the orientation of the *c*-axes optically in reflected light and that of the prism faces with an X-ray texture goniometer. In a fabric with very good orientation of (0001) in a single *s*-plane a weak preferred orientation also of $11\bar{2}0$ was found, possibly parallel to *B* and formed by translation with T = (0001) and t = $[10\bar{1}0]$.

Shales and slates. X-ray studies have confirmed what had long been known from microscopic studies on shales and slates – that there is a preferred orientation of the flaky minerals parallel to the bedding or cleavage and that the ease of fissility or cleavability depends on the degree of preferred orientation (Sander & Sachs, 1930; Anderson & Chesley, 1931; Sander, 1934; Fairbairn, 1943; Brindley, 1953; Silverman & Bates, 1960; White, 1961; Fayed, 1966). The poorly defined girdle orientation of quartz which can sometimes be discerned optically in slates is not evident on X-ray photographs (Fairbairn, 1943).

Kaarsberg (1959) found that the preferred orientation of illite parallel to the bedding of shales increases as the bulk density of the sediment increases, i.e. with increasing compaction, and suggested that the most rapid increase in preferred orientation occurs after the sediment has been compacted to near-zero porosity and non-symmetrical shear stresses have begun to develop parallel to the bedding. The illite particles have circular symmetry in the bedding plane with no preferred orientation of axes within the plane.

From a study of the kaolinite of flint clays Bennetts (1963) deduced that the clays were flocculated in an 'edge to face' manner and that this randomly oriented texture was subsequently modified by overburden pressure to give only a feeble orientation with an index varying from 11·9 - 31·9 compared with 100 for perfect orientation.

In a strain analysis of an Ordovician andesitic tuff Oertel (1969) found that the basal plane of chlorite had an orientation of nine times random parallel to the cleavage plane. Two-thirds of this orientation could be explained by passive rotation of originally random platelets during assumed irrotational tectonic strain but the rest may have been produced by post-tectonic growth of chlorite grains parallel to the cleavage.

References

Ambs, H. 1966a. Natürliche Hämatitgefüge – Untersuchungen zur plastischen Verformung von Hämatit im Korn und Gefüge. Neues Jb. Miner. Mh. **8**, 225-245.

– 1966b. Karbonatitgefüge. Neues Jb. Miner. Abh. **105**, 245-261.

– 1966c. Untersuchungen zur Dynamik im Marmor von Auerbach/Bergstraße. Neues Jb. Geol. Paläont. Mh. **7**, 385–399.

Anderson, H. V. and Chesley, K. G. 1931. X-ray analysis of slate. Am. J. Sci. **222**, 103–112.

Attewell, P.B., Aucott, J.W. and Burgess, A.S. 1969a, A versatile computer program, for the rapid processing, rotation and plotting of X-ray data from a texture-goniometer (in press).

– 1969b, Computerized data processing from an X-ray texture-goniometer. Mineralog. Mag. **37**, 428–430.

Bailey, S. W., Bell, R. A. and Peng, C. J. 1958. Plastic Deformation of Quartz in Nature. Bull. geol. Soc. Am. **69**, 1443–1466.

Baker, D. W. and Wenk, H. R. 1969. Spherical Harmonic Analysis of X-ray Pole-Figure Data for Specimens with Low Symmetry. Trans. Am. geophys. Un. **50**, 323 (abstr.).

– Wenk, H. R. and Christie, J. M. 1969. X-ray analysis of preferred orientation in fine-grained quartz aggregates. J. Geol. **77**, 144–172.

Barrett, C. S. and Massalski, T. B. 1966. Structure of Metals (3rd Ed). New York.

Bennetts, K. P. 1963. Orientation Index Determination of Flint Clay using an X-ray Diffractometer Technique. Ann. Geol. Surv. Repb. S. Africa **2**, 161–168.

Berg, W. F. 1934. Laue diagrams of deformed crystals. Z. Kristallogr. **89**, 587–593.

Bradshaw, R. & Phillips, F. C. 1967. X-ray studies of natural fabrics. I. Growth-fabrics in hematic kidney ore and in fibrous calcite. Mineralog. Mag. **36**, 70–77.

Braitsch, O. 1954. Röntgenographische Orientierungsbestimmung an Glimmern mit besonderer Berücksichtigung der [100]-Regel. Heidelb. Beitr. Miner. Petrogr. **4**, 333–342.

– 1957. Über die natürlichen Faser- und Aggregationstypen beim SiO_2, ihre Verwachsungsformen, Richtungsstatistik und Doppelbrechung. Heidelb. Beitr. Miner. Petrogr. **5**, 331–372.

Brindley, G. W. 1953. An X-Ray method for studying orientation of micaceous minerals in shales, clays, and similar materials. Mineralog. Mag. **30**, 71–78.

Bunge, H.J. 1959. Zur Darstellung von Fasertexturen. Monatsber. Deutsche Akad. Wiss. **1**, 27–31, 400–404.

– 1965a. Einige Bemerkungen zur Symmetrie verallgemeinerter Kugelfunktionen. Monatsber. Deutsche Akad. Wiss. **7**, 351–360.

– 1965b. Zur Darstellung allgemeiner Texturen. Z. Metallk. **56**, 872–874.

Carapezza, M. 1957. Studio delle orientazioni regolate nelle rocce a mezzo dello spettrometro a raggi X. Rendic. Soc. Miner. Ital. **13**, 131–134.

Chen, Ju-chin 1966. Petrofabric studies of some fine-grained rocks by means of X-ray diffraction. Bull. Houston geol. Soc. **85**, 16 (abstr.).

Chernock, W. P. and Beck, P. A. 1952. Analysis of Certain Errors in the X-ray Reflection Method for the Quantitative Determination of Preferred Orientation. J. appl. Phys. **23**, 341–345.

– Mueller, M. H., Fish, H. R. and Beck, P. A. 1953. An Automatic X-Ray Reflection Specimen Holder for the Quantitative Determination of Preferred Orientation. Rev. scient. Instrum. **24**, 925–928.

Custers, J. F. H. 1948a. A new method for the determination of preferred orientations. Physica, 's Grav **14**, 453–460.

– 1948b. The intensity distribution along the Debye halo of a flat specimen in connection with a new method for the determination of preferred orientations. Physica, 's Grav **14**, 461–474.

Dalziel, I. W. D. and Bailey, S. W. 1968. Deformed Garnets in a Mylonitic Rock from the Grenville Front and their Tectonic Significance. Am. J. Sci. **266**, 542–562.

Davis, B. L. 1964. The Small-Circle Net Method in Petrofabric Analysis. Am. J. Sci. **262**, 307–324.

– 1966. X-ray fabric study of Yule marble. Bull. geol. Soc. Am. **77**, 1005–1016.

Decker, B. F. 1945. The validity of the pole figure. J. appl. Phys. **16**, 309–310.

– Asp, E. T. and Harker, D. 1948. Preferred orientation determination using a Geiger-counter X-ray diffraction goniometer. J. appl. Phys. **19**, 388–392.

Dillamore, I. L. and Roberts, W. T. 1965. Preferred Orientation in Wrought and Annealed Metals. Metall. Rev. **10**, No. 39, 271–380.

Donnay, G. 1956. Biocrystallography. Carnegie Inst. Wash. Yr Bk **55**, 205–206.

Dunn, C. G. 1954. The Analysis of Quantitative Pole-Figure Data. J. appl. Phys. **25**, 233–236.

– 1959. On the determination of preferred orientations. J. appl. Phys. **30**, 850–857.

Ehlers, J. 1938. Texturdiagramme von künstlich und natürlich geregelten Aggregaten blätteriger Mineralien. Zentbl. Miner., Abt. A, 274–278.

Fairbairn, H. W. 1943. X-ray petrology of some fine-grained foliated rocks. Am. Miner. **28**, 246–256.

– 1949. Structural Petrology of Deformed Rocks. Cambridge/Mass.

Fayed, L. A. 1966. X-ray diffraction study of orientation of the micaceous minerals in slate. Clay Miner. Bull. **6**, 333–340.

Feng, C. 1965. Determination of relative intensity in X-ray reflection study. J. appl. Phys. **36**, 3432–3435.

Field, M. and Merchant, M. E. 1949. Reflection method of determining preferred orientation on the Geiger-counter spectrometer. J. appl. Phys. **20**, 741–745.

Fuller, M. L. and Vaux, G. 1953. Modifications of the Schulz Technique for the X-Ray Determination of Preferred Orientation in Rolled Metal. Trans. Am. Inst. Min. metall. Engrs **197**, 1038.

Garrido, J. and Blanco, J. 1947. Structure cristalline des piquants d'Oursin. C. r. hebd. Séanc. Acad. Sci., Paris **224**, 485.

Gehlen, K. v 1960. Die röntgenographische und optische Gefügeanalyse von Erzen, insbesondere mit dem Zählrohr-Texturgoniometer. Beitr. Miner. Petrogr. **7**, 340–388.

– 1962. Ein Pyrrhotin-Gefüge aus der Grube Bayerland bei Waldassen (Oberpfalz). Beitr. Miner. Petrogr. **8**, 315–322.

– and Voll, G. 1961. Röntgenographische Gefügeanalyse mit dem Texturgoniometer am Beispiel von Quarziten aus kaledonischen Überschiebungszonen. Geol. Rdsch. **51**, 440–450.

Geisler, A. H. 1953. Crystal Orientation and Pole Figure Determination in Modern Research Techniques in Physical Metallurgy, p. 131–153. Amer. Soc. Metals.

– 1954a. Spurious Areas in Pole Figures. J. appl. Phys. **25**, 1245–49.

– 1954b. Automatic Pole Figure Recorder. Rev. scient. Instrum. **25**, 727–732.

Green, H. W. 1966. Preferred orientation of quartz due to recrystallization during deformation. Trans. Am. geophys. Un. **47**, 491 (abstr.).

– 1967. Quartz; Extreme Preferred Orientation Produced by Annealing. Science, N. Y. **157**, 1444–7.

Griggs, D. T., Starkey, J. S., Green, H. W., Blacic, J. D., Baker, D. W., Carter, N. L. and Christie, J. M. 1965. Recrystallization of Flint – a Puzzle. Trans. Am. geophys. Un. **46**, 541–542 (abstr.).

Guyot, W. and Paulitsch, P. 1964. Quarzfugen-Indizierungen am Röntgen-Universaldrehtisch. Neues Jb. Miner. Mh. 284–294.

– – 1967. Die Quarzmaxima am Röntgen-Universaldrehtisch. Naturwiss. **54**, 88.

Haessner, F. 1958. Zur Ermittlung von Texturen metallischer Werkstoffe mit Zählrohrverfahren. Metall **12**, 89–95, 1094–1101.

Hargreaves, A. 1955. Methods of Examining Orientation Texture *in* X-Ray Diffraction by Polycrystalline Materials (Peiser, H. S., Rooksby, H. P. and Wilson, A. J. C., Eds.) London.

Haworth, F. E. 1940. An Apparatus for Determining the Orientation of Crystals by X-Rays. Rev. scient. Instrum. **11**, 88–91.

Heritsch, H. 1953a. Röntgenuntersuchungen an Schriftgraniten. Tschermaks miner. petrogr. Mitt. **3**, 126–141.

– 1953b. Weitere Röntgenuntersuchungen an Schriftgraniten. Tschermaks miner. petrogr. Mitt. **3**, 272–281.

– & Paulitsch, P. 1954. Über einen Schriftgranit von Radegund bei Graz. Tschermaks miner. petrogr. Mitt. **4**, 18–27.

– Paulitsch, P. and Höller, H. 1962. Über Schriftgranitquarze. Tschermaks miner. petrogr. Mitt. **8**, 152–165.

Hertweck, G. and Kruckeberg, F. 1963. Die Behandlung von Gefügediagrammen durch elektronische Rechenanlagen. Neues Jb. Geol. Paläont. Mh. **2**, 86–98.

Higgs, D. V., Friedman, M. and Gebhart, J. E. 1960. Petrofabric Analysis by means of the X-Ray Diffractometer. Mem. geol. Soc. Am. **79**, 275–292.

Ho, T. L. 1947. Petrofabric analysis by means of X-rays. Bull. geol. Soc. China **27**, 389–398.

Holden, A. N. 1953. A spiral-scanning X-ray reflection goniometer for the rapid determination of preferred orientations. Rev. scient. Instrum. **24**, 10–11.

Holland, J. R. 1963. Pole Figures *in* Encyclopedia of X-rays and Gamma Rays. Clark, G. L. (Ed.) New York.

– 1964. Quantitative Determinations and Descriptions of Preferred Orientation. Adv. X-Ray Analysis **7**, 86–93.

– 1967. Determination of Preferred Orientation *in* Handbook of X-Rays. Kaelble, E. F. (Ed.). New York.

– Engler, N. and Powers, W. 1961. The Use of Computer Techniques to Plot Pole Figures. Adv. X-Ray Analysis **4**, 74–84.

Hu, H. and Beck, P. A. 1950. Rolling Texture in Aluminum. Trans. Am. Inst. Min. metall. Engrs **188**, 1214–1215.

Jetter, L. K. and Borie, B. S. Jr. 1953. Method for the quantitative determination of preferred orientation. J. appl. Phys. **24**, 532–535.

Jetter, L.K., McHargue, C.J. and Williams, R.O. 1956. Method of representing preferred orientation data. J. appl. Phys. **27**, 368–374.

Jones, J. W. 1962. The preparation of pole figures for polymers by computer techniques. Adv. X-Ray Analysis **6**, 223–230.

Kaarsberg, E. A. 1959. Introductory studies of natural and artificial argillaceous aggregates by sound propagation and X-ray diffraction methods. J. Geol. **67**, 447–472.

Klug, H. P. and Alexander, L. E. 1954. X-ray Diffraction Procedures. New York.

Kratky, K. O. 1930. Ein Röntgengoniometer für die Polykristalluntersuchung. Z. Kristallogr. **72**, 529–540.

Krigbaum, W. R. and Roe, R. J. 1964. Crystallite orientation in materials having fiber texture, II: A study of strained samples of crosslinked polyethylene. J. Chem. Phys. **41**, 737–748.

Lamcke, K. 1936. Gefügeanalytische Untersuchungen am Anhydrit nebst einem Beitrag zu den optischen und röntgenoptischen Methoden der Gefüge-Analyse. Schr. Miner. Petr. Inst. Univ. Kiel **4**, 34.

Leonhardt, J. 1924. Die Deutung der Laue-Diagramme deformierter Kristalle. Z. Kristallogr. **61**, 100.

Meade, R. H. 1961. X-ray diffractometer method for measuring preferred orientation in clays. Prof. Pap. U.S. geol. Surv. 424-B, 273–276.

Meieran, E. S. 1962. Use of the Reciprocal Lattice for the Development of a New Pole Figure Technique. Rev. scient. Instrum. **33**, 319–322.

Milner, C. J. and James, J. A. 1953. A camera for texture mapping by X-ray diffraction. J. scient. Instrum. **30**, 77–83.

Mueller, M. H. and Knott, H. W. 1954. Quantitative Pole Figures for Sheet Material by the Reflection Technique. Rev. scient. Instrum. **25**, 1115–1118.

Neff, H. 1956. Ein neues Zählrohrgoniometer für die Texturbestimmung an Blechen. Z. Metallk. **47**, 646–649.

– 1957. Die Texturbestimmung metallischer Werkstoffe mit einem Zählrohrgoniometer. Siemens-Zeitschr. **31**, 23–30.

– 1959. Texturbestimmung mit Röntgenstrahlen. Arch. tech. Messen No. 279 (Ref. 9114–22) 75–78.

– and Paulitsch, P. 1959. Bestimmung natürlicher Korngefüge mit dem Zählrohrgoniometer. Naturwiss. **46**, 490.

– and Paulitsch, P. 1960. Röntgenographische Bestimmung der Hämatitregel in natürlichen Gefügen. Neues Jb. Miner. Abh. **94**, 1401–1410.

Nissen, H. U. 1963. Röntgengefügeanalyse am Kalzit von Echinodermenskeletten. Neues Jb. Geol. Paläont. Abh. **117**, 230–234.

Norton, J. T. 1948. A Technique for Quantitative Determination of Texture of Sheet Metals. J. appl. Phys. **19**, 1176–1178.

Oertel, G. 1969. Strain Analysis and Fabric of a Slaty Lapillar Tuff. Trans. Am. geophys. Un. **50**, 322 (abstr.).

Paulitsch, P. 1963a. X-ray universal stage studies on quartz deformation. Acta crystallogr. **16**, A 117.

– 1963b. Ein Röntgen-Universaldrehtisch. Fortschr. Miner. **41**, 158–159.

– 1966a. Metodos Roentgenograficos en Petrologia. Inst. Invest. geol, Diput Prov. **20**, 33–55.

– 1966b. Die optische Quarzundulation aus verschiedenen Paragenesen am Röntgen-Universaldrehtisch kristallographisch definiert. Jh. geol. L.-Amt Baden-Württemberg **8**, 7–11.

– 1966c. Texture effects in ceramics. 8th Conf. Silicate Ind. 65–78.

– and Guyot, W. 1967. Quartzgefüge des Odenwaldes am Röntgen-Universaldrehtisch. Notizbl. hess. L.-Amt Bodenforsch. **95**, 168–175.

– , Guyot, W. and Mons, W. 1967. Diamant-Ziehstein-Orientierung am Röntgen-U-Tisch. Joanneum, Mineral. Mitt. 75–79.

– , Schicht, R. and Mons, W. 1967. Zur Gefügeregelung von Hämatit. Naturwiss. **54**, 88.

Richards, T. 1949. Preferred Orientation in Non-Ferrous Metals. Prog. Metal Phys. **1**, 281–305.

Roe, R. J. 1965. Description of crystallite orientation in polycrystalline materials. III. General solution to pole figure inversion. J. appl. Phys. **36**, 2024–2031.

Roe, R. J. and Krigbaum, W. R. 1964. Description of crystallite orientation in polycrystalline materials having fiber texture. J. Chem. Phys. **40**, 2608–2615.

Sander, B. 1934. Typisierung von deformierten Tonschiefern mit optischen und röntgenoptischen Mitteln. Z. Kristallogr. **89**, 97–124.

– 1950. Einführung in die Gefügekunde der geologischen Körper, Teil II, Wien.

– and Sachs, G. 1930. Zur röntgenoptischen Gefügeanalyse von Gesteinen. Z. Kristallogr. **75**, 550–571.

Schachner, D. and Siemes, H. 1963. Röntgenographische Untersuchung der Gefügeprägung von Gesteinen der Bohrung Münsterland 1. Fortschr. Geol. Rheinld.-Westf. **11**, 447–458.

Schulz, L. G. 1949a. A direct method of determining preferred orientation of a flat reflection sample using a Geiger-counter X-ray spectrometer. J. appl. Phys. **20**, 1030–1033.

– 1949b. Determination of preferred orientation in flat transmission samples using a Geiger-counter X-ray spectrometer. J. appl. Phys. **20**, 1033–1036.

Siemes, H. 1964. Zum Rekristallisationsverhalten von natürlich verformten Bleiglanzen. Neues Jb. Miner. Abh. **102**, 1–30.

– 1966. Röntgenographische Bestimmung der Texturen von unverformtem und experimentell verformtem Solnhofener Kalkstein. Proc. 1st Cong. Int. Soc. Rock Mech. 205–215.

– 1967. Ein Rechenprogramm zur Auswertung von Röntgen-Texturgoniometer-Aufnahmen. Neues Jb. Miner. Mh. **2/3**, 49–60.

– and Schachner-Korn, D. 1965. Theoretische Ableitung der Schertexturen von Bleiglanz und Vergleich dieser mit Texturen natürlich verformter Bleiglanze. Neues Jb. Miner. Abh. **102**, 221–250.

Silverman, E. N. and Bates, T. F. 1960. X-ray diffraction study of orientation in the Chattanooga shale. Am. Miner. **45**, 60–68.

Smoluchowski, R. and Turner, R. W. 1949. Absorption Corrections in X-Ray Studies of Preferred Orientation. Rev. scient. Instrum. **20**, 173–174.

Starkey, J. 1964a. An X-Ray Method for Determining the Orientation of Selected Crystal Planes in Polycrystalline Aggregates. Am. J. Sci. **262**, 735–752.

– 1964b. X-Ray Analysis of Preferred Orientation of Quartz Crystals in three lineated quartzites. Proc. natn. Acad. Sci. U.S.A. **52,** 817–823.

Suits, C. G. 1953. New instruments from the research laboratory. Gen. elect. Rev. **54,** 32.

Taylor, A. 1961. X-Ray Metallography. New York and London.

Vetter, U. 1968. Röntgenographische Gefügeuntersuchungen am Calcit einiger Belemnitrostren. Neues Jb. Miner. Abh. **109,** 274–288.

Wassermann, G. and Grewen, J. 1962. Texturen metallischer Werkstoffe. Berlin/Göttingen/Heidelberg.

Wenk, H. R. 1963. Eine Gefüge-Röntgenkamera. Schweiz. miner. petrogr. Mitt. **43,** 707–719.

– 1965a. Gefügestudie an Quarzknauern und -lagen der Tessiner Kulmination. Schweiz. miner. petrogr. Mitt. **45,** 467–515.

– 1965b. Eine photographische Röntgen-Gefügeanalyse. Schweiz. miner. petrogr. Mitt. **45,** 517–550.

– , Baker, D. W. and Griggs, D. T. 1967. X-ray Fabric Analysis of Hot-Worked and Annealed Flint. Science, N.Y. **157,** 1447–1449.

– and Kolodny, Y. 1968. Preferred orientation of quartz in a chert breccia. Proc. natn. Acad. Sci. U.S.A. **59,** 1061–1066.

– and Trommsdorff, V. 1965. Koordinatentransformation (Mittelbare Orientierung), Nachbarwinkelstatistik. (Gefügekundliche Rechenprogramme mit Beispielen). Beitr. Miner. Petrogr. **11,** 559–585.

– , Trommsdorff, V. and Baker, D. W. 1968. Inverse Pole-Figures of two Carbonate Fabrics. Schweiz. miner. petrogr. Mitt. **48,** 467–470.

West, C. D. 1937. Note on the crystallography of the echinoderm skeleton. J. Paleont. **11,** 458–459.

White, W. A. 1961. Colloid phenomena in sedimentation of argillaceous rocks. J. sediment. Petrol. **31,** 560–570.

Wood, J. K. 1948. An analytical discussion of the construction of pole figures. J. appl. Phys. **19,** 784–790.

Wooster, W. A. 1948. An X-Ray Goniometer for the Study of Preferred Orientation in Polycrystalline Aggregates. J. scient. Instrum. **25,** 129–134.

Professor Sander's book ‚Einführung in die Gefügekunde der geologischen Körper' has recently been translated by Professor F. C. Phillips and Mr. G. Windsor and was published in June 1970 under the title "Introduction to the Study of the Fabric of Geological Bodies".

DIE TEXTUR-MESSEINRICHTUNG NACH LÜCKE MIT AUTOMATISCHER AUFZEICHNUNG DER KORRIGIERTEN POLFIGUR

Hans Neff

Das Verfahren der röntgenographischen Bestimmung von Vorzugsorientierungen in polykristallinem Material mit dem Textur-Goniometer hat in den letzten 10 Jahren wegen seiner großen Bedeutung für Forschung und technische Anwendung eine weite Verbreitung erfahren. Der Einsatz des Verfahrens war jedoch infolge des relativ großen Zeitbedarfs für eine solche Texturbestimmung und vor allem für die Auswertung der Ergebnisse begrenzt. Eine wesentlich schnellere und gleichzeitig quantitativ korrektere Arbeitsweise erlaubt die Textur-Meßeinrichtung nach Lücke mit automatischer Aufzeichnung der korrigierten Polfigur. Sie liefert den Texturzustand von Proben in so kurzer Zeit, daß es damit möglich ist, Untersuchungsprogramme auch großen Umfangs schnell abzuwickeln oder laufende Produktionskontrollen so schnell durchzuführen, daß man noch in den Fertigungsprozeß eingreifen kann.

Die Meßeinrichtung dient zum schnellen Bestimmen von Texturen in polykristallinen Materialien, z.B. in gewalzten Blechen, Gußgefügen, magnetischen Werkstoffen, Kunststoffen oder Gesteinen. Die Probe kann in massiver Form, in Blech- oder auch Drahtform vorliegen und einen Durchmesser bis zu 50 mm haben. Zur Mittelung ist eine Pendelbewegung der Probe über einen Bereich von 0 bis 20 mm Länge vorgesehen. Das Textur-Goniometer ist für Reflexions- und Transmissionsverfahren bei starker Überlappung der bei diesen Verfahren erfaßten Probenbereiche eingerichtet. Beim Übergang von einem Verfahren auf das andere oder auch beim Auswechseln der Probe ist keine Justierarbeit erforderlich.

Die Meßeinrichtung ermöglicht die automatische Aufzeichnung von Polfiguren. Vorher werden, ebenfalls automatisch, die gemessenen Intensitäten hinsichtlich des Untergrundes, der Strahlengeometrie und der Absorption so korrigiert, daß die aufgezeichnete Polfigur quantitativ der wirklichen Orientierungsverteilung entspricht. Dank dieser automatischen Korrektur kann der Rückstrahlbereich bis zu einer Neigung der Probennormalen von 85° ausgedehnt werden und somit praktisch die ganze Polfigur durch das Rückstrahlverfahren erfaßt werden.

Zur Textur-Meßeinrichtung gehören das Textur-Goniometer mit 3 Servomotoren und Feineinsteller, das zugehörige Steuergerät mit Netzteil und Anschlußleiste (19"/2 Einschub, 4 Einheiten hoch), eine Abgriffeinheit zum KOMPENSOGRAPH ® 3 für verschiedene Intensitätsniveaus und der Polfigurenschreiber.

Für den Betrieb sind zusätzlich ein Röntgengenerator KRISTALLOFLEX ® 4 mit Feinstrukturröhre Typ AG ... 3ö mit Haube in waagerechter Haubenhalterung, ein Meßgeräteschrank Typ 6t mit Kompensations-Linienschreiber KOMPENSOGRAPH 3 und ein Szintillationszähler erforderlich. Das Steuergerät, die Korrektureinheit und die Abgriffeinheit werden in den Meßgeräteschrank Typ 6t eingebaut. Für Justierung und Sonderzwecke gibt es Zusatzeinheiten. Programmsteuerungen der Anlage sind möglich.

Aufbau und Wirkungsweise

Der primäre Röntgenstrahl fällt durch die Aperturblende auf die Probe, die im Zentrum des Vertikalrings auf einem Schlitten angebracht ist. Die gebeugte Strahlung fällt in den unter dem Beugungswinkel 2 ϑ stehenden Szintillationszähler.

Ein Servomotor dreht die Probe um ihre Normale und läßt sie außerdem in Längsrichtung pendeln, wobei der vom Primärstrahl überstrichene Bereich der Probenoberfläche unabhängig von der Probenstellung immer der gleiche bleibt. Ein zweiter Motor bewirkt eine Neigung der Probenoberfläche. Die ω-Drehung des Vertikalrings erfolgt über einen dritten Servomotor. Bei Rückstrahlaufnahmen wird die Probe jeweils 360° um die Probennormale gedreht und dann automatisch um 5° in ihrer Neigung geändert. Bei Durchstrahlaufnahmen wird die Probe im Vertikalring jeweils um 360° gedreht und dann die Stellung des Vertikalringes stets um 5° geändert.

Die vom Szintillationszähler kommenden Impulse werden im Mittelwertmesser des Meßgeräteschrankes gemittelt. Die Impulsrate wird kontinuierlich angezeigt. Die Korrektureinheit nimmt eine Meßwertkorrektur derart vor, daß der Untergrund automatisch vom Meßwert abgezogen wird, daß ferner bei Durchstrahlaufnahmen zusätzlich eine Absorptionskorrektur und bei Rückstrahlaufnahmen eine mit der Geometrie des Strahlenganges zusammenhängende Korrektur erfolgt. Der Untergrund wird vorher rechts und links der Linie gemessen, die Korrekturen beim Durchstrahlverfahren rechnerisch und im Rückstrahlverfahren mit Hilfe einer texturlosen Probe ermittelt und mittels Kurvenscheiben in der Korrektureinheit gespeichert. Die korrigierten Meßwerte werden dem KOMPENSOGRAPH zugeführt, von dem die Schreibstifte des Polfigurenschreibers angesteuert werden.

Die Polfigur wird automatisch vom Polfigurenschreiber aufgezeichnet. Dieser ist ein Kreisblattschreiber mit horizontalem Tisch für das Registrierpapier, der sowohl in seiner Ebene verschiebbar als auch um eine Achse drehbar ist. Drehung und Verschiebung erfolgen derart, daß die Intensitätswerte direkt in einer stereographischen Projektion aufgezeichnet werden. Oberhalb der Registrierpapierebene befindet sich der Schreibkopf mit zehn verschiedenfarbigen Schreibstiften, die zehn verschiedenen Intensitätsbereichen entsprechen. Die Schreibstifte werden mit einem Scheibenläufermotor und Hubmagneten, die über die Intensitätsanzeige am KOMPENSOGRAPH vom Steuergerät angesteuert werden, an einen feststehenden Schreibort auf der Schreibebene gebracht. Jeder Intensitätsbereich wird im Polfigurendiagramm in einer bestimmten Farbe markiert. Verbindet man die Punkte gleicher Farbumschläge, so erhält man die Linien gleicher Intensitäten in der Polfigur.

GARNET ORIENTATION IN DIFFERENT METAMORPHIC FACIES

W. Mons and P. Paulitsch
Institut of Mineralogy, Darmstadt, Germany

Abstract

By means of X-ray Universal Stage and X-ray Texture-Goniometer the preferred orientation of garnet was determined.

The results are:

In epizonal alpine schists garnets (110) lie generally parallel to the (ab)-plane of the fabric; in only one case (111) was parallel to (ab).

In mesozonal rocks, eclogites and one granulite, garnets (100) show a preferred orientation // ab; (100) lies in one case // ac.

The kinematic axes of the rocks were confirmed by the preferred orientation of omphacite, quartz and calcite, too.

The results partly agree with Kamb's (1959) calculation for cubic minerals: [100] or [111] parallel to the main compression direction.

Content

I.

The aim of this investigation was to determine the preferred orientation of garnet in rocks in various districts. We expected to find a connexion between orientation and metamorphic facies. Till now only cleavages and the direction of inclusions in garnet were observed. The authors found the orientation of cleavages to be independent of the garnet-lattice. But there was a connexion with the strain field. (Knopf, 1948), (Mellis, 1966), (Dalziel, 1968) et. al.

II.

For this purpose the classical optic Universal Stage could not be used; so we have to apply X-ray methods for the petrofabric analysis.

According to our experience the best of both X-ray methods was the X-ray Universal Stage. Simultanously the X-ray Texture Goniometer controlled the measurement above.

Surprisingly we found a good agreement in many cases of studied rocks. For the use of X-ray Texture Goniometer only the reflex (400) has an intensity high enough, includes a low number of crystal planes and allows a good separation of diffraction lines to make possible a reasonable interpretation of the crystal positions in the whole rock.

In the case of twofold deformation it is very difficult to analyse the petrofabric without knowledge of macroscopic coordinates, lineation a.o.

The orientation diagrams of other minerals like quartz, calcite and omphacite could be very helpful.

If the grain sizes are large enough (0,8 mm) and the crystals don't show asterism, the best instrument to determine the preferred orientation of garnet is the X-ray Universal Stage.

Thereby it is possible to recognize the Laue-pattern of each crystal and to reconstruct the exact position of each grain.

At the same time both the position of the grain on the thin-section (Ortslage) and the position on the stereographic projection (Drehlage) were secured.

The symmetry of Laue-pattern is very high (C_{4v}/4 mm), so the measurements are comfortable and it is easy to reproduce them.

III.

1. Garnet slickenside, Norway

The diagram (1) shows the preferred orientation of (110) // ab. The coordinate (ab) was confirmed by the calcite (diagram 2); in the center of the projection the calcite main-axes are accumulated and indicate the c-pole of the rock-fabric.

2. Cyanite-garnet-schist, Carinthia

The poles of garnet-cubes occupy an (ac)-girdle and a maximum at the B-lineation (diagram 3).

The cyanite is partly wheathered and filled with microcrystalline aggregates.

3. Garnet-granulite, Göttweig

B is the makroskopic direction produced by the intersection of two (h01)-shear-planes. The sizes of garnet are about 2 mm.

The poles of garnet (100) are distributed along two different (ab)-girdles and the second type of poles builds a maximum near c of the fabric (diagram 5).

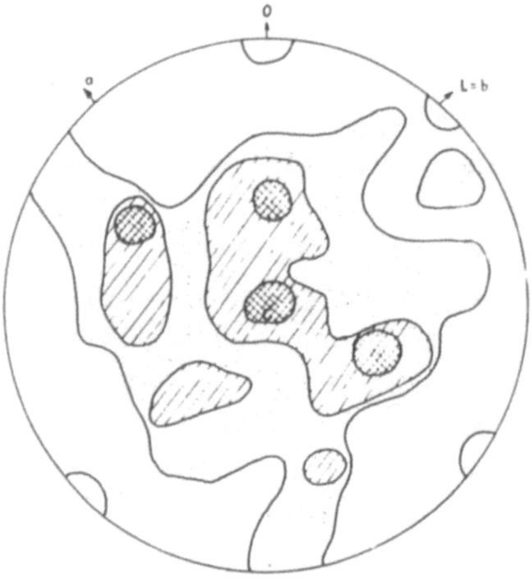

Diagram 1
Garnet-slickenside, Norway (measured by H. Filor)
6 x 99 (110)-garnet, 12–9–5%

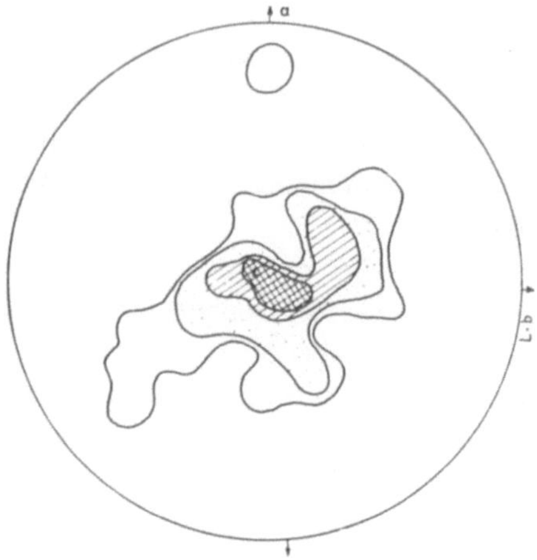

Diagram 2
Garnet-slickenside, Norway – calcite 100 c-axes
8–4–3–2%

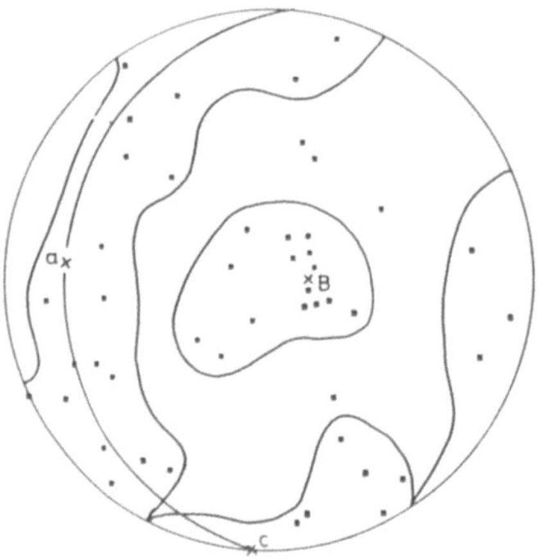

Diagram 3
Disthen-garnet-hornblende-schist, Carinthia –
3 x 16 (100)-garnets, (Wulff-net = W.n.)

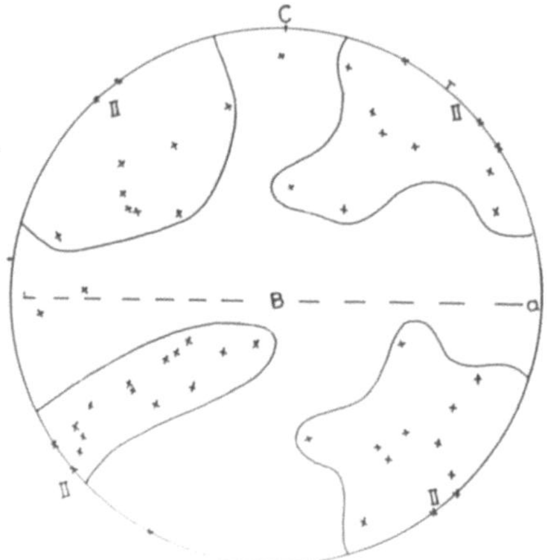

Diagram 4
Garnet-granulite, Göttweig –
47 c quartz axes (W.n.)

The second pole-concentration of garnet is correlated with the well-known maximum II of the quartz c-axis (diagram 4). It may be an effect of recrystallisation.

The following two diagrams (num. 6 + 7) show the separation of the diagram (num. 5). Both show the same principal of garnet-cube orientation i.e. (100) // to the c-pole or // to (h01)-pole with corresponding cube-poles in girdles normal to it. Cyanite (100) lies // (ab) according to Scharbert (1957).

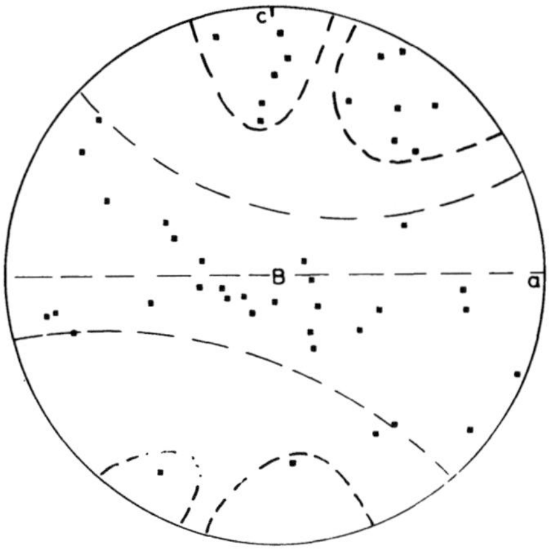

Diagram 5
3 x 15 (100)-garnets (W.n.)

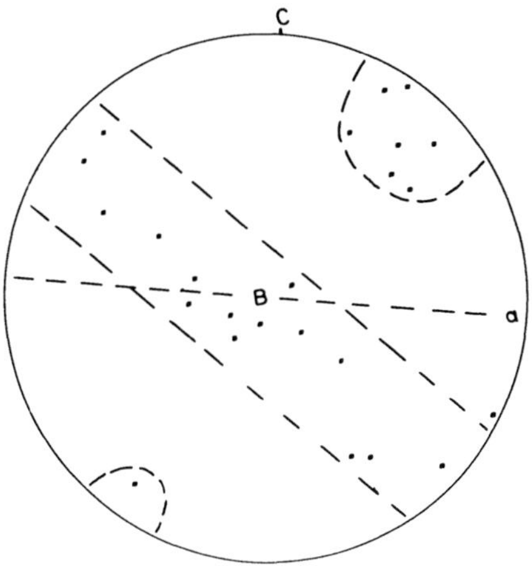

Diagram 6
3 x 8 (100)-garnets (W.n).

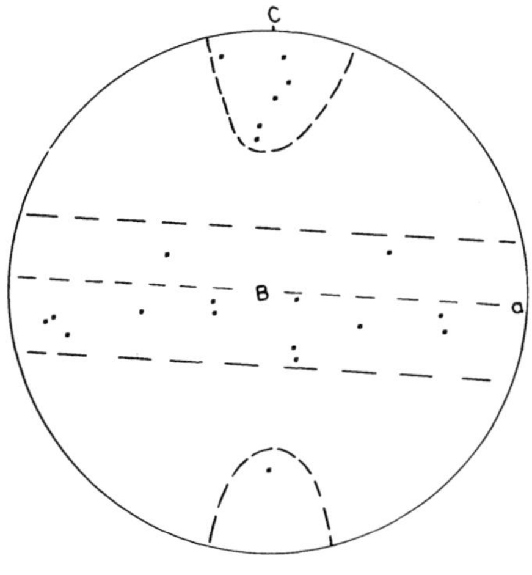

Diagram 7
3 x 7 (100)-garnets (W.n.)

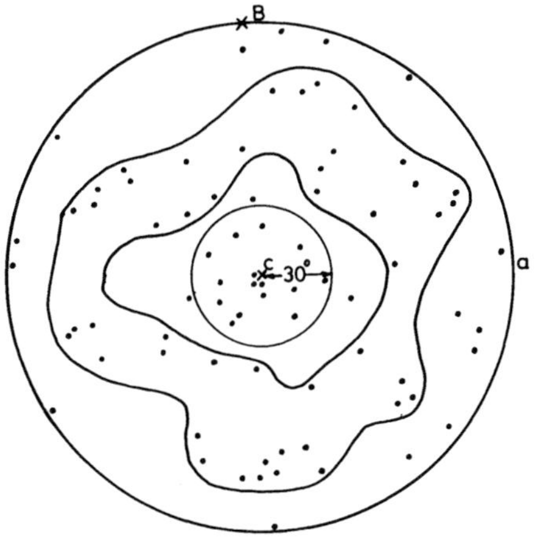

Diagram 8
80 (111)-garnets (W.n.)

4. Garnet-sericite schist, Güllingtal

On the specimen the coordinate B is realized as a lineation. Biotite is changed into chlorite on the grain-rims. Garnet shows the inclusions of ore minerals. The diagram (num. 8) gives the orientation of octahedron (111) with an maximum of [111] around c of the fabric and shows the expected second distribution as a small circle around it. The diagram (num. 9) shows the minimum of cube-poles in the centre and an irregular arrangement at a distance of 54° from the centre.

A good orientation is developed in spite of the isometric shape of the garnet grains in these facies.

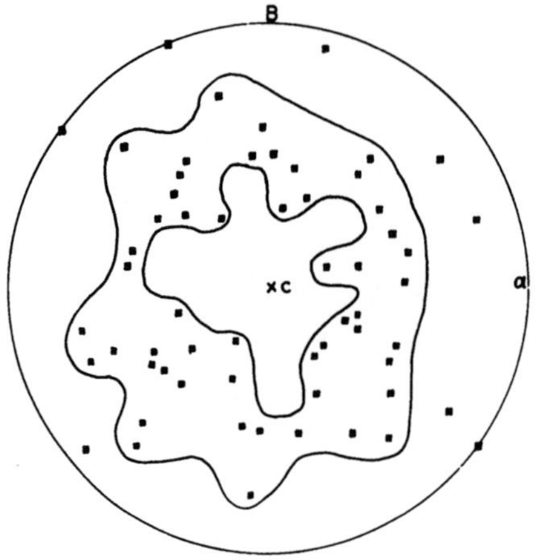

Diagram 9
Garnet-sericite-schist, Güllingtal –
3 x 20 (100)-garnets (W.n.)

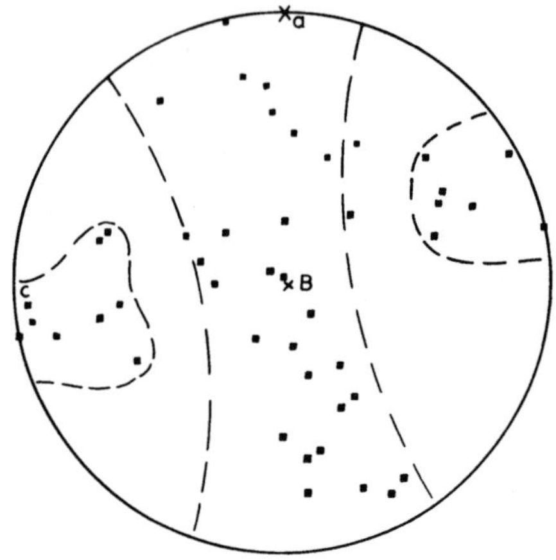

Diagram 10
Eklogite, Mucrone – 3 x 15 (100)-garnets (W.n.)

5. Garnet-eclogite, Mucrone

The sample consists of omphacite, garnet, mica and pyrite; it is bordered with an (ab)-plane and shows B-lineation. The (100)-poles in the diagram (num. 10) are extended in an (ab)-girdle with a distinct maximum of the corresponding cubefaces near c of the fabric. A second type of cubes is duplicated on the border of this (ab)-girdle without a maximum (diagram 11).

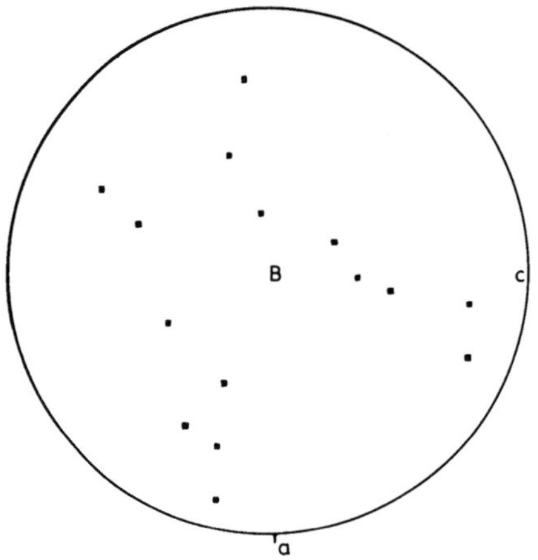

Diagram 11
15 (100)-garnets (W.n.) of the second part of garnet grains

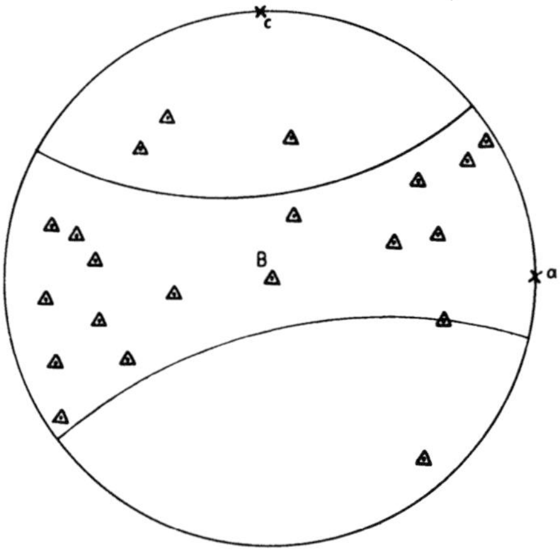

Diagram 12
20 N_c of omphacite, (Schmidt-net = S.n.)

Between this double girdle the N-gamma poles of omphacite are situated (diagram 12) and confirm the position of kinematic coordinates as identical.

6. Garnet-eclogite, Fattigau

The sample is made up of layers of red garnet and layers of green omphacite. The grain size of garnet is 1 mm. So measurements could be taken with the X-ray universal stage. The results are plotted for the cube-poles in diagram (num. 13). It brings out the (ab)-girdle and the maximum in c. The same special number of the cube-poles belongs to the identical grain.

A similar arrangement of cube-poles was determined by X-ray texture goniometer (diagram 14) and produced nearly the same results as in diagram 13.

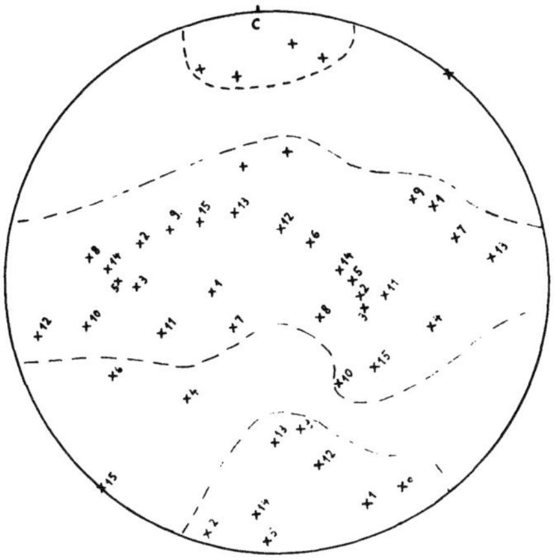

Diagram 13
Eclogite, Fattigau – 3 x 15 (100)
garnet with grain number in (ab)-girdle

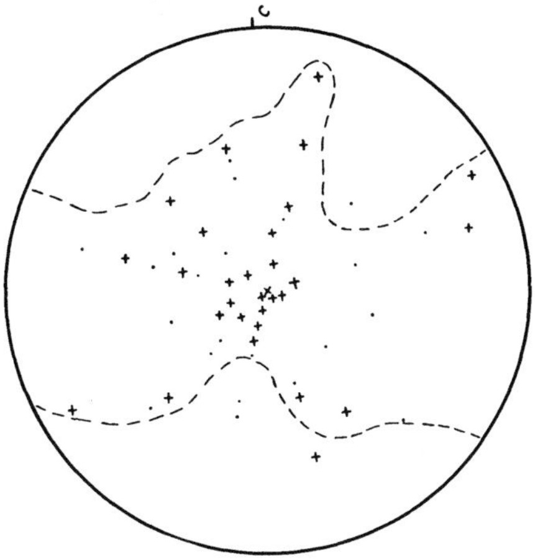

Diagram 14
Distribution of (400) reflex of garnet,
RTG(x=strong,·=weak reflections) S.n.

The same broad (ab)-girdle is realized by N-gamma poles of omphacite (diagram 15), these observations give us the impression that a paracrystalline deformation of both types of minerals in the same rock appeared. A similar orientation of the omphacite was published by Kappl (1967) for eclogite-pyroxen.

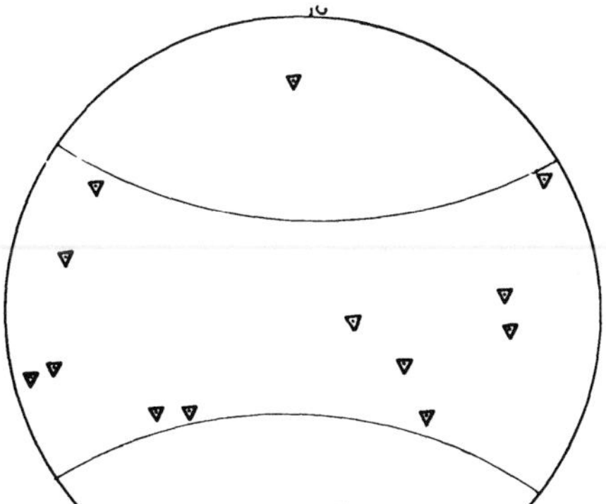

Diagram 15
14 N_c- omphacite (S.n.) (ab)-girdle

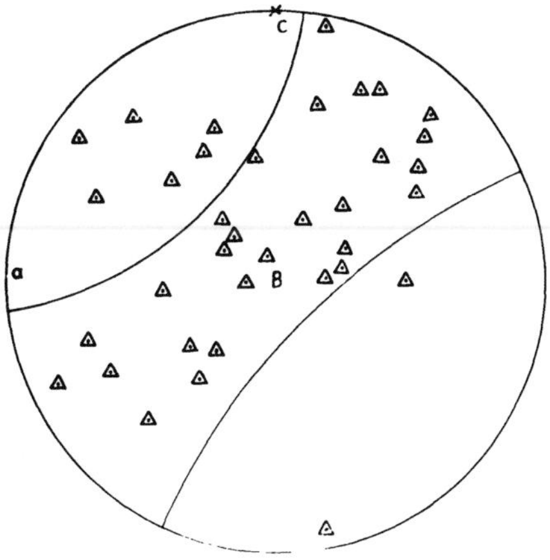

Diagram 16
Peridotite, Alpe Arrami – 36 N_c of olivine

7. Garnet-peridotite, Alpe Arrami

The garnets of this famous outcrop were investigated by X-ray Universal Stage. The results give a very broad (h01)-girdle of (100) which lies parallel to one of the N-gamma girdles of olivine (diagram 16). So it should be possible to correlate softly the garnet with one part of the relict N-gamma olivine orientation according Möckel (1969).

Conclusions

The research brought out the following points: The X-ray Universal Stage permits us to determine the orientation of single grains of garnet from 0,8 mm.

The symmetry of the cubic Laue-pattern is rectangular and high, so it is very easy to recognize the position of the grain. The X-ray Texture Goniometer can be used in the case of very fine grained rocks and gives only the statistical position of grains by the intensity of peaks in the texture diagram. So for coarser grains the X-ray Texture Goniometer data should only be used in connexion with X-ray Universal Stage measurements.

In a number of rock samples without any orientation of garnet we found a few specimens with excellent connexions between crystal orientation and shear-planes.

In epizonal alpine schists garnets (110) lie generally parallel to the (ab)-plane of the fabric; in only one case (111) was parallel to (ab).

In mesozonal rocks, eclogites and one granulite, garnets (100) show a preferred orientation // ab; (100) lies in one case // ac.

The kinematic axes of the rocks were also confirmed by the preferred orientation of omphacite, quartz and calcite.

The results partly agree with Kamb's (1959) calculation for cubic minerals: [100] or [111] parallel to the main compression direction.

The X-ray Study of garnets according Dalziel and Bailey (1968) demonstrated that the bending axes of garnets lie nearly normal to the regional lineation controlled by quartz maximum II. They don't coincide totally with the cube pole. The authors assume that the orientation of bend axes in this deformed garnets appears to have been more closely controlled by tectonics than crystallography.

This agreęs with the observations of Knopf (1949); we believe that the studied orientation of garnet may be a result of paracrystalline deformation and recrystallisation.

We are indebted to the Deutsche Forschungsgemeinschaft for supporting our studies, Dipl. Ing. H. Filor for measurements, Mrs. Linsel and Mr. Mickenbecker for plotting.

Some of the samples were collected and given from Professor Dr. S. Matthes, Würzburg.

Garnet Orientations

parallel to the fabric element B	(ab)	grain size (mm)	diagram num.	metam. facies	rock	locality	author
	(110)	10		I	sericite-phyllite	Central-Alpine	Paulitsch (1958)
	(110)	10	1	I–II	garnet-slicken-side	Norway	Filor (1962)
	(111)	2–3	8, 9	I–II	garnet-sericite schist	Güllingtal	
	(111)	10		I	sericite-schist	Central-Alpine	Paulitsch (1958)
[100]	(100)	0,5–3	3	II	disthen-garnet, hornbl.-schist	Alpine Carinthia	
	(100)	1	13-15	III	eclogite	Fattigau	
		very fine grained	text. diagram	III	eclogite	Milchenkar	
		1		III	eclogite	Kupplerbrunn	
	(100)	1–2	10-12	III	eclogite	Mucrone	
	(100)	0,5–2	4-7	III	granulite	Göttweig	
		1–10	16		garnet-perid.	Alpe Arami	

Zusammenfassung

Mittels Röntgenuniversaldrehtisch und Röntgentexturgoniometer wurde die bevorzugte Orientierung von Granat bestimmt. In epizonalen alpinen Granatschiefern liegt (110) generell parallel zur (ab)-Ebene des Gefüges, nur in einem Falle war (111) parallel (ab).

In mesozonalen Gesteinen, Eklogiten und einem Granulit, zeigen die (100)-Flächen der Granate eine bevorzugte Orientierung // ab; (100) liegt in einem Falle // ac. Die kinematischen Achsen des Gesteines werden durch die bevorzugte Orientierung des Omphazites, Quarzes und Kalzites bestätigt.

Die Ergebnisse stimmen z.T. mit Kamb's (1959) Berechnung für kubische Minerale überein: (100) oder (111) sind parallel zur Hauptdruckrichtung.

Literature

Dalziel, W. D. & Bailey, S. W.: Deformed Garnets in a Mylonitic Rock from the Grenville Front and their tectonic Significance. – Am. Journ. of Soc., Vol. 266, 542–562, 1968.

Kamb, W. B.: Theory of preferred crystal orientation developed by cristallization under stress, J. of Geol. 67, 1959, S. 153–170.

Kappl, F.: Die Eklogite Meidling im Tal und Mitterbachgraben im niederösterreichischen Moldanub. südl. der Donau. – N. Jb. Min., Abh. 107, 3, 266–298, 1967.

Knopf, I.: Fugengefüge und Teilbewegung eines kristallinen Schiefers mit Granat- und Glimmerholoblasten. – Ber. d. Naturwiss. – Med. Vereins, Innsbruck, 1949.

Mellis, O.: Mineralog. Untersuchungen an Granaten aus in Schweden gefundenen Schmuckgegenständen der Merowinger- und Karolingerzeit. Arkiv för Mineralogi och Geologi, Band 3, Nr. 15.

Möckel, J. R.: The structural petrology of the garnet peridotite of Alpe Arami. – Th. D. thesis Leyden Univ., Leid. Geol. Meded, 42, 61–130, 1969.

Paulitsch, P.: Fortschritte in der Gefügekunde. – Fortschr. Min., 35, 184–211, Stuttgart, 1958.

Scharbert, H. G.: Zur Regelung des Disthens in einem nieder-österreichischen Granulit. – N. Jb. Min., Monatsh., 40–47, 1957.

Spry, A.: The origin and significance of snowball-structure in garnet. – J. of Petr., 4, 1963.

EXPERIMENTAL DEFORMATION OF CONSTRAINED CRYSTALS OF CALCITE IN EXTENSION

M. S. Paterson
Department of Geophysics and Geochemistry, Australian National University, Canberra, A. C. T. 2600, Australia
and F. J. Turner
Department of Geology and Geophysics, University of California, Berkeley, California 94720, U.S.A.

Abstract

Calcite crystals were enclosed in strong metal jackets in order to introduce constraints additional to those normally present in tests on single crystals. The composite specimens were elongated by various amounts under a confining pressure of 5 kilobars and a temperature, in most cases, of 300 °C. A detailed microscopic study was made of the effects of the constraints on the mechanisms of deformation and the patterns of distribution of strain within the calcite crystals.

Four orientations were studied, two favourable and two unfavourable to twinning. In the former (normal to *e*; and 30° to [0001], 75° to *r*), the deformation was still mainly by *e* twinning. In extension normal to *m*, it was mainly by *r* translation. In extension parallel to the zone $[r_2 : r_3]$, deformation appeared to begin by *r* translation but as it continued translation gliding on two *a* planes became prominent and there was some evidence also for *f* glide.

Two main effects of the constraint were evident. First, domains of heterogeneous deformation on the scale of the crystal, such as kinks, were no longer sharply defined, their boundaries being gradational in nature. Second, there was a tendency for glide to occur on more than one plane; this appeared in the simultaneous activity of equally favoured planes and in the appearance of other glide systems not normally seen in simple tests (notably *a* translation in the $[r_2 : r_3]$ orientation). Calculations of the changes in stresses due to the extra constraints show how the latter development is favoured.

The work has relevance to the problems of deformation of mineral grains in rocks since the boundary conditions employed here approach more realistically those imposed on a crystal in an aggregate under metamorphic conditions.

General

Introduction

Apart from the well known *e* twinning, recent work has established a number of modes of slip and twinning in calcite (Table 1, Figure 1) and hinted at others (Turner, Griggs and Heard, 1954; Handin, Higgs, Lewis and Weyl, 1957; Griggs, Turner and Heard, 1960; Keith and Gilman, 1960; Thomas and Renshaw, 1967; Turner and Heard,

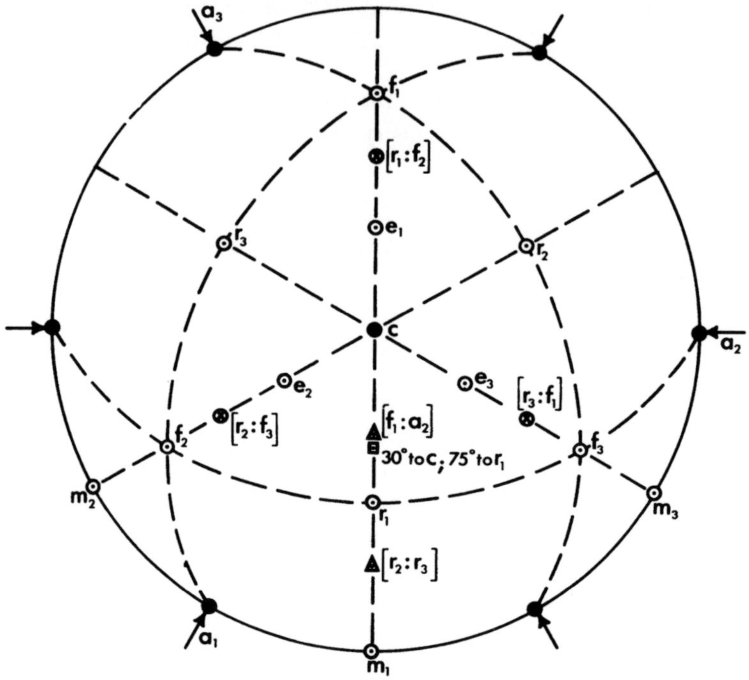

Figure 1.
Geometry of calcite crystal: equal-area projection (upper hemisphere) on plane normal to *c* axis [0001]. Solid circles (with arrow), crystal axes. Circled dots, poles of simple planes: $m = \{10\bar{1}0\}$; $a = \{11\bar{2}0\}$; $r = \{10\bar{1}1\}$; $e = \{01\bar{1}2\}$; $f = \{02\bar{2}1\}$. Circled crosses, glide directions for translation. Triangles, glide directions for twinning on e_1 and f_1.

1965; Borg and Handin, 1967). These studies are of geological interest because there is much evidence that deformation of marbles and limestones has been common in nature. However, the experiments on single crystals involve relatively simple types of loading whereas the state of stress within a grain in a rock may be very complex due to the constraint of the surrounding grains. Apart from some end effects in compression or extension experiments, only Borg and Handin's torsion experiments impose substantial constraint on the pattern of strain in the single crystal specimens.

In our experiments we have used thick metal jackets on the crystals to provide a lateral constraint as well as to increase the constraint of the ends to remain coaxial. In achieving a mutually compatible strain pattern in the two mechanically different parts of the composite sample, the crystal comes under a more complex system of stresses than does a crystal which is free on its lateral boundaries. We therefore expect a closer approximation to the behaviour of a crystal in an aggregate, with regard both to glide mechanisms and to strain heterogeniety (deformation bands or shear domains). The results show that the additional constraint does influence these aspects of behaviour.

Table 1. Glide Systems in Calcite

Type	Number of systems	Glide plane* T	Glide direction* t	Sense of glide observed**	Comments
$\{10\bar{1}1\}$ translation	3	r_1	$[r_1 : f_2]$	–	Common; strain may be extensive
$\{10\bar{1}1\}$ twinning	3	r_1	$[r_1 : f_2]$	+	Not uncommon at and below 300°C; strain insignificant
$\{01\bar{1}2\}$ twinning	3	e_1	$[e_1 : a_2]$	+	Very common; may go to completion
$\{02\bar{2}1\}$ translation	6	f_1	$[r_2 : f_3]$ or $[r_3 : f_1]$	–	Rare at 25°C probably important above 500°C.
$\{02\bar{2}1\}$ twinning	3	f_1	$[f_1 : a_2]$	–	Rather rare; strain insignificant.
$\{11\bar{2}0\}$ translation	3	a_2	$[r_1 : f_2]$	neutral	Very rare.

*) The other equivalent systems can be found by symmetry; Figure 1.

**) As defined by Turner, Griggs and Heard, 1954, p.887.

Experimental Details

Calcite specimens of 6.9 mm diameter were diamond-drilled in appropriate orientation from several crystals obtained from Ward's Natural Science Establishment, New York (except for 357, from Townson and Mercer Ltd., Sydney). After squaring off the ends, they were fitted into mild steel tubes of 10 mm outside diameter and the same length as the calcite, usually about 20 mm (in one experiment, Carrara marble was used instead of mild steel). The composite sample was then enclosed in an annealed copper jacket of 0,25 mm wall thickness which was sealed to the straining pistons by force-fitted rings, except at room temperature when a rubber jacket was used.

The experiments were carried out at the Australian National University. The room-temperature experiments were done in an apparatus previously described (Paterson, 1964), while the high-temperature experiments were done in a similar type of apparatus having an internal furnace and using argon as pressure fluid. The confining pressure in all cases was 5 kilobars. The temperature variation along the specimens in the high temperature runs is unlikely to have exceeded 5° C, but the absolute temperature error could have been 10 °C or so, in view of drift in furnace characteristics between calibrations.

Load and displacement were recorded. Unfortunately, the internal load gauge in the high-temperature apparatus was not functioning during these experiments and also there was abnormally high and variable piston friction during a number of them. Therefore, the loads, as determined by the external load gauge, were of rather low accuracy and only very rough indications of the strength of the calcite were obtained.

The stress-strain properties of the steel jackets were determined independently and are given in Figure 2. The Carrara marble can be assumed to behave rather similarly to the steel at 300 °C (Handin, 1966, p. 257).

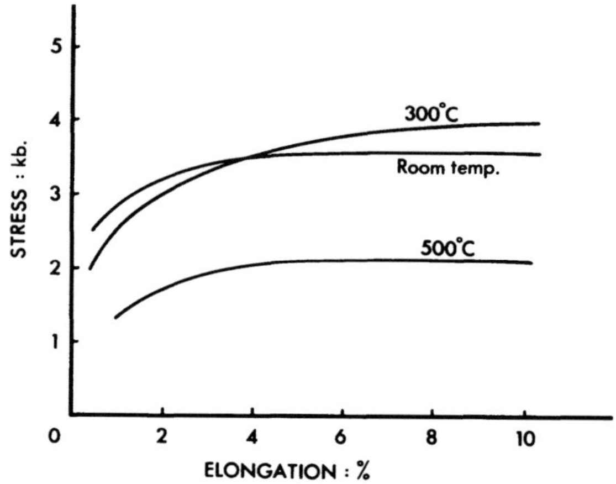

Figure 2.
Stress-strain curves for mild steel tubing used for jackets (stresses based on original cross-sectional area).

Petrographic Procedure

In experimentally deformed crystals, strain is heterogeneous. The pattern of strain in any specimen, the configurations of domains of different strain, and the identity of the active glide systems responsible for the strain have been investigated by microscope measurements using a petrographic microscope equipped with a Leitz 4-axis universal stage. For each specimen a longitudinal thin section was cut approximately parallel to the plane of maximum strain (as judged from external dimensions of the metal-sheathed cylinder).

In thin section, the specimen is seen to be divided into shear domains (Turner and Weiss, 1963, p. 368) of different crystallographic orientation, readily recognizable between crossed polarizers by differences in extinction position. Orientations of visible cleavage planes and twin lamellae change gradually or abruptly across the domain boundaries. Some domains are rendered obvious by local development of one or more sets of late thin *e* twin lamellae that terminate at the domain boundary.

In each domain of a section, [0001] was located within about 1° by measuring and plotting* half a dozen ω directions (X), which fall on a great circle normal to [0001] (c.f. Turner and Weiss, 1963, p. 239). Twin lamellae and cleavages were located by aligning parallel to the EW crosshair (i.e. perpendicular to the vibration direction of the polarizer) and tilting on the EW axis of the universal stage to maximum sharpness. In this orientation, the refractive index of the calcite (1.52 normal to e and 1.56 normal to r) is so close to that of the glass hemispheres (1.544) that correction of tilt angles up to 40° should be negligible. This, however, is not the case. Experience over many years has shown that when two sets of e lamellae are about equally inclined to the plane of the section (e.g. e_2 and e_3 in a section cut parallel to [0001] and normal to e_1 and to r_1) their poles subtend angles of about 50° instead of 45°. Accordingly, measured tilt angles of about 25° must be reduced by between 2° and 3°, while the correction for a tilt of 45° is about −5°. Paradoxically, when hemispheres of refractive index 1.65 are used, the necessary tilt correction, though somewhat reduced, is still negative.

Kamb (1962) has shown that tilt corrections based on Snell's law are invalid for optical location of the indicatrix axes between crossed polarizers. Evidently such corrections also are inapplicable to measurements of thin planar discontinuities in calcite. No explanation is here offered.

Previous identifications of glide mechanisms in calcite and in dolomite have been based mainly on measurements of large angles (10°–35°) of internal rotation of e and r lamellae inclined at high angles to the plane of the thin section. Tilt angles then are low and correction is negligible. In the present study, however, the pattern of strain varies from one domain to another, so that it has been commonly necessary to measure internal rotations of 5–10° affecting planes that must be tilted 20°–40° for measurement by standard procedure. For such domains the orientation of the calcite lattice was first determined as accurately as possible (within 1°) by locating [0001] and such visible e and r surfaces as are inclined at 80–90° to the plane of the section. The apparent orientations of other visible surfaces – e. g., a rational late e_2 twin and a nearby internally rotated L_{e_2} lamella – were then measured by standard procedure. The correction necessary to bring the measured e_2 into coincidence with its true position in the lattice was then applied also to L_{e_2}. It is believed that L_{e_2} can be located in this way within 1°.

In identifying a glide system in a given domain special weight has been attached to visible lamellae inclined at 80°–90° to the plane of the section. Less favorably oriented lamellae have been used to check the glide mechanism so deduced; and in some cases a second section has been cut approximately normal to such lamellae so as to fix the arc of internal rotation even more precisely.

*) All measured planes and directions were plotted on an equal-area net (lower hemisphere of projection).

Identification of Glide Systems and Evaluation of Local Strain

On the scale at which petrographic observations are made, the discrete spacing of glide planes and the details of propagation of glide by dislocation movement are not resolved. The glide process can be treated as a simple shear parallel to a plane T and a direction t (c. f. a card-deck model). In identifying the active glide systems, observations on internal and external rotation (Turner and Weiss, 1963, p. 337, 338) and changes in cross-sectional dimensions can be used. Because the axis of loading in all the present experiments lies in a plane of crystal symmetry (a_2 in Figure 1) and because a relatively high value of resolved shear stress is required, the choice of known glide systems (Table 1) most likely to be active is limited to one or a combination of r_1, f_1 (equally in $[r_2 : f_3]$ and $[r_3 : f_1]$) and a_1 plus a_3 (equally active).

Table 2. Data for internal rotation by translation gliding in calcite

Rotated plane, L	Glide System			Initial angle $L \wedge T$		
	T	t	Sense	α	β	γ
r_1	f_1	$[r_2 : f_2]$ or $[r_3 : f_1]$	–	72°		53°
	a_1	$[r_3 : f_1]$	*	52°		71°
	a_3	$[r_2 : f_1]$	*	52°		71°
e_1	r_1	$[r_1 : f_2]$	–		71°	90°
	f_1	$[r_2 : f_1]$ or $[r_3 : f_1]$	–		37°	53°
	a_1	$[r_3 : f_1]$	*		68°	30°
	a_3	$[r_2 : f_1]$	*		68°	30°
e_2	r_1	$[r_1 : f_2]$	–		38°	51°
	f_1	$[r_2 : f_1]$	–		78°	76°
	f_1	$[r_3 : f_1]$	–		78°	30°
	a_1	$[r_3 : f_1]$	*	68°		30°
	a_3	$[r_2 : f_1]$	*		90°	71°
e_3	r_1	$[r_1 : f_2]$	–		38°	51°
	f_1	$[r_2 : f_1]$	–		78°	76°
	f_1	$[r_3 : f_1]$	–		78°	30°
	a_1	$[r_3 : f_1]$	*		90°	71°
	a_3	$[r_2 : f_1]$	*	68°		30°

*) Sense of glide is neutral. When S_o on a_1 or a_3 is high and the sense of shear on all e planes is negative (or zero), as for extension parallel to $[r_2 : r_3]$, $L \wedge T$ increases or decreases as shown.

Internal rotation. The principal criteria used for identifying active glide systems petrographically are the measured internal rotations of passive markers, usually thin early-formed e twin lamellae and, less commonly, r twin lamellae. The symbol $L_{e_1}^{r_1}$ designates a surface initially parallel to e_1, internally rotated by r_1 glide. The following conditions must be satisfied in a homogeneous shear involving a single glide plane:

(1) The respective poles of the active glide plane T, the rational marker plane (e.g., e_1) and its rotated equivalent (e.g., L_{e_1}) are cozonal and the axis of rotation is the corresponding zone axis. The sense of rotation (e.g., $e_1 \rightarrow L_{e_1}$) is that of the glide on T.

(2) The shear s on the glide system is given by

$$s = \frac{\cot a - \cot \beta}{\sin \gamma}$$

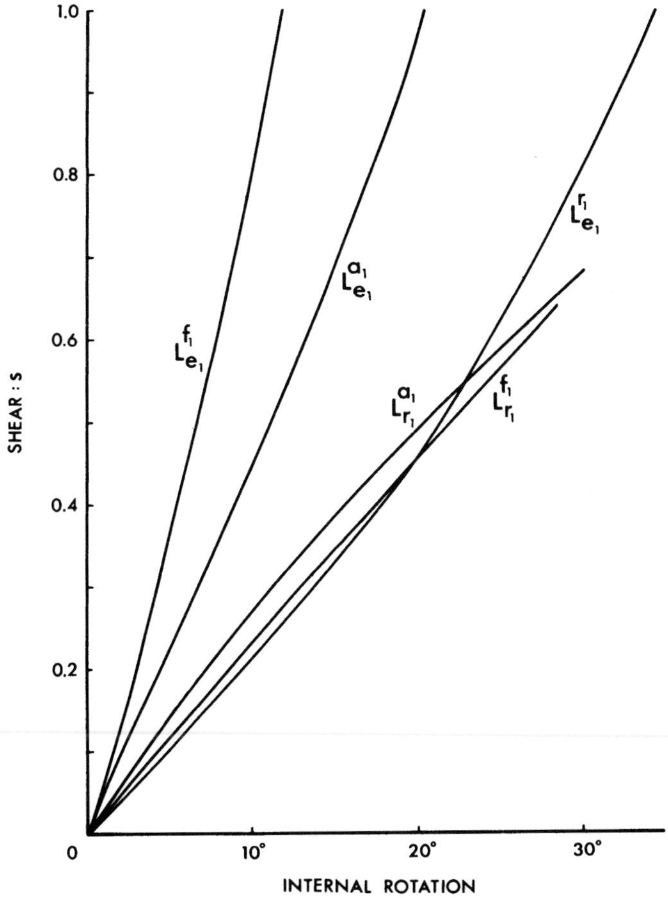

Figure 3.
Shear s on glide systems, calculated from angles of internal rotation of markers $L_{e_1}^{f_1}$, etc. (The sense of rotation assumed in each case is that for extension parallel to $[r_2 : r_3]$, as being relevant to the present experiments).

where a and β are the angles between T and the marker plane before and after the rotation ($a < \beta$), and γ is the angle between t and the rotation axis (this expression and the data in Table 2 have been used to calculate as a function of s the rotations of some common markers, Figure 3, for the cases where the sense of rotation is as in extension parallel to $[r_2 : r_3]$). The measured axial strain ϵ must then be consistent with the value calculated from the approximation

$$\epsilon = s\, S_o$$

where $S_o = \cos \chi_o \cos \lambda_o$ is numerically equal to the initial resolved shear stress coefficient (χ_o, λ_o being respectively the initial inclinations of the specimen axis to the glide plane normal and the glide direction). This expression involves little error for small strains; even for values of ϵ as high as 0.5, it is a useful approximation for checking the glide mechanism.

(3) Where several sets of rotated markers (e.g., L_{e_1}, L_{e_1} and L_{r_1}) are present the respective values of their angles of internal rotation ($\beta - a$) must be mutually consistent. To permit rapid testing of this, the plots of equivalent rotation angles $L_{r_1} \wedge r_1$, $L_{e_1} \wedge e_1$, $L_{e_2} \wedge e_2$ and $L_{e_3} \wedge e_3$ for gliding on r_1, f_1, a_1 and a_3 (Figure 4) may be used. How-

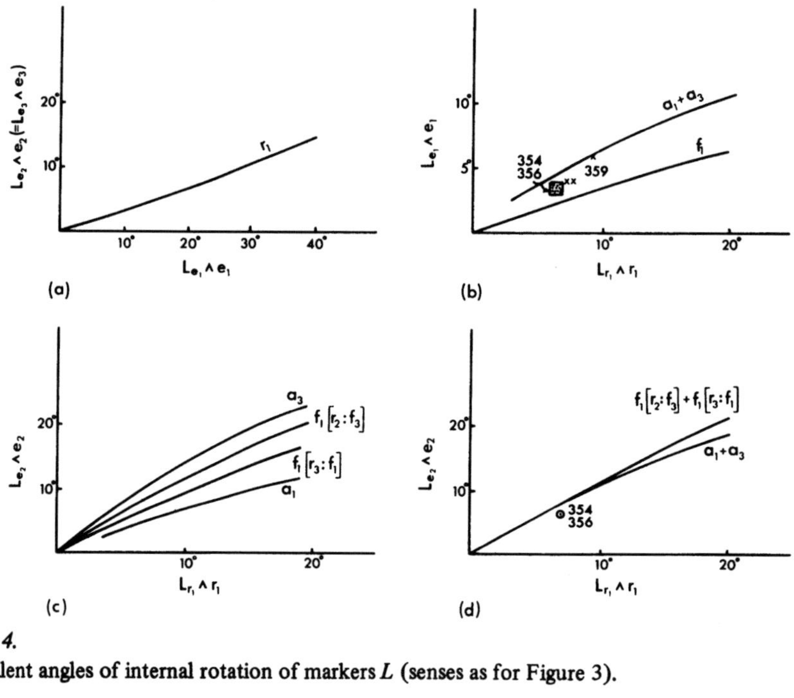

Figure 4.
Equivalent angles of internal rotation of markers L (senses as for Figure 3).

(a) For glide on r_1.

(b) For glide on f_1 and equal glide on a_1 and a_3. Observed values are shown for specimens 354, 356 (stippled box) and 359 (crosses).

(c) For single glide on f_1 (in each t direction), a_1 and a_3.

(d) For equal glide on f_1 parallel to $[r_2 : f_3]$ and $[r_3 : f_1]$, and equal glide on a_1 and a_3. Observed value shown is the mean in 354 and 356.

ever, when combinations of glide planes are active, more detailed analysis is needed (Appendix 1).

External rotation. Constraints imposed by the apparatus lead to strained domains of the crystal becoming rotated with respect to external coordinates. As in previous experiments, these coordinates are provided by the initial orientation of the crystallographic axes of the crystal, preserved in unstrained end domains bounded by the surfaces of the pistons. Measurement of external rotation in deformed domains can, then, also be used in identifying active glide systems.

There are two situations involving only a single glide system in which the boundary between two domains, one of which is rotated with respect to the other, is a plane surface of no strain:

(1) The boundary is a twin plane – in calcite normally one of the *e* planes.

(2) It is a kink boundary. In this case, if the amount of shear on the glide plane is s within the kinked domain and zero on the other side of the boundary, s is related to the angle ω of external rotation across the boundary by

$$s = 2 \tan \frac{\omega}{2}$$

If both domains undergo translation on the same plane, then s is the difference in the respective values of shear in the two domains. The sense of external rotation is opposite to that of glide within the kinked domain or within an *e* twin of calcite.
main or within an *e* twin of calcite.

In practice, external rotation commonly is gradational across a domain boundary. Here the boundary zone is inhomogeneously strained and some mechanism other than simple translation or twinning must be involved, even where strain within each domain is homogeneous and simple.

Cross-sectional changes. Deformation by glide results in the initially circular cross-section of a crystal becoming elliptical. The azimuthal orientation of the major and minor axes of this ellipse relative to the crystallographic axes and the ratios of their lengths to the initial diameter are useful data for checking possible glide systems. The cross-sectional changes during extension of cylindrical crystals by single glide have been summarized by Schmid and Boas (1950, p.61). Thus, when the glide direction lies in the same plane as the glide plane normal and the specimen axis, the minor axis of the cross-section after deformation will lie in this plane and be equal to $\frac{d_o}{1+\epsilon}$ in length, always less than the initial diameter d_o; the major axis remains equal to the initial diameter. With more general orientations of the glide direction, the minor axis of the cross-sectional ellipse no longer lies in the plane containing the glide plane normal and specimen axis, and the major axis now becomes somewhat longer than the initial diameter. In no case of single glide do both major and minor axes of the cross-section become shorter than the initial diameter; this requires the operation of more than one glide plane. In the special case of multiple glide (e.g., a_1 plus a_3) where equal amounts of glide occur on two equally inclined planes whose glide directions respectively lie in the planes that contain their normals and the specimen axis, the new lengths d_i of the major and minor axes of the cross-section are given by

$$\log \frac{d_o}{d_i} = \sin^2\Theta . \log(1+\epsilon),$$

where Θ is the angle between the major or minor axis, respectively, and the position that the major axis would have occupied had only one of the glide planes been active.

The application of these considerations to the specimens studied here is necessarily indirect because the steel jacket was not removed before sectioning and so the cross-sectional changes of the calcite cannot be completely measured. Therefore, the following procedure has been adopted. All initial diameters are measured before assembly and the major and minor outside diameters of the steel jacket are measured at the minimum cross-section after deformation. The specimen is then sectioned longitudinally in the plane of the minimum diameter and the diameter of the calcite in this plane is measured on the thin section. Next it is assumed that the strain is uniform across the cross-section of the composite specimen (Bridgman, 1952, p. 17–20 has shown this to be valid when the core is of the same material as the surrounding tube; we expect no serious departure in the present case of different materials). Therefore, the relative reduction in area of the calcite will be the same as that obtained from the outside diameter measurements made on the steel sleeve, and so the other diameter of the calcite can be calculated. Also, on the assumption of no volume change, the local axial elongation at this cross-section can be obtained from the reduction in area.

Orientations Studied and Stress-Strain Behaviour

Crystals were cut in the four orientations listed in Table 3, which also gives for each orientation the initial coefficient of resolved shear stress S_o on the known glide systems of Table 1, except f_1 twinning, assuming a homogeneous axial applied stress. The first two orientations are not favourable for the operation of e twinning; the other two are.

The experiments are listed in Table 4. In most cases, a small preliminary shortening (0.01 to 0.02 strain) was given in order to introduce e twin or other lamellae to act as markers during subsequent extension. The final strain listed is the overall strain, that is, the relative extension from the initial length. This has been chosen as a more relevant parameter of the deformation than the total extension after the preliminary shortening because in many cases the effects of the latter may be largely reversed (the total extension is the sum of the two strains listed in Table 4).

In the case of the orientations favourable to twinning, the total load was approximately equal to that supported by the jacket alone and any contribution from the calcite was not detected; that is, the stress in the calcite was much less than one kilobar. In the case of extension parallel to $[r_2 : r_3]$, the load supported by the calcite was comparable to that supported by the steel and corresponded to a stress of about 2 or 3 kilobars. In extension normal to m_1, the stress in the calcite was of the order of one kilobar.

Table 3. Resolved Shear Stress Coefficients S_0

Glide system (c.f. Table 1)	Orientation of axis: Parallel to $[r_2 : r_3]$	Normal to m_1	Normal to e_1	30° to [0001] 75° to r_1
r_1	− 0.31	− 0.50	+ 0.31	+ 0.24
r_2 and r_3	0	− 0.13	+ 0.37	+ 0.35
e_1	0	− 0.40	0	+ 0.46
e_2 and e_3	− 0.12	− 0.10	+ 0.43	+ 0.14
f_1 in $[r_2 : f_3]$ and in $[r_3 : f_1]$	− 0.38	− 0.31	+ 0.38	+ 0.04
f_2 and f_3 in $[r_1 : f_2]$	− 0.20	− 0.32	+ 0.20	+ 0.16
f_2 in $[r_3 : f_1]$ and f_3 in $[r_2 : f_3]$	+ 0.38	+ 0.16	+ 0.10	+ 0.49
a_1 and a_3	0.49	0.30	0.19	0.35
a_2	0	0	0	0

Note: The signs of the coefficients give the sense of glide favoured, as defined by Turner, Griggs and Heard, 1954, p.887.

Table 4. List of Extension Experiments
All at 5 kb, 300°C in thick steel jackets except where remarked.

Orientation	Specimen number	Final Strain	Preliminary shortening	Remarks
Parallel to $[r_2 : r_3]$	353	0.024	0.010	
	357	0.031	none	
	354	0.100	0.008	
	356	0.087	0.020	500°C
	359	0.19	0.012	
Normal to m_1	358	0.065	0.012	
	360	0.23	0.010	Interrupted at $\epsilon = 0.03$
Normal to e_1	1116	0.10	none	Room temp.
	1117	0.24	none	Room temp.
	355	0.09	0.016	Marble jacket
30° to [0001] 75° to r_1	361	0.21	0.016	

Extension Parallel to $[r_2 : r_3]$

Twin lamellae. As expected, all specimens except 357 show thin early e_2 and e_3 lamellae, now internally rotated to irrational L_{e_1} and L_{e_3} orientations. The presence locally of very thin rational late e_2 and e_3 lamellae permits the internal rotation to be measured. In most specimens, there are also a few early L_{e_1} and many thin late e_1 lamellae, from which $L_{e_1} \wedge e_1$ can be measured directly.

All sections other than 357 also show numerous, very thin, widely spaced, continuous r_1 and L_{r_1} lamellae, many of them just wide enough to permit optical identification as twins. In moderately and high strained specimens (354, 356, 359), the internal rotation of the L_{r_1} lamellae can be measured by reference to sparse cleavage cracks representing the rational r_1 orientation; the rotation is proportional to measured strain.

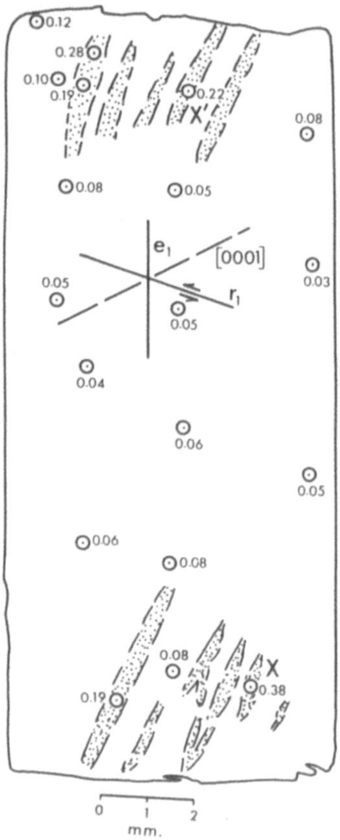

Figure 5.
Specimen 357; tracing of photomicrograph of longitudinal section normal to the zone axis (a_2) of r_1, e_1 and f_1. Highly strained domains are stippled. Values of s on r_1 are shown for representative points.

The r_1 twins are therefore attributed to the preliminary compressive phase – sense of shear on r_1 positive (c.f. Turner, 1954, p. 31).

Although all types of twin lamellae are conspicuous they are invariably very thin, and their contribution to total strain of the specimen is negligible.

Effects of slight strain (specimens 353, 357). The strain is evenly distributed except for vaguely bounded lenticular domains of relatively high strain (stippled in Figure 5) which are transverse to the trace of r_1. L_{e_1} lamellae are consistently rotated along the $e_1 r_1 f_1$ arc of projection in a sense (counterclockwise in Figure 5) consistent only with r_1 glide. They are thus identified as $L_{e_1}^{r_1}$. In 357 (Figure 5), $L_{e_1}^{r_1} \wedge e_1$ is 2°–4° throughout most of the specimen but reaches 8°–17° in the stippled domains (Plate 1a;

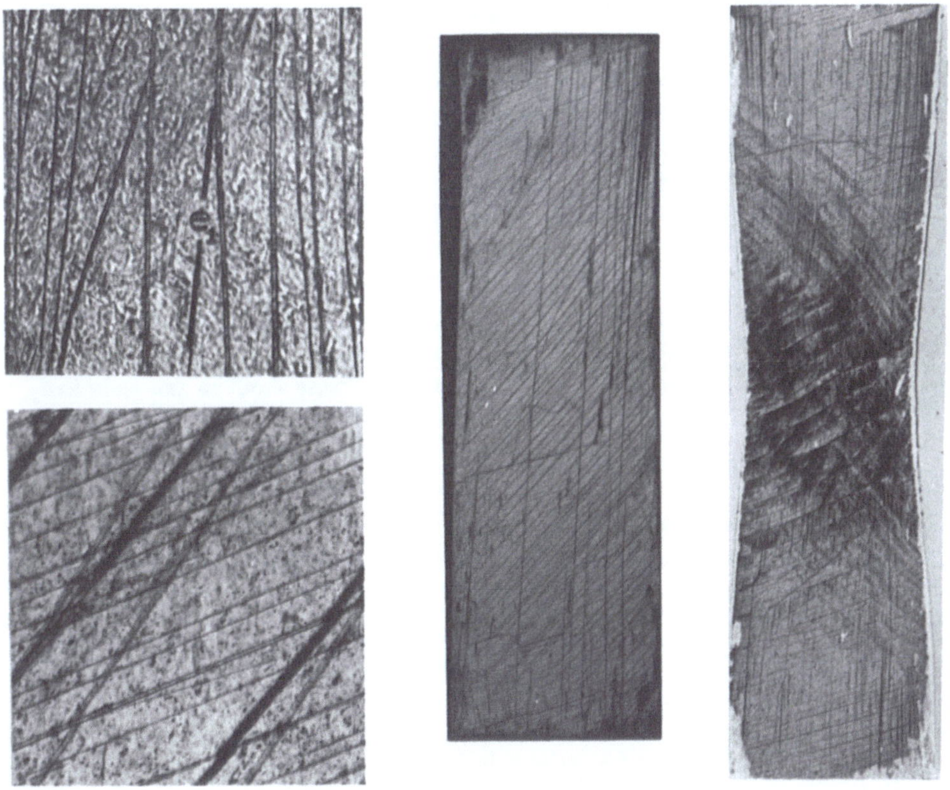

Plate 1.
Photomicrographs of longitudinal thin sections of calcite crystals deformed by extension parallel to $[r_2 : r_3]$.

(a) Specimen 357. Domain of relatively high strain (X, lower right in Figure 5). $L_{e_1}^{r_1}$ twin lamellae (prominent, nearly vertical) and associated thin e_1 lines. Ordinary light. Magnification X150.

(b) Specimen 356. L_{r_1} twin lamellae and short discontinuous r_1 cleavage cracks, ENE–WSW. L_{e_2} and L_{e_3} lamellae NE–SW. Ordinary light. Magnification X150.

(c) Specimen 356. Ordinary light. Magnification X7.

(d) Specimen 359. Polarized light; crossed polarizers. Magnification X7. For identification of structures see Figure 7.

X, X′ Figure 5). The corresponding calculated values of shear s on r_1 are shown for selected points in Figure 5. The mean value s = 0.05 over most of the specimen corresponds to a mean elongation $\epsilon = 0.05 \times 0.31 = 0.016$ – a figure significantly lower than the observed value of 0.031. High strain in the stippled domains (Figure 5) accounts for part of the discrepancy. There may also be minor gliding on f_1 or $(a_1 + a_3)$, either of which would reduce the angle $L_{e_1} \wedge e_1$ generated by r_1 glide.

Much of specimen 357 has been externally rotated two or three degrees clockwise with respect to the undeformed ends. The stippled domains are more strongly rotated in the same sense (through 6°–17°, proportional to calculated shear s in the domain). Although the domain boundaries are not sharp, the external rotation relative to that in adjacent domains of small strain is consistent with kinking involving r_1 glide. Thus, at X in Figure 5, $s = 2 \tan \frac{17°}{2} = 0.14$, which agrees well with the difference in shear strain calculated from values of $L_{e_1}^{r_1} \wedge e_1$, s = 0.22 – 0.08 = 0.14. Thus the external rotation of the specimen as a whole can be associated with r_1 gliding which is more intense in the kink-like domains. The cross-sectional changes are also consistent with a predominance of r_1 glide since the minor axis of the cross-section in each case lay in the plane of the specimen axis and the r_1 pole.

Effects of moderate strain (specimens 354, 356). The microscopic effects of strain are essentially the same in these two specimens deformed at 300 °C and 500 °C respectively. Only observations on 356 will be described here.

Plate 1b, c shows numerous continuous thin L_{r_1} (ENE-WSW), some L_{e_2} and L_{e_3} (NE-SW) and a few late rational e_1 lamellae (nearly vertical) locally accompanied by earlier L_{e_1}. Internal rotation in each case is counterclockwise about an axis close to a_2 (Figure 6) and $L_{e_2} \wedge e_2$ and $L_{e_3} \wedge e_3$ are almost equal at any point. This suggests either approximately equal glide on f_1 in the $[r_2 : f_3]$ and $[r_3 : f_1]$ directions or approximately equal glide on a_1 and a_3. Figure 4d also suggests either but several lines of evidence favour the $a_1 + a_3$ combination:

(1) The mean angle $L_{r_1} \wedge r_1$ is 6°–7° (Figure 6). If this is due to f_1 glide, the corresponding elongation ϵ is 0.04–0.05; for a_1 or a_3 glide, ϵ = 0.07–0.09. The measured elongation is 0.087.

(2) The mean angle $L_{e_1} \wedge e_1$ is 3°–4°. This is too high for f_1 glide and a little too low for $(a_1 + a_3)$ glide (Figure 4b). Minor glide on r_1 would reduce the latter discrepancy but would increase that for f_1 glide without significantly affecting $L_{r_1} \wedge r_1$ [it would also account for the apparent discrepancy in $L_{e_2} \wedge e_2$ (Figure 4d) for the $(a_1 + a_3)$ combination].

(3) In specimen 354, and, to a lesser extent, in 356, there has been decrease in diameter parallel to the major axis as well as to the minor axis of cross-section, consistent with $(a_1 + a_3)$ but not with f_1 glide. However, the amounts of a_1 and a_3 glide in 356 cannot be exactly equal because the plane of the section, cut parallel to the minor axis, lies at 77°, not 90°, to the a_2 axis.

(4) The measurements of internal rotation of lamellae (Figure 6) indicate a maximum strain, in the upper half of the section, of $\epsilon = 0.13$ if a_1 or a_3 glide is assumed. This agrees well with the value $\epsilon = 0.14$ obtained from the greatest reduction of area from cross-sectional measurements made over the steel jacket.

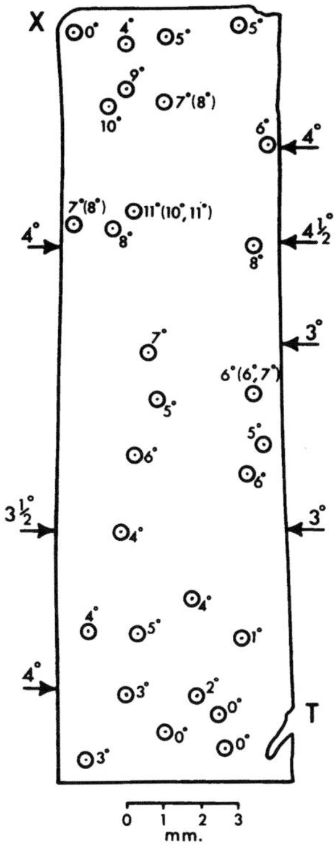

Figure 6.
Specimen 356; tracing of photomicrograph (Plate 1c) of section inclined at 77° to the zone axis (a_2) of r_1, e_1 and f_1. Values of $L_{r_1} \wedge r_1$ are given for representative points; figures in parenthesis are angles $L_{e_2} \wedge e_2$ and $L_{e_3} \wedge e_3$; figures at arrows are $e_1 \wedge L_{e_1}$ (edge of section).

Application of the type of analysis used in Appendix 1 also indicates predominant activity of $(a_1 + a_3)$ glide but it suggests minor activity of both r_1 and f_1 glide.

The vaguely-bounded corner domains at X and T (Figure 6) preserve the initial orientation. Elsewhere the lattice is rotated 5°–6° clockwise, which is significantly less than the angle of 10° required for kinking using an *a* glide plane with the amount of shear (about 0.18) calculated from internal rotation of lamellae. This also suggests a complementary role of r_1 gliding.

Effects of high strain (specimen 359). This specimen is almost symmetrically necked (Plate 1d). Internally rotated early twin lamellae include ubiquitous L_{r_1} and locally prominent L_{e_2} and L_{e_3} (Figure 7a). L_{e_1} lamellae dating from the earliest stages of strain are rather few and are confined to the end thirds of the section. Elsewhere are numerous discontinuous e_1 structures, many of which are rational and of late origin. Evenly spaced, almost linear shear domains, either parallel to a_3, or bounded by L_{r_1} twin lamellae and presumably late, are confined to the areas shown in Figure 7b. The a_3 bands are sharply bounded glide packets within which L_{r_1} and even the later L_{e_1} lamellae have been very strongly deflected counterclockwise towards the a_3 plane. This is direct evi-

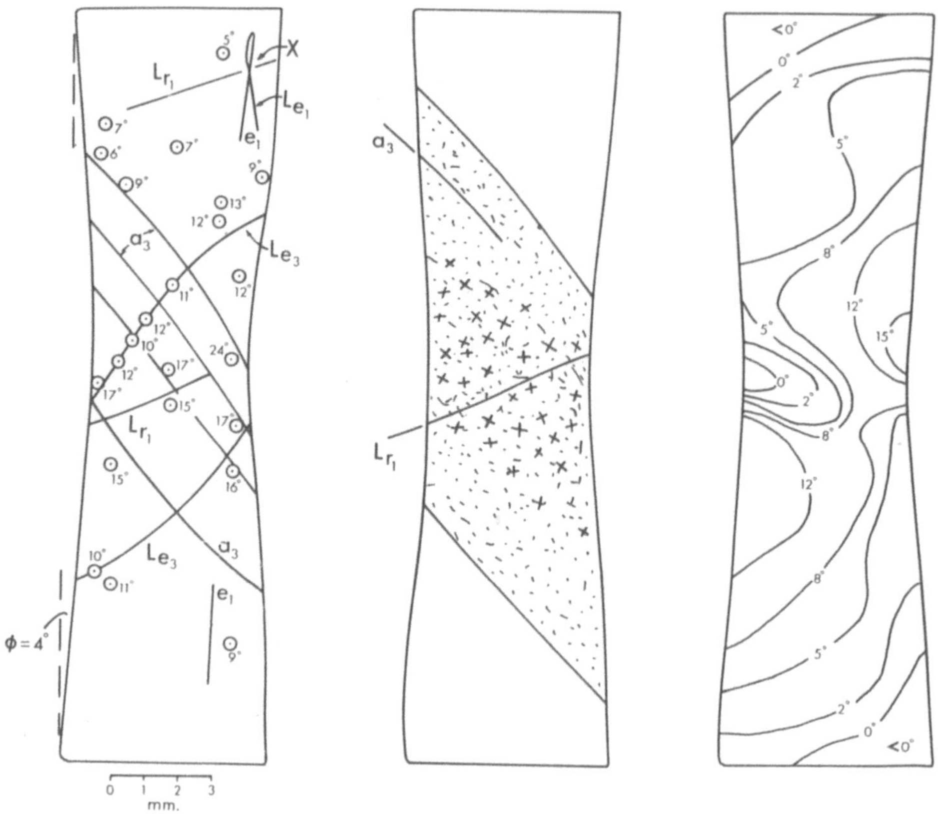

Figure 7.
Specimen 359; tracings of photomicrograph (Plate 1d) of section inclined at 70° to crystal axis a_2

(a) Visible structures. Values of $L_{r_1} \wedge r_1$ are given for representative points.

(b) Domains crossed by late lamellar shear domains parallel to a_3 (stippled) and L_{r_1} (crosses).

(c) Variation in clockwise external rotation of the calcite lattice with respect to initial orientation.

dence of a_3 glide, of the same nature as previously recorded in a single, similarly oriented crystal slowly strained at 300 °C but not constrained by a thick metal jacket (Turner and Heard, 1965, p. 117). The L_{r_1} shear domains are much less regular and within them the calcite is densely clouded, possibly indicating granulation on a submicroscopic scale which could have resulted from internal stresses during pressure release.

Internal rotation of all types of L lamellae is counterclockwise, consistent with predominance of f_1 or $(a_1 + a_3)$ glide. The values of $L_{r_1} \wedge r_1$ and $L_{e_2} \wedge e_2$ are closely similar at any one point; because of high tilts, $L_{e_3} \wedge e_3$ cannot be measured accurately but appears not significantly different from $L_{e_2} \wedge e_2$. This would suggest f_1 or $(a_1 + a_3)$ glide (Figure 4d). In the upper and lower thirds of the specimen a few long L_{e_1} lamellae have survived from the earliest stages of strain; here $L_{e_1} \wedge e_1$ plots on the $(a_1 + a_3)$ curve of Figure 4b or just below it. In the highly-strained mid-section, swarms of short L_{e_1}

are rotated a few degrees counterclockwise from associated e_1 lines but these are interpreted as of late origin. There is a single exception to the general rule of counterclockwise rotation; above X in the top right corner of Figure 7a, the rotation of an early L_{e_1} lamellae is 3° clockwise, indicating a local small preponderance of glide on r_1 or on $(f_2 + f_3)$.

Again, in contrast to cylinders deformed in extension without lateral constraint, specimen 359 is not sharply divided into domains of different crystal orientation. Marked differences in orientation do, however, exist; the [0001] axis diverges through at least 17° from one sector to another. But the divergence is gradual. Figure 7c gives an overall picture of external rotation (almost everywhere clockwise) throughout the section, the axis of rotation being approximately normal to the section. The symmetrical necking reflects a combined internal and external rotation of the edges, there being a bending of the crystal from one side of the specimen to the other. This is most clearly demonstrated by considering the left-hand and right-hand boundaries of the lower part of the section (Figure 7c); since these were originally parallel to the e_1 plane, they are effectively L_{e_1} lamellae. The present inclination Φ of a boundary to the specimen axis will be equal to the sum of the external rotation ω and the internal rotation of e_1, that is,

$$\Phi = \omega + (L_{e_1} \wedge e_1),$$

angles being measured positive clockwise. Φ is + 4° and − 4° on left and right, respectively, consistent with the amount of strain that has occured (Appendix 1). If the amount and nature of deformation is constant across a given cross-section, $L_{e_1} \wedge e_1$ will be constant too, and the external rotation will decrease by 8° across the cross-section – as Figure 7c shows indeed to be nearly so. The pattern of external rotation can be broadly explained in this way but notable deviation occurs in the left hand part of the neck and, to a lesser extent, to the left of the upper part of the specimen. This suggests deviant mechanisms of deformation in these areas.

The various observations on internal rotations and dimensional changes in this specimen cannot be explained, even approximately, by the sole activity of any single glide system. By considerations set out in Appendix 1, we conclude that the deformation involves substantial amounts of glide on all four systems, r_1, f_1, a_1 and a_3.

Extension Normal to m_1

Both specimens (Table 4; Plate 2a; Figure 8) show the same simple pattern of strain, identical with that previously recorded for this orientation under the same conditions but without a constraining thick metal jacket (Turner and Weiss, 1965, pp.94–95). There are two optically recognizable types of domain, differing mutually in orientation. In specimen 360, these are clearly divisible further on the basis of strain magnitude:

I. Initial orientation is retained
   (a) End domains of zero strain
   (b) Slip domains of appreciable strain indicated by $L_{e_1} \wedge e_1$

II. External rotation counterclockwise with reference to the ends
   (a) End domains of moderate strain, adjoining Ia
   (b) Principal domain of high strain, adjoining Ib

Plate 2.
Photomicrographs of longitudinal thin sections of calcite crystals deformed in extension.

(a) Specimen 360, elongated normal to m_1. Magnification X8.

(b) Specimen 355, elongated normal to e_1. Polarized light, crossed polarizers. Magnification X17. For identification of structures see Figure 9.

In 358, the pattern is the same except that the absence of L_{e_1} in I prevents division into Ia and Ib. In general, good strain markers are provided by thin continous L_{e_1} and L_{e_2} lamellae, especially in the outer thirds. Locally there are sharp r_1 twin lamellae, assumed

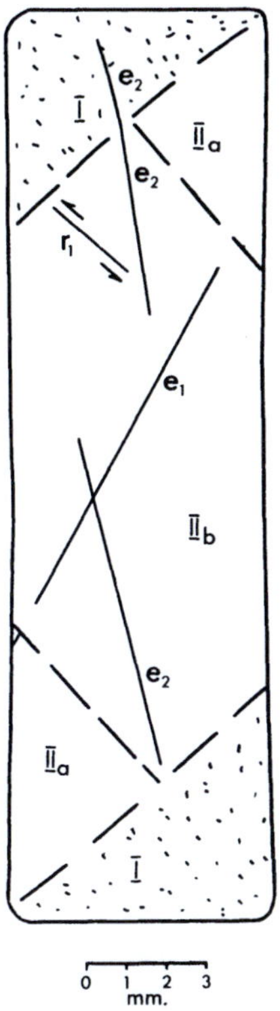

Figure 8.
Specimen 358; tracing of a photomicrograph of longitudinal section normal to a_2 crystal axis.

to be of late origin. Other visible structures are late rational e_1, e_2 and e_3 twins and r_1 cleavage.

As in the absence of lateral constraint, all observations are compatible with deformation being almost entirely by r_1 glide with negative sense:

(1) There was no significant change in the cross-sectional dimension parallel to the a_2 axis; that is, the deformation occurred entirely in the plane normal to the r_1 plane.

(2) The ratio of the amounts of internal rotation of L_{e_1} and L_{e_2} is precisely that to be expected for r_1 glide; this agreement would be destroyed, for example, by a small amount of f_1 glide. Moreover, the amount of local extension resulting from shear on r_1 corresponding to the observed internal rotations agrees well with that derived from the reduction in diameter. The boundary of the section, initially parallel to the basal plane c, is also effectively an internally rotated lamella, L_c, the angle $L_c \wedge c$ being equal to minus the external rotation in the neck where the boundary is unrotated; the amount of r_1 glide to give this angle is also equal to that deduced from the L_{e_1} and L_{e_2} observations.

(3) The difference in orientation across the Ib–IIb boundary in 360 corresponds to a difference in glide strain of 0.26 if it is due entirely to an ideal kinking using the r_1

glide plane; this agrees well with the difference 0.55–0.33 = 0.22 obtained from the respective rotations of the L_e lamellae. The observed rotations across the Ia–IIa boundary in 360 and I–II in 358 correspond to only about three quarters of the r_1 glide predicted from the L_{e_1} rotations, but this may be due to there being a small amount of r_1 glide in domain Ia, which would not be evident in the absence of L_e lamellae.

Extension Normal to e_1

As in previous experiments involving elongation normal to e_1 at 25° to 500 °C, the strain is principally or solely due to twinning on the two e planes (e_2 and e_3) for

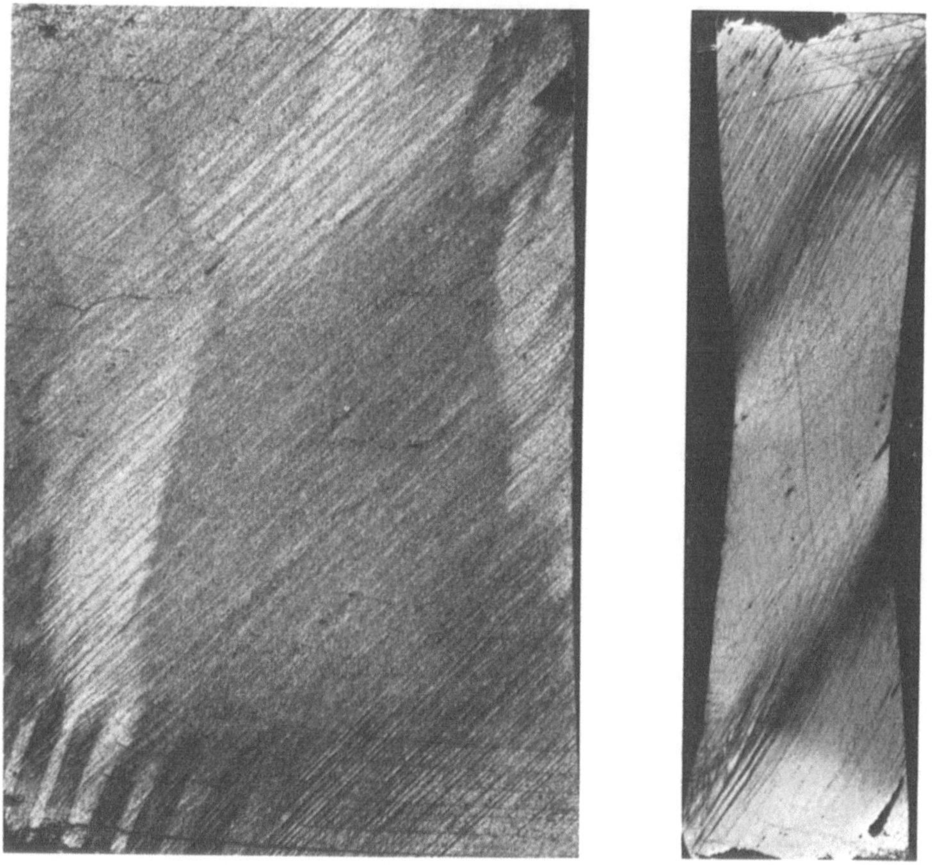

Plate 3.
Photomicrographs of longitudinal thin sections of calcite crystals deformed in extension.

(a) Specimen 117, elongated normal to e_1. Section normal to e_1 and parallel to [0001]. Polarized light, crossed polarizers. Magnification X20. The structures trending NW–SE are traces of e_2 and e_3 twin lamellae.

(b) Specimen 361, elongated at 30° to [0001], 75° to r_1. Polarized light, crossed polarizers. Magnification X7. The principal lamellar structure is twinning parallel to e_1 (Figure 10).

which the resolved shear stress factor is high (sense positive). But, whereas without a constraining jacket the pattern of strain was remarkably regular and shear domains showing different degrees of strain were sharply defined (e.g., Turner and Heard, 1965, p. 133, Figure 2–9), in the present specimens strain is more evenly distributed and the domains are irregular in outline and vaguely defined (Plates 2b, 3a).

In the moderately strained specimens (1116 and 355) one of the two highly stressed e planes forms the dominant glide system, the other being subordinate. The twinning is concentrated in lamellar glide packets 0.1 to 0.2 mm wide separated by non-twinned lamellae of comparable thickness. High magnification reveals that the glide packets themselves are not completely twinned but retain very thin remnant lamellae of non-twinned calcite. The percentage of twinning within a domain a few millimeters in width can be estimated by measuring the mean trend of L_e or L_r lamellae (complete twinning on e_2, for example, internally rotates early L_{e_1} and L_{e_3} by 22° and L_{r_1} by 38°). Thus, in 355 (Plate 2b) twinning is dominantly on e_2, rather evenly distributed (except in the corner domains, stippled in Figure 9, where strain is minimal). The counterclockwise internal rotation of L_{r_1} lamellae corresponds to a shear of 0.15 to 0.22, compared with 0.688 for complete twinning; so the e_2 twinning is between 20 and 30

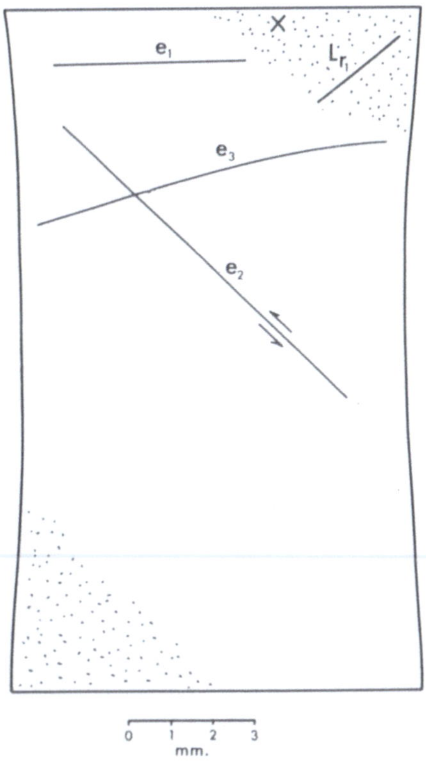

Figure 9.
Specimen 355; tracing of photomicrograph (Plate 2b) of longitudinal section normal to e_1 and inclined 22° to [0001] axis. Twinning on e_2 is minimal in the stippled domains.

percent complete and corresponds to an elongation ϵ of 0.07 to 0.10. Taking into account some contribution from e_3, this agrees well with the measured mean $\epsilon = 0.09$ and a maximum in the neck of $\epsilon = 0.11$ to 0.12 (estimated from jacket diameter measurements). Most of the specimen is externally rotated 8° clockwise with respect to the inital orientation (preserved at X, Figure 9).

In the more highly strained specimen 1117, e_2 and e_3 twinning are equally important, and strongest in the hourglass-shaped central domain (Plate 3a). The strain therefore does not approximate to plane strain and the pattern of heterogeneity of strain may appear rather different in sections other than the median section shown here. The mean elongation $\epsilon = 0.24$ corresponds to 40 percent completion of each of e_2 and e_3 twinning. However, measurements on the mean inclinations of L_{r_2}, L_{r_3} and L_{e_1} in the lateral domains give the following results (L_{r_2} is unaffected by e_3 twinning and L_{r_3} by e_2):

$L_{r_2} \wedge r_2 = 7°$, hence s on $e_2 = 0.13$

$L_{r_3} \wedge r_3 = 10°$, hence s on $e_3 = 0.19$

$L_{e_1} \wedge e_1 = 10°$, hence s on e_2 plus s on $e_3 = 0.42$

Although there is some discrepancy here, possibly due to measuring errors, the indication is that twinning is only 25–30 percent completed on each of e_2 and e_3 in these domains, corresponding to $\epsilon = 0.14$–0.18. Therefore, in order to account for the observed mean elongation $\epsilon = 0.24$, the e_2 and e_3 twinning in the more highly deformed domains (where the rotation of lamellae cannot be followed) must be each substantially more than 40 percent completed. The alternative is that some translation gliding has occurred, associated with accommodation difficulties where the differently oriented twins intersect.

Extension at 30° to [0001], 75° to r_1

This specimen deformed mainly by twinning on e_1, the e plane with maximum resolved shear stress (sense positive). Cross-sectional dimensions indicate no shortening parallel to the a_2 axis, consistent with this. The section parallel to the deformation plane (Plate 3b; Figure 10) can be divided, somewhat arbitrarily, into four types of domains with gradational boundaries determined by relative increase in the extent of e_1 twinning:

I. Unrotated end domains of almost zero strain (insignificant e_1 twinning).

II. Domains in which 20 to 30 percent of the calcite has undergone e_1 twinning, as shown by the mean internal rotation of a few early L_{r_1} lamellae. There has been about 10° external rotation counterclockwise relative to the ends.

III. Domains with progressive transition in degree of e_1 twinning from zero at the border with domain I to 100 percent completion at the border of domain IV, accompanied by 0–2° external rotation counterclockwise.

IV. A central domain of complete e_1 twinning in which strain is maximal. The few long lamellae trending NE–SW (Plate 3b) are rationally oriented products of late reverse

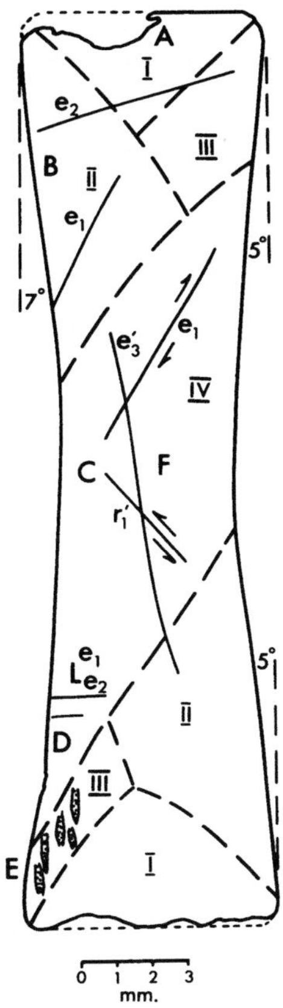

Figure 10.
Specimen 361: tracing of photomicrograph (Plate 3b) of longitudinal section normal to a_2 axis. Domains I–IV have indefinite boundaries.

twinning on e_1. Here and there (e.g. at C and F, Figure 10), sharp thin remnant L_{e_1} lamellae have been internally rotated 8°–10° counterclockwise on the $e_1 - r_1'$ arc, r_1' being the r_1 plane of the completely twinned lattice. This we believe to be due to late translation on r_1'. Between C and D the effects of r_1' glide diminish to zero, so that at D there are sharp L_{e2} lamellae precisely oriented in the a plane of the twinned lattice, undisturbed by late r_1' glide. The counterclockwise external rotation varies from 2° near C to 7° near D.

The elongation in the middle of domain IV is not less than $\epsilon = 0.39$ (from reduction of area of the steel jacket; the minimum diameter measured on the calcite section indicates at least 0.45). This substantially exceeds the strain ($\epsilon = 0.32$) for complete twinning in this orientation. The extra strain is accounted for by the amount of r_1' translation (negative sense) as determined from internal rotation of the L_{e1} lamellae and from rotation of the edges relative to the crystal orientation.

Near the lower left corner (domain III) there are lenticular subdomains 0.5 mm long, externally rotated 15° counterclockwise with respect to enclosing undeformed calcite. L_{e_1} lamellae within them are internally rotated 15° clockwise on the $e_1 - r_1$ arc and are continuous with those in the enclosing calcite. Thus, these subdomains appear to be kinks involving translation on r_1 (sense negative). However, although their boundaries are symmetrically inclined to r_1 in kink and host, the shear on r_1 (s = 0.33) within the kinks, computed from the internal rotation of L_{e_1}, does not quite agree with that calculated from the change in orientation across the kink boundary (s = 0.26). This suggests minor activity of another mechanism too.

Resumé of Observations

In the orientations initially unfavourable to twinning, the early stages of deformation are by translation gliding on the r_1 plane, as previously observed. In the case of extension normal to m_1, the most favourable orientation for r_1 glide, the subsequent deformation continues by r_1 glide, unaffected by the presence of the thick jacket. However, in extension parallel to $[r_2 : r_3]$, constraint effects soon become apparent with the appearance of $(a_1 + a_3)$ glide at moderate strains. This glide system had previously only been described, in the absence of a thick jacket, in an experiment with this orientation at very low strain rate at 300 °C (Turner and Heard, 1965, pp. 115–118), although one of the authors (M. S. P., in the unpublished work referred to by Higgs and Handin, 1959, p.275) had earlier identified an a glide plane from slip traces on polished surfaces of a crystal compressed normal to r at room temperature in a Tresca type of experiment. At large strains in the $[r_2 : r_3]$ orientation, r_1, f_1 and $(a_1 + a_3)$ glide all appear to be brought into operation in order to achieve a deformation compatible with the jacket constraints.

Where a single e twin system was favoured (30° to [0001], 75° to r_1), deformation occurred by the operation of this system, unaffected by the thick jacket, with r_1' glide entering when the completely twinned stage was reached. Where two e twin systems were equally stressed (m_1 orientation), substantial activity occurred on both. In both cases, there was some evidence of minor activity of translation gliding systems in the more severely constrained regions near the ends.

In all cases the additional constraint had a marked effect in reducing the sharpness with which a specimen can be subdivided into domains of differing degree or type of deformation.

Discussion

The behaviour of the calcite must now be considered in relation to the conditions existing during its deformation. In a simple tension test, a long slender crystal is effectively under a uniform uniaxial stress that remains parallel to the axis of the specimen throughout deformation, as long as the shape remains cylindrical; however, the crystal is free to undergo any non-uniform strain that might be dictated by heterogeneity in the material or instability in the deformation regime. The superposition of a uniform hydrostatic pressure, as in extension tests under high pressure, does not change this; but the use of relatively short specimens results in an appreciable part of the specimen being influenced by end effects (constraints on rotation and on lateral displacements). The influence of end constraints has been recognized in previous studies of calcite single crystals (Turner, Griggs and Heard, 1954; Turner and Weiss, 1965).

In our specimens, the strong jackets introduce more profound modifications to the patterns of stress and strain in the crystal by acting also on its lateral surfaces. The nature of the constraints in this case has been discussed in detail elsewhere (Paterson and Weiss, 1966, p. 359–362). They lead to the boundary conditions on the crystal being more nearly a specification of the overall strain than of the stress, with the result that the actual state of stress may depart markedly from that in a simple extension test.

The most important effects of the constraints are:

1. *The inhibition of abrupt changes in the strain pattern* that would give sharply defined indents or bulges in the surface of the specimen, as where kink or twin boundaries intersect the surface. This inhibition comes from the tendency of the adjacent work-hardening jacket to resist departures from uniform strain. It has the consequences that:

(a) The longitudinal profile of the specimen in the plane of greatest deformation tends to be symmetrically necked and smoothly curved.

(b) Major domain boundaries extending to the surface of the calcite are not sharply defined, as ideal kink or twin surfaces, but are gradational subdomains of variable and perhaps complex strain (c.f., observations above).

(c) The amount of relative external rotation of adjacent domains tends to be minimized.

2. *The modification of the overall state of strain.* If during deformation the crystal departs from being circular in cross-section, the jacket will also be forced to become out-of-round, leading to extra lateral components of stress on the calcite. An approximate calculation of these is given in Appendix 2. The other main influence of the jacket is to augment the effects of the end constraints normally present, that is, the piston guidance keeping the ends coaxial and the hard faces of the piston keeping the ends of the specimen perpendicular to this axis. The combination of these influences is responsible for the external rotation of the predominant active glide plane, the complicated deformation associated with bending moments at the ends, and an external rotation of the principal stress axes in the same sense as the rotation of the predominant glide plane.

If the rotations of glide plane and stress axes are equal, the resolved shear stress coefficient remains unaffected by the deformation. There is some evidence that such a compensation is often approximated in practice. We shall assume that, at least in the early stages of deformation, this is so here and therefore neglect rotation of the stress axes. We now discuss the changes in resolved shear stress due to addition of the extra lateral stress components from the out-of-round effect.

The resolved shear stress on a given glide system can be written as:

$$\tau = \Delta\sigma_1 \cos\chi_1 \cos\lambda_1 + \Delta\sigma_2 (\cos\chi_2 \cos\lambda_2 - \cos\chi_3 \cos\lambda_3)$$

where $\Delta\sigma_1 = \sigma_1 - p$ is the axial differential stress (σ_1 is the principal stress initially parallel to the specimen axis and p the confining pressure)

$\Delta\sigma_2 = \sigma_2 - p$ is the extra lateral stress parallel to the major axis of the cross-section; it is equal to $-\Delta\sigma_3$ where $\Delta\sigma_3$ is the extra lateral stress parallel to the minor axis of the cross-section

χ_i and λ_i ($i = 1, 2, 3$) are the angles between the σ_i axis and the glide plane and glide normal, respectively.

In the $[r_2 : r_3]$ orientation, the major axis of the cross-section (σ_2 axis) is the $[r_1 : f_1]$ zone axis, or near to it. The magnitudes of the resolved shear stresses on the r_1, f_1, a_1 and a_3 translation glide systems are therefore as follows:

$$r_1 : \tau = 0.31 . \Delta\sigma_1 + 0.31 . \Delta\sigma_2$$

$$f_1 : \tau = 0.38 . \Delta\sigma_1 + 0.38 . \Delta\sigma_2$$

$$a_1 \text{ and } a_3 : \tau = 0.49 . \Delta\sigma_1 - 0.13 . \Delta\sigma_2$$

Thus, since $\Delta\sigma_1$ and $\Delta\sigma_2$ are of opposite sign, the out-of-round constraint reduces the effective resolved shear stress on the r_1 and f_1 systems and increases it for the a_1 and a_3 systems.

From Appendix 2, $\Delta\sigma_2$ can be expected to be about -170 bars at low to moderate strains. In this case, the stress-strain curve as determined for extension parallel to $[r_2 : r_3]$ by Turner, Griggs and Heard (1954, p. 892) would have to be raised by 170 bars in order to achieve continuing slip on r_1 at the same resolved shear stress (about 290 bars). However, this has the effect of raising the resolved shear stress on the a_1 and a_3 systems from about 460 to 580 bars. Evidently, from our experiments, this is sufficient to exceed the yield stress for a glide. The reason for the apparently increased activity of f_1 glide as well is not obvious but it may be associated with some rotation of the stress axes.

Our stress-strain results for the $[r_2 : r_3]$ orientation at moderate strains (5–10 percent) indicate stresses at least twice as great as those just mentioned. This may possibly result from experimental error (see under "Experimental Details"). On the other hand, it may well reflect an increased degree of work hardening from the interaction of several sets of glide systems in the laterally constrained crystals (c.f., Kocks, 1958).

In the m_1 orientation, a similar analysis using the equation above shows that the out-of-round constraints have the same relative effect on all of the most highly stressed r, f and a glide systems (namely, r_1, f_1, a_1 and a_3) and so the situation in respect of them is the same as in unconstrained specimens. This is consistent with our observation of only r_1 glide, as in unconstrained specimens. Because of the relatively high resolved shear stress coefficient for r_1 (Table 2), very strong constraints would be required to modify the behaviour in this orientation.

In neither of the two orientations favourable to twinning would the effect of the out-of-round constraints be sufficient to change the favoured twin plane, although in the "30° to [0001], 75° to r_1" orientation the resolved shear stress on e_2 and e_3 would be increased somewhat relative to that on e_1.

Another effect of the out-of-round constraint is to favour the joint operation of two equally stressed glide systems where there is otherwise a tendency for only one of them to operate. This is seen notably in the twinning in the specimen given a large extension normal to e_1. Also in extension parallel to $[r_2 : r_3]$ both of the equally stressed *a* planes are active, although not quite equally so.

Application

The effects of constraint demonstrated in these experiments are relevant in understanding the behaviour of grains within polycrystalline aggregates, where each grain is constrained to undergo a deformation that is compatible with that of its neighbours if continuity is to be maintained at grain boundaries. The heterogeneity of deformation of grains within aggregates is well known in metals (Boas and Hargreaves, 1948; Urie and Wain, 1952) but has not been much discussed for rocks.

Qualitatively, it can be seen that the deformation pattern within the grain is determined by two more or less opposing effects. First, a certain degree of heterogeneity of deformation is imposed on a grain as a result of the differing constraints from its several neighbouring grains; this may be more pronounced in rocks than in common metals because of the more pronounced anisotropy of strength of many minerals, especially calcite. Second, however, heterogeneity originating within any grain seldom is accompanied by development of sharp strain discontinuities extending to the grain boundaries (although sharply bounded kinks may still occur as microdomains contained and accommodated locally within the grain, as seen experimentally).

Of wider importance is the circumstance that the state of stress within a given grain may depart significantly from the average stress in the aggregate. This affects the relative values of resolved shear stress on potential glide systems and may lead to glide that is not predicted on the assumption of uniform stress in the aggregate, or from a comparison with single-crystal experiments (c.f., above occurrence of *a* glide in extension parallel to $[r_2 : r_3]$).

Thus in the "dynamic analysis" of strain features in grains for establishing the orientation of correlated principal stresses (Turner, 1953; see also Carter and Friedman, 1965; Raleigh and Talbot, 1967), conclusions from any individual grain may be expected to be markedly misleading. In practice, this is normally only important in contributing to the considerable observed scatter, since many individual observations are averaged in drawing conclusions about the mean stresses in the aggregate. However, in a polymineralic rock with preferred orientation of the grains of a given phase, the mean stress in these grains may depart from that in the aggregate if their mean orientation is asymmetrical to the mean stress in the aggregate (c.f. Turner, 1962). In such a case, caution is needed in applying dynamic analysis because the "average grain" may be in a situation analogous to that of a crystal in our experiments.

Of course, the constraints on individual grains in rocks may be more effective and complex than those on the crystals in the present experiments; and this would call for the operation of a greater number of glide systems in each grain (c.f., the already greater tendency to activity of several glide systems in the present crystals compared with less constrained crystals). Ultimately, if all crystals were constrained to undergo the same uniform deformation as the whole aggregate, five independent simultaneously effective glide systems are required (von Mises, 1928). The implications of this for rocks are discussed elsewhere (Paterson, 1969).

Appendix 1: Analysis of Glide Systems in Specimen 359

From the resolved shear stress factors (Table 3), the most likely glide planes are r_1, f_1, a_1, a_3, f_2 and f_3. In deducing which of these have been active, the following factors can be taken into account:

(1) The cross-sectional dimensional changes and the local elongation. Using the procedure outlined in the "General" section in the text, the lateral strains in the neck are derived to be 0.05 and 0.23 parallel to the major and minor axes, respectively, corresponding to a local elongation of $\epsilon = 0.37$. The reduction in major diameter cannot be due to r_1 or f_1 glide (r_1 glide would leave it unchanged, while f_1 would slightly increase it). However, it could result from either $(a_1 + a_3)$ or $(f_2 + f_3)$ glide, of amounts corresponding to $\epsilon = 0.09$ or 0.06 respectively (the azimuthal orientation of the major axis suggests that the a_3 or f_2 glide slightly exceeds the a_1 or f_3, respectively). The remainder of the observed $\epsilon = 0.37$ must then be attributed to r_1 and/or f_1 glide.

(2) The internal rotation of L_{r_1}, L_{e_2} and L_{e_1} lamellae. The latter, in most parts of the section, is only available at the lateral boundaries; these are considered as L_{e_1} lamellae, although some error is involved in this assumption because the section is not exactly parallel to the a_2 plane. Consider first only the internal rotations of L_{r_1} and L_{e_1}, and put $L_{r_1} \wedge r_1 = \mathrm{R}_1$ and $L_{e_1} \wedge e_1 = \mathrm{E}_1$, these angles being measured in degrees, positive clockwise. We can then write down the contributions to these by glide on the various planes above and express the glide in terms of local elongation ϵ. We neglect any effects of external rotation and of non-linearity of internal rotation versus strain, which are not likely to be very important in the degree of approximation to which we are working. It can then be shown that if only glide on r_1, f_1 and $(a_1 + a_3)$ (equally) were effective and contributed ϵ_{r_1}, ϵ_{f_1} and $\epsilon_{(a_1+a_3)}$, respectively to the local elongation ϵ, then

$$\left.\begin{aligned} \epsilon_{r_1} &= 0.002\,\mathrm{R}_1 + 0.004\,\mathrm{E}_1 + 0.38\,\epsilon \\ \epsilon_{f_1} &= -\,0.015\,\mathrm{R}_1 + 0.004\,\mathrm{E}_1 - 0.57\,\epsilon \\ \epsilon_{(a_1+a_3)} &= 0.013\,\mathrm{R}_1 - 0.008\,\mathrm{E}_1 + 1.19\,\epsilon \end{aligned}\right\} \qquad (1)$$

On the other hand, if $(f_2 + f_3)$ glide, contributing $\epsilon_{(f_2+f_3)}$ to the elongation, were substituted for $(a_1 + a_3)$, then

$$\left.\begin{aligned} \epsilon_{r_1} &= -\,0.013\,\mathrm{R}_1 + 0.013\,\mathrm{E}_1 - 0.93\,\epsilon \\ \epsilon_{f_1} &= -\,0.009\,\mathrm{R}_1 \\ \epsilon_{(f_2+f_3)} &= 0.022\mathrm{R}_1 - 0.013\mathrm{E}_1 + 1.93\,\epsilon \end{aligned}\right\} \qquad (2)$$

Substitution of observed values of R_1 and E_1 in equations (1) and (2) gives values of $\epsilon_{(a_1 + a_3)}$ or $\epsilon_{(f_2 + f_3)}$.

However, these are higher than the upper limits set by the cross-sectional dimensional changes (see above); the case of $(f_2 + f_3)$ glide gives much the more extreme discrepancy and furthermore leads to negative values of ϵ_{r_1}. For example, at the left-hand end of the minimum diameter (Figure 7a), where $R_1 = -17°$ and $E_1 = 0$, equations (1) give $\epsilon_{r_1} = 0.11$, $\epsilon_{f_1} = 0.05$ and $\epsilon_{(a_1 + a_3)} = 0.22$; equations (2) give $\epsilon_{r_1} = -0.12$, $\epsilon_{f_1} = 0.15$ and $\epsilon_{(f_2 + f_3)} = 0.34$. At the right hand end of the minimum diameter, where $R_1 = -20°$ and $E_1 = -10°$, equations (1) give $\epsilon_{r_1} = 0.06$; $\epsilon_{f_1} = 0.05$; $\epsilon_{(a_1 + a_3)} = 0.26$; equations (2) give $\epsilon_{r_1} = -0.21$; $\epsilon_{f_1} = 0.18$; $\epsilon_{(f_2 + f_3)} = 0.40$.

Measured values of $L_{e_2} \wedge e_2$, where available, can now be used as a further check. Thus, at the left hand end of the minimum diameter it was $-14°$. The strains just calculated would have resulted in $-18°$ in the $(a_1 + a_3)$ case and $-50°$ in the $(f_2 + f_3)$ case.

Thus, $(f_2 + f_3)$ glide can be rejected. There is still a discrepancy in the case of the combination of r_1, f_1 and $(a_1 + a_3)$ in that the observed rotation of the lamellae requires two to three times as much $(a_1 + a_3)$ glide as is compatible with the decrease in major diameter (alternatively, if the value of $\epsilon_{(a_1 + a_3)}$ is taken as fixed at 0.09, the total local elongation, from the third of equations (1), would be only about two-thirds of that deduced from diameter changes). We have been unable to resolve this numerical inconsistency; but an accumulation of errors in the many approximations made may account for much of it, and the heterogeneity of deformation across a given cross-section may also be important. The latter, obvious in the photograph (Plate 1d) and in the internal rotation measurements, appears to involve a decrease in the amount of r_1 glide and an increase in the amount of $(a_1 + a_3)$ from left to right across the minimum cross-section, in spite of the opposite trend in the density of prominent a_3 glide packets.

We conclude that the various observations can only be explained if gliding has occurred on all of the planes r_1, f_1, a_1 and a_3.

Appendix 2. Lateral Constraints from Jackets

If the initially circular cross-section of a jacketed crystal becomes oval during deformation, the jacket effectively undergoes a bending in the plane of the cross-section, which we can treat as a plane-strain bending. In order to get an approximate estimate of the constraint that arises from the jacket, we make the simple assumption that in each quadrant the stresses are uniformly distributed along the crystal-jacket boundary and that they can be resolved into $\Delta\sigma_2$ parallel to the major axis and $\Delta\sigma_3 = -\Delta\sigma_2$ parallel to the minor axis (Figure A1). $\Delta\sigma_2$ is compressive and will be taken as negative.

Considering only the quadrant AB, it can be shown that the maximum bending moment in the jacket, at A or B, is

$$M = \frac{d^2 \cdot \Delta\sigma_2}{8} \text{ per unit length}$$

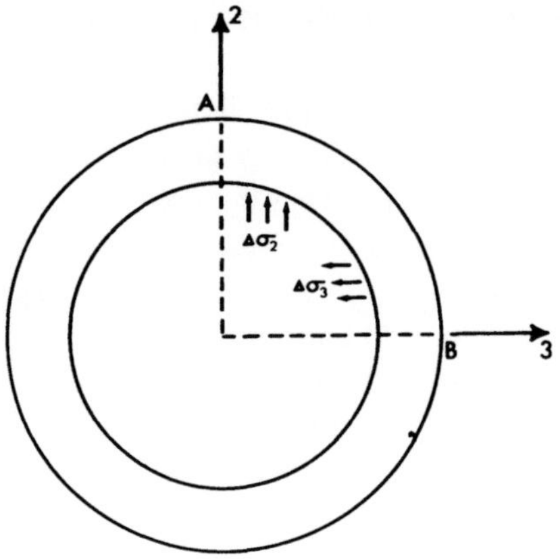

Figure A1.
Tractions assumed for crystal-jacket boundary.

where d is the mean diameter of the jacket (c.f., Seely and Smith, 1952, p.185). From the theory of bending of a plate of perfectly plastic material satisfying Tresca's yield criterion (Hill, 1950, p. 79–81), we have

$$M = \sigma_y \left(\frac{t^2}{4} - \frac{t'^2}{12}\right)$$

where

σ_y = yield stress
t = thickness of the plate
t' = thickness of the unyielded part of the plate

Thus M increases from $\frac{\sigma_y t^2}{6}$ at the onset of yielding to $\frac{\sigma_y t^2}{4}$ at the fully plastic stage; we shall put $M = \frac{\sigma_y t^2}{5}$ as an approximation at moderate strains, Then, by equating the two expressions for M we get

$$\Delta\sigma_2 = -\Delta\sigma_3 = 1.6\, \sigma_y \left(\frac{t}{d}\right)^2$$

This is based on the assumption that the change in radius of curvature is small compared with the thickness of the plate, an assumption that will not give rise to serious error in the present case (Hill, 1950, p. 287).

For the mild steel jackets used here and allowing for some work hardening, we can take $\sigma_y = -3.5$ kb approximately when we are calculating the constraints that are effective after moderate (5–10 percent) specimen shortening at 300 °C. Then

$$\Delta\sigma_2 = -\Delta\sigma_3 = -1.6 \times 3.5 \times \left(\frac{1.4}{8}\right)^2 = -0.17 \text{ kb or } -170 \text{ bars.}$$

Zusammenfassung

Calcitkristalle wurden in starke Metallummantelungen eingefaßt, um zusätzliche Beanspruchung zu jenen zu erzeugen, die in gewöhnlichen Einkristallversuchen auftreten. Die so vorbereiteten Testkörper wurden um verschiedene Beträge unter einem hydrostatischen Druck von 5 kb und in den häufigsten Fällen bei 300°C gedehnt. Die Wirkungen des Streß auf die Verformungsmechanismen und die Verformungsmuster in den Calcitkristallen wurden mikroskopisch untersucht.

Es wurden Calcitkristalle untersucht, deren kristallographische Orientierung für Zwillingsbildung teils günstig, teils ungünstig war. Im ersten Fall (senkrecht auf *e* und unter den Winkeln von 30° gegen [0001] und 75° gegen *r*) ging die Verformung hauptsächlich durch Verzwillingung nach *e* vor sich. Die Dehnung senkrecht zu m geschah hauptsächlich durch Translation in *r*. Bei der Dehnung parallel der Zone $[r_2 : r_3]$ begann die Verformung wahrscheinlich mit der Translation in Richtung von *r*, aber setzte sich vorzugsweise in Translationsgleitung in zwei *a*-Ebenen fort; geringe Gleitung auf *f* war auch zu bemerken.

Zwei Haupteffekte der Beanspruchung waren offensichtlich. Erstens: Bereiche heterogener Beanspruchung, die sich über den ganzen Kristall hinzogen wie z.B. Knickbänder, waren nicht mehr scharf begrenzt, ihre Ränder wiesen Übergänge zu Nachbarbereichen auf.

Zweitens: Das Gleiten hatte die Tendenz, sich auf mehr als einer Ebene zu vollziehen. Das zeigte sich in der gleichzeitigen Aktivität von Gleitebenen, welche in gleicher Weise begünstigt waren, und im Auftreten anderer Gleitsysteme, die in einfachen Versuchen gewöhnlich nicht zu beobachten sind (besonders Translation nach *a* in Richtung der Zone $[r_2 : r_3]$). Berechnungen der Spannungsänderungen, welche zu den zusätzlichen Beanspruchungen führen, zeigen, wie dieser Vorgang begünstigt wird.

Der Versuch ist verwandt mit dem Problem der Verformung von Mineralkörnern in Gesteinen, weil die Randbedingungen hier realistischer sich jenen annähern, unter denen ein Kristall in einem Gesteinsverband unter metamorphen Bedingungen steht.

Acknowledgements

Collaboration on this project was made possible by a grant-in-aid from the Australian National University, Department of Geophysics and Geochemistry, to defray travel expenses of one of the writers (FJT) to and from Canberra. This assistance and the courtesy extended by Professor J. C. Jaeger is gratefully acknowledged. Laboratory work in Berkeley was carried out as parts of projects GP2338 and GA420, financed by the National Science Foundation, U.S.A.

References

Boas, W. and Hargreaves, M. E., 1948: On the inhomogeneity of plastic deformation in the crystals of an aggregate. Proc. Roy. Soc. (London), A 193 : 89–97.

Borg, I. and Handin, J., 1967: Torsion of calcite single crystals. J. Geoph. Res., 72 : 641–669.

Bridgman, P. W., 1952: Studies in Large Plastic Flow and Fracture. McGraw Hill (New York), 362 pp.

Carter, N. L. and Friedman, M., 1965: Dynamic analysis of deformed quartz and calcite from the Dry Creek Ridge anticline, Montana. Am. J. Sci., 263 : 747–785.

Griggs, D. T., Turner, F. J. and Heard, H. C., 1960: Deformation of rocks at 500° to 800 °C. In "Rock Deformation" (Ed. D. Griggs and J. Handin), Geol. Soc. Amer., Memoir 79 : 39–104.

Handin, J., 1966: Strength and ductility. In "Handbook of Physical Constants" (Ed. S. P. Clark, Jr.), Geol. Soc. Amer., Memoir 97 : 223–289.

– , Higgs, D. V., Lewis, D. R. and Weyl, P. K., 1957: Effects of gamma radiation on the experimental deformation of calcite and certain rocks. Bull. Geol. Soc. Amer., 68 : 1203–1224.

Higgs, D. V. and Handin, J., 1959: Experimental deformation of dolomite single crystals. Bull. Geol. Soc. Amer., 70 : 245–277.

Hill, R., 1950: The Mathematical Theory of Plasticity. Clarendon Press (Oxford), 356 pp.

Kamb, W. B., 1962: Refraction corrections for universal stage measurements. I. Uniaxial crystals. Amer. Min. 47: 227–245.

Keith, R. E. and Gilman, J. J., 1960: Dislocation etch pits and plastic deformation in calcite. Acta Metallurgica, 8 : 1–10.

Kocks, V. F., 1958: Polyslip in polycrystals. Acta Metallurgica, 6 : 85–94.

von Mises, R., 1928: Mechanik der plastischen Formänderung von Kristallen. Z. angew. Math. Mech., 8 : 161–185.

Paterson, M. S., 1964: Triaxial testing of materials at pressures up to 10,000 kg./ sq. mm. J. Inst. Engineers (Australia), 36 : 23–29.

– , 1969: The ductility of rocks. Chapt. 27 in Physics of Strength and Plasticity (Ed. A.S. Argon). M.I.T. Press (Cambridge, Mass.), 404 pp.

– and Weiss, L. E., 1966: Experimental deformation and folding in phyllite. Bull. Geol. Soc. Amer., 77 : 343–374.

Raleigh, C. B. and Talbot, J. L., 1967: Mechanical twinning in naturally and experimentally deformed diopside. Am. J. Sci., 265 : 151–165.

Schmid, E. and Boas, W., 1950: Plasticity of Crystals. F. A. Hughes (London), 353 pp.

Seely, F. B. and Smith, J. O., 1952: Advanced Mechanics of Materials (Second edition). Wiley, New York, 680 pp.

Thomas, J. M. and Renshaw, G. D., 1967: Influence of dislocations on the thermal decomposition of calcium carbonate. Jour Chem. Soc. (A), 2058–2061.

Turner, F. J., 1953: Nature and dynamic interpretation of deformation lamellae in calcite of three marbles. Am. J. Sci., 251 : 276–298.

– , 1954: Deformation twinning on $\{10\bar{1}1\}$ and $\{02\bar{2}1\}$ in experimentally deformed calcite. Tschermaks min. pet. Mitt. 4 : 28–33.

– , 1962: "Compression" and "tension" axes deduced from $\{01\bar{1}2\}$ twinning in calcite. J. Geophys. Res., 67 : 1660 (abstract).

– , Griggs, D. T. and Heard, H., 1954: Experimental deformation of calcite crystals. Bull. Geol. Soc. Amer., 65 : 883–933.

– , and Heard, H. C., 1965: Deformation in calcite crystals at different strain rates. Univ. Calif. Publ. Geol. Sci., 46 : 103–126.

– , and Weiss, L. E., 1963: Structural Analysis of Metamorphic Tectonites. McGraw Hill, New York, 545 pp.

– , and –, 1965: Distribution of strain in deformed crystals and phyllite with special reference to kinking. Univ. Calif. Publ. Geol. Sci., 46 : 83–101.

Urie, V. M. and Wain, H. L., 1952: Plastic deformation of coarse-grained aluminium. J. Inst. Metals, 81 : 153–159.

W. M. Schwerdtner

University of Toronto

Abstract

Grain-fabric patterns for schistose anhydrite are compared with qualitative model patterns for three lattice-orienting mechanisms: intercrystalline rotation during mylonitisation, intracrystalline rotation during plastic flow, and syntectonic recrystallisation. These model patterns are referred to principal directions of deviatoric stress, which cannot be reconstructed in many tectonites.

Anhydrite tectonites are commonly pervaded by closely spaced discontinuity planes, along which no large shear stresses can be supported. Thus the principal stresses will tend to remain subnormal and subparallel to the dominant planar discontinuity (bedding or fracture cleavage), but they may rotate within the discontinuity plane.

The natural fabric patterns of anhydrite agree well with the models for syntectonic crystallisation, whereas the model for mylonitisation is clearly different. The incomplete model for intragranular gliding possesses the main [010] maximum, but lacks girdles of [100] and [001]. Hence syntectonic recrystallization, probably accompanied by some intragranular rotation, seems to have been the main orienting mechanism. No speculations are warranted as to the role of annealing recrystallisation, which may have been significant during any hiatus of deformation.

Introduction

The fabric of schistose anhydrite rocks has been analysed microscopically in specimens from salt domes in northwestern Germany (Lamcke, 1936; Schwerdtner, 1961b, 1964), the southeastern United States (Balk, 1949), and the Canadian Arctic Archipelago (Schwerdtner, 1963), as well as from evaporite tectonites in the eastern Alps (Andreatta, 1938). Distorted, rotated or fragmented grains were noted by most workers, indicating that anhydrite fabrics can undergo severe deformation without subsequent annealing recrystallisation. Employing an X-ray method, Lamcke (1936) found that the lattice of most anhydrite grains in highly schistose rocks was somewhat distorted. He thus concluded that intragranular gliding had been the chief mechanism of grain elongation and preferred orientation.

Analysing anhydrite specimens from several Arctic domes, Schwerdtner (1963, Fig. 9) encountered one fabric in which most grains were severely distorted, although many grains were nearly equant, and the long axes of the elongated grains were poorly oriented. Apparently, intragranular gliding need not lead to a state of highly preferred orientation.

In schistose anhydrite from the Benther Salzstock, twinned and plastically bent grains are common, as well as fractured grains and incipient mylonitisation. Many grains, however, are practically free of undulose extinction. Moreover, the degree of preferred orientation increases greatly with grain size (Lamcke, 1936; Schwerdtner, 1963). It thus appears that crystal growth played a major role in the development of the existing fabric, and that local distortion and fracture of existing grains occurred in late stages of deformation. The orientation pattern of the fabric rather than observations on individual grains may permit reconstruction of the mechanism(s) of crystal alignment. Three major orienting processes will be considered:

(1) Mylonitisation and subsequent growth of mechanically oriented fragments.

(2) Intracrystalline lattice rotations leading to a stable deformation texture that may undergo recovery or recrystallisation.

(3) Syntectonic recrystallization according to Kamb's (1959) theory.

Before constructing theoretical fabric patterns for each mechanism, the natural fabric patterns of anhydrite shall be described.

Crystallographic Orientation

For orthorhombic crystals, two rules of assigning labels to the unit-cell dimensions exist: $c > b > a$, and $b > a > c$. The lattice of anhydrite has been oriented both ways, but the former orientation has been favoured by most authors, particularly in fabric studies, and will be employed in this paper. Note that Mügge (1898), whose data on translation gliding will be used below, oriented the lattice the other way. His data have been quoted for the alternative crystallographic orientation by Veit (1922) and Lamcke (1936).

The optic indicatrix is related to the crystallographic axes as follows (Rogers and Kerr, 1942, p. 216): Z parallel to a (acute bisectrix), Y parallel to b (normal to axial plane), X parallel to c (obtuse bisectrix). 2V is approximately 42 degrees.

Problems of Fabric Analysis

The orientation of 200 or 300 anhydrite grains per thin section was determined on a universal stage (Lamcke, 1936; Andreatta, 1938; Schwerdtner, 1961a, 1961b), and subsequently plotted and contoured by conventional methods. In many specimens, thin sections in three mutually perpendicular planes (normal to strike, normal to dip and parallel to schistosity) were analysed. This procedure reveals the extent to which the analytical results depend on thin-section orientation, provided that the actual fabric is statistically homogeneous. Note that the thin sections normal to schistosity are cut at random angles to lineation, which may not be visible. If the three fabric patterns obtained for the different sections are approximately the same, then the analytical results are independent of thin-section orientation. This is indeed the case for megascopically lineated anhydrite rocks (Lamcke, 1936; Schwerdtner, 1961a). In fine grained anhydrite, the lineation is more poorly defined than in the coarser rocks, and the fabric pattern appears to be affected by thin-section orientation.

Anhydrite grains in tectonites are usually brick-shaped. Their longest dimensions coincide with the b crystallographic axis, and the shortest dimension with the c crystallographic axis. Hence the "cut-effect" (Sander et al., 1954; Voll, 1960) must be considered for poorly lineated fabrics. On the other hand, the orientation of small thin grains of anhydrite, cut approximately parallel to (010) or (001) cannot generally be measured by orthoscopic methods (Schwerdtner, 1964a). Both factors are responsible for changes in the fabric patterns, with thin-section orientation.

Orientation Patterns of Crystallographic Axes

Strongly lineated anhydrite rocks have a pronounced maximum for [010] and generally a weak submaximum perpendicular to it, both lying in the schistosity plane (Schwerdtner, 1961b, 1963). This submaximum is usually formed by grains that are shortest parallel to [010], so that the long dimensions of all grains are aligned parallel to the lineation direction. Poles to (100) and (001) outline girdles that include maxima of variable orientation (Fairbairn, 1949). Such point concentrations are to be expected, if 200 random poles represent the population of simple girdles (Stauffer, 1966). The statistic significance of Lamcke's (1936, Fig. 6) [001] maxima normal to the schistosity may thus be questionable.

In weakly lineated rocks, the b crystallographic axes form a girdle parallel to the schistosity plane, generally containing maxima and submaxima. These should not be considered as statistically significant unless they are approximately parallel to megascopic structural elements. A submaximum normal to the girdle, for thin sections parallel to the schistosity, is also apparent (Figs. 1–6). It grows more prominent as the schistosity becomes weaker. Grains represented by this submaximum have been cut parallel to their smallest cross-section, i.e. they tend to be more common in a given thin section than grains with larger cross-section. The concentration of poles can thus be attributed to the "cut-effect", provided the grains oblique and normal to the schistosity are randomly oriented.

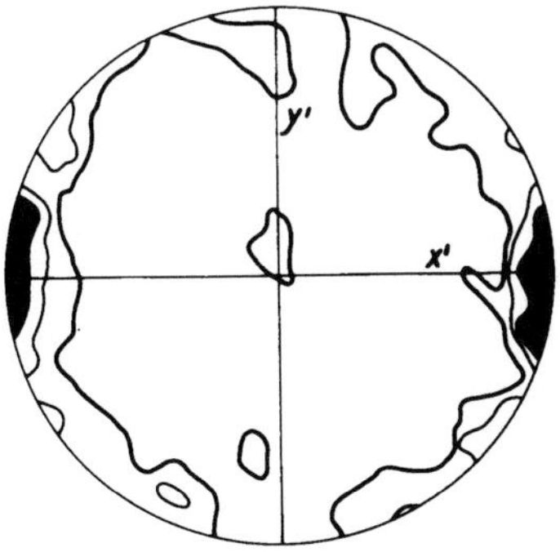

Fig. 1

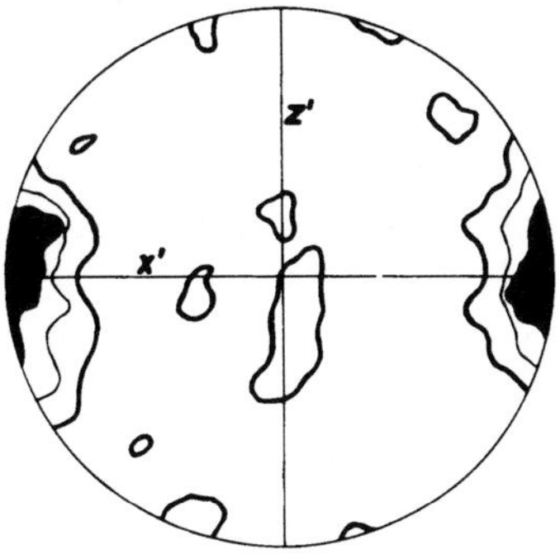

Fig. 2

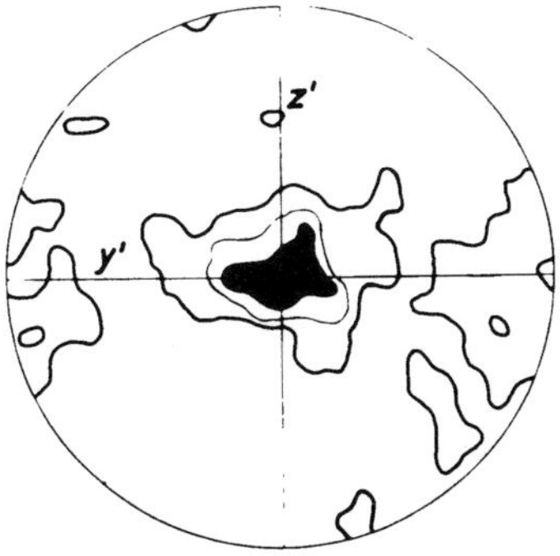

Fig. 3

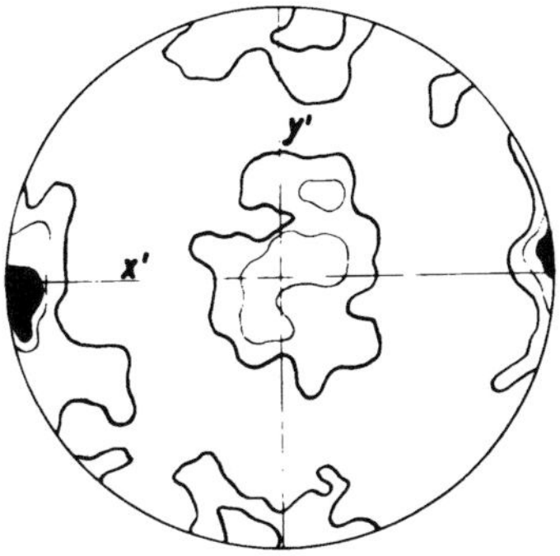

Fig. 4

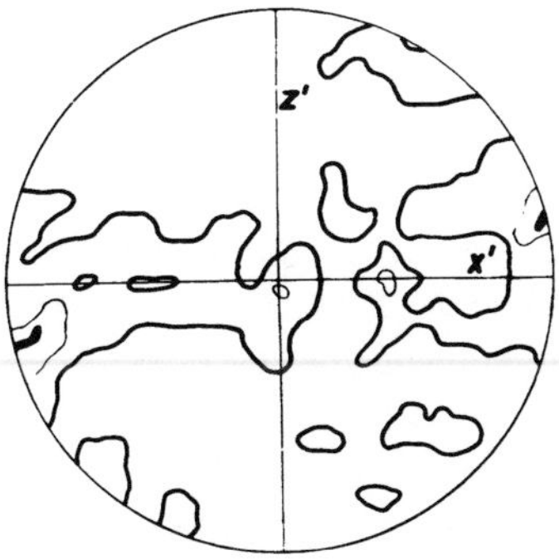

Fig. 5

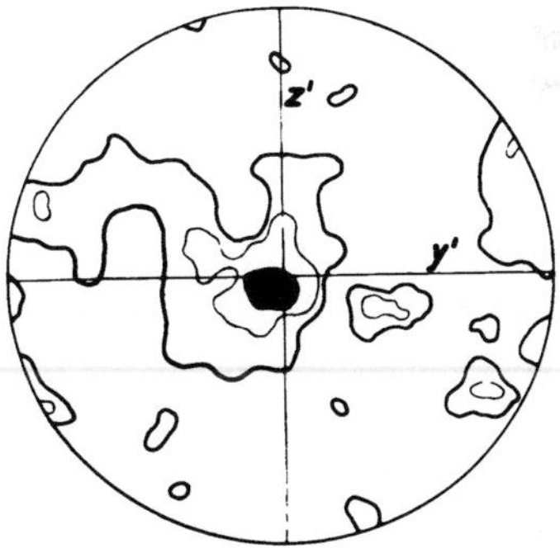

Fig. 6

Figures 1–3.
200 poles to (010) per thin section. Lines of dip and strike, and bedding normal are x′, y′, z′, respectively. > 5–4–2–0. Contoured by free-counter method.

Figures 4–6.
200 poles to (010) per thin section. > 5–4–2–0. Reference lines as in Figs. 1–3.

Grain-Orienting Mechanisms

A fair number of model fabric patterns based on metallurgical or thermodynamic theories has been published in the recent gelogical literature. These models are generally referred to principal axes of megascopic stress or finite strain. Because principal directions of stress and strain are unknown throughout most crystalline rocks, natural fabric diagrams cannot be reliably oriented with respect to model patterns. This difficulty can be overcome in anhydrite rocks.

Schwerdtner (1964a, 1969) showed that anhydrite lineations are invariably parallel to the local direction of greatest megascopic extension (M), parallel to the dominant discontinuity plane (bedding or fracture cleavage). This direction of finite strain is generally oblique to the principal axes, on a scale significantly larger than the spacing between neighbouring discontinuity surfaces. Hence the schistosity normals are generally oblique to the direction of maximum finite shortening, and occasionally even parallel to directions of finite extension.

Domains of thin-sections are usually thinner than the spacing of adjacent fracture surfaces or of clay-rich bands parallel to bedding. Because of slip parallel to planar discontinuities, the principal direction of finite strain in a continuous "slice" will generally deviate from those on a larger scale. The small-scale finite strain may be approximated by a component of simple shear along the bedding, super-imposed on a state of pure shear with maximum extension parallel to the shear direction.

If anhydrite rocks without discontinuities, undergo strain, the principal directions of deviatoric stress are initially oblique to bedding, but their actual orientation cannot be reconstructed. As soon as the anhydrite rocks contain megascopic discontinuities, the stress distribution will change. Existing planar discontinuities filled with salt, carbonates or clay minerals will only support small shear stresses, whereas the normal stresses may be rather high. Under dry conditions, the angle of internal friction is only a few degrees (Förster, 1967), and should approach zero if sufficient moisture is present. Evidence for the presence of saline solutions in deformed anhydrite abounds in the Benther Salzstock (Schwerdtner, 1961a).

Rock salt and "clay" are highly plastic, and their elastic limit is clearly lower than that of anhydrite. Thus the component of shear stress acting on a thin slice of rock (between two adjacent discontinuity planes) should be well below the elastic limit of anhydrite and may be neglected. It follows that the principal components of deviatoric stress (σ_1', σ_2', σ_3'), within thin slices of anhydrite, tend to be parallel and perpendicular to the discontinuity plane. During progressive plastic deformation of anhydrite beds, the directions of principal stress will generally rotate on the discontinuity surface, whereby the component normal to the discontinuity may occasionally change from compressive to tensible or vice versa. The mean direction of σ_1' (tensile) will tend to be subparallel to the direction of greatest finite extension (M), on the megascopic discontinuity plane.

The state of stress in a thin slice of anhydrite becomes clearly heterogeneous if the tangential shear components have significant magnitudes (Fig. 7). Nevertheless, the average direction of maximum tensile stress within a slice may still be subparallel to the discontinuity plane. As lineation directions and schistosity planes are poorly defined by 200 grains (Stauffer, 1966), a more accurate determination of the principal-stress directions may mot be warranted.

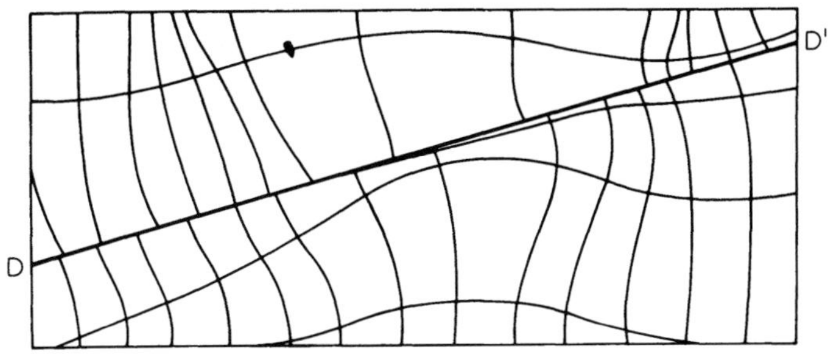

Figure 7.
Influence of a discontinuity (DD′) on trajectories of principal stress (after Isaacson, 1962). Tension trajectories subhorizontal, compression trajectories subvertical.

Mylonitisation followed by recrystallisation

Anhydrite cleaves easily parallel to (001) and (010), whereas cleavage parallel to (100) is relatively poor. Hence natural fragmentation of anhydrite grains is dictated by crystal cleavage. Brick-shaped fragments result, whose shortest dimension is perpendicular to the best cleavage (001), and whose longest dimension is [100].

No rigorous treatment of the movement of brick-shaped particles in a cataclastic aggregate subjected to three-dimensional rotational strain is known to the author. A theoretical model for such movements should also consider a family of discontinuous surfaces that would correspond to the tectonic banding of anhydrite.

Sander (1950, p. 153) supposes that tiny fragments of quartz, along fracture surfaces within large grains, align with the direction of slip (see also Voll, 1960, p. 516). This would imply that [100] of anhydrite tends to align with M.

Many mylonites contain numerous large fragments within a fine-grained matrix. Rotational movements of these elongate inclusions may proceed according to Jeffery's (1922) equations, provided the total deformation may be regarded as continuous. Neglecting strain components normal to M, the deformation of anhydrite aggregates may be approximated by superimposing a state of simple shear parallel to bedding on a state of pure shear, whose principal extension is parallel to the simple shear. No stable particle orientation is predicted for a state of simple shear (Bhattacharyya, 1966), but the majority of the praticles should, at any time, be parallel to the shear direction M. In pure shear, the long axes of large bricks rotate toward their stable orientation parallel to the principal direction of extension (Gay, 1968). Hence during deformation of an anhydrite-mylonite, at least the large fragments tend to align with M. The resulting fabric consists of a [100] maximum parallel to M and girdles for [001] and [010]. The former girdle may contain a submaximum normal to the tectonic banding.

In any real cataclastic aggregate, some strain energy will be stored in the grain fragments. Subsequent annealing recrystallisation may or may not alter the deformation fabric (Barrett, 1952).

Dillamore and Roberts (1965, p. 366) showed that the annealing pattern of metals reflects the anisotropy in the rate of grain-boundary mobility. The variation of growth rate with direction, relative to the deformation fabric, has been studied under controlled experimental conditions. No such data are available on anhydrite aggregates, which makes it impossible to predict a model pattern of annealing.

Intragranular gliding

Calnan and Clews (1952) developed a theory that predicts deformation fabrics due to translation and twin-gliding in polycrystalline aggregates composed of orthorhombic crystals. The theory is restricted to states of uniaxial stress and pure shear, applied to an aggregate, but may also serve to estimate changes in fabric patterns due to triaxial deviatoric stress (Schwerdtner, 1968).

Construction of model fabrics on the basis of Calnan and Clews (1952) theory requires detailed knowledge about the plastic properties of single crystals. Published information on the intragranular gliding processes in anhydrite is not sufficient to derive a definite model pattern. It may, however, be demonstrated that the natural fabric patterns of anhydrite cannot be due to intragranular gliding. Before doing this, the literature on the plastic properties of anhydrite crystals will be reviewed and certain problems of interpretation discussed. $T_{1,2}$ are translation planes, $t_{1,2}$ translation directions; K_1 is twin-plane (first plane of no finite distortion), K_2 second plane of no finite distortion, N_1 glide direction.

Mügge (1883) produced mechanical twins in anhydrite by heating and subsequent cooling (thermostress). K_1 is $\{101\}$. K_2 is $\{10\bar{1}\}$ and N_1 is parallel to $\langle\bar{1}01\rangle$. Uniaxial compression experiments normal to (010) resulted in translation gliding with T_1 = (001) and t_1 = [010], but did apparently not lead to mechanical twinning (Mügge, 1898). No evidence of plastic deformation was found after compression normal to (001). In uniaxial tests normal to (100), fracture along cleavage planes prevailed at low stresses.

Veit (1922) loaded single crystals parallel to their crystallographic axes, under confining pressure, for periods of 10 to 15 hours. The anhydrite specimens were embedded in sulphur powder, contained in thick-walled cylinders of steel. The sulphur was compacted by hand, and compressed by a piston under hydraulic pressures of 1800 to 7000 Atmospheres. Details of the experimental apparatus are described by Johnsen (1914). He pointed out that the confining pressure acting on the crystal cannot be readily estimated, but should be somewhat lower than the axial stress. After experimental compaction of the sulphur powder, the state of stress may be closer to hydrostatic.

Compression "normal" to (100) resulted in twinning, whereas compression "normal" to (001) led to twinning and translation on (001). Finally, compression "normal" to (010) resulted in translation along (001) and {012}. Translation direction t_2 of the latter system is probably [100], but may also be ⟨021⟩.

No critical resolved shearing stresses τ_c for gliding could be obtained by Veit, but τ_{001} should be considerably smaller than τ_{012}, if ⟨021⟩ is the direction of translation t_2, as can be readily seen by applying the equation for the shear stress resolved on the gliding plane (translation or twinning):

$$(1) \qquad \tau = T_a \cos \psi \cos \lambda,$$

where T_a is the applied uniaxial stress, and ψ, λ are the angles between T_a and the glide-plane normal and gliding direction, respectively. For a triaxial deviator $\sigma_1' + \sigma_2' + \sigma_3' = 0$, the resolved shear stress becomes

$$(2) \qquad \tau = \sigma_1' a_1 b_1 + \sigma_2' a_2 b_2 + \sigma_3' a_3 b_3,$$

where a_i and b_i are direction cosines, orienting the glide-plane normal and gliding direction with respect to the principal axes of stress.

It is not surprising that Mügge (1898) did not obtain translation lamellae in compression tests "normal" to (001). Because this is the best cleavage of anhydrite, specimens might have been so accurately cut, that the applied load was strictly normal to (001). Bend-gliding would have been difficult, even if the compression axis was subnormal to (001).

Veit (1922, p. 135) admitted that his loading of crystals was more or less oblique to (001), which rendered non-zero values of τ. Translation on these three systems took place under compression normal to (010): (001) [010], (012) [100] or [0$\bar{2}$1], and (0$\bar{1}$2) [100] or [021]. Compression normal to (010): (001) [010], (012) [100] or [0$\bar{2}$1], and (0$\bar{1}$2) [100] or [021]. Compression normal to (001), however, did not lead to slip on {012}, as might have been expected, regardless of the actual slip direction. Translation gliding may have been prohibited by twinning, which did not occur under compression normal to (010). The angular relationships between the various crystallographic directions involved in gliding may be seen in Fig. 9.

Veit produced twin lamellae {101} by compression normal to (100), which appears impossible if K_1 = {101}, K_2 = {$\bar{1}$01} and N_1 = ⟨$\bar{1}$01⟩. Mügge apparently suggested this sense of twin gliding (Fig. 8), before the crystal structure of anhydrite was sufficiently known (Wasastjerna, 1925). More recently, Cheng and Zussman (1963) have modified the structure published by Wasastjerna. In either structure, Mügge's sense of gliding would require less energy than the opposite sense. Thus Veit's experimental results should be interpreted with caution. For example, twinning under compression "normal" to (100) may be due to oblique loading, or perhaps a stress state created on sudden release of the applied axial pressure.

In examining whether the natural fabric patterns of anhydrite are stable under conditions favourable for twinning, triaxial states of stress must be considered. Assuming that Mügge's sense of gliding is correct, a diagram for twinning under uniaxial stress may be constructed (Calnan and Clews, 1952). Twinning on (101) due to compression

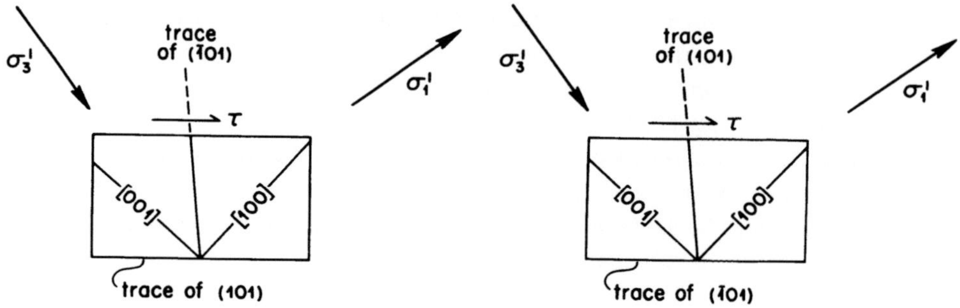

Figure 8.
Sense of twin-gliding after Mügge.

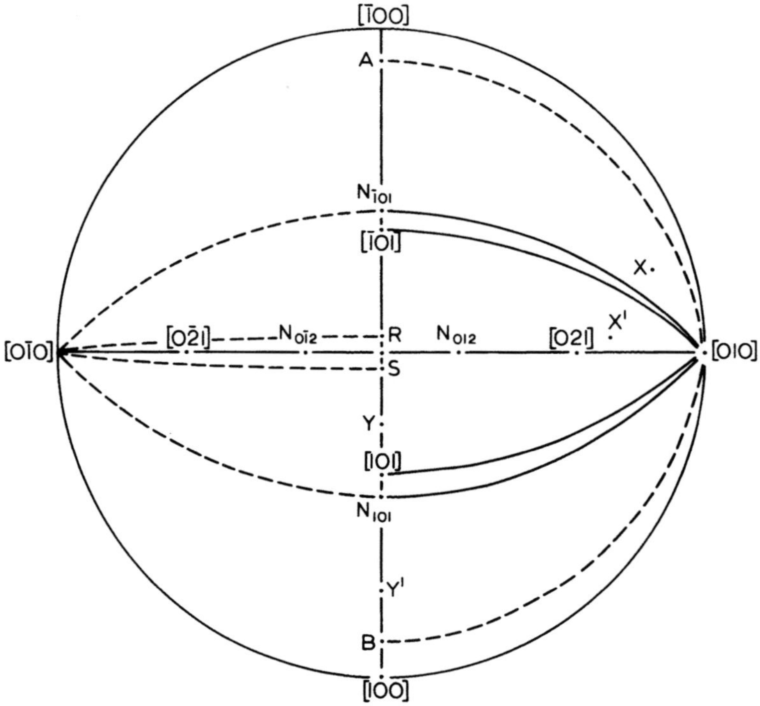

Figure 9.
Upper hemisphere stereographic projection of lattice directions in anhydrite, and crystallographic relationships for twinning (see text). N_{hkl} = normals to (hkl).

is only possible for compression axes within the triangle [001] [010] N_{101} (Fig. 9). After twinning, the same axes are situated in the triangles [100] [0$\bar{1}$0] N_{101} and [$\bar{1}$00] [010] A. Similarly, twinning on ($\bar{1}$01) under compression is restricted to axes in the triangle [001] [010] N_{101} , which transforms into the triangles [$\bar{1}$00] [0$\bar{1}$0] N_{101} and [100] [010] B.Twinning on (101) under tension takes place in the triangle [$\bar{1}$00] [010] [$\bar{1}$01], which becomes [010] [001] [$\bar{1}$01] and [001] [0$\bar{1}$0] S. Similarly, twinning on

($\bar{1}01$) under tension occurs in the triangle [$\bar{1}00$] [010] [101], which transforms into [010] [001] [101] and [001] [$0\bar{1}0$] R.

This diagram can be directly applied to triaxial states of deviatoric stress, for which all principal axes fall into (or outside) areas of twinning. (Otherwise the resultant shear stress for twinning must be calculated.) In nearly biaxial states of deviatoric stress, only the directions of σ_1' and σ_3' are important. Thus if σ_1' parallels X and σ'_3 parallels Y, twin-gliding is possible. The lattice of anhydrite is reoriented such that σ_1' parallels X′ and σ_3' parallels Y′, i.e. [001] moves away from σ_3'. This tendency is very important for natural fabrics in which [001] of many grains is approximately parallel to σ_3' (generally normal to bedding). That this orientation does prevail is evidence against intragranular gliding as orienting mechanism. Similarly, the orientation σ_1' parallel to [010], σ_3' parallel to [100] is unstable for translation gliding under slightly fluctuating stress directions (Tucker, 1954). Thus no girdles for [100] and [001] can survive a severe deformation, in which σ_3' may switch from bedding-normal to bedding-parallel, or vice versa. Similarly, the natural submaximum [010] parallel to σ_3' results in bedding-parallel girdles for [100] and [001] (Schwerdtner, 1961a, p. 106), which are also instable for twin-gliding.

In summary, the natural fabric patterns of anhydrite could not have developed by intragranular gliding, followed by an annealing recrystallization that retained the deformation fabric. However, the pronounced maximum for [010], parallel to bedding, is compatible with translation gliding and twinning.

Syntectonic crystallisation

Kamb (1959, 1961) supposes that the grains of a polycrystalline aggregate grow competitively while in a state of elastic strain. Drastic changes in grain shape permit the aggregate to undergo finite strains.

Kamb's theory predicts grain shapes and orientation patterns with respect to principal axes of deviatoric stress (compression is negative). The state of stress in the aggregate is considered as statistically homogeneous. McLellan (1966) has recently confirmed Kamb's results and shown that the theory is a special case of a more general thermodynamic equation. It represents a "temporarily" stable situation, rather than a strict thermodynamic equilibrium. This type of stability may well lead to wide maxima and girdles, typical for most tectonite fabrics.

Kamb has pointed out that grain stability, under "wet" conditions, is achieved in that lattice orientation for which the chemical potential across the interface normal to the greatest principal pressure is a minimum. This minimum shall not be rigorously determined for anhydrite, but the variation of the chemical potential within the principal planes of pressure will be analysed. The procedure is similar to that in previous papers (Schwerdtner, 1964b, Clark and Schwerdtner, 1966).

Consider a single crystal of anhydrite, whose internal reference axes 1, 2, 3 with variable orientation the crystal lattice (Tables 1 and 2) are parallel to the principal pressures p_x, p_y, p_z. For rotation about axes 1, 2, 3, the variation of the chemical potential μ across the interfaces normal to p_x, p_y, p_z is obtained from Kamb's (1959) equations 1, 9, 10, 11, where s_{ij} are the 9 moduli of compliance of orthorhombic crystals (Nye, 1957), and V_o is the specific volume of a given mineral in the undeformed state. μ_z^{ℓ} is the chemical potential across the face normal to p_z, the axes 1, 2, 3 being parallel to p_x, p_y, p_z, respectively. μ_z^{t} denotes the chemical potential normal to p_z for oblique lattice orientations. The variation in potential due to rotation of α degrees about axis 1 is given by these equations:

(3a) $$\frac{\mu_x^t - \mu_x^\ell}{V_o} = -s_{22}\left[\frac{p_y^2}{2}(\sin^2\alpha + \sin^2\alpha\cos^2\alpha) - \frac{p_z^2}{2}\sin^4\alpha - p_y p_z \sin^2\alpha\cos^2\alpha - p_x p_y \sin^2\alpha + p_z p_x \sin^2\alpha\right] - s_{33}\left[\frac{p_z^2}{2}(\sin^2\alpha + \sin^2\alpha\cos^2\alpha) - \frac{p_y^2}{2}\sin^4\alpha - p_y p_z \sin^2\alpha\cos^2\alpha - p_x p_z \sin^2\alpha + p_x p_y \sin^2\alpha\right] + \left(s_{23} + \frac{s_{44}}{2}\right)\sin^2\alpha\cos^2\alpha\,(p_y - p_z)^2.$$

(3b) $$\frac{\mu_y^t - \mu_y^\ell}{V_o} = \frac{s_{22}}{2}\sin^4\alpha\,(p_y - p_z)^2 - \frac{s_{33}}{2}(\sin^2\alpha + \sin^2\alpha\cos^2\alpha)(p_y - p_z)^2 + \left(s_{23} + \frac{s_{44}}{2}\right)\sin^2\alpha\cos^2\alpha\,(p_y - p_z)^2 + (s_{12} - s_{13})\sin^2\alpha\,(p_y^2 + p_x p_z - p_y p_z - p_x p_y).$$

(3c) $$\frac{\mu_z^t - \mu_z^\ell}{V_o} = \frac{s_{33}}{2}\sin^4\alpha\,(p_y - p_z)^2 - \frac{s_{22}}{2}(\sin^2\alpha + \sin^2\alpha\cos^2\alpha)(p_y - p_z)^2 + \left(s_{23} + \frac{s_{44}}{2}\right)\sin^2\alpha\cos^2\alpha\,(p_y - p_z)^2 + (s_{13} - s_{12})\sin^2\alpha\,(p_z^2 + p_x p_y - p_x p_z - p_y p_z).$$

For rotation about axis 2, we obtain

(4a) $$\frac{\mu_y^t - \mu_y^\ell}{V_o} = -s_{33}\left[\frac{p_z^2}{2}(\sin^2\alpha + \sin^2\alpha\cos^2\alpha) - \frac{p_x^2}{2}\sin^4\alpha - \right.$$

$$p_x p_z \sin^2\alpha\cos^2\alpha - p_y p_z \sin^2\alpha + p_x p_y \sin^2\alpha\Big] - s_{11}\Big[\frac{p_x^2}{2}(\sin^2\alpha +$$

$$\sin^2\alpha\cos^2\alpha) - \frac{p_z^2}{2}\sin^4\alpha - p_x p_z \sin^2\alpha\cos^2\alpha - p_x p_y \sin^2\alpha +$$

$$p_y p_z \sin^2\alpha\Big] + (s_{13} + \frac{s_{55}}{2})\sin^2\alpha\cos^2\alpha\,(p_x - p_z)^2.$$

(4b) $$\frac{\mu_z^t - \mu_z^l}{V_o} = \frac{s_{33}}{2}\sin^4\alpha\,(p_x - p_z)^2 - \frac{s_{11}}{2}(\sin^2\alpha + \sin^2\alpha\cos^2\alpha)$$

$$(p_x - p_z)^2 + (s_{13} + \frac{s_{55}}{2})\sin^2\alpha\cos^2\alpha\,(p_x - p_z)^2 + (s_{23} - s_{12})\sin^2\alpha\,(p_z^2 +$$

$$p_x p_y - p_x p_z - p_y p_z).$$

(4c) $$\frac{\mu_x^t - \mu_x^l}{V_o} = \frac{s_{11}}{2}\sin^4\alpha\,(p_x - p_z)^2 - \frac{s_{33}}{2}(\sin^2\alpha + \sin^2\alpha\cos^2\alpha)$$

$$(p_x - p_z)^2 + (s_{13} + \frac{s_{55}}{2})\sin^2\alpha\cos^2\alpha\,(p_x - p_z)^2 + (s_{12} - s_{23})\sin^2\alpha\,(p_x^2 +$$

$$p_y p_z - p_x p_y - p_x p_z).$$

For rotation about axis 3, we obtain

(5a) $$\frac{\mu_z^t - \mu_z^l}{V_o} = - s_{11}\Big[\frac{p_x^2}{2}(\sin^2\alpha + \sin^2\alpha\cos^2\alpha) - \frac{p_y^2}{2}\sin^4\alpha -$$

$$p_x p_y \sin^2\alpha\cos^2\alpha - p_x p_z \sin^2\alpha + p_y p_z \sin^2\alpha\Big] - s_{22}\Big[\frac{p_y^2}{2}(\sin^2\alpha +$$

$$\sin^2\alpha\cos^2\alpha) - \frac{p_x^2}{2}\sin^4\alpha - p_x p_y \sin^2\alpha\cos^2\alpha - p_y p_z \sin^2\alpha +$$

$$p_x p_z \sin^2\alpha\Big] + (s_{12} + \frac{s_{66}}{2})\sin^2\alpha\cos^2\alpha\,(p_x - p_y)^2.$$

(5b) $$\frac{\mu_x^t - \mu_x^l}{V_o} = \frac{s_{11}}{2}\sin^4\alpha\,(p_x - p_y)^2 - \frac{s_{22}}{2}(\sin^2\alpha + \sin^2\alpha\cos^2\alpha)$$

$$(p_x - p_y)^2 + (s_{12} + \frac{s_{66}}{2}) \sin^2\alpha \cos^2\alpha \, (p_x - p_y)^2 + (s_{13} - s_{23}) \sin^2\alpha \, (p_x^2 +$$

$$p_y p_z - p_x p_y - p_x p_z).$$

(5c)
$$\frac{\mu_y^t - \mu_y^l}{V_o} = \frac{s_{22}}{2} \sin^4\alpha \, (p_x - p_y)^2 - \frac{s_{11}}{2} (\sin^2\alpha + \sin^2\alpha \cos^2\alpha)$$

$$(p_x - p_y)^2 + (s_{11} + \frac{s_{66}}{2}) \sin^2\alpha \cos^2\alpha \, (p_x - p_y)^2 + (s_{23} - s_{13}) \sin^2\alpha (p_y^2 +$$

$$p_x p_z - p_x p_y - p_y p_z).$$

In applying equations 3, 4, 5 to the present structural problem, the schistosity normal may be taken as z (direction of greatest pressure). $p_x < p_y < p_z$ will be resolved into a hydrostatic part p and three deviatoric components $-\sigma_1', -\sigma_2', -\sigma_3'$. The principal stress components of any deviator can be expressed in terms of maximum shearing stress τ and a quantity ϑ (Nadai 1950, p. 106), which varies between 1 and −1.

(6)
$$\sigma_1' = \tau - \frac{\vartheta\tau}{3}$$
$$\sigma_2' = \frac{2}{3} \vartheta\tau$$
$$\sigma_3' = -(\tau + \frac{\vartheta\tau}{3})$$

We thus obtain for the principal pressures:

(7)
$$p_x = p - \tau + \frac{\vartheta\tau}{3}$$
$$p_y = p - \frac{2}{3} \vartheta\tau$$
$$p_z = p + \tau + \frac{\vartheta\tau}{3}$$

Substituting for p_x, p_y, p_z in equations 3c, 4b, 5a yields

(8)
$$\frac{\mu_z^t - \mu_z^l}{V_o \, \tau^2} = (- \frac{s_{22}}{2} (\sin^2\alpha + \sin^2\alpha \cos^2\alpha) + \frac{s_{33}}{2} \sin^4\alpha + (s_{23} + \frac{s_{44}}{2})$$

$$\sin^2\alpha\cos^2\alpha\,(1+\vartheta)^2 + 2(s_{13}-s_{12})\sin^2\alpha\,(1+\vartheta).$$

$$(9)\qquad \frac{\mu_z^{\neq}-\mu_z^{=}}{V_o\tau^2} = -\,2\,s_{11}(\sin^2\alpha+\sin^2\alpha\cos^2\alpha) + 2\,s_{33}\sin^4\alpha + 4(s_{13}+\frac{s_{55}}{2})$$

$$\sin^2\alpha\cos^2\alpha + 2(s_{23}-s_{12})\sin^2\alpha\,(1+\vartheta).$$

$$(10)\qquad \frac{\mu_z^{\neq}-\mu_z^{=}}{V_o\,\tau^2} = -\,\frac{s_{11}}{2}(3\sin^2\alpha+\sin^2\alpha\cos^2\alpha) + \frac{s_{22}}{2}(3\sin^2\alpha-\sin^2\alpha\cos^2\alpha) +$$

$$\vartheta\left[s_{11}(\sin^2\alpha+\sin^2\alpha\cos^2\alpha) - s_{22}(\sin^2\alpha-\sin^2\alpha\cos^2\alpha)\right] + \vartheta^2$$

$$\left[\frac{s_{11}}{2}(\sin^2\alpha-\sin^2\alpha\cos^2\alpha) - \frac{s_{22}}{2}(\sin^2\alpha+\sin^2\alpha\cos^2\alpha)\right] + (s_{12}+\frac{s_{66}}{2})$$

$$\sin^2\alpha\cos^2\alpha\,(1-\vartheta)^2.$$

The relative potential differences in equations 8, 9, 10 contain only two independent variables, α and ϑ. Hence most stable orientations of the lattice may be found by varying α for constant values of ϑ (Table 1). The moduli of compliance of anhydrite are employed in units of 10^{-13} cgs (Schwerdtner et al., 1966).

Table 1 shows variable differences between the values of $(\mu_z - \mu_z)/(\tau^2 V_o)$ for lattice rotation in the principal planes. Fabric maxima will tend to develop if these differences are comparatively large; otherwise great-circle girdles will form. Commonly, the potential difference at $\alpha = \pi/4$ is greater than that of $\alpha = \pi/2$. This indicates a tendency for a minimum near $\alpha = \pi/4$, or for maxima at $\alpha = 0$ and $\alpha = \pi/2$.

Anhydrite proves to be most stable if [010] is parallel to σ_1' and [001] parallel to σ_3'. For $\vartheta = 0$, the trend to a weak girdle of [100] and [001] is indicated by the "low" potential differences for rotation about [010] parallel to σ_1'. A similar trend of [010] exists for rotation about [001] parallel to σ_1', i.e. in the yz plane. All three girdles should have diagonal minima for $\vartheta = 0$, and may degenerate into double maxima for $\vartheta = 1/2$. This may initially lead to weak maxima of [100] and [010] parallel to z, and a weak maximum of [010] parallel to y. Such submaxima have been obtained in fabric diagrams (Lamcke, 1936; Andreatta, 1938; Schwerdtner, 1961a), although their statistical significance is doubtful. Sooner or later, these weak maxima in the models should tend to disappear, because they do not correspond with minimum chemical potentials.

Finally, no clear trend to a [010] – girdle normal to z, but rather a weak submaximum parallel to y is apparent in Table 1.

The above development is based on the assumption that the syndeformational fabric contained interstitial solutions. Intragranular liquid inclusions are in fact abun-

Table 1. Relative potential differences in "dry fabrics" (units of 10^{-13} cgs)

lattice orientation	ϑ	rotation axis	α	$(\mu_z^f - \mu_z^i)/(\tau^2 V_o)$
[001] parallel to axis 1 [010] parallel to axis 2 [100] parallel to axis 3	0	# 1	$\pi/2$	0.88
	0	# 1	$\pi/4$	2.00
	0	# 2	$\pi/2$	–4.40
	0	# 2	$\pi/4$	5.20
	0	# 3	$\pi/2$	–7.92
	0	# 3	$\pi/4$	7.97
	1/2	# 1	$\pi/2$	2.76
	1/2	# 1	$\pi/4$	4.85
	1/2	# 2	$\pi/2$	–5.18
	1/2	# 2	$\pi/4$	4.76
	1/2	# 3	$\pi/2$	–4.62
	1/2	# 3	$\pi/4$	0.51
[010] parallel to axis 1 [001] parallel to axis 2 [100] parallel to axis 3	0	# 1	$\pi/2$	–2.24
	0	# 1	$\pi/4$	0.70
	0	# 2	$\pi/2$	6.64
	0	# 2	$\pi/4$	9.52
	0	# 3	$\pi/2$	7.92
	0	# 3	$\pi/4$	15.18
	1/2	# 1	$\pi/2$	–3.91
	1/2	# 1	$\pi/4$	2.15
	1/2	# 2	$\pi/2$	6.10
	1/2	# 2	$\pi/4$	9.30

Table 1. (contin.)

lattice orientation	ϑ	rotation axis	α	$(\mu_z^{\ddagger} - \mu_z^{\prime})/(\tau^2 V_o)$
[010] parallel to axis 1 [100] parallel to axis 2 [001] parallel to axis 3	1/2	#3	$\pi/2$	4.62
	1/2	#3	$\pi/4$	5.12
	0	#1	$\pi/2$	2.25
	0	#1	$\pi/4$	2.95
	0	#2	$\pi/2$	11.04
	0	#2	$\pi/4$	50.40
	0	#3	$\pi/2$	5.75
	0	#3	$\pi/4$	4.43
	1/2	#1	$\pi/2$	3.91
	1/2	#1	$\pi/4$	6.07
	1/2	#2	$\pi/2$	11.28
	1/2	#2	$\pi/4$	50.52
	1/2	#3	$\pi/2$	3.35
	1/2	#3	$\pi/4$	2.66

dant within weakly or moderately deformed rocks. In highly deformed anhydrite rocks, mineral inclusions of sylvite and kieserite indicate that concentrated brines circulated in the fabric at one time. However, this may well have occured after the present grain fabric had been formed. An application of Kamb's theory (1959, part IV) for "dry" fabrics is thus desirable. For rotation about axes 1, 2, 3, we obtain:

$$(11) \qquad \frac{\bar{\mu}^{\ddagger} - \bar{\mu}^{\prime}}{V_o} = \frac{1}{3} \Big\{ s_{22} \Big[-\frac{p_y^2}{2} (\sin^2\alpha + 3\sin^2\alpha\cos^2\alpha) + \frac{p_z^2}{2}$$

$$(\sin^2\alpha - 3\sin^2\alpha\cos^2\alpha) + 3\,p_y p_z \sin^2\alpha\cos^2\alpha + p_x p_y \sin^2\alpha - p_x p_z \sin^2\alpha \Big] +$$

$$s_{33}\left[-\frac{p_z^2}{2}(\sin^2\alpha+\sin^2\alpha\cos^2\alpha)+\frac{p_y^2}{2}(\sin^2\alpha-3\sin^2\alpha\cos^2\alpha)+3\,p_y p_z\right.$$

$$\left.\sin^2\alpha\cos^2\alpha-p_x p_y\sin^2\alpha+p_x p_z\sin^2\alpha\right]+(s_{23}+\frac{s_{44}}{2})\,3\sin^2\alpha\cos^2\alpha$$

$$(p_y-p_z)^2+(s_{12}-s_{13})(p_y^2-p_z^2+2p_x p_y)\Big\},$$

(12) $$\frac{\bar{\mu}^{\prime\prime}-\bar{\mu}^{\prime}}{V_o}=\frac{1}{3}\Big\{s_{33}\left[-\frac{p_z^2}{2}(\sin^2\alpha+3\sin^2\alpha\cos^2\alpha)+\frac{p_x^2}{2}\right.$$

$$\left.(\sin^2\alpha-3\sin^2\alpha\cos^2\alpha)+3\,p_x p_z\sin^2\alpha\cos^2\alpha+p_y p_z\sin^2\alpha-p_x p_y\sin^2\alpha\right]+$$

$$s_{11}\Big(-\frac{p_x^2}{2}(\sin^2\alpha+3\sin^2\alpha\cos^2\alpha)+\frac{p_z^2}{2}(\sin^2\alpha-3\sin^2\alpha\cos^2\alpha)+3\,p_x p_z$$

$$\left.\sin^2\alpha\cos^2\alpha+p_x p_y\sin^2\alpha-p_y p_z\sin^2\alpha\right]+(s_{13}+\frac{s_{55}}{2})\,3\sin^2\alpha\cos^2\alpha$$

$$(p_x-p_z)^2+(s_{12}-s_{23})\sin^2\alpha\,(p_x^2-p_z^2+2\,p_y p_z-2\,p_x p_y)\Big\},$$

(13) $$\frac{\bar{\mu}^{\prime\prime}-\bar{\mu}^{\prime}}{V_o}=\frac{1}{3}\Big\{s_{11}\left[-\frac{p_x^2}{2}(\sin^2\alpha+3\sin^2\alpha\cos^2\alpha)+\frac{p_y^2}{2}\right.$$

$$\left.(\sin^2\alpha-3\sin^2\alpha\cos^2\alpha)+3\,p_x p_y\sin^2\alpha\cos^2\alpha+p_x p_z\sin^2\alpha-p_y p_z\sin^2\alpha\right]+$$

$$s_{22}\left[-\frac{p_y^2}{2}(\sin^2\alpha+3\sin^2\alpha\cos^2\alpha)+\frac{p_x^2}{2}(\sin^2\alpha-3\sin^2\alpha\cos^2\alpha)+3\,p_x p_y\right.$$

$$\left.\sin^2\alpha+p_y p_z\sin^2\alpha-p_x p_z\sin^2\alpha\right]+(s_{12}+\frac{s_{66}}{2})\,3\sin^2\alpha\cos^2\alpha\,(p_x-p_y)^2+$$

$$(s_{13}-s_{23})\sin^2\alpha\,(p_x^2-p_y^2+2\,p_y p_z-2\,p_x p_z)\Big\},$$

where $\bar{\mu}^{\prime\prime}-\bar{\mu}^{\prime}$ is the chemical potential difference, averaged over all principal planes. Introducing the quantities τ and ϑ as above yields

(14) $$\frac{\bar{\mu}^{\prime\prime}-\bar{\mu}^{\prime}}{V_o\,\tau^2}=(s_{22}-s_{33})\sin^2\alpha\,(\frac{1}{2}+\frac{1}{3}\vartheta-\frac{1}{6}\vartheta^2)-\frac{1}{2}(s_{22}+s_{33}-s_{44}-2\,s_{23})$$

$$\sin^2 \alpha \cos^2 \alpha \, (1 + \vartheta)^2 + (s_{12} - s_{13}) \sin^2 \alpha \left(\frac{\vartheta^2}{2} - \frac{2}{3} \vartheta - 1\right)$$

(15) $$\frac{\bar{\mu}^{*} - \bar{\mu}'}{V_o \tau^2} = \frac{2}{3} (s_{11} - s_{33} - 2\, s_{12} + 2\, s_{23}) \sin^2 \alpha \vartheta - 2(s_{11} - s_{33} + s_{55} - 2\, s_{13})$$

$$\sin^2 \alpha \cos^2 \alpha$$

(16) $$\frac{\bar{\mu}^{*} - \bar{\mu}'}{V_o \tau^2} = (s_{11} - s_{22}) \sin^2 \alpha \left(-\frac{1}{2} + \frac{1}{3} \vartheta + \frac{1}{6} \vartheta^2\right) - \frac{1}{2} (s_{11} + s_{22} - s_{66} - 2\, s_{12})$$

$$\sin^2 \alpha \cos^2 \alpha \, (1 - \vartheta)^2 + (s_{23} - s_{13}) \sin^2 \alpha \left(\frac{\vartheta^2}{3} + \frac{2}{3} \vartheta - 1\right).$$

Again the most stable orientation of the lattice may be found by varying α for constant values of ϑ (Table 2).

It can be readily seen that the model patterns for crystal growth under dry conditions are essentially similar to those under wet conditions. A [010] maximum parallel to z is now clearly developed, which competes with the [010] maximum parallel to x. Again, there is no [010] girdle in the xy plane, but rather a [010] submaximum parallel to y. For $\vartheta \gneq 0$, girdles of [100] and [001] are clearly indicated (Table 2).

According to Kamb (1959), crystal growth under wet conditions produces grain shapes that are elongate parallel to σ_1' and flattened normal to σ_3'. Elongation of anhydrite grains parallel to σ_1', regardles of lattice orientation, has been well established (Schwerdtner, 1961b, 1963, 1964a), whereas the degree of flattening normal to σ_3' has not been studied. The prediction of grain shapes under dry conditions requires knowledge of the predeformational grain shapes (Kamb, 1959). For initially equant grains, the syntectonic shapes in the "dry models" would tend to be similar to those in the "wet models".

Conclusions

Neither intercrystalline rotation during mylonitisation nor intracrystalline rotation during translation and twin-gliding lead to the fabric patterns that occur in anhydrite tectonites. Although the main [010] maximum may form due to intracrystalline gliding, girdles for [100] and [001] fail to develop. Notably orientations of [100] near σ_1' and of [001] near σ_3' are unstable for twinning. (Initial twin lamellae in a given grain will grow in width until the whole grain has been reoriented.)

The models for syntectonic recrystallisation after Kamb (1959, 1961) predict most features of the natural fabric patterns. Apart from the influence of stress, the mo-

Table 2. Relative potential differences in "wet fabrics" (units of 10^{-13} cgs)

lattice orientation	ϑ	rotation axis	α	$(\bar{\mu}^{\dagger} - \bar{\mu}^{\prime})/(\tau^2 V_o)$
[001] parallel to axis 1 [010] parallel to axis 2 [100] parallel to axis 3	0	#1	$\pi/2$	−2.44
	0	#1	$\pi/4$	0.34
	0	#2	$\pi/2$	0
	0	#2	$\pi/4$	7.30
	0	#3	$\pi/2$	−2.40
	0	#3	$\pi/4$	9.78
	1/2	#1	$\pi/2$	−1.76
	1/2	#1	$\pi/4$	2.65
	1/2	#2	$\pi/2$	−0.02
	1/2	#2	$\pi/4$	7.29
	1/2	#3	$\pi/2$	−1.39
	1/2	#3	$\pi/4$	2.11
[010] parallel to axis 1 [001] parallel to axis 2 [100] parallel to axis 3	0	#1	$\pi/2$	−0.04
	0	#1	$\pi/4$	1.81
	0	#2	$\pi/2$	0
	0	#2	$\pi/4$	6.25
	0	#3	$\pi/2$	2.40
	0	#3	$\pi/4$	12.18
	1/2	#1	$\pi/2$	−0.04
	1/2	#1	$\pi/4$	4.10
	1/2	#2	$\pi/2$	−1.61
	1/2	#2	$\pi/4$	4.13

Tab. 2. (contin.)

lattice orientation	ϑ	rotation axis	α	$(\bar{\mu}^{\dagger} - \bar{\mu}^{\prime})/(\tau^2 V_o)$
	1/2	#3	$\pi/2$	1.39
	1/2	#3	$\pi/4$	3.51
[010] parallel to axis 1 [100] parallel to axis 2 [001] parallel to axis 3	0	#1	$\pi/2$	0.03
	0	#1	$\pi/4$	1.83
	0	#2	$\pi/2$	0
	0	#2	$\pi/4$	44.80
	0	#3	$\pi/2$	2.40
	0	#3	$\pi/4$	2.78
	1/2	#1	$\pi/2$	0.04
	1/2	#1	$\pi/4$	4.13
	1/2	#2	$\pi/2$	−1.60
	1/2	#2	$\pi/4$	44.08
	1/2	#3	$\pi/2$	1.42
	1/2	#3	$\pi/4$	1.10

del patterns for recrystallisation in the presence of interstitial fluids are somewhat different from those for recrystallisation under "dry" conditions. The former patterns have a pronounced maximum of [010] parallel to a fixed σ_1', and initial submaxima of [010] approximately parallel to fixed σ_2' and σ_3', as well as initial girdles of [100] and [001] normal to σ_1'. After a sufficient length of time, the pattern simplifies to [010] parallel to σ_1', [100] parallel to σ_2' and [001] parallel to σ_3'. Model patterns for dry conditions tend to retain the girdles of [100] and [001] much longer. The maximum of [010] parallel to σ_3' is as prominent as that parallel to σ_1'.

None of the model patterns for syntectonic recrystallisation contains a girdle of [010] normal to σ_3'. A trend for such a girdle is easily produced by rotation of σ_1' on the discontinuity plane, which is to be expected during tectonic flow. Similarly, the girdles of [100] and [001], normal to the main maximum of [010], will be accentuated if the directions of σ_2' and σ_3' fluctuate, or are even exchanged. Thus syntectonic recrystallisation, possibly accompanied by some intragranular gliding, seems to have been the main orienting mechanism. No speculations are warranted as to the role of annealing recrystallisation, which may have been significant during any hiatus of deformation. We have confirmed Lamcke's [001]-maximum normal to schistosity by X-ray diffraction (Siemens Texture Goniometer).

Zusammenfassung

Die Korngefügediagramme von schiefrigem Anhydrit werden mit qualitativen Modellvorstellungen für drei verschiedene Mechanismen, welche eine Gitterorientierung hervorrufen, verglichen; dies sind interkristalline Rotation während der Mylonitisierung, intrakristalline Rotation bei plastischem Fließen und syntektonische Rekristallisation. Diese Modelldiagramme werden auf die Hauptspannungsrichtungen bezogen, welche in den Tektoniten nicht immer rekonstruiert werden können.

Anhydrit-Tektonite sind meist von engangelegten Diskontinuitätslagen durchzogen, längs derer eine Scherbeanspruchung nicht weitergeleitet wird. So bleiben die Hauptdruckrichtungen etwa normal oder parallel zur vorherrschenden Diskontinuitätsebene. Die natürlichen Gefügediagramme von Anhydrit stimmen gut mit den Modellen für syntektonische Kristallisation überein, während das Modell für die Mylonitisierung stark abweicht.

Das unvollständige Modell für einen intragranularen Gleitmechanismus läßt das [010] Maximum erwarten, jedoch keine Gürtel für [100] und [001]. Daher scheint syntektonische Rekristallisation, vielleicht von geringer intragranularer Rotation begleitet, der hauptsächliche Kornorientierungsmechanismus zu sein. Es gibt keinen sicheren Hinweis auf den Einfluß einer Rekristallisation bei Temperung.

Acknowledgements

Part of the work was carried out in the Department of Gelogical Sciences, University of Saskatchewan, Saskatoon. Thanks are due to W. T. Holser, La Habra, California, Mel Stauffer, Saskatoon, and A. R. Berger, Toronto, for reading the manuscript.

References

Andreatta, C. 1938. Analisi strutturali di rocco metamorfiche. VII: Anidrite. Periodico Mineralogia 9, 305–321.

Balk, R. 1949. Structure of Grand Saline salt dome, van Zandt County, Texas. Bull. American Ass. Petrol. Geol. 33, 1791–1829.

Barrett, C. S. 1952. Structure of metals. McGrawHill-Book Company, New York.

Bhattacharyya, D. S. 1966. Orientation of mineral lineation along the flow direction in rocks. Tectonophysics 3, 29–33.

Calnan, E. A. and Clews, C. J. B. 1952. The prediction of uranium deformation texture. Philos. Mag. 43, 93–104.

Cheng, G. C. H. and Zussmann, J. 1963. The crystal structure of anhydrite ($CaSO_4$). Acta Cryst. 16, 767–769.

Clark, A. R. and Schwerdtner, W. M. 1966. Petrofabric analysis of potash rocks, Esterhazy, Saskatchewan. 2nd Symposium on Salt, 1965, Cleveland, Northern Ohio Geol. Soc., p. 102–121.

Dillamore, I. L. and Roberts, W. T. 1965. Preferred orientation in wrought and annealed metals. Jour. Inst. Metals. 10, 39, 271–380.

Fairbairn, H. W. 1949. Structural petrology of deformed rocks. Addison-Wesley Press Inc., Cambridge, Mass.

Förster, H. 1967. Ein experimenteller Beitrag zur Deutung großer Überschiebungen. Tectonophysics, 4, 69–82.

Gay, N. C. 1968. The motion of rigid particles embedded in a viscous fluid during pure shear deformation of the fluid. Tectonophysics, 5, 81–88.

Isaacson, E. de St. Q. 1962. Rock pressure in mines. 2nd Ed. Mining Publications, Ltd., London.

Jeffery, G. B. 1922. Motion of ellipsoidal particles immersed in a viscous fluid. Royal Soc. London Proc. A 102, 161–179.

Johnsen, A. 1914. Einfache Schiebung an Lithiumsulfat – Monohydrat. Neues Jahrb. f. Mineralogie, Beilage Bd. 39, 501–520.

Kamb, W. B. 1959. Theory of preferred crystal orientation developed by crystallisation under stress. Jour. Geology 67, 153–170.

– 1961. The thermodynamic theory of non-hydrostatically stressed solids. Jour. Geophys. Research, 66, 259–271.

Lamcke, K. 1936. Gefügeanalytische Untersuchungen am Anhydrit nebst einem Beitrag zu den optischen und röntgenographischen Methoden der Gefügeanalyse. Schriften aus dem Mineralogisch-Petrographischen Institut der Universität Kiel, 4.

McLellan, A. G. 1966. A thermodynamical theory of systems under non-hydrostatic stresses. Jour. Geophys. Research 71, 4341–4347.

Mügge, O. 1883. Über Translationen und verwandte Erscheinungen in Kristallen. Neues Jahrb. f. Mineralogie 1, 71–162.

Nadai, A. 1950. Theory of flow and fracture of solids. McGraw-Hill Book Company, New York.

Nye, J. F. 1957. Physical properties of crystals. The Clarendon Press, Oxford.

Rodgers, A. F. and Kerr, P. F. 1942. Optical mineralogy. McGraw-Hill Book Company, New York.

Sander, B. 1950. Einführung in die Gefügekunde der gelogischen Körper II. Spinger-Verlag, Wien.

– , Kastler, D. and Ladurner, J. 1954. J. Sitz. Ber. Österr. Akad. Wiss., 163, 401.

Schwerdtner, W. M. 1961a. Gefügekundliche Untersuchungen an Anhydritgesteinen im Benther Salzstock (Werk Ronnenberg) bei Hannover. Ph. D. thesis, Free University of Berlin.

– 1961b. Korngefügeuntersuchungen an Anhydritgesteinen im Benther Salzstock (Werk Ronnenberg) bei Hannover. Kali und Steinsalz 3, 173–182.

– 1963. Petrofabric analyses of some anhydrite rocks. 1st Symposium on Salt, 1962. Cleveland, Northern Ohio Geol. Soc., p. 249–262.

– 1964a. Gefügestudien an Anhydritbänken im Benther Salzstock (Werk Ronnenberg). Kali und Steinsalz 4, 64–70.

– 1964b. Preferred Orientation of hornblende in a banded hornblende gneiss. American Jour. Science 262, 1212–1229.

– 1968. Intragranular gliding in domal salt. Tectonophysics, 5, 353–380.

– , Tou, J. C.-M. and Hertz, P. B. 1966. Elastic properties of single crystals of anhydrite. Can. Jour. Earth Sciences 2, 673–683.

– , 1969, Relationship between anhydrite lineations and directions of megascopic strain. 2nd Tectonics Research Conference Hamilton, Canada.

– and Clark, A. R. 1967. Structural Analysis of Mokka Fiord and South Fiord domes, Axel Heiberg Island, Canadian Arctic. Can. Jour. Earth Sciences 4, 1229–1245.

Stauffer, M. R. 1966. An empirical-statistical study of three-dimensional fabric diagrams as used in structural analysis. Can. Jour. Earth Sciences 3, 473–498.

Tucker, G. E. G. 1954. Discussion on preferred orientation. J. Inst. Metals, 82, 655–656.

Veit, K. 1922. Künstliche Schiebungen und Translationen in Mineralien. N. Jahrb. f. Min. B. -Bd. 45, 121–148.

Voll, G. 1960. New work on petrofabrics. Liverpool and Manchester Geol. Jour. 2, 3, 503–567.

Wasastjerna, J. A. 1925. Soc. Sci. Fenn. Comm. Phys. Math. 2, 26.

EXPERIMENTAL DEFORMATION OF GALENA ORES

Heinrich Siemes
Institut für Mineralogie und Lagerstättenlehre der Technischen Hochschule Aachen

Abstract

The experimental deformation of galena by axial compression and under confining pressures between 1 and 5000 bars lead to the following results:

Galena is brittle up to about 200 bars confining pressure and failure occurs by extension and shear fractures. At higher confining pressures galena deforms by ductile faulting. Above 300 to 400 bars galena deforms be uniform flow and is ductile.

The stress-strain curves show that the strength of galena increases with increasing confining pressure. At 3000 bars confining pressure an absolute maximum in strength is reached. Above 3000 bars an increasing confining pressure decreases the strength. The influence of the properties of the material has also been discussed.

Under axial compression, the [110] axis becomes aligned with the axis of compression. The new fabric becomes clearly evident after 15 % strain. The symmetry of the initial fabric will be preserved during deformation and is superimposed by the axial symmetry of the new fabric. A theoretical derivation of the end position has been illustrated after the method of Taylor. The only result of the calculations was that [111] cannot be an end position.

Comparison of the stress-strain curves for galena with those of different rocks showed that, in general, the strength of the rocks is higher than the strength of galena.

1. Introduction

In a prior publication the author (1964) attempted to predict the preferred orientation of galena after a deformation by axial compression. Meanwhile experimental deformations of single crystals of galena and of polycrystalline galena have been performed by Lyall (1965, 1966) and by Lyall and Paterson (1966) in order to determine the active elements of deformation. The authors came to the following results; The gliding system (001) [110] already detected by Mügge (1898) contributes mainly to the deformation of single crystals, as well as to the deformation of polycrystalline aggregates. Axial compression, parallel to [001] revealed that additional gliding in the system (110) $[\bar{1}10]$ and in special cases also twinning after (441) occurs. A certain orientation of the single crystals showed kinking and double gliding after (001) [110] + (001) $[\bar{1}10]$. Kinking and gliding after (110) $[\bar{1}10]$ are likely to contribute to the deformation of aggregates too.

The critical resolved shear stress τ_c for the (001) [110]-system is about 50 bars, and for the (110) [$\bar{1}$10] gliding system it is much higher.

The following research programme has been carried out in order to determine the mechanical behaviour of polycrystalline galena under axial compression, at confining pressures up to 5000 bars with particular reference to the measurement and analysis of the resulting fabrics.

Preliminary experiments on several different handspecimens (Series LGA 1[1]) were performed to obtain an estimation of the stresses required to deform galena, and the maximum resulting strains.

The main experiments were performed on a very pure and compact galena from the Bunker Hill Mine, Idaho (Series LGA 2) and a porous galena with a rather low minor mineral content from the No. 8 Mine, Missouri (Series LGA 4).

The nomenclature used to describe the mechanical behaviour and fracturing of ores is in agreement with that of Handin and Hager (1957) and Griggs and Handin (1960) for rocks.

2. Description of the test materials

2.1 Series LGA 1

The specimens of the series LGA 1 had been cored from three different dissimilar blocks of the Minnie Moore Mine, Bellevue, Wood River District, Idaho. Block A (specimen no. 1–10) consisted of large polyhedral crystals of galena, one to two centimeters in diameter. The crystals revealed a weak initial deformation. The cores 12.7 mm (1/2 inch) in diameter and 25.4 mm (1 inch) in length generally contained only a few crystals. The second block B (specimens 11–16) was a very fine grained laminated galena (Bleischweif), the origin of which may be due to recrystallisation after a strong deformation by simple shear (Siemes, 1964; Siemes und Schachner, 1965). The specimen contained two systems of mineral filled veins. One system is parallel to the lamination, the other cutting the first under an acute angle.

A third block C (specimens 17–22) was similar to block B but the grains and the lamination was somewhat coarser. There were also two systems of veins both cutting the lamination under acute angles.

2.2 Series LGA 2

The very pure and compact galena of the series LGA 2 came form the Bunker Hill Mine, Kellog, Coeur d'Alene District, Idaho, USA (table 1).

From this block, 12 x 10 x 8 cm in size, 47 specimens were cored, 12.7 mm in diameter and 25.4 mm in length. In this block three planes T, N, and P all perpendicular to each other, were defined. The orientation of the cores with respect to these planes was

1) see appendix 9.1

Tabelle 1: Summary of investigations

Serie	Proben	Fundpunkt	Beschreibung	Korngröße	Spurenelemente [ppm] Ag	Sb
LGA 1-A	1–10	Minnie Moore Mine Bellevue Wood River Distr. Idaho, USA	grobkristalliner Bleiglanz mit Anzeichen schwacher Striemung. Silberminerale, Sulfosalze, Fahlerze. 93 % der theoret. Dichte.	1–1,5 cm	5400	4700
LGA 1-B	11–16		feinkörniger, dichter Bleischweif. Minerale und Dichte wie bei 1-A. Probenkörper || zur Schweifigkeit.	< 0,1	2800	4250
LGA 1-C	17–22		feinkörniger, dichter Bleischweif. Minerale und Dichte ähnlich 1-A. Probenkörper 45° zur Schweifigkeit.	< 0,1 mm	3300	16700
LGA 2	1–47	Bunker Hill Mine Kellog Coeur d'Alene USA	gleichkörniger Bleiglanz, ohne sichtbare Regelung, prakt. frei von Fremdmineralen, fast 100 % der theoretischen Dichte.	1 mm	1550	1850
LGA 4	1–110	No. 8 Mine Bonne Terre Missouri, USA	feinkörniger Bleiglanz Porosität 10 %, wenig Zinkblende und Calcit, 98 % der theoretischen Dichte.	1	350	–

recorded. The poles of T, N, and P were noted in the fabric diagrams. The normal to the plane T was parallel to the axis of the cylindrical specimens, and therefore parallel to the axis of compression.

The fabric had been examined by X-ray analysis. Rotation diagrams[2] had been run using the (200)-, (111)- and (220)-reflections. The initial fabric in the T-planes of the different specimens was very variable. There was, sometimes, a preferred orientation with [200], sometimes with [111] or with [220], parallel to the specimen axis, and therefore parallel to the axis of compression. Since in a cross-section of a test specimen there were only 100 to 120 grains, the 15 single rotation diagrams of the T-sections were used to produce average diagrams. Fig 1 shows that there is a penetrative initial preferred orientation with [200] parallel to the axis of the cylindircal test specimens. There is only a weak maximum for [220], and for [111] a distinct minimum.

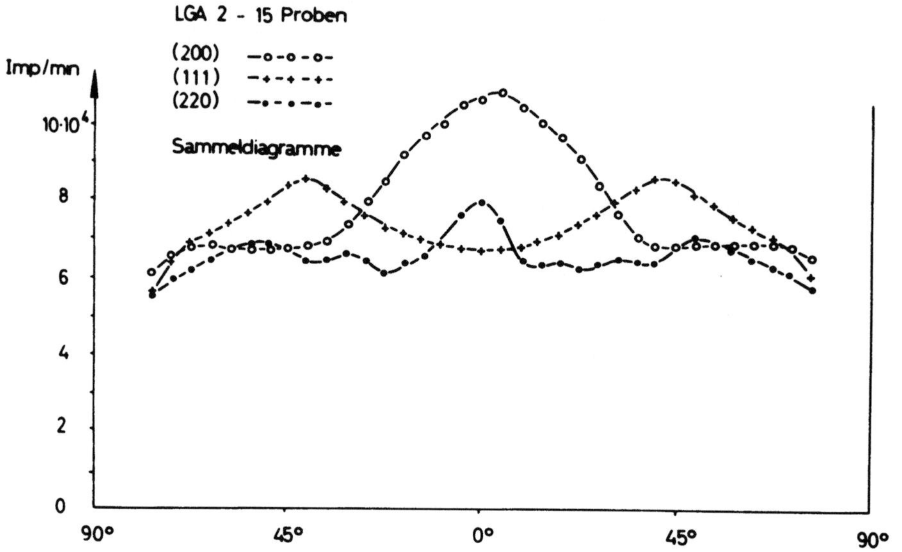

Fig. 1.
Synoptic X-ray rotation diagrams of 15 specimens of undeformed galena of the series LGA 2. The (200)-rotation diagram shows a strong maximum parallel to the axis of the cylindrical specimens (that is parallel to the axis of compression). The (111)-diagram shows a minimum, and the (220)-diagram a weak maximum.

In addition to the rotation diagrams, normal fabric diagrams were produced for the three planes T, N, and P. The diagrams vary considerably from specimen to specimen and plane to plane. Therefore, a synoptic diagram was produced from the single diagrams in the following manner. The maxima above a certain intensity were transferred into the synoptic diagram. For threshold intensity was selected the intensity which represents, by visual inspection, the mean intensity. The areas containing the maxima in the diagrams

2) see appendix 9.4

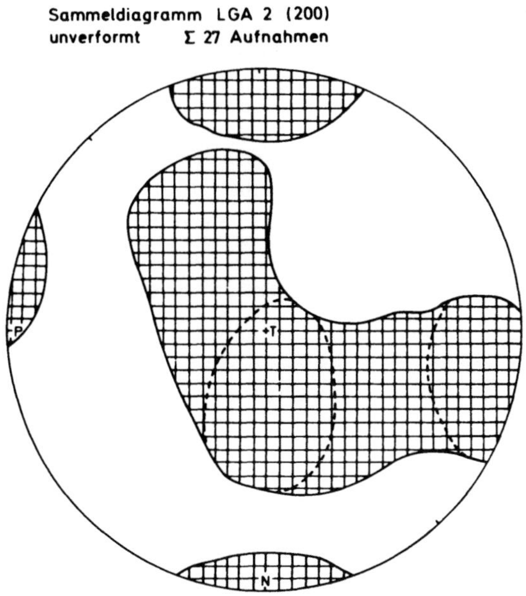

Fig. 2.
Synoptic X-ray fabric diagram of the (200)-maxima of undeformed galena of the series LGA 2. The X-ray fabric diagrams of three sections (T, N, P) perpendicular to each other, are rotated into a plane parallel to T. The maximum areas may be idealized by the three poles of a cube falling together with T, N, and P. The area in the center of the diagram (at T) is elongated into the NW-SE diagonal.

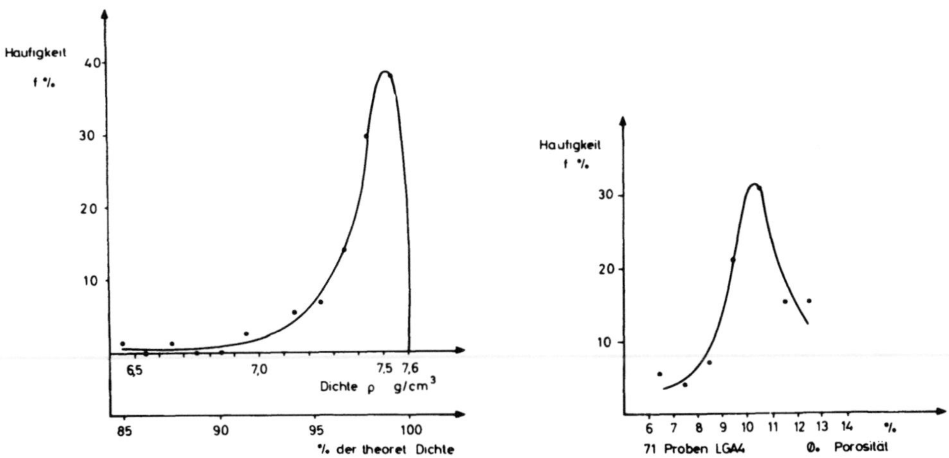

Fig. 3a.
Frequency distribution of the density of 71 specimens of porous galena of the series LGA 4. The most frequent density is about 7,5 g/cm^3, that is 98% of the theoretical density of galena.

Fig. 3b.
Frequency distribution of the porosity of 71 specimens of porous galena of the series LGA 4. The most frequent porosity is about 10 %.

of the N- and P-section were rotated into the T-plane. Fig. 2 shows the maxima of (200) of all three sections. It is obvious that they could be represented by the three poles of a cube. The maximum in the center of the diagram is strongly elongated into the NW-SE diagonal.

This initial fabric is penetrative for the whole block, but as already mentioned, there were very strong locally deviations. In connection with the interpretation of the fabric diagrams of deformed galena, the following will be very important. The requirement that the cross-section of a test specimen should be the smallest area of homogeneity of the initial fabric, was not fulfilled. The fabric after deformation was measured in a cross-section through the center of the specimen, but because of the local variations of the initial fabric, nothing is known about the initial fabric in this particular cross-section. Therefore, it will not be possible to give a direct relationship between the fabrics before and after deformation.

2.3 Series LGA 4

The porous galena of the series LGA 4 came from the No. 8 Mine, Bonne Terre, Missouri, U.S.A. The block had a size of 15 x 20 x 25 cm. The larger part of the block consists of crystals with a grain size in the order of centimeters, the smaller one in the order of millimeters. Only the fine grained galena was used to core about 100 specimens, 15 cm in diameter and 30 mm in length. Again, three planes T, N, and P, perpendicular to each other were defined. The normal to the T plane is parallel to the axis of the cylindrical specimens and therefore parallel to the axis of compression. The orientation

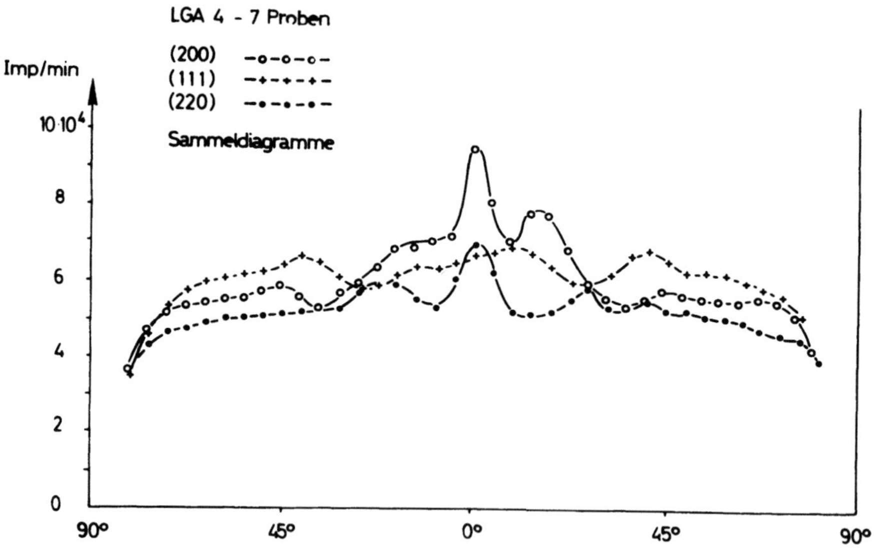

Fig. 4.
Synoptic X-ray rotation diagrams of 7 specimens of undeformed galena of the series LGA 2. The (200)-rotation diagram shows a maximum parallel to the chosen axis of compression. The (220)-diagram shows a rather weak maximum, parallel to the same direction.

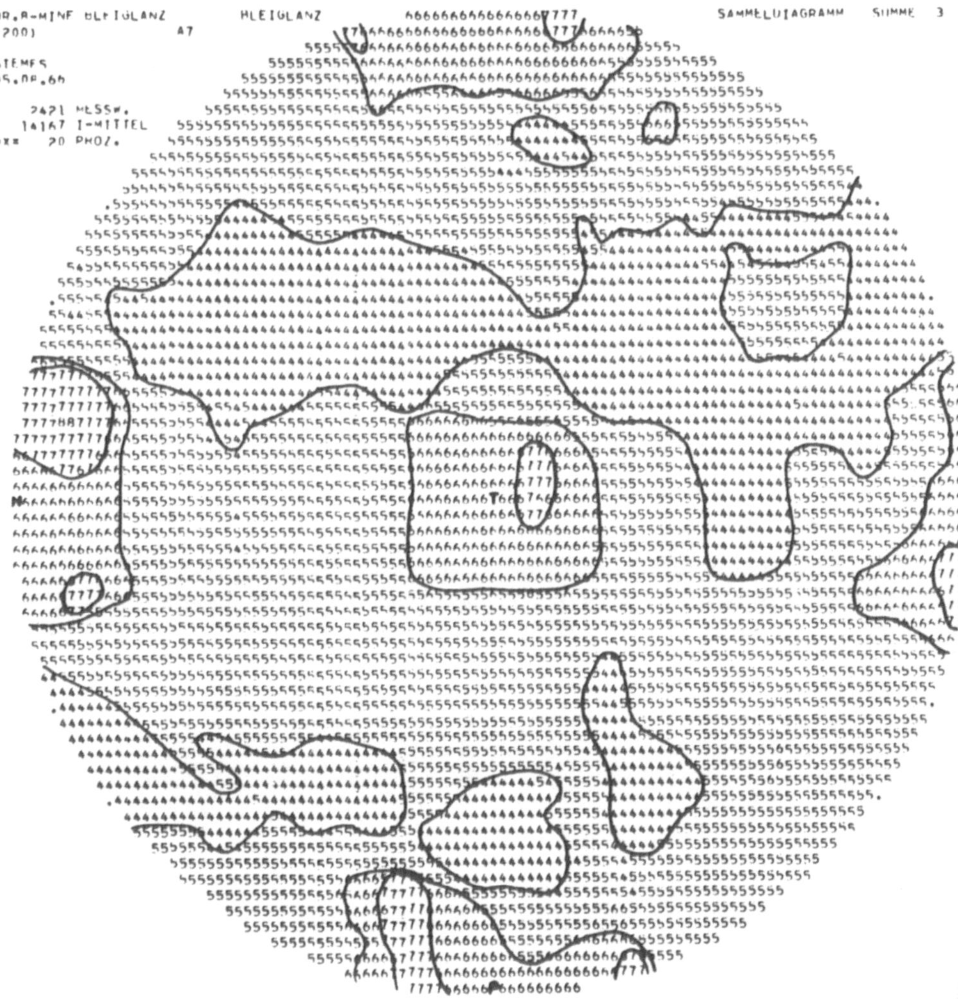

Fig. 5.
Synoptic X-ray fabric diagram of the (200)-reflection plane of the undeformed galena of the series LGA 4. The mean diagrams of the three sections (T, N, P) perpendicular to each other, are rotated into the plane T. The weak maxima at T, N, and P may be idealized by the three poles of a cube.

of the testspecimens with respect to the three planes of the block and to each other was recorded. Figs. 3a and 3b present two frequency distributions of density and porosity measurements of 71 specimens of the series LGA 4. The most frequent density was about 7.5 g/cm³, which is about 98 % of the theoretical density of galena. The most frequent value of the porosity was about 10 %. Rotation diagrams, using the (200)-, (111)- and (220)-reflections were run for a number of specimens, parallel to the T-plane. The initial fabric differed from plane to plane. An average picture of the rotation diagrams from 8 specimens for each of the three reflections (fig. 4) shows a weak initial preferred orientation of [200] and also [220] parallel to the axis of compression.

In addition, the X-ray intensity data were handled by a FORTRAN-program (see appendix 9.4.). Fig. 5 shows the complete quantitative fabric diagram of the (200)-reflection plane, averaged from several sections, parallel to T, N, and P rotated into a plane parallel to T. The "5" represents the mean intensity of a specimen with no preferred orientation. There is a weak penetrative initial preferred orientation with (200) maxima (20 to 40 % above mean intensity) at T, N, and P. The maxima may be idealized by the three poles of a cube.

Because of the high porosity of the material and the lack of any indication of deformation of this galena in nature, the measured fabric may have originated due to growth of the galena crystals (Schachner, 1954).

3. Experimental deformation under confining pressure between 1 and 5000 bars

3.1 Series LGA 1

Table 1 summarizes the 22 experiments performed on the series LGA 1. The confining pressure was varied between 1 and 3000 bars, where-as the strain rate was held constant at about 0.3 x 10^{-4} sec^{-1}.

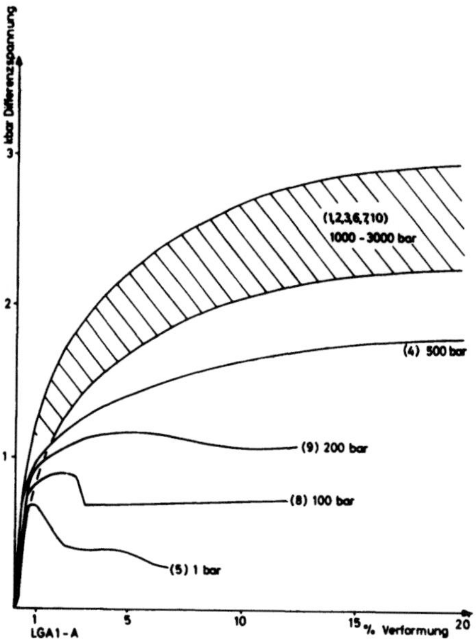

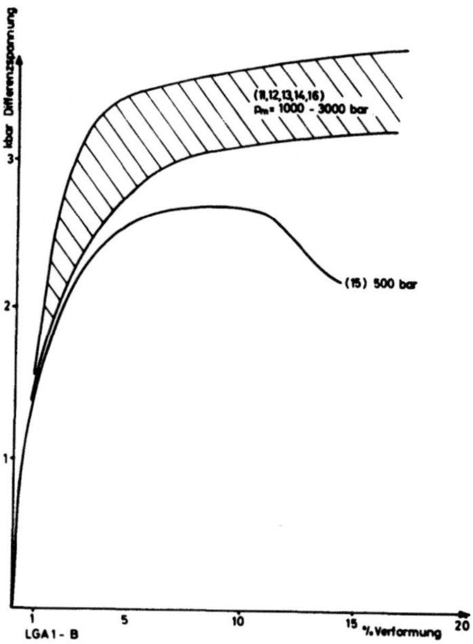

Fig. 6a.
Stress-strain curves for the coarse grained galena of the series LGA 1A. Up to 500 bars confining pressure the single curves of the specimens 4, 5, 8, and 9 are shown. The curves for confining pressures between 1000 and 3000 bars (specimens 1, 3, 6, 7, 10) lie all in the hatched area.
Fig. 6b.
Stress-strain curves for the very fine grained galena of the series LGA 1B. The curves for confining pressures between 1000 and 3000 bars (specimens 11, 12, 13, 14, 15, 16) lie in the hatched area.

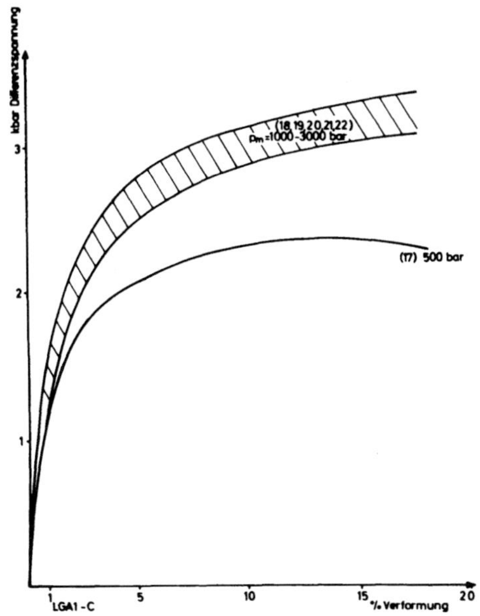

Fig. 6c.
Stress-strain curves for the fine grained galena of the series LGA 1 C. The curves for confining pressures between 1000 and 3000 bars (specimens 18, 19, 20, 21, 22) lie in the hatched area.

The stress-strain curves are given in figs. 6a–c. Below 1000 bars confining pressure, the single curves are shown at different confining pressures. The hatched area contains the curves for all tests between 1000 and 3000 bars. The number of tests was too small to obtain representative curves.

With increasing confining pressure, the curves rise to higher strengths, and reveal the transition from brittle to ductile behaviour.

Tabelle 2: Table of the deformation studies of series LGA 1

LGA 1	Handstück A			Handstück B			Handstück C		
Manteldruck [bar]	Proben-nummer	mittlere Verfor-mung ϵ[%]		Proben-nummer	mittlere Verfor-mung ϵ[%]		Proben-nummer	mittlere Verfor-mung ϵ[%]	
1	5	6,2	VB						
100	8	11,8	VB						
200	9	12,2	LF						
500	4	19,1		15	13,3	LF	17	17,5	LFa
1000	1	17,4		11	19,7	(LF)	18	17,3	LFa
	10	18,6		14	9,9	LF	20	18,0	LFa
1500	3	18,5							
2000	2	17,4		12	16,8		19	16,2	LFa
2500	6	17,1							
3000	7	17,0		16	14,8		22	16,6	LFa

VB = Verschiebungsbruch
LF = lokales Fließen
(LF) = wahrscheinlich lokales Fließen. Nach Leckwerden der Kupferhülle trat Bruch ein.
LFa = lokales Fließen parallel zu Klüften oder parallel zur Lamelligkeit des Bleiglanzes

3.2 Series LGA 2[3]

The specimens of series LGA 2 were deformed using an apparatus permitting variation of confining pressure and strain rate[4]. Therefore an attempt has been made to evaluate the effect of the strain rate as well as confining pressure on the mechanical behavior.

Table 3 summarizes the results on 47 tests of the series LGA 2. Confining pressure ranged from 1 to 3000 bars and the strain rate from 0.3×10^{-2} to 0.3×10^{-5} sec^{-1}. Most of the tests were run with a strain rate of 0.3×10^{-4} sec^{-1}. Under these conditions, about 55 minutes were required to attain about 10 % strain. The tests were stopped after fracturing of the specimen or after having reached the desired strain. The largest strain in this series which could be attained without leakage of the copper jacket was 36.9 %.

Stress-strain curves for the tests performed under the same conditions generally lie close together, but deviate sometimes considerably. Fig. 7 shows the curves for five tests at 1000 bars confining pressure. The differences between the curves seem to reflect the differences in the initial fabric of the different specimens. This means that the test specimens were not homogeneous with respect to the initial penetrative fabric. The inter-

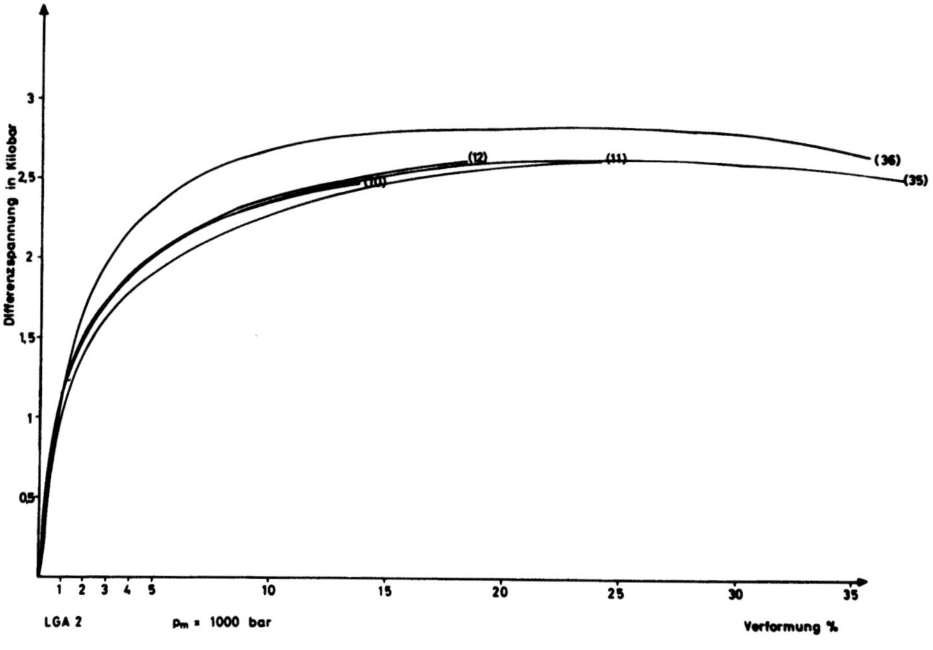

Fig. 7.
Stress-strain curves for the 5 specimens of the series LGA 2 at 1000 bars confining pressure, at room temperature and at the same strain-rate. The curves of the specimens 10, 11, 12, and 35 lie close together, whereas the curve for specimen 36 lies further away. This is probably due to the different initial fabrics of the specimens.

3) Presented at the Annual Meeting of the German Mineralogical Society, Hannover 1965.
4) see appendix 9.2

pretation of the test results will be more difficult. The experiments of Lyall (1965) on single crystals of galena have shown that the stress-strain curves depend on the orientation of the crystals. Fig. 8 gives a series of stress-strain curves for tests at room temperature and a constant strain rate of 0.3×10^{-4} sec^{-1}. Each curve is representative for several tests; they are considered to be mean curves. In the hatched area above the 1000-bar-curve, all the curves which were run at confining pressures of 1500, 2000, 2500 and 3000 bars are located. The expected shifting to higher strengths with increasing confining pressure was not recognizable. The already mentioned influence of the variation of the initial fabric seems to be larger than the influence of the confining pressure[5].

From calcite (Heard, 1963) it is known that the influence of a decreasing strain rate at room temperature has only a little effect on the strength. Fig. 9 shows the stress-strain curves for several tests at 1000 bars confining pressure. The strain rates range from 0.3×10^{-2} to 0.3×10^{-5} sec^{-1}. There are two sets of stress-strain curves, but in each of them are results of tests with high as well as with low strain rates. The influence of strain rate under this variation seems to be very small and is exceeded by other effects such as the variation of the initial fabric.

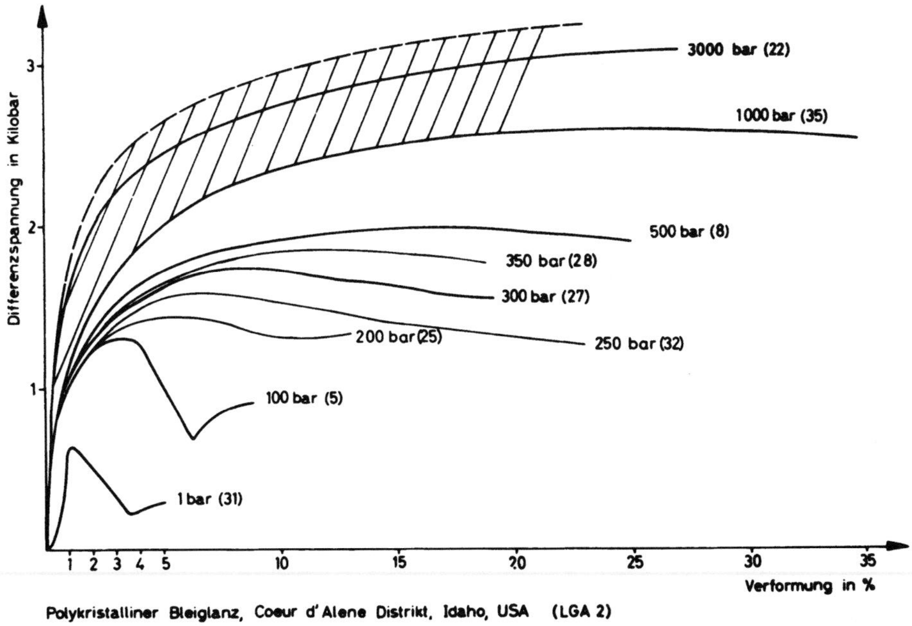

Fig. 8.
Stress-strain curves for the series LGA 2. Confining pressure varied between 1 bar and 3000 bars at room temperature and a strain rate of about 0.3×10^{-4} sec^{-1}. Each curve is representative for several tests. All the stress-strain curves for confining pressures of 1500, 2000, 2500, and 3000 bars lie in the hatched area.

5)Tests of the series LGA 4 will show that an increase of the confining pressure above 1000 bars has only little influence on the strength.

Tabelle 3: Table of the deformation studies of series LGA 2

LGA 2	Verformungsgeschwindigkeit [sec^{-1}] $0{,}3 \times 10^{-2}$				$0{,}3 \times 10^{-3}$			
Manteldruck p_m [bar]	Probennummer	bleibende mittlere Verformung ε [%]		Lage der Bruchfläche bzw. der Fläche lokalen Fließens zur Stauchachse	Probennummer	bleibende mittlere Verformung ε [%]		Lage der Bruchfläche bzw. der Fläche lokalen Fließens zur Stauchachse
1	1	6,4	T, VB		2	8,4	T, VB	22°
	3	9,5	T,VB	23°				
50								
100								
200								
250								
300								
350								
500	37	15,7			40	18,6		
1000	38	18,9			41	17,6		
1500								
2000	39	17,9			42	18,2		
2500								
3000								

VB = Verschiebungsbruch
T = Trennbruch
LF = lokales Fließen

(V) = Bruch nach Leckwerden der Kupferhülle

0,3 x 10^{-4}				0,3 x 10^{-5}			
Probennummer	bleibende mittlere Verformung ε [%]		Lage der Bruchfläche bzw. der Fläche lokalen Fließens zur Stauchachse	Probennummer	bleibende mittlere Verformung ε [%]		Lage der Bruchfläche bzw. der Fläche lokalen Fließens zur Stauchachse
31	4,7	T, VB	16°				
4	9,4	T, VB	24°				
30	8,8	T,VB	–				
5	8,6	LF	26°				
29	15,8	LF	30–35				
25	12,6	LF	29°				
6	13,7	LF	31°				
26	19,4	VB	27°				
32	22,6	LF	–				
47	24,1	(V)	32°				
27	18,4	LF (schwach)					
28	18,8						
9	13,2			43	14,2		
7	19,4						
8	24,3						
46	13,2			44	13,2		
10	13,3						
12	17,7						
11	24,0						
35	36,7						
36	38,9	(V)					
15	13,5						
14	17,6						
13	23,9						
18	15,1			45	14,4	(V)	
17	18,0						
16	23,7						
34	39,3	(V)					
21	11,9						
20	17,6						
19	23,3						
24	15,0						
23	21,1						
22	26,0						
33	36,9						

Tabelle 4: Table of the deformation studies of series LGA 4

LGA 4		Porosität 6–9 %		
Mantel-druck [bar]	Nr.	Dichte ρ [g/cm³]	Verfor-mung ϵ[%]	
1				
100	92	7,6	13,4	VB
200	96	7,3	20,9	LF?
300	84	7,5	11,9	
400				
500	75	7,5	22,9	S
750				
1000	97	7,1	23,8	S
	95	7,2	27,0	S, (V)
1500				
2000				
2500				
3000				
3500	93	7,3	7,2	
4000				
5000	98	7,5	40,7	

T = Trennbruch
VB = Verschiebungsbruch
LF = lokales Fließen

	Porosität	9–11 %			Porosität	11–13 %	
Nr.	Dichte ρ [g/cm³]	Verformung ϵ[%]		Nr.	Dichte ρ [g/cm³]	Verformung ϵ[%]	
9	7,0	11,6	T, VB				
105	7,3	3,8	T				
106	7,6	1,9	T				
82	7,4	7,8	LF?				
43	7,3	19,9	LF?				
51	7,5	9,6	LF?				
90	7,6	21,8					
70	7,5	22,9		69	7,5	12,7	
12	7,0	19,5		65	7,5	14,2	
17	7,6	43,3					
57	7,5	30,7					
74	7,6	21,9					
88	7,5	8,8					
91	7,5	23,7	(V)				
47	7,3	13,2					
50	7,5	47,1					
73	7,5	9,2					
87	7,2	28,9	S				
11	7,3	19,9		39	7,4	10,8	(V)
16	6,4	33,2		79	7,5	11,3	
18	7,6	40,5		85	7,1	9,7	(V)
53	7,4	41,7	(V)	54	7,5	7,3	
66	7,6	21,0					
100	7,2	34,3					
110	7,2	28,9					
8	7,6	17,8		58	7,4	15,4	
38	7,4	15,9		83	7,5	4,6	
68	7,6	11,1					
94	7,3	41,5	(V)				
14	6,7	19,6		67	7,5	10,5	
19	7,5	18,8					
64	7,5	36,9					
78	7,5	15,6					
46	7,5	37,1		72	7,5	12,5	
71	7,6	9,6					
13	6,7	7,1		41	7,5	11,3	
86	7,5	36,2		81	7,5	8,9	
20	7,3	33,2					
63	7,5	31,4	(V)				
76	7,5	12,7					
104	7,5	37,1		80	7,6	32,2	(V)
52	7,4	13,4					
56	7,5	13,5		44	7,5	35,2	

(V) = Bruch der Probe durch Leckwerden der Kupferhülle
S = S-förmige Krümmung der Probe durch inhomogene Porenraumverteilung

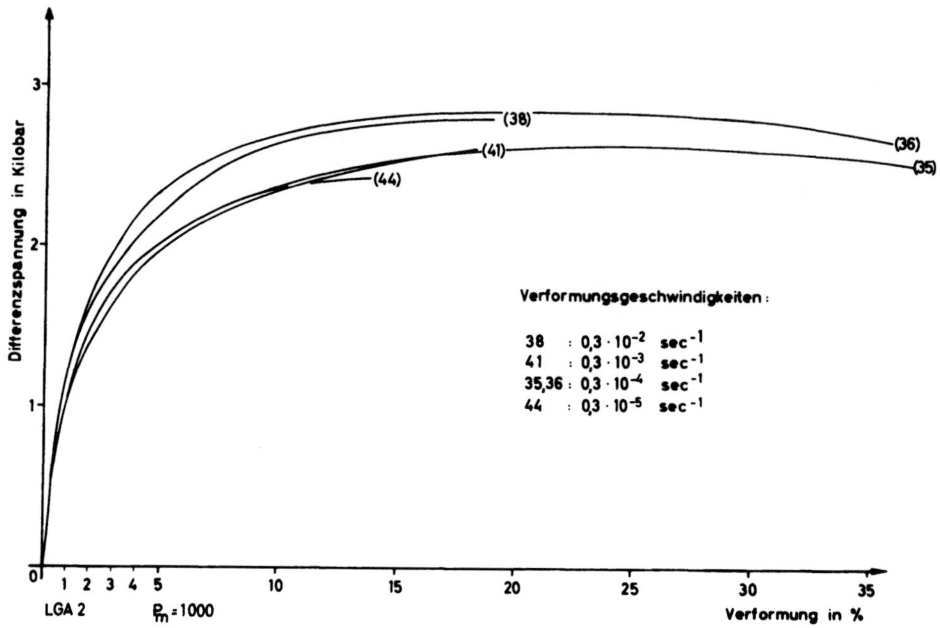

Fig. 9.
Stress-strain curves for the specimens of series LGA 2 at 1000 bars confining pressure, room temperature and strain varying between 0.3×10^{-2} and 0.3×10^{-5} sec^{-1}. The curves for the specimens 41,35, and 44 lie close together, as well as the curves for the specimens 36 and 38. The results of tests with slower and faster strain rates are to be found in both groupings of these curves. The influence of the strain rate is not noticeable.

3.3 Series LGA 4

Table 4 summarizes the 65 experiments of the series LGA 4. Confining pressure varied from 1 to 5000 bars, the strain rate was held constant at about 0.5×10^{-3} sec^{-1}. Before describing the results of the compression tests, it is necessary to discuss certain measurements which were made to be able to consider the behaviour of the porosity during the tests.

3.3a Change in porosity under confining pressure. The given apparatus did not allow a direct measurement of change in porosity. Therefore another indirect approach was attempted. 27 specimens had been subjected to confining pressure without the application of axial compression. After 10 min, the confining pressure was released, and the porosity was measured again. From this porosity ϕ_M and the porosity ϕ_0 before application of the confining pressure the porosity ratio ϕ_R was calculated to be

$$\phi_R = \frac{\phi_0 - \phi_m}{\phi_0} \cdot 100 \ [\%]$$

A second order curve has been fitted to the different ratios, using the least square criterion:

$$\phi_{RM} = \left[-16.4 + 13.6\left(\frac{p_m}{1000}\right) - 2.4\left(\frac{p_m}{1000}\right)^2\right] \cdot 100\ [\%]$$

ϕ_{RM} is the ratio of porosity depending on the confining pressure p_m.

Measurement of the length and diameter of the specimens which had been subjected only to confining pressure showed that the change in diameter (Δ d) is larger than the change in length (Δ l). A statistical analysis of the ratios of change in diameter to original diameter, to change in length to original length

$$R_{d/l} = \frac{\Delta d}{d_0} : \frac{\Delta l}{l_0}$$

revealed that this ratio is between 1,3 and 1.4[6].

3.3b Change in porosity under axial compression. Porosity decreases under axial compression. Because the change in porosity was not accessible during the test, it was necessary to introduce into the FORTRAN-program a method to compute the change in porosity. As a first step it was assumed that porosity may change under axial compression, similar to the above given formula, substituting the axial differential stress p_a for the confining pressure p_m. Therefore:

$$\phi_{RA} = \left[-16.5 + 13.6\left(\frac{p_a}{1000}\right) - 2.4\left(\frac{p_a}{1000}\right)^2\right] \cdot 100\ [\%]$$

Secondly, a change in length Δl_ϕ caused by a change in porosity (assuming diameter of the specimen unchanged) is calculated for each differential stress, and compared with the measured change in length Δ l at the same differential stress. There are three different possible relationships between Δ l and Δl_ϕ:

1. The change in length Δl_ϕ, calculated from change in porosity is *equal* to the measured change Δ l. In this case it is assumed that the change in length is caused by a flow of galena into the pores without change of the diameter of the specimen.

2. The change in length Δl_ϕ, calculated from change in porosity is *smaller* than the measured change Δ l. In this case it is assumed that one part of the measured change in length is caused by flow of galena into the pores without change in diameter and the other part is caused by flow of the galena with increase of the diameter of the specimen.

3. The change in length Δl_ϕ, calculated from a change in porosity is *larger* than the measured change Δ l. In this case it is assumed that the formula given above is wrong and does not realistically meet the change in porosity. The measured change in length is now used to recalculate the change in porosity, assuming that the pores all filled by flow of galena. The specimen is shortened without an increase in diameter.

Processing of the data of the tests of this series revealed that the first part of the stress-strain curves corresponded to a porosity correction under the conditions of case 3,

6) The FORTRAN-program handling the data reduction takes account of the different changes in length and diameter due to the confining pressure.

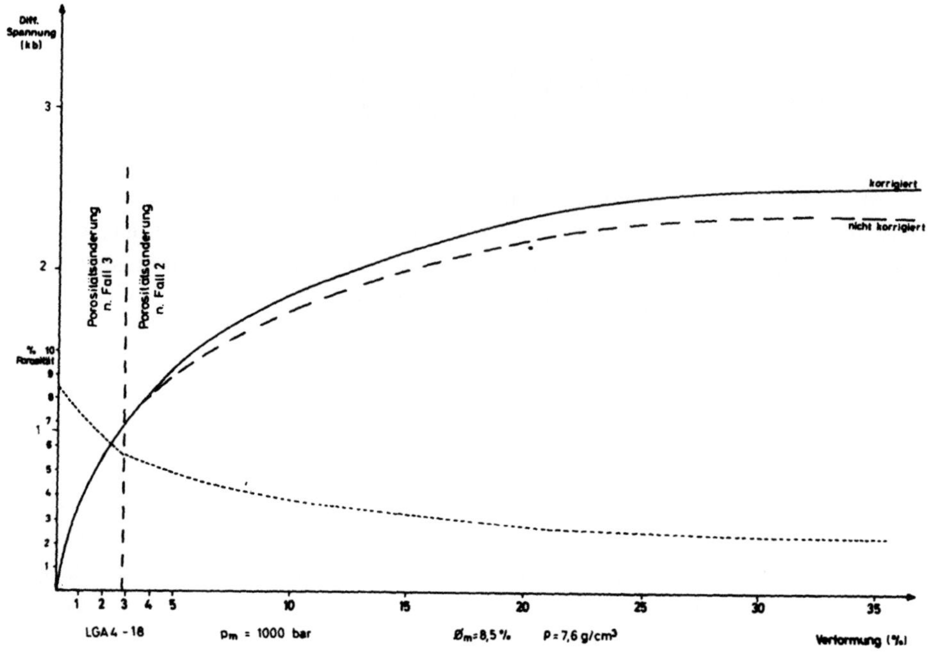

Fig. 10.

Stress-strain curves for the tests at 1000 bars confining pressure for the specimens LGA 4–18. The lower curve is not corrected for change in porosity, the upper curve has been corrected. At atmospheric pressure, the specimen had a porosity of 10 % (ϕ_0), and under confining pressure, 8.5 % (ϕ_m). The broken curve shows the decrease in porosity during the test (see section 3.3a).

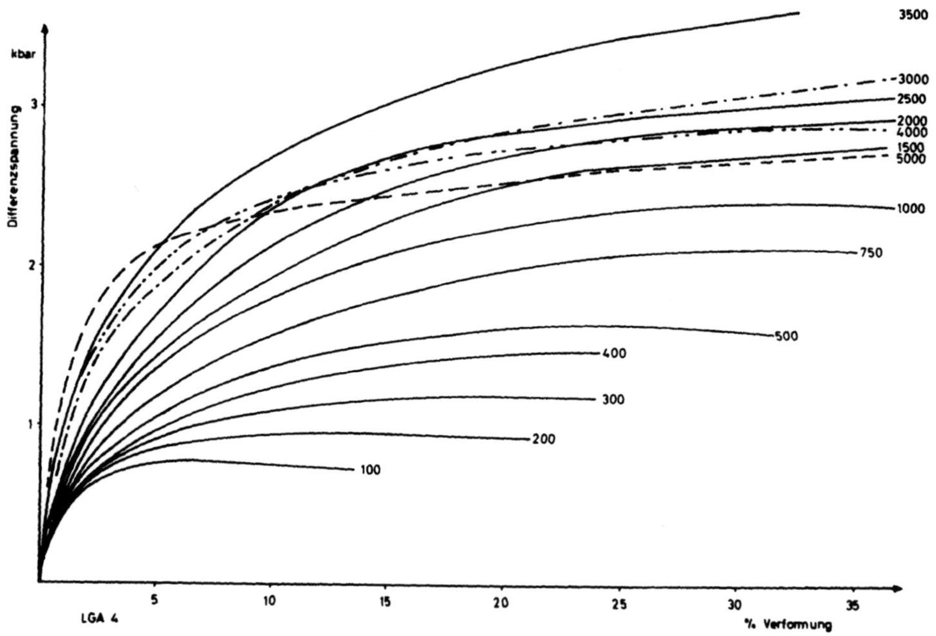

Fig. 11.

Stress-strain curves for the series LGA 4 of tests between 1 bar and 5000 bars confining pressure. Each curve is a mean curve of at least three tests. Strain rate was about 0.5×10^{-3} sec^{-1}.

the second part for porosity correction under the conditions of case 2. Fig. 10 shows the stress-strain curves for a test under a confining pressure of 1000 bars. The lower curve is uncorrected; the upper one is corrected for change in porosity. The decrease in porosity is represented by the broken line.

The calculation of the change in porosity may not be true in detail, but on the whole the curves are corrected in such a way that the differences between the "true curves" an the "corrected curves" are not larger than the differences between curves of different specimens deformed under the same conditions.

3.3c Stress-strain curves. The stress-straines curves of the series LGA 4 are given in fig. 11. The curves are in general mean curves from at least three tests under the same conditions. Fig. 12 illustrates how great the differences between single curves and the mean curve may be. The two curves are the borderlines of all ten tests (LGA 4–11, 18, 39, 53, 54, 66, 79, 85, 100, 110) at a confining pressure of 1000 bars. The mean differential stress at 30 % strain is 2450 bars and the deviation of the upper and lower borderline is given by ± 100 bars.

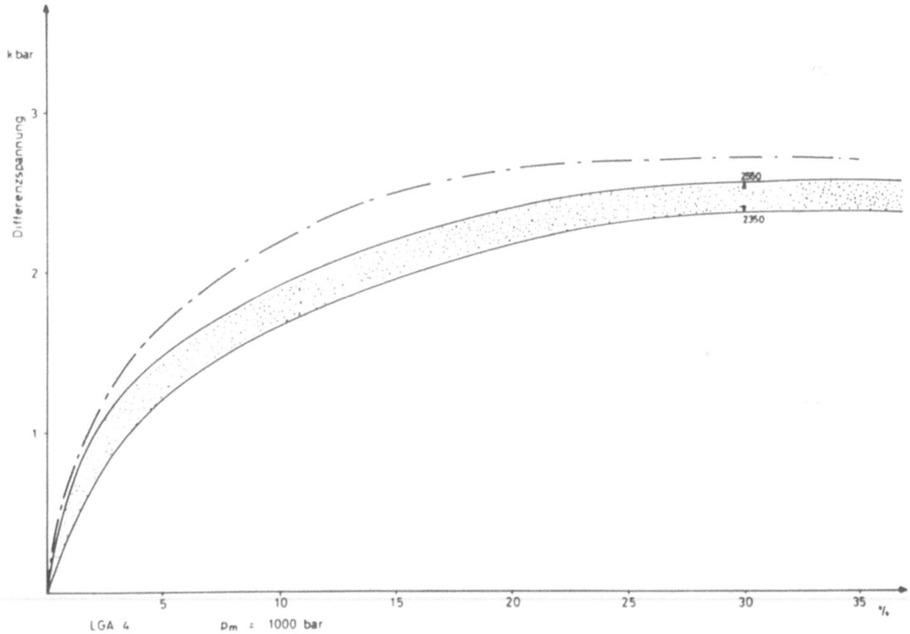

Fig. 12.
Variation of the stress-strain curves of 10 tests of the series LGA 4 at 1000 bars confining pressure (specimens 11, 28, 39, 53, 54, 66, 79, 85, 100, 110). At 30 % strain, the mean differential stress is 2450 bars and the deviation is characterized by ± 100 bars. The single broken curve belongs to specimen 14, which had a higher content of sphalerite.

The single broken curve above the dotted area belongs to specimen LGA 4–16 which had a high content of sphalerite. The measured density was 6.5 g/cm³, that is

85 % of the theoretical density of galena. Curves deviating very much like this one were not used to calculate the mean curve. For this purposes, only specimens with a low content of other minerals were used, that is, specimens with a density above 94 % of the theoretical density of galena.

The differences in porosity (6 – 13 %) of the specimens had no evident effect on the stress-strain curves.

4. Discussion of the mechanical properties of galena

The experiments have demonstrated that the mode of deformation (transition brittle to ductile) and the stress-strain curves are very much effected by the confining pressure.

The stress-strain curves for the tests performed at the same confining pressure and the same strain rate of the different series of galena show large variations. The curves of fig. 13 are the mean curves at 1000 bar confining pressure of the series LGA 2 and LGA 4 and the curves of single tests with the lowest differential stresses of the series LGA 1. The differences in the stress strain curves are caused by the properties of the materials

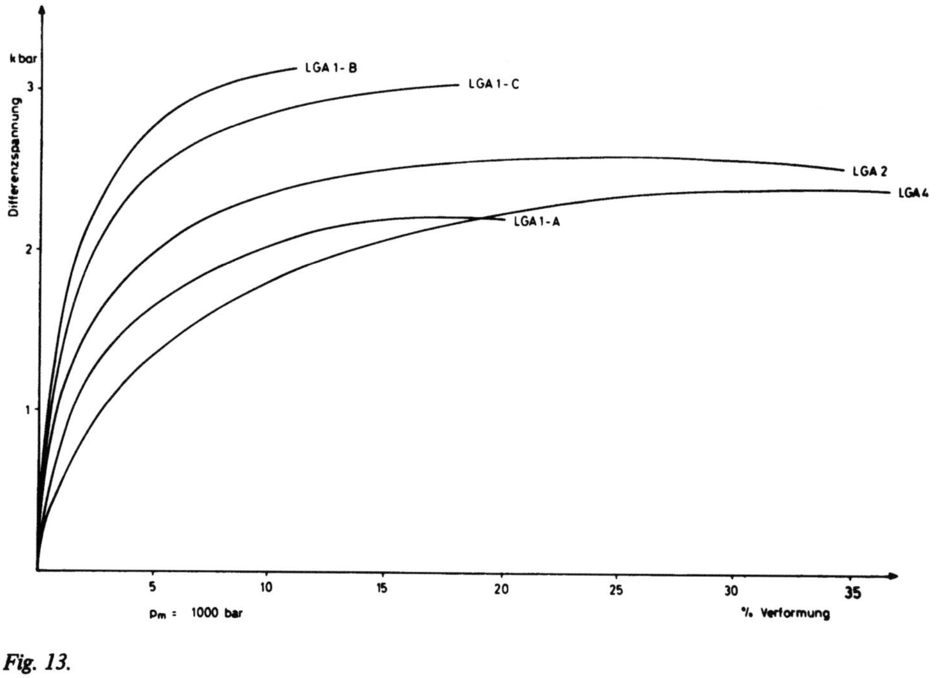

Fig. 13.
Stress-strain curves at 1000 bar confining pressure for the series LGA 1A, LGA 1B, LGA 1C, LGA 2, and LGA 4. The differences in the curves are due to properties of the materials, such as grain size, initial fabric, porosity and density.

such as the initial preferred orientation, grain size, porosity and density. The influence of strain hardening by natural deformation on the ore deposit may be neglected. The even polygonal grains permits the conclusion that recrystallisation had occurred, as has already been proved on similar natural deformed galena (Siemes, 1964; Stanton and Gorman, 1968). Due to this, effects of a prior deformation (for example strain hardening) are repealed. The influence of confining pressure and material properties is discussed in the following section for all of the three test series.

4.1 The influence of confining pressure and material properties on the mode of deformation

4.1a Fracturing. At low confining pressures up to about 100 bars, there is a linear relationship between stress and strain at low strains, followed by a short region with a nonlinear relationship. The bending of the stress-strain curve reveals a certain deformation due to flow. Fracturing of the specimens is characterized by sudden release of stress and increase in strain. Extension fractures[7] appear parallel to the axis of compression i.e. perpendicular to the minimum stress. Figs. 14 and 15 show the specimens LGA 2–1 and LGA 2–4 with typical extension fractures.

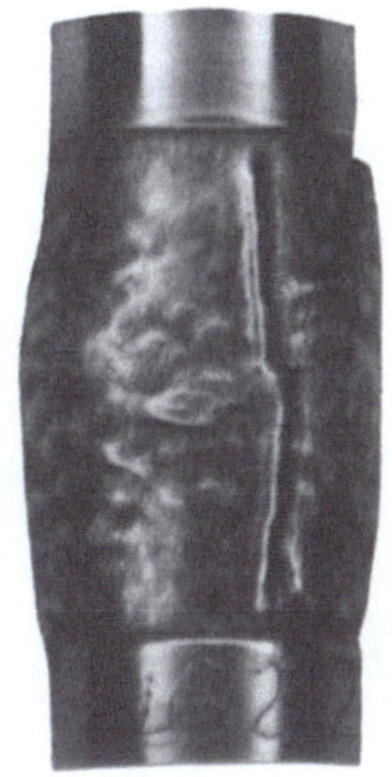

Fig. 14.
Specimens LGA 2–1 strained to 6.5 % at atmospheric pressure with extension fractures parallel to the axis of compression (scale 10 mm = ⊢—⊣).

Fig. 15.
Specimen LGA 2–4 strained 9.4 % at atmospheric pressure with extension fractures and a shear fracture 24° to the axis of compression (scale 10 mm = ⊢—⊣).

Fig. 16
Specimen LGA 2–27 strained 18.4 % at a confining pressure of 300 bars. The copper jacket reveals a zone of ductile faulting at 30° to the axis of compression (scale 10 mm = ⊢—⊣).

7) German: Trennbrüche oder Dehnungsbrüche. After Sander (1948, p. 102): Rupturen mit gestaltlicher und mechanischer Unterbrechung der Kontinuität.

Simultaneously, shear fractures with inclination of 16 to 35° to the direction of maximum stress appear. The most frequent values were between 22 and 30° (table 3). Lyall has measured angles between 21 and 26°. These angles agree well with the Mohr strength criterion. Fig. 15 depicts shear fractures and extension fractures. The separation planes of the sheared specimens show slickensiding. Paterson's description (1958) of slickensides of deformed Wombeyan Marble is also applicable to slickensides of galena: 'The slickenside grooves are parallel to the direction of shearing. Also, at right angles to the slickenside grooves, there are small steps or ridges with their steep sides facing the direction opposite to that in which the other part of the specimen moved, that is, the disposition of the steps is such as would be expected to hinder further slipping on the surface.'

With increasing confining pressure the region of flow before fracturing becomes larger and the process of fracturing becomes slower.

4.1b Ductile faulting. Instead of fracturing, ductile faulting of the specimens of the series LGA 2 and LGA 1 occurred at confining pressures from 200 to 400 bars. The flow was restricted to a certain zone[8] within the specimen, and had an orientation similar to the shear fractures. The specimens of the series LGA 4 revealed ductile faulting between 100 and 300 bars confining pressure. The stress-strain curves are marked by a small depression above the "yield point". Fig. 16 illustrates specimen LGA 2–27 as an example for this mode of deformation.

Fig. 17.
Specimen LGA 2–8 strained 24.3 % at a confining pressure of 500 bars. Deformation occurred by uniform flow (scale 10 mm = ⊢—⊣).

Fig. 18.
Specimen LGA 2–35 strained 36.7 % at a confining pressure of 1000 bars. Deformation occurred by uniform flow (scale 10 mm = ⊢—⊣).

8) After Sander (1948, p. 104): Flächen lokalen Fließens mit modifizierter gestaltlicher und mechanischer Kontinuität.

4.1c Uniform flow. Confining pressure above 300 resp. 400 bars causes uniform flow, distributed over the whole specimen. In this region of confining pressure, the stress-strain curves rise at first steeply and then bend after a few percent strain and continue running nearly parallel to the strain axis. The increase in differential stress is low. At higher strains, a maximum in differential stress is sometimes reached after which the stress decreases as the strain increases. Fig. 17 shows the specimen LGA 2–8, strained to 24.3 % under 500 bars confining pressure, and fig. 18 the specimen LGA 2-35 strained to 36.7 % under 1000 bars confining pressure. The specimens are barrelshaped, the strain in the center of the specimens being larger than the strain at the ends.

The different series reveal the influence of the initial fabric of the material.

After large strains, the cross-sections of the barrel-shaped specimens of the series LGA 2 were elliptical. This was caused by the initial penetrative fabric (see section 5.1 about fabrics after deformation).

The irregular bulging of the specimens of the series LGA 1A was due to the different deformation of the large crystals of this material.

The anisotropy of the initial fabric of the series LGA 1B and LGA 1C also changes the form of the specimens. The cross-sections of the specimens also became elliptical. The orientation of the ellipse is controlled by the orientation of the lamination and by the orientation of the veins of these two blocks of galena.

4.2 Influence of the confining pressure and the material properties on the strength

4.2a Influence of confining pressure. The stress-strain curves for the tests which were run at rather low confining pressures reveal a maximum in differential stress at an

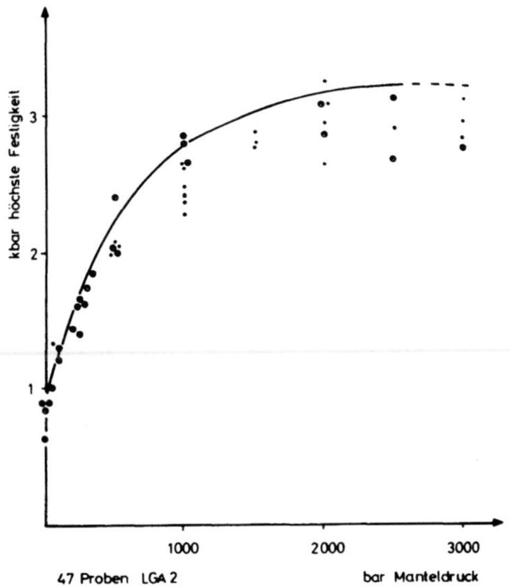

Fig. 19a.
The highest differential stresses of the tests of the series LGA 2 versus confining pressure. The ultimate strengths (differential stresses at the maxima of the stress-strain curves) are marked by small circles.

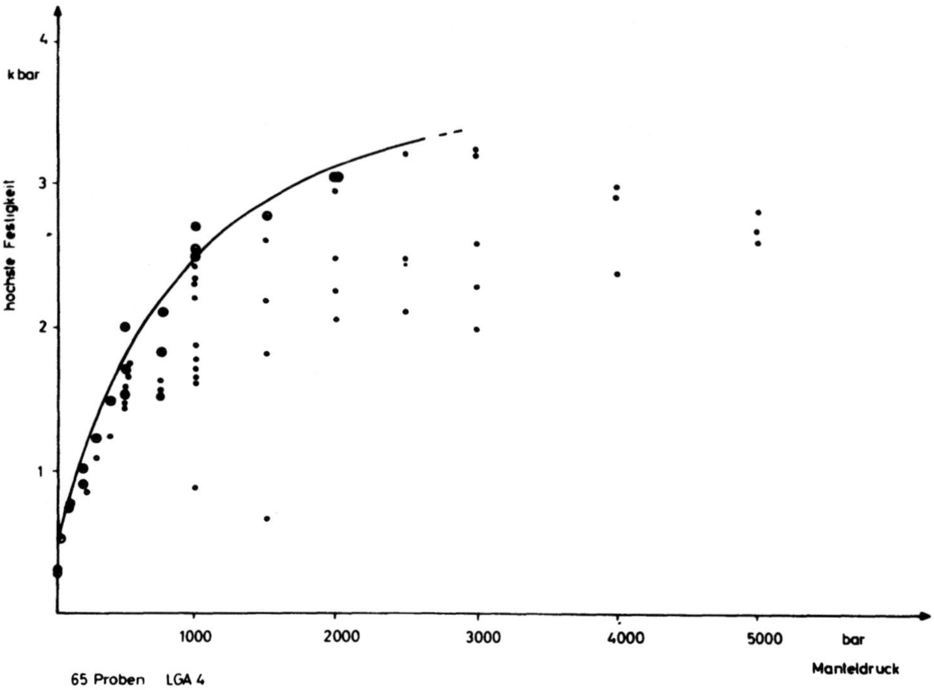

Fig. 19b.
The highest differential stresses of the tests of the series LGA 4 versus confining pressure. The ultimate strengths are marked by small circles.

accompanying low strain. At higher confining pressures, a weak maximum is only recognizable if the tests are run up to very high strains.

The differential stresses of those tests of series LGA 2 and LGA 4, which were the maxima of the stress-strain curves, and represent the ultimate strength, were plotted against the confining pressure in figs. 19a and 19b.

The ultimate strength increases with confining pressure. The exact continuation of the curve above 2000 bars is not known because the tests could not be run to the necessary high strains required to reach a maximum. Therefore the change in strength of the series LGA 4 will be studied at low strains (< 5 %) and at high strains (> 10 %). The stress-strain curves of fig. 11 rise with confining pressure to higher differential stresses at low strains. At higher strains (> 10 %) the curves rise to higher differential stresses, up to a confining pressure of 2500 bars. Above 2500 bars the relationship between confining pressure and strength does not seem to be very clear. The curve at 3000 bars confining pressure is only just a little above the curve at 2500 bars confining pressure, whereas the curve at 3500 bars confining pressure is much higher. The curve at 4000 bars is near the curve at 2000 bars and the curve at 5000 bars near the curve at 1500 bars. Fig. 20 gives the relationship clearer. Neglecting the value for the 3500 bar confining pressure test[9], this fig. reveals that above 3000 bars confining pressure, strength decreases with increasing confining pressure.

Decrease in strength with increasing confining pressure above a certain initial value has been described by Heard (1960) on Solnhofen Limestone at temperatures in excess of 300°C. Griggs, Turner and Sosoka (1951) reported the same effect on Yule Marble at 150°C.

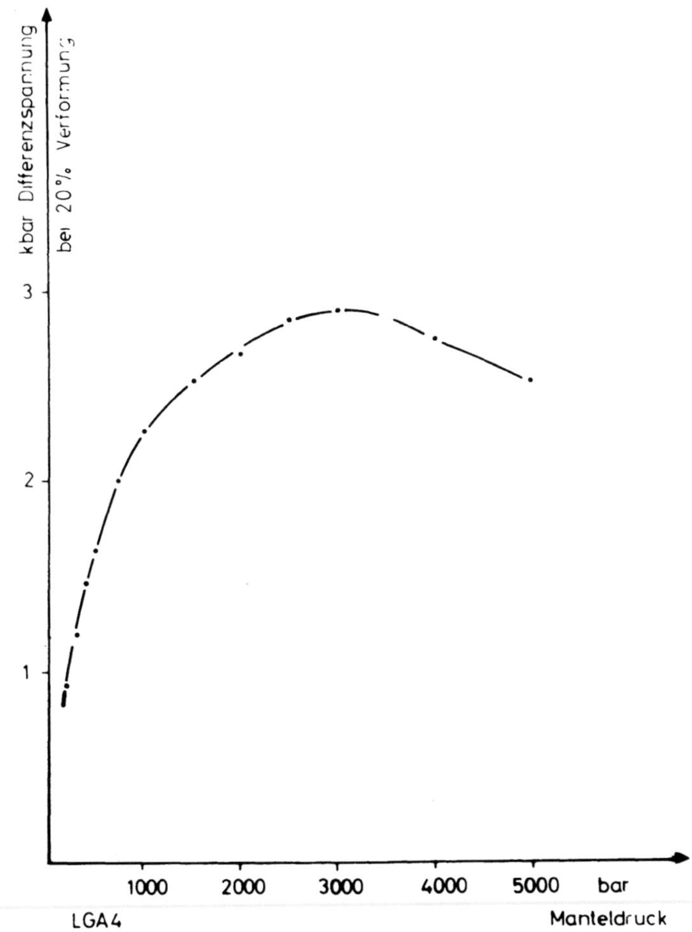

Fig. 20.
The differential stresses (strength) of the specimens of the series LGA 4 at 20 % strain, versus confining pressure. Strength increases with increasing confining pressure up to 3000 bars and then decreases with further increasing confining pressure.

9) At 3500 bars only one test has been run to strains above 20 %. A close inspection of the specimen showed that the content of sphalerite was much higher than expected from the measured density.

These results explain that the small influence of confining pressure near 3000 bars could not be recognized during the testing of the Series LGA 1 and LGA 2, because the initial fabric caused a very strong fluctuation in the stress-strain curves.

4.2b Influence of the material properties

Initial fabric

The different initial fabrics of the specimens within a series have a pronounced influence on the stress-strain curves of tests under the same conditions. These differences have been used to explain the fluctuation of the curves of the series LGA 1A. Each specimen consisted of only a few crystals with large differences in orientation. The range of the stress-strain curves (fig. 6a) of the tests between 1000 bars and 3000 bars confining pressure is very wide.

Grain size

In fig. 21, the strengths at 10 % strain of the different series, and at confining pressures between 1000 and 3000 bars are plotted against increasing grain size of the unde-

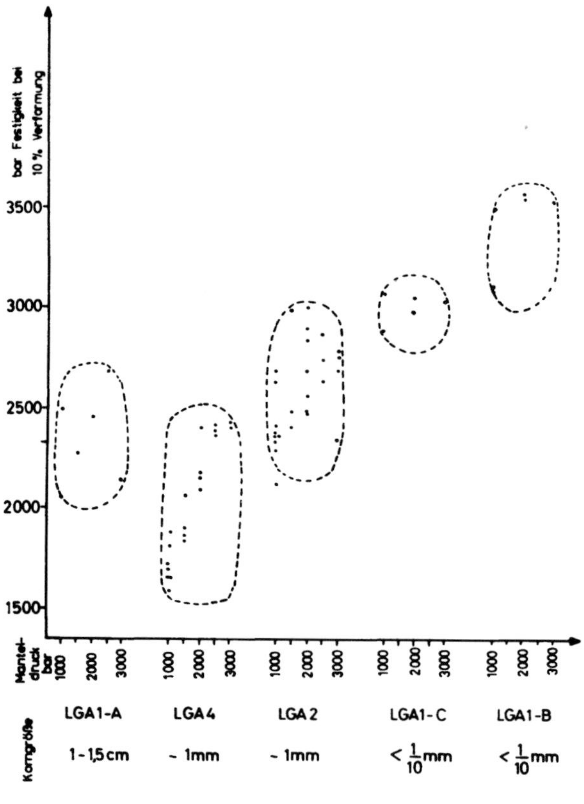

Fig. 21.
The strength of galena of the different series at 10 % strain, versus grain size and confining pressure. Strength increases with decreasing grain size. Although the grain sizes of the series LGA 4 and LGA 2 are similar, the strength of the porous galena (LGA 4) is somewhat lower.

formed material. With the exception of series LGA 4 [because of their high porosity], the strength increases with decreasing grain size. This influence has also been described by Lyall (1965).

Content of other minerals

A low density, i.e. a high content of other minerals, is connected with higher strengths (compare fig. 12). Minerals such as sphalerite (Saynisch, 1967), pyrite (Robertson, 1955; Lang, 1968) and quartz (Carter, Christie, Griggs, 1964) have higher strengths than galena. The increase of strength due to sphalerite and pyrite has been reported by Lyall (1965).

The galena of the series LGA 2 is very pure; the density is about 100 % of the theoretical density of galena. The mineral content of the specimens of series LGA 1 lowers the density to 93 % of the theoretical density. These differences in the mineral content affect the strength in addition to the effect of the grain size. But it is impossible to separate both influences quantitatively.

Porosity

The grain size of series LGA 4 is similar to those of the series LGA 2. The lower strength of the series LGA 4 is due to the high porosity of this material. During deformation, the pores are filled, and the strength increases with increasing strain. The stress-

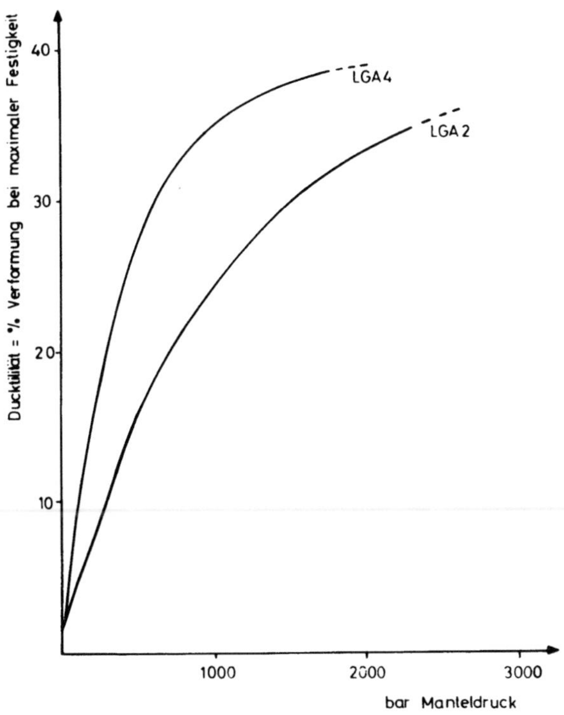

Fig. 22.
Ductility (strain at ultimate strength) of the series LGA 4 und LGA 2 versus confining pressure. Ductility increases with confining pressure. At high confining pressures both curves approach each other.

strain curve of a test at 1000 bar confining pressure (from a specimen of the series LGA 4) reaches nearly the stress-strain curve of a test at the same confining pressure from the series LGA 2 at about 35 % strain (fig. 13). The porosity at this strain and confining pressure is very low.

4.3 Influence of confining pressure and material properties on ductility

The strain at ultimate strength is used as a measure of ductility (Donath, 1964). In fig. 22, the curves of ductility for the test series LGA 2 and LGA 4 are shown. The ductility of the porous galena is higher than the ductility of the compact galena. At higher confining pressures and higher strains, when the pores are closed, the curves approach each other and the differences in ductility become smaller.

5. X-ray analysis of the fabrics of experimentally deformed galena and interpretation of these fabrics

5.1 Series LGA 2

Fabric analysis has been done on four specimens of the series LGA 2, which had been deformed at 1000 bars confining pressure, and four specimens which had been deformed at 3000 bars confining pressure. The specimens were subjected to varying strains ranging form 13.3 to 36.9 %. Some selected rotation diagrams are presented in figs. 23

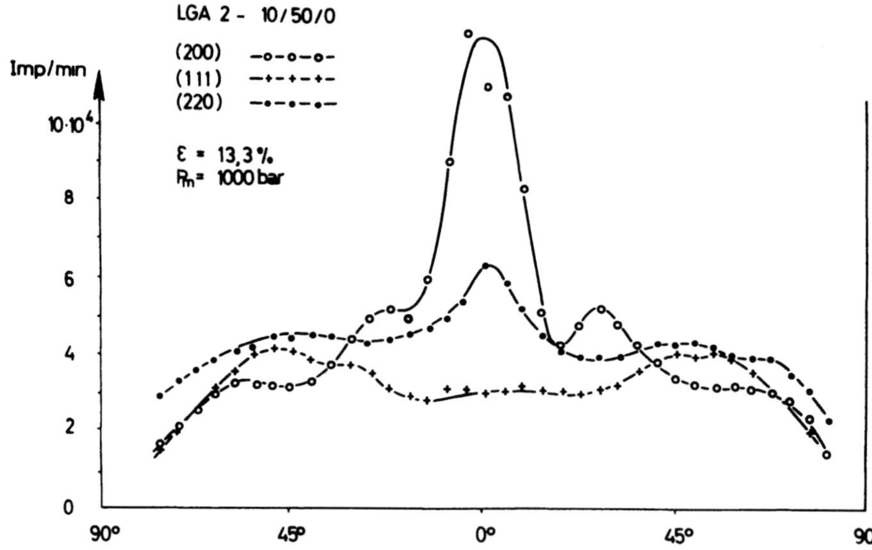

Fig. 23.
(200)-, (111)-, and (220)-rotation diagrams for the specimen LGA 2–11 strained to 24 % at 1000 bars bars confining pressure. The (200) maximum is very pronounced (compare with fig. 1) and aligned with the axis of compression, whereas (220) is rather weakly aligned.

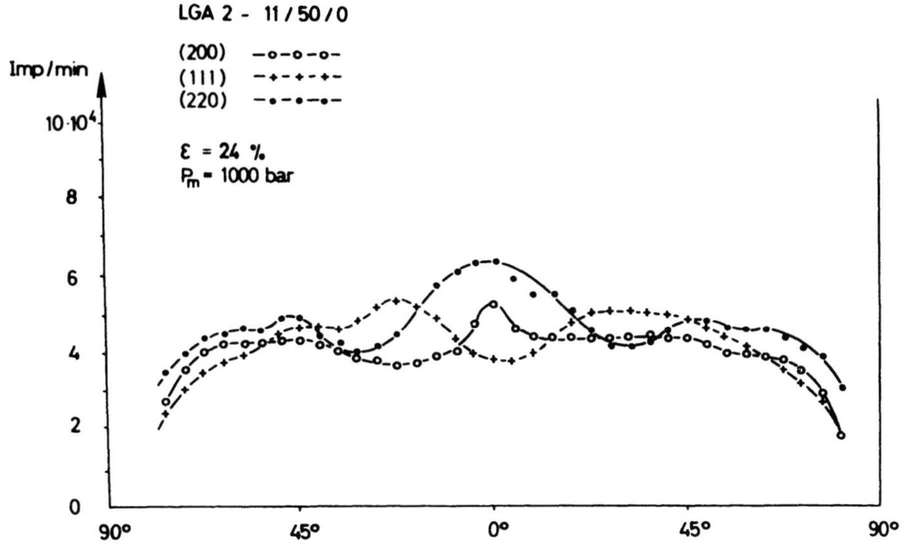

Fig. 24
(200)- (111)-, and (220)-rotation diagrams for the specimen LGA 2–11 strained to 24 % at 1000 bars confining pressure. The initial (200)-maximum in the center of the diagram became very weak and the (220)-maximum became much stronger.

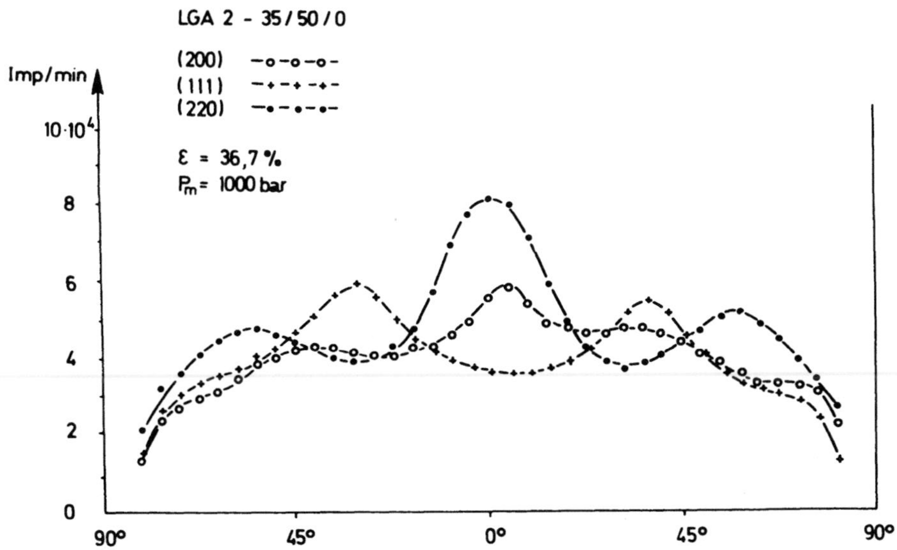

Fig. 25.
(200)-, (111)- and (220)-rotation diagrams for the specimens LGA 2–35 strained to 36.7 % at 1000 bars confining pressure. The (220)-maximum becames predominant, the (200)-maximum is very low and (111) shows a minimum.

to 25. The diagrams were produced from sections perpendicular to the axis of compression through the center part of the specimens LGA 2–10, 2–12, and 2–35. The mean strains of the specimens were 13.3, 24.0 and 36.7 %. The (220)-diagrams show that a [220]-direction of the lattice is aligned with the axis of compression.

Fig. 26 shows the intensities of the (220)-maxima, measured parallel to the axis of compression and plotted against strain. Generally, the intensity of the maxima increases with increasing strain, but large variations can occur[10]. Sometimes the intensity of the

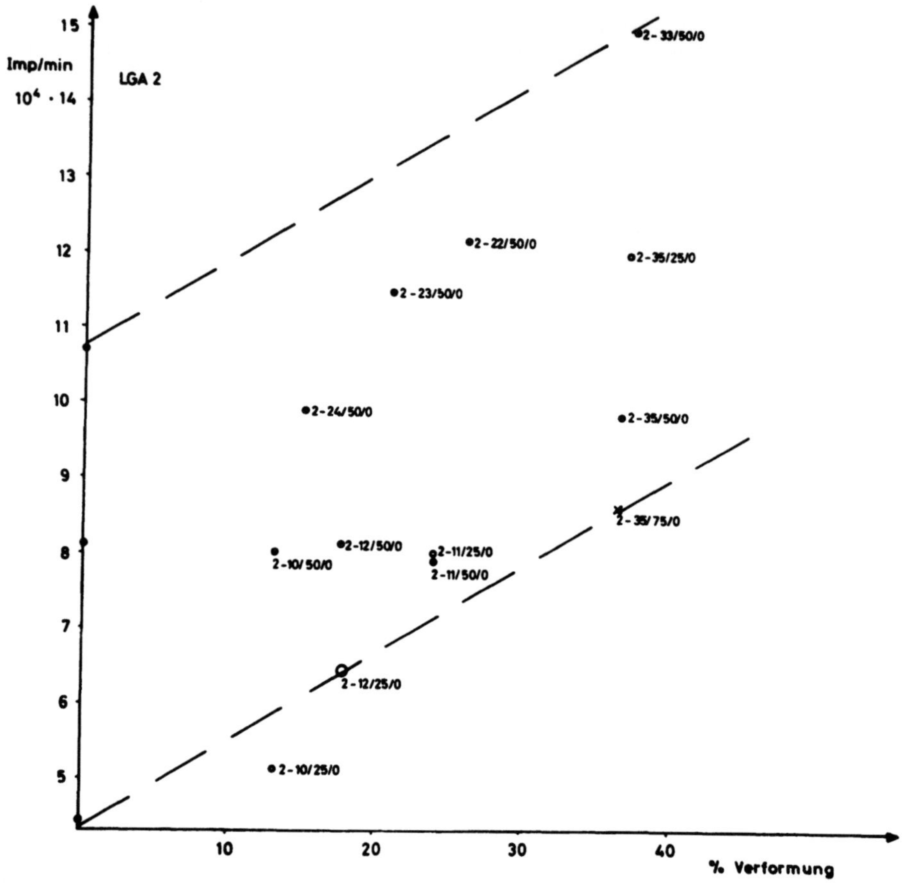

Fig. 26
Intensity of the (220)-maxima in the center of the rotation diagrams of the series LGA 2 versus strain. (● = fabric measured in 1/2 height of the specimen, x = fabric measured in 1/4, o = fabric in 3/4 of the height of the specimen). At 0 % strain the mean intensity of the undeformed specimens, as well as the maximum and minimum intensity have been plotted. The intensity as measure of the degree of the alignment of [220] parallel to the axis of compression increases with strain. The correlation is very weak.

10) A recent mathematical analysis of the relationship between the (220) intensity, strain, and confining pressure revealed that the intensity depends on strain and confining pressure. These results will be published later.

maxima at larger strains are lower than the intensity at smaller strains and vice versa. This is caused by the different initial fabrics in the different sections of the specimens. To a certain extent, experimentally non-deformed specimens showed already a maximum for (220) (see section 2.1).

Fig. 27 shows a synoptic fabric diagram of the (200) maxima of the specimens, with the largest strains at confining pressures of 1000 and 3000 bars. The maxima are spread on a NW-SE plane of symmetry, and a strong accumulation on a small circle at an angle of 45° to the axis of compression is noticeable as is to be expected from the alignment of [220] with this axis. The NW-SE plane of symmetry has the same strike as the long axis (e—e) of the elliptical cross-sections of the specimens as well as the diagonal in fig. 2 with the elongated maximum of (200) of the undeformed galena.

After Sander (1930), geological fabrics may have the following symmetry:

1) statistical isotropic fabrics, i.e. fabrics with no preferred orientation
   a) spherical symmetry
2) statistical anisotropic fabrics, i.e. fabrics with preferred orientation
   b) axial
   c) orthorhombic
   d) monoclinic
   e) triclinic symmetry.

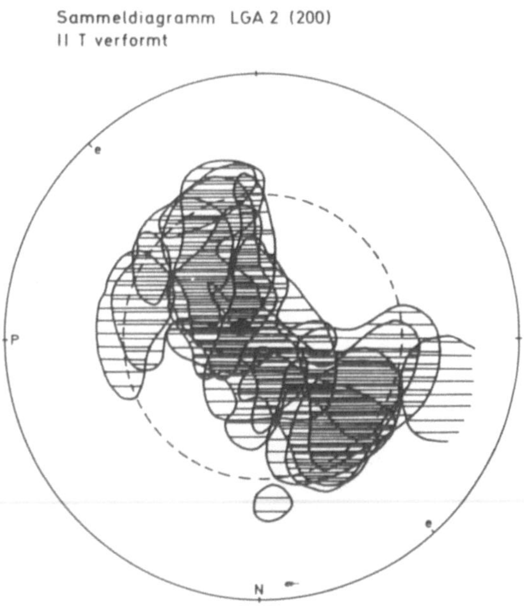

Fig. 27.
Synoptic X-ray fabric diagram of the (200)-lattice planes of 8 specimens of the series LGA 2 (10, 11, 12, 13, 35, 22, 23, 24, 33) which had been deformed at 1000 and 3000 bars confining pressure. The (200)-maxima accumulate on a small circle at an angle of 45° to the axis of compression. e---e symbolizes the orientation of the long axis of the elliptical cross-section of the specimens after deformation.

The detailed discussion of the symmetry concept in physics (after Curie) and geology (after Sander and Schmidt) by Paterson and Weiss (1961) restated the following principle: "Whatever the nature of the factors contributing to a deformation may be, the symmetry that is common to them cannot be higher than the symmetry of the deformed fabric, and the symmetry elements absent in this fabric must be absent in at least one of the contributing factors". They proved that only the above mentioned five symmetries are possible in geological fabrics. Only crystallographic fabric elements may have other symmetries. This has been confirmed by Němec (1963), who described fabrics of c-axes of quartz with tetragonal symmetry.

In section 2.2 the penetrative initial fabric of galena of the series LGA 2 was idealized by the three poles of a cube. Parallel to T, in the direction of this maximum, the specimens had been deformed by axial compression. Assuming an initial fabric with cubic symmetry, the deformed fabric should have at least tetragonal symmetry. Because the fabric after deformation is orthorhombic or monoclinic, one of the contributing factors must have a lower symmetry than was assumed. The NW-SE elongated maximum (Fig. 2) indicates that the initial fabric is of lower symmetry than cubic.

5.2 Series LGA 4

Eighteen specimens of the series LGA 4, deformed at confining pressures from 300 to 5000 bars and strained from 9.2 to 40.7 % were selected for X-ray analysis.

As an example, fig. 28 shows the rotation diagram of a specimen which had been deformed at 1000 bars confining pressure up to 28.9 % strain. After deformation, [220] was found to be in alignment with the axis of compression.

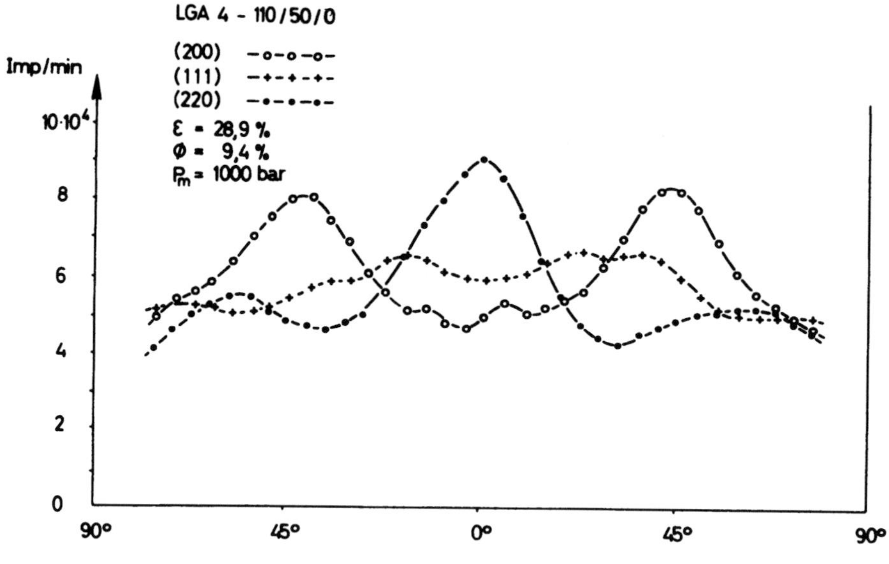

Fig. 28.
(220)-, (111)- and (220)-rotation diagrams for the specimens LGA 4–110 strained to 28.9 % at 1000 bars confining pressure. Porosity before deformation was 9.4 %. (220) is strongly aligned with the axis of compression.

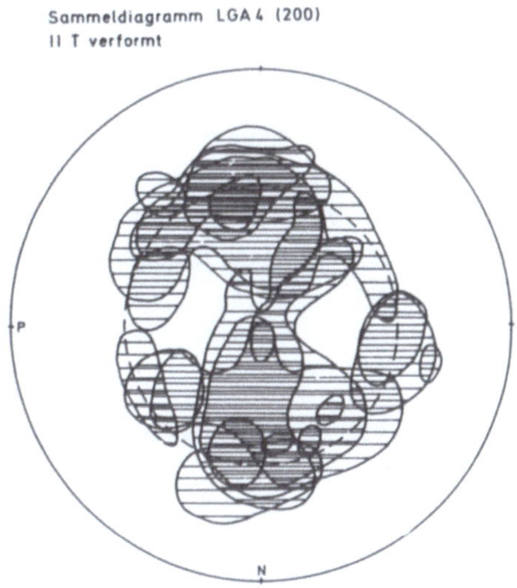

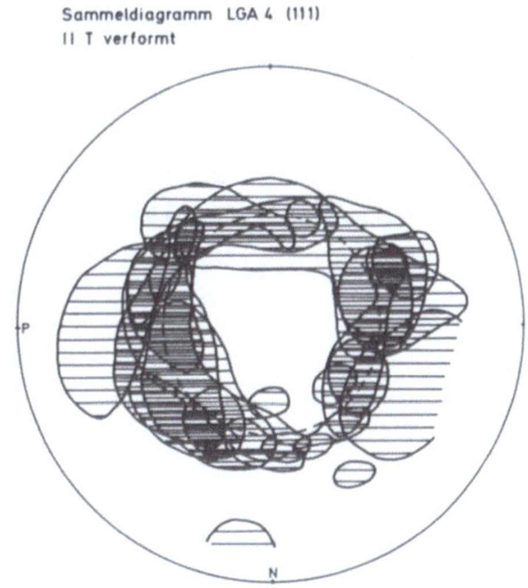

Fig. 29a.
Synoptic X-ray fabric diagram for the (200)-reflection planes of cross-sections through the center of 7 specimens (LGA 4–17, 18, 19, 20, 66, 98, 110) which were deformed more than 18 %, when subjected to different confining pressures. The maxima of (200) accumulate on a small circle at an angle of 45 ° to the axis of compression.

Fig. 29b.
Synoptic X-ray fabric diagram of the (111)-reflection planes of the same specimens of fig. 29a. The maxima are constrained to a circle at an angle of 35. 27° to the axis of compression.

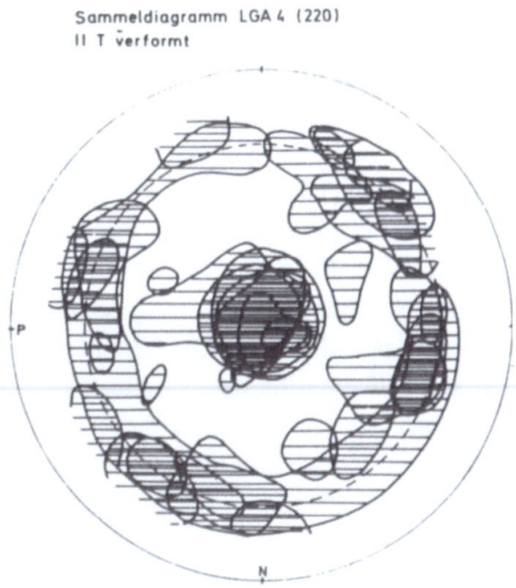

Fig. 29c.
Synoptic X-ray fabric diagram of the (220)-reflection planes of the same specimens of fig. 29a. The maximum in the centre of the diagram reveals the alignment of (220) with the axis of compression. Further maxima are constrained to a small circle at an angle of 60° to the axis of compression.

X-ray fabric diagrams were run in the reflection planes (200), (111), and (220). The maxima of the different specimens were transferred into synoptic diagrams. The (200)-maxima (fig. 29a) are accumulated on a small circle at an angle of 45° to the axis of compression, and the (111)-maxima (fig. 29b) on a small circle at an angle of 35.27°. The (220)-diagram (fig. 29c) shows a strong maximum in the center of the diagram. Other maxima are accumulated on a small circle at an angle of 60° to the axis of compression. In all diagrams there should be further maxima in the outer part of the diagrams, which is not recorded in the reflection mode of the diffractometer.

5.3 Series LGA 1

Fabric analysis of the specimens of series LGA 1 also showed the alignment of [220] with the axis of compression.

5.4 Discussion of the preferred orientation of galena under axial compression

The X-ray analysis of very different polycrystalline aggregates of galena revealed that [110] is the end position and in alignment with the axis of compression. At least 15 % strain is required before the formation of a new preferred orientation from the initial fabric is noticeable.

The fabric diagrams of experimentally deformed specimens do not reveal axial symmetry as should be expected from the axial symmetry of the compression. The symmetry of the fabric after deformation is lowered by one or more planes of symmetry of the fabric of the undeformed material. Sometimes the planes of symmetry of the undeformed material are developed much stronger in the deformed specimens rather than in the undeformed material.

The theoretical derivation of the crystals by axial compression of galena (Siemes, 1965) after the method of Boas and Schmid (1931), pointed out that [111] should be aligned with the axis of compression. A certain probability for an end position with [110] parallel to the axis of compression also exists.

The X-ray analysis revealed that [110] is the end position and not [111]. Therefore another theoretical interpretation, the method of Taylor (1938) has been tried. Taylor assumed that a cylindrical specimen is elongated (resp. shortened) in the direction of the axis of the specimen, and contracted (resp. elongated) by half the amount in all perpendicular directions. All crystals suffer the same strain as the surrounding material, and all grains remain in contact. Deformation occurs without loss of cohesion and without change in volume. The deformation of specimen and crystals is homogeneous. The strain at any point of the specimen may be described by a tensor (v. Mises, 1928). The six components of the tensor are represented by six linear equations. Because the volume remains unchanged, one of the six equations is given by the five others. An arbitrary small deformation of a crystal due to gliding under the above mentioned conditions is only possible if there are at least five independent gliding systems acting simultaneously.

If there are more than five gliding systems, each combination of five independent systems is a possible combination, only those becoming active for which the sum of the absolute values of shear is a minimum. Among the combinations with the same minimum value, no further choice is possible.

From each of the combinations with the least sum of the absolute values of shear may be calculated, for a small strain of the specimen, the shear strains of the different systems and the change in orientation of this crystal relative to the axis of compression due to this shear strain. If one performs this calculation for several different orientations of crystals to the axis of compression, a plot of the vectors representing the change in orientation into a projection, the corners of which are (111), (110), and (100), reveals the end position that will be approached by the gliding of the five independent slips.

The mathematical operations given by Taylor have been programmed in FORTRAN language (Siemes, 1967) and used to calculate the change in orientation of galena due to axial compression. The six gliding systems of (100) [011] are not linearly independent as was incorrectly assumed (Siemes, 1965). Only three of these six systems are independent (Groves and Kelly, 1963). An arbitrary deformation with only three systems is not possible. The missing two systems may be twin gliding systems or other translational systems. Lyall (1966) proved by experimental deformation of single crystals of galena that gliding in the system (110) [$\bar{1}$10] is possible and twinning occurs only in special cases.

The six systems (110) [$\bar{1}$10] together with the six other systems (100) [011] mentioned before give 12 systems. The number of possible combinations of five out of 12 is 792, but only 192 of them are independent. The number of systems for which the sum of the absolute values of shear is a minimum are usualy two to twelve, depending on the orientation of the crystals to the axis of compression. In the [100] direction there are 64, in the [111] direction there are 12 and in the [110] direction there are 32 combinations with the same sum of absolute values of shear.

The resulting changes in orientation are given in the semistereographic projection of fig. 30. All rotations of the crystals lead away from [111] towards the plane of symmetry between [100] and [101]. If the axis of compression approaches this plane of symmetry, the changes in orientation tend to all directions. It is impossible to postulate an end position.

The theoretical derivation after Taylor gives, in this case, only the orientation which cannot be the end position, but does not give the end position itself. This may be caused partly by certain simplifications (compare Taylor, 1938, 1955; Kochendörfer, 1941) on the one hand. On the other hand, it may be caused by the fact that two different systems of translational gliding were used in the calculations, without taking into account wether the different cirtical resolved shear stresses of both systems had any influence. An end position, for example with [100] parallel to the axis of compression, would be accompanied by zero shear stresses in all systems of the type (001) [110] and the deformation would be connected with the (110) [$\bar{1}$10] systems with their high resolved shear stresses.

An extension of the statements of Taylor has been given by Bishop (1954). Both calculations give the same diagrams for the change in orientation (Lang, 1968)[11].

11) Recently, metallurgists have developed more generalized Taylor deformation models. For example: G. Y. Chin, Tension and compression textures, in Textures in Research and Practice; J. Grewen and G. Wassermann (Editors), Springer-Verlag, Berlin–Heidelberg–New York, 1969, 505 p.; T.

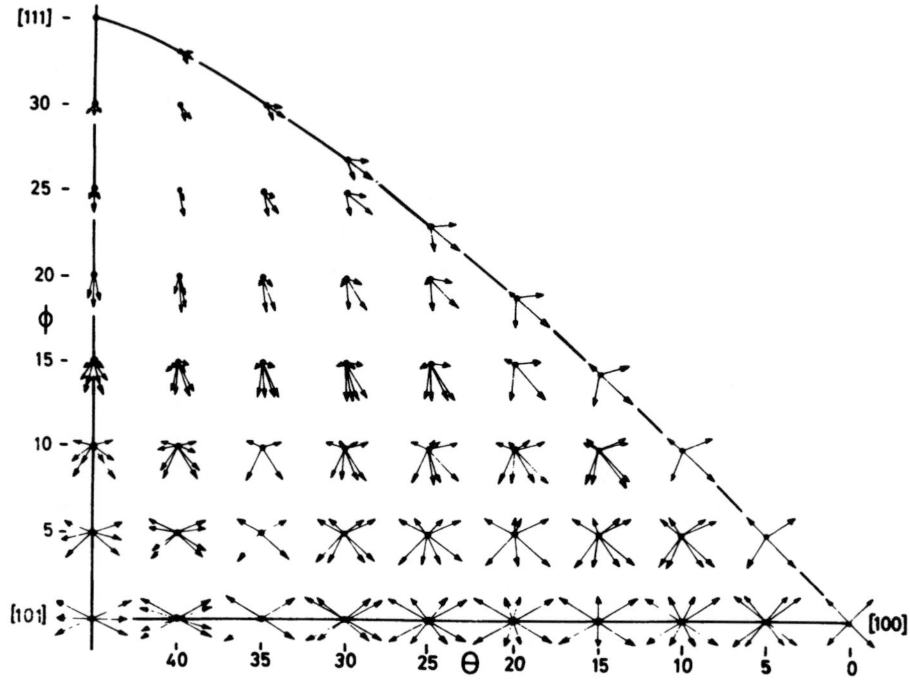

Fig. 30.
Calculated changes in orientation, after the method of Taylor, for the six gliding systems (100) [011] and the six gliding systems (110) [$\bar{1}$10] of galena. The vectors lead away from (111). No definite end-position is indicated.

6. Some remarks about the relevance of the experiment to the natural deformation of ores

The results of these experiments on galena, as described here, are in the first instance rather isolated. They become meaningfull in relation to the mechanical behaviour of the wall rocks of ore deposits and in relation to minerals which belong to the same paragenesis.

One of the results may be used for an interpretation, with certain limitations. An ore deposit with porous galena (similar to series LGA 4) cannot be stressed above 500 bars, with the exception that the pores were closed and filled with a liquid, or the pores were filled with minerals which had been extracted later.

Experiments at room temperature on other sulfides, such as sphalerite (Saynisch, 1967), chalcopyrite and pyrite (Lang, 1968) have been done in the last years and a comparision with galena will be discussed in a further publication.

Footnote 11 continued:
Leffers, Computer simulation of the plastic deformation in face-centered cubic polycrystals and the rolling texture derived, phys. stat. sol. 25 (1968) 337–344.

The mechanical properties of many rocks have been described in detail in literature (see for example: Robertson, 1955; Handin and Hager, 1957 and 1958; Handin, Hager, Friedman, and Feather, 1963; Donath 1961 and 1964; Strasser, 1966). In figs. 31 and 32 the stress-strain curves for galena of the series LGA 2 and LGA 4 are compared with those of Hasmark Dolomite (Handin und Hager, 1957), Marianne Limestone (Handin and Hager, 1957), Weeks Island S-Sandstone (Handin and Hager, 1957) and Martinsburg Slate (Donath, 1961, 1964). In general, the strength of the galena is lower than the strength of the rocks, and galena is already ductile while most of the rocks are still brittle. The experiments confirm the opinion discussed in literature, that galena deforms first

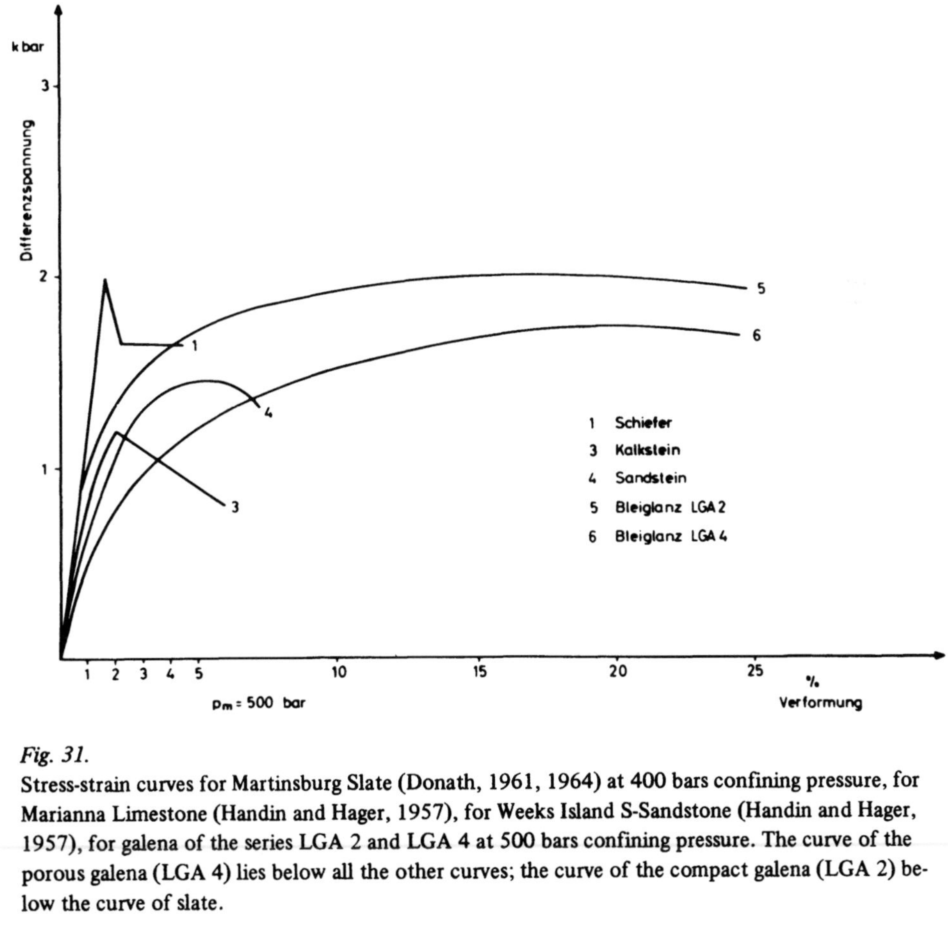

Fig. 31.
Stress-strain curves for Martinsburg Slate (Donath, 1961, 1964) at 400 bars confining pressure, for Marianna Limestone (Handin and Hager, 1957), for Weeks Island S-Sandstone (Handin and Hager, 1957), for galena of the series LGA 2 and LGA 4 at 500 bars confining pressure. The curve of the porous galena (LGA 4) lies below all the other curves; the curve of the compact galena (LGA 2) below the curve of slate.

and is an indicator of low deformations. But the stress-strain curves reveal also that sometimes wall rocks and galena may be deformed at the same time and in a similar manner.

As soon as experiments on sulfides have been conducted also under higher temperatures and at different very low strain rates, the comparison of the mechanical and deformational properties of rocks and ores may give more precise understanding of the behaviour of ores during metamorphism.

The analysis of the fabrics of deformed galena is of general interest as it revealed that the deformation did not destroy the initial fabric and that a strain of about 15 % was necessary to prove that a new fabric, different from the initial fabric, was developing.

The already started experiments to deform galena by simple shear will give further information, since natural deformed laminated galena (Bleischweif) may then be interpreted as having originated by this type of deformation (Siemes and Schachner, 1965).

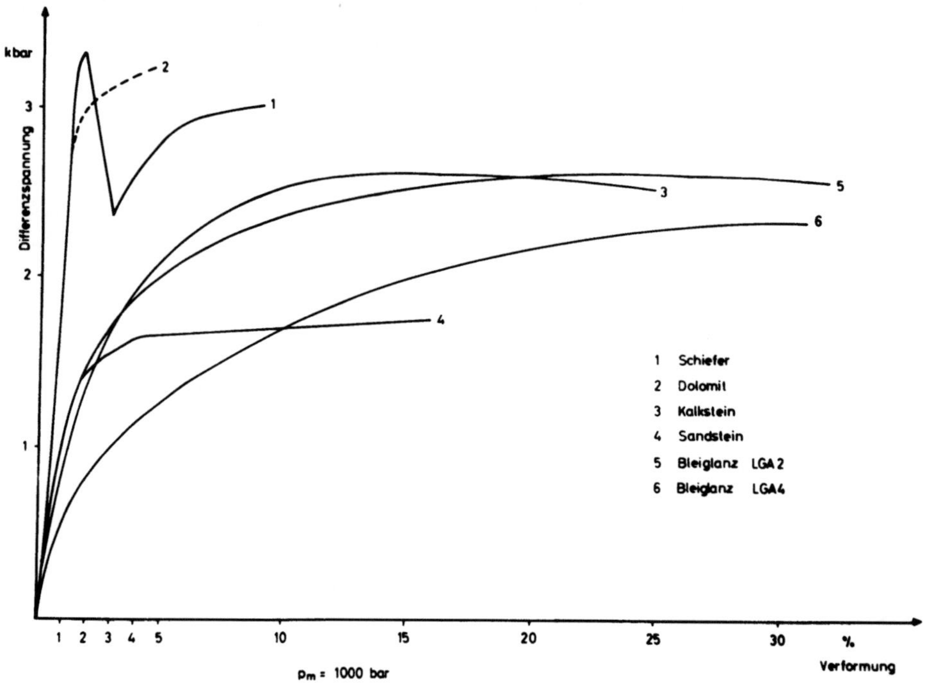

Fig. 32.
Stress-strain curves for Martinsburg Slate (Donath, 1961, 1964) at 1200 bars confining pressure, for Hasmark Dolomite (Handin and Hager, 1957), for Marianne Limestone (Handin and Hager, 1957), for Weeks Island S-Sandstone (Handin and Hager, 1957), for galena of the series LGA 2 and LGA 4 at 1000 bars confining pressure. The curves of slate, dolomite and limestone lie above the curves of galena.

7. Zusammenfassung

Die experimentelle Verformung von Bleiglanz bei achsialer Verformung unter hydrostatischem Druck führte zu folgenden Resultaten:

Bleiglanz ist bis ca. 200 bar hydrostatischem Druck spröde. Er bricht in Form von Dehnungs- und Scherrissen. Über 300 bis 400 bar verhält sich Bleiglanz duktil.

Die Spannungs-Verformungs-Kurven zeigen, daß die Festigkeit von Bleiglanz mit zunehmendem hydrostatischen Druck steigt. Bei 3000 bar hydrostatischem Druck besitzt die Festigkeit ein absolutes Maximum. Über 3000 bar vermindert wachsender hydrostatischer Druck die Festigkeit. Der Einfluß der Materialeigenschaften wird diskutiert.

Unter einachsigem Druck regelt sich die [110]-Achse parallel der Hauptdruckrichtung ein. Die Orientierung ist bei 15 %iger Verformung klar ausgebildet. Die Symmetrie des Ausgangsgefüges bleibt bei der Verformung erhalten und wird durch das neue Gefüge mit achsialer Symmetrie überlagert. Eine theoretische Erklärung der Endlage wird nach TAYLOR gegeben. Die Berechnung ergab, daß [111] nicht als Endlage auftreten kann.

Wie aus den Spannungs-Dehnungs-Kurven hervorgeht, ist die Festigkeit der meisten Gesteine größer als die des Bleiglanzes.

8. Acknowledgements

The discussions with Prof. Dr. D. Schachner, and her encouragement contributed very much to this research work.

Prof. W. Jamm and Mr. Ruessmann from the Mannesmann Comp. and Prof. Dr.-Ing. habil. W. Lohmann helped very much in the construction and manufacture of the high pressure cylinder.

I am particulary indebted to Prof. F. A. Donath, University of Illinois in Urbana (formerly Columbia University, New York) where I learnt much about the design of high pressure equipment and the execution of high pressure tests. Especially, thanks to him for permission to use his apparatus to perform several tests on galena. Helpful was the permission of Prof. Donath and Dr. R. T. Faill to use their program handling the data to calculate the stress-strain curves.

Prof. Ch. H. Behre, Columbia University, New York, supplied the test material from the Minnie Moore mine. I thank him very much for planning field trips to several mines in the United States.

The geologists of the St. Joseph Lead Company, Bonne Terre, Mr. R. Flannery and H. Meyers who guided me through the Nr. 8 Mine, where it was possible for me to collect the test material for the series LGA 4.

Dr. R. McConnel and Dr. Long supplied galena from the Bunker Hill Mine and conducted me through the Mine.

The staff of our institute helped in many cases.

The "Deutsche Forschungsgemeinschaft" supplied a part of the X-ray equipment, part of the measuring equipment and computing time.

Computations were performed at the German Computer Center in Darmstadt and at the computer center of the Technical University Aachen.

The German Academie Exchange Service supplied a Nato fellowship.

9. Appendix

9.1 Preparation of specimens

The specimens were cored with diamond drills. The diameter of the specimens of the series LGA 1 and LGA 2 was 1/2″ (12.7 mm) and the length was 1″ (25.4 mm). The diameter of the series LGA 4 was 15 mm and the length 30 mm. The original length (l_0) and the original diameter (d_0) were measured by a micrometer. From the geometrical volume

$$V_g = \pi \cdot d_0^2 \cdot l_0/4 \quad [cm^3]$$

and the weight G [g] the density ρ was calculated to be:

$$\rho = G/V_g \quad [g/cm^3]$$

The measured density was compared with the theoretical density of galena.

The bulk volume V_f of the specimens of the porous galena was measured by means of an air comparison pycnometer. The porosity ϕ is given by

$$\phi = \left(\frac{V_g - V_f}{V_g}\right) \times 100 \quad [\%]$$

and the density

$$\rho = G/V_f \quad [g/cm^3]$$

The volume of a specimen was about 5 cm^3 and the accuracy of the Beckmann pycnometer about ± 0.05 cm^3. Therefore a porosity of 10 % may deviate by ± 1 %.

Each specimen was numbered by letters and digits. The first letter L is the sign for compression tests, the second letters GA stand for galena. The first digit represents the number of the test series and the last two digits are a serial number.

9.2 Description of apparatus

The apparatus used in the experiments was designed to deform cylindrical specimens by axial compression under confining pressures. This type of apparatus was first used by v. Kármán (1911) and later on by many other scientists (see review by Handin and Hager, 1957).

The specimens of the series LGA 1 and LGA 2 were deformed with an apparatus permitting a variable strain rate from 1×10^{-1} to $1 \times 10^{-10} sec^{-1}$ (Donath, 1964). The series LGA 4 were deformed in Aachen by means of an apparatus which was designed using descriptions in literature (especially: Griggs and Miller, 1951; Handin, 1953; Wiseman and Marin, 1954; Robertson, 1955). The apparatus was improved very much after the authors visit to the laboratory of Prof. F. A. Donath (1964). The apparatus consists of four units:

1. high pressure cylinder with Bridgman and O-ring seals for a maximum confining pressure of 10 000 bars,

2. loading system, a commercial 60 Mp hydraulic testing machine,
3. confining pressure system with intensifiers, handpumps, and motordriven pumps,
4. instruments for the measurement of displacement, load and confining pressure. The apparatus is decribed in more detail by Siemes (1967), Saynisch (1967) and Lang (1968).

9.3 Data processing

At the beginning of a test, the zero force reference, and the displacement reference under confining pressure are recorded. Test load is plotted against displacement using an Y-X-recorder. At the end of a test, the displacement and force refrences under confining and under atmospheric pressure are measured again. The reference data, together with certain constants (e.g. distortion of apparatus) and the data of load and displacement are punched on cards. These data were handled by a program of Donath and Faill (1964) which was changed for an input of data in the metric system and for computing the corrections for the change in porosity. The output of the program consists of a data sheet with the measured data and the calculated and corrected values of stress and strain and a plot of the stress-strain curve.

9.4 X-ray technique

The fabric was measured by an X-ray texture diffractometer, manufactured by the Siemens Comp. (Neff, 1956; Neff und Paulitsch, 1959; v. Gehlen, 1960).

In the usual mode of operation, the pole figure is scanned along a spiral. Thc intensity distribution of a preset lattice plane is recorded and must be transferred into an equal area projection by hand. This is rather tedious and time consuming. Most of the fabric diagrams of this publication were produced by this method. The diagrams of the same lattice planes were run under the same standard conditions, therefore the diagrams are comparable. A few of the fabric analyses were done making use of computer techniques. The intensity along the spiral is measured over a range of about 6° azimuthal angle using an electronic counting circuit, and punched onto a paper tape. Using a FORTRAN-program (Siemes, 1967, 1968) the equal area projection of the fabric diagram is printed by the output printer of the computer. Diagrams of the same orientation may be averaged, and diagrams from different orientations may be rotated into one plane and compiled to give a synoptic diagram. From the measured intensities, a mean intensity which is that of a specimen with uniform distribution of crystals, is calculated. The intensity scale of the plotted diagram refers to this mean intensity, which is symbolized by the digit "5". The printer symbols 1, 2, 3, and 4 represent 80, 60, 40, 20 % below the mean intensity, and the printer symbols 6, 7, 8, 9, X, and * represent 20, 40, 60, 80, 100, and 120 % above the mean intensity.

The program offers the facility to calculate averaged intensity profiles[12] from the measured intensities. This type of diagram may also be produced directly (Siemes, 1966).

12) see also: D. W. Baker, H. R. Wenk, J. M. Christie, X-ray analysis of preferred orientation in fine-grained quartz aggregates. Jour. Geol. 77 (1969) 144–172.

The intensity of the preset lattice plane is measured for polar angles from 0 to 90° to the normal of the specimen during one rotation of the specimen about its normal. The intensity profiles of this publication were measured by the direct method and are called rotation diagrams, all produced under the same conditions and the intensity is given in an absolute scale (counts/min) and not in a scale which refers to the mean intensity.

References

Bishop, J. F.: A Theory of the Tensile and Compressive Textures of Face-centered Cubic Metals. Jour. Mech. Phys. Solids 3 (1954) 130–142.

Boas, W. und E. Schmid: Zur Deutung der Deformationstexturen von Metallen. Z. Techn. Physik 12 (1931) 71–75.

Bridgman, P. W.: The Physics of High Pressure. Bell and Sons, London 1958.

Carter, N. L., Christie, J. M. and D. T. Griggs: Experimental deformation and recrystallisation of quartz. Jour. Geol. 72 (1964) 687–733.

Donath, F. A.: Experimental Study of Shear Failure in Anisotropic Rocks. Bull. Geol. Soc. Amer. 72 (1961) 985–990.

– Strength Variation and Deformational Behavior in Anisotropic Rock. State of Stress in the Earth's Crust, 1964, 281–298. Ed. W. R. Judd.

– Effect of Loading Rate on the Deformational Behavior or Rocks Subjected to Triaxial Compression. Final. Report, 1964.

– und R. T. Faill: Pers. Mittlg. 1964.

Gehlen, K. v.: Die Röntgenographische und optische Gefügeanalyse von Erzen, insbesondere mit dem Zählrohr-Texturgoniometer. Beitr. Miner. Petro. 7 (1960) 340–388.

Griggs, D. T. und J. Handin: Observations on Fracture and a Hypothesis of Earthquakes. Geol. Soc. Amer. Memoir 79 (1960) 347–364. Ed. D. T. Griggs und J. Handin.

– und W. B. Miller: Deformation of Yule Marble, Part I. Compression and Extension Experiments on Dry Yule Marble at 10 000 Atmospheres Confining Pressure, Room Temperature Bull. Geol. Soc. Amer. 62 (1951) 853–681.

– , Turner, F. J., Borg, I. und J. Sosoka: Deformation of Yule Marble, Part IV. Effects at 150°C. Bull. Geol. Soc. Amer. 62 (1951) 1385–1406.

Groves, G. W. and A. Kelly: Independent Slip Systems in Crystals. Phil. Mag. 8 (1963) 877–887.

Handin, J.: An Application of High Pressure in Geophysics: Experimental Rock Deformation. Amer. Soc. Mech. Eng. Trans. 76 (1953) 315–384.

– und R. V. Hager: Experimental Deformation of Sedimentary Rocks under Confining Pressure: Tests at Room Temperature on Dry Samples. Bull. Amer. Assoc. Petrol. Geologists 41 (1957) 1–50.

– und –: Experimental Deformation of Sedimentary Rocks under Confining Pressure: Tests at High Temperature. Bull. Amer. Assoc. Petrol. Geologists 42 (1958) 2892–2934.

– , Hager, R. V., Friedman, M., J. N. Feather: Experimental Deformation of Sedimentary Rocks under Confining Pressure: Pore Pressure Tests. Bull. Amer. Assoc. Petrol. Geologists 47 (1963) 717–755.

Heard, H. C.: Transition form Brittle Fracture to Ductile Flow in Solnhofen Limestone as a Function of Temperature, Confining Pressure, and Interstitial Fluid Pressure. Geol. Soc. Amer. Memoir 79 (1960) 193–226.

– Effect of Large Change in Strain Ratio in the Experimental. Deformation of Yule Marble. Jour. Geol. 1963 (71) 162–196.

Kármán, Th. v.: Festigkeitsversuche unter allseitigem Druck. Z. VDI 55 (1911) 1749–1757.

Kochenkörfer, A.: Plastische Eigenschaften von Kristallen und metallischen Werkstoffen. Springer-Verlag, Berlin 1941.

Lang, H.: Stauchversuche mit polykristallinen Kupferkiesen und deren Ergebnisse unter besonderer Berücksichtigung der Gefügeregelung. Diss. TH Aachen 1968.

Lyall, K. D.: Dissertation 1965, Department of Geophysics an Geochemistry, Australian National University, Canberra.

– The Origin of Mechanical Twinning in Galena. Amer. Miner. 51 (1966) 243–247.

– und M. S. Paterson: Plastic Deformation of Galena (Lead Sulphide). Acta Metallurgica 14 (1966) 371–383.

Mises, R. v.: Mechanik der plastischen Formänderung von Kristallen. Z. angew. Math. u. Mech. 8 (1928) 161–185.

Mügge, O.: Über Translationen und verwandte Erscheinungen an Kristallen. N. Jb. Miner. 1898, I, 71–158.

Neff, H.: Ein neues Zählrohrgoniometer für die Texturbestimmung an Blechen. Z. Metallkunde 1956 (47) 646–648.

– und P. Paulitsch: Bestimmung natürlicher Korngefüge mit dem Zählrohrgoniometer. Naturwiss. 46 (1959) 490.

Němec, D.: Beitrag zur Symmetriesystematik von Quarzgefügediagrammen. N. Jb. Miner. Abh. 100 (1963) 27–42.

Paterson, M. S.: Experimental Deformation and Faulting in Wombeyan Marble. Bull. Geol. Soc. Amer. 69 (1958) 465–476.

– und L. E. Weiss: Symmetry concepts in Structural Analysis of Deformed Rocks. Bull. Geol. Soc. Amer. 72 (1961) 841–882.

Robertson, E. C.: Experimental Study of the Strength of Rocks. Bull. Geol. Soc. Amer. 1955 (66) 1275–1314.

Sander, B.: Gefügekunde der Gesteine. Springer-Verlag, Wien 1930.

– Einführung in die Gefügekunde der geologischen Körper. Vol. I, 1948, Springer-Verlag, Wien. Vol. II, 1950, Springer-Verlag, Wien.

Saynisch, H. J.: Festigkeits- und Gefügeuntersuchungen an Zinkblenden. Diss. TH Aachen 1967.

Schachner-Korn, D.: Ein Wachstums- und Rekristallisationsgefüge von Bleiglanz aus einer rheinischen Lagerstätte. Tscherm. Mittlg. III. Folge 4 (1954) 111–116.

Siemes, H.: Experimente und Betrachtungen zum Rekristallisationsverhalten von natürlich verformten Bleiglanzen. N. Jb. Miner. Abh. 102 (1964) 1–30.

– Theoretische Ableitung der Stauchtexturen von Bleiglanz. N. Jb. Miner. Abh. 103 (1965) 80–93.

– Röntgenographische Bestimmung der Texturen von unverformtem und experimentell verformtem Solnhofener Kalkstein. Sitzungsberichte des 1. Internationalen Kongresses der Internationalen Gesellschaft für Felsmechanik, Lissabon 1966.

– Ein Rechenprogramm zur Auswertung von Röntgen-Texturgoniometer-Aufnahmen. N. Jb. Miner. Monatshefte 1/2, 1967, 49–60.

– Die Endlagen bei der Stauch- und Zugverformung von polykristallinen Metallen. Z. Metallkunde 58 (1967) 228–230.

– Experimentelle Stauchverformung von polykristallinen Bleiglanzen – Bestimmung der Festigkeitseigenschaften unter allseitigem Druck zwischen 1 und 5000 bar sowie röntgenographische Untersuchung der auftretenden Texturen - Habilitationsschrift, Technische Hochschule Aachen 1967.

– Auswertung gefügekundlicher Messungen mit moderner Datenverarbeitung. Rundgespräch: Anwendung neuer Methoden in der Gefügeanalyse, Aachen 1968.

– und D. Schachner-Korn: Theoretische Ableitung der Schertexturen von Bleiglanz und Vergleich dieser mit Texturen natürlich verformter Bleiglanze. N. Jb. Miner. 102 (1965) 221–250.

Stanton, R. L. and H. Gorman: A Phenomenological Study of Grain Boundary Migration in Some Common Sulfides. Econ. Geol. 63 (1968) 907–923.

Strasser, B.: Mechanisches Verhalten von Sedimentgesteinen aus dem Karbon Nordrhein-Westfalens unter Einfluß allseitigen Drucks. Fortschr. Geol. Rheinld. u. Westf. 15 (1966) 1–130.

Taylor, G. I.: Plastic Strain in Metals. Jour. Inst. Metals 62 (1938) 307–324.

– Strains in Crystalline Aggregate. IUTAM Colloquium, Madrid 1955, S. 3–12 in Verformung und Fließen des Festkörpers. Springer-Verlag 1956.

Wiseman, H. A. B. und J. Marin: A New Triaxial Stress Testing Machine for Determing Plastic Stress-Strain Relations. ASTM Proceedings 1954 (54) 1365–1382.

FESTIGKEITS- UND GEFÜGEUNTERSUCHUNGEN AN EXPERIMENTELL UND NATÜRLICH VERFORMTEN ZINKBLENDEERZEN

H. J. Saynisch

Institut für Mineralogie und Lagerstättenlehre der Technischen Hochschule Aachen[1]

Abstract

The mechanical properties and the fabrics of Sphalerite are discussed.

Axial deformation was made until 5000 bar confining pressure. Till 500 bar confining pressure Sphalerite is brittle, above 1000 bar it is ductile. Strength of Sphalerite increases with increasing confining pressure. The results of derformation correspond with Mohr's theory. The mechanical properties of Sphalerite are modified by accompanying material.

By uni-axial deformation the [110]-axes of Sphalerite were aligned to the main compression axis. The fabric becomes clearly evident with increasing deformation. The observed fabrics correspond with the theoretical end-position, which is defind by the theory of Taylor (1938) and Boas & Schmid (1931).

In naturally deformed Sphalerite {111} [112] and {110} [001] lie parallel to the elongation plane.

1. Einleitung

Das Auftreten von verformten Zinkblenden ist auf vielen Blei-Zinklagerstätten eine allgemein beobachtete Erscheinung. Durch Beanspruchungen, die auf tektonische Bewegungen und auf den Überlagerungsdruck zurückzuführen sind, werden die Zinkblendeerze häufig zu striemigen, parallelgeschweiften Aggregaten umgebildet, die in ihrem Aussehen gewalzten Metallen sehr ähnlich sind.

Ziel der vorliegenden Arbeit ist es zu untersuchen, ob experimentell ermittelte Daten über die Festigkeit und Gefügeregelung von Zinkblende unter Verwendung von theoretischen Ansätzen aus der Metallkunde einen Beitrag zur Gefügekunde, wie sie von Sander (1930, 1948, 1950) entwickelt und umfassend dargestellt wurde, liefern können.

Es wird versucht, das Verformungsverhalten und die mechanischen Eigenschaften der Zinkblende unter Bedingungen, die den Lagerstättenverhältnissen angenähert sind, zu erfassen. Zu diesem Zweck werden experimentelle Stauchverformungen an poly-

1) jetzt: Röchling'sche Eisen- und Stahlwerke GmbH. Völklingen - Saar.

kristallinen Proben unter definiertem allseitigen Druck, entsprechend dem Überlagerungsdruck, unternommen.

Weiterhin sollen die Deformationstexturen der Zinkblende untersucht werden. Es wird geprüft, ob die in der Metallkunde angewandten Verformungstheorien auf die polykristalline Zinkblende übertragen werden können und ob die daraus ableitbaren Kristallendlagen mit gefundenen Stauchtexturen in den Proben übereinstimmen.

Abschließend werden natürlich verformte Zinkblenden gefügekundlich untersucht. Der Beanspruchungsplan, der zur Bildung des geschweiften Erztyps führt, ist nicht bekannt. Es soll versucht werden, diese Verformungstexturen unter Anwendung eines in der Metallkunde benutzten Endlagenmodells theoretisch zu deuten, um daraus Aufschluß über den Verformungsvorgang zu gewinnen.

2. Untersuchung der mechanischen Eigenschaften der Zinkblende

Die ersten Versuche achsialer Verformung unter einem definierten allseitigen Druck führte v. Kármán (1911) an zylindrischen Proben von Carrara-Marmor und Sandstein durch. Er wies nach, daß Gesteine, die unter Atmosphärendruck spröde sind und brechen, unter einem angelegten Manteldruck höhere Festigkeiten aufweisen und sich weitgehend bruchlos verformen lassen. Inzwischen sind viele gleichartige Untersuchungen an magmatischen, sedimentären und metamorphen Gesteinen unternommen worden. Sie hatten zum Ziel, die mechanischen Eigenschaften der untersuchten Gesteine zu bestimmen. Eine gute Übersicht über die erschienenen Arbeiten geben Handin und Hager (1957) und Strasser (1964).

Griggs, Handin, Turner und Mitarbeiter untersuchten eingehend die Verformung von Yule-Marmor. Die beim achsialen Stauchen unter allseitigem Manteldruck entstehenden Gefügeregelungen der Marmorproben beschrieben Turner und Ch' Ih (1951). Handin und Griggs (1951) und Turner, Griggs, Clark und Dixon (1956) gaben eine analytische Deutung, welche Deformationsmechanismen bei der plastischen Verformung des Calcits wirken und welche Texturen sich daraus theoretisch ableiten lassen. Handin und Fairbairn (1955) führten entsprechende experimentelle und theoretische Untersuchungen an Dolomiten durch. Robertson (1955) beschrieb in seiner Arbeit über Gesteinsfestigkeiten Verformungen von einigen Erzproben. Die Gefügeregelung der sulfidischen Kupfer- und Pyritproben wurde nicht behandelt. Siemes (1967) führte experimentelle Stauchverformungen an polykristallinen Bleiglanzen durch und deutete die auftretenden Texturen.

2.1 Beschreibung der Versuchseinrichtung und des Spannungszustandes beim Stauchen

Für die Durchführung der achsialen Stauchversuche unter einem überlagerten allseitigen Druck stand am Institut für Mineralogie und Lagerstättenlehre der T.H. Aachen eine Hochdruckapparatur zur Verfügung, die nach dem v. Kármán'schen Prinzip arbeitet (s. Abb. 1). Diese Versuchsanlage ist von Siemes entworfen und von der Mannesmann AG gebaut worden.

Abb. 1.
Versuchseinrichtung

Die Hochdruckapparatur, der Versuchsablauf, die Vorbereitung und Behandlung der Proben sowie die Berechnung der Spannungsverformungskurven mit Hilfe der elektronischen Datenverarbeitung wurden von Siemes (1967, 2) ausführlich beschrieben.

Die Versuche wurden an zylindrischen Zinkblendeproben mit Sollmaßen von 30 mm Länge und 15 mm Durchmesser durchgeführt. Während des experimentellen Stauchvorganges unterliegt die Probe einem dreiachsialen Spannungszustand, der durch die drei Hauptnormalspannungen σ_1 ; σ_2; σ_3 gekennzeichnet ist. Die Druckspannung $+ \sigma_1$ wirkt in Richtung der Probenlängsachse. Dazu senkrecht stehen σ_2 und σ_3, die gleich dem allseitigen Manteldruck P_m sind.

Für den Druckversuch gilt: $\sigma_1 > \sigma_2 = \sigma_3$.

Unter Einfluß der achsialen Spannung σ_1 wird die Probe verkürzt. Die Verformung ϵ (%) errechnet sich aus der relativen Längenänderung der Probe

$\frac{\Delta l}{l} = \frac{l_0 - l_E}{l_0}$ 100(%), (l_0 = Länge der Probe vor der Verformung, l_E = Länge nach der Verformung). Die Längenänderung wird in diesen Versuchen als positiver Wert angegeben.

Zur Kennzeichnung des mechanischen Verhaltens des Untersuchungsmaterials dient die Spannungsverformungskurve. Darin wird die Differenzspannung $\Delta\sigma = \sigma_1 - P_m$ in Abhängigkeit der Verformung aufgetragen. Das Spannungsverformungsdiagramm gliedert sich in einen linear-elastischen Kurventeil und einen Bereich, der die bleibende Verformung der Probe wiedergibt. Im Gegensatz zu den meisten Metallen sind die beiden Bereiche bei Gesteinen und Erzaggregaten nicht scharf abzugrenzen. Sie gehen allmählich ineinander über.

2.2 Übersicht über die Stauchversuche

Die Stauchversuche wurden an Zinkblendeerzen durchgeführt, die große Unterschiede in der Art und Menge des Fremdmineralanteils und in der Ausgangsregelung aufwiesen. Die Untersuchungsreihen erhalten die Bezeichnung LSP. Darin bedeutet L die Stauchverformung, SP kennzeichnet das Mineral Sphalerit.

Im Rahmen dieser Arbeit werden nur die Ergebnisse der experimentellen Untersuchungen an einem ungeregelten, mittel- bis grobkörnigen reinen Zinkblendeerz der Grube Nikolaus-Phönix bei Markelsbach/Siegkreis (LSP 1) und an einem extrem feinkörnigen reinen Zinkblendeaggregat mit deutlicher Ausgangsregelung der Grube Hürnigskopf bei Hürnig/Ahr (LSP 5) aufgeführt.

Weitere Untersuchungen, insbesondere an Zinkblendeerzen mit hohen Fremdmineralanteilen sind bei Saynisch (1967) beschrieben.

2.21 Untersuchungsreihe LSP 1 (Grube Nikolaus-Phönix). Aus einem großen, kompakten Erzstück der Grube Nikolaus-Phönix wurden 88 Proben ausgebohrt. Einige zerbrachen bereits bei der Herstellung, 66 konnten für die Stauchversuche verwendet werden. Die Zinkblende hat auch innerhalb eines Probenkörpers unterschiedliche, von 1mm bis maximal 1 cm schwankende Korngrößen.

In mikroskopischen Untersuchungen an Dünn- und Anschliffen wurden als Fremdmineralien Bleiglanz, Quarz und Karbonat nachgewiesen. Der Bleiglanz füllt die Zwickel zwischen größeren Zinkblendekörnern aus oder bildet kleinere Gänge in der Grundmasse. Die Gangarten bestehen aus feinkörnigem Quarz und untergeordnet aus Karbonat. Sie durchziehen aderförmig das Erz oder sind eng mit der Zinkblende verwachsen. Die Korngrößen von Quarz und Karbonat liegen bei 50 μm. Sie überschreiten nur selten 100 μm.

In zahlreichen Proben sind neben Bleiglanz und Gangart größere Partien von Nebengesteinsfragmenten eingeschlossen.

Für die Untersuchungen dieser Reihe wurden Proben herausgezogen, deren Zinkblendematrix keinen oder nur einen vernachläßigbar geringen Gehalt an Fremdmineralien aufwies.

a) Spannungsverformungskurven

In der Tabelle 1 sind die Stauchversuche der Serie LSP 1 aufgeführt. Der Manteldruck wurde bis auf maximal 5.000 bar erhöht, die Verformungsgeschwindigkeit mit etwa $0{,}3 \times 10^{-3}$ sec^{-1} konstant gehalten. Eine repräsentative Auswahl von Spannungs-Verformungskurven zeigt Abb. 2.

Tabelle 1: Übersicht über die Stauchversuche
Untersuchungsreihe LSP 1

Proben nummer	Mantel-druck (bar)	Bleibende Verform. (%)	Bruch	Bruch-winkel (Grad)
LSP 1- 8	1	1,2	TB	0/5
-18	1		TB	0
-21	1	1,6	TB	0
-42	1	1,1	TB	0
- 4B	50	3,7	TB/SB	16
-46	50	1,7	TB/SB	14
- 9B	100	2,2	SB	25
-11	100	3,6	SB	22
-37	100	2,0	SB	20
-34	250	2,0	SB	26
-56	250	1,3	SB	24
-25	500	3,5	SB	29
-59	500	2,9	SB	25
-76	500	5,5	LB	24
-26	750	5,8	SB	27
-39	750	0,7	LB	25
-61	750	1,7	SB	30
-15A	1000	11,3	LB	34
-33	1000	5,1		
-62	1000	3,4	SB	34
-63	1000	6,3	LB	35
- 8A	1500	6,8		
-64	1500	6,9	LB	34
-65	1500	2,0		
- 1	2000	8,9		
- 3A	2000	7,7		
- 3B	2000	12,5	LB	32
-23	2000	8,6		
- 6	3000	8,6		
- 9A	3000	12,1		
-19	3000	15,6		
-72	3000	8,7		
-15B	4000	13,8		
-27	4000	18,2		
-73	4000	13,1		
-12	5000	19,0		
-22	5000	20,1		
-40	5000	16,6	LB	34
-66	5000	19,9		
-79	5000	16,3		

TB = Trennbruch; SB = Scherbruch; LB = Bruch infolge Undichtigkeit an der Ummantelung.

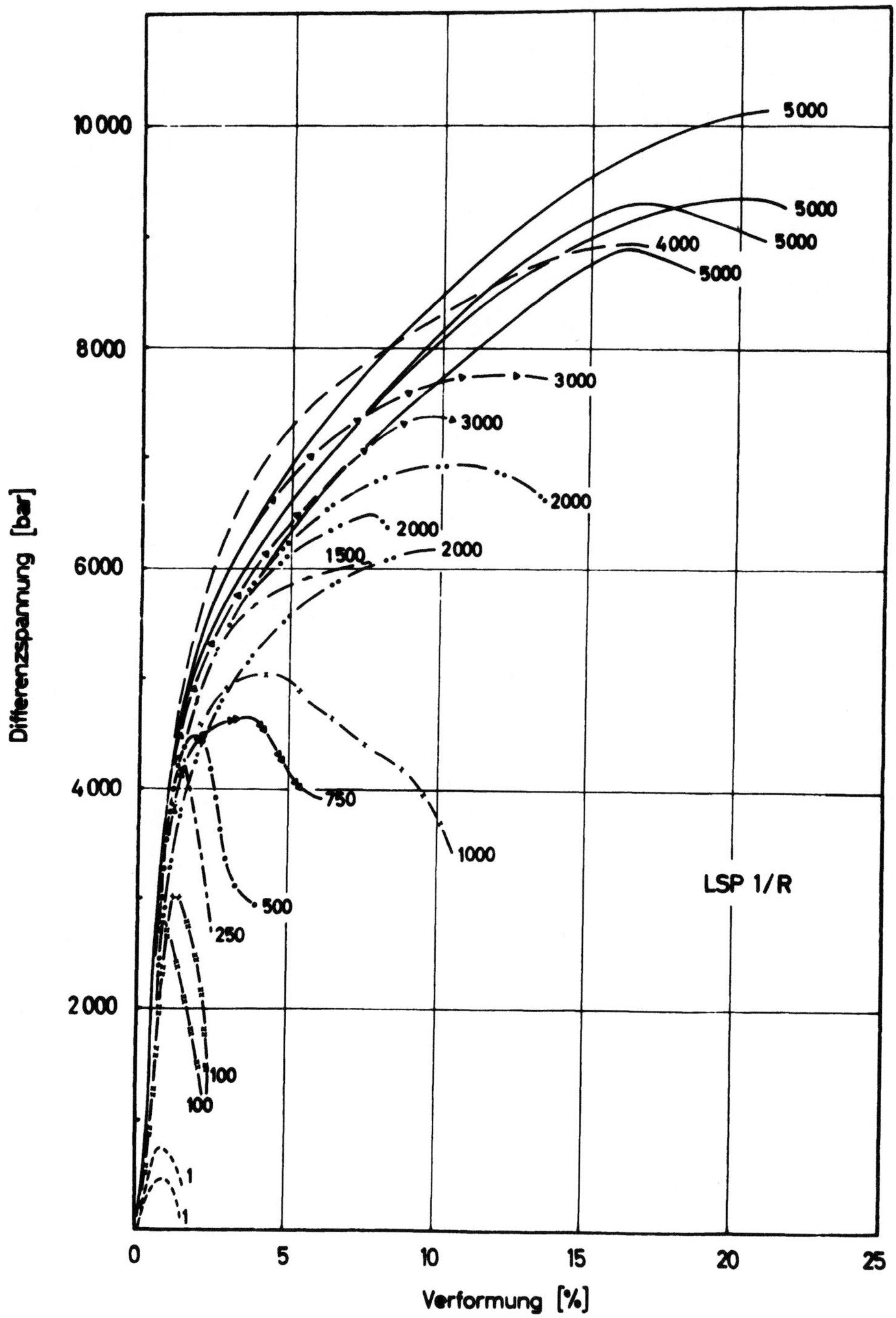

Abb. 2.
Spannungsverformungskurven (LSP 1)

Unterschiedliche Kornzusammensetzung der Proben bewirkt geringe Abweichungen des Kurvenverlaufes bei Versuchen, die unter gleichen Bedingungen aufgenommen wurden. Unter Atmosphärendruck erfolgt der Bruch der Probe bei einer angelegten Differenzspannung von ungefähr 700 bar. Es bilden sich Trennbrüche, die in Richtung der axialen Spannung σ_1, d.h. in Richtung der Längsachse der Probe verlaufen (s. Abb. 3).

Bis zu Manteldrücken von 600 bar bleibt die Zinkblende spröde. Der Bruch tritt unmittelbar nach Überschreiten des linear-elastischen Kurvenbereiches ein. Bei Manteldrücken von 750–1.000 bar setzen erstmals plastische Fließvorgänge ein, die sich im Spannungs-Verformungsdiagramm durch das Abflachen der Kurve über den linearen Bereich hinaus bemerkbar machen. Es werden bleibende Verformungen bis zu 5 % erreicht (s. Tabelle 1). Der Bruch setzt nach Überschreiten der Festigkeit der Probe ein.

In den Manteldruckbereichen oberhalb des Atmosphärendruckes bis 1.000 bar erfolgen Scher- oder Verschiebungsbrüche (s. Abb. 3). Deren Bruchflächen bilden einen spitzen Winkel mit der Stauchachse, die mit der Richtung der größten axialen Spannung zusammenfällt. Bei niedrigen Manteldrücken sind die Bruchflächen sehr unregelmäßig ausgebildet. Sie nehmen häufig scharfkantige und treppenförmige Ausbildung an. Oberhalb eines Manteldurckes von 500 bar werden die Bruchflächen regelmäßiger, die Unebenheiten flacher und abgerundeter. Es setzt eine Harnischbildung ein, deren Riefung in Richtung der Bewegung verläuft. Die Bruchflächen sind mit einer dünnen Schicht aus feinstem, zerriebenem Zinkblendestaub belegt.

Bei Manteldrücken über 1.000 bar lassen sich die Zinkblendeproben bruchlos plastisch verformen. Nach Überschreiten des steilen linearen Kurventeils steigt die Spannungs-Verformungskurve flacher an. Im plastischen Bereich erfolgt zunächst eine *Verfestigung* der Zinkblende. Das konstante Anwachsen der Verformung ist mit einer Zunahme der Differenzspannung verbunden. Dieser Prozeß geht meist nach Überschreiten eines Kurvenmaximums in einen Deformationsvorgang über, der durch eine Abnahme der Differenzspannung mit fortschreitender Verformung gekennzeichnet ist. Die Spannungs-Verformungskurve fällt in diesem Bereich der *Entfestigung* ab.
Die zylindrischen Proben werden unter gleichzeitiger Vergrößerung des Querschnittes verkürzt. Die Änderung des Querschnittes erfolgt nicht gleichmäßig über die ganze Probenlänge. Sie erreicht in der Mitte der Proben den größten Betrag. Die runde Querschnittsform wird während des Verformungsvorganges beibehalten.

Bruchverformungen traten bei den Versuchen unter hohen Manteldrücken ein, wenn ein plötzlicher Spannungsausgleich wegen eines Lecks in der Kupferhülse oder einer Undichtigkeit zwischen Hülse und Stempelenden erfolgte. Es bildeten sich dann Scherbrüche aus, deren Bruchflächen auch Harnischriefung aufweisen, die aber im Vergleich mit vorhergehend beschriebenen ebener sind.

Die höchsten bleibenden Verformungen bei den Versuchen der Serie LSP 1 betrugen 20 %. Sie wurden an drei Proben bei Manteldrücken von 4.000 und 5.000 bar erzielt.

LSP 1-21	LSP 1-37	LSP 1-56	LSP 1-39	LSP 1-62	LSP 1-66
Pm = 1 bar	Pm = 100 bar	Pm = 250 bar	Pm = 750 bar	Pm = 1000 bar	Pm = 5000 bar
ϵ_b = 1,6%	ϵ_b = 2,0%	ϵ_b = 1,3%	ϵ_b = 0,7%	ϵ_b = 3,4%	ϵ_b = 19,9%
$\measuredangle$ = 0°	$\measuredangle$ = 20°	$\measuredangle$ = 24°	$\measuredangle$ = 25°	$\measuredangle$ = 34°	

Abb. 3.
Bruchverformungen und plastische Verformung an Proben der Serie LSP 1 (ϵ_b = bleibende Verformung, $\measuredangle$ = Bruchwinkel)

b) Bruchverformung

In Tabelle 1 sind die Winkel, die die Trenn- und Scherbrüche mit der Stauchachse bilden, aufgeführt. Die genaue Einmessung war wegen der unregelmäßigen Ausbildung der Bruchflächen häufig schwierig. Die hier angegebenen Winkelbeträge stellen Mittelwerte aus mehreren Messungen dar.

Abb. 3 zeigt eine Auswahl von Proben, die unter verschiedenen Manteldrücken verformt wurden.

Es ist die Tendenz zu erkennen, daß die Bruchwinkel mit steigendem Manteldruck größer werden. In Versuchen unter Atmosphärendruck treten nur Trennbrüche auf, die der Stauchachse parallel laufen oder höchstens um 5° dazu geneigt sind. Schon bei einem geringen Manteldruck von 50 bar bilden sich Scherbrüche mit Winkeln von 14°-16° zur Stauchachse aus. Eine Erhöhung des allseitigen Druckes führt zu einer Vergrößerung der Winkel. Sie betragen bei 1.000 bar 34° und 35°. Die Bildung konjugierter Scherbrüche wurde nicht beobachtet.

Nach der Mohr'schen Bruchhypothese, die streng genommen nur für homogenes und isotropes Material abgeleitet wurde, läßt sich die Schubspannung τ_B, die einen Bruch bewirkt, in Abhängigkeit von den Normalspannungen als Hüllkurve der Spannungskreise darstellen. Die Spannungskreise werden mit Hilfe des Manteldruckes und der achsialen

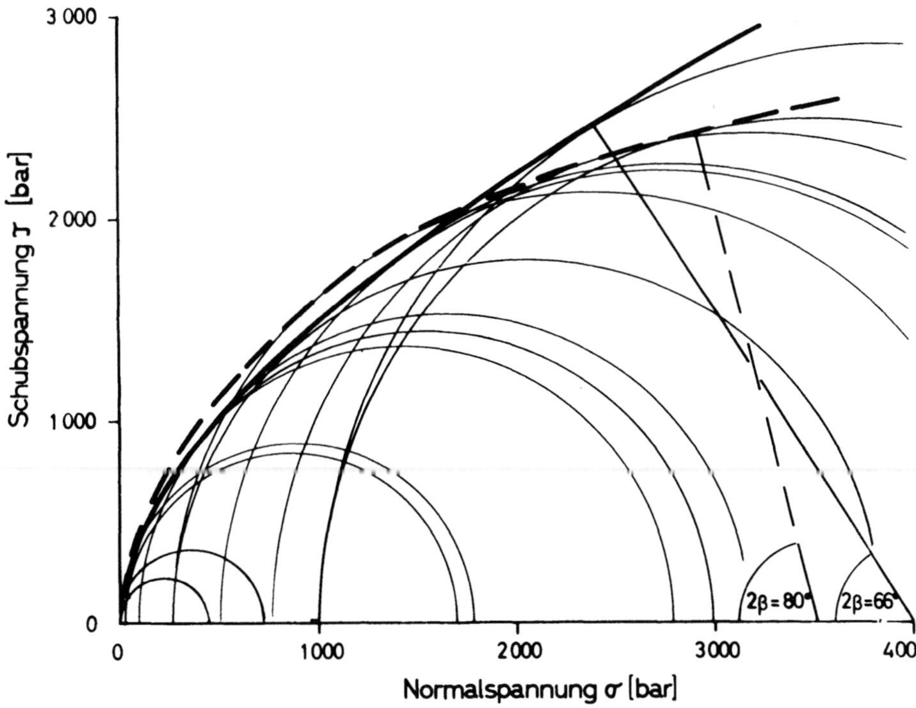

Abb. 4.
Darstellung der Mohr'schen Spannungskreise für die Bruchverformung der Zinkblende (LSP 1)

Spannung σ_B, die im Augenblick des Bruches herrscht, aufgestellt. Es wurden nur solche Versuche ausgewählt, bei denen sich der Bruchvorgang aus der Spannungs-Verformungskurve genau bestimmen läßt. Die Hüllkurve nimmt für jedes Material eine charakteristische Form an. Für spröde Stoffe ist sie eine Gerade, für duktiles Material verläuft sie parabelförmig (Handin und Hager, 1957). Die theoretischen Bruchwinkel lassen sich aus dem Diagramm als der halbe Winkel, den die Normale auf die Hüllkurve mit der Abszisse bildet, ermitteln.

In Abbildung 4 sind die Mohr'schen Spannungskreise für Versuche mit Bruchverformungen bei allseitigem Druck von 1 bis 1000 bar eingezeichnet. Wegen der Inhomogenität der Proben streuen die Kreise und eine genaue definierte Hüllkurve läßt sich nicht konstruieren. Es schien daher zweckmäßig, zwei Grenzkurven anzulegen.

Beide Kurven verlaufen parabelförmig. Daraus kann abgeleitet werden, daß sich die theoretischen Bruchwinkel mit dem Ansteigen des Manteldurckes vergrößern. Bei 1000 bar Manteldruck liegen sie in einem Bereich von 33° bis 40°. Die gemessenen Winkel von 34° und 35° bei 1000 bar Manteldruck stimmen mit den theoretischen Winkeln gut überein.

c) Festigkeit

Zur Beschreibung der Festigkeitseigenschaften der Zinkblende wurde die Differenzspannung herangezogen, die mit einem Maximum in der Spannungsverformungskurve verbunden ist. Diese höchste Festigkeit ist in Versuchen mit niedrigen Manteldrücken mit Einsetzen des Bruches erreicht. In Versuchen mit hohen allseitigen Drükken, in denen sich die Zinkblende plastisch verformen läßt, ist sie in der Spannungsverformungskurve durch den Punkt gekennzeichnet, an dem die Verfestigung abgeschlossen ist und die Entfestigung einsetzt.

Abbildung 5 zeigt die höchsten Festigkeiten als Funktion des Manteldruckes. In die Darstellung sind auch die Versuche miteinbezogen, die abgebrochen wurden, ehe ein Maximum in der Spannungsverformungskurve erreicht war. Diese Meßwerte sind besonders gekennzeichnet. Sie geben die Festigkeit bei Abbruch des Versuches an.

Die Meßwerte der höchsten Festigkeit streuen in geringem Maße. Zur Abgrenzung des Streubereiches wurden zwei Grenzkurven, die obere und untere Grenzkurve aufgestellt.

Solange die Zinkblende spröde bleibt (bis 500 bar Manteldruck), steigt die Festigkeit mit Erhöhung des allseitigen Druckes steil an. Im Manteldruckbereich oberhalb 1000 bar ist die Zunahme stetig, jedoch weniger stark. Bei höchstem allseitigen Druck wurden Festigkeiten von über 10.000 bar erreicht.

d) Duktilität

Im Rahmen dieser Untersuchungen schien es zweckmäßig, als Kennzeichnung der Duktilität der Zinkblende die Gesamtverformung, die bei höchster Festigkeit auftrat, in Abhängigkeit des Manteldruckes zu wählen (Donath, 1964). Dies hat gegenüber den allgemein üblichen Darstellungen, in denen die Bruchverformung als Maß der Duktilität herangezogen wird, den Vorteil, daß auch die Versuche mit hohen, bruchlosen Verformungen berücksichtigt werden können.

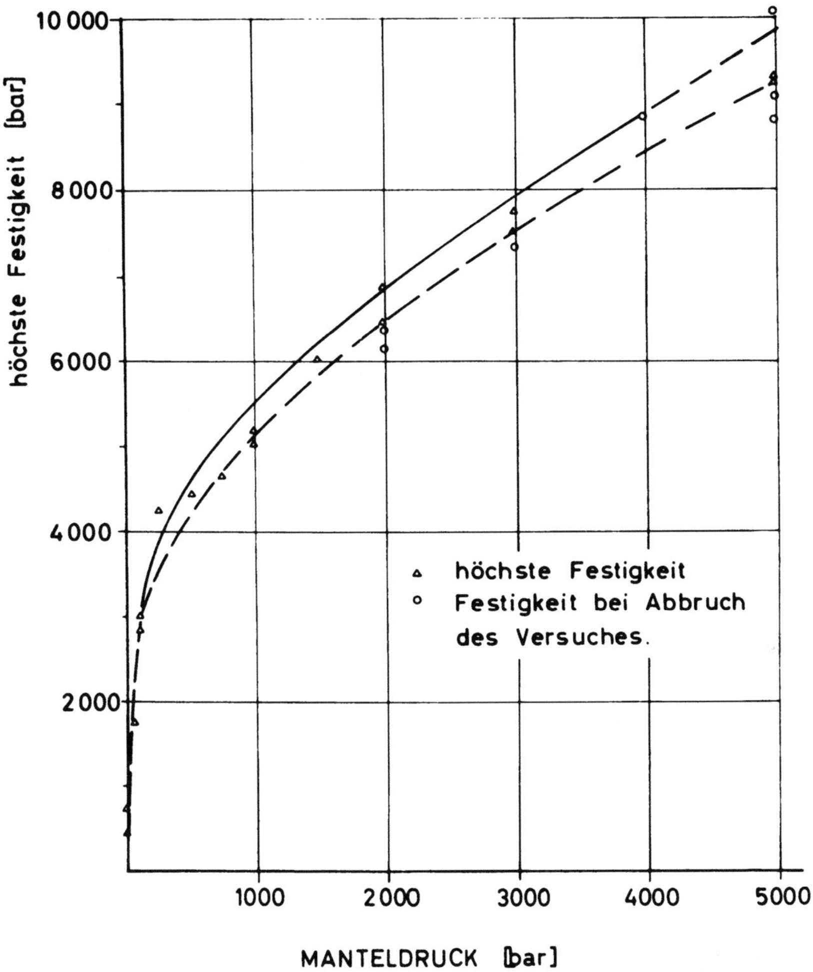

Abb. 5.
Festigkeit in Abhängigkeit des Manteldruckes (LSP 1)

Als kennzeichnende Duktilitätskurve ist der Kurvenverlauf gewählt worden, der den oberen Streubereich der Verformungswerte abgrenzt (Abb. 6). Innerhalb des Sprödbereiches der Zinkblende ist nur ein geringer Anstieg des Verformungsgrades festzustellen. Nach Einsetzen einer plastischen Verformung wird der Kurvenverlauf mit Erhöhung des Manteldruckes steiler und steigt bis auf 20 % an.

2.22 Untersuchungsreihe LSP 5 (Grube Hürnigskopf). Es wurden nur drei Proben dieser Serie bei Manteldrücken von 4000 und 5000 bar experimentell verformt. Das Erzhandstück stammt von der Grube Hürnigskopf. Die Zinkblende zeigt eine auffällige Schweifigkeit, die von einer tektonischen Beanspruchung herrührt. Die Proben sind senkrecht zu dieser Schweifigkeit gebohrt.

Der Aufbau der polykristallinen Zinkblende ist sehr gleichmäßig und extrem feinkörnig. Die Korndurchmesser schwanken zwischen 2 und 10 μm. Nur vereinzelt wurden

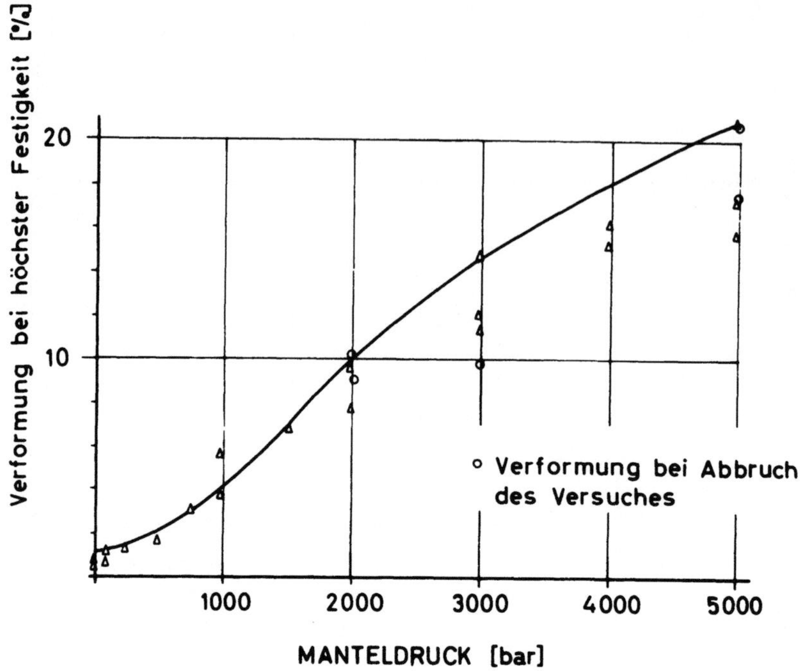

Abb. 6.
Duktilität (Verformung bei höchster Festigkeit) in Abhängigkeit des Manteldruckes (LSP 1)

bei der mikroskopischen Untersuchung größere Kristalle beobachtet. Die Zinkblendegrundmasse wird von zwei verschiedenen Parallelsystemen von Adern, die spitzwinklig mit 50-60° zueinander verlaufen, durchzogen. Gänge von 0,5 bis 1 mm Breite sind mit feinkörnigem Quarz, wenig Karbonat und idiomorphen Pyriten gefüllt. Das zweite System bilden haarfeine Pyritadern, die maximal 100 μm breit werden.

Die Spannungs-Verformungskurven sind in Abbildung 7 aufgetragen. Sie steigen steil an und liegen dicht beieinander. In dieser Versuchsreihe wurden die höchsten Festigkeiten aller untersuchten Proben gemessen. Sie erreichten bei 5000 bar Manteldruck über 11.000 bar. Die hohe Festigkeit dürfte im wesentlichen auf der Feinkörnigkeit dieses Erzes beruhen.

Eine Probe ließ sich bei höchstem Manteldruck 18 % bleibend verformen. Dieser Wert stimmt mit Verformungsgraden, die an reinen Zinkblenden der Reihe LSP 1 erzielt wurden, überein. Bei einer weiteren Probe kam es nach weitgehender plastischer Verformung zu einem Bruch, der durch eine Undichtigkeit an der Kupferhülle ausgelöst wurde. Es bildeten sich Scherbrüche, die als konjugiertes Paar auftraten und die mit 35° und 65° Neigung zur Stauchachse verliefen. Ihre Flächen waren sehr glatt und eben und durch den Schervorgang zu einem Zinkblendespiegel ausgebildet.

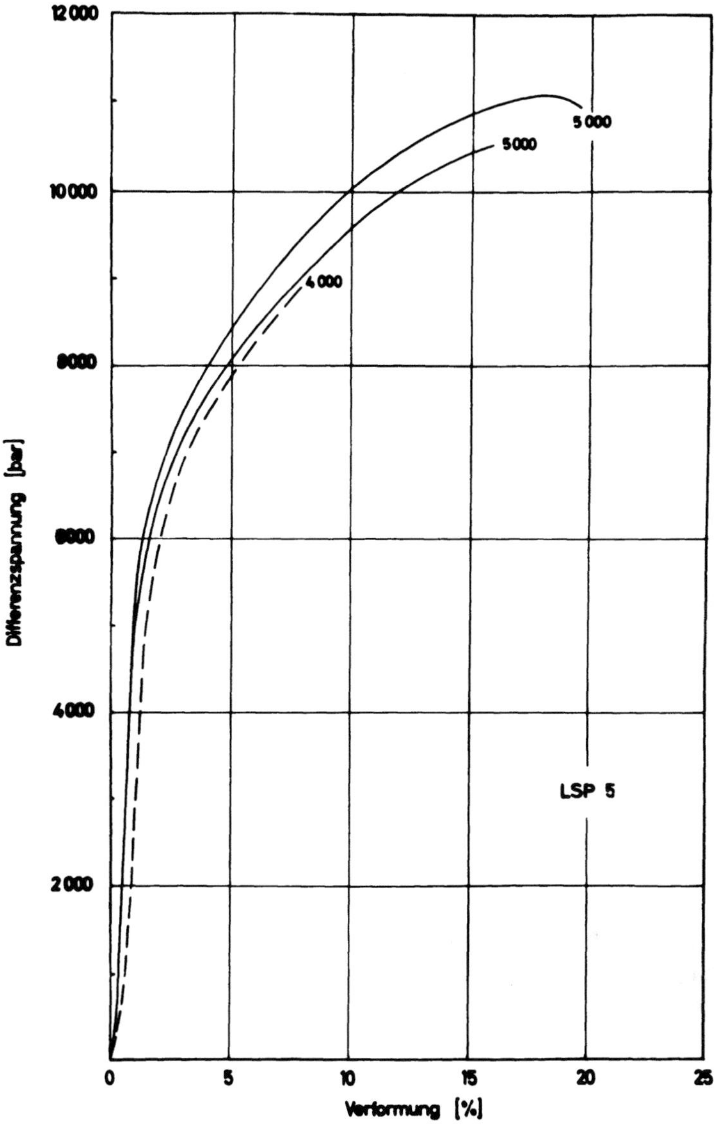

Abb. 7.
Spannungsverformungskurven (LSP 5)

2.3 Diskussion der Ergebnisse der experimentellen Stauchverformung und Anwendung auf lagerstättenkundliche Probleme

Die Stauchverformungen wurden an Erzen durchgeführt, die Unterschiede in ihrem Kornaufbau, Fremdmineralgehalt und Ausgangsregelung aufwiesen. Die Untersuchungen zeigten, daß die mechanischen Eigenschaften der Zinkblende im wesentlichen von dem angelegten allseitigen Druck bestimmt werden.

Bis 500 bar Manteldruck bleibt die Zinkblende spröde. Die ersten Fließvorgänge setzen bei 750 bar ein. Oberhalb 1000 bar ist die Zinkblende bruchlos verformbar. Die Festigkeit steigt stetig mit Erhöhung des allseitigen Druckes an. Sie beträgt beim höchsten apparativ erreichten Manteldruck über 11 000 bar.

Die Bruchverformungen in niedrigen Manteldruckbereichen sind in guter Übereinstimmung mit der Mohr'schen Festigkeitshypothese. Die Bruchwinkel steigen von 0° bei Versuchen unter Atmosphärendruck bis auf 35° bei 1000 bar Manteldruck an.

Die Verformbarkeit wird ebenfalls mit Steigerung des allseitigen Druckes stetig erhöht. Die maximalen bleibenden Verformungen der reinen Zinkblende betragen ungefähr 20 %.

Den Einfluß der Korngröße auf die Festigkeitseigenschaften machen die Untersuchungen der Reihe LSP 5 deutlich. Die Zinkblende mit einer extrem feinen Kornzusammensetzung weist die höchsten Festigkeiten aller verformten Proben auf. Daraus kann abgeleitet werden, daß die Festigkeit mit Abnahme der Korngröße gesteigert wird.

Für lagerstättenkundliche Betrachtungen ist ein Vergleich der Festigkeitseigenschaften von Zinkblende und Dolomit, Kalk, Sandstein, Schieferton und Tonschiefer, die als Nebengesteine in Blei-Zinklagerstätten auftreten können, von Bedeutung. Die Festigkeitsdaten dieser Gesteine sind aus der Literatur (u.a. Robertson, 1955, Handin und Hager, 1957, Donath, 1961 und Strasser, 1964) entnommen. Es zeigt sich, daß die Festigkeit der Zinkblende von Dolomit und festen Schiefern erreicht, von Quarziten und stark verfestigten Sandsteinen mit kieseligem Bindemittel überschritten wird. Sie ist jedoch größer als die von Kalken, Schieferton und der meisten Sandsteine.

Von größerem Interesse ist ein Vergleich der mechanischen Eigenschaften von Zinkblende und Bleiglanz, die immer vergesellschaftet sind. Der Bleiglanz ist von Siemes (1967) untersucht worden. Seine Festigkeit ist weit geringer, die Verformbarkeit viel höher als die der Zinkblende. Legt man einen Manteldruck von 750 bar zu Grunde, der einem Überlagerungsdruck in etwa 3 km Teufe entspricht, so weist die Zinkblende eine Festigkeit von 5000 bar, der Bleiglanz von 2500 bar auf. Die Zinkblende ist in diesem Bereich noch weitgehend spröde, der Bleiglanz schon voll plastisch und bis etwa 20 % verformbar. Bei geringen Beanspruchungen wird eine Verformung im Bleiglanz einsetzen. Unter den oben angeführten Druckverhältnissen ist die Zinkblende nicht plastisch verformbar. Sie zerbricht nach Überschreiten ihrer Festigkeit. Eine durchgreifende bruchlose Verformung ist erst bei Manteldrücken oberhalb 1000 bar, d.h. in Teufen von mehr als 4 km zu erwarten.

Das unterschiedliche mechanische Verhalten dieser Mineralien, das sich aus den experimentellen Festigkeitsuntersuchungen ableiten läßt, kann auch an natürlich verformten Blei-Zinkerzen beobachtet werden. Der Bleiglanz trägt immer die ersten Anzeichen einer Beanspruchung. Er ist häufig zu einem dichten Bleischweif umgeformt, während die ihn begleitende Zinkblende noch keine Merkmale einer plastischen Verformung zeigt.

3. Untersuchung und Ableitung der Texturen experimentell verformter Zinkblenden

3.1 Bisherige Untersuchungen über das plastische Verhalten der Zinkblende

Unter Plastizität wird die Eigenschaft der festen Körper verstanden, sich bei Einwirkung äußerer Kräfte ohne Verlust des inneren Zusammenhaltes verformen zu lassen. Dieses Verhalten ist bei den Kristallen auf die Translation und die Gleitzwillingsbildung zurückzuführen.

Zur Bestimmung des Gleitmechanismus der Zinkblende führte Veit (1922) Druckversuche an Einkristallen durch. Rhombendodekaederspaltstücke wurden nach der Kick'schen Methode mit Alaun oder Schwefel in Kupferhohlzylinder eingebettet und unter einer hydraulischen Druckvorrichtung abgepreßt. Auf den (110)-Spaltflächen bildeten sich drei Systeme von mehrscharigen Streifungen. Ihre Winkelausmessung ergab, daß sie die Spuren von (111)-Flächen darstellen. Die Abgleitungen erfolgen somit auf den Oktaederebenen.

Durch weitere Versuche an planparallelen Plättchen verschiedener Orientierungen wurde nachgewiesen, daß Abschiebungen in Richtung der Höhenlinie der Oktaederflächen verlaufen.

Nach Veit ist eine plastische Verformung der Zinkblende durch Translation nach dem Gesetz $T = (111)$; $t = [11\bar{2}]$ möglich.

Dieses Gesetz läßt sich auch leicht aus dem Zinkblendegitter erklären. Die Oktaederflächen sind die Ebenen, die am dichtesten nur Zn- oder nur S-Bausteine enthalten. Durch Verschiebungen, die größer als ein Identitätsabstand sind, auf diesen Flächen in $[11\bar{2}]$-Richtungen ergeben sich wieder Bausteinanordnungen, die mit denen des unverformten Gitters identisch sind.

Buerger (1928) führte ebenfalls Stauchversuche an Zinkblendeeinkristallen nach der Kick'schen Methode durch. In Übereinstimmung mit den Ergebnissen von Veit bestimmte er die Oktaederebenen als Gleitflächen. Aus der Tatsache, daß Lamellen an den verformten Proben zu beobachten waren, leitete er ab, daß die Verformung der Zinkblende wenigstens zum Teil auf eine Gleitzwillingsbildung zurückzuführen ist.

Weitere Untersuchungen an Einkristallen oder polykristallinen Aggregaten über das plastische Verhalten der Zinkblende sind in der Literatur nicht aufgeführt.

3.2 Mikroskopische Untersuchungen an experimentell unverformten und verformten Zinkblenden

Das Auftreten von verzwillingten Zinkblenden ist eine häufig beobachtete Erscheinung. Ramdohr (1960) führt aus: „Ein großer Teil der Lamellen ist unzweifelhaft schon beim Wachstum entstanden. Viele andere sind die Folge von Druckbeanspruchungen."

Mikroskopische Beobachtungen vor und nach der Verformung könnten Aufschlüsse darüber geben, ob Gleitzwillingsbildung stattgefunden hat. Würde eine Verformung durch Zwillingsbildung erzielt, so müßte sich dies durch eine Vermehrung und Vergrößerung der Lamellen erkennen lassen.

Ein direkter Vergleich an denselben Proben vor und nach der experimentellen Verformung ist nur schwer möglich. Die Probenenden, die zu solchen Untersuchungen herangezogen werden können, sind nicht repräsentativ, da die Gitterbewegungen der äußeren Kristalle durch die aufsitzenden Stempel behindert sind.

Es wurden daher die verformten Zinkblenden mit dem experimentell unverformten Ausgangsmaterial verglichen. Aus jeder Reihe wurden mehrere Proben mit hohen Verformungsgraden ausgewählt und senkrecht zur Längsachse geschnitten. Die mikroskopischen Untersuchungen erfolgten an Anschliffen, die aus der Mitte der Proben stammten. Vom Ausgangsmaterial wurden Anschliffe von der gleichen Orientierung hergestellt. Durch Ätzung der Probenoberfläche mit Natriumhypochlorit wurden Korngrenzen und Zwillingslamellen sichtbar gemacht.

Die Proben der Serien LSP 1 waren für diese Untersuchungen wegen ihres gröberen Kornaufbaus besonders gut geeignet.

Sehr viele Zinkblendekörner des Ausgangsmaterials der Serie LSP 1 weisen Zwillingslamellen unterschiedlicher Länge und Breite auf. Die Lamellen verlaufen nicht alle gradlinig. Sie sind vereinzelt leicht gebogen. Dies deutet darauf hin, daß das Erz bereits einer schwachen tektonischen Beanspruchung unterworfen war, die die Verkrümmung der Zwillinge bewirkte.

Der experimentelle Stauchvorgang hat nicht zu einer Vergrößerung bzw. Vermehrung der Lamellen geführt, wie die Auszählung und der Vergleich mit den unverformten Zinkblenden zeigt. Als Unterschied zum Ausgangsmaterial ist jedoch festzustellen, daß die bereits vorhandenen Zwillingslamellen nunmehr alle stark verbogen sind.

Diese Beobachtungen lassen den Schluß zu, daß die Verformungen beim Stauchen der Zinkblende hauptsächlich durch Translationen hervorgerufen werden.

Inzwischen wurden am Institut für Mineralogie und Lagerstättenlehre der T.H. Aachen dreiachsiale Stauchversuche an Zinkblende-Einkristallen von Santander/Spanien begonnen. Auch sie bestätigen, daß bei einer durchgreifenden Verformung die Translation und nicht die Zwillingsbildung den wirksamen Gleitmachanismus der Zinkblende darstellt (Saynisch und Siemes, 1968).

3.3 Gesetzmäßigkeiten bei der Verformung von Kristallgefügen

Wird ein Einkristall einer Verformung unterzogen, so setzt nach Überschreiten einer kritischen Schubspannung auf einem bevorzugten Translationssystem eine Abgleitung ein. Mit dem Gleitvorgang, der parallel der Translationsebene in Translationsrichtung erfolgt, ist gleichzeitig noch eine Gitterdrehung verbunden. Beim idealen Druckversuch wandert die Gleitebenennormale in Richtung auf die Stauchachse zu. Der Kristall ist in seine Endlage gelangt, wenn die Stauchachse senkrecht auf der wirksamen Gleitebene steht.

Sind in einem Kristall mehrere Translationssysteme ausgebildet, so beginnt die Verschiebung in der Gleitebene mit der höchsten Schubspannung. Im Verlauf der Gitterdrehung kann der Fall eintreten, daß die Schubspannung in dem wirkenden System kleiner wird, und die Gleitung schließlich von einem System mit höherer Schubspannung fortgeführt wird. Bei bestimmten geometrischen Lagen der Stauchachse ist es möglich, daß zwei oder mehrere Systeme schubspannungsmäßig gleichwertig sind. Es kommt dann zu Doppel- bzw. Mehrfachgleitungen, die die Einregelung der Resultierenden der Gleitebenennormalen in die Stauchachse zur Folge haben.

Zahlreiche Verformungsversuche, die in der Metallkunde an Einkristallen – besonders an kubisch-flächenzentrierten Metallen – durchgeführt wurden, bestätigen die theoretisch abgeleiteten Gitterbewegungen und Flächenendlagen.

Texturuntersuchungen an verformten polykristallinen Aggregaten zeigen jedoch, daß das Verformungsverhalten der Einkristalle nicht ohne weiteres auf Kristallite, die in einem Gefüge eingebettet sind, übertragen werden kann. Im Verband ist das Korn nicht frei beweglich. Es kann auf eine äußere Beanspruchung nicht wie ein Einkristall reagieren, da es durch seine Nachbarn behindert wird. Infolgedessen stimmen die Verformungstexturen von polykristallinen Proben nicht mit den Endlagen von Einkristallen überein.

Die in der Metallkunde als gültig angesehenen Texturtheorien gehen alle von der Annahme aus, daß eine Verformung der Körner im Gefügeverband nur durch Mehrfachgleitung bewirkt wird.

Polanyi (1923) vertrat die Auffassung, daß ein Korn im Gefüge nur dann einer Formänderung nachkommt, wenn gleichzeitig alle Translationssysteme betätigt werden. Nach Boas und Schmid (1931) genügt zur plastischen Verformung die Abgleitung auf drei Systemen der Kristallite. Mit dieser Annahme konnten Zieh- und Stauchtexturen verformter Metalle gedeutet werden. Taylor (1938) setzte in seiner Ableitung die gleichzeitige Betätigung von 5 Translationssystemen an. Seine Theorie steht ebenfalls in guter Übereinstimmung mit Ergebnissen experimenteller Verformungstexturen.

3.4 Theoretische Ableitung der Stauchtexturen für Zinkblende

Es wird versucht, die Texturen, die durch eine Stauchverformung von polykristalliner Zinkblende entstehen, theoretisch abzuleiten. Dazu werden die Modelle von Boas und Schmid (1931) und Taylor (1938) herangezogen.

Für die weiteren Untersuchungen werden die 12 Translationssysteme der Zinkblende wie folgt gekennzeichnet:

Tabelle 2: Translationssysteme der Zinkblende

	I	II	III	IV
T	111	$\bar{1}\bar{1}1$	$\bar{1}11$	$1\bar{1}1$
t	$11\bar{2}$ $1\bar{2}1$ $\bar{2}11$	$\bar{1}\bar{1}\bar{2}$ $\bar{1}21$ $2\bar{1}1$	$\bar{1}1\bar{2}$ $\bar{1}\bar{2}1$ 211	$1\bar{1}\bar{2}$ 121 $\bar{2}\bar{1}1$
System	1 2 3	4 5 6	7 8 9	10 11 12

3.41 Entstehungsmodell von Boas und Schmid. Die Autoren gehen von der Annahme aus, daß der Spannungszustand, dem die gesamte Probe während der Verformung unterliegt, auch in jedem Kristall des Verbandes in gleicher Größe wirksam ist und zu einer gleichen Formänderung der einzelnen Kristalle führt.

Die Spannung, die eine Abgleitung hervorruft, ist die Schubspannungskomponente τ, die in der Translationsebene T parallel zur Translationsrichtung t wirkt. Eine Beziehung zwischen der Normalspannung σ und der Schubspannung τ gibt Schmid (1935). Sein Schubspannungsgesetz lautet:

$$\tau = \sigma \sin \chi \cos \lambda$$

τ = Schubspannung in T in Richtung t
σ = Normalspannung in Richtung der Stauchachse SR
χ = Winkel zwischen SR und T
λ = Winkel zwischen SR und t

Als Orientierungsfaktor m ist das Verhältnis $\tau/\sigma = \sin\chi \cos\lambda$ definiert. Dieser Faktor gibt die Größe der Schubspannung, bezogen auf die Normalspannung, bei jeder beliebigen Lage der Stauchachse zum wirkenden Translationssystem wieder. Die Schubspannung nimmt Werte zwischen Null und $0{,}5 \times \sigma$ an. Sie erreicht den größten Wert, wenn die Stauchachse sowohl mit der Translationsebene T als auch mit der Translationsrichtung t einen Winkel von 45° bildet. Sie wird Null, wenn die Stauchachse mit T zusammenfällt oder senkrecht zu t steht.

Der Orientierungsfaktor wurde für die 12 Translationssysteme der Zinkblende berechnet und für jedes System gesondert in einer flächentreuen Projektion dargestellt.

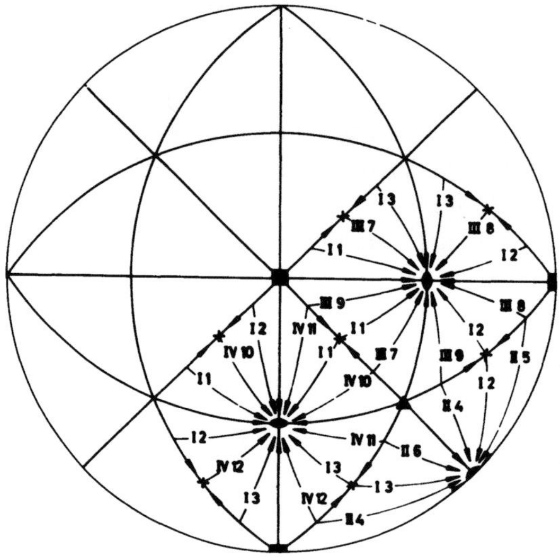

Abb. 8.
Orientierungsänderung beim Stauchen von polykristalliner Zinkblende, berechnet nach der Methode von Boas und Schmid

Boas und Schmid setzten in ihrer Texturtheorie an, daß eine Verformung eines Kristalls im polykristallinen Verband durch Abgleitung in drei Systemen vollzogen wird. Es werden die drei Systeme betätigt, die durch ihre Lage zur Stauchachse die höchste Schubspannung aufweisen. Eine Verfestigung der aktiven und latenten Gleitflächen bleibt unberücksichtigt. Als Endlage wird die Einregelung der Resultierenden, die sich aus den Normalen der drei wirksamen Translationsebenen zusammensetzt, in die Stauchrichtung angestrebt.

Für die Zinkblende wurden für jedes Fundamentaldreieck aus den 12 Translationssystemen die drei mit den höchsten Schubspannungen ausgewählt und in eine stereographische Projektion übertragen. Es zeigt sich aus der Darstellung in Abb. 8, daß bei jeder beliebigen Lage der Stauchachse innerhalb eines Fundamentaldreiecks Systeme in Tätigkeit treten, denen zwei Oktaederflächen als Gleitebenen gemeinsam sind. Die Resultierende zweier Oktaederrichtungen ist eine zweizählige Achse. So führt die Zusammensetzung der Normalen der Ebenen I = (111) und III = $(\bar{1}11)$ zur eingezeichneten [011]-Richtung, die der Ebenen I und IV = $(1\bar{1}1)$ zu [101].

Lediglich auf den Grenzen der Fundamentaldreiecke zwischen den Würfel- und Oktaederpolen werden drei verschiedene Gleitebenen wirksam, deren Resultierende die eingezeichnete [113]-Lage ist. Diese Einregelung ist jedoch nur dann möglich, wenn die Stauchachse genau auf der Symmetralen [100] – [111] liegt. Geringe Abweichungen führen zu dem oben beschriebenen Verformungsmechanismus auf zwei Gleitebenen, der eine [110]-Endlage zur Folge hat.

In der Metallkunde werden Texturen, bei denen die Kristallite mit einer gleichwertigen kristallographischen Achse parallel liegen, ihre weitere Orientierung jedoch nicht festgelegt ist, Fasertexturen genannt und durch spitze Klammern gekennzeichnet.

Nach dem Entstehungsmodell von Boas und Schmid wird als Hauptendlage bei der Stauchverformung von polykristalliner Zinkblende eine ⟨110⟩-Fasertextur parallel zur Stauchachse theoretisch abgeleitet. Für die Einzelkörner, die eine Ausgangslage auf der Symmetralen [111] – [100] haben, ist eine Einregelung ihrer [113]-Achsen in die Stauchrichtung möglich.

3.42 Entstehungsmodell von Taylor. Eine theoretisch-mathmeatische Ableitung des Gleitvorganges hat v. Mises (1928) gegeben. Er wies nach, daß eine plastische Verformung eines Kristalls ohne Änderung des Volumens nur vollzogen werden kann, wenn eine gleichzeitige Abgleitung in 5 Systemen, die voneinander linear unabhängig sind, erfolgt.

Taylor (1938) setzt in seinem Texturmodell ebenfalls die Betätigung von 5 linear unabhängigen Gleitsystemen an. Er geht, wie Boas und Schmid, auch von der Annahme aus, daß die Verformung homogen verläuft und zu einem gleichen Ausmaß an Formänderung eines jeden Kristalls im polykristallinen Gefüge führt. Es wird von ihm weiterhin die Vereinfachung getroffen, daß die Verfestigung in allen Systemen unabhängig von der Größe der Abgleitung gleich ist.

Aus der Vielzahl der geometrisch möglichen Kombinationen von 5 unabhängigen Systemen werden diejenigen ausgewählt, zu deren Betätigung bei bestimmten Orientierungen der Stauchachse zum Kristall die geringste Verformungsarbeit aufgebracht werden muß. Bei gleicher Verfestigung sind dies Kombinationen, deren Summe der Absolutwerte der Abgleitungen bei einer vorgegebenen Verformung ein Minimum annimmt.

Siemes (1967) hat nach dem Taylor'schen Modell die Endlagen bei Stauch- und Zugverformung für polykristalline Metalle berechnet.

Die Zinkblende mit dem Translationsgesetz (111) [11$\bar{2}$] hat 12 Gleitsysteme. Es ergeben sich $\binom{12}{5} = 792$ Kombinationen von 5 Systemen. Davon sind nach der Berechnung 648 linear unabhängig. Aus diesen 648 Gruppen werden für verschiedene Orientierungen die mit der kleinsten Abgleitungssumme ausgewählt. Es zeigt sich, daß je nach der Lage der Stauchachse 1 bis maximal 12 Kombinationen möglich sind. Aus den Einzelabgleitungen der wirkenden Systeme wird die Gitterdrehung errechnet.

Bei der Berechnung des Deformationsablaufes der Zinkblende wurde eine Stauchverformung von 1 % vorgegeben. Die daraus resultierenden Rotationen des Gitters in bezug auf die Stauchachse wurden für 51 Orientierungen berechnet und in eine halbstereographische Projektion (Abb. 9) eingezeichnet. Der Ausgangspunkt der Pfeile gibt die Lage der Stauchachse an. Durch Länge und Richtung der Vektoren sind der Betrag und die Richtung der Gitterdrehung gekennzeichnet.

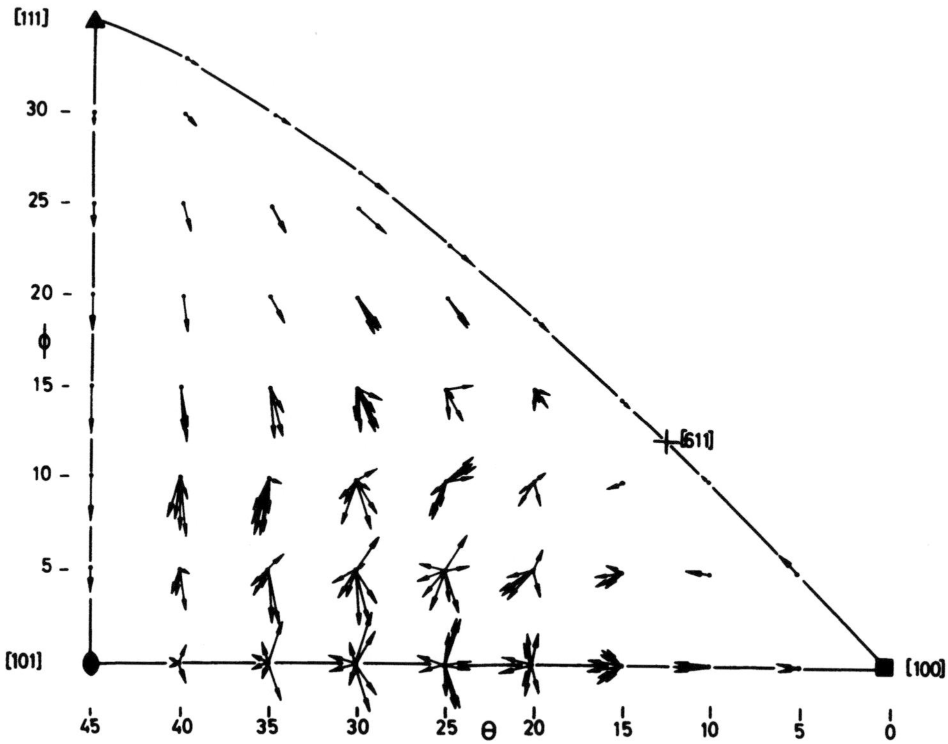

Abb. 9.
Orientierungsänderungen beim Stauchen von polykristalliner Zinkblende, berechnet nach der Methode von Taylor ($\epsilon = 1$ %, Betrag der Abgleitungen fünffach vergrößert)

Es wurde bereits erwähnt, daß bei bestimmten Orientierungen der Stauchachse mehrere Gruppen von 5 linear unabhängigen Systemen mit gleicher kleinster Gesamtabgleitung möglich sind. Einige dieser Kombinationen bewirken gleichartige Gitterbewegungen. Es tritt jedoch häufig der Fall ein, daß in bestimmten Lagen mehrere, bis zu 4 unterschiedliche Orientierungsänderungen angestrebt werden. Es sind dann Gitterdrehungen möglich, die in einem Bereich schwanken, der durch die äußeren Pfeile abgegrenzt wird.

Die Berechnungen ergaben, daß bei der Lage der Stauchachse parallel zu [100] und [111] mehrere Kombinationen betätigt werden, die zu einer Verformung ohne Gitterdrehung führen. Beides sind jedoch keine stabilen Endlagen beim Stauchen. Wie aus der Abbildung zu ersehen ist, haben Orientierungen um die [100]- und [111]-Richtung Gitterbewegungen zur Folge, die die Stauchachse von dem Würfel- bzw. Oktaederpol wegführen. In einem kleinen Bereich des Fundamentaldreiecks bei Polhöhe θ = 20–30° und ϕ = 5–10° tritt eine Streuung der Vektoren auf. Für die meisten Orientierungen läßt sich jedoch die Tendenz erkennen, daß durch die Gitterdrehungen die Stauchachse auf die [101]-Richtung zubewegt wird. Die zweizählige Achse ist eine stabile Endlage, in der eine Verformung möglich ist, ohne daß Gitterdrehungen erfolgen.

Als eine weitere Endlage läßt sich aus dem Diagramm die [611]-Richtung ableiten. Sie wird jedoch nur angestrebt, wenn die Stauchachse genau auf der Symmetralen [100]–[111] des Kristalls liegt.

3.43 Ergebnisse der theoretischen Texturableitungen. Die theoretischen Ableitungen der Texturen, die beim Stauchen von polykristallinen Zinkblendeaggregaten auftreten, ergaben sowohl nach der Methode von Boas und Schmid als auch nach dem Taylor'schen Ansatz übereinstimmende Ergebnisse.

Nach beiden Theorien wird die Einregelung der zweizähligen Achse parallel zur Stauchrichtung angestrebt und als Endlage somit eine ⟨110⟩-Fasertextur ausgebildet.

Die Einstellung der Würfel- und Oktaederlagen – letztere würde sich beim Stauchen von Zinkblendeeinkristallen einregeln – ist nicht zu erwarten. Die Verformung führt zu Gitterdrehungen, die die Stauchachse aus diesen Lagen weg und auf die zweizählige Achse zubewegen.

Lediglich für Kristallite, die im Gefüge so angeordnet sind, daß die Stauchachse genau auf der Symmetralen [100] - [111] verläuft, ist die Einregelung in eine weitere Endlage möglich. Sie liegt nach beiden Texturmodellen ebenfalls auf der Symmetralen zwischen Würfel- und Oktaederpol. Nach Boas und Schmid regeln sich die Kristalle mit ihrer [113]-, nach Taylor mit der [116]-Achse in die Stauchrichtung ein.

3.5 Die röntgenographischen Texturuntersuchungen

Die Texturuntersuchungen wurden auf einer Anlage der Firma Siemens, die aus einem Röntgentexturgoniometer (Neff, 1956), dem Kristalloflex 4 (Mook, 1961) und dem Strahlungsmeßgerät (Rinn, 1958) besteht, durchgeführt. Diese Anlage arbeitet nach dem Rückstrahlverfahren von Schulz (1949).

Die Polfiguren sind in der flächentreuen Projektion (Schmidt'sches Netz) dargestellt. Beim Rückstrahlverfahren nach Schulz fallen die Intensitäten von einer Polhöhe von etwa 70° an zum Rande des Diagramms hin stark ab. Die Darstellung der Polfigur bis 80° Polhöhe ist durch eine Korrektur der Intensitäten möglich. Ein äußerer Rand des Diagramms von 10° bleibt bei der Auswertung unberücksichtigt.

Ist zu einer eindeutigen Beschreibung der auftretenden Textur eine vollständige Polfigur notwendig, so muß der umständliche Verfahrensgang beschritten werden, Texturdiagramme aus verschiedenen Ebenen des Untersuchungsstückes aufzustellen. Die Polfiguren, in der Regel in drei Ebenen aufgenommen, die aufeinander senkrecht stehen, werden in eine gemeinsame Bezugsfläche gewälzt, wodurch ein vollständiges Gefügediagramm erhalten wird. Die Gültigkeit einer solchen Polfigur ist jedoch nur dann gegeben, wenn das gesamte Gesteinsvolumen, aus dem die Proben gewonnen wurden, eine einheitliche Gefügereglung aufweist.

Eine weniger aufwendige Möglichkeit, eine Gefügeregelung auch in nur einer Untersuchungsebene eindeutig zu bestimmen, besteht darin, Polfiguren an einer Probe in verschiedenen Reflexen aufzunehmen.

Beide Methoden, vornehmlich jedoch die zuletzt beschriebene, wurden in dieser Arbeit angewandt.

Um die Polfiguren vergleichen zu können, wurden die Einstellungen an der Röntgentexturanlage bei Aufnahmen in den verschiedenen Reflexen konstant gehalten. Sie sind im Anhang zusammen mit der Intensitätsabstufung zur Darstellung der Polfiguren aufgeführt.

Zur Untersuchung der Gefügeregelung des Ausgangsmaterials und der experimentell verformten Proben wurden die stärksten Reflexe der Zinkblende, der (111)- und der (220)-Reflexe vermessen.

3.6 Beschreibung der auftretenden Texturen

3.61 Untersuchungsreihe LSP 1.

a) Gefügeuntersuchungen des Ausgangsmaterials

Ausgangsmaterial dieser Untersuchungsreihe war eine grobkörnige Zinkblende mit sehr ungleichmäßiger Kornzusammensetzung. Die Proben für die Polfiguraufnahmen wurden aus drei verschiedenen Ebenen, die aufeinander senkrecht stehen, gebohrt. Die Ebenen sind mit X, Y und Z bezeichnet. Ihre Pole sind in die Polfiguren eingetragen. Die Z-Richtung fällt mit der Längsachse der Proben zusammen. Sie verläuft somit bei den später durchgeführten Stauchversuchen parallel zur Stauchachse. Aus der X- und Y-Ebene wurden je eine Probe, aus der Z-Ebene insgesamt acht Proben, die eine gute Übersicht über den gesamten Bereich des Erzblockes zuließen, gefügekundlich untersucht.

Die (111)- und (220)-Polfiguren aller Proben haben ein fast gleiches Aussehen. In ihnen treten viele, regellos verteilte Intensitätsmaxima auf, die sich jedoch einander nicht zuordnen lassen. Die größten Kristalle dieses Zinkblendegefüges erreichen Durchmesser von 1 cm. Bei röntgenographischen Texturaufnahmen liefern solche großen Kristallite besonders starke Intensitäten. Die scheinbaren Flächenhäufungen in den Polfiguren sind Einzelkristallmaxima, die von wenigen großen Zinkblendekörnern hervorgerufen werden. Eine einheitliche Gefügeregelung des Ausgangsmaterials läßt sich daraus nicht ableiten.

Die (111)- und (220)-Polfiguren einer experimentell unverformten Probe aus der Z-Ebene sind als Beispiele in die Abbildung 10 eingefügt worden.

Mikroskopische Untersuchungen am Ausgangsmaterial hatten ergeben, daß das Erz in der Lagerstätte bereits einer schwachen tektonischen Beanspruchung ausgesetzt war, die zu einer Verbiegung der Zwillingslamellen führte. Dieser Vorgang war jedoch nicht so intensiv, daß sich eine Gefügeregelung der Zinkblende ausbilden konnte. Die Gefügeuntersuchungen über viele Stellen und aus verschiedenen Ebenen des Erzblockes zeigen, daß eine ausgeprägte Textur nicht besteht.

b) Gefügeuntersuchungen der experimentell verformten Zinkblende

Zur Gefügeuntersuchung der experimentell verformten Zinkblende wurden aus den 40 gestauchten Proben 10 ausgewählt, die Verformungsgrade zwischen 5 und 20 % aufwiesen. Die Proben sind senkrecht zur Stauchachse (Z-Achse) geschnitten. Der Ausstich der Stauchrichtung ist in den Polfiguren als SR eingetragen. Alle Texturaufnahmen erfolgten in Schnittlagen aus der Mitte des Probenzylinders, in der die Verformung den größten Betrag erreicht. Diese Schnittlage ist durch den Zusatz 50 hinter der Probennummer, z.B. LSP 1–1/50, gekennzeichnet.

Die Darstellung der Gefügediagramme der untersuchten 10 Proben wäre zu umfangreich. So wurden 5 Proben ausgewählt, die einen guten Überblick über den gesamten Verformungsbereich von 5 bis 20 % geben. In Abb. 10 sind die (111)- und (220)-Polfiguren dieser fünf Proben dargestellt. Aus diesen Abbildungen geht deutlich hervor, daß sich durch die Stauchverformung eine ⟨110⟩-Fasertextur der Zinkblende parallel zur Stauchachse, die in der Mitte der Polfigur liegt, einstellt. In den (220)-Aufnahmen treten Flächenhäufungen parallel und unter einem Winkel von 60° zur Stauchachse auf. Bei Einstellung des (111)-Reflexes bildet sich in Stauchrichtung ein Minimum an Intensität aus. Die Maxima liegen auf einem Kleinkreis im Abstand von etwa 35° um die Stauchachse.

Bei der Ausbildung einer ⟨110⟩-Fasertextur parallel zur Stauchachse müssen sowohl in den (220)- als auch in den (111)-Aufnahmen am Rande der Polfiguren Flächenhäufungen auftreten, die jedoch infolge des bereits beschriebenen Intensitätsabfalls unterdrückt werden. Lediglich in Gefügebildern im (111)-Reflex ist ein leichter Anstieg der Intensitäten zum Rande hin festzustellen.

Die auftretende ⟨110⟩-Fasertextur stimmt mit der Endlage überein, die nach Boas und Schmid sowie nach Taylor für die Stauchverformung von polykristalliner Zinkblende theoretisch abgeleitet wurde. Die Berechnungen hatten außerdem ergeben, daß sich bei bestimmten Orientierungen der Kristallite auch noch andere Richtungen parallel zur Stauchachse einregeln können. Nach Boas und Schmid war dies die [113]-, nach Taylor die [116]-Richtung. Für die Ausbildung von ⟨113⟩-, bzw. ⟨116⟩-Fasertexturen finden sich jedoch keine Anzeichen in den Gefügediagrammen der verformten Proben.

Die Gegenüberstellung der Texturdiagramme von Zinkblendeproben mit verschieden hohen Verformungsgraden zeigt, daß sich die ⟨110⟩-Fasertextur mit steigender Verformung verstärkt ausbildet. Die Probe LSP 1-33/50, die eine bleibende Verformung von 5,1 % aufweist, unterscheidet sich hinsichtlich ihrer Gefügeregelung nur unwesent-

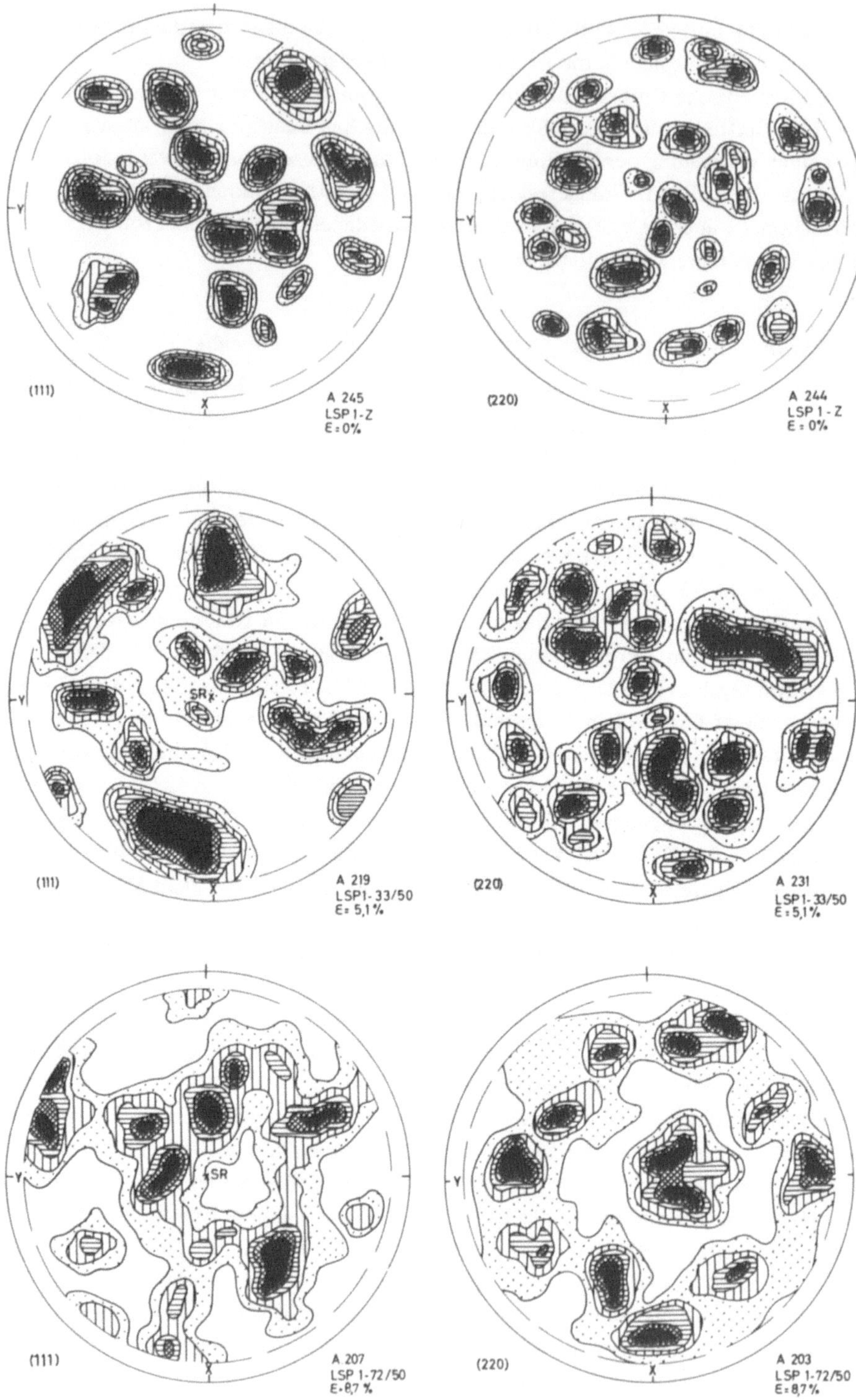

Abb. 10a.
(111)- und (220)-Polfiguren der Serie LSP 1 (ϵ = bleibende Verformung, A = Aufnahmenummer)

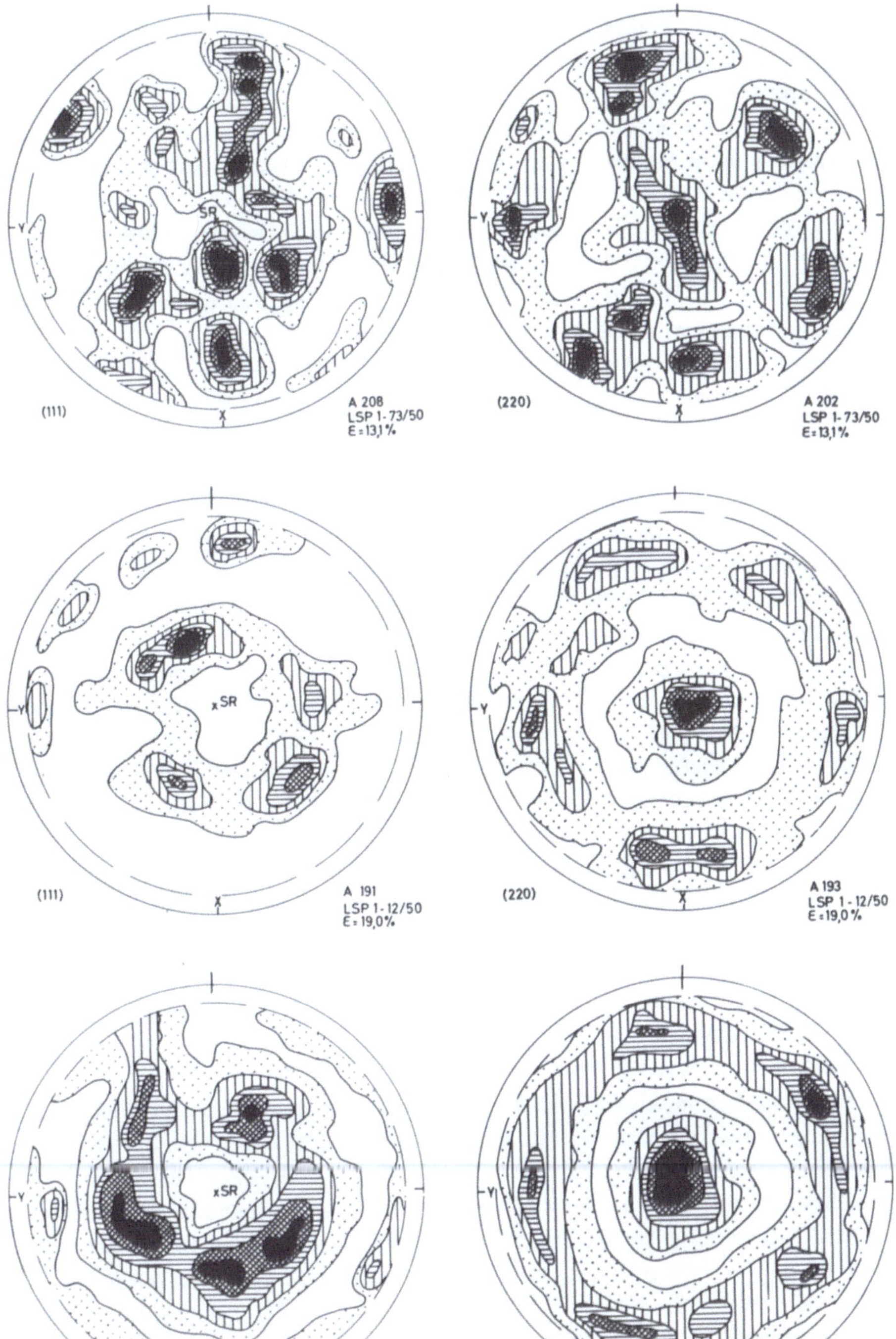

Abb. 10b.
(111)- und (220)-Polfiguren der Serie LSP 1 (ϵ = bleibende Verformung, A = Aufnahmenummer)

lich von unverformter Zinkblende. Die Intensitätsmaxima sind weniger häufig, dafür aber flächenmäßig größer ausgebildet. Die Einstellung einer bestimmten Orientierung ist noch nicht festzustellen.

Bei Verformungsgraden von 7–8% zeichnet sich der Beginn einer Einregelung der [110]-Richtung in die Stauchachse ab. Mit steigender Verformung stellt sich in zunehmendem Maße die theoretisch abgeleitete Endlage ein. Die Flächenhäufungen sind einheitlicher, die Stauchachse sowie die Kleinkreise um die Stauchachse werden gleichmäßiger belegt. Aber selbst bei den höchsten experimentell erreichten Verformungen sind die Flächenverteilungen nicht statistisch. Es treten immer noch Intensitätsmaxima auf, die durch größere, eingeregelte Kristalle hervorgerufen werden.

Allgemein ist die Tendenz festzustellen, daß die Intensitäten mit der Verformung höhere Werte annehmen. Die sehr unterschiedlichen Korngrößen der Zinkblende machen es jedoch unmöglich, eine gesetzmäßige Beziehung zwischen der Höhe der Intensitäten und dem Verformungsgrad abzuleiten. Häufig weisen die Maxima der niedrig verformten Proben höhere Intensitätswerte auf als die stärker verformten.

3.62 Untersuchungsreihe LSP 5. Das Ausgangsmaterial dieser Reihe war ein extrem feinkörniges reines Zinkblendeaggregat, das bereits einer natürlichen Verformung in der Lagerstätte ausgesetzt war. (Mikroskopische Beschreibung dieses Erztyps siehe Seite 219). Die tektonische Beanspruchung hatte eine makroskopisch sichtbare schweifige Ausbildung des Erzes, die den gesamten Block umfaßte, zur Folge. Alle Texturuntersuchungen am Ausgangsmaterial und an den gestauchten Proben wurden parallel zur Ebene der Schweifigkeit durchgeführt.

Die röntgenographischen Untersuchungen am Ausgangsmaterial zeigen, daß die tektonische Beanspruchung auch eine deutliche Gefügeregelung der Zinkblende bewirkte. Das Erz weist eine Textur auf, die sich durch Einkristallagen idealisiert darstellen läßt. Fast alle Kristalle sind gleich orientiert. Sie liegen mit ihren (110)-Flächen mit einer Winkeldifferenz von 10° parallel zur Schweifigkeit; einer der Würfelpole fällt etwa mit der angegebenen Richtung x—x zusammen. Die Ideallagen der (111)- und (110)-Flächen bei dieser Orientierung sind in den Polfiguren eingetragen (s. Abb. 11).

(Die Gefüge der natürlich verformten Zinkblenden werden im folgenden Abschnitt noch eingehender untersucht und gedeutet.)

Durch die experimentelle Stauchverformung wir die bestehende Textur abgebaut und in eine achsialsymmetrische Textur umgewandelt. Die Rotation der [110]-Achsen in die Endlage parallel der Stauchrichtung ist schnell vollzogen, da nur eine geringe Winkeldistanz von etwa 10° zu überwinden ist. Die Verformung hat aber weiterhin noch eine gleichmäßigere Umorientierung der Zinkblendekristalle um die Stauchachse zur Folge. Schon bei 6 % Stauchung hat sich eine deutliche achsialsymmetrische Textur eingestellt. Sie wird mit steigender Verformung noch stärker ausgebildet. Die Ausgangsregelung wird aber nicht vollständig abgebaut. In den (111)-Polfiguren der gestauchten Proben treten Intensitätsmaxima, die Relikte der starken Ausgangstextur darstellen, auf.

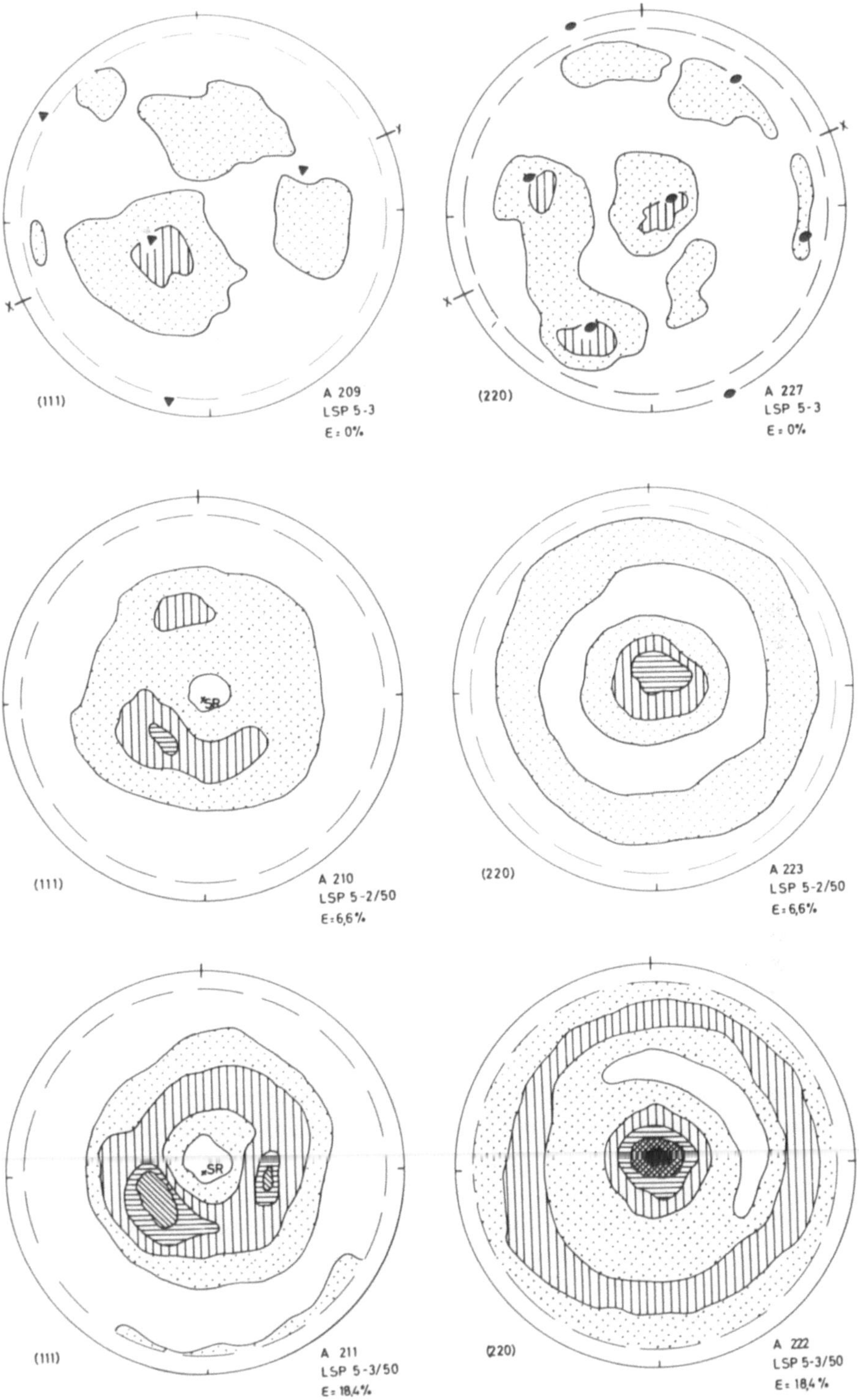

Abb. 11.
(111)- und (220)-Polfiguren der Serie LSP 5 (ϵ = bleibende Verformung, A = Aufnahmenummer)

3.7 Zusammenfassung der Ergebnisse

Gefügeuntersuchungen an polykristallinen Zinkblenden ergaben, daß sich durch die experimentelle Stauchverformung eine ⟨110⟩-Fasertextur parallel zur Stauchachse einstellt. Die Gefügeregelung setzt bei Verformungsgraden von 8–10 % ein. Sie wird mit steigender Verformung stärker ausgebildet.

Ausgangstexturen natürlich verformter Zinkblenden werden beim Stauchen abgebaut und in achsialsymmetrische Fasertexturen umgewandelt. Reste der Ausgangsregelung bleiben in geringem Umfang erhalten.

Die in den experimentell verformten Zinkblenden auftretenden Texturen stimmen mit theoretisch abgeleiteten Endlagen, die für das Stauchen nach den Methoden von Boas, Schmid (1931) und Taylor (1938) berechnet wurden, überein.

4. Untersuchung und Deutung von Texturen natürlich verformter Zinkblende

4.1 Modellvorstellung der natürlichen Verformung eines Erzes in der Erdkruste

Das Auftreten von natürlich verformter Zinkblende in Lagerstätten, die einer intensiven tektonischen Beanspruchung ausgesetzt waren, ist sehr häufig. Experimentelle Stauchversuche hatten ergeben, daß die Zinkblende in ihrem plastischen Verhalten Metallen sehr ähnlich ist und daß Verfahren und Theorien, die in der Metallkunde zur Beschreibung der entstandenen Texturen herangezogen werden, auch auf die Zinkblende übertragen werden können.

Die Kräfte, denen das Erz in der Erdkruste ausgesetzt ist, sind in ihrer Größe und Richtung nicht faßbar. Dies macht die Deutung der natürlich verformten Zinkblenden sehr schwierig. Man muß daher Modellvorstellungen entwickeln, durch die sich die Verformung einer Erzmasse erklären läßt.

Tektonische Bewegungen können ein Zusammenpressen der Gangfüllung und auch eine Verschiebung der Salbänder gegeneinander zur Folge haben. Im ersten Falle würde eine reine Stauchbeanspruchung vorliegen. Der zweite Verformungsakt dagegen würde zu Fließvorgängen führen, die durch Scherbeanspruchungen hervorgerufen werden. Die Verformung des Erzes läßt sich demnach auf eine Stauchung und eine Scherung, die sich überlagern können, zurückführen.

Die röntgenographischen Gefügeuntersuchungen natürlich verformter Zinkblenden – sie werden nachfolgend noch eingehender beschrieben – zeigten, daß Stauchtexturen, die in den Experimenten nachgewiesen und auch theoretisch abgeleitet wurden, nicht auftraten. Es lagen vielmehr Texturen mit Symmetrien vor, die sich durch Einkristall-lagen idealisiert darstellen lassen. Gefügeregelungen dieser Art wurden in der Metallkunde häufig beim Tordieren und als Oberflächentexturen beim Walzen, beides Vorgänge, die sich auf Scherbeanspruchungen zurückführen lassen, beobachtet.

Es wird versucht, die theoretischen Ansätze, die in der Metallkunde zur Deutung der Schertexturen herangezogen werden, auf die Zinkblende zu übertragen und mit ihrer Hilfe die Texturen der natürlich verformten Zinkblenden zu interpretieren. Dieses Verfahren hat sich auch bei der Deutung der Gefügeregelung von Bleischweifen gut bewährt (Siemes u. Schachner-Korn, 1965).

4.2 Ableitung der Endlagen bei der Scherverformung

In den theoretischen Ansätzen zur Bestimmung von Schertexturen wird geprüft, ob Kristallorientierungen, die in verformten Aggregaten gefunden wurden, stabile Endlagen sein können. Der Verformungsvorgang, der zu diesen Lagen führt, wird dabei nicht betrachtet.

Regenet (1962) beschreibt Oberflächentexturen von kub.-fl. zentrierten Metallen, die sich beim Walzen einstellten. Er konnte die entstandenen Texturen als Schertexturen deuten, indem er die Endlagentheorie, die Pickus und Mathewson (1939) für das Walzen aufstellten, auf die Scherverformung übertrug. Regenet fand außerdem, daß Scher- und Torsionstexturen übereinstimmen.

Endlagen sind bei einem Verformungsvorgang Lagen, in denen Abgleitungen auf den aktiven Translationssystemen so erfolgen, daß keine Gitterdrehungen mehr eintreten. Nach Pickus und Mathewson stellen sich beim Walzen Endlagen ein, wenn folgende Bedingungen erfüllt sind:

1. Die betätigten Gleitrichtungen müssen symmetrisch um die Fließrichtung angeordnet sein.
2. Der Orientierungsfaktor aller wirkenden Systeme muß gleich sein.
3. Die Gitterdrehungen müssen sich aufheben.

Diese Bedingungen sind nach Regenet auch für die Scherverformung gültig. Die dritte Bedingung ist beim Scheren erfüllt, wenn die resultierende Ebene S_R, die sich aus den wirkenden Translationsflächen zusammensetzt, parallel zur Scherebene S_e liegt und die Resultierende der Translationsrichtungen t_R mit der Scherrichtung F zusammenfällt.

4.3 Beschreibung und Berechnung der Schubspannung bei der Scherverformung

Bei der Scherverformung wird ein rechtwinkliges Flächenelement in ein Parallelogramm übergeführt. Es erfolgt eine Winkeländerung, die als Scherung definiert ist. Die Richtung der Abgleitung ist die Scherrichtung F. Sie liegt in der Scherebene S_e. Die Normale auf die Scherebene wird mit N_S bezeichnet.

Der zweiachsige Spannungszustand bei der Scherung ist in Abbildung 12 dargestellt. In zwei Ebenen, die senkrecht zueinander stehen, treten maximale Schubspannungen auf. Die Normalspannungen sind darin Null. Zwei weitere Ebenen, um 45° gegen die Scherrichtung geneigt, sind schubspannungsfrei. In ihnen nehmen Druck- und Zugspannungen maximale Werte an.

In festen Körpern mit ausgebildeten Translationssystemen findet eine Abgleitung nur parallel der Translationsebene T in der Translationsrichtung t statt. Da der Spannungszustand bei einer Scherverformung mit dem bei einer Torsion identisch ist, läßt sich die Schubspannung τ_t, die in einem Gleitsystem parallel zu T in Richtung t wirkt,

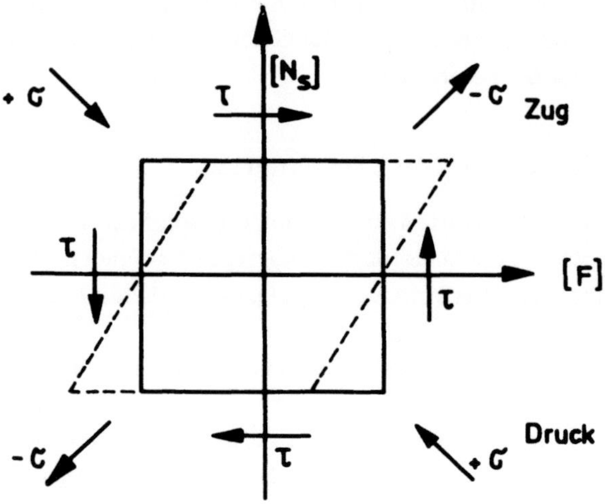

Abb. 12.
Beschreibung des Spannungszustandes und der Verformung bei der Scherung

aus der angelegten Schubspannung nach der von Gough, Wright und Hanson (1926) für Torsion abgeleiteten Formel errechnen.

$$\tau_t = \tau(\sin\chi \cos\lambda \ \sin\varphi_T + \cos\chi \sin\lambda \sin\varphi_t)$$

τ = Schubspannung in S_e parallel F
τ_t = Schubspannung in T parallel t
χ = Winkel zwischen N_s und N_T (Normale auf T)
λ = Winkel zwischen N_s und t
φ_T = Winkel zwischen N_F (Normale zu F in S_e) und der Pojektion von N_T auf S_e
φ_t = Winkel zwischen N_F und der Projektion von t auf S_e.

4.4 Berechnung des Orientierungsfaktors

Die Klassifizierung der Translationselemente der Zinkblende ist bereits in Tabelle 2/Kap. 3.4 aufgeführt.

Zur Berechnung des Orientierungsfaktors bei der Scherverformung

$$m = \frac{\tau_t}{\tau} = \sin\chi \ \cos\lambda \ \sin\varphi_T + \cos\chi \ \sin\lambda \ \sin\varphi_t$$

wurden die Winkelbeziehungen χ, λ, φ_T und φ_t für die verschiedenen Lagen des Kristalls zur Scherebene bzw. zur -richtung aus der stereographischen Projektion abgelesen. Die erste Bedingung für Endlagen beim Scheren ist nur erfüllt, wenn die Scherrichtung F und die Gleitebenennormale N_s in der {100}- oder {110}-Ebene liegen, da die 12 Translationssysteme nur in bezug auf diese Ebenen symmetrisch angeordnet sind. Es konnte sich deshalb darauf beschränkt werden, den Faktor für Orientierungen, bei denen F und N_s auf den Symmetralen ($0\bar{1}0$-001-010) und ($0\bar{1}\bar{1}$-001-011) des Kristalls liegen, zu berechnen.

Die Berechnungen ergaben, daß gleichberechtigte Translationssysteme, z.B. I1 = (111) [11$\bar{2}$] und I'1 = ($\bar{1}\bar{1}\bar{1}$) [11$\bar{2}$] Orientierungsfaktoren von gleichem Absolutbetrag, jedoch mit umgekehrten Vorzeichen aufweisen.

Die Orientierungsfaktoren für 12 Translationssysteme in Abhängigkeit der Gleitebene und Scherrichtung sind in Abb. 13 und 14 dargestellt.

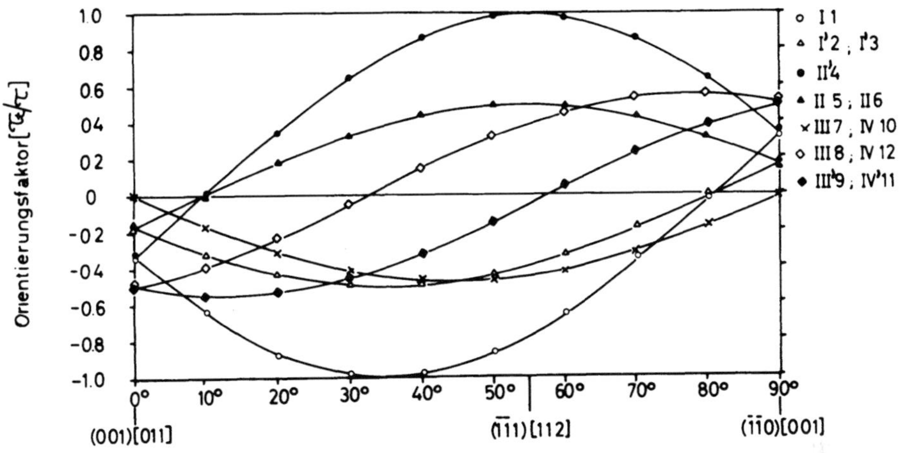

Abb. 13.
Orientierungsfaktoren für die 12 Translationssysteme der Zinkblende in Abhängigkeit der Scherebene und -richtung. (Scherrichtung und -ebenennormale liegen in der (1$\bar{1}$0)-Ebene)

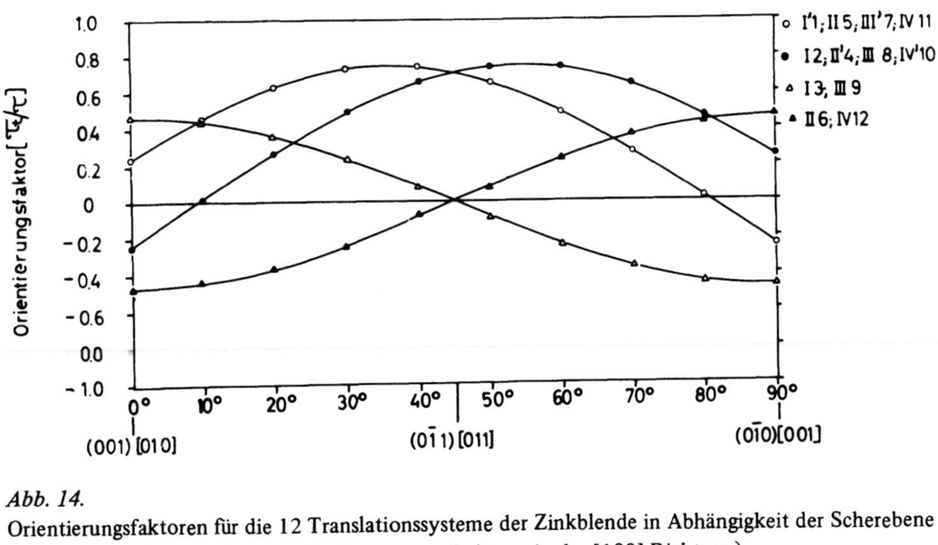

Abb. 14.
Orientierungsfaktoren für die 12 Translationssysteme der Zinkblende in Abhängigkeit der Scherebene und -richtung. (Scherrichtung und -ebenennormale liegen in der [100]-Richtung)

Es werden nun zunächst die Texturen natürlich verformter Zinkblenden untersucht. Unter Berücksichtigung der ersten Bedingung, daß die Translationssysteme symmetrisch um die Fließrichtung angeordnet sein müssen, werden in den Polfiguren mögliche Scherrichtungen festgelegt. Die Texturen werden durch Ideallagen (hkl) [uvw] beschrieben. Darin ist (hkl) die Scherebene S_e, [uvw] die Scherrichtung F.

Im Anschluß daran wird geprüft, ob auch die weiteren Bedingungen für Scherendlagen von diesen Texturen erfüllt werden.

4.5 Beschreibung der Texturen natürlich verformter Zinkblenden

Für die Gefügeuntersuchungen an natürlich verformten Zinkblenden wurden 5 Handstücke ausgewählt. Drei stammen von der Grube Hürnigskopf/Ahr (HÜ 1, HÜ 2, HÜ 3), zwei sind unbekannter Herkunft (U 1, U 2). Die Zinkblendeerze sind sehr dicht. Sie haben alle als gemeinsames Merkmal eine makroskopisch sichtbare parallele Schweifigkeit, die über das gesamte Handstück ausgebildet ist. Die Zinkblende ist verhältnismäßig rein und hat eine gleichmäßige, extrem feinkörnige Zusammensetzung. Die durchschnittlichen Korngrößen schwanken zwischen 5 µm (HÜ 2, HÜ 4) und 20 µm (HÜ 1, U1, U2). Neben geringen Anteilen an Bleiglanz und Gangart wurden untergeordnet Kupferkies, Pyrit und Fahlerz nachgewiesen.

Die Zinkblende des Handstückes U 1 ist von feinsten regellos verteilten Kupferkies- und Bleiglanztröpfchen durchgestäubt. In den übrigen Erzstücken treten idiomorphe Pyrite auf. Sie sind z. T. perlschnurartig aneinander gereiht oder bilden dünne durchgehende Gänge. Die meisten dieser Schnüre und Gänge sind zu einem Parallelsystem angeordnet.

Es wird die Annahme gemacht, daß eine intensive Scherverformung zur Ausbildung der geschweiften Zinkblenden führte und daß die Scherfläche mit der Ebene der Schweifigkeit zusammenfällt. Röntgenographische Texturuntersuchungen wurden an Proben durchgeführt, die parallel zur Schweifigkeit geschnitten waren. In den Poldiagrammen wird die Scherebene parallel zur Zeichenebene abgebildet. In dieser Schnittlage war auf der Probenoberfläche keine Lineation zu erkennen. Es wurde daher eine bestimmte Richtung festegelegt und in allen Texturproben eines Handstückes beibehalten. Die Proben sind mit T und einer laufenden Nummer gekennzeichnet.

Zur eindeutigen Festlegung der Texturen wurden Polfiguren im (111)- und (200)-Reflex aufgenommen. Für die Darstellung der Polfiguren natürlich verformter Zinkblenden in der flächentreuen Projektion schien es zweckmäßig, eine andere Intensitätsabstufung als bei den experimentell gestauchten Proben zu wählen. Sie wird im Anhang aufgeführt.

Die Texturproben wurden aus mehreren Bereichen des Handstücks entnommen, um zu prüfen, ob die gesamte Zinkblendemasse homogen verformt wurde und eine einheitliche Textur aufweist. Dem gleichen Zweck dienten auch Untersuchungen, die an einigen Proben in verschiedenen Abständen durchgeführt wurden, indem die Oberfläche nach erfolgter Röntgenaufnahme jeweils um etwa 0,8 mm abgeschliffen und erneut poliert wurde.

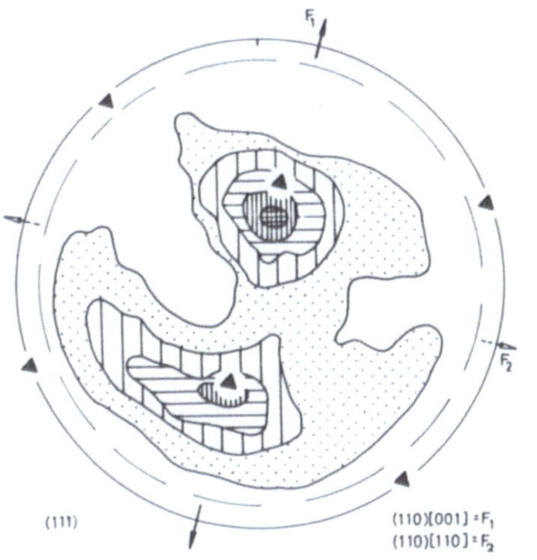

Abb. 15 a.
Probe U 1/T68
Aufn. 169

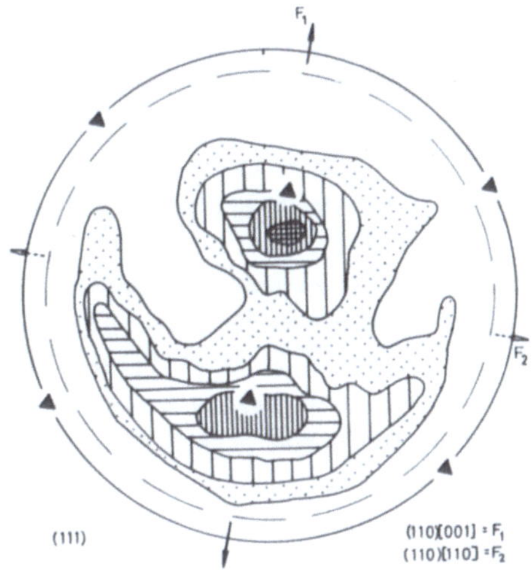

Abb. 15 b.
Probe U 1/T68
1,5 mm abgeschliffen
Aufn. 170

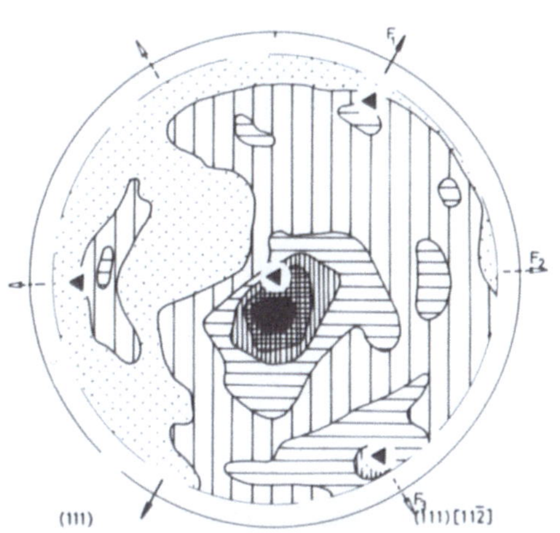

Abb. 16.
Probe U 1/T58
Aufn. 172

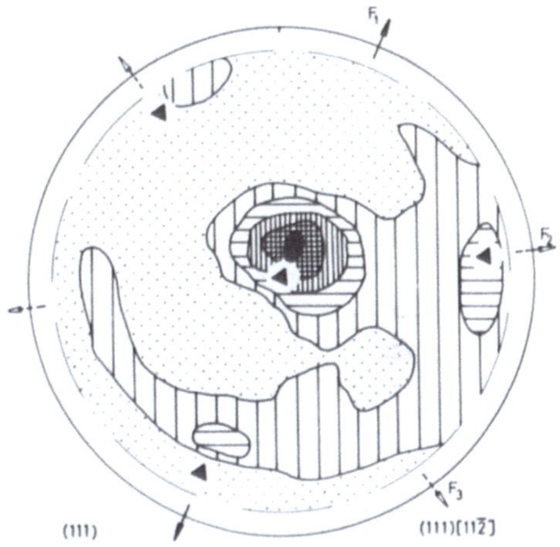

Abb. 17.
Probe U 1/T67
Aufn. 165

Handstück U 1

Aus zwei Schnittebenen eines kleineren Handstückes wurden drei Texturschliffe gewonnen. Die Zinkblende zeigt eine starke Gefügeregelung. Auch nach mehrmaligem Abschleifen der Proben ist die gleiche Textur zu verfolgen. In Abbildung 15a/b sind zwei Polfiguren des Schliffes T 68, aufgenommen im Abstand von 1,5 mm, dargestellt. Die (110)-Ebene fällt mit der Ebene der Schweifigkeit, die als Scherfläche angenommen wurde, zusammen. In den Texturdiagrammen sind die Oktaederpole der Ideallage als Dreiecke gekennzeichnet.

Bei dieser Lage der Scherebene sind zwei Richtungen auszumachen, für die die erste Bedingung der symmetrischen Anordnung der Translationsrichtungen um die Fließrichtung erfüllt ist. Es sind $[F_1] = [001]$ und $[F_2] = [110]$.

In zwei weiteren Texturproben T58, T67, die einer gleichen Ebene des Handstückes U 1 angehören, ist die (111)-Fläche parallel zur Scherebene angeordnet (Abb. 16 und 17). Aus dieser Lage lassen sich drei gleichberechtigte Scherrichtungen ($[F_1]$, $[F_2]$, $[F_3]$), für die die (111) $[11\bar{2}]$ Scherung verwirklicht ist, und die der ersten Bedingung genügen, ableiten.

Vergleicht man die Polfiguren der Probe T68 mit denen der Proben T58 und T67, so ist zu entnehmen, daß mit gewisser Annäherung jeweils die $[F_1]$- und $[F_2]$-Richtungen übereinstimmen. Sie können als Scherrichtungen betrachtet werden. Da in den Proben dieses Handstückes weder makroskopisch noch mikroskopisch eine lineare Richtung festzustellen war, die Rückschlüsse auf den Verformungsvorgang zuläßt, ist die genaue Festlegung einer einzigen Scherrichtung nicht möglich. Neben (111) $[11\bar{2}]$ können also auch noch (110) [001] und (110) [110] Endlagen sein (s. S. 245: Handstück HÜ 4).

Wie aus den Abbildungen zu ersehen ist, weichen die Polfiguren manchmal geringfügig von den Ideallagen ab. Dies ist im wesentlichen darauf zurückzuführen, daß bei der Herstellung der Texturproben die Schnitte nur mit gewisser Genauigkeit parallel zur Schweifigkeit gelegt werden können, so daß Schräglagen bis zu 20° vorkommen.

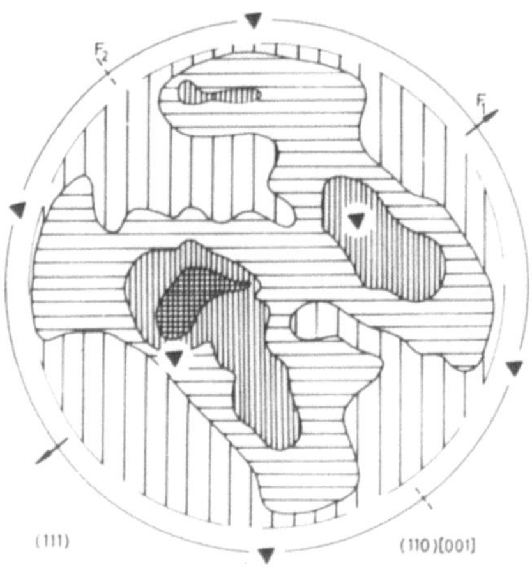

Abb. 18 a.
Probe U 2/T70
Aufn. 144

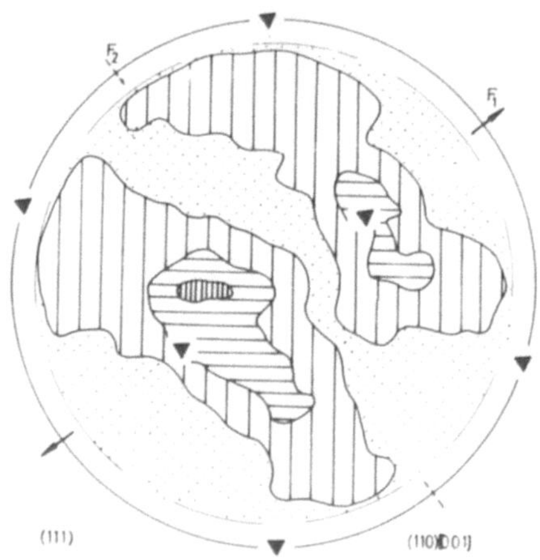

Abb. 18 b.
Probe U 2/T70
1,2 mm abgeschliffen
Aufn. 152

Handstück U 2

Das Handstück war sehr klein. Gefügeuntersuchungen konnten nur an einer Probe, die mehrmals abgeschliffen wurde, durchgeführt werden. Die Textur ist schwächer ausgebildet, hält aber über die Probendicke durch (Abb. 18a/b). Die Scherebene nimmt eine (110)-Lage ein. Scherrichtungen können $[F_1] = [001]$ und $[F_2] = [110]$ sein.

Die mikroskopischen Untersuchungen dieser Probe zeigten, daß die Pyritgänge und -schnüre in einem Winkelbereich von 30°–60° zur N-S-Richtung der Polfiguren verlaufen. Sie liegen also mit ± 15° um $[F_1]$ und können als Hinweis dafür angesehen werden, daß die Scherung in der [001]-Richtung erfolgte. In dieser Probe ist die Endelage damit (110) [001].

Handstück HÜ 1

Annähernd parallel zur N-S-Richtung der Polfiguren und nur mit geringer Streuung ist in der Zinkblendegrundmasse ein System von Pyritadern angeordnet. Im gesamten Handstück läßt sich eine starke Gefügeregelung nachweisen. Als Lagen der Scherebene wurden in den Proben T65 und T66 (110)- und (111)-Flächen bestimmt (Abb. 19a/b und 20). Nur $[F_1] = [001]$ der (110)-Lage stimmt mit einer der drei möglichen Fließrichtungen der (111)-Lage überein und kann als Scherrichtung festgelegt werden. $[F_2] = [110]$ weicht von den beiden übrigen Richtungen der (111)-Lage zu sehr ab. Diese Scherrichtung $[F_1]$ stimmt außerdem mit der Richtung überein, der die Pyritschnüre folgen. Scherendlagen sind (111) $[11\bar{2}]$ und (110) [001].

In drei Schliffen aus einer gemeinsamen Schnittebene treten übereinstimmend Texturen auf, die durch $(0\bar{1}3)$ [031] idealisiert werden können. Als Beispiel ist die Polfigur der Probe T48 abgebildet (Abb. 21). Diese Lage – sie wird durch weiße Kreise gekenn-

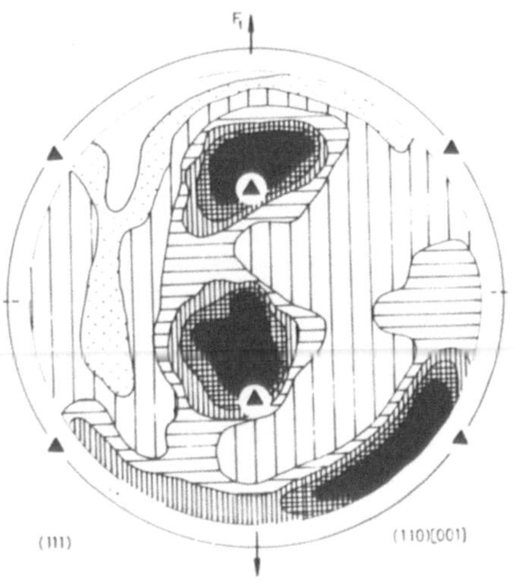

Abb. 19 a.
Probe HÜ 1/T65
Aufn. 177

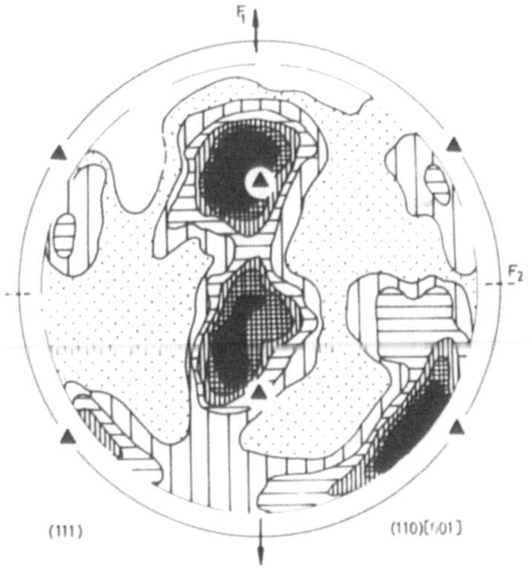

Abb. 19 b.
Probe HÜ 1/T65
1 mm abgeschliffen
Aufn. 179

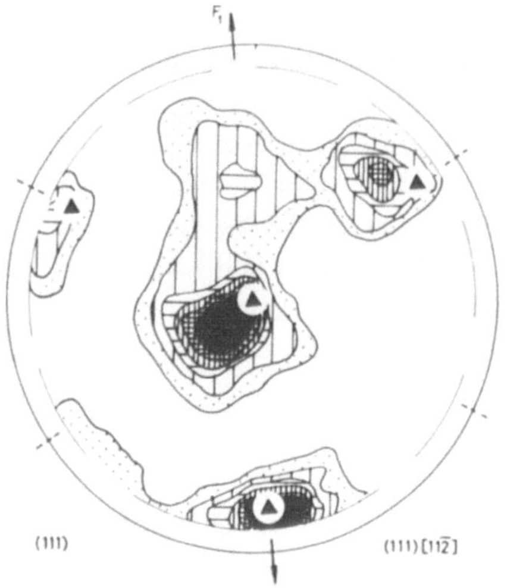

Abb. 20.
Probe HÜ 1/T66
Aufn. 186

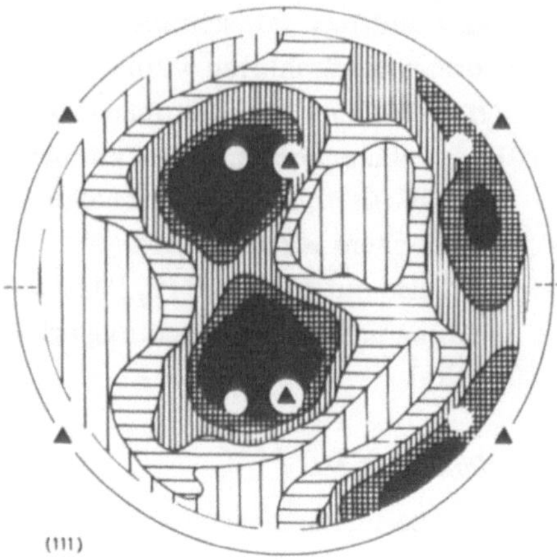

Abb. 21.
Probe HÜ 1/T48
Aufn. 107

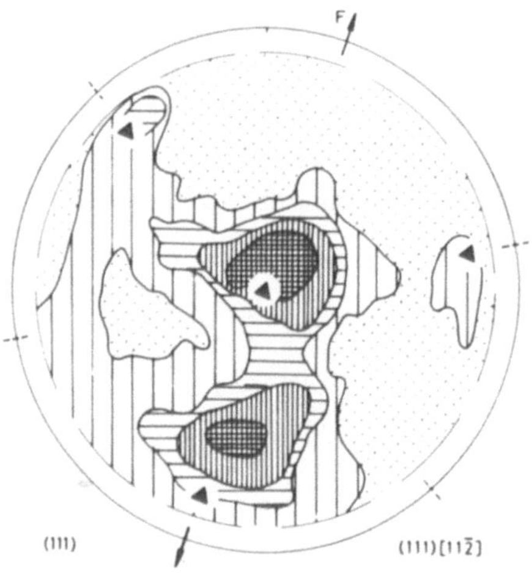

Abb. 22.
Probe HÜ 2/T41
Aufn. 104

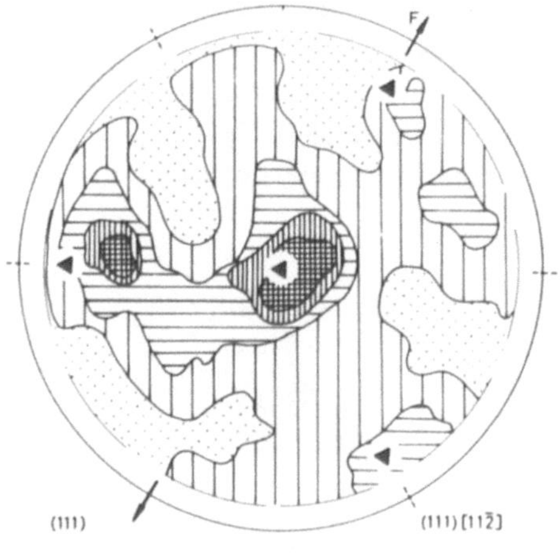

Abb. 23.
Probe HÜ 2/T61
Aufn. 168

zeichnet – kann keine Scherendlage sein, da die erste Bedingung nicht erfüllt wird. Es ist vielmehr denkbar, daß bei der Herstellung der Proben mit 20° schräg zur Ebene der Schweifigkeit geschnitten wurde. Durch Wälzen um die N-S-Achse kann diese Textur in eine (110) [001]-Lage überführt werden, die bereits in den Proben T65 und T66 nachgewiesen wurde.

Handstück HÜ 2

Untersuchungen wurden in mehreren Schnittebenen durchgeführt. Die Gefügeregelung ist nicht sehr durchgreifend, und die Texturen weichen in den einzelnen Proben stark voneinander ab. Neben mehreren asymmetrischen Orientierungen konnten in den Proben T41 und T61 (111) [11$\bar{2}$]-Lagen nachgewiesen werden. Die Polfiguren sind in Abb. 22 und 23 dargestellt. Die eingetragene Richtung [F] fällt mit dem Verlauf der Pyritadern zusammen und kann als Scherrichtung betrachtet werden.

Handstück HÜ 4

Die Proben T56 und T57 wurden aus zwei parallelen Schnittebenen entnommen. Sie zeigen übereinstimmend (111) [11$\bar{2}$]-Lagen. Die eingetragene Scherrichtung [F] läuft mit der Richtung der Pyritadern parallel (Abb. 24 und 25).

Bei der Untersuchung des Handstückes U 1 war die Frage offengeblieben, ob neben der {111} [11$\bar{2}$]-Lage {110} [001] oder {110} [110] Endlagen seien. Im weiteren Verlauf wurden nur noch {111} [11$\bar{2}$]- und {110} [001]-Lagen festgestellt. Im Handstück HÜ 1 stimmte die festgelegte Scherrichtung mit der [11$\bar{2}$] und [001]-Richtung der obengenannten Lagen überein. {110} [110] wurde nicht mehr bestimmt.

Das führt zu dem Schluß, daß der Richtung [F_1] = [001] im Handstück U 1 der Vorzug als Scherrichtung gegeben werden kann.

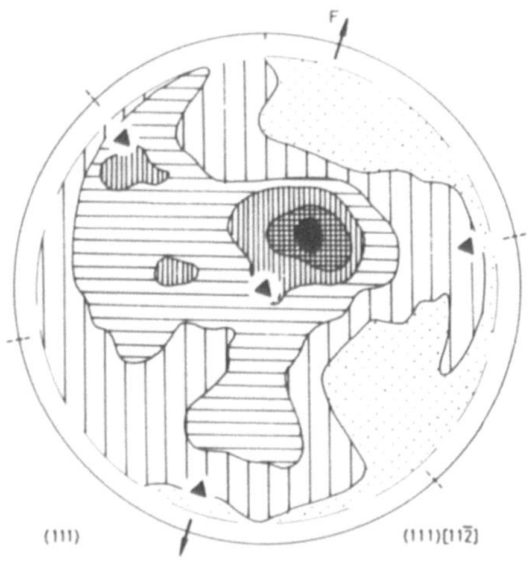

Abb. 24.
Probe HÜ 4/T56
Aufn. 139

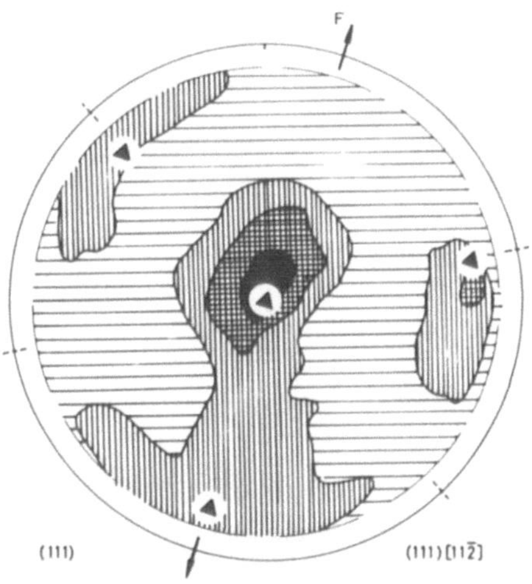

Abb. 25.
Probe HÜ 4/57
Aufn. 155

4.6 Anwendung der Schertheorie auf die nachgewiesenen Texturen

Die Texturuntersuchungen an natürlich verformten Zinkblenden hatten gezeigt, daß sich als Endlagen {111} [11$\bar{2}$] und {110} [001] einstellten. Es wird geprüft, ob die Bedingungen für Scherendlagen von ihnen erfüllt werden.

$\{111\}$ $[11\bar{2}]$-*Lage*

Die Untersuchung wird für die $(\bar{1}\bar{1}1)$ $[112]$-Lage, für die in Kapitel 4.4 die Orientierungsfaktoren berechnet wurden, durchgeführt. Zu der $[112] = [\bar{1}\bar{1}\bar{2}]$-Richtung sind von den 12 möglichen nur drei Translationsrichtungen symmetrisch angeordnet und erfüllen die erste Bedingung. Es sind $[\bar{1}\bar{1}\bar{2}]$, $[1\bar{2}1]$ und $[2\bar{1}1]$. Sie liegen alle in der $(\bar{1}\bar{1}1)$- bzw. $(11\bar{1})$-Translationsfläche.

Aus Abb. 13 sind für die $(\bar{1}\bar{1}1)$ $[112]$-Scherlage folgende Orientierungsfaktoren der drei Gleitsysteme zu entnehmen.

Gleitsysteme	Orientierungsfaktor
II'4 $(11\bar{1})[\bar{1}\bar{1}\bar{2}]$	1,0
II 5 $(\bar{1}\bar{1}1)[\bar{1}21]$	0,5
II 6 $(\bar{1}\bar{1}1)[2\bar{1}1]$	0,5

Die Gleitung erfolgt nach den Systemen, die den gleichen höchsten Orientierungsfaktor aufweisen (Bedingung 2). Das gilt in diesem Falle allein für das System II'4. Die dritte Bedingung ist auch erfüllt, da die Translationsfläche und -richtung parallel zur Scherebene bzw. -richtung liegen.

Eine Gleitung nach den beiden weiteren symmetrischen Systemen, deren Orientierungsfaktor 0,5 beträgt, ist auch denkbar. Ihre resultierende Lage ist:

$$\left.\begin{array}{l}\text{II 5 } (\bar{1}\bar{1}1)\,[\bar{1}21] \\ \text{II 6 } (\bar{1}\bar{1}1)\,[2\bar{1}1]\end{array}\right\} = (\bar{2}\bar{2}2)\,[112]$$

Diese liefert ebenfalls eine $(\bar{1}\bar{1}1)$ $[112]$-Lage, die parallel zur Scherebene und -richtung liegt.

Die $\{111\}$ $[11\bar{2}]$-Lage kann als mögliche Scherendlage betrachtet werden.

$\{110\}$ $[001]$-*Lage*

Alle 12 Translationsrichtungen der Zinkblende sind zu $[001]$ symmetrisch angeordnet (Bedingung 1). Aus Abb. 13 ist zu ersehen, daß die Systeme III 8, III'9, IV'11 und IV 12 bei einer $(\bar{1}\bar{1}0)$ $[001]$-Scherlage den gleichen Orientierungsfaktor von 0,5 annehmen (Bedingung 2).

III 8 $(\bar{1}11)\,[\bar{1}\bar{2}1]$
III' 9 $(1\bar{1}\bar{1})\,[211]$
IV'11 $(\bar{1}1\bar{1})\,[121]$
IV 12 $(1\bar{1}1)\,[\bar{2}\bar{1}1]$

Die Zusammensetzung der Translationsrichtungen ergibt eine resultierende Richtung $t_R = [001]$, die mit der Scherrichtung F zusammenfällt. Aus den beiden aktiven Translationsflächen $(\bar{1}11)$ und $(1\bar{1}1)$ bzw. ihren gleichberechtigten Gegenflächen resultieren die Ebenen (001) und $(\bar{1}10)$. Beide Ebenen stehen senkrecht auf der Scherebene $S_e = (110)$. Die dritte Bedingung ist für diese Systeme mit dem höchsten Orientierungsfaktor nicht erfüllt.

Die Systeme I 1 und II'4 haben den gleichen, jedoch einen niedrigen Orientierungsfaktor von 0,33.

I 1 (111) $[11\bar{2}]$
II'4 $(11\bar{1})$ $[\bar{1}\bar{1}\bar{2}]$

Die resultierende Richtung t_R = [001] liegt parallel zur Scherrichtung F. Die resultierende Ebene S_e = (110) fällt mit der Scherebene zusammen.

Folgende Systeme haben einen gleichen Orientierungsfaktor von 0,17.

I'2 $(\bar{1}\bar{1}\bar{1})$ $[1\bar{2}1]$
I'3 $(\bar{1}\bar{1}\bar{1})$ $[\bar{2}11]$
II 5 $(\bar{1}\bar{1}1)$ $[\bar{1}21]$
II 6 $(\bar{1}\bar{1}1)$ $[2\bar{1}1]$

Ihre Zusammensetzung liefert ebenfalls S_R = (110) und t_R = [001].

Die {110} [001]-Lage ist eine mögliche Scherendlage. Die geforderten Bedingungen werden erfüllt mit der Einschränkung, daß die Scherung über Kombinationen von Translationssystemen abläuft, die einen gleichen, jedoch nicht den höchst möglichen Orientierungsfaktor aufweisen.

{110} [011]*-Lage*

Bei der Einregelung der {110}-Flächen parallel zur Scherebene sind die Translationssysteme nicht nur um die [001]- sondern auch um die [011]-Richtung symmetrisch angeordnet.

Diese {110} [011]-Lage konnte bereits bei der Untersuchung der auftretenden Texturen als mögliche Scherendlagen ausgeschlossen werden. Die theoretische Ableitung ergibt ebenfalls, daß dies keine Scherendlage sein kann. Die geforderten Bedingungen sind nicht erfüllt.

4.7 Diskussion der Ergebnisse

Die Untersuchungen machten deutlich, daß die Bildung der parallelschweifigen Zinkblenden auf eine Scherverformung zurückgeführt werden kann.

Parallel der Ebene der Schweifigkeit traten bevorzugt die drei symmetrischen Lagen {111} $[11\bar{2}]$ und {110} [001] bzw. {110} [011] auf. Die Lage der Pyritschnüre macht es wahrscheinlich, daß {111} $[11\bar{2}]$ und {110} [001] mögliche Scherendlagen sind. Die {111} $[11\bar{2}]$ und {110} [001]-Lage konnten ebenfalls nach der Theorie von Pickus und Mathewson (1939) und Regenet (1962) als Scherendlagen abgeleitet werden. {110} [011] erfüllt nicht die geforderten Bedingungen.

Zur Lösung lagerstättenkundlicher Probleme ist es möglich, aus den Texturen natürlich verformter Zinkblenden Aufschluß über die Richtung der Abscherung zu gewinnen.

Zusammenfassung

Im Rahmen dieser Arbeit wurden die mechanischen Eigenschaften und die Verformungstexturen von polykristallinen Zinkblenden untersucht.

Achsiale Stauchverformungen wurden unter definiertem allseitigen Druck bis maximal 5000 bar durchgeführt. Bis 500 bar Manteldruck bleibt die Zinkblende spröde; oberhalb 1000 bar ist sie plastisch verformbar. Die Festigkeit und die Verformbarkeit der Zinkblende steigen mit Erhöhung des allseitigen Druckes an. Die Ergebnisse der Verformungen stimmen mit der Mohr'schen Festigkeitshypothese überein. Das mechanische Verhalten der Zinkblende wird von den begleitenden Fremdbestandteilen beeinflußt. Die Festigkeitseigenschaften von Zinkblende, Bleiglanz und Nebengestein, die in Blei-Zink-Lagerstätten auftreten, wurden verglichen.

Durch die achsiale Stauchverformung werden die Zinkblendekristalle mit ihren [110]-Achsen parallel zur Stauchrichtung eingeregelt. Die Gefügeregelung wird mit steigender Verformung stärker ausgebildet. Die auftretenden Texturen stimmen mit theoretisch abgeleiteten Endlagen, die für das Stauchen von polykristallinen Zinkblenden nach den Theorien von Taylor (1938) und Boas und Schmid (1931) bestimmt wurden, überein.

In den natürlich verformten Zinkblenden treten parallel der Ebene der Schweifigkeit bevorzugt die Lagen {111} [11$\bar{2}$] und {110} [001] auf. Die Endlagenmodelle von Pickus und Mathewson (1939) und Regenet (1962) zur Deutung von Verformungstexturen polykristalliner Metalle wurden auf die Zinkblende übertragen. Ihre Anwendung ermöglichte die Klärung der nachgewiesenen Gefügeregelungen als Schertexturen.

Der Deutschen Forschungsgemeinschaft, die diese Arbeit durch Gewährung von Personal- und Sachmitteln unterstützte, sei an dieser Stelle gedankt.

Anhang 1:
Intensitätsabstufung bei der Darstellung der Polfiguren

a) Texturen experimentell verformter Zinkblende (111)- und (220)-Reflex

Imp/min x 10^3

>300
250 - 300
200 - 250
150 - 200
100 - 150
0 - 100

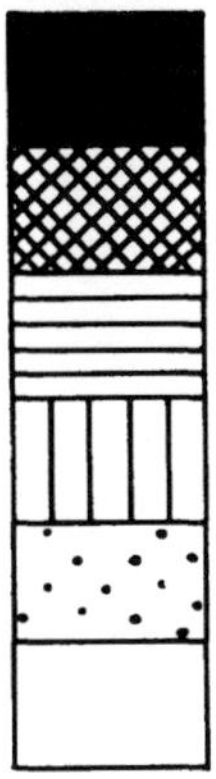

b) Texturen natürlich verformter Zinkblende (111)-Reflex

Imp/min x 10^3

> 220
200 - 220
180 - 200
160 - 180
140 - 160
120 - 140
0 - 120

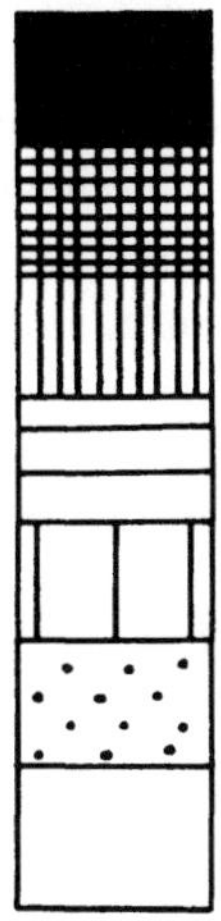

Anhang 2:

Aufnahmedaten für Polfiguren

Röntgenapparatur: Kristalloflex 4, Texturgoniometer und Strahlungsmeßgerät der Firma Siemens

1. Aufgenommener Reflex		(111)	(220)	(200)
2. Strahlung		Co-Kα	Co-Kα	Co-Kα
Röhrenspannung und Strom	(kV, mA)	30/12	30/12	30/12
3. Texturgoniometer				
Meßkreisdurchmesser	(mm)	344	344	344
Vertikalkreisstellung	(Grad)	16,6	27,9	19,3
Zählrohrkreisstellung	(Grad)	33,2	55,8	38,6
Aperturblende, Höhe	(mm)	1,5	1,5	1,5
Breite	(mm)	3,0	5,0	3,5
Schlitzblende, Höhe	(mm)	0,5	0,5	0,5
Zählrohrblende, Höhe	(mm)	10,0	10,0	10,0
Breite	(mm)	10,0	10,0	10,0
Zählrohrfilter		Fe	Fe	Fe
Probendrehung	(Grad/min)	30	30	30
Probenneigung	(Grad/min)	0,416	0,416	0,416
Probenpendlung				
a) große Proben	(mm)	± 7,5	± 7,5	± 7,5
b) kleine Proben		± 5	± 5	± 5
Windungsabstand der Spirale	(Grad)	5	5	5
4. Detektor		Szintilliationszähler mit Differentialdiskriminator		
Kanalhöhe, -breite	(V)	10/10	10/10	10/10
Zählrohrspannung	(V)	693	693	693
5. Mittelwertmessung				
Meßbereich	(Imp/min)	4×10^5	4×10^5	2×10^5
stat. Fehler	(%)	0,5	0,5	0,5
Papiervorschub	(mm/h)	150	150	150

Literaturverzeichnis

Aernoudt, E.: Eine neue Theorie der Verformungstexturen und ihre Anwendung auf kubisch-flächenzentrierte Metalle. Diss. Aachen 1966.

Bishop, J. F. W. u. Hill, R.: A theory of the plastic distortion of a polycrystalline aggregate under combined stresses. Phil. Mag. 42 (1951), S. 414–427.

– u. Hill, R.: A theoretical derivation of the plastic properties of a polycrystalline facecentred metal. Phil. Mag. 42 (1951), S. 1298–1307.

Boas, W. u. Schmid, E.: Zur Deutung der Deformationstexturen von Metallen. Z. techn. Physik 12 (1931), S. 71–75.

Buerger, M. J.: The plastic deformation of ore minerals. A preliminary investigation: Galena, sphalerite, chalcopyrite, pyrrhotite and pyrite. Amer. Miner. 13 (1928), S. 1–17 und 35–51.

Donath,F.A.: Experimental study of shear failure in anisotropic rocks. Bull. Geol. Soc. Amer. 72 (1961), S. 985–990.

– Effect of loading rate on the deformational behavior of rocks subjected to triaxial compression. Final Report, 1964.

Griggs, D. T. u. Miller, W. B.: Deformation of Yule marble: Part I. Bull. Geol. Soc. Amer. 62 (1951), S. 853–861.

Gough, H. J., Wright, S. J. u. Hanson, D.: Some further experiments on the behaviour of single crystals of aluminium under reversed torsional stresses. J. Inst. Met. 36 (1926), S. 173–190.

Handin, J. u. Fairbairn, H. W. : Experimental deformation of Hasmark dolomite. Bull. Geol. Soc. Amer. 66 (1955), S. 1257–1274.

Handin, J. u. Griggs, D. T.:Deformation of Yules marble: Part II. Bull. Geol. Soc. Amer. 62 (1951), S. 863–886.

Handin, J. u. Hager, R. V.: Experimental deformation of sedimentary rocks under confining pressure: Tests at room temperature on dry sample. Bull. Amer. Assoc. Petrol. Geol. 41 (1957), S. 1–50.

v. Kármán, Th.: Festigkeitsversuche unter allseitigem Druck. Z. VDI 55 (1911), S. 1749–1757.

v. Mises, R.: Mechanik der plastischen Formänderung von Kristallen. Z. angew. Math. u. Mech. 8 (1928), S. 161–185.

Mohr, O.: Technische Mechanik. Verlag Ernst u. Sohn, Berlin 1928.

Mook, B.: Der Kristalloflex 4, ein hochkonstanter Röntgenapparat für röntgenographische Analyseverfahren. Siemens Zeitschr. 35 (1961), S. 440–445.

Neff, H.: Ein neues Zählrohrgoniometer für die Texturbestimmung an Blechen. Z. Metallk. 47 (1956), S. 646–649.

Pickus, M. B. u. Mathewson, C. H.: On the theory of the origin of rolling textures in face centred cubic metals. J. Inst. Met. 64 (1939), S. 237–260.

Polanyi, M.: Über Strukturänderungen in Metallen durch Kaltbearbeitung. Z. Phys. 17 (1923), S. 42–53.

Ramdohr, P.: Die Erzmineralien und ihre Verwachsungen. Akademie Verlag, Berlin 1960.

Regenet, P. J.: Zur Entstehung von Oberflächentexturen beim Walzen kubisch-flächenzentrierter Metalle. Diss. Aachen, 1962.

Rinn, F. H.: Ein vielseitiges Strahlungsmeßgerät. Siemens Zeitschr. 32 (1958), S. 360–365.

Robertson, E. C.: Experimental study of the strength of rocks. Bull. Geol. Soc. Amer. 66 (1955), S. 1275–1314.

Saynisch, H. J.: Festigkeits- und Gefügeuntersuchungen an Zinkblenden. Diss. Aachen, 1967.

– u. Siemes, H.: Experimentelle Stauchverformungen an Einkristallen zur Bestimmung der Gleitmechanismen und der mechanischen Eigenschaften der Zinkblende. (laufende Untersuchungen, 1968).

Sander, B.: Gefügekunde der Gesteine. Springer-Verlag, Wien 1930.

– Einführung in die Gefügekunde der geologischen Körper. Vol. I, 1948, Springer Verlag, Wien; Vol. II, 1950, Springer Verlag, Wien.

Schmid, E. u. Boas, W.: Kristallplastizität. Springer Verlag, Berlin 1935.

Schulz, L. G.: A direct method of determining prefered orientation of a flat reflection sample using a Geiger-counter X-ray spectrometer. J. Appl. Phys. 20 (1949), S. 1030–1033.

Siemes, H.: Die Endlagen bei der Stauch- und Zugverformung von polykristallinen Metallen. Z. Metallk. 58 (1967), S. 228–230.

– Experimentelle Stauchverformungen von Bleiglanzen. Habilitationsschrift Aachen, 1967.

– u. Schachner-Korn, D.: Theoretische Ableitungen der Schertexturen von Bleiglanz und Vergleich dieser mit Texturen natürlich verformter Bleiglanze. N. Jb. Miner. Abh. 102 (1965), S. 221–250.

Strasser, B.: Mechanisches Verhalten von Sedimentgesteinen aus dem Karbon Nordrhein-Westfalens unter Einfluß allseitigen Drucks. Fortschr. Geol. Rheinl. u. Westf. 15 (1966).

Taylor, G. I.: Plastic strain in metals. J. Inst. Met. 62 (1938), S. 307–324.

– Strains in crystalline aggregate. IUTAM Colloquium, Madrid 1955, in „Verformung und Fließen des Festkörpers." Springer Verlag, Berlin 1956.

Turner, F. J. u. Ch'ih, C. S.: Deformation of Yule marble: Part III Bull. Geol. Soc. Amer. 62 (1951), S. 887–906.

Turner, F. J., Griggs, D. T., Clark, R. H. u. Dixon, R. H.: Deformation of Yule marble: Part VII Bull. Geol. Soc. Amer. 67 (1956), S. 1259–1294.

Veit, K.: Künstliche Schiebungen und Translationen in Mineralien. N. Jb. Miner., Geol. u. Pal. Beil. Bd. 45 (1922), S. 121–148.

ÜBER DIE VERWENDBARKEIT DER ANISOTROPIE DER MAGNETISCHEN SUSZEPTIBILITÄT ZUR BESTIMMUNG DER MAGNETITORIENTIERUNG

František Hrouda[1], František Janák[1], Jindřich Štelcl[2]

Abstract

The present paper deals with using of anisotropy of magnetic susceptibility to the determination of dimensional orientation of magnetite in rocks. As an example of practical application of this method some results for Blansko – type granodiorite from Brno massif are presented.

1. Einleitung

Quantitative Kornorientierungsmessungen an opaken Erzmineralien in den natürlichen Gefügen werden erst seit einigen Jahren durch die Entwicklung der speziellen optischen und röntgenographischen Meßmethoden durchgeführt. Als Beispiele kann man hier die Arbeiten von H. Neff und P. Paulitsch (1959, 1960), P. Paulitsch, R. Schicht, W. Mons (1967) und K. v. Gehlen (1960, 1962) anführen. Die Gesamtzahl der Erzmineralien, deren bevorzugte Orientierung untersucht wurde, blieb jedoch sehr begrenzt (siehe z.B. P. Paulitsch 1966).

Zu den Erzmineralien, die zu den üblichen Gesteinsbestandteilen gehören, kann man den Magnetit zählen. Über die Magnetitorientierung in den natürlichen Gefügen findet man in der Literatur jedoch nicht viele Angaben (vgl. z.B. H. Neff, P. Paulitsch, 1959, H. Strunz, P. Paulitsch, E. Seeliger, Ch. Tennyson 1966).

In der vorliegenden Arbeit soll die Verwendbarkeit der Anisotropie der magnetischen Suszeptibilität zur Bestimmung der Magnetitorientierung behandelt werden. Als Beispiel der praktischen Verwendung dieser Methode werden die Meßergebnisse der Magnetitorientierung im Granodiorit des „Blanzer Typs“ aus dem Brünner Massiv (Zentralmähren, ČSSR) angeführt.

Da die Bestimmung der Magnetitorientierung durch die Messung der Anisotropie der magnetischen Suszeptibilität in der gefügekundlichen Literatur bisher nicht üblich

1) Ústav užité geofyziky (Institut für Angewandte Geophysik), Ječná 29a, Brno 12, ČSSR.

2) Katedra mineralogie a petrografie přírodovědecké fakulty UJEP (Lehrstuhl für Mineralogie und Petrographie der Naturwissenschaftlichen Fakultät der J.E. Purkyně-Universität in Brno/Kotlářská 2, ČSSR, Brno).

ist, wird zuerst die Anisotropie der magnetischen Suszeptibilität und ihre Bestimmung übersichtlich behandelt.

2. Anisotropie der magnetischen Suszeptibilität und ihre Bestimmung

2.1 Für die Frage nach den Ursachen der Anisotropie der magnetischen Suszeptibilität in den Gesteinen sind verschiedene Gründe maßgebend. Danach unterscheidet man auch verschiedene Typen von Anisotropie. Von entscheidendster Wichtigkeit ist die bevorzugte Orientierung nach der Korngestalt und nach dem Gitter.

Der Anisotropiegrad der Suszeptibilität wird durch das Verhältnis zwischen der maximalen (k^I) und minimalen (k^{III}) Suszeptibilität der Probe bestimmt:

$$P = \frac{k^I}{k^{III}} = \frac{\kappa_a}{\kappa_c} \cdot \frac{1 + N_c\, \kappa_c}{1 + N_a\, \kappa_a} .$$

$\kappa_a (\kappa_c)$ = tatsächliche Suszeptibilität des ferromagnetischen Minerales in der Lage der maximalen (minimalen) Suszeptibilität; $N_a (N_c)$ = der Entmagnetisierungsfaktor des Kornes in der Lage *a(c)*. Dieser Faktor steht ausschließlich in Zusammenhang mit der Korngestalt.

Minerale mit kubischer Symmetrie (z.B. des Typs von Titanomagnetit) beweisen einen unbedeutenden Unterschied der Suszeptibilität in der Richtung der „leichten“ und der „schweren“ Magnetisierung, so daß $\kappa_a = \kappa_c = \kappa$ und

$$P = \frac{1 + N_c\, \kappa_c}{1 + N_a\, \kappa_a} .$$

Die Anisotropie der Suszeptibilität der Gesteine mit solchen Mineralien hängt nur von der Orientierung der Kornentmagnetisierungsfaktoren ab. In diesem Fall steht die bevorzugte Orientierung in Beziehung mit der Korngestalt.

Mineralien mit niedrigerer Symmetrie (des Typs von Hämatit, Pyrrhotin) weisen große Unterschiede der Suszeptibilitäten in den Richtungen der Hauptachsen auf, so daß die Glieder mit dem Entmagnetisierungsfaktor vernachlässigbar sind

$$P = \frac{\kappa_a}{\kappa_c} .$$

Die Anisotropie der Suszeptibilität der Gesteine mit solchen Mineralien entsteht nur durch die Orientierung nach dem Gitter.

Die magnetische Suszeptibilität ist ein symmetrischer Tensor zweiten Ranges. Für ihre eindeutige Bestimmung muß man sechs unabhängige Konstanten feststellen. Zu ihrer Interpretation benutzt man gewöhnlich die geometrische Darstellung und die Ergebnisse werden in Ellipsoidform veranschaulicht. Drei Konstanten geben die Größe der Suszeptibilität in den drei senkrecht zueinander stehenden Haupthalbachsen des Ellipsoides an. Sie werden als maximale, mittlere (k^{II}) und minimale Suszeptibilität bezeichnet. Die drei anderen Konstanten geben die Richtungen der Hauptachsen des Ellipsoides in der untersuchten Probe an. Das Verfahren der Einführung des Ellipsoides der Suszeptibilität wie auch der Berechnung von Hauptsuszeptiblitäten und ihrer Richtungen werden näher von F. Janák (1965, 1967) behandelt.

Von den bisherigen Untersuchungen der magnetischen Anisotropie der Gesteine ergeben sich bestimmte Grundgesetzmäßigkeiten. Die Anisotropie der magnetischen Suszeptibilität stellt z.B. den Grad der mittleren Regelung einer großen Anzahl von magnetischen Körnern (F. D. Stacey et al. 1960) dar. Die Lagen der Hauptachsen des Ellipsoides stehen dabei in guter Übereinstimmung mit der optischen (mikroskopischen) Auswertung der bevorzugten Kornorientierung (M. A. Khan 1962). Es wurde weiter bewiesen, daß die Lage der Ellipsoide der Suszeptibilität sehr stabil ist, da eine kurzfristige Erwärmung der Probe auf 700 °C wie auch ihre Pressung unter dem Druck von 0,6 t/cm² sie nur sehr wenig verändert, wenn auch alle anderen magnetischen Eigenschaften sich wesentlich ändern (M. A. Khan 1962). Bei den Gesteinen stimmt die Ebene der maximalen Suszeptibilität (die Ebene durchgelegt durch die Achsen der maximalen und mittleren Suszeptibilität) mit den S-Flächen überein. Auch die Lagen der einzelnen Achsen des Ellipsoides sind mit den Lagen einiger Gefügeelemente der Gesteine verknüpft. So stimmt z.B. bei einigen umgewandelten Gesteinen die Richtung der maximalen Suszeptibilität mit der Richtung der Lineation gut überein.

2.2 Die Anisotropie der Suszeptibilität wird mit Hilfe der Wechselstrombrücke KL – 1, die zu diesem Zwecke von V. Jelínek (1968) konstruiert wurde, gemessen. Die Empfindlichkeit dieses Gerätes (4.10^{-8} Einheit. SI) ist höher als die der bisher verwendeten Geräte dieses Typs. Die Messungen werden in einem schwachen Niederfrequenzfeld an der Probe in Würfelform mit einer Kantenlänge von 2 cm durchgeführt. Der gemessene Wert beider definierter Lagen der Probe wird Richtungssuszeptibilität genannt (näher siehe F. Janák 1965). Die Probe wird gedreht und in 18 Lagen durchgemessen. Von den 18 Richtungssuszeptibilitäten werden auf Grund der Methode der kleinsten Quadrate mit Hilfe eines Rechners sechs unabhängige Tensorelemente der Suszeptibilität bestimmt.

Mit Hilfe des Rechners werden weiter die Hauptsuszeptibilitäten, die durchschnittliche Suszeptibilität der Probe, die Form und die Lage des Ellipsoides der Suszeptibilität gemeinsam mit der Fehlerabschätzung der Durchlegung des Ellipsoides durch die gemessenen Werte ausgerechnet. Der relative Mittelfehler der Bestimmung der Richtungssuszeptibilität der von uns untersuchten Granodiorite bewegt sich in den Grenzen von 0,1–0,3 %. Die angeführten Fehler betreffen zufällige Fehler bei der Messung. Alle Messungen können jedoch durch gleiche systematische Fehler belastet werden, die von der Genauigkeit der Eichung des Gerätes abhängen. Dieser absolute Fehler ist kleiner als 1 % und hat keinen Einfluß auf die Bestimmung der Anisotropie der Suszeptibilität. Die Hauptrichtungen des Ellipsoides der Suszeptibilität werden in dieser Arbeit in das Gefügekoordinatensystem transformiert.

3. Bevorzugte Magnetitorientierung und ihre Darstellung im Ellipsoid der Suszeptibilität

In unserem Beitrag wird die Anwendung der Anisotropie der magnetischen Suszeptibilität für granodioritische Gesteine angeführt, in denen die magnetische Anisotropie durch die Magnetitorientierung nach der Korngestalt verursacht wird (siehe Kap. 2 und 4). Behandeln wir also gerade diesen Typ der Anisotropie näher.

Den Typ der bevorzugten Magnetitorientierung kann man nach der Form des Ellipsoides der Suszeptibilität beurteilen. Die Form des Ellipsoides charakterisiert das Verhältnis:

$$E = \frac{(k^{II})^2}{k^{I} \cdot k^{III}} .$$

Wenn der Magnetit in einem Gestein flächenartig vollkommen parallel orientiert ist, besitzt ein solches Gestein ein Ellipsoid der Suszeptibilität, das rotationsartig verlängert ist ($E > 1$). Ist der Magnetit linear parallel orientiert, ist das Ellipsoid der Suszeptibilität rotationsartig abgeplattet mit $E < 1$. In den meisten Fällen ist das Ellipsoid der Suszeptibilität dreiachsig. Dieses bildet die flächige und linear parallele Magnetitorientierung ab*. Das Verhälrnis der Intensität der flächenartig parallelen Magnetitorientierung zu der linear parallelen Orientierung kann verschieden sein. Ist die linear parallele Magnetitorientierung intensiver als die flächenartig parallele Orientierung, ist das dreiachsige Ellipsoid abgeplattet. Überwiegt die flächenartig parallele Orientierung, ist das Ellipsoid verlängert. Befindet sich das Ellipsoid zwischen der länglichen und abgeplatteten Form, sind die Orientierungsgrade gleich ($E = 1$). Der Wert $E = 1$ umfaßt auch den Fall, in dem das Handstück isotrop ist (das Ellipsoid wird zur Kugel).

Kennt man den Typ der bevorzugten Magnetitorientierung in einem Gesteine (nach dem Wert von E), kann man aus dem Verhältnis der maximalen und minimalen Suszeptibilität auch die relative Intensität der bevorzugten Orientierung aus dem in Kapitel 2 angeführten Parameter P bestimmen. Zur nummerischen Charakteristik der Intensität der linearen oder flächenartig parallelen Magnetitorientierung benutzen manche Verfasser verschiedene Beziehungen, von denen jede sowohl ihre Vorteile als auch Nachteile hat, in Abhängigkeit von der Problemstellung (siehe z.B. L. Granar 1958; F. D. Stacey et al. 1960; J. R. Balsley and A. F. Buddington, 1960; A. I. Rees, 1961; M. A. Khan, 1962; R. F. King, 1965; F. Hrouda 1969).

In unserer Arbeit, in der wir nicht regionale Probleme lösen, begegnen wir der Tatsache, daß die Ellipsoidform für einige Handstücke abgeplattet, für andere wieder verlängert ist. Wir haben deshalb zum Charakterisieren der Intensität des linear parallelen Orientierungsgrades des Magnetites den Koeffizienten:

$$L = k^{I}/k^{II},$$

*) Die Anisotropie der magnetischen Suszeptibilität stellt den mittleren Grad der bevorzugten Orientierung aller Magnetitkörner dar, die in dem untersuchten Handstück enthalten sind. Deshalb benutzen wir den Begriff der fast flächenartig und linear parallelen Orientierung, denn wir sind uns dessen bewußt, daß in einem Gestein auch verschiedene Lineationen und S-Flächen festgestellt werden können.

der von J. R. Balsley und A. F. Buddington (1960) eingeführt wurde, benutzt.

Die Intensität des flächenartig parallelen Orientierungsgrades beurteilen wir nach der Beziehung:

$$F = k^{II}/k^{III},$$

die von F. D. Stacey et al. (1960) benutzt wurde. Die P, L, F-Koeffizienten sind immer größer als 1, soweit es sich nicht um ein Rotationsellipsoid oder eine Kugel handelt. Mit der bevorzugten Magnetitorientierung steigen auch ihre Zahlwerte.

4. Magnetitorientierung im Granodiorit des „Blanzer-Typs" im Brünner Massiv

Als Beispiel der Verwendung von Anisotropie der magnetischen Suszeptibilität zur Bestimmung der Magnetitorientierung führen wir die Ergebnisse der Untersuchungen der Magnetitorientierung im Granodiorit des „Blanzer Typs" aus dem Brünner Massiv (Zentralmähren, ČSSR) an. Der angeführte Granodiorit tritt im nord-östlichen Teil des Brünner Massivs zutage, wo er im Svitava-Tal zwischen Brno und Blansko gut aufgeschlossen ist. Wir haben diesen Granodiorit als Untersuchungsmaterial deshalb gewählt, weil er hohe Zahlenwerte der magnetischen Suszeptibilität aufweist, die durch einen höheren Gehalt an Magnetit bedingt sind (F. Hrouda, F. Janák, J. Štelcl 1968).

Der Granodiorit des „Blanzer Typs" kann als graues bis zartrosafarbiges, schwarzfleckiges, feinkörniges (Kornzahl von E. O. Teuscher = 131) Gestein, das aus 44,2 % Plagioklas $Ab_{80}An_{20}$, 13 % K-Feldspat, 27,4 % Quarz, 3,5 % Hornblende, 11,2 % Biotit und 0,7 % Akzessorien (Titanit, Apatit, Zirkon, Magnetit und Hämatit) besteht, charakterisiert werden. Die Struktur ist hypidiomorphkörnig mit undeutlicher Begrenzung aller wesentlichen Bestandteile. Sie erinnert an eine „kristalloblastische Struktur".

Ferromagnetische Mineralien wurden nach der Separation in Pulverpräparaten untersucht. Mit Rücksicht darauf, daß der Magnetit eine um einige Ordnungen höhere Suszeptibilität besitzt als der Hämatit, wurden die magnetischen Eigenschaften des untersuchten Granodiorites durch die Eigenschaften des Magnetites bestimmt. Die Anisotropie der Suszeptibilität zeigt die bevorzugte Magnetitorientierung nach der Korngestalt an. (Der Einfluß des Hämatites ist völlig vernachlässigbar.)

Bemerkenswert sind in diesem Granodiorit die Einschlüsse der dunklen Gesteine, die Kerne oder Linsen von 2,0–20 cm Größe bilden und die petrographisch sehr nahe dem Hornblende-Biotit-Diorit stehen. Einen wesentlichen Bestandteil dieser Einschlüsse bildet Magnetit, der in einigen Fällen bis 10 % des Gewichtes erreicht.

Der „Blanzer" Granodiorit ist stark deformiert und zerklüftet. Von den planaren Gefügeelementen sind in diesem Granodiorit steile *ac*-Klüfte ausgeprägt, die mit der Richtung 130°–150° auch im angrenzenden Devon des Mährischen Karstes und im unteren Karbon des Drahaner Hochlandes entwickelt sind (Abb. 1). In Bezug auf diese Klüfte und auf den Verlauf der B-Faltenachsen in diesen Gebieten haben wir das Gefü-

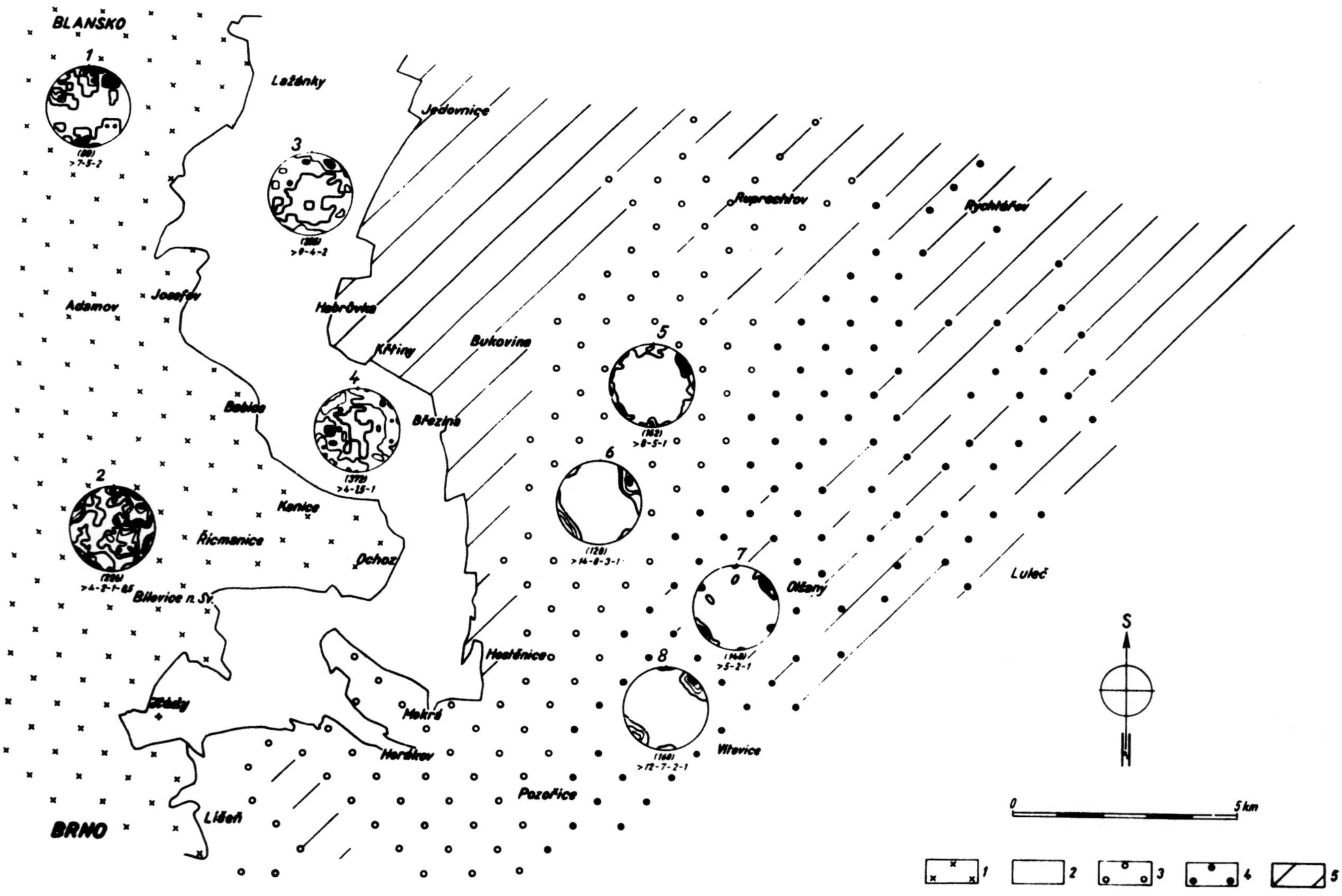

BLANSKO
Lažánky
Jedovnice
Ruprechtov
Rychtářov
Adamov
Josefov
Habrůvka
Křtiny
Bukovina
Babice
Březina
Kanice
Řícmanice
Ochoz
Bílovice n. Sv.
Hostěnice
Olšany
Luleč
Mokrá
Horákov
Pozořice
Vítovice
Líšeň
BRNO
1
(80)
> 7-5-2
2
(226)
> 4-2-1-0.5
3
(281)
> 8-4-2
4
(372)
> 4-2.5-1
5
(162)
> 8-5-1
6
(128)
> 14-8-3-1
7
(140)
> 5-2-1
8
(160)
> 12-7-2-1
S
0
5 km
1
2
3
4
5

gekoordinatensystem der von uns untersuchten Handstücke gewählt. Da die Gefügeanalyse nur an einigen Lokalitäten durchgeführt wurde, kann man den von uns bestimmten Koordinaten nur eine beschreibende Bedeutung zuschreiben. Man kann sie also nicht ohne Kontrolle auf das Großgefüge des Brünner Massivs anwenden.

Die Meßergebnisse der Anisotropie der Suszeptibilität werden in der Tabelle 1 und in den Diagrammen Abb. 2 und 3 zusammengefaßt. Aus der Tabelle geht hervor, daß die durchschnittliche Suszeptibilität der Handstücke sich in breiten Grenzen (von 3.10^{-3} bis 23.10^{-3} Einheiten SI) ändert. Das zeugt dafür, daß der Magnetitanteil in den untersuchten Handstücken veränderlich ist. Der Anisotropiegrad (Koeffizient P) ändert sich von 1,07 bis 1,17; alle Handstücke sind anisotrop und der Anisotropiegrad hängt nicht vom Magnetitanteil ab. Im Durchschnitt ist die maximale Suszeptibilität ungefähr um 10 % höher als die minimale Suszeptibilität, die Variabilität im Orientierungsgrad des Magnetites ist nicht allzu groß.

Die Form des Ellipsoides der Suszeptibilität nach den Werten des Koeffizienten E beurteilt, ist sehr variabel. Manche Ellipsoide der Suszeptibilität sind verlängert, andere wieder abgeplattet und in einigen Fällen ungefähr gleich. Ein ähnlicher Befund geht aus dem Vergleich der Werte des Koeffizienten der linear parallelen (T) und der flächenartig parallelen Orientierung (F) hervor. Es kommen alle drei möglichen Fälle vor. Bei einigen Handstücken ist der Magnetit ausgeprägt flächenartig parallel orientiert, bei anderen ist die Orientierung überwiegend linear parallel. Manchmal sind beide Orientierungsgrade annähernd gleich. Da die untersuchten Handstücke in der Tabelle 1 in Bezug auf die geographische Lage der Lokalitäten zusammengestellt sind, kann man aus den Formänderungen des Ellipsoides auf keine systematische Tendenz schließen.

Aus der Untersuchung der bevorzugten Magnetitorientierung im „Blanzer" Granodiorit mit Hilfe der magnetischen Anisotropie geht hervor, daß im Handstückbereich der Orientierungstyp vollkommen inhomogen ist. Im Aufschlußbereich wird die bevorzugte Magnetitorientierung jedoch homogen; man kann sie als flächenartig parallel mit einem intensiv entwickelten linearen System in der Ebene der maximalen Suszeptibilität (virtuelle S-Fläche) charakterisieren.

Die Orientierung der Hauptachsen der Ellipsoide der Suszeptibilität der untersuchten Handstücke aus zwei verschiedenen Lokalitäten ist im Gefügekoordinatensystem in Diagrammen (Abb. 2, 3) dargestellt. Aus den Diagrammen ist ersichtlich, daß die Streuung der einzelnen Achsen verhältnismäßig groß ist, die Achsen kumulieren sich aber sehr gut im Rahmen einer einzigen Lokalität um die gemeinsame „Mittelrichtung". Ob-

Abb. 1.
Kartodiagramm der ac-Klüfte (Pole) im südlichen Teil des Brünner Massivs und im benachbarten Komplex des Mährischen Karstes und des Drahaner Hochlandes. Erklärungen der Zeichen: 1 – Brünner Massiv, 2 – Devon des Mährischen Karstes, 3 – Račice – Konglomerate, 4 – Luleč – Konglomerate, 5 – übrige unterkarbonische Ablagerungen des Drahaner Hochlandes. Die Nummern in Klammern unter den einzelnen Diagrammen bezeichnen die Anzahl der Messungen, mit den übrigen Nummern wird die Dichte der Felder in den Diagrammen in % bezeichnet. Die Diagramme No. 1, 3, 4 wurden von J. Pták, die anderen von J. Štelcl zusammengestellt.

Tabelle 1.

Nō	k^I	k^{II}	k^{III}	$\bar{k}$	P	E	L	F
1	1574	1437	1427	1479	1,103	0,919	1,095	1,007
2	1295	1254	1194	1248	1,085	1,017	1,033	1,050
3	1177	1098	1046	1107	1,125	0,979	1,072	1,050
4	575	548	539	554	1,067	0,969	1,050	1,017
5	1483	1406	1278	1389	1,161	1,043	1,055	1,100
6	1711	1605	1533	1616	1,116	0,982	1,066	1,047
7	1901	1801	1687	1798	1,130	1,011	1,059	1,068
8	1820	1712	1646	1726	1,106	0,978	1,063	1,040
9	1703	1597	1574	1625	1,082	0,951	1,067	1,015
10	1640	1516	1399	1518	1,171	1,002	1,081	1,084
11	708	668	662	679	1,070	0,952	1,059	1,009
12	435	425	406	422	1,071	1,023	1,025	1,047
13	308	298	284	297	1,085	1,015	1,032	1,049
14	709	686	626	674	1,134	1,060	1,034	1,096
15	1577	1501	1367	1482	1,153	1,047	1,050	1,098
16	1590	1478	1446	1505	1,100	0,950	1,075	1,022
17	1719	1598	1549	1622	1,110	0,959	1,076	1,032
18	1606	1527	1468	1534	1,094	0,989	1,052	1,040
19	2482	2303	2248	2344	1,104	0,951	1,078	1,024
20	1287	1247	1212	1249	1,061	0,997	1,032	1,029
21	1957	1882	1794	1877	1,091	1,009	1,040	1,049

Bemerkungen zur Tabelle 1: Die Werte k^I, k^{II}, k^{III}, $\bar{k}$ werden in der Ordnungsgröße von 10^{-5} Einh. SI angeführt.

zwar die einzelnen Handstücke an beiden Lokalitäten sehr unterschiedliche Formen der Ellipsoide zeigen, kann man die einzelnen Achsen gegenseitig sehr gut trennen. Diese Erscheinung hängt mit einer guten Definition der einzelnen Tensortypen der Suszeptibilität der untersuchten Granodiorite zusammen. Aus den angeführten Beispielen geht hervor, daß die „durchschnittlichen Richtungen" der Hauptachsen der Ellipsoide mit den Richtungen des Gefügekoordinatensystems nicht übereinstimmen.

5. Schlußbemerkungen

Aus den Ergebnissen unserer Arbeit geht hervor, daß die Methoden der Anisotropie der magnetischen Suszeptibilität bei der Untersuchung der opaken Gefüge benutzt werden können.

Die Anwendung dieser Methode bei Untersuchung der Magnetitorientierung in Granodioriten des „Blanzer Typs" aus dem Brünner Massiv (Zentralmähren, ČSSR) führt zu folgenden Feststellungen:

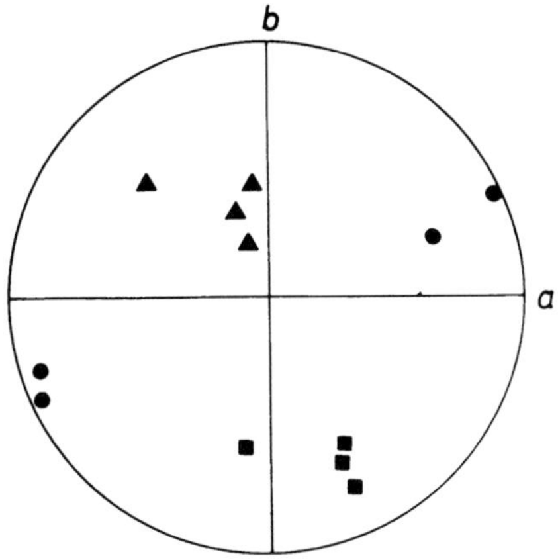

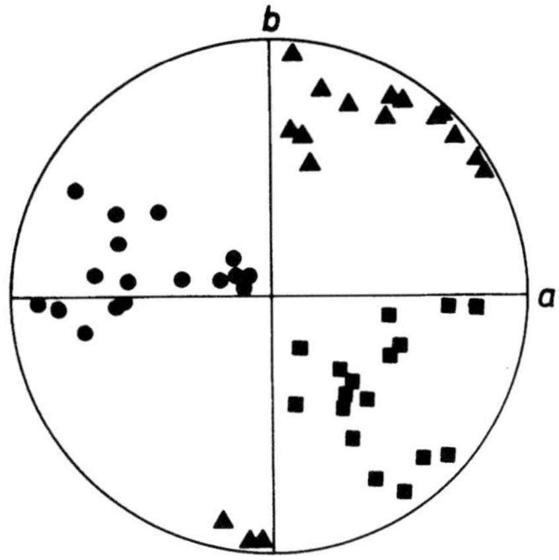

Abb. 2.
Orientierung der Richtungen der Suszeptibilitäten im Gefügekoordinatensystem (Diagramm 2, Abb. 1) flächentreue Projektion von Lambert (untere Halbkugel). Erklärungen der Zeichen:

▲ – Richtung der maximalen Suszeptibilität

■ – Richtung der mittleren Suszeptibilität

● – Richtung der minimalen Suszeptibilität

Abb. 3.
Diagramm der Orientierung der Richtungen der Hauptsuszeptibilitäten im Gefügekoordinatensystem (Lokalität Blansko, Abb. 1). Projektion von Lambert auf der unteren Halbkugel. Legende siehe Abb. 2.

a) Das Kraftfeld, in dem der Bauplan der *ac*--Klüfte geprägt wurde, war anders, als das Kraftfeld, in dem sich das Magnetitgefüge der Granodiorite entwickelte.

b) Der Gesamtcharakter der bevorzugten Magnetitorientierung (siehe die Tabelle 1 und die Diagramme Abb. 2, 3) wurde durch das System der *ac*-Klüfte nicht wesentlich beeinflußt.

c) Die Magnetitorientierung ist im Handstückbereich völlig inhomogen. Im Aufschlußbereich ist die Orientierung fast homogen. Man kann sie als flächenartig parallele Orientierung mit ausgeprägtem linearen System bezeichnen. Dadurch sind auch die Lagen der Ellipsoide der einzelnen Proben sehr nahe.

Zusammenfassung

Die Verfasser behandeln die Verwendbarkeit der Anisotropie der magnetischen Suszeptibilität zur Bestimmung der Magnetitorientierung. Als Beispiel der praktischen Verwendung dieser Methode sind die Ergebnisse der Untersuchung der Magnetitorientierung im Granodiorit des „Blanzer Typs“ aus dem Brünner Massiv (Zentralmähren, ČSSR) angeführt.

Literatur

Balsley, J.R., Buddington A.F. (1960): Magnetic susceptibility and fabric of some Adirondack granites and orthogneisses. Amer. Journ. Sci., 258-A, 6–20. New Haven.

Gehlen, K. v. (1960): Die röntgenographische und optische Gefügeanalyse von Erzen insbesondere mit dem Zählrohr-Texturgoniometer. Beitr. z. Min. u. Petr. 7, 340–388, Berlin-Göttingen-Heidelberg.

– (1962): Ein Pyrrhotin-Gefüge aus der Grube Bayerland bei Waldsassen (Oberpfalz). – Beitr. z. Min. u. Petr. 8, 315–322, Berlin-Göttingen-Heidelberg.

Granar, L. (1958): Magnetic measurements on swedish varved sediments. – Arkiv för Geoph., Band 3, No 1, 1–40, Stockholm.

Hrouda, F. (1969): The relation between the fabric of rocks and the anisotropy of magnetic susceptibility for some west-moravian gneisses. – Věstník ÚÚG (in press), Praha.

– , Janák, F., Štelcl, J. (1968): Zur petrophysikalischen Charakteristik einiger Granodiorite des Brünner Massivs. – Gerl. Beitr. Geophys. 77/6, 473–486. Leipzig.

Janák, F. (1965): The determination of anisotropy of magnetic susceptibility of rocks. – Studia geoph. et geod., 9, 290–301. Praha.

– (1967): The effect of anisotropy of magnetic susceptibility on the direction of the vector of isothermal remanent magnetic polarization. – Studia geoph. et geod., 11, 419–429. Praha.

Jelínek, V. (1968): Eine Meßbrücke für die Messung der Anisotropie und der mittleren magnetischen Suszeptibilität der Gesteine (tschechisch). Dissertation, ÚGF Brno.

King, R.F. (1965): The magnetic fabric of some Irish granites. – Geol. Journ., Vol. 5, Pt. 1, 43–66. Liverpool.

Khan, M.A. (1962): Anisotropy of magnetic susceptibility of some igneous and metamorphic rocks. – Journ. Geoph. Res., 67, 7, 2873–2885. Richmond, Virginia.

Neff, H., Paulitsch, P. (1959): Bestimmung natürlicher Korngefüge mit dem Zählrohrgoniometer. – Sonderdruck aus „Die Naturwissenschaften", Jg. 46, H. 16, S. 490, Springer Verlag Berlin-Göttingen-Heidelberg.

– , – (1960): Röntgenographische Bestimmung der Hämatitregel in natürlichen Gefügen. – N. Jb. Min. Abh., Festband Ramdohr, 1401–1410, Stuttgart.

Paulitsch, P. (1966): Metodos roentgenográficos en petrologia. – Diputación Provincial, vol. 20, Barcelona.

– , Schicht, R., Mons, W. (1967): Zur Gefügeregelung von Hämatit.-Sonderdruck aus „Die Naturwissenschaften", Jg. 54, H. 4, S. 88, Springer Verlag Berlin-Heidelberg-New York.

Rees, A.I. (1961): The effect of depositional slopes on the anisotropy of magnetic susceptibility of laboratory deposited sands. – Journ. Geol., Vol. 74, No 6, 856–867. Chicago.

Strunz, H., Paulitsch, P., Seeliger, E., Tennyson, Ch. (1966): Die Mineralien im Basalt von Groschlattengrün in der Oberpfalz. – Acta Albertina Ratisbonensia, Bd. 26, S. 9–34, Regensburg.

Stacey, F.D., Joplin, G., Lindsay, J. (1960): Magnetic anisotropy and fabric of some foliated rocks from S.E. Australia. – Geoph. pura e appl., Vol. 47, III, 30–40, Milano.

OBSERVATION OF SUPERFINE FABRICS WITH THE SCANNING MICROSCOPE

H.-U. Nissen and R. Wessicken

Introduction

It is implied in the fundamental definitions of petrofabric analysis (Sander 1948/1950) that a full and useful description of a rock fabric (in fact of any fabric) must contain a comparison of the spacial data and their degree of homogeneity as well as the symmetry features of various fabric elements *on all scales.* This means that fabric investigation should not be limited to macroscopically visible features or to those observable only in the microscope. It was therefore a natural consequence that Sander, already in the early stages of petrofabric analysis, drew special attention to the possibilities of X-ray fabric analysis for the investigation of the smallest fabric units (Sander & Sachs 1930). These methods were later developed by Neff (1956), v. Gehlen (1960), Wenk (1965), and others.

However, the information from X-ray fabric patterns mainly supplies information about rotational features (Drehlage) as do fabric diagrams using the stereo-projection, and little or none about translational features (Raumlage) and the exact shapes and boundaries of fabric units or domains. For the finest scale of fabric analysis an electron-microscopic image is therefore needed to characterize homogeneous areas and their translational features.

The electron microscope has been used for this analysis much less than it should have been. This results from the difficulty of preserving the orientation of the small replicas or, in the case of transmission electron microscopy, of powdered particles of the fabric. For "internal" fabrics (Interngefüge) the electron diffraction pattern can help to retrieve the orientation but for polycrystalline fabrics the patterns are too complicated to allow reorientation of the object with regard to its fabric axes.

All these difficulties can be immediately overcome if the scanning electron microscope (SEM) is used for the investigation of very fine grained fabrics. The objects which can be observed directly may be up to 1.3 cm in diameter (much larger if special chamber equipment is used) and since it is most easy to change from a very low magnification (approx. 20 times) to electron microscopic magnifications (usually not over 50′000 times for fabric investigations) without rotating or moving the picture it is also easy to preserve the direction of fabric axes or any other mark on the specimen which determines its rotational position in space. The purpose of this paper is to present a variety of examples of fabrics too fine in scale to be resolved by optical microscopy, to demonstrate the ease of these fabric investigations on the submicroscopic scale and to compare the observations with similar features on a larger scale.

The authors are happy to follow up in this paper suggestions made by Professor Sander in 1955, at a time when the electon-microscopic investigation of geological fabrics was at its beginning. They are happy to contribute to a volume dedicated to a scientist whose influence on earth sciences, due to the originality of his ideas, has steadily increased during the past fifty years.

Examples of submicroscopic fabrics

In Table 1 some types of submicroscopic fabrics in geological bodies are listed in the first column, while the second column lists the examples investigated in this study.

In many glassy or translucent crystalline substances submicroscopic inhomogeneities which are distributed within the body in a homogeneous way cannot be directly seen but can be easily recognized through their optical effect, such as "schiller" due to inclusions (hematite in sunstone) or voids (in obsidian or in single crystals such as "smoky beryl"). Exsolution or initial recrystallisation (in spherulitic centres) of glass can be recognised by Tyndall scattering of light, and intracrystalline lamellar exsolution e.g. in feldspars, as well as fabrics consisting of orderly-packed spheres as in opal, can be reccognized by the colour effect (iridescence, often also called "schiller") due to diffraction of light in the visible wavelength range on regularly arranged fabric surfaces.

Table 1: Examples of submicroscopic geological fabrics.

Type of fabric		Examples
Fabric of voids (in geological bodies)		obsidian with schiller smoky beryl with schiller chondrules
Glass and gel fabrics		opal exsolved glass
Poly – crystalline fabrics	Growth fabrics	lydite, high labradorite chalk, oolite
	Granular fabrics, tectonites	phyllite
	"Whisker" fabrics	saponite
	Inclusion fabrics	asbestos in quartz and calcite

The two examples of fabrics consisting of voids represent the most simple form of inhomogeneity. The Schiller plane is the mean plane of elongation of the voids, which usually have an ellipsoidal shape (Fig. 1a – b). The ellipticity is most likely due to de-

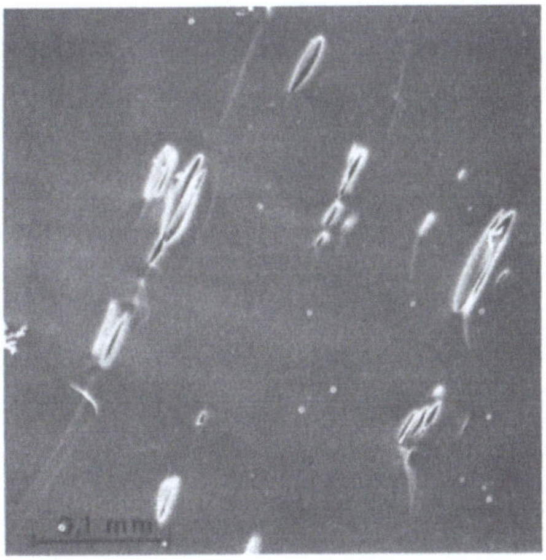

Fig. 1 a.
Obsidian from Mt. Ararat, Turkey, with elongate gas voids producing "schiller".

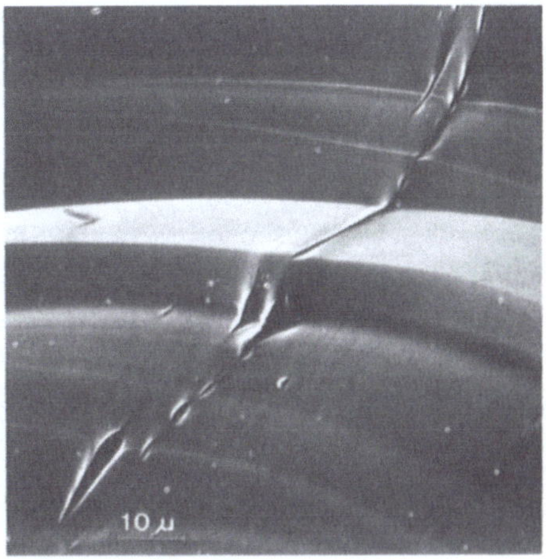

Fig. 1 b.
Smoky beryl with voids producing "schiller", arranged in parallel planes.

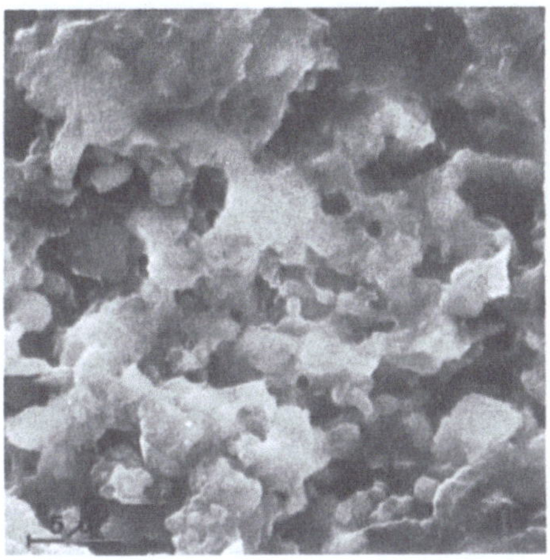

Fig. 1 c.
Surface of a chondrule broken out of Bruderheim meteorite, showing void fabric.

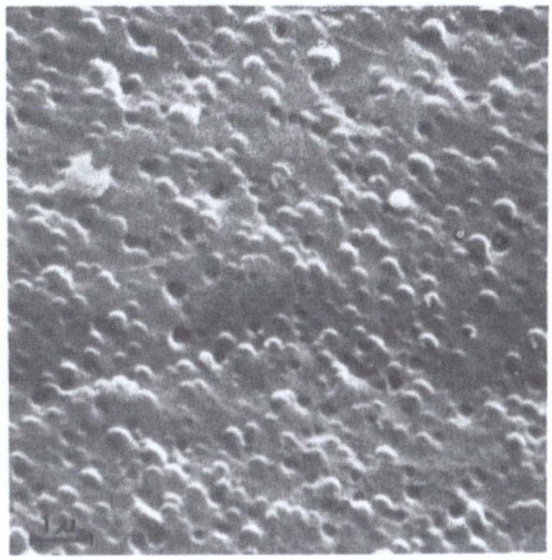

Fig. 1 d.
Exsolution of spheres of a glass phase in a chemically different glass matrix. Bulk composition in mol %: 15 % Li_2O, 10 % CeO_2, 75 % SiO_2. Specimen not annealed.

formation of gas bubbles during flow of lava in the case of the obsidian; similar fabrics exist on the microscopic and even macroscopic scales. In the case of beryl the original form was probably the shape now observed, since the beryl crystal is not normally plastically deformed under usual conditions.

The chondrules of chondritic meteorites (Fig. 1c) were examinied in the SEM for the possible presence of voids because these are of special importance as possible sites of noble gases such as argon, which is important for the dating and the reconstruction of the history and genesis of these bodies. A more detailed investigation of these voids is in progress.

Chemical exsolutions within the vitreous state, often form globular bodies (Fig. 1d) which on later crystallisation of the glass convert into spherulites. It is difficult to make these glass inhomogeneities visible in the ordinary microscope, while they appear rather clearly when the broken material (which makes the spheres stand out of the surface) is observed in the SEM. These exsolved glasses present a good case of a fabric with spherical symmetry, unless a layering of the globes reduces the symmetry to axial.

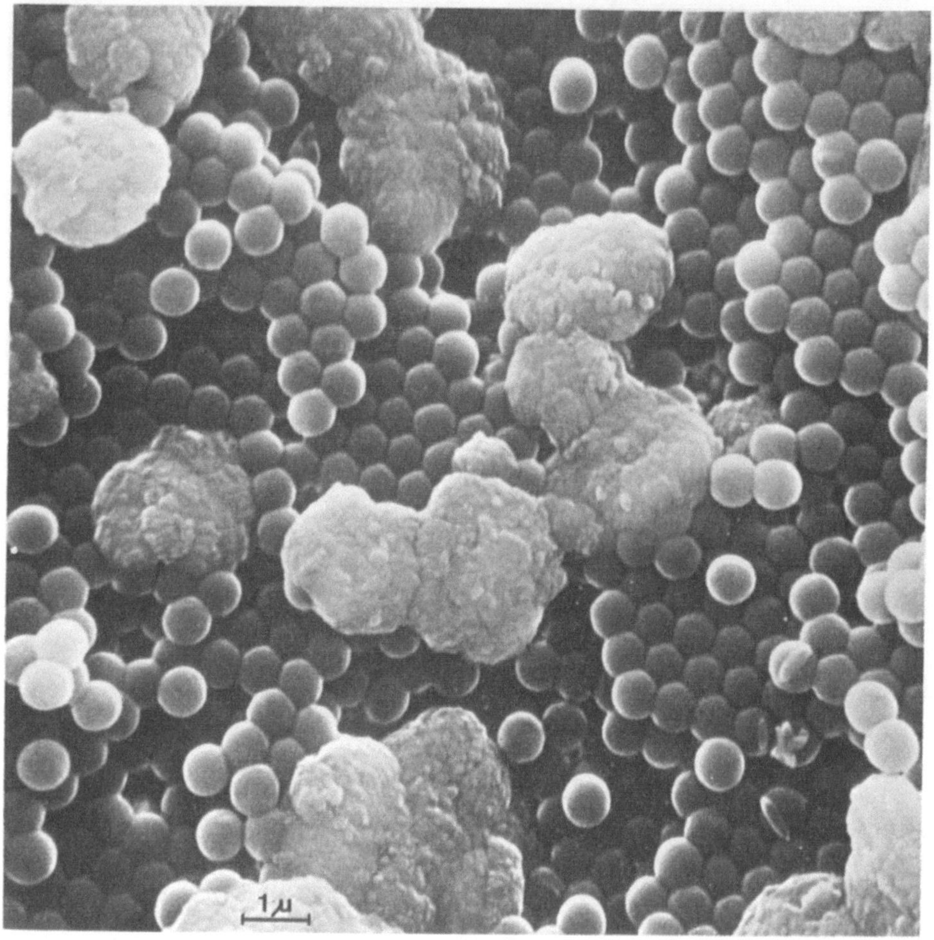

Fig. 2.
Typical example of gel sphere packing in Australian gem opal. A "bed" of unusually large spheres is shown and four hexagonal layers are visible. Later outgrowths of non-spherical SiO_2 gel partly surround the spheres. Averaged sphere distance 0.635 μ.

In contrast to this the SiO_2 gel spheres of precious opal and artificially prepared SiO_2 gel spheres (Stöber et al., 1968, Sanders 1964, 1966, 1968, Darragh et al., 1966) are highly regularly packed, mostly in hexagonal layers with a random stacking sequence

(Fig. 2). However, with the scanning microscope large domains of pure cubic densest packing as well as hexagonal densest packing could be observed. Besides the spheres, gel-like protusions of SiO_2 material can often be found, which seems to have grown after

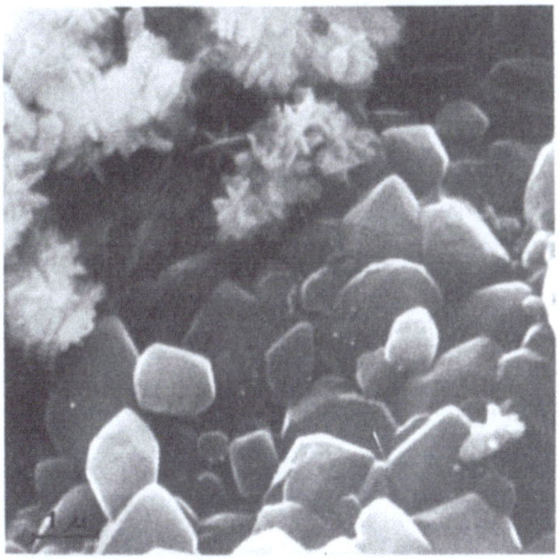

Fig. 3 a.
Jurassic lydite with quartz grains showing typical crystalline outlines of quartz and (?) cristobalite. Road between Takaragaike and International Conference Hall, near Kyoto, Japan.

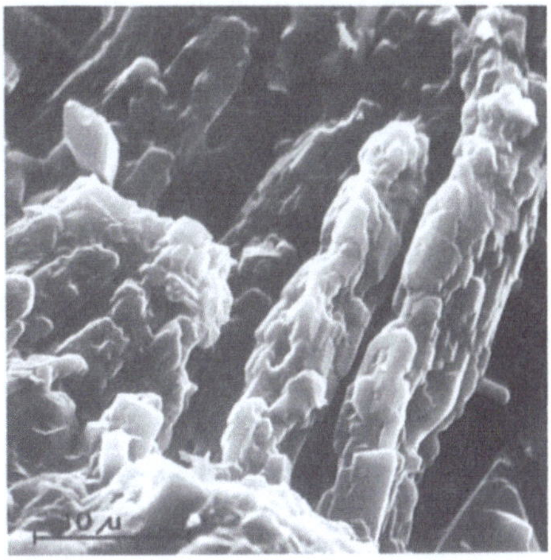

Fig. 3 b.
Spherulitic infilling of high labradorite (43 mol % Al) of vesicle in Glass Creek Rhyolite Flow, Mono Craters, Nevada. Note crystalline faces on bar-like labradorite fabric unit.

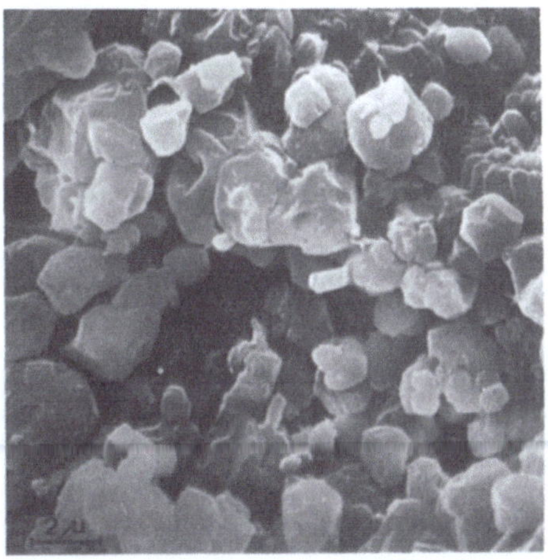

Fig. 3 c.
Chalk, mucronata-zone, Senonian, Upper Cretaceous, Culver Cliff, Isle of Wight, England. Platy crystals (? coccolith skeletal plates) mixed with calcite grains showing crystal faces, Coccolith skeleton near upper right corner.

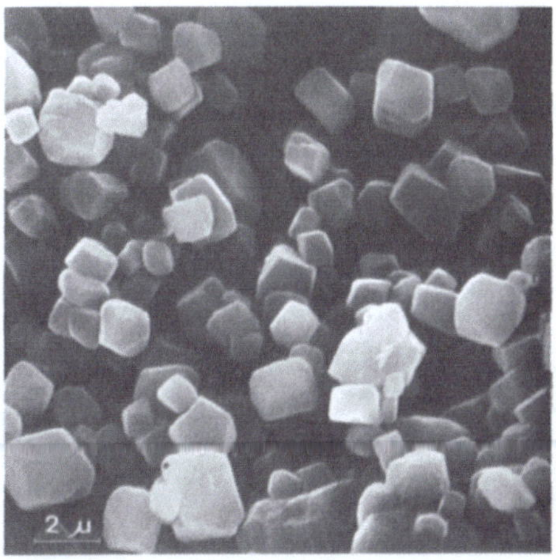

Fig. 3 d.
Carbonatic matrix of upper Jurassic oolite. Hornussen, Wittnau, Switzerland. Well-developed single crystals of calcite, leaving much free pore space.

the formation of the spheres, since they include some of the spheres from nearly all sides. The genesis of opal (with its regular sphere sizes) from SiO_2 solutions is still problematic and a more detailed description of the results obtained with the SEM is in preparation. The size, shape and interconnection of the single submicroscopic crystals in growth fabrics can be particularly well shown, and the homogeneity of certain fabric elements is easy to test. Normally broken materials give most (three-dimensional) information, while polished specimens show more clearly the contrast of materials with different atomic number.

Fig. 3a shows recrystallisation of cristobalite (?) in small hollows of a jurassic lydite from Kyoto. There is no pronounced growth direction. On the other hand, a high labradorite (43 mol % albite as determined by neutron activation analysis of Na) shows a preferred radial elongation of the crystallites (Fig. 3b). This mineral occurs as infillings in a rhyolite flow of the Mono Craters, Nevada, in the form of a light grey powder.

In the petrology of carbonate sediments the old problem of to what extent the grains are crystallized in the ocean water, or how far original detritus grains have recrystallized during genesis, can be tackled with the SEM. Examples of grains with good crystal outlines are given in Fig. 3c and 3d (Senonian chalk with coccoliths and matrix of Upper Jurassic oolite). In Fig. 3c a grain with particularly well-developed outline appears in the middle of the right hand margin, while many platy calcite crystals, in view of the multitude of whole coccolith skeletons, are most probably single coccolith disks. In Fig. 4c nearly every grain shows beautiful crystal outlines. Rhombohedral planes are especially common. It can be concluded that either all matrix grains crystallized in the ocean water or original detrital grains grew after deposition. Since the fabric is full of submicroscopic voids the first of these suggestions is regarded more probable.

The SEM is especially valuable for the characterisation of orientation relations of oriented crystalline fabrics. The sericitic minerals of phyllite and phyllonite rocks, as well as all kinds of mylonites and other very fine grained tectonites, can now be de-

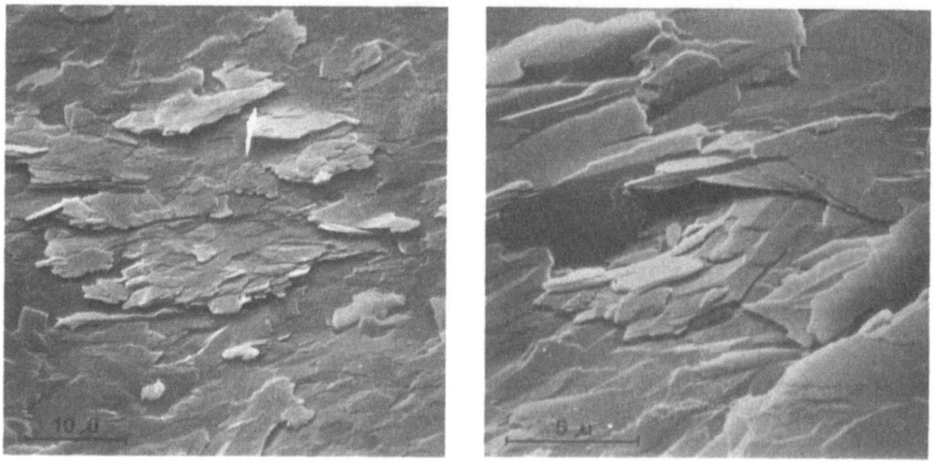

Fig. 4 a–b.
Chlorite-sericite-quartz-phyllite. Near Nelligen, New South Wales, Australia.

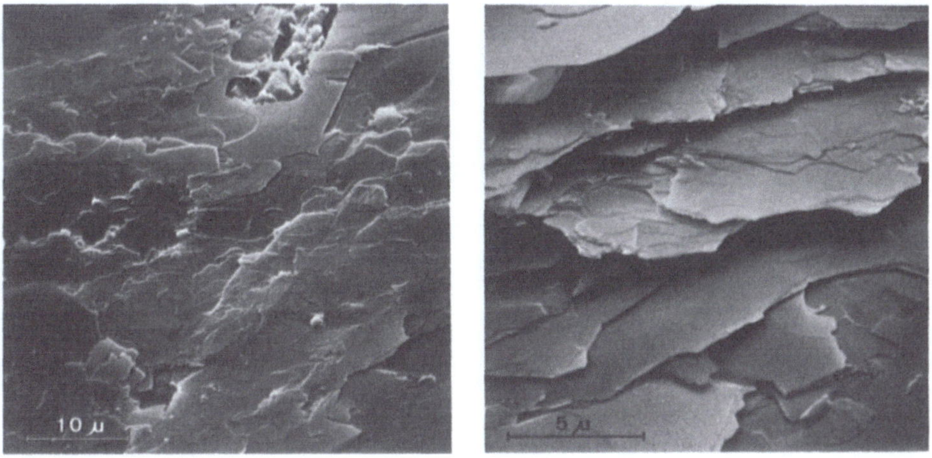

Fig. 4 c–d.

Sericite-quartz-phyllite. Via Mala Gorge (from middle of gorge steps) near Thusis. Fig. 4 c with accessory grains of ? quartz.

scribed in very much the same way as a mica schist fabric is characterized using thin sections. This is of special importance for experimental alteration of fabrics where very fine-grained materials having undergone very little or nor metamorphosis are selected as a basic material for the experiments because of their high degree of mechanical isotropy (e.g. flint). The phyllite used by Paterson & Weiss (1962, 1966) for artifical induction of folds and kink bands, and another specimen of alpine phyllite from near Thusis, have been selected as examples.

The photographs allow measurements of the shape, size and thickness of the platy micaceous fabric units and an estimation of the degree of postcrystalline deformation of these units. Kink bands of submicroscopic size occur frequently, especially in the Australian specimen, and inclusion of non-micaceous minerals can be recognized in their outlines, especially in Fig. 4c.

While the phyllitic fabrics are mainly determined by the orientation of the minute micaceous sheets, sepiolite rock ("Meerschaum") is an example of a submicroscopic fabric governed by an axial fabric element, i.e. the c-axis of the sepiolite crystallites (Fig. 5a).

The orientation and crystal boundary relations of fabrics included into macro crystals can be seen most easily in the SEM due to its three-dimensional information. Intersections of crystalline surface, cleavages or twin lamellae can serve as fabric reference axes. The two examples show inclusion of asbestos in quartz ("cat's eye") as occuring near Hof, Bavaria (Fig. 5b), and in calcite of an alpine joint (Fig. 5c–d). In both cases there is no strict parallelism of the needle-shaped asbestos crystallites, i.e. no rational relation for all needles with reference of the surrounding crystal. This indicates later crystallisation of the host crystal and gradual surrounding of the asbestos, which primarily grew in a fissure. In Fig. 5d, small lamellae can be seen near the points at which some crystallites were broken when the specimen was cracked for preparation.

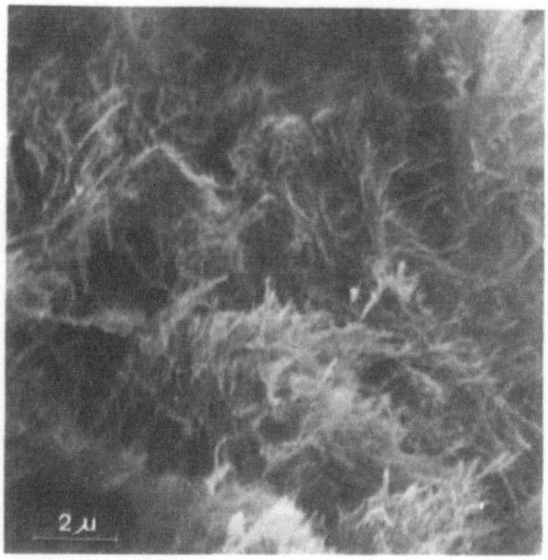

Fig. 5 a.
Saponite fabric (linear crystallites) in "meerschaum". Eskeshihir, Turkey.

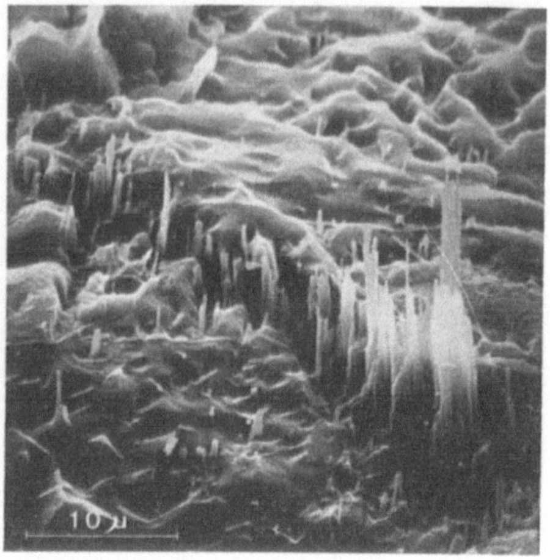

Fig. 5 b.
Asbestos crystallites in near-parallel orientation included in quartz ("cat's eye"). Near Hof, Bavaria, Germanv.

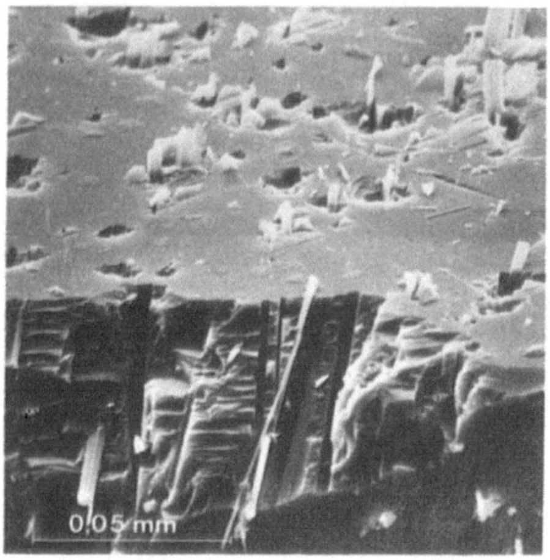

Fig. 5 c.
Greenish asbestos included in calcite. From alpine joint, "Wichel in Fellenen", Canton Uri, Switzerland.

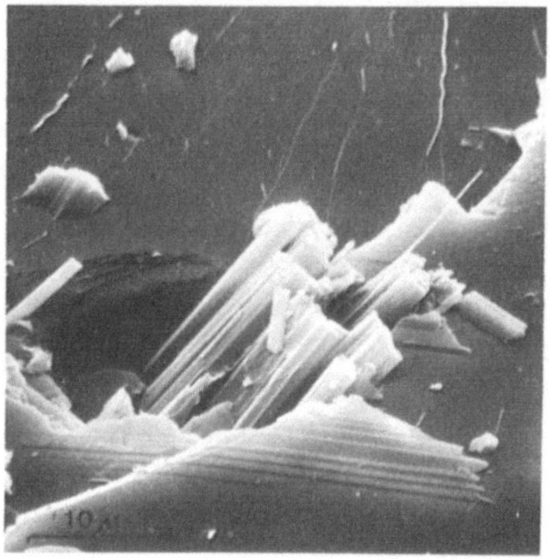

Fig. 5 d.
Same specimen as 5 c, showing details of lamellar deformation twinning in area where asbestos crystallites were broken off.

These lamellae are here interpreted as $\{10\bar{1}2\}$ twinning lamellae originating from the stresses induced into the calcite when the asbestos needle was broken.

The fabrics and crystal shapes of carbonate crystals grown in organisms such as echinoderms and molluses, and occurring – often in a recrystallized form – as fossils in many rocks, are a specially promising subject for SEM study. A description of these submicroscopic fabrics using X-rays and the SEM in combination was given by Nissen (1969).

Acknowledgement

We are indebted to R. Blaschke for discussions. Many thanks for supplying specimens are due to A. T. M. Grapes, D. Griggs, L. Nyquist, R. Schmid and D. Slemmons.

References

Darragh, P.J., Gaskin, A.J., Terrell, B. C., and Sanders, J. V.: Origin of precious opals. – Nature, **209** (1966), 13.

v. Gehlen, K.: Die röntgeographische und optische Gefügeanalyse von Erzen, insbesondere mit dem Zählrohr-Texturgoniometer. – Beitr. Min. Petrog. **7** (1960), 340–388.

Neff, H.: Ein neues Zählrohrgoniometer für die Texturbestimmung an Blechen. – Z Metallkunde **47** (1956), 646.

Nissen, H.-U.: Crystal orientation and plate structure in Echinoid skeletal units. – Science **166** (1968), 1150–1152.

Paterson, M. S. & Weiss, L. E.: Experimental folding in rocks. – Nature, **195** (1962), 1046–1048.

– : Experimental deformation and folding in phyllite. – Geol. Soc. America Bull. **77** (1966), 343–374.

Sander, B.: Einführung in die Gefügekunde der geologischen Körper, 2 vols., Springer, Vienna and Innsbruck 1948–1950.

– & Sachs, G.: Zur röntgenoptischen Gefügeanalyse von Gesteinen. – Z. Kristallogr. **75** (1930), 550–571.

Sanders, J. V.: Colours of precious opal. – Nature, 204 (1964), 1151.

– : Structure of precious opals. – Electron Microscopy 1966, vol. I (1966), 589–590.

– : Diffraction of light by opals. – Acta cryst. A **24** (1968), 427–433.

Stöber, W., Fink, A. & Bohn, E.: Controlled growth of monodisperse silica spheres in the micron size range. Jour. Colloid Interface Sci. **26** (1968), 62–69.

Wenk, H.-R.: Eine photographische Röntgengefügeanalyse. – Schweiz. Mineral. Petr. Mitt. **45** (1965), 518–550.

SYNTECTONIC AND ANNEALING RECRYSTALLIZATION OF FINE-GRAINED QUARTZ AGGREGATES

H. W. Green, II*, D. T. Griggs** and J. M. Christie**

Abstract

This paper presents the results of the first systematic study of preferred orientation in quartz aggregates developed as a result of experimental deformation and recrystallization. Earlier work led to apparently conflicting results which are mostly resolved in this study. What emerges, however, is a complex picture of several different types of preferred orientation developed under different experimental conditions.

In the α-quartz field, recrystallization during axial compression yields two different preferred orientations: at lower temperatures or faster strain-rates a maximum of *c*-axes develops parallel to the compression direction, σ_1 (*c-maximum fabric*), and at higher temperatures or slower strain-rates a concentration of the normal to *r* $(10\bar{1}1)$ develops parallel to σ_1 (*r-maximum fabric*). At intermediate temperatures and strain-rates, the preferred orientations show aspects of both fabric types (*composite fabrics*). At high temperature and low strain-rate, orthorhombic strain due to temperature gradients produces "crossed girdles" of *c*-axes intersecting normal to σ_1. An extended specimen shows *c*-axes concentrated at high angles to the extension direction, σ_3.

In the β-quartz field, recrystallization during compression yields a primary concentration of *c*-axes parallel to σ_1 and a secondary concentration normal to σ_1 ($c \parallel \sigma_1 + c \perp \sigma_1$ fabric). One extended specimen shows a girdle of *c*-axes normal to σ_3.

Textural differences in the specimens are found to correlate with the patterns of preferred orientation produced.

Annealing in the α-quartz field of specimens recrystallized during compression caused relatively minor, but significant, changes in the preferred orientations. Annealing of specimens which did not recrystallize during deformation also produced preferred orientations. In the β-quartz field, annealing of syntectonically recrystallized specimens produced an extreme strenghtening of the $c \parallel \sigma_1$ component of the preferred orientation and obliteration of the $c \perp \sigma_1$ component. The textures of specimens annealed in the two stability fields are distinctly different.

The development of several preferred orientations, each of which correlates with specific experimental conditions and textural characteristics, indicates that more than one orienting mechanism is involved. A variety of possible mechanisms are discussed in terms of the experimental evidence.

#) Publication # 764, Institute of Geophysics and Planetary Physics, University of California, Los Angeles, California 90024.

*) Departments of Geology and Metallurgy, Case Western Reserve University, Cleveland, Ohio 44106.

**) Institute of Geophysics and Planetary Physics, University of California, Los Angeles, California 90024

A comparison with natural preferred orientations indicates that the mechanism responsible for development of the *r*-maximum fabric and the crossed girdles of *c*-axes probably operates under at least some conditions in nature and is responsible for the development of the crossed-girdle pattern common in metamorphic rocks. The maximum of *c*-axes normal to a foliation in some granulites may be due to deformation in the β-quartz field.

Dedication

We feel privileged to contribute this paper to a volume honoring Professor Sander's 85th birthday. In reviewing the literature in preparation of this manuscript we have been impressed once more of the lasting significance of his discoveries in structural petrology and related fields: all of the important fabric types were already recognized and classified by him in his classic book of 1930 and there have been few developments in our understanding of the origin of rock fabrics that cannot be found in „*Gefügekunde*" or one of his later works. It is a pleasure to acknowledge the pre-eminence of Professor Sander's pioneering work. We are also indebted to Professor Sander for scientific stimulation and for many personal kindnesses. With this contribution go our congratulations and warmest personal regards.

Table of Contents

Introduction

Quartz rocks deformed and recrystallized in nature develop striking preferred orientations of the crystal axes. Since the pioneering work of Schmidt (1925) and Sander (1930), an extensive body of data on the preferred orientation of quartz *c*-axes has been collected from rocks throughout the world. The patterns of *c*-axes generally fall into a small number of orientation classes (Sander, 1930, diagram D61, Hietanen, 1938, p. 107–111), and the symmetry of the patterns is usually closely related to the symmetry of other deformation-induced components of the total rock fabric. Numerous attempts have been made to reconstruct from quartz microfabrics the orientation of the principal stresses responsible for a deformation, the orientation of the strain ellipsoid, or the "movement picture" ("Bewegungsbild" of Sander; Turner and Weiss, 1963, p. 430–431). The mechanisms proposed to explain development of the preferred orientations have been based largely on assumptions concerning the displacement field during the deformation, and the mode of intragranular flow (see, for example, Hietanen, 1938, p. 31–47).

The inferences from the study of naturally deformed rocks have not provided a satisfactory explanation of the mechanisms of development of preferred orientation.

Despite many previous attempts, plastic deformation of quartz was not achieved experimentally until this decade (Carter *et al.*, 1961) because of the very high pressures and temperatures necessary to achieve ductility at laboratory strain-rates. The experimental work has revealed several slip mechanisms (Carter *et al.*, 1964, Christie *et al.*, 1964, Christie and Green, 1964).

Carter *et al.*, (1964) and Raleigh (1965) first reported experimental recrystallization of quartz during deformation (syntectonic recrystallization). Several different patterns of preferred orientation were produced in axial compression experiments, indicating complexity of origin.

The development of new high pressure apparatus capable of long term experiments at elevated temperature made it possible to begin a comprehensive investigation into the development of preferred orientation in quartz. Single crystal studies have been conducted by B. E. Hobbs (1966, 1968), and development of preferred orientation of original, unrecrystallized grains in deformed quartzites was discovered by Blacic and Griggs (1965) and is currently being investigated by J. Tullis (1968, personal communication). This paper presents the results of a study of preferred orientations produced by recrystallization of fine-grained aggregates during deformation and by annealing of the aggregates under high pressure after deformation.

Earlier work in this laboratory had led to a series of apparent paradoxes (Griggs *et al.*, 1965). Strong apparent orientations developed in flint at low temperature, as revealed by gypsum-plate analysis of thin-sections, yielded no significant X-ray evidence of preferred orientation. In regimes of definite recrystallization and grain growth, there was little correspondence between orientation deduced from optical analysis and inferences from X-ray pole figures.

Resolution of these difficulties required: 1) an improvement in X-ray analysis to resolve the ambiguities inherent in the pole-figures; 2) a systematic exploration to delineate the regimes of temperature and strain-rate associated with different patterns of preferred orientation; and 3) more specimens with sufficient grain-growth to allow reliable universal stage measurements of the *c*-axis orientations.

The X-ray problem was solved (Baker, Wenk and Christie, 1969). It was discovered that gypsum-plate analysis was misleading due to the development of form-birefringence in low temperature specimens (Green, 1968c), and for unknown reasons (perhaps grain boundary effects) in specimens deformed at intermediate temperatures. Good universal stage analysis was achieved in a large number of specimens in this program, and these were checked sufficiently against the results from the new X-ray analysis to give confidence in the latter.

Acknowledgments

J. D. Blacic assembled and perfected the constant strain-rate and hot creep apparatus used in this investigation, and performed many of the early experiments on flint reported here. H. R. Wenk and D. W. Baker did the X-ray measurements and analyses. J. A. Tullis made her unpublished results on quartzites available for comparison with the flint. J. de Grosse made the thin sections. H. Kappel and C. Beeman constructed the apparatus. G. McGlade fabricated all the specimen assemblies.

Special acknowledgment is due to Dr. J. S. Starkey who collaborated with two of us (DTG and JMC) for 2 years, performing X-ray analysis of many of our deformed flint specimens. This extensive work by Starkey was never published for reasons that will be made apparent in the text; but it was very important in making us aware of some of the principal problems, in establishing the existence of the two major patterns of preferred orientation, and in leading us into the subsequent work which is reported here.

Another work, unpublished because of lack of quantitative agreement; contributed essentially to qualitative analysis in this study. D. W. Baker refined the theory and practice of retardation-plate analysis to a degree never before achieved. Use of his method was very helpful in preliminary analysis of all sections.

This work was supported by NSF grants GP 5575 and 1389. Much of the apparatus was constructed with NSF grants GA 277 and 1394.

Experiments

Materials

The starting materials in this investigation were Dover Flint and Arkansas Novaculite. Dover Flint occurs as nodules in the Crectaceous Dover Chalk of England. The nodules, gray-to-black in color, are composed of microcrystalline quartz ($\sim 1-2\mu$) with small amounts of clays, corbonates, and water as impurities. The water content is approximately 1.2 weight percent. Except within silicified microfossils the quartz lacks preferred orientation. Arkansas Novaculite occurs in the Devonian section of the Ouachita Mountain chain of the southcentral United States. The material used for this investigation is a white, fine-grained (2–5μ), equigranular quartz aggregate lacking preferred orientation. Novaculite is much cleaner than flint and contains only about 0.1 weight percent H_2O.

Apparatus

More than 100 experiments, summarized in Tables I and II, have been completed using *three* different types of apparatus. These were performed over a period of three years, exploring the effects of 1) temperature, 2)strain-rate, 3) magnitude of strain, 4) presence or absence of water, 5) compression, extension and more general types of strain, and 6) the phase transition from α to β quartz. The majority of these experiments were conducted in the constant strain-rate apparatus (Griggs, 1967), with early experiments carried out in the cubic apparatus (Carter *et al.,* 1964), and more recent ones in the new hot-creep apparatus designed by Griggs and Blacic. Talc, kaolinite, pyrophyllite, and a commercial preparation, AISiMag 222, were used as confining media. The first three decompose forming water plus various silicates at temperatures between 500 and 850° in these experiments. The AISiMag material was used when an anhydrous environment was desired at temperatures exceeding 800 °C.

The hot-creep apparatus, essentially a larger scale version of the constant strain-rate apparatus, is shown in Plate 1. The specimens range in size up to 25 mm long by 6 mm diameter. A schematic drawing of the specimen assembly is shown in Figure 1. The specimen, in a thin-walled talc sleeve, is enclosed in a graphite furnace which is surrounded by the talc confining medium. Nearly hydrostatic pressure is applied by the hydraulically driven annular piston which presses on a lead disc above the copper furnace contact. In axial compression experiments the inner piston, driven by an electric motor through a gear train and ball screw actuator, advances through the lead and impinges on the carbide spacer.

Annealing at pressure is achieved by backing the inner piston off the specimen after deformation, allowing lead to intrude between the piston and the carbide spacer. The temperature is then raised and the specimen allowed to sit in the hydrostatic environment.

In axial extension experiments the carbide spacer is omitted from the assembly, and the inner piston is always in contact with the upper end of the specimen. Before raising the temperature, quasi-hydrostatic pressure is applied by simultaneously raising the force on the inner piston and the annular piston so that the axial stress is always approximately the same as the confining pressure. After the desired pressure is reached the temperature is raised and the inner piston is withdrawn by running the motor in reverse.

The temperatures listed in Tables I and II refer only to the center of the specimens. The high thermal conductivity of the carbide pistons used in all three types of apparatus results in high axial temperature gradients. The temperature drop from the

Plate 1.
The Hot-Creep Apparatus: From top to bottom: Motor and change gears, gear train driving ball screw, thrust tube housing thrust bearing and load cell for external force gauge, hydraulic press driving confining pressure piston (black), water-cooled cylinder. Beneath lower press plate are the leads and power supplies for the differential transformers which measure piston displacement. Left: Pump and valves for hydraulic ram. Control panel housing power supply, transformers, temperature and creep servos and recorder not shown. Unit is 54″ tall.

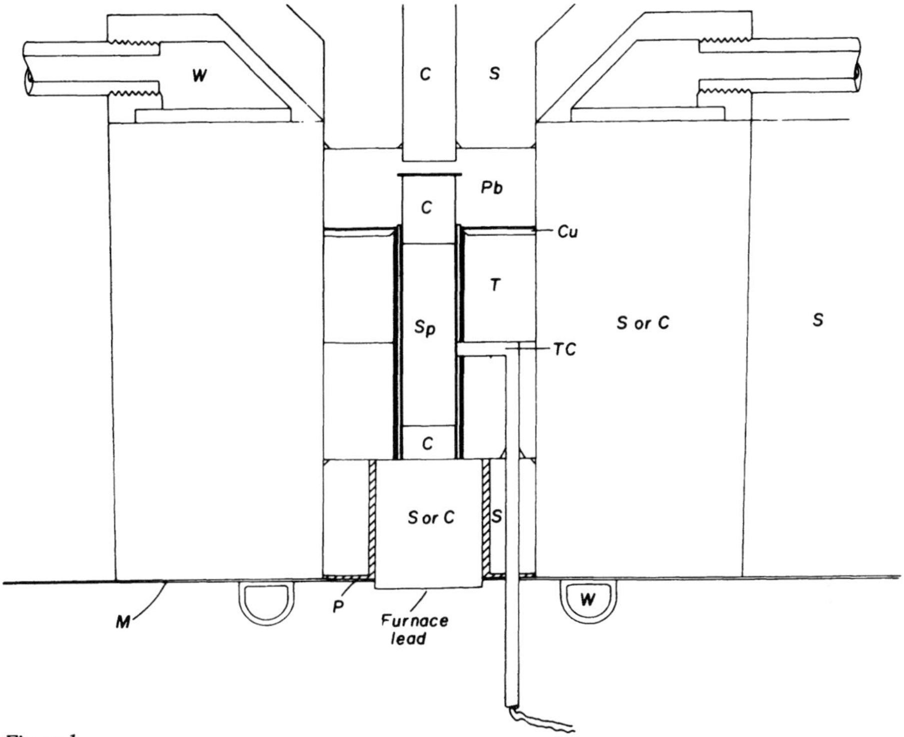

Figure 1.
Schematic drawing of high pressure assembly of hot-creep apparatus: The high pressure cylinder consists of an outer shell (S) supporting an inner core of steel or tungsten carbide (S or C). Within the cylinder, the specimen (Sp), in a thinwalled talc sleeve is enclosed in a graphite furnace (black) which is surrounded by the talc confining medium (T). Power is supplied to the furnace from below through the steel or carbide base piece and the upper end of the furnace is grounded through the copper disc (Cu). The power lead is separated from the cylinder by pyrophyllite (P) and mica (M) insulators. The temperature of the specimen is monitored by a thermocouple (Tc) inserted through a hole in the furnace. Confining pressure is applied by the annular piston which presses on the lead disc (Pb). The specimen is deformed by advancing the inner piston. Portions of the cooling system are also shown (W).

center to the end of the specimens is approximately 40% (°C). In addition, the constant strain-rate and hot-creep apparatuses have some temperature variation across their central parts due to the hole in the furnace which accommodates the thermocouple insulator (Figure 1). It is estimated that the gradient across the sample is about 50° at 900 °C in the constant strain-rate apparatus (Figure 2) and somewhat less in the hot-creep apparatus. A few experiments developed fractures in the graphite furnace and consequent perturbation of the temperature field. Outside the furnace the temperature drops very rapidly; the crosshatched area in Figure 2 shows the region in which the talc confining medium breaks down. The boundary of this area is approximately the 800 °C isotherm (Kitahara *et al.*, 1956).

Table 1: Experiments in the Cubic Apparatus

Experiments on Dover Flint:

Deformation Conditions				Textural Data[b]				Preferred Orientation			
Temp. (°C)	Conf.[a] Press. (kb)	Time (min.)	ϵ (%)	Intra-granular strain features	Grain growth	Grain flat-tening	Coesite	Type[c]	Measure-ment[d] method	Discussion in text pp.–	Exper. # C–
400	10	65	41	?[e]	–	–	–	–	–	–	464
450	20	50	66	?	–	–	+	–	–	292	458
500	15	40	9	?	–	–	–	–	–	–	492
500	10	87	68	?	–	–	+	–	–	292	465
600	10	50	50	?	–	3	+	1?	F	292	466
650	20	53	63	?	–	–	+	1?	F	292	459
700	15	75	78	?	3	1	+[f]	1	F	Pl.4A; 292	463
750	20	30	59	1	2	1	+[f]	1	F	Pl.2C; 292	460
800	20	33	63	1	2	1	+	1	F	292	461
900	15	31	81	1	2	1	+	1	F	292	462
950[g][β]	10	23	80	2	2	2	+	2+1	F	292,309	472
950[h][β]	15	49	28	3	1	3	–	2+1, 3	F	309	488
980[i]	17	98	26	3	1	3	–	3	F	–	322
1050[g][β]	10	40	70	3	2	3	–	1	F	–	467
1050[h][β]	15	53	17	3	1	3	–	1	F	–	485
1100[h][β]	15	48	25	3	2	3	–	1	F	–	490
1150[β]	10	53	90	3	2	1	–	1	F	–	471
1300[h][β]	15	38	27	3	1	3	–	2+1, 3	F	–	489

a) Pressure medium for all experiments is pyrophyllite.

b) Numbers 1,2 and 3 indicate degree of development of these textural features. 1 = highly developed, 2 = medium, 3 = poorly developed.

c) Numbers 1,2, and 3 indicate type of preferred orientation. Two numbers joined by + indicate both patterns developed together. Entries following commas indicate patterns developed in cooler areas of specimens. $1 = c \parallel \sigma_1$, $2 = c \perp \sigma_1$, 3 = The pole to $r \parallel \sigma_1$.

d) F = Preferred orientation inferred from flat-stage observations.

e) Question mark indicates grain-size too fine for observations.

f) Partial reversion to quartz.

g) Specimen deformed at 800° C for first 20 minutes.

h) Specimen deformed at 750°C for first 15 minutes.

i) Specimen deformed at 800°C for first 60 minutes.

β) Specimen deformed in the β-quartz field.

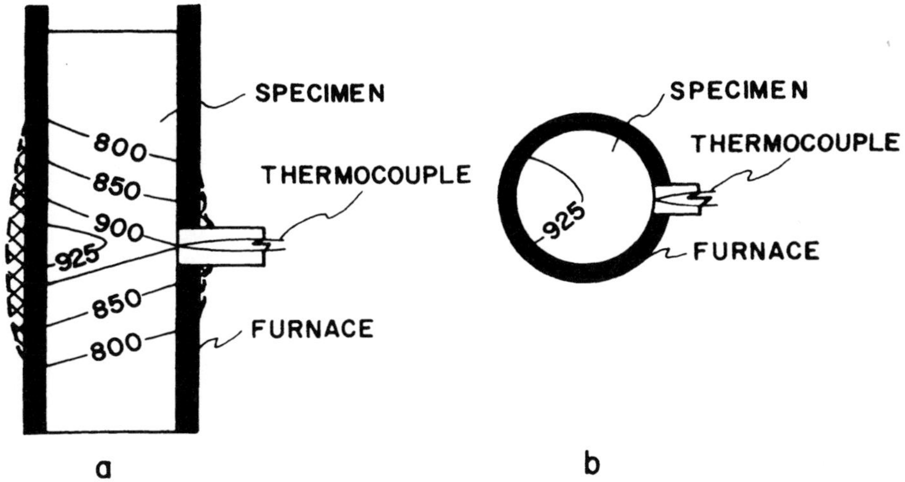

Figure 2.
Tempearture gradients in the constant strain-rate apparatus: Estimated temperature field for a specimen reading 900°C at the thermocouple. It is assumed that the boundary of the dehydration aureole in the talc confining medium (crosshatched region) is the 800 °C isotherm.

a. Longitudinal section of specimen through thermocouple.

b. Transverse section of specimen through thermocouple.

The shape of the deformed specimens reflects the temperature gradients, but severe deviations from axial symmetry occur only in specimens from experiments in which the furnace fractured.

Stress-Strain Relations

Like all quartz rocks, flint and novaculite are very strong and brittle at low temperature and pressure. Flint becomes ductile and flows under moderate shearing stress (~3 kb.) at confining pressures of a few kilobars and temperatures greater than ~500 °C. This is presumably the result of hydrolytic weakening (Griggs and Blacic, 1965; Griggs, 1967). However, strengths and work-hardening rates are only grossly reproducible (Figure 3), probably due to variation in water concentration from sample to sample. Novaculite in a dry environment is invariably stronger than flint under comparable conditions, but becomes similarly weak when water is present due to talc dehydration.

Table 2: Experiments in the Constant Strain-Rate and Hot-Creep Apparatuses

Deformation Experiments on Dover Flint.

	Deformation Conditions				Textural Data[b]			Preferred Orientation			
$\dot{\epsilon}$ (sec.$^{-1}$)	Temp. (°C)	Conf.[a] Press. (kb)	$\sigma_1 - \sigma_3$ at 5% ϵ (kb)	ϵ (%)	Intra-granular strain features	Grain Growth	Grain flat-tening	Type[c]	Measure-[d] ment method	Discussion in text pp.–	Exper. #
10^{-4}	300	15	17	14	?[e]	–	–	–	–	–	DT-118
	400	15	~15	16	?	–	–	–	–	–	DT-119
	500	15	6	12	?	–	–	–	–	–	DT-115
	600	15	10	9	?	–	–	–	–	–	DT-126
	700	15	~ 5	23	?	3	3	1+3	F,X	–	DT-112
	800 β	4	6	37	?	3	3	1+2	X	Pl. 5A, 307	GB-49
10^{-5}	400	15	12	4	?	–	–	–	–	Fig. 3	DT-125
	450	16	6	10	?	–	–	–	–	Fig. 3	DT-173
	450	15	~ 8	12	?	–	–	–	–	–	DT-209
	500	16	~ 5	8	?	–	–	–	–	–	DT-133
	500	15	6	8	?	–	–	–	–	–	DT-135
	500	15	9	35	?	–	–	–	–	–	GB-45
	550	15	9	19	?	–	–	—	–	–	GB-21
	600	15	3	10	?	3	3	–	–	Fig. 3	DT-128
	600	15	3	35	1	3	2	1	F	–	DT-161
	700	16	4	19	2	2	3	1+3	F,X	Fig. 3	DT-93
	700	16	4	34	1	3	2	1	X	301,311	GB-34
	750 β	6	4	34	2	3	3	1+2	X	Pl. 5B; Fig.5; 307	DT-459
	750E[f]β	6	5	1	–	3	–	2	F	–	GB-23
	780	16	2	41	1	3	1	1+3, 1	X	289, 303 311	GB-3

	800	15	3	30	2	3	1	3+1, 1	F	–	DT-431
	900	15	~ 0	10	3	2	3	–	–	–	DT-85
	900	16	2	28	3	2	3	1+3	F,X	Fig. 3	DT-94
	900Eβ	11	~ 0	2	3	1	3	–	–	–	DT-333
	1000 β	15	1	20	3	2	3	1+2	X	307	GB-56
	1100 β	16	~ 0	10	3	3	3	–	–	–	DT-95
	1100 β	15	~ 0	11	3	2	3	–	–	–	DT-88
10^{-6}	400	15	6	10	? [e]	–	–	–	–	Fig. 3	DT-141
	500	15	4	9	?	–	–	–	–	Fig. 3	DT-143
	600	15	7	22	2	2	2	3	F	Fig. 3	DT-193
	700	15	6	6	2	2	3	–	–	–	DT-256
	700	16	2	27	2	2	1	3	F	Fig. 3, Pl. 2A, 301, Pl. 4C	DT-197
10^{-6}	700	15[g]	2	36	2	2	1	3+1	F	–	DT-417
	750Eβ	6	4	5	3	2	–	–	–	–	GB-25
	780	16	~ 3	10	2	2	3	–	–	–	GB-35
	780	15	3	34	2	2	2	3+1, 1	X	Figs. 6, 8, 9, 26	GB-11
	800	15	2	29	3	1	2	3	U,X	300, 302	DT-198
	830	15	2	35	3	2	2	3+1, 1	F	–	GB-13
	850	16	~ 0	28	3	1	3	4	U	Pl. 3, Pl. 9D; 304	DT-201
	850	24	3	31	3	1	2	3,1+2	U,X	295, 300, 302	GB-84
	850	25	3	31	3	1	2	3	X	295	GB-118
	850E[h]	15	2	14	3	2	3	1	F	Pl. 2B; 300	DT-421
	900 β	12	–	23	3	2	2	1+2	F	–	GB-4
	900 β	8	3	.23	3	1	2	1	U	307	DT-312
	900	15	~ 0	23	3	1	3	4	U	Pl. 3; 304	DT-199
	900E	15	~ 0	11	3	1	3	–	–	–	DT-382
	900Eβ	9	2	1	3	1	3	–	–	–	DT-456
	950 β	15	~ 0	9	3	2	3	2+1	F	307	DT-257
	950 β	15	~ 0	23	3	1	2	2+1	U	Pl. 5C; 307	GB-15
	950 β	12	~ 0	14	3	2	3	2+1	F	307	DT-216

Table 2. (Continued)

$\dot{\epsilon}$ (sec⁻¹)	Deformation Conditions: Temp. (°C)	Conf.[a] Press. (kb)	$\sigma_1-\sigma_3$ at 5% ϵ (kb)	ϵ (%)	Textural Data[b]: Intra-granular strain features	Grain Growth	Grain flat-tening	Preferred Orientation: Type[c]	Measure-[d]ment method	Discussion in text pp.–	Exper. #
	950Eβ	15	~ 0	10	3	1	3	1	U	Pl. 5D, 307	DT-321
	1000 β	5	~ 0	23	3	2	3	–	–	–	DT-218
10^{-7}	300	15	6	11	? [e]	–	–	–	–	–	DT-165
	350	16	6	11	?	–	–	–	–	–	DT-172
	400	16	12	11	?	–	–	–	–	–	DT-156
	525	15	8	18	1	2	2	3	F	–	DT-153
	600	15	5	11	1	2	2	3	F	–	DT-205

Annealing Experiments on Dover Flint

$\dot{\epsilon}$	Deformation Conditions: Temp.	C.P.	$\sigma_1-\sigma_3$	ϵ	Annealing Cond.': Temp.	Time (hr.)	Grain growth	Pref. Orien.: Type	Method	Non-annealed equivalent	Exper. #
10^{-4}	400	15	6	13	450–550	.75	–	–	–	DT-119	DT-191
	400	17	16	23	900	.05	3	9?	F	”	DT-443
	400	17	12	28	900	.03	–	–	–	”	DT-442
	400	17	10	27	900	.05	3	–	–	”	DT-435
	400	16	12	2	1100	.05	–	–	–	”	DT-439
10^{-5}	500	15	9	35	900	74	1	9	U	GB-45	DT-378
	675 β	2	3	27	900 β	1	2	5+6, 5	F	DT-459	DT-500
	700	16	4	42	700	70	2	5,8,9	X	GB-34	GB-42
	750	17	5	31	1100 β	48	1	5+6,7,8,9	F	DT-431	DT-454
	750 β	6	3	34	900 β	48	1	5+6,5	U,X	DT-459	DT-460
	750 β	6	3	33	900 β	1	2	5+6,5	F	DT-459	DT-484

	750 β	6	3	28	1000 β	48	1	5+6,5	F	DT-459	DT-481
	780	16	3	36	900	48	1	7+5	U,X	GB-3	GB-16
10^{-6}	780	16	3	31	900	48	1	7	U,X	GB-11	GB-39

Experiments on Arkansas Novaculite

	Deformation Conditions				Textural Data			Preferred Orientation			
$\dot{\epsilon}$ (sec.$^{-1}$)	Temp. (°C)	Conf.[a] Press. (kb)	$\sigma_1 - \sigma_3$ at 5% ϵ (kb)	ϵ (%)	Intra-granular strain features	Grain Growth	Grain flat-tening	Type[c]	Measure-[d] ment method	Discussion in text pp. –	Exper. #
10^{-4}	200	1[illegible]	19	10	–	–	–	–	–	–	DT-304
10^{-6}	900	1[illegible]	5	24	2	2	2	2+1,3	F	–	DT-285
	1000 β	1[illegible]	8	19	2	3	3	–	–	–	DT-330
	1100 β	1[illegible]	~ 0	6	3	1	3	–	–	–	DT-266
	1100 β	1[illegible]	4	16	3	2	2	1+2	U	307	DT-267
	1200 β	1[illegible]	6	27	3	3	3	–	–	–	DT-305
	1200 β	1[illegible]	4	20	3	2	3	1+2	F	–	DT-286

Experiments on Bicrystals

Crystal #	Orien-tation	Deformation Conditions $\dot{\epsilon}$	Temp.	C. P.	ϵ	Anneal. cond. Temp.	Time (hr)	Recrystal-ization	Discussion in text pp. –	Exper. #
{N-3, A-2}	{c/0⁺}	10^{-5}	750 β	5	2	900	1	–	325	DT-541
X-13	,,	,,	,,	,,	3	,,	0.5	–	326	DT-542
,,	,,	,,	,,	,,	10	,,	19	+	Pl. 8; 326	DT-546
,,	,,	,,	,,	,,	10	,,	44	+	326	DT-553
,,	,,	,,	,,	,,	10	,,	88	+	326	DT-554

a) Pressure medium is talc unless otherwise noted.

b) Numbers 1, 2 and 3 indicate degree of development of these textural features:

1 = highly developed, 2 = medium, 3 = poorly developed.

c) Numbers 1–9 indicate type of preferred orientation. Two numbers joined by + indicate both patterns developed together. Entries following commas indicate patterns developed in cooler areas of specimens.

Preferred orientations arising during syntectonic recrystallization:

$1 = c \parallel \sigma_1$, $2 = c \perp \sigma_1$, $3 =$ Pole to $r \parallel \sigma_1$, $4 =$ Crossed girdles of c-axes.

Preferred orientations arising during annealing recrystallization:

$5 = c \parallel$ cylinder axis, $6 = c \perp$ cylinder axis, $7 =$ Pole to $r \parallel$ cylinder axis, $8 =$ Poles to $40\bar{4}1$ & $04\bar{4}1 \parallel$ cylinder axis, $9 =$ Poles to $20\bar{2}1$ & $02\bar{2}1 \parallel$ cylinder axis.

d) F = Preferred orientation inferred from flat-stage observations.

U = Preferred orientation of c-axes measured optically on the universal stage.

X = Preferred orientation measured by x-ray.

e) Question mark indicates grain-size too small for observations.

f) E indicates extension experiment.

g) Pressure medium is kaolinite.

h) Specimen annealed after deformation for 4 hours at 850°C, 15 kb.

i) All specimens annealed at the same pressure as deformed. Annealed specimens are discussed on pp. 309–318.

j) Pressure medium is AlSiMag.

β = Specimen deformed in the β-quartz field.

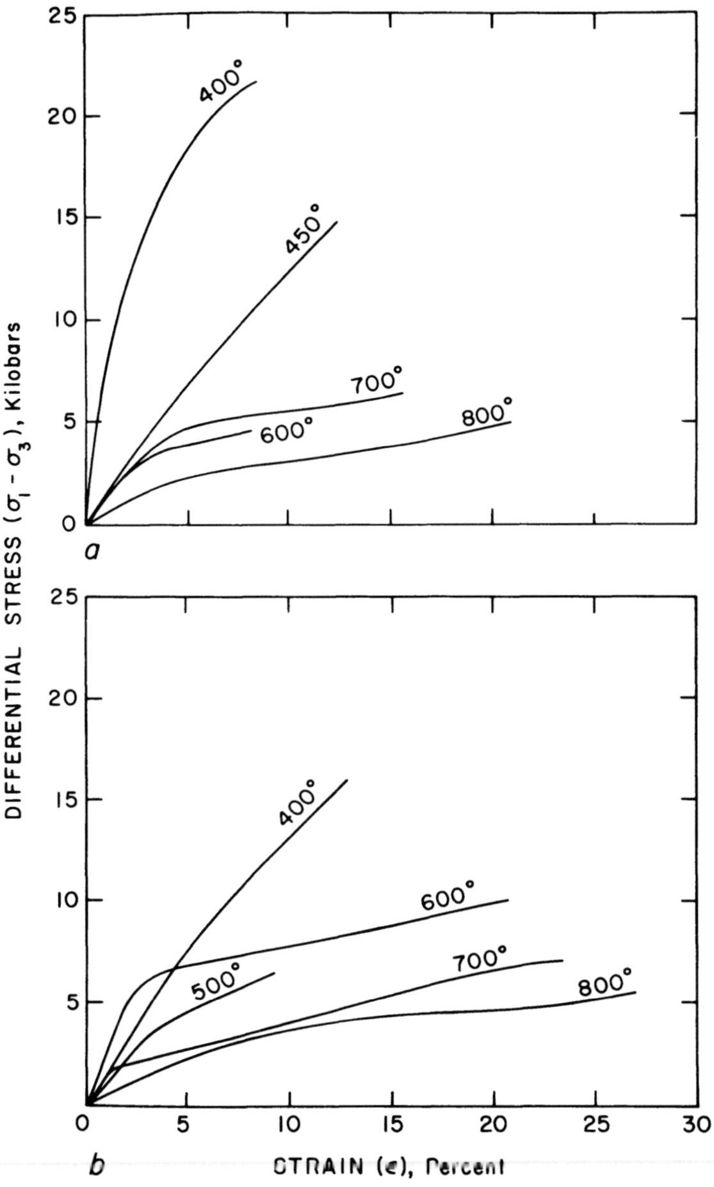

Figure 3.

Representative stress-strain curves of flint specimens.

a. Specimens deformed at 0.8 x 10^{-5} sec.$^{-1}$ DT-125 (400°), DT-173 (450°), DT-128 (600°), DT-93 (700°), DT-94 (800°).

b. Specimens deformed at 0.8 x 10^{-6} sec.$^{-1}$ DT-141 (400°), DT-143 (500°), DT-193 (600°), DT-197 (700°), DT-198 (800°).

All flint specimens deformed above 800°C had strengths below the sensitivity of the measurements (~ 1–2 kb).

Methods of Examination

Optical Fabric Studies

Longitudinal thin-sections of the deformed specimens were examined in bright-field illumination with a polarizing microscope. Whenever grain-size permitted, the preferred orientation of optic axes (*c*-axes) was determined using a universal stage. For fine-grained aggregates a variety of accessory plates and a photometer were utilized to obtain information on the preferred orientation of *c*-axes from flat stage examination (Baker, 1965).

X-Ray Fabric Studies

The information on preferred orientation in quartz which can be obtained from optical studies is restriced in two ways: 1) Due to the lack of cleavage and twinning, only the *c*-axis preferred orientation can be measured optically; no additional information can be acquired about the distribution of other crystal directions. 2) In fine-grained aggregates not amenable to universal stage analysis, even the *c*-axis distribution can be obtained only qualitatively using flat-stage techniques.

To remedy both of these limitations, X-ray fabric studies were undertaken. Early experiments were analyzed by J. Starkey with an X-ray camera of his own design (Starkey, 1964) and on later specimens X-ray fabric determinations were made by H. R. Wenk and D. W. Baker utilizing a modified commercial pole-figure goniometer, with the intensities measured with a scintillation counter (Baker *et al.*, 1969). In the early work X-ray measurements were made from the same *thin-sections* used for optical analysis. To do this the sections had to be removed from their glass mounts, so that they were then no longer usable for further optical study. This procedure was unsatisfactory, and for later specimens a technique was developed to prepare separate sections for optical and X-ray analysis. After the specimens were impregnated with plastic, they were cut in half longitudinally with a wire saw. A thin-section for optical examination was prepared from one half, and section approximately 100μ thick was prepared from the remaining half for X-ray measurements.

The Method of Starkey. For each specimen analyzed by Starkey, an X-ray diffraction photograph was taken in transmission using the diffraction peak of $r(10\bar{1}1)$ and z $(01\bar{1}1)$, and a few specimens were also examined with $m(10\bar{1}0)$ as the diffracting plane.

The agreement between optical measurements and deductions of *c*-axis fabrics from the X-ray results was poor. One class of apparently unrecrystallized specimens which seemed by gypsum-plate analysis to have a strong preferred orientation, exhibited no preferred orientation in the X-ray photography. Two types of preferred orientation, both having rotational symmetry about the cylinder axis, were identified in the other specimens. In the $r + z$ photographs from one group (Type I), intensities were higher parallel and perpendicular to the specimen axis, and lower at intermediate inclinations. In the other group (Type II), the intensities were greatest at 40–60° to the specimen axis, and least parallel and perpendicular to the axis. Also, *m* photographs of the second group showed greatest intensity normal to the cylinder axis.

In attempts to correlate the X-ray and optical data, it was assumed that in each specimen there was no preferred orientation of the *a*-axes other than that imposed by the *c*-axis distribution. Constructions based on this assumption indicated that Type I X-ray orientations implied *c*-axes inclined at moderate angles (40–60°) to the specimen axis, and Type II orientations implied *c*-axes parallel to the specimen axis. These constructions were found to be compatible with optical measurements in only about half the specimens (Griggs *et al.*, 1965).

The Method of Baker, Wenk, and Christie. This very powerful method for obtaining the total preferred orientation in quartz aggregates from X-ray measurements was developed by D. W. Baker and H. R. Wenk and J. M. Christie in conjunction with this investigation.

For each specimen analyzed the preferred orientations of a minimum of eight different crystal forms were measured using an X-ray pole-figure goniometer. In the first specimen so analyzed, GB–3, the preferred orientations of a total of fifteen different forms were obtained. The specimen was examined in reflection and transmission and the two sets of data were combined and pole-figures[1] constructed for each crystal form investigated. The pattern in each pole-figure was found to approximate rotational symmetry about the specimen axis, in agreement with the results of Starkey.

Because the preferred orientations were found to be axially symmetric, it was possible to use the spherical harmonic analysis method of pole-figures inversion (Bunge, 1959; Roe and Krigbaum, 1964) to obtain the preferred orientation of crystal directions not directly measured. This method, adapted for the symmetry of quartz by Baker, yields the total preferred orientation. In particular, distributions of *c*-axes and separate positive and negative trigonal forms such as *r* and *z* are derived.

Because specimen GB–3 and other specimens exhibited axial symmetry, the X-ray analysis of all subsequent specimens consisted of measuring (in transmission) the distribution of only those planes perpendicular to the thin-section. This is equivalent to obtaining only the perimeter of each pole-figure. Because of the axial symmetry, however, a profile from 0 to 90° from the specimen axis fully defines the preferred orientation.

A few specimens which were amenable to both X-ray and universal stage analysis allowed comparison of the calculated and directly measured *c*-axis distributions. The correlation is excellent (see **Annealing Recrystallization** below).

General Observations

Due to the large axial temperature-gradients, the specimens tend to deform mostly in the hotter center, developing a barrel-like shape in compression (Plate 2A) and an hourglass shape in extension (Plate 2B). In very highly compressed specimens, the samples

1) A pole-figure presents the distribution on an equal-area projection of the poles to all planes of a crystal form with reference to a set of specimen coordinates. In this study each pole-figure was contoured in multiples of the concentration for a uniform distribution.

Plate 2.

Photomicrographs taken between crossed polarizers showing shapes of deformed specimens. Thin sections cut parallel to the direction of compression in A, C, and D, and parallel to the direction of extension in B (N–S in photos). Horizontal black feature adjacent to furnace on left of specimen in A, B, and D indicates position of thermocouple. A11 photographs printed to same magnification; horizontal scale line represents 2 mm.

A. Barrel-shape typical of moderately compressed samples (specimen DT-197). Flint specimen recrystallized in central two-thirds. Bright area near base of specimen is a silicified microfossil. Extension fracture normal to cylinder axis developed on unloading. Confining medium is talc.

B. Hourglass shape produced by "necking" in central portion of specimen DT-421 after 14% elongation. Majority of specimen recrystallized. Abundant extension fractures normal to cylinder axis developed on unloading. Confining medium is talc.

C. "Dog-bone"-shape in thin section developed in highly compressed samples (specimen C-460). Central portion completely altered to large crystals of coesite. Black pistons are sintered alumina. Confining medium is pyrophyllite.

D. Greater bulging on right side of specimen opposite thermocouple sometimes observed in specimens from constant strain-rate apparatus. Specimen 90% recrystallized and partially melted (dark spot, center left). Another melted area is largely regrown with large crystals of quartz elongated normal to the furnace wall (coarse-grained area, lower right). Confining medium is talc (DT-454).

become "dog-bone"-shaped in thin section (Plate 2C). The temperature gradients across the center of specimens compressed in the constant strain-rate apparatus sometimes cause greater bulging on the hotter side opposite the thermocouple. This behavior is pronounced only in specimens deformed above the dehydration temperature of the confining medium where the specimens become very weak (Plate 2D). The central portion of specimens deformed in the hot-creep apparatus tends to deform more homogeneously than in the other apparatuses, mainly due to the smaller temperature gradients, but also possibly to the influence of the talc liner between specimen and furnace which is not present in the other types of apparatus. Two specimens deformed in the constant strain-rate apparatus were bulged greatly in the hot spot opposite the thermocouple (Plate 3). The furnace in each of these experiments was fractured in this region;

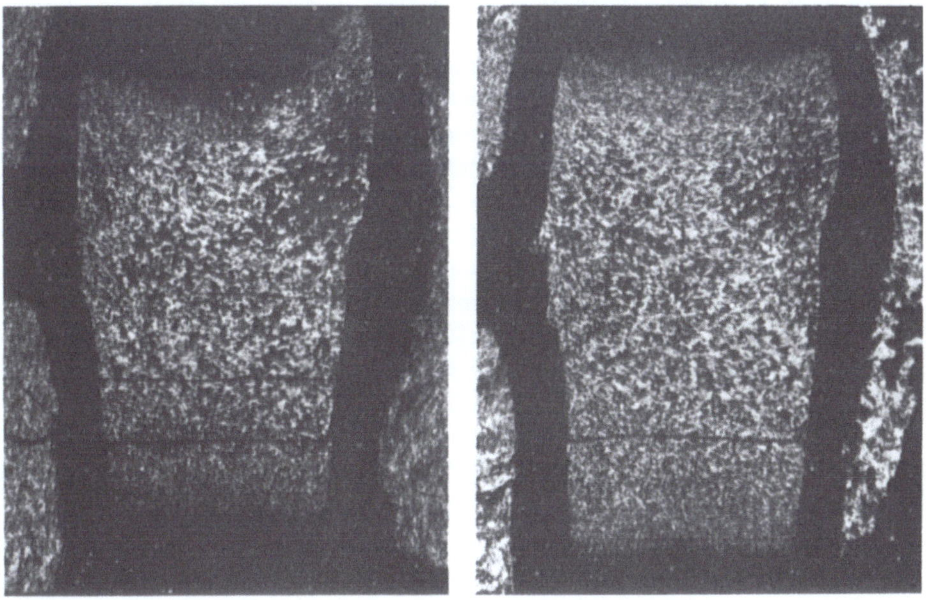

A. Specimen DT-201 B. Specimen DT-199

Plate 3.
Photomicrographs of inhomogeneously deformed specimens exhibiting the "crossed-girdle" pattern of *c*-axes (between crossed polarizers). Horizontal black bands to left of greatly recrystallized specimens mark thermocouple positions. Each specimen shows bulged area in upper right, above fractured and thickened furnace; furnaces are undisturbed on opposite side of specimens. Black appearance of bulged regions caused by a strong concentration of *c*-axes normal to the thin-sections. Thin-sections cut parallel to compression direction (N–S in photos). Confining medium for both specimens is talc. Horizontal scale lines represent 2 mm.

apparently the break in the furnace promoted the asymmetry of deformation. Preferred orientations different from those produced in other specimens developed in these two samples and will be discussed below.

Open cracks normal to the cylinder axis are commonly observed in specimens from all three apparatuses, especially in those which supported a high differential stress during deformation. The cracks range in size from large ones which cut the entire sample to exceedingly small ones that can be resolved only with the electron microscope. These fractures develop after deformation during unloading of the specimens because of differential expansion within the specimens, and between the specimens and the furnace or talc sleeve. The amount of fracturing can be minimized by bringing the samples down from pressure very slowly.

Carter *et al.* (1964) reported a variety of intragranular deformation features in experimentally deformed quartz single crystals and aggregates, notably deformation lamellae, deformation bands, and undulatory extinction (strain shadows). Christie and Green (1964) found similar structures associated with a variety of slip systems in quartz single crystals. These features are the the optical expression of dislocation arrays in plastically deformed crystals.

In the present study these features have been observed in many syntectonically recrystallized specimens. Such features, however, are rare or absent in specimens deformed at high temperatures and slow strain-rates. These specimens are sufficiently coarse-grained to allow detailed examination of most of the grains. Either the deformation mechanism changes under these conditions (e.g. flow may take place by solution and redeposition at grain boundaries or other diffusional processes), or, more probably, recovery rates are high enough that dislocations are not trapped in appreciable concentrations inside the crystals. Intragranular deformation features are absent in specimens which have been annealed, indicating complete recovery of the crystals.

None of the experiments in this study were conducted in the coesite stability field determined in hydrostatic experiments (Table I) but nine very highly strained samples of flint (50–90% shortening) developed large crystals of coesite (Plate 2C). Specimens deformed under similar conditions but subjected to less strain contain no coesite (Green 1968b, 1968c). A detailed discussion of this phenomenon will be published elsewhere.

The onset of recrystallization is defined for the purposes of this work as the lowest temperature (for a particular strain-rate) at which grain-growth was observed. In some flint specimens, especially those from the hot-creep apparatus, there was a region of apparently finer grain-size than that of the original flint between the unrecrystallized ends and the regions of grain growth. As the grain-size of the starting material is about 1–2μ, it was impossible to establish whether nucleation of new grains had taken place, or whether the texture had been slightly altered by plastic deformation to give the illusion of diminution of grain-size.

The temperature at which recrystallization of flint begins was found to be strain-rate dependent (Figure 4). At the slowest strain-rate (0.8 x 10^{-7} sec.$^{-1}$), recrystallization is first observed at 500°, but no recrystallization takes place below 700° at the fastest rate (3 x 10^{-4} sec.$^{-1}$). Higher temperatures are required to induce recrystallization in novaculite.

The presence of small amounts of H_2O greatly enhances recrystallization rates as shown by the relative amounts of recrystallization observed in flint and novaculite under otherwise identical conditions. The wetter flint recrystallizes at lower temperatures,

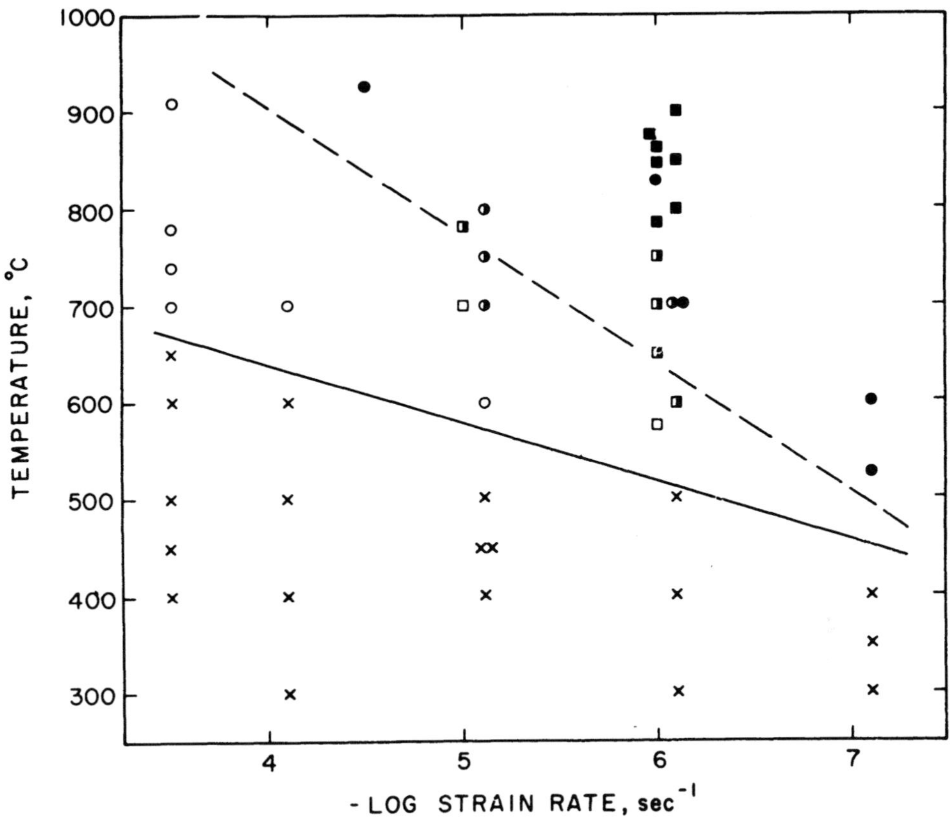

Figure 4.
Variation in the patterns of preferred orientation produced in axial compression experiments in the *a*-quartz field: open symbols indicate *c*-maximum fabric, closed symbols indicate *r*-maximum fabric, and half-closed figures indicate composite fabrics. X's indicate specimens that did not recrystallize and did not develop measurable preferred orientation. (X-ray and/or universal stage determinations are represented by squares, and patterns inferred from flat-stage optical analysis utilzing accessory plates are represented by circles.)

and under comparable conditions develops a larger grain-size (Table II). In addition, both materials show much larger grain-size when additional water is released by dehydration of the confining medium.

In experiments conducted at 900 °C, 15 kb. with talc as confining medium the dehydration reaction

$$\underset{\text{talc}}{Mg_3Si_4O_{10}(OH)_2} \rightarrow \underset{\text{enstatite}}{3MgSiO_3} + \underset{\text{quartz}}{SiO_2} + \underset{\text{water}}{H_2O}$$

yields about the same amount of water as is present naturally in flint specimens. (Calculations on specimen DT–199 show the mass of water released to be about 1% of the mass of the specimen.) The additional water also promotes recovery: grains show fewer strain features, and grain boundaries are straighter, approaching an equilibrium configuration.

Griggs and Blacic (1965) and Griggs (1967) proposed that the profound effect which trace amounts of water have on the strength of quartz is due to hydrolysis of the S i – O – S i bridges adjacent to dislocations. They proposed that much of the water is preferentially located along dislocation lines and is bonded to the dangling S i – and Si--O–bonds at the edge of the dislocation half planes. The dislocations can then move by hydrogen bond exchange without breaking any strong S i – O bonds whenever additional water diffuses through the structure and hydrolyzes adjacent Si-O-Si bridges (Frank – Griggs hypothesis). This hydrolysis should also reduce the barrier to climb of the dislocations. The enhancement of recovery rates by addition of H_2O supports this idea. As grain boundary migration might be considered a complex form of coordinated climb, it appears that the effect of water on grain growth reported here can be explained by an extension of the hydrolitic weakening mechanism. A water atmosphere is to be expected around the grain boundaries if water is present in the system because the structural misfit at a boundary should accommodate interstitial molecules more easily than the relatively perfect intragranular structure. The boundary should then be able to migrate by hydrogen bond exchange in a manner analogous to the Frank-Griggs mechanism for hydrolytic weakening (Griggs, 1967).

Specimens deformed below the threshold of recrystallization showed little preferred orientation. This must be partly due to the low strains imposed (generally less than 20% shortening), but also may be due to analytical difficulties which restricted the sensitivity of measurements. The specimens analyzed by X-ray (primarily by the Starkey method) were of the smaller size and inhomogeneities in the irradiated portions could mask a weak orientation. Flat-stage optical analysis proved useless for even qualitative measurement, because of the development of form birefringence noted above. It has been shown that coarser aggregates do develop preferred orientations of the original grains due to slip; these can be quite strong in highly strained material (Blacic and Griggs, 1965; Tullis, 1968). It is expected that fine-grained aggregates should behave similarly, but it will be shown below that the patterns of preferred orientation produced during syntectonic recrystallization cannot be attributed to this orienting mechanism.

Specimens held at high temperature under pressure in a hydrous environment recrystallized even if they were not deformed. The resulting aggregates are commonly somewhat coarser-grained than those obtained from deformation experiments conducted at the same temperatures over a comparable period of time. Quartzites similarly treated do not recrystallize. Apparently the greater grain boundary energy per unit volume possessed by the finer-grained specimens provides the driving potential for recrystallization. The specific surface energy γ of quartz has been measured by Brace and Walsh (1962) and found to vary from about 400 ergs cm^{-2} to about 1000 ergs cm^{-2} for surfaces parallel to common morphological faces. Grain boundary energies in metals have been found to be approximately one-third their surface energies (Reed-Hill, 1966, p. 148). Therefore assuming $\gamma \approx 300$ ergs cm^{-2} for random grain boundaries in quartz aggregates, flint (grain-size about 2μ diameter) has a grain boundary energy density of about 5 x 10^6 ergs cm^{-3} and quartzite (grain-size about 100μ diameter) has an energy density of about 1 x 10^5 ergs cm^{-3}.

Specimens recrystallized without deformation exhibit no preferred orientation.

Syntectonic Recrystallization

Textures

a-Quartz. Inequant grains are characteristic of specimens recrystallized during compression in the α-quartz field; the grains commonly are highly flattened normal to the axis of greatest compressive stress σ_1[2] (Plate 4). The anisotropy of shape generally increases with increasing strain and in very highly compressed samples, pancake-shaped grains whose diameters are as much as eight times their thickness are observed (Plate 4A).

During the deformation the grains are constantly growing; the grain-size increases from 1–2μ diameter to as much as 100μ diameter. If the grains were growing at an equal rate in all directions during the deformation, plastic deformation of the grains could not account for the large aspect ratios observed. In addition, grain flattening does not correlate with strain alone. While flattening does increase with strain at a given strain-rate, the degree of flattening may be different for different strain-rates. For example, the two specimens shown in Plate 4B and C were deformed to the same strain at the same temperature and pressure, but specimen DT–197 (Plate 4C) was deformed 10 times slower than specimen GB–34 (Plate 4B). Grain-growth is greater in DT–197 and so is the aspect ratio of the grains; apparently the grains have grown preferentially in directions of lowest normal stress.

In specimens deformed at lower temperatures and faster strain-rates the grains are flattened and grain growth is moderate; the mean grain diameter usually does not exceed 10μ. Intragranular strain features are abundant and the grain boundaries are diffuse and irregular (Plate 4B). With increasing temperature and decreasing strain-rate the grains become progressively larger and intragranular strain features become less prominent. Grain boundaries become sharply defined and polygonal but do not show any tendency to develop common morphological faces (Plate 4C, 4D)[3]. At the highest temperatures in slower experiments, the grains become more equant. Addition of water to the system from decomposition of the confining medium (talc) strongly promotes the development of clear, polygonal grains.

Two types of preferred orientation develop in syntectonic recrystallization experiments conducted in the α-quartz field, and the transition from one type to the other

2) The convention of compressive stresses positive is used throughout this paper.

3) In part of one specimen (GB-84) approximately planar faces symmetrically inclined to the c-axis did develop in some larger grains suggesting structural control on their orientation similar to that noted in β-quartz specimens. This region also exhibited an abnormal preferred orientation and other peculiarities (Green, 1968c, p. 127–135). A repeat of the experiment (GB-118) did not exhibit any of these anomalies.

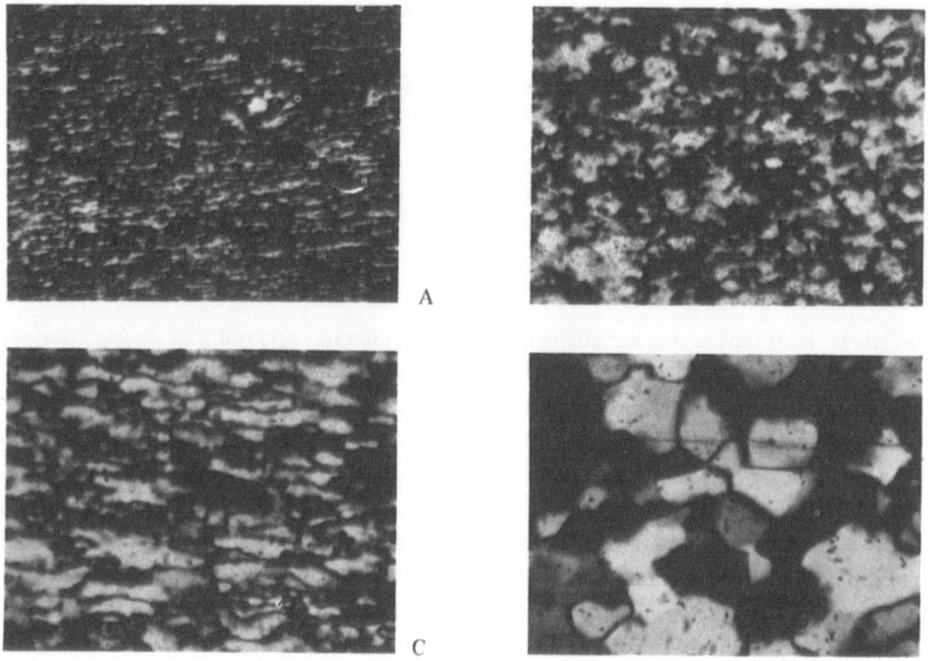

A B C D

Plate 4.
Textures characteristic of specimens recrystallized during deformation in the α-quartz field. Compression direction N–S in photomicrographs (crossed polarizers). All photos at the same magnification; scale line represents 0.05 mm.

A. Extreme grain flattening in highly strained specimen. Grains show aspect ratios of as much as 8 to 1. Specimens similarly strained without recrystallization show little or no detectable grain flattening. Larger, equant grain in right-center is coesite. (C-463, 700°C, 15 kb, ~ 10^{-4} sec.$^{-1}$, 78% shortening).

B. Specimen deformed at same conditions as A, but 10-times slower and to less than half the strain (GB-34, 700°C, 16 kb, 10^{-5} sec.$^{-1}$, 34%). Grain growth greater than A, grain flattening much less evident. Grain boundaries remain highly irregular and commonly are ill defined (diffuse). Strain shadows are abundant.

C. Specimen deformed at same conditions as A and B, but another order of magnitude slower. Strain comparable to that in B(DT-197, 700°C, 16 kb, 10^{-6} sec.$^{-1}$, 27%). Grain flattening marked, and grains are larger with sharper, straighter boundaries. Intragranular strain features are not prominent.

D. Slow deformation at temperatures above the temperature for talc dehydration (~800°C) results in larger, equant grains with polygonal boundaries. Intragranular strain features are rare or absent (DT-201, 850°C, 16 kb., 10^{-6} sec.$^{-1}$, 28%).

correlates with the textural transitions. The preferred orientations and the significance of their correlation with specific textures will be discussed later.

β-Quartz. Grain flattening perpendicular to σ_1 is weak or nonexistent in fine-grained specimens deformed in the β-field (Plate 5A). These fine-grained β-quartz specimens always develop a prophyroblastic texture (Plate 5A, B). The porphyroblasts sometimes contain deformation lamellae, and are commonly square in cross section. The habit sug-

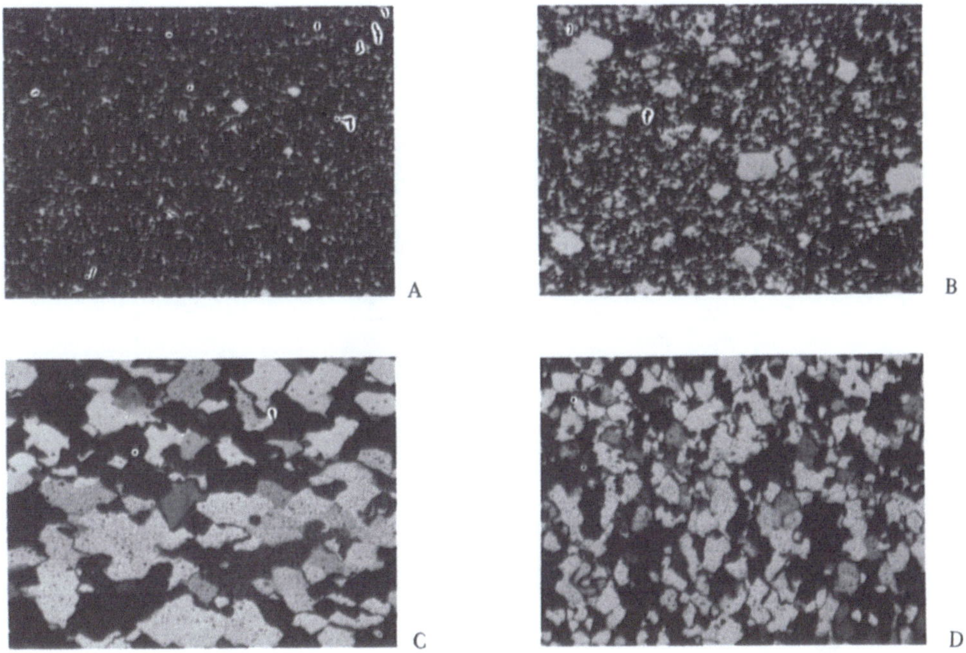

Plate 5.
Textures characteristic of specimens recrystallized during deformation in the β-quartz field. Specimens viewed between crossed polarizers. Compression direction N–S in A–C, extension direction N–S in D. Scale lines represent 0.1 mm.

A. Very fine-grained (recrystallized) ground mass with rare porphyroblasts. Smaller grains are equant, and porphyroblasts are commonly square in cross section indicating that they are bounded by $\{10\bar{1}1\}$ faces. (GB-49, 800°C, 4 kb, 10^{-4}sec.$^{-1}$, 37%).

B. Somewhat coarser groundmass than A. Porphyroblasts are more abundant and also tend to be bounded by $\{10\bar{1}1\}$ faces Many porphyroblasts show deformation lamellae. Little or no grain flattening. (DT-459, 750°C, 6 kb, 10^{-5}sec.$^{-1}$, 34 %).

C. High temperatures and slow deformation yield coarse aggregates with polygonal boundaries, especially in specimens deformed in talc above the dehydration temperature (~800°C). Note that although this specimen is not porphyroblastic, the brighter grains tend to be somewhat larger than the others. The tendency for many grain boundaries to lie ~45° to σ_1 reflects the tendency for development of $\{10\bar{1}1)$ faces in this highly oriented specimen. Slight grain flattening evident. (GD-15, 950°C, 15 kb, 10^{-6}sec.$^{-1}$, 23%).

D. Extension experiment showing lineation developed parallel to σ_3 (N–S). Tendency to bimodal grain-size distribution less than in B and C, but brighter grains tend to be somewhat larger. (DT-321, 950°C, 15 kb, 10^{-6}sec.$^{-1}$, 10%).

gests, and U-stage measurements confirm, that these grains are bounded by $\{10\bar{1}1\}$ planes (Figure 5). Where grain-growth is very great, a foliation defined by slightly flatened grains is evident in compression experiments (Plate 5C), and one extension experiment shows a slight tendency for grains to be elongated parallel to the extension direction a

b

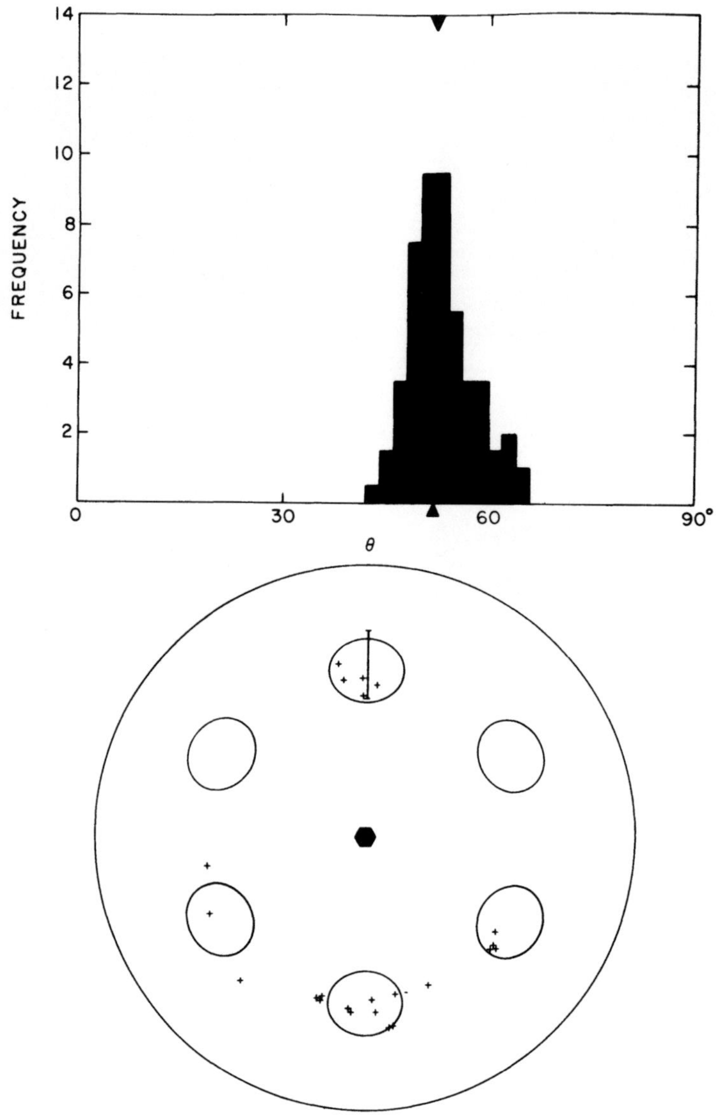

Figure 5.

Orientation of grain boundaries of porphyroblasts with square cross sections in specimen DT-459 measured optically on the universal stage: 48 boundaries from 25 grains.

a. Histogram showing the inclination to the c-axis (θ) of normals to grain boundaries. Frequency gives number of grain boundary normals in 2° intervals. The fine grain-size and imperfect development of planar faces accounts for the scatter about the angle for poles to $\{10\bar{1}1\}$ indicated by the black triangles ($\theta = 51^\circ 46'$). Thirty-four of the forty-eight poles lie between $\theta = 48^\circ$ and $\theta = 56^\circ$.

b. Lower hemisphere equal-area projection of normals to grain boundaries in 20 grains for which the orientation of two or more boundaries could be measured. All *c*-axes have been rotated to the center of the projection. For each grain one grain-boundary pole was constrained to lie along the N–S center line in the upper half of the diagram. The spread of orientations is indicated by the vertical line. The small-circles of 10° radius (ellipses in equal area projection) are centered about positions representing poles to $\{10\bar{1}1\}$. The measurements show that the grain boundaries are either parallel (crosses in and near upper ellipse), or that within the measuring error they are consistent with the interfacial angles between $\{10\bar{1}1\}$ faces; that is, most of the unconstrained poles lie within the lower three 10° ellipses.

(Plate 5D). Even in the coarser aggregates there is commonly a suggestion of a bimodal grain-size distribution, possibly reflecting early development of porphyroblasts. As in the α-field, at higher temperatures and slower strain-rates the grains are larger, exhibit fewer strain features, and develop polygonal boundaries. In contrast to α-quartz samples, however, coarser-grained β-quartz specimens show many grains, especially the larger ones,which have planar or near-planar boundaries symmetrically inclined to the c-axis, suggesting these boundaries also approximate $\{10\bar{1}1\}$ planes (Plate 5C).

Preferred Orientations

Fabric Symmetry. The geometry of deformation in all types of apparatus is axially symmetric, with the axis of rotational symmetry coinciding with the cylinder axis. However the cold ends of the specimens act as semi-rigid blocks during the deformation, and the foliation defined by flattened grains is often seen to wrap around them (Plate 3). To ensure that the regional maximum principal stress was parallel to the axis of the specimen in the regions examined, preferred orientations were in all cases measured in regions straddling the median line of the thin-sections. It was expected that the local stress and strain along the median line would be axially symmetric, and that the preferred orientations produced would exhibit the same symmetry. Several different patterns of preferred orientation have been identified. Optical measurements commonly show orthorhombic tendencies superimposed on a pattern with nearly axial symmetry. In most instances these orthorhombic aspects can be attributed to systematic sampling errors discussed below. X-ray analysis of similar central portions of samples by Starkey and by Wenk and Baker shows a very close approach to axial symmetry (e.g. see Baker et al., 1969). Two highly strained specimens developed inhomogeneities in the strain and non-axially symmetric preferred orientations were the result. These asymmetric specimens are discussed below.

α-Quartz. Recrystallization during axial compression in the α-quartz stability field results in two different types of preferred orientation. At lower temperatures and higher strain-rates a maximum of c-axes forms parallel to the compression direction, σ_1 (c-maximum fabric), while at higher temperatures and slower strain-rates, the c-axes tend to lie 40–50° to σ_1 and a maximum of the pole to the positive unit rhombohedron r develops parallel to σ_1 (r-maximum fabric)[4]. A smooth transition from one fabric type to

4) Note added in proof. Since this was written, J.A. Tullis (1970) discovered that mechanical Dauphiné twinning occurs readily in flint deformed under conditions similar to those employed in this study. This simple mechanical transformation which involves no breaking of Si O bonds and no permanent strain causes a reorientation (equivalent to 180° rotation about the c-axis) so that positive and negative forms are interchanged. The theory of Thomas and Wooster (1951) predicts that, in uniaxial states of stress, twinning will occur to bring the more compliant direction of the two twin orientations parallel to the unique axis. Thus, crystals with the pole of z parallel to σ_1 in our compression experiments will twin so that the pole of r is parallel to σ_1. More generally, all orientations in our inverse pole-figures to the right of the 0001 – $11\bar{2}0$ line (c.f. Fig. 6a) will twin to the symmetric position on the left side of this line. Mrs. Tullis demonstrated that this occurs rapidly in flint at temperatures of 500°C and above.

Dauphiné twinning thus appears to account for all the asymmetry of the positive and negative forms in our fabrics. The term "r-maximum fabric" is thus of descriptive value only, as the different concentrations at r and z can probably be ascribed to twinning. The basic features of this fabric type that remain to be explained are the small-circle distribution of c-axes at 40°–50° to σ_1 and the somewhat different distributions of the $\langle 11\bar{2}0\rangle$ and $\langle 10\bar{1}0\rangle$ directions.

the other is observed with change in temperature or strain-rate (Figure 4). Two compression experiments in which the strain was not axially symmetric developed a pair of great-circle girdles of *c*-axes which intersect normal to σ_1.

Only one extension experiment (DT–421, Plate 2B) was performed successfully in the *a*-field. Analysis with compensators and a photometer indicated that *c*-axes are concentrated at ***high*** angles to the extension direction. X-ray and U-stage analyses were not possible.

c-Maximum Fabrics. Fabrics with *c*-axes parallel to σ_1 develop under conditions where the grains remain small, hence universal stage optical analysis of these specimens is impossible. The preferred orientations determined by X-ray analysis of specimens of this type are shown in Figure 6. Figures 6a and c are inverse pole-figures which depict the distribution on an equal-area projection of σ_1 with reference to crystal axes. The value at any point in the inverse pole-figures gives the concentration of that crystal direction parallel to σ_1 in multiples of a uniform distribution. As the diffraction group symmetry of *a*-quartz is $\bar{3}2/m$, the unique portion of the inverse pole-figure can be represented in a 60° sector. Inverse pole-figures can only be generated when the preferred orientation is axially symmetric. The concentrations of σ_1 parallel to the poles of the positive trigonal forms (left side of inverse pole-figures) are somewhat greater than parallel to the poles of their negative counterparts (right side of diagrams). This indicates a slight *r*-maximum contribution to the total pattern. The small area of negative concentration near the pole to $01\bar{1}1$ in Figure 6c is an artifact of the computer calculations which obtain the inverse pole-figure from X-ray data (Baker et al., 1969). *C*-axis (0001) profiles calculated from the inverse pole-figures (Baker et al., 1969) are also shown (Figures 6b, d). Because of the axial symmetry, the total *c*-axis patterns (pole-figures) can be generated by rotation of the profiles about the σ_1 axis.

The *c*-maximum fabric develops characteristically in the regime where intragranular deformation features are common, the grains are usually markedly flattened normal to σ_1, and the grain boundaries are serrate.

r-Maximum Fabrics. Specimens displaying the *r*-maximum type of fabric are sometimes sufficiently coarse-grained to permit measurement of the preferred orientation of *c*-axes on the universal stage. Figure 7 shows the *c*-axis distribution measured from specimens DT–198 and GB–84. The average grain-size of specimen DT–198 is 30–40μ, so that only about half the grains could be measured. GB–84 is somewhat finer-grained and less than half of the grains could be measured. The thin-section becomes effectively thicker as it is tilted away from the horizontal, so that grains [equal to or slightly larger than the thickness of the section (~30μ)] with *c*-axes inclined at moderate angles to the plane of the section are selectively excluded. This explains the lower concentrations in the central portions of the small-circle girdles in DT–198 and the interruption of the girdles in GB–84.

Inverse pole-figures and *c*-axis profiles determined for specimens exhibiting the *r*-maximum fabric are shown in Figure 8. The preferred orientations consist of a single maximum of σ_1 near the pole to *r* ($10\bar{1}1$), usually accompanied by a minimum near the pole to *z* ($01\bar{1}1$). The preferred orientation in specimen GB–11 contains a weak *c*-maximum component as is shown by the *c*-axis profile (Figure 8d). The inverse pole-figure

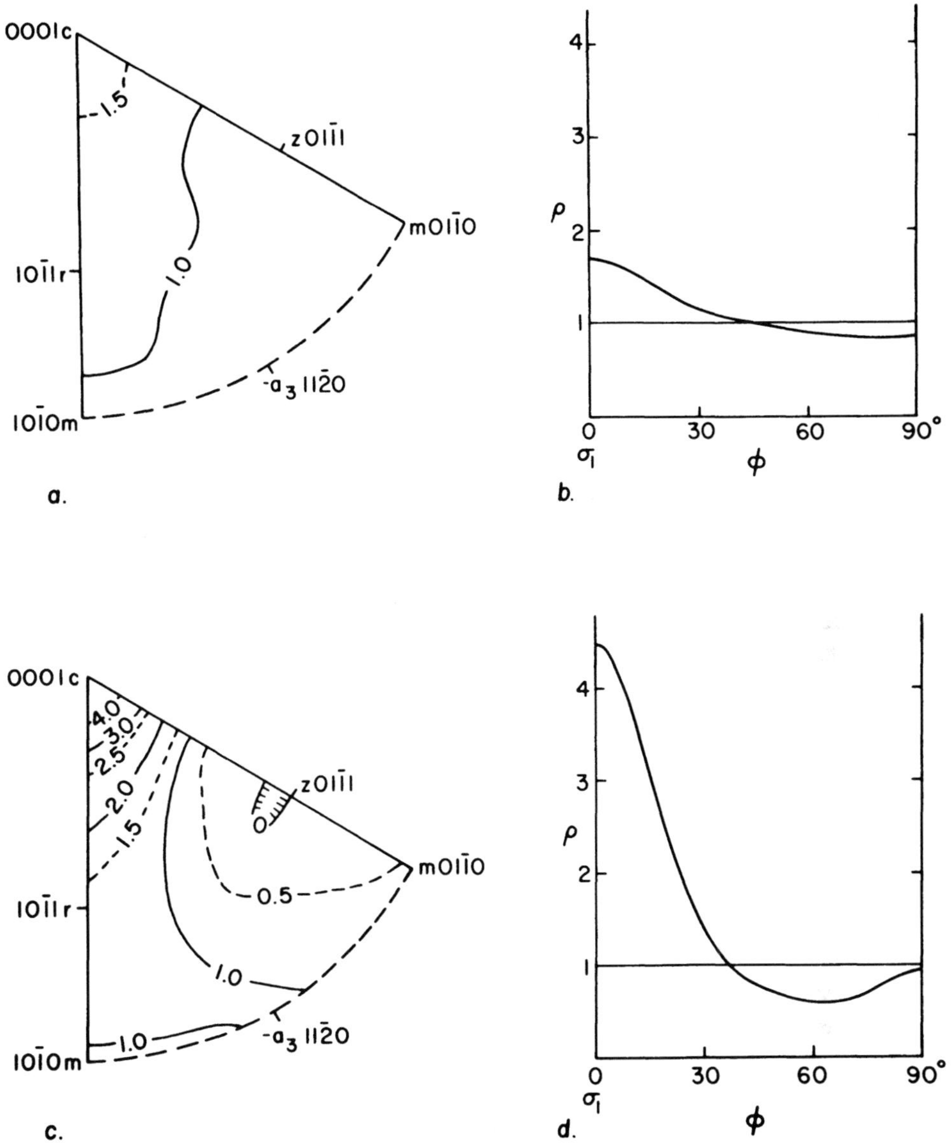

Figure 6.
Inverse pole figures and *c*-axis profiles from two specimens exhibiting the *c*-maximum fabric: In the profiles, φ gives the inclination of *c*-axes to σ_1 in degrees. Concentrations in multiples of a uniform distribution. (*a*-quartz).

a, b. Specimen GB-11 (position 8).

c, d. Specimen GB-34.

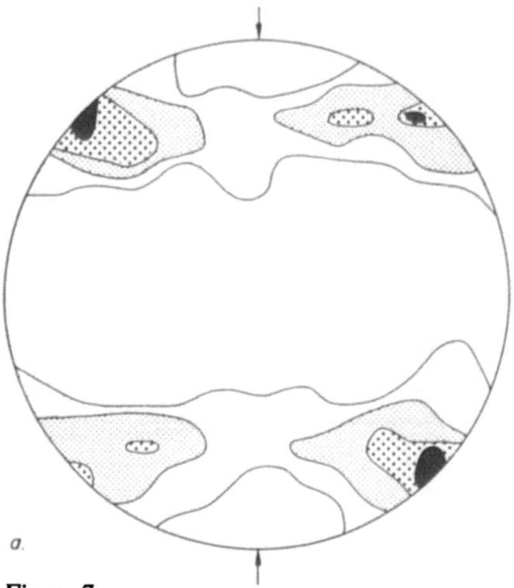

Figure 7.
Equal-area projections (lower hemisphere) of *c*-axes measured optically on the universal stage from specimens exhibiting the *r*-maximum fabric. N–S arrows mark the compression direction, σ_1. Contours: 4,3,2, 1%/1% area (α-quartz).

a. Specimen DT-198, 516 *c*-axes.

b. Specimen GB-84 (upper portion), 200 *c*-axes.

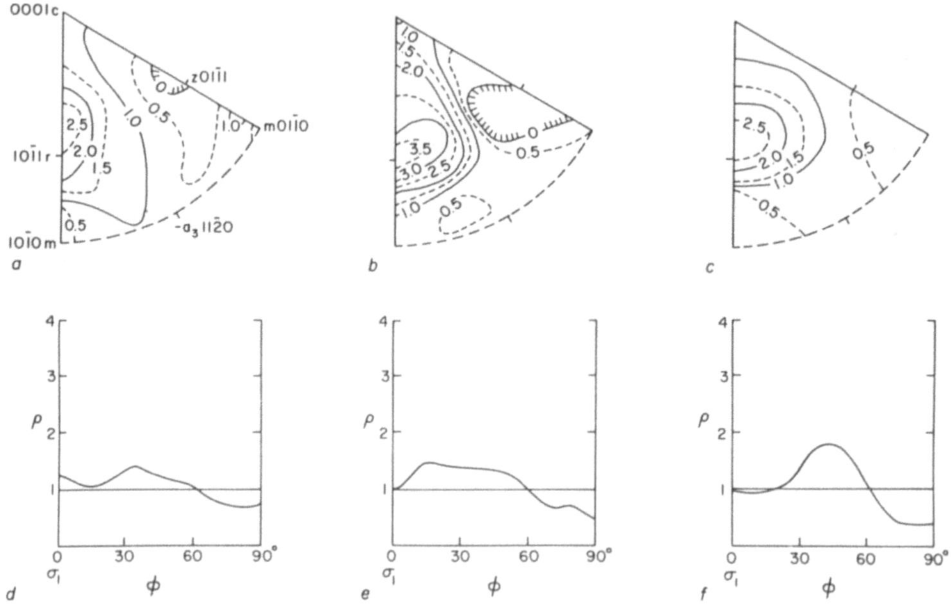

Figure 8.
Inverse pole figures and *c*-axis profiles from three specimens exhibiting the *r*-maximum fabric. In the profiles φ gives the inclination of *c*-axes to σ_1 in degrees. Concentrations in multiples of a uniform distribution. (α-quartz).

a, d. Specimen GB-11 (position 3)

b, e. Specimen DT-198

c, f. Specimen GB-84 (upper portion)

for specimen DT–198 has a very large negative area indicating incompatibilities in the X-ray data. The region of this specimen in which the preferred orientation is homogeneous and axially symmetric is very small and coarse-grained. It was not possible to perform X-ray analysis on this small area because of the coarse grain-size: the relatively small number of grains did not provide satisfactory counting statistics. It was necessary to irradiate an area larger than the homogeneous region. The resulting inverse pole-figure gives a good qualitative measure of the preferred orientation, but comparison of the *c*-axis profile (Figure 8c) with the optical measurements (Figure 7a) shows that the *c*-axis small-circle is greatly weakened and broadened in the distribution calculated from the X-ray data. The relevant region of specimen GB–84 is much larger than DT–198 and these problems were not so serious.

In specimens exhibiting *r*-maximum fabrics, intragranular strain features are less common, grains are larger and usually more equant, and grain boundaries are commonly polygonal.

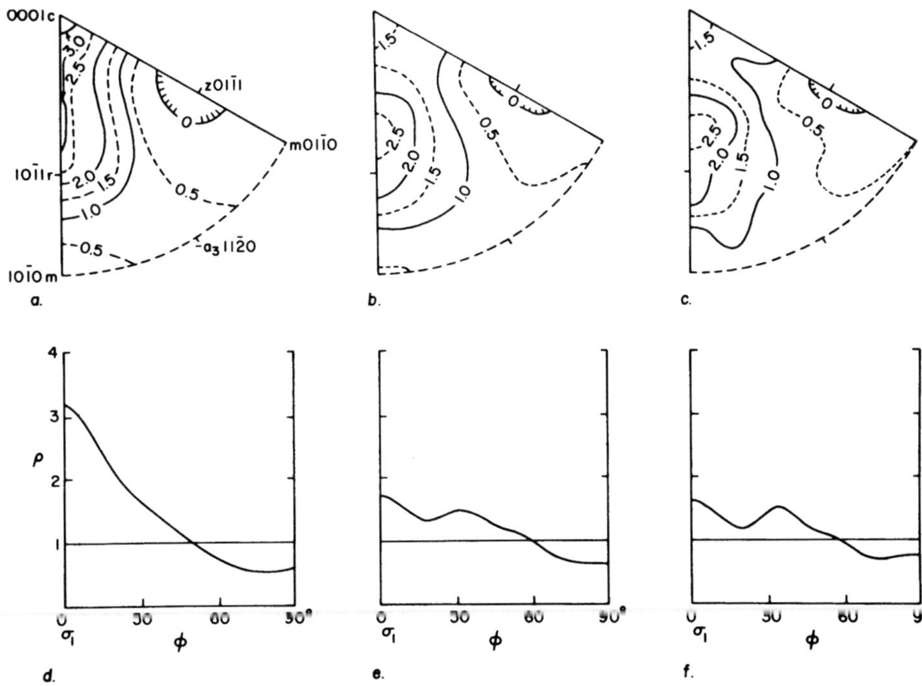

Figure 9.
Inverse pole figures and *c*-axis profiles from specimens exhibiting composite fabrics. In the profiles, φ gives the inclination of *c*-axes to σ_1 in degrees. Concentrations in multiples of a uniform distribution. (a-quartz).

a, d. Specimen GB-3

b, e. Specimen GB-11 (position 5)

c, f. Specimen GB-11 (position 2)

Composite Fabrics. In the region where the patterns of preferred orientation change from *c*-maximum to *r*-maximum (Figure 4), composite fabrics develop showing aspects of both. The inverse pole-figures and *c*-axis profiles determined from transitional specimens are shown in Figure 9. Two maxima, one at *c* (0001), and one near the pole to *r* $(10\bar{1}1)$ are characteristic of inverse pole-figures of these specimens. In the transition from *c*-maximum to *r*-maximum fabric, the *c*-axis maximum first broadens Figure 9a), then a minimum develops ~20° to σ_1 (Figures 9e, f, 8d) and finally the peak at σ_1 disappears (Figure 8e, f).

The complete transition has been observed in a single specimen, GB–11 (Baker *et al.*, 1969, p. 167). Because of the large temperature gradients in the samples during deformation, this particular specimen was in the *r*-maximum regime in the center (Figure 8a, d) and in the *c*-maximum regime near the ends (Figure 6a, d), with composite fabrics developed in between (Figure 9).

Crossed-girdle Fabrics. Two flint cylinders, compressed under the conditions where the *r*-maximum fabric would be expected, exhibited a pronounced lack of axial symmetry in the deformation and a corresponding lack of axial symmetry in their preferred orientations. These specimens, DT–199 and DT–201, are shown in Plate 3. Both of the specimens have the textures characteristic of *r*-maximum specimens. However, each has a bulge on the right side of the thin-section near the top, and the quartz *c*-axes are predominantly normal to the section in the bulged area, causing the dark spot in the photomicrograph. Figure 10 gives the preferred orientations of *c*-axes in these two specimens measured optically adjacent to the bulged areas, near the center lines of the spe-

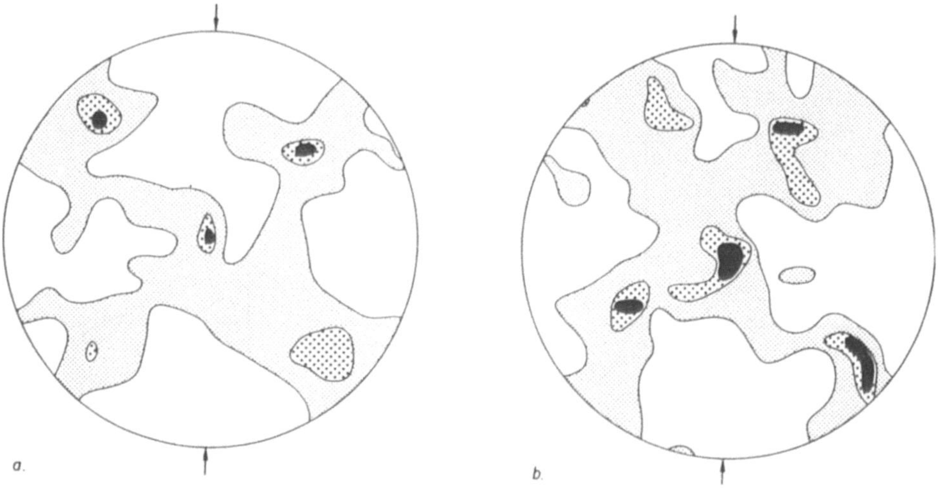

Figure 10.
Equal-area projections (lower hemisphere) of *c*-axes measured optically on the universal stage from two specimens exhibiting crossed-girdle fabrics. N–S arrows mark direction of shortening σ_1 (ϵ_1). Interpretation of the inhomogeneities in the specimens indicates $\sigma_2(\epsilon_2)$ is in the center of the net, and $\sigma_3(\epsilon_3)$ is E–W. Contours: 2.5, 2, 1%/1% area (*a*-quartz).

a. Specimen DT-201, 597 *c*-axes.

b. Specimen DT-199, 403 *c*-axes.

cimens. The distribution of c-axes in intersecting great-circle girdles gives rise to the so-called "crossed-girdle" pattern. In each specimen a maximum is developed at the girdle intersection, corresponding to the very strong maximum in the bulged area.

The bulged areas on one side of the specimens in thin-section indicate that the greatest elongation (ϵ_3) in these regions was approximately normal to the specimen axis and close to the plane of the thin-section. The greatest shortening (ϵ_1) probably re-

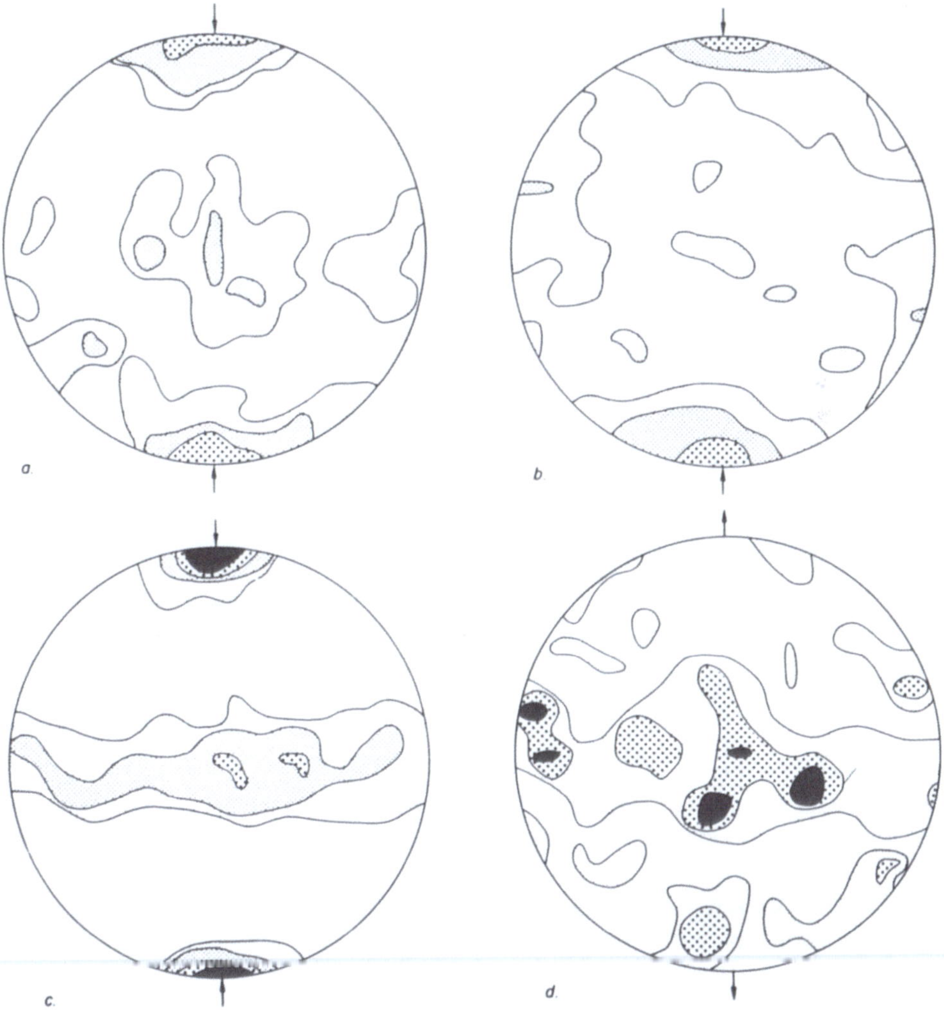

Figure 11.
Equal-area projections (lower hemisphere) of c-axes measured optically on the universal stage from four specimens deformed in the β-quartz stability field: N–S arrows mark the compression direction, σ_1, in a, b, c and the extension direction, σ_3, in d.

a. Specimen DT-267, 254 c-axes, Contours: 4, 2, 1%/1% area.

b. Specimen DT-312, 500 c-axes, Contours: 4, 2, 1%/1% area.

c. Specimen GB-15, 300 c-axes, Contours: 6, 4, 2, 1%/1% area.

d. Specimen DT-321, 150 c-axes, Contours: 3, 2, 1%/1% area.

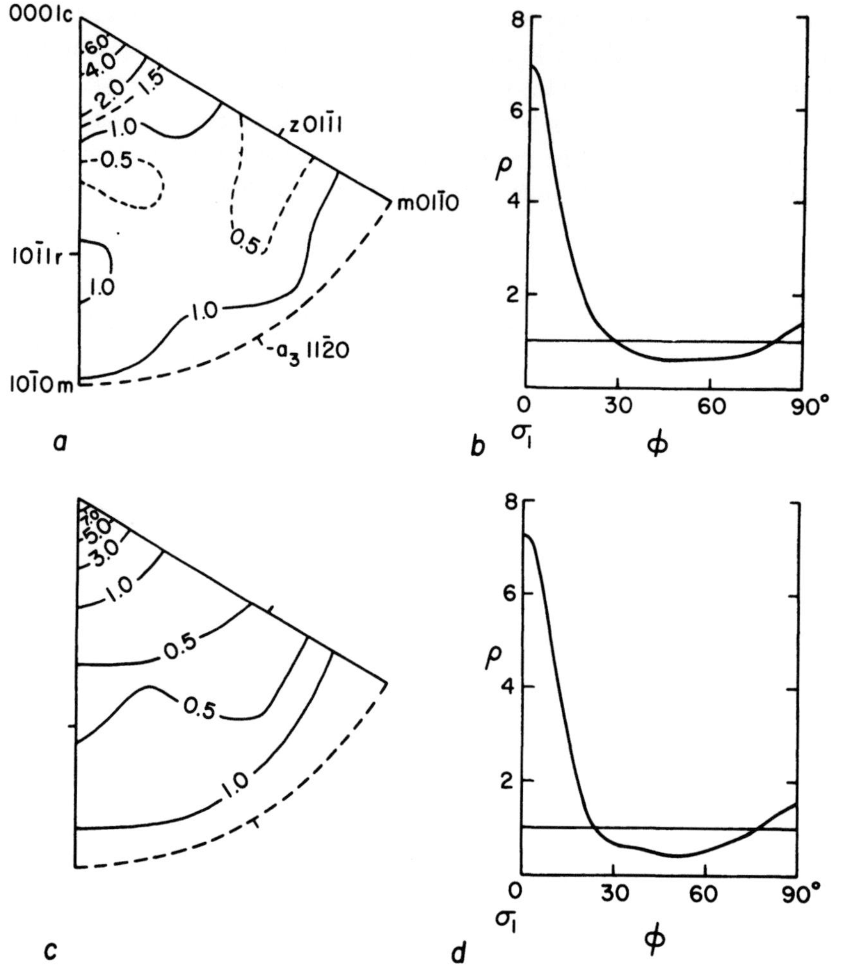

Figure 12.
Inverse pole figures and *c*-axis profiles from two specimens compressed in the β-quartz field. In the profiles φ gives the inclination of *c*-axes to σ_1 in degrees. Concentration in multiples of a uniform distribution.

a, b. Specimen DT-459.

c, d. Specimen GB-49.

mained parallel to the specimen axis, with the intermediate principal strain (ϵ_2) approximately perpendicular to the thin-section. The probable state of stress during deformation in and adjacent to the now bulged areas was: σ_1 parallel to the specimen axis, σ_2 normal to the thin-section, and σ_3 in the plane of the section. With this inference the crossed girdles are seen to be inclined symmetrically to σ_1 (ϵ_1) and to intersect in σ_2 (ϵ_2).

β-Quartz. Axial compression in the β-quartz field generally results in a concentration of *c*-axes parallel to σ_1 ($c \parallel \sigma_1$ component) combined with a concentration normal to σ_1

($c \perp \sigma_1$ component). Figures 11a, b, and c show the optically measured *c*-axis patterns for three compression specimens. The $c \perp \sigma_1$ component is weak in specimen DT–267 (Figure 11a), virtually absent in DT–312 (Figure 11b) but it is well developed in specimen GB–15 (Figure 11c). Selective sampling in fine-grained specimens DT–267 and DT–312 causes the girdles normal to σ_1 to appear discontinuous. Specimen GB–15 is coarser-grained and this problem was largely avoided.

The inverse pole-figures of two other β-quartz specimens are shown in Figure 12, together with their calculated *c*-axis profiles. These inverse pole-figures were calculated using the diffraction symmetry of α-quartz ($\bar{3}$ 2/m) rather than that of β-quartz (6/m 2/m 2/m) because the specimens when analyzed were, of course, α-quartz. If the specimens reflect the β-quartz symmetry there should be a mirror plane down the center of the inverse pole-figures connecting 0001 to 11$\bar{2}$0. Such a mirror plane is indicated in specimen GB–49 (Figure 12b) but lacking in DT–459 (Figure 12a). Both of these specimens were brought through the α-β transition while under a differential stress of a few kilobars. Perhaps the presence of the nonhydrostatic stress prejudiced the inversion to α-quartz in DT–459 in such a way that the poles to the positive trigonal forms were favored to lie parallel to σ_1.[4] It is also possible that the trigonal tendencies in Figure 12 are artifacts of the computer calculations caused by minor incompatibilities introduced into the X-ray data by inhomogeneities in this small specimen.

In attempting to determine the relative significance of the two components of the preferred orientation, it may be misleading to look only at the concentration of *c*-axes in each. Obviously it would take a much greater fraction of the grains present in the aggregate (and hence a much stronger preferred orientation) to produce a concentration of, say, twice that of a uniform distribution in the $c \perp \sigma_1$ component that it would to make the same concentration in the $c \parallel \sigma_1$ component. In Figure 13, the *c*-axis profile for each specimen is compared with the histogram showing the fractional number of grains (N/N_T) whose *c*-axes lie in 4.5° annuli about σ_1. The histograms for specimens DT–267 and DT–312 (Figure 13a, b) were constructed using only those *c*-axes which lie within thirty degrees of the primitive circle of the equal-area projection to avoid the sampling errors noted above. All the measured *c*-axes were used for specimen GB–15 (Figure 13c). The *c*-axis profiles for these specimens were then constructed from the N/N_T histograms by dividing the fractional number of grains in each annulus by the fractional area of the hemisphere which the annulus contains, and fitting the resulting points with smooth curves. The histograms for specimens subjected to X-ray analysis (Figure 13d, e) were obtained from the calculated *c*-axis profiles by multiplying the average concentration in 4.5° intervals by the fractional area of the hemisphere represented by the intervals. The N/N_T histogram for a uniform distribution is also shown in each diagram of Figure 13 for comparison.

From the histograms of Figure 13 it is apparent that the volume of material added to the $c \parallel \sigma_1$ component during deformation (vertically shaded areas) dominates over that added to the $c \perp \sigma_1$ component (horizontally shaded areas) for all specimens except GB–15 (Figure 13). It may be significant that in the most strongly oriented spe-

4) siehe Seite 299

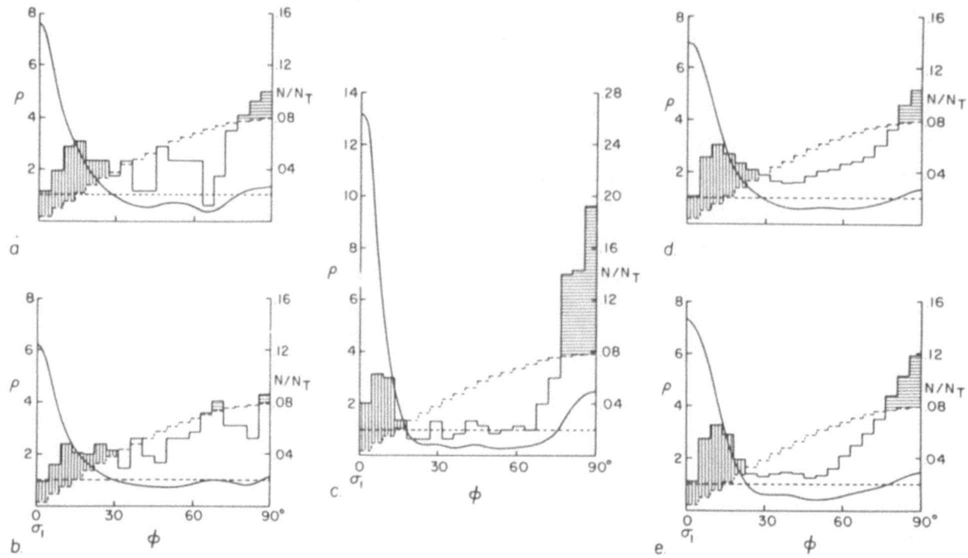

Figure 13.
Preferred orientation of *c*-axes in five specimens compressed in the β-quartz field. Smooth curves give concentration profiles (left ordinate) in multiples of a uniform distribution. Solid-line histograms give the fractional number of grains (N/N_T) in 4.5° annuli about σ_1 (right ordinate). Dashed lines and histograms give the concentration and N/N_T plots for a uniform distribution. Shaded regions give the material now present in excess of a uniform distribution for the $c \parallel \sigma_1$ fabric component (vertical shading), and for the $c \perp \sigma_1$ component (horizontal shading).

a. Specimen DT-267. – Novaculite, 1100°, U-stage
b. Specimen DT-312. – Flint, 900°, U-stage
c. Specimen GB-15. – Flint, 950°, U-stage
d. Specimen DT-459. – Flint, 750°, X-ray
e. Specimen GB-49. – Flint, 800°, X-ray

cimen (GB–15) the $c \perp \sigma_1$ component dominates, in the specimen with weakest orientation (DT–312, Figure 13b) the $c \perp \sigma_1$ component is lacking, and in the others the $c \perp \sigma_1$ component approaches equality with the $c \parallel \sigma_1$ component. This trend suggests that there may be no basic difference between the $c \parallel \sigma_1 + c \perp \sigma_1$ preferred orientation found in the β-quartz field and the *c*-maximum fabric developed in the α-quartz field. The specimens analyzed from the α-quartz field all have weaker orientations than those from the β-field and GB-34 shows a tendency toward developing a $c \perp \sigma_1$ component (compare Figure 13 and 6). The textural differences between α- and β-Quartz, specimens remain, however.

Alternatively, the difference between GB–15 and all other measured specimens may arise because it was deformed very close to the α-β phase boundary. Specimen DT –459 (Figure 13d) was also deformed close to the transition and flat-stage examination indicated a band of strong $c \perp \sigma_1$ component on either side of the central region represented by the diagram shown here. These bands were too small for x-ray analysis and too fine-grained for optical measurements. Specimen DT–312 showed similar but less well-developed bands, even though the pattern measured in the center lacks the $c \perp \sigma_1$ component (Figure 13b). Several other specimens also show evidence on the flat stage of increased $c \perp \sigma_1$ component in regions that were close to the transition during deformation (DT–216, DT–257, GB–56, C–488, C–472). It is possible that the $c \perp \sigma_1$ component is strongest at the α-β boundary.

Although several specimens have been extended in the β-field, only one was satisfactory for determination of the preferred orientation. The *c*-axis pattern for specimen DT–321 (Figure 11d) shows a weak girdle normal to the extension direction, σ_3.

Annealing Recrystallization

General Statement

Strained materials held at elevated temperature after deformation are said to be annealed. In metals research annealing is done at atmospheric pressure or in vacuum. In this study the samples were annealed in a hydrous environment at the pressure under which they were confined during deformation.

Extensive studies on cold-worked and annealed metals (Barrett and Massalski, 1966) have delineated four stages through which materials may pass during annealing:

i) Recovery: Migration of point and line defects tends to restore the crystal structure in small regions and form dislocation networks which define cell structures or microscopic subgrains.

ii) Primary Recrystallization: New grains nucleate in the deformed matrix and grow. An interlocking mosaic of polygonal, strain-free grains develops, usually with a preferred orientation different from that of the as-worked material. The end stage of primary recrystallization occurs at *impingement,* when the new grains have consumed all the deformed material.

iii) Secondary Recrystallization: A new generation of grains, usually considerably larger than the primary ones, grows until finally no primary grains remain. The new aggregate has a preferred orientation different from either of the previous stages, but as in primary recrystallization, the pattern which develops is dependent on the pre-existing pattern. It is not clear whether nucleation is always involved in secondary recrystallization or not.

iv) Tertiary Recrystallization: A rare third generation of recrystallization altering the texture as in secondary recrystallization. Again, the preferred orientation usually changes.

The annealing recrystallization of flint specimens has aspects of both primary and secondary recrystallization. The nucleation of new grains during annealing, characteristic of primary recrystallization, is not necessarily involved in these quartz experiments. Since recrystallization takes place during deformation, the crystals present after deformation, although they may be deformed, may continue to grow during annealing. Indeed, no evidence of fresh nucleation at the beginning of annealing has been found. On the other hand, the behavior cannot be satisfactorily characterized as secondary recrystallization either, because the driving force for secondary recrystallization is grain-boundary and surface energy (since the grains after primary recrystallization are undeformed), whereas the aggregate in these experiments is deformed, and stored strain energy is also a driving force.

In metals research, the preferred orientation after deformation is determined from one portion of the sample, and another portion is annealed; the fabrics before and after annealing are then compared. In this investigation it was not possible to measure the preferred orientation in a sample before annealing. Therefore, the procedure adopted was to deform two specimens as identically as possible, and anneal one. Fabrics of the two specimens were then compared.

Textures

α-Quartz. Annealing of the deformed samples always produces marked grain growth, with increases in grain diameters of as much as 8–10 times. The inequant grain shapes characteristic of syntectonic recrystallization are usually lacking. The correlation of the pattern of preferred orientation with certain characteristic textures noted in specimens

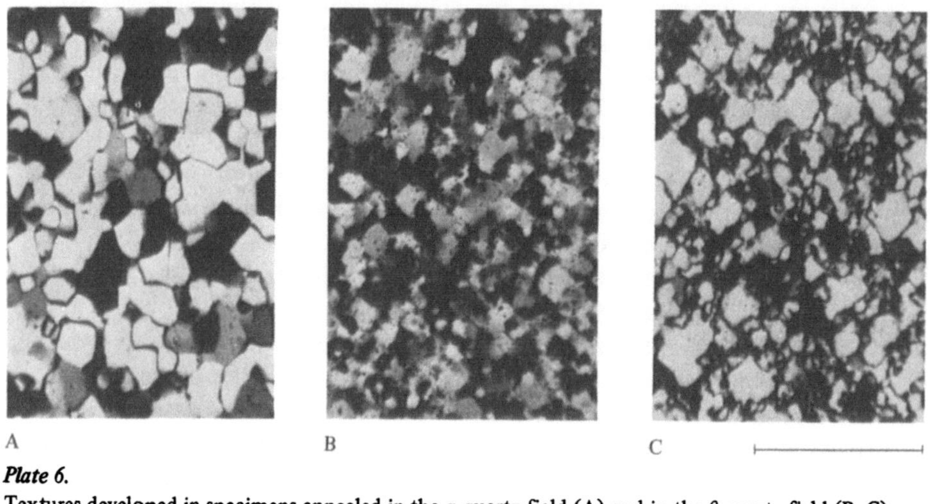

A B C

Plate 6.
Textures developed in specimens annealed in the α-quartz field (A) and in the β-quartz field (B, C) (crossed polarizers). Compression direction E–W Scale line indicates 0,02 mm.

A. Specimen GB-39. Coarse-grained, equigranular aggregate of equant, strain-free grains. Grain boundaries are polygonal with no tendency to develop low-index faces evident. Specimen annealed 48 hours at 900°C, 16 kb. (α-quartz).

B. Specimen DT-460, Medium-grained aggregate of equant, strain-free grains. Grain boundaries are polygonal, with many grains exhibiting square cross sections. These grains are bounded by $\{10\bar{1}1\}$ faces. Specimen annealed 48 hours at 900°C, 6 kb. (β-quartz).

C. Specimen DT-500. Porphyroblastic aggregate of equant, strain-free grains. Grain boundaries are polygonal and the boundaries of many porphyroblasts are $\{10\bar{1}1\}$ faces. Specimen annealed 1 hour at 900°C, 2 kb. (β-quartz).

recrystallized during deformation was not found in their annealed counterparts. In all annealed specimens the grains are strain-free. Grain boundaries are polygonal and generally do not appear to be crystal faces of low index (Plate 6A). The major textural differences between annealed specimens and those recrystallized during deformation at high temperatures are their larger grain-size, complete lack of intragranular strain features, and more equant grain shapes.

β-Quartz. Specimens annealed in the β-field also show considerable grain growth, and the grains are equant and strain-free with polygonal boundaries. As in specimens recrystallized during deformation, many grains have square outlines in thin-section, especially those close to the preferred orientation (Plate 6B, C). These square grains are also interpreted as being bounded by $(10\bar{1}1)$ faces. These grains are especially prominent in specimens annealed for a short time. They are generally larger than the other grains (Plate 6C); apparently they grow faster than grains of other orientations. Specimens annealed for a few days have this texture well developed only where the final grain-size is about 20–40μ and the preferred orientation is very strong (Plate 6B); in regions with larger grain-size there are fewer square grains. As for α-quartz specimens, the textures of annealed β-quartz specimens differ little from coarse-grained samples recrystallized during deformation; the annealed specimens yeild coarser aggregates, the tendency to "square" grain sections is greater, and intragranular strain features are absent.

Preferred Orientations

General Statement.

Samples with each type of preferred orientation developed in axial compression experiments have been annealed. The preferred orientations produced during deformation were modified during annealing; some patterns were merely strengthened and sharpened, while other distributions were significantly changed (Figure 14). In addition new patterns of preferred orientation markedly different from all others were produced in material which did not exhibit grain growth during deformation. No specimens deformed in extension have been annealed.

α-Quartz.

c-Maximum Fabrics. Annealing of a specimen possessing the *c*-maximum fabric produced a marked strengthening of that maximum. Figures 14a, d show the preferred orientation of a *c*-maximum specimen before (GB–34) and after (GB–42) annealing. Besides the two-fold increase in the [0001] concentration, there are small increases near the poles to both unit rhombohedra. The grain size increased from ~10μ mean diameter to ~20μ diameter.

Composite Fabrics. Annealing of specimen GB–16, which had the composite fabric before annealing, showed a distinct change in the X-ray-determined pattern of preferred orientation from its non-annealed equivalent, GB–3 (Figure 14b, e). The concentration of *c*-axes parallel to the cylinder axis was largely destroyed, with a marked increase at 30–40° to the cylinder axis. The optically-determined *c*-axis distribution in specimen GB–16 shows small-circle girdles ~30–40° to the cylinder

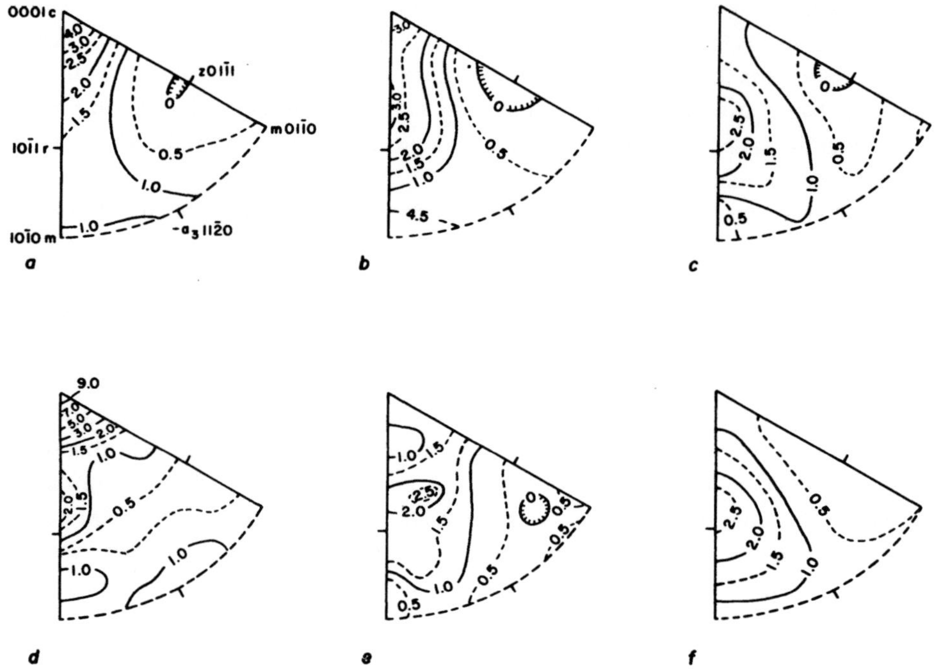

Figure 14.
Inverse pole-figures of three annealed specimens (d–f) and their non-annealed counterparts (a–c). Concentrations in multiples of a uniform distribution (α-quartz).

a. *c*-maximum fabric type (GB-34).

b. Composite fabric type (GB-3).

c. *r*-maximum fabric type (GB-11, position 3).

d. Annealed version of *c*-maximum fabric. Note the two-fold increase in the maximum at *c* (GB-42).

e. Annealed version of composite fabric. Note the decrease at *c* and increase at *z* (GB-16).

f. Annealed version of *r*-maximum fabric. There is little change in preferred orientation: a slight decrease at *z* (GB-39).

axis (Figure 15a). Comparison of the *c*-axis profile constructed from the optical data with that calculated from the inverse pole-figure (Figure 15b) shows excellent agreement[5]. The grain-size before annealing (GB–3) was $<10\mu$ diameter; the grain-size after annealing (GB–16) is ~30–40μ diameter.

5) The greater concentration of *c*-axes in the optical sample might at first thought be attributed to the small sample size (200 grains), since it is common experience that the maximum concentrations measured decrease as the sample size increases. However, the manner in which the optical profile in Figure 15b was constructed (Green, 1968c, p. 148), should sharply reduce that effect. In the profile only the angle between the cylinder axis and the *c*-axis is considered, the spatial arrangement about that axis is ignored. Thus a smaller sample should be necessary to give a statistically valid profile if the specimen has rotational symmetry.

We there fore look for an explanation in the X-ray technique. The irradiated area during X-ray analysis varies somewhat with 2θ. Therefore, the distributions measured for the various diffracting *r-Maximum Fabrics.* Annealing caused very little change in the preferred orientation of an *r*-maximum specimen. Specimen GB–39 (Figure 14f) shows a slight decrease in the concentration of *c* parallel to the cylinder axis and a small increase in the concentration of the pole to *z* ($0\bar{1}11$) parallel to the cylinder axis compared to its non-annealed equivalent, GB–11 (Figure 14c). Optical measurement of the *c*-axis distribution in specimen GB–39 (Figure 15c) yields small-circle girdles ~40–50° to the cylinder axis[6]. There was an increase in grain diameter from ~20μ (GB–11) to ~40μ (GB–39).

Preferred Orientation Produced by Annealing in Regions with No Prior Grain Growth. Near the ends of many annealed specimens there are preferred orientations distinctly different from those developed in the central portions. In specimens similarly deformed but not annealed, corresponding regions did not show grain growth. Plate 7 shows photomicrographs of thin-sections of specimens GB–34 and GB–42 which were deformed to about the same strain (35–40%) under identical conditions ($\dot{\epsilon}$ = 10^{-5} sec^{-1}, 700 °C, 15 kb.); GB–42 was then annealed 70 hours at 700°, 15 kb. Tracings of both specimens outlining areas where different preferred orientations were observed also appear in Plate 7. In specimen GB–34 grain growth only occurred in area A, but a weak preferred orientation of the same type (*c*-maximum) also developed in areas B. After annealing, area A of GB–42 developed the strong *c*-maximum fabric discussed above. The boundaries of this region are well marked by a sharp decrease in grain-size and also by a change to a greatly different preferred orientation. These finer-grained areas (B) of specimen GB–42 appear to correspond to areas B of specimen GB–34. Areas C of specimen GB–42 have still a third pattern of preferred orientation. These areas have no apparent counterparts in specimen GB–34. The ends of the specimens did not develop preferred orientation.

X-ray analysis of areas B in specimen GB–42 shows a concentration of the poles to $40\bar{4}1$ and $04\bar{4}1$ parallel to the cylinder axis (Figure 16a) and *c*-axes concentrated at 70–80° to the cylinder axis (Figure 16b). Areas C are very small so that there was a considerable contribution from areas B in the X-ray analysis. Despite this, inverse pole-figures obtained from the larger of these regions show a shift of the $40\bar{4}1$ and $04\bar{4}1$ concentrations toward 0001 (c) and a shift of the maximum in the *c*-axis profile from $\varphi \approx$ 75° to $\varphi \approx 65°$. The best of several inverse pole-figures determined is shown with the

planes represent slightly different populations of grains. Small inhomogeneities in preferred orientation over the sample area thus introduce small incompatibilities into the different profiles. These incompatibilities must result in a flatter "compromise" *c*-axis profile calculated from these data than actually exists over smaller regions of the specimens. It is important, then, not to stress the differences in the profiles of Figure 15b, but to appreciate that they both reveal similar patterns of *c*-axes. The close correspondence of the directly determined *c*-axis distribution (optical measurements) with the calculated distribution illustrates the power of the spherical harmonic analysis.

6) Comparison of the *c*-axis profile constructed from the GB-39 optical data with the profile calculated from the inverse pole-figure shows good agreement (Figure 15d), but somewhat less than that found for GB-16 (Figure 15b). The *c*-axis diagrams determined optically for specimens GB-16 and GB-39 (Figure 15) are quite similar, but the profiles for the two specimens indicate there are significant differences: the main maximum in the GB-16 profiles is 35° from the cylinder axis and there is a subsidiary maximum parallel to the cylinder axis, while in specimen GB-39 the maximum is 40–45° to the cylinder axis and there is no small maximum parallel to the cylinder axis.

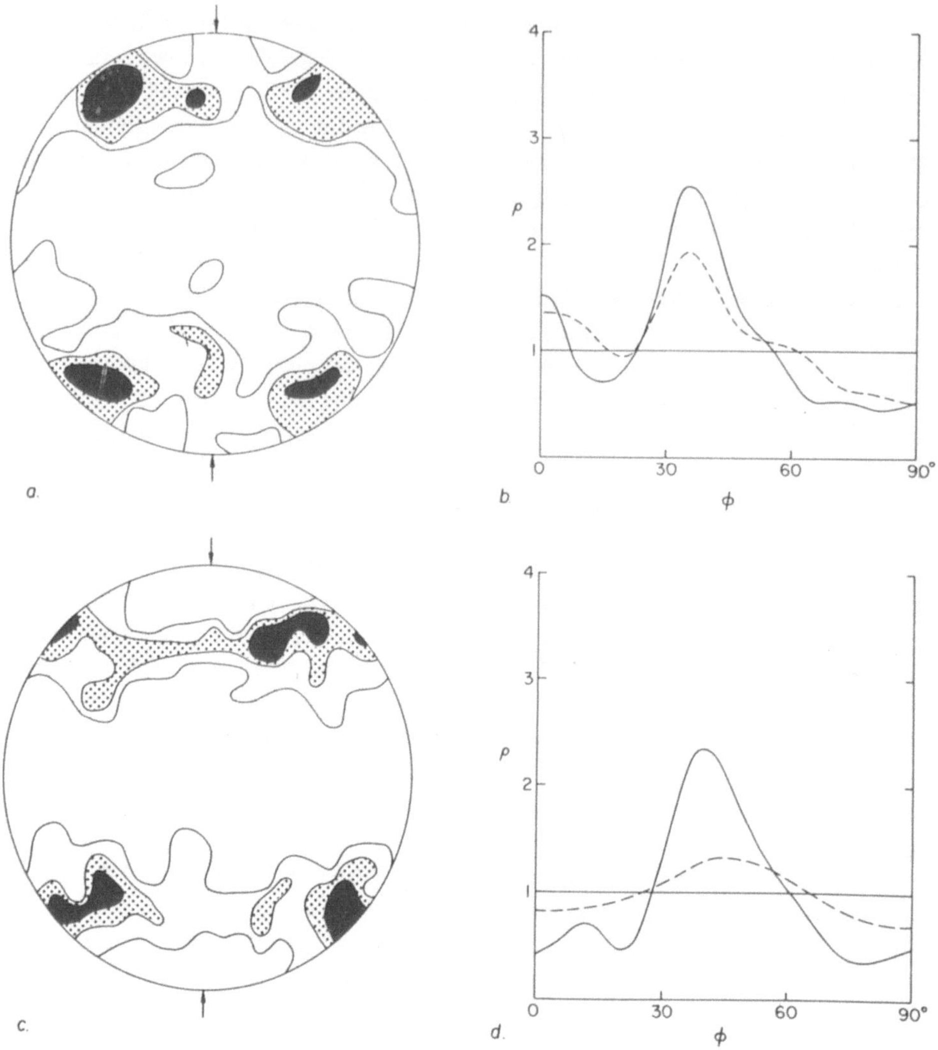

Figure 15.
Comparison of *c*-axis distributions in two specimens determined directly (universal stage measurements) and indirectly (calculated from inverse pole figures determined by X-ray). (α-quartz).

a. Equal-area projection (lower hemisphere) of optically measured *c*-axis distribution in specimen GB-16. Contours: 3, 2, 1%/1% area. 200 *c*-axes.

b. *C*-axis profiles of GB–16: solid-line profile constructed from optical measurements (see text), dashed profile calculated from inverse pole figure. The inclination of *c*-axes to the cylinder axis in degrees is given by φ. Note excellent agreement in positions of maxima.

c. Equal-area projection (lower hemisphere) of optically measured *c*-axis distribution in specimen GB -39. Contours: 3, 2, 1%/1% area. 250 *c*-axes.

d. *C*-axis profiles of GB–39: solid-line profile constructed from optical measurements (see text), dashed profile calculated from inverse pole figure. The inclination of *c*-axes to the cylinder axis in degrees is given by φ. Agreement less good than in specimen GB–16.

calculated c-axis profile in Figure 16c, d. The maxima in the inverse pole-figure are approximately parallel to the poles to $20\bar{2}1$ and $02\bar{2}1$.

Near the ends of several other specimens (e. g. DT–454, GB–16, DT–460) the same tendencies noted here are observed, that is areas that were on the threshold of

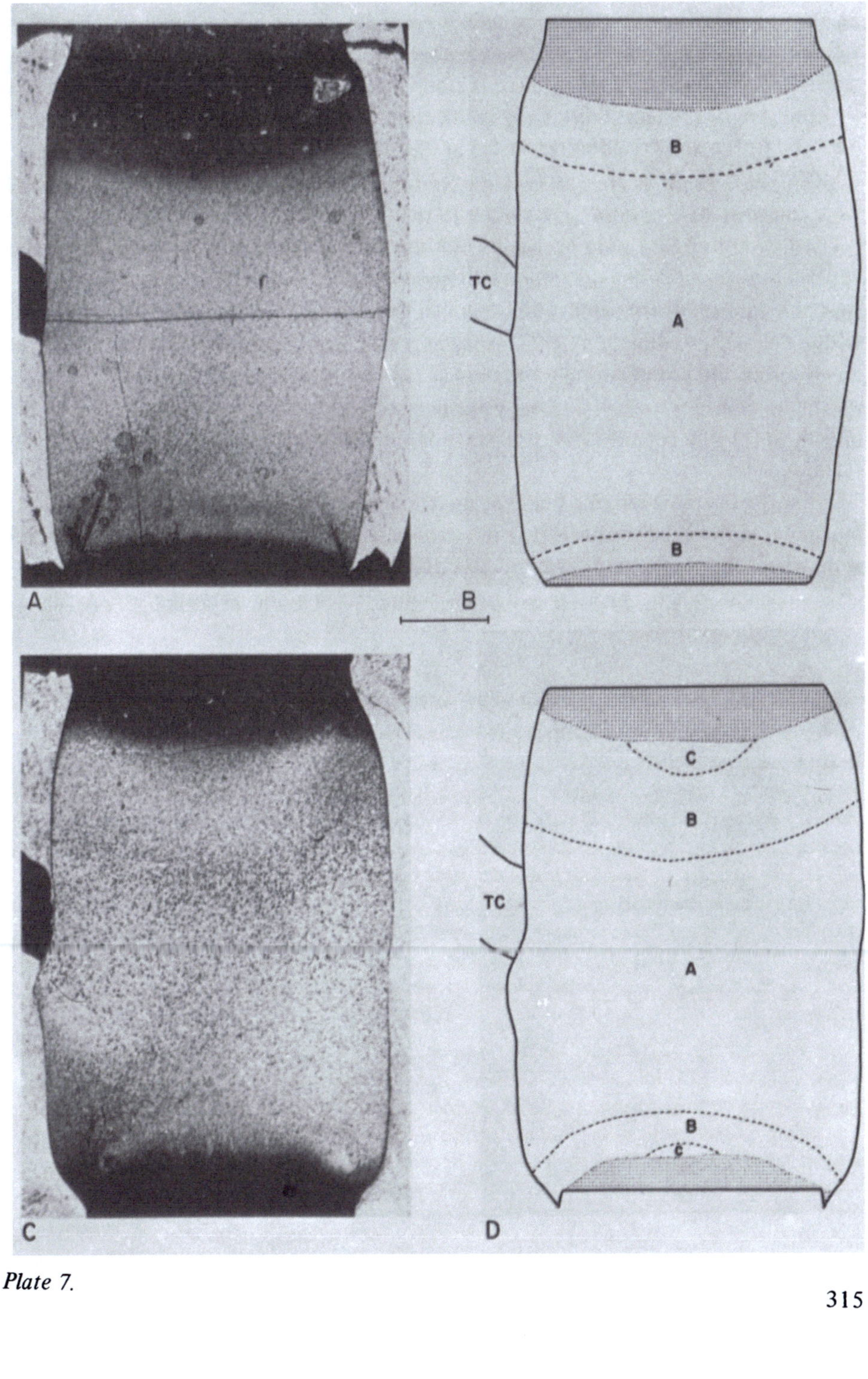

Plate 7.

recrystallization during deformation have *c*-axes at high angles to the specimen axis after annealing and regions deformed at slightly lower temperatures appear to have small-circles 60–70° to the specimen axis after annealing. Figure 16e shows the preferred orientation of *c*-axes in an example of this latter type measured optically in specimen DT–378.

β-Quartz. Annealing of β-quartz specimens produces a great strengthening of the $c \parallel \sigma_1$ fabric component. When the grain-size before the anneal is very fine, the strengthening is extreme and the $c \perp \sigma_1$ component is completely obliterated. Discovery of this effect by optical measurements with X-ray confirmation in specimens DT–459 (shortened 34% at 750 °C) and DT–460 (annealed at 900 °C for 48 hours) was reported earlier (Green, 1967; Wenk, *et al.*, 1967). Three additional specimens (DT–481, 484 and 500) were annealed after deformation similar to that of DT-459; all showed this effect. The *c*-axis distribution measured optically from the most strongly oriented area of DT-460 appears in Figure 17. The maximum concentration of *c*-axes is more than 100 times that of a uniform distribution, and is parallel to the cylinder axis; 50% of the *c*-axes lie within 6.4° of the cylinder axis. The smaller grains, whose *c*-axis orientation could not be measured, are not as strongly oriented as the others; they could perhaps lower the maximum concentration of *c*-axes by as much as one-third. However, the $c \perp \sigma_1$ component of DT-459 (Figures 12a, b; 13d) is definitely absent in the annealed specimen DT-460.

One of the most striking features about the extreme strengthening of the *c*-axis maximum in these specimens is that the strongest concentration always develops in regions where the grain-growth was greatest during annealing (not the coarsest grain-size after annealing, but the greatest reduction in number of grains present after annealing).

Plate 7.
Comparison of a specimen recrystallized during deformation (A, B) with another specimen, similarly deformed and subsequently annealed at hydrostatic pressure (C, D). Scale line represents 2 mm.

A, B. Photomicrograph (crossed polarizers) and sketch of thin-section of specimen GB-34 (700°C, 16 kb, 10^{-5} sec.$^{-1}$, 34%) cut parallel to the compression direction (N–S). Central two-thirds of specimen (not stippled) recrystallized. Dark band to left of specimen marks thermocouple position (TC). Regions adjacent to recrystallized area especially at top (B in sketch), show a suggestion of ***reduction*** in grain-size from that of the starting material (note that upper end of specimen transmits slightly more light than the immediately subjacent region). These areas B have a preferred orientation of the same type as developed in the central region, A. Small bright spots in the regions not recrystallized are silicified microfossils. Large bright spot, upper right, is carbonate, presumably part of a fossil. Circular grayish spots mainly concentrated at lower left are bubbles in the mounting medium. Confining medium is talc.

C, D. Photomicrograph (crossed polarizers) and sketch of thin-section of specimen GB-42 (700°C, 16 kb, 10^{-5} sec.$^{-1}$, 42%; Annealed 700°C, 16 kb, 70 hours) cut parallel to the compression direction (N–S). Central three-fourths recrystallized. Central region (A in sketch) much coarser than corresponding region of GB-34, with similar, but stronger preferred orientation. Regions B, although recrystallized are much finer-grained than region A, and have a different type of preferred orientation. Areas B appear to correspond to regions B in GB-34. Areas C of GB-42 have still a third pattern of preferred orientation that does not appear to have any counterpart in specimen GB-34. The ends of the specimen are not recrystallized (stippled area in sketch). Confining medium is talc.

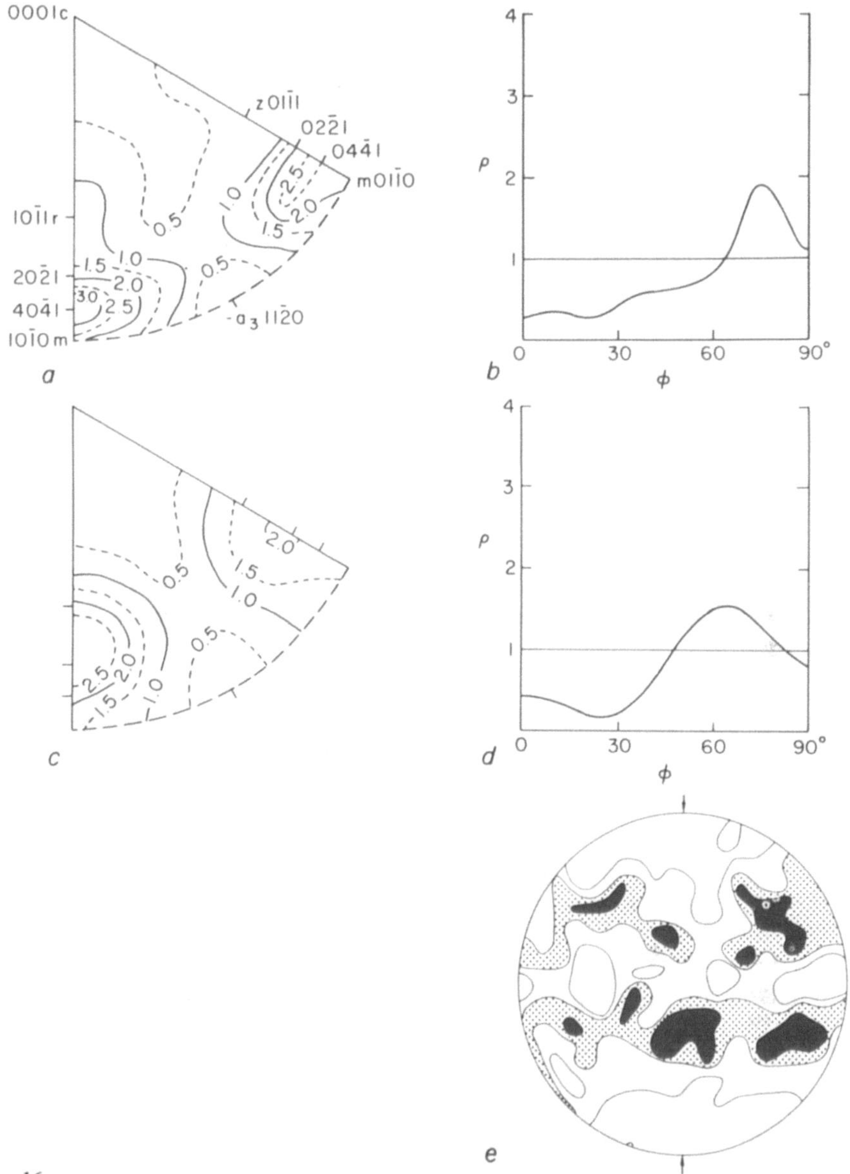

Figure 16.

Preferred orientation developed during annealing in regions showing no prior grain growth.(α-quartz)

a. Inverse pole-figure of specimen GB-42, area B ($40\bar{4}1$ + $04\bar{4}1$ fabric).

b. *C*-axis profile from a. The inclination of *c*-axes to the cylinder axis is given by φ. Maximum at $\varphi \sim 75°$.

c. Inverse pole-figure of specimen GB-42, area C ($20\bar{2}1$ + $02\bar{2}1$ fabric).

d. C-axis profile from c. The inclination of *c*-axes to the cylinder axis is given by φ. Maximum at $\varphi \sim 65°$.

e. *C*-axis diagram (optical) for specimen DT-378. N–S arrows mark the direction of compression before annealing. Contours: 2.5, 1.5, 0.5%/1% area, 211 *c*-axes.

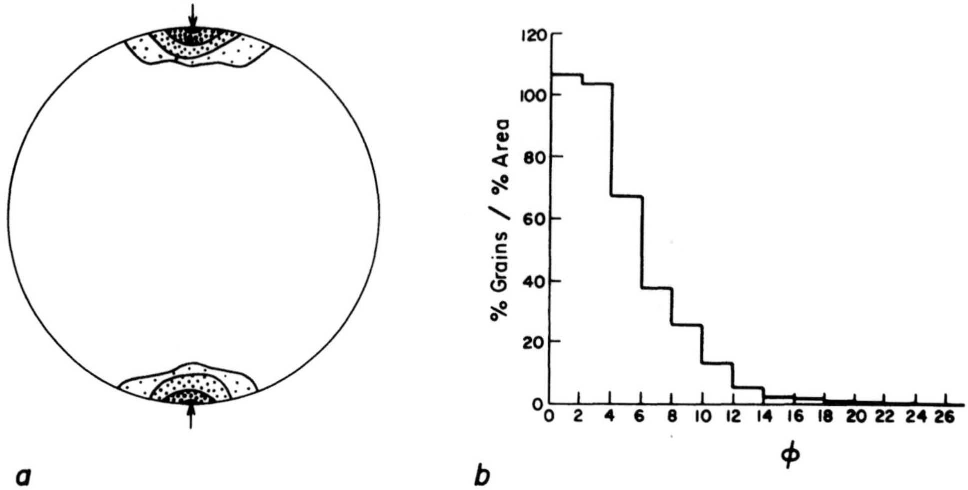

Figure 17.
Preferred orientation of 200 *c*-axes measured optically on the universal stage from very highly oriented region of specimen DT-460. (β-quartz)

a. Equal-area projection (lower hemisphere). N–S arrows mark the direction of compression before annealing. Contours: 50, 30, 10, 1%/1% area. Maximum concentration in the conventional 1 percent solid angle is 60 percent.

b. Frequency distribution histogram normalized so that the ordinate reads in multiples of a uniform distribution. The inclination of *c*-axes to the cylinder axis in degrees is given by φ.

Thus in the central portion of specimen DT-460, each grain (~40μ diameter) has replaced about 500 grains during the anneal, assuming specimen DT-459 represents the pre-annealing grain-size (~5μ diameter in center). The preferred orientation is strong. Slightly below the central region, the grain-size in specimen DT-460 is ~30μ diameter, representing a thousand-fold increase in the volume of grains over the comparable portion of DT-459 (~3μ diameter). The preferred orientation is extremely strong. In specimen DT-500, annealed only one hour, large grains bounded by $\{10\bar{1}1\}$ planes and with their *c*-axes parallel to the cylinder axis had grown greatly and were rapidly devouring the matrix (Plate 6C), while in the very highly oriented region of specimen DT-460, annealed 48 hours, the bipyramidal grains had consumed the matrix and now represent virtually the entire aggregate (Plate 6B).

It therefore appears that during the remarkable strengthening of the preferred orientation in these samples, grains with *c* parallel to the cylinder axis grow much faster than grains of other orientations.

Table III summarizes the salient features of the main fabric types which now require explanation.

Table 3: Summary of Main Fabric Types

Stability Field	Preferred Orientation	Conditions of Origin	Characteristic Textures	Effect of Annealing: Preferred Orientation	Effect of Annealing: Textures
α-Quartz	c-Maximum $\parallel \sigma_1$	Axial Compression: Low temperature/ High strain-rate	Fine-grained, abundant intragranular strain features, diffuse and irregular grain boundaries.	Moderate strengthening of c-Maximum	Equiaxed polygonal grains with no tendency to develop faces of low index.
	Composite	Axial Compression: Transitional between c-Maximum and r-Maximum	Transitional between c-Maximum and r-Maximum	Loss of c-Maximum and development of small-circle girdle, $c \wedge \sigma_1 = 35°$,	”
	r-Maximum $\parallel \sigma_1$	Axial Compression: High temperature/ Low strain-rate.	Coarser-grained and fewer strain features than c-Maximum. Polygonal grain boundaries with no tendency to develop faces of low index.	Little change.	”
	Crossed girdles of c-axes.	General Strain: High temperature/ Low strain-rate	”	Not determined.	Not determined.
	$\left.\begin{matrix}40\bar{4}1\\+\\04\bar{4}1\end{matrix}\right\\} \parallel \sigma_1$	Anneal of material which was on the border of recrystallization during compression.	Equiaxed polygonal grains with no tendency to develop faces of low index.	–	–
	$\left.\begin{matrix}20\bar{2}1\\+\\02\bar{2}1\end{matrix}\right\\} \parallel \sigma_1$	Anneal of material not recrystallized during compression.	”	–	–
β-Quartz	$c \parallel \sigma_1$ + $c \perp \sigma_1$	Axial Compression.	Bimodal grain-size with many larger grains bounded by $(10\bar{1}1)$ faces.	Extreme strengthening of $c \parallel \sigma_1$ component; elimination of $c \perp \sigma_1$ component	Bimodal grain-size with largest and most highly oriented grains bounded by $(10\bar{1}1)$ faces.

Origin of the Preferred Orientations

Introduction

The present study has yielded several different types of preferred orientation, each of which is associated with specific experimental conditions and textural characteristics, indicating that more than one orienting mechanism is involved. Although there is an extensive literature on development of preferred orientation in metals, these studies have been primarily concerned with patterns arising during cold-work (rotation due to intracrystalline glide) and changes in these patterns produced by annealing recrystallization. A comparison of annealing fabrics observed in this study with theories of the development of preferred orientation in annealed metals will be made below. Very little information has been published on the preferred orientations produced in metals when the material is recrystallized during deformation (*hot-work*), hence new hypotheses may be required to explain the preferred orientations developed during syntectonic recrystallization of quartz.

Four possible orienting mechanisms which might operate under the conditions of these experiments are[7]: i) Selective growth of grains which deform less plastically and hence store less strain energy (associated with dislocations and other induced defects) (Stored Strain Energy Hypothesis); ii) Selective growth of some grains due to differences in orientation of elastically anisotropic crystals in a nonhydrostatic stress field (Elastic Anisotropy Hypothesis); iii) Nucleation of new grains with preferred orientation which grow to consume the deformed matrix (Oriented Nucleation Hypothesis); iv) Selective growth of some grains which by reason of their orientation have the most mobile grain boundaries relative to a previously oriented matrix (Oriented Growth Hypothesis). In the following paragraphs we shall critically discuss these hypotheses in terms of the results reported here.

Stored Strain Energy Hypothesis

If grains of one orientation should deform less than grains of other orientations, the former would store less strain energy and thus should be thermodynamically favored for growth over the latter. The textures characteristic of specimens exhibiting the *c*-maximum fabric (*a*-quartz) indicate that, although recrystallization (grain-boundary migration) takes place, the rate of deformation exceeds the rate of recovery; the deforming grains store strain energy in the form of disclocations trapped in the crystal structure. These dislocation arrays are manifested in the optical microscope as deformation lamellae and undulatory extinction, which are common in this class of specimens.

J. A. Tullis (personal communication) has shown that, under conditions comparable to those of this study, greatly compressed quartzite samples (>50% shortening)

7) Note added in proof. Tullis (1970) has shown that all preferential orientations of positive forms parallel to σ_1 can be attributed to Dauphiné twinning (c.f. footnote no. 4).

show original grains with their c-axes approximately parallel to σ_1 to be deformed relatively little, while grains of other orientations are extremely flattened, giving rise to mylonitic textures. There is also some tendency for grains with c normal to σ_1 to deform to a lesser degree. These highly deformed quartzites have abundant deformation lamellae; basal and prismatic lamellae develop to the virtual exclusion of all others, with basal lamellae greatly predominating (Tullis, 1968). Slip on the base takes place parallel to the a-axes (Christie *et al.*, 1964) and slip on the prisms $m\{10\bar{1}0\}$ can occur in the directions a, c, and vector $[c + a]$ (Christie and Green, 1964).

With these slip systems operating exclusively, grains with c sub-parallel to σ_1 have low resolved shear stress on all systems and hence deform only slightly. Grains with c normal to σ_1 have zero shear stress on the base, but some of the prism planes always have non-zero shear stress parallell to a and $[c + a]$. Thus grains with c normal to σ_1 should deform more than those with c parallel to σ_1, but may deform less than grains of other orientations. In quartzites, grains with $c \parallel \sigma_1$ (and to a lesser extent grains with $c \perp \sigma_1$) remain as "augen" in the mylonite while in our experiments grains with $c \parallel \sigma_1$ apparently grow preferentially resulting in the c-maximum fabric. The slight rise normal to σ_1 in the c-axis profile from specimen GB-34 (Figure 6d) may reflect the weaker tendency of $c \perp \sigma_1$ grains to be favored.

Since the primary slip mechanisms in β-quartz are the same as those for α-quartz (J. D. Blacic and D. T. Griggs, personal communication) the stored strain energy hypothesis would be expected to apply to specimens deformed at sufficiently low temperature and high strain-rate. One specimen (GB-49) is definitely in this category. Its fabric consists of a strong c-axis maximum parallel to σ_1 and a lesser concentration normal to σ_1, consistent with this expectation. The significance of this is rendered uncertain, however, by the fact that all other β-quartz specimens exhibit the same preferred orientations, including those at high temperature and low strain-rate, where this mechanism would not be expected.

This mechanism should continue to operate on annealing of these specimens until differences in the state of plastic strain in grains of different orientations are eliminated. The observed moderate strengthening of the c-maximum fabric (e. g. specimen GB-42) is consistent with this expectation. However, the extreme increase in the concentration of c-axes parallel to σ_1 in the β-field is probably too great to be attributable to growth of grains with less residual plastic strain. Since the grains are no longer being deformed, recovery processes during annealing should continually decrease the defect concentration in all grains and the growth selection of grains with $c \parallel \sigma_1$ should decrease. Also the $c \perp \sigma_1$ component of the preferred orientation present before the anneal is obliterated during the anneal. Some other mechanism must therefore be contributing to the very great sharpening and strengthening of the c-axis maximum produced by annealing in the β-field (discussed below).

Elastic Anisotropy Hypothesis

The textural transition accompanying the transition from the *c*-maximum to the *r*-maximum fabric in α-quartz specimens indicates that recovery and grain-boundary migration increase in importance, so that grains of all orientations continually free themselves of dislocations. The contribution to free energy due to dislocations trapped in the crystals is therefore reduced and probably becomes more or less the same in all grains. Growth selection due to differences in plastic deformation should therefore decrease as these (recovery) processes become more important, and it is possible that the small differences in elastic strain energy due to variations of orientation in a nonhydrostatic stress field may become significant. A review of the existing theories of preferred grain growth based on differences in strain energy under nonhydrostatic stress (Goranson, 1930; Verhoogen, 1951; MacDonald 1957, 1960, 1961; Kamb, 1959, 1961a, 1961b; Kumazawa, 1961, 1963, 1968a, 1968b; Ito, 1966; McLellan, 1966; DeVore, 1966) indicates that none of them appear to be compatible with the *r*-maximum fabric[8]. The large number of thermodynamic theories with different predictions reflects the difficulty in treating this problem. Perhaps another aspect of elastic anisotropy not presently understood may control the development of the *r*-maximum fabric, or perhaps the increase in importance of diffusion-controlled processes activates some as yet unknown orienting mechanism[9].

Oriented Nucleation Hypothesis

Oriented nucleation, that is, nucleation of restricted orientations, has been proposed to explain many preferred orientations developed on annealing of metallic aggregates, but has been clearly demonstrated only in few cases involving recrystallization of cold-worked single crystals (see Beck and Hu, 1966). Hobbs (1968) found oriented nucleation in deformed and annealed single crystals of α-quartz. Recrystallization of aggregates usually begins at grain boundaries, but may begin at internal boundaries such as those of twin or deformation bands. It is therefore not clear what application the single crystal results have for explaining preferred orientations in aggregates.

The hypotheses proposed to explain development of preferred orientation by oriented nucleation generally have involved control of nucleus orientations by structures produced by cold-work, and hence, may not directly apply to the results of this study. An exception is the recent theory of Parlange (1968) which attempts to establish a thermodynamical basis for non-random nucleation in a nonhydrostatic stress field. Par-

8) One of us erroneously reported (Green, 1968a) that the maximum concentration in *r*-maximum specimens is close to the direction of ***greatest*** rather than ***least*** Young's Modulus for α-quartz. This incorrectly implied good correlation with one of the models proposed by Kamb (1959).

9) Note added in proof. Since this was written, Tullis (1970) has shown that the preferential orientation of the poles of *r* parallel to σ_1, as compared to *z*, results from Dauphiné twinning. She further notes that this easy mechanical twinning removes most of the differences in strain energy which were presumed to provide the driving force in the thermodynamic theories. What now remains to be explained is the origin of the small-circle girdles of *c*-axes which characterize the "*r*-maximum fabric" (cf. footnote no. 4).

lange has proposed an explanation of the preferred orientations reported by Green (1967) and discussed in greater detail here. There appear to be some inconsistencies in the theory in its present form and by its nature it must be inapplicable to annealing recrystallization. Nevertheless, the possibility remains that nucleation of new crystals in a nonhydrostatic stress field may be nonrandom and lead to a preferred orientation of the recrystallized material. Without specific predictions from theory it is very difficult to evaluate this possibility.

One of the main reasons for the rejection of the oriented nucleation hypothesis for annealing recrystallization by many metallurgists is the inability of proponents to present satisfactory mechanisms to explain why only restricted orientations should nucleate (Beck and Hu, 1966). However, if little or no preferred orientation is present after deformation, and annealing produces a strong preferred orientation, oriented nucleation becomes a distinct possiblity. Such a case was found in this study where annealing of specimens lacking preferred orientation or with very weak preferred orientation produced the $20\bar{2}1 + 02\bar{2}1$ and $40\bar{4}1 + 04\bar{4}1$ fabrics. Oriented growth does not appear to be a possible orienting mechanism here and the colder deformation temperatures which preceed development of both of these fabrics makes nucleation of new grains appear reasonable.

Raleigh (1965) inferred from flat-stage observations on thin-sections of deformed and crystallized opal, silicic acid, and colloidal silica specimens that the *c*-axes were concentrated at high angles to the compression axis. His specimens were deformed in a pellet press. From the geometry of his apparatus we conclude that the specimens were probably deformed rather rapidly and then essentially annealed for the remainder of the experiments. His preferred orientations may well be examples of the $40\bar{4}1 + 04\bar{4}1$ preferred orientation described here.

Oriented Growth Hypothesis

It has been shown conclusively that in many metals the mobility of a grain boundary depends on the relative orientation of the crystals separated by that boundary (Aust and Rutter, 1959; Beck, Sperry and Hu, 1950; Beck and Hu, 1966). Low angle and twin boundaries are rather immobile, and boundaries between grains of certain special relative orientations have highest mobility (e. g. 40° rotation about a common [111] axis in face-centered cubic metals). Observations by Hobbs (1968) in partially recrystallized quartz single crystals indicate similar behavior. The changes in preferred orientation produced by annealing and secondary recrystallization in these metals can often be characterized by the same orientation relationships as describe high boundary mobility. This observation forms the basis of the oriented growth theory, first proposed by Barrett (1940), and greatly developed and promoted by P. A. Beck and coworkers (Beck and Hu, 1949, Beck, Sperry, and Hu 1950; Beck 1951a; 1951b; Beck and Hu, 1966). Thus new grains growing in an oriented matrix are expected to grow faster through material oriented so that little structural rearrangement is necessary to convert the matrix crystals into parts of the new grains. Grains inclined to the original preferred orientation at the angle of high-mobility have a greater volume of favorably oriented material to consume than grains of other orientations and therefore grow to dominate the aggregate, establishing a new preferred orientation. This appears consistent with many of our observations on annealed specimens.

Hobbs (1968) found in a study of annealing recrystallization of deformed quartz single crystals that new grains whose *c*-axes were inclined at 30–40° to the *c*-axis of the host grew faster than grains of other orientations. He subsequently suggested (personal communication) that the change in preferred orientation that we observed on annealing of a specimen with the composite fabric could be explained by this high mobility relationship. The annealed specimen, GB-16, shows a shift from the broad *c*-axis maximum before annealing to a small-circle girdle at 35° to the cylinder axis. These observations are consistent with Hobbs' suggestion. The similar, but weaker, changes produced by annealing a sample with the *r*-maximum fabric are also consistent with the preferred growth relationship of Hobbs. However, attempts to understand in detail the nature of the selection process which leads to these changes in our specimens have not been successful.

Although Hobbs (1968) conducted most of his annealing and "stress-annealing"[10] experiments in the α-quartz field, he did some experiments on crystals loaded at low temperature in the α-field and stress-annealed in the β-field. He reported no observable difference between the preferred orientations of new grains developed in the α- and β-quartz fields; that is, he found new grains with their *c*-axes inclined about 30–40° to that of the host grew largest. However, studies of partially recrystallized single crystals of close-packed hexagonal (c. p. h.) metals (Ibe and Lücke, 1966) indicate preferential growth of new crystals related to the host by 30° rotations about [0001] (the *c*-axis), and grains related to the host by 90° rotations about the poles to $(10\bar{1}0)$ planes. McGeary and Lustman (1951) investigated the annealing behavior of cross-rolled zirconium sheet and found that the preferred orientation after annealing was related to the preferred orientation after cold-work by a 30° rotation about [0001]. They reported no change in the strength of the preferred orientation.

In an effort to determine mobile-boundary relationships for β-quartz, a number of experiments on deformed and annealed bicrystals were conducted. Five such experiments were performed, one using cores from two natural, optically perfect crystals and four using cores from a synthetic crystal. In each experiment, two cores 4 mm. long and 2 mm. in diameter were placed one above the other in the sample position in the constant strain-rate apparatus (Plate 8). In each, the upper core was oriented parallel to the *c*-axis and the lower core was in the 0^+ orientation (the core axis bisecting the right angle between the *c*-axis and one *a*-axis; see Carter *et al.*, 1964). All the bicrystals were deformed in the β-quartz field at 750 °C., 5 kb. confining pressure at a strain-rate of 0.8 x 10^{-5} sec.$^{-1}$. They were then annealed for various lengths of time at 900 °C., 5 kb. hydrostatic pressure (Table II). The natural bicrystal (DT-541) and one of the synthetic bicrys-

10) Relaxation experiments in which the specimens are loaded to a high stress level at low temperature and then the temperature is rapidly increased with the specimens still loaded, are called "stress-annealing" by Hobbs (1968). During relaxation of the differential stress the crystals deform about 5% more due to relaxation of the apparatus.

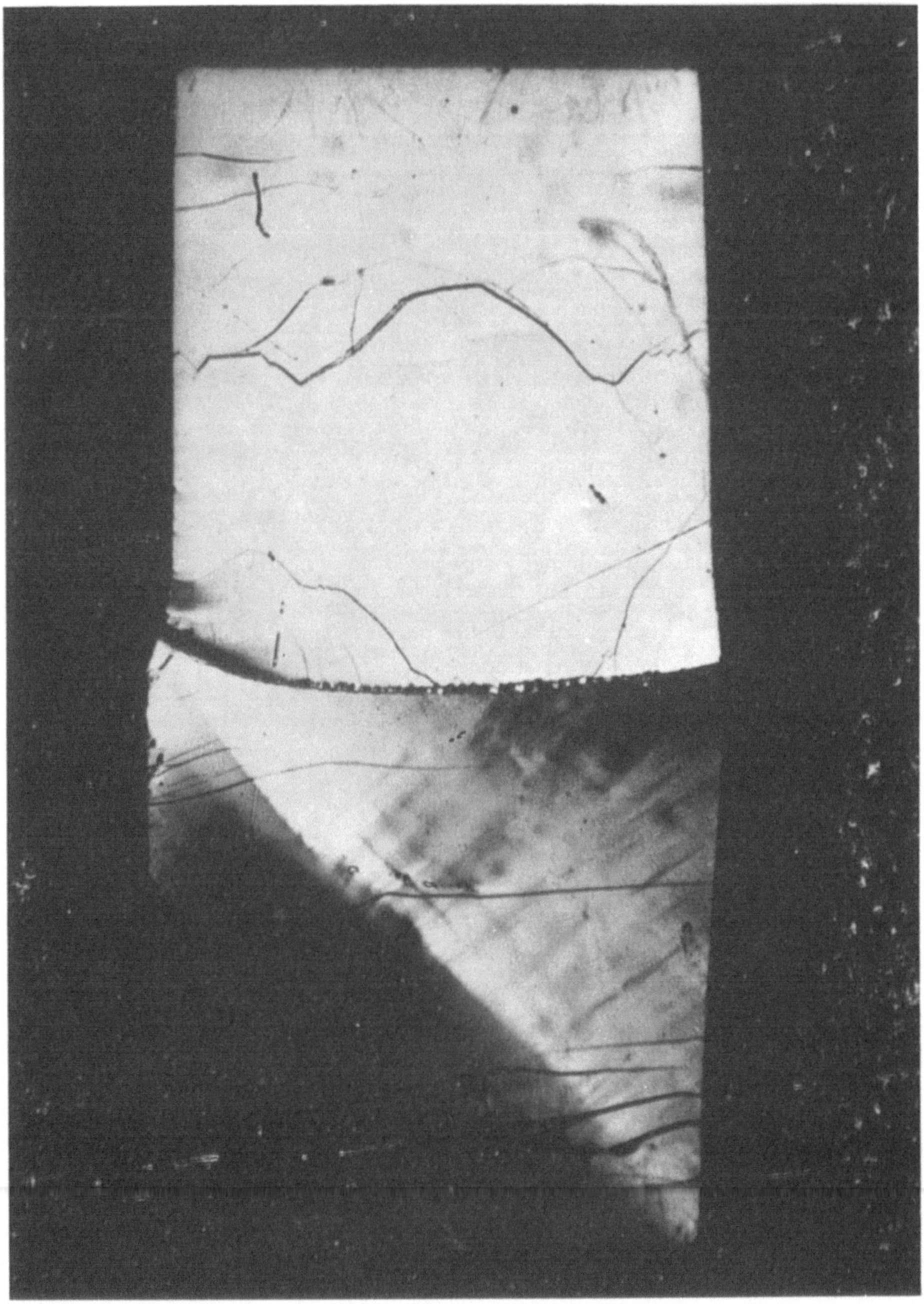

Plate 8.
Photomicrograph of thin-section of bicrystal specimen DT-546 (crossed polarizers). Upper crystal has the *c*-axis parallel to the specimen axis, and lower crystal is in the 0^+ orientation (specimen axis bisects the right angle between the *c*-axis and one *a*-axis). Note that most of the plastic strain is concentrated in the lower (0^+) crystal, and that most of the recrystallization is along the boundary between the crystals. Scale line presents 1 mm.

tals (DT-542) failed to recrystallize, but the other three synthetic bicrystals, deformed more and annealed for longer times, recrystallized along their interface. Specimen DT-546, annealed 19 hours after 10% shortening (Plate 8), and specimen DT-554, annealed 88 hours after the same straining, developed new crystals large enough for universal stage measurement of the *c*-axis orientation. Specimen DT-553, shortened 10% and annealed for 44 hours, showed growth of very small grains distributed over the entire length of the intersection of the interface with the thin-section, suggesting that in the more coarsely recrystallized specimens more grains probably nucleated than are now present. It was hoped that during coarsening the hosts had selected those grains with more highly mobile boundaries. In both specimens the *c*-axes of new grains tended to group around the *c*-axes of the host crystals, while a few tended to lie normal to the host *c*-axes (Figure 18).

This relationship might indicate either preferred growth of new grains with *c*-axes parallel to the host, or preferred growth of grains with *c*-axes at 45° to the host. However, if the latter were true one would expect the new grains controlled by the upper host (*c*-axis parallel to the specimen axis) to show a small-circle distribution or six maxima 60° apart along the small circle rather than a single maximum (parallel to 0^+ host *c*-axis). We therefore conclude that the best interpretation of these bicrystal data is that growth selectivity favors new grains with their *c*-axes parallel to that of the host. Thus, the preferred orientation of new grains appears to be distinctly different from that reported by Hobbs (1968). The selective growth results are, therefore, consistent with

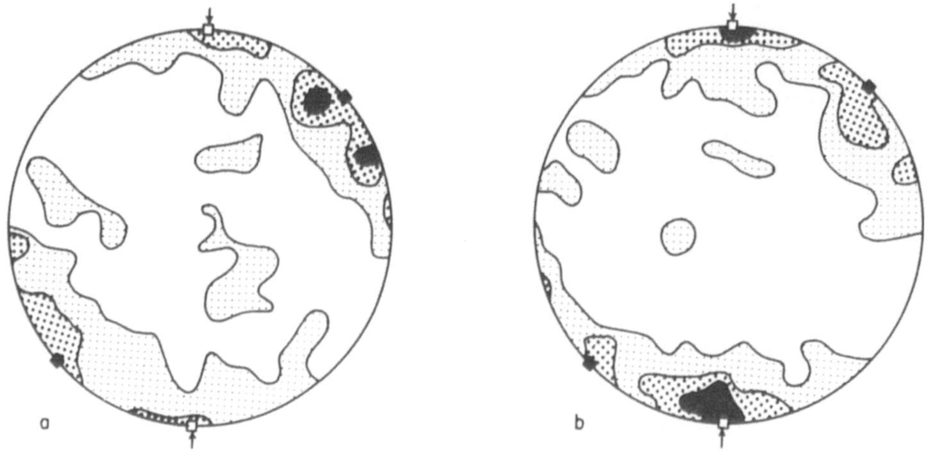

Figure 18.
Preferred orientations of *c*-axes of new grains nucleated along interface in two deformed and annealed bicrystals. Universal stage measurement. Squares give orientations of the *c*-axes of the host crystals, and N–S arrows show direction of compression before annealing. Contours: 5, 3, 1%/1% area. (β-quartz)

a. Specimen DT-546, 100 *c*-axes.

b. Specimen DT-554, 84 *c*-axes.

Note tendency for the *c*-axes of new grains to concentrate parallel to the *c*-axes of the hosts.

the observed rapid growth in annealed aggregates of grains with c parallel to the cylinder axis and consequent extreme strengthening of the $c \parallel \sigma_1$ fabric component.

Although it has not been possible to establish firmly the orienting mechanisms operating in these experiments, some significant conclusions can be drawn. The stored strain energy hypothesis appears consistent with all of the experimental results pertaining to the c-maximum fabric, including the disappearance of this fabric at higher temperatures and slower strain rates in α-quartz. Th r-maximum fabric remains unexplained but, the experimental data appear to favor some mechanis of selective growth rather than selective nucleation.

The crossed girdle fabrics were produced under conditions where the r-maximum develops in axial compression. Probably these fabrics are produced by the same mechanism which produces the r-maximum fabric, operating under a general, rather than axial, stress ($\sigma_1 > \sigma_2 > \sigma_3$). It is hoped that further work can produce crossed girdles under controlled conditions. Such experinients should help considerably in determining the orienting mechanism operating under these conditions.

The transition in preferred orientation with increasing temperature or decreasing strain-rate noted in the α-field is not found in the β-field; the preferred orientation remains $c \parallel \sigma_1 + c \perp \sigma_1$ under all conditions. However, in specimens deformed at higher temperatures and slower strain-rates, coarse aggregates with relatively strain-free grains develop, as in the α-field. It may be nighly significant that altho gh the textural changes are similar for the two po ymorphs, the pattern of preferred orientation changes in one, but not in the other. One way in which this coul happen is if the change in orienting mechanism also takes place in the β-field but both mechanisms lead to similar preferred orientations. Perhaps the develop ent of porphyroblasts in the β-field is a reflection of this; selection of $c \parallel \sigma_1$ grains, and to a lesser extent $c \perp \sigma_1$ grains, by both mechanisms could result in exaggerated growth of some grains with these orientations.

The implications for annealing recrystallization are less clear; considerable investigation remains to be done. It does appear, however, that the oriented growth mechanism is at least partly responsible for the results reported here. In this regard it is interesting to note that the only other preferred orientation of comparable strength to our β-quartz annealing fabric (produced by deformation and annealing), the "cube texture" in some face centered cubic metals, is also best explained by an oriented growth mechanism (Hu, 1969).

Geological Significance of the Results

The primary objective of this study has been to determine the relationships between preferred orientations in quartz rocks and the deformations that produced them. We have succeeded in correlating the several types of preferred orientation produced experimentally with the types of deformation the specimen have undergone and it is clearly of great interest to consider the origin of preferred orientations in quartz tectonites in the light of these results.

The most important implication of the results concerns the general nature of the orienting mechanism in metamorphic rocks. Most of the preferred orientations reported in the literature are from metamorphic rocks whose textures indicate complete recrystallization: the grains are generally polygonal, with straight boundaries, as in many of the experimental fabrics we describe; dimensional anisotropy of the grains is commonly weak or absent in rocks, as in the coarser aggregates described above. Deformation lamellae and undulatory extinction may be present, but they are now believed to postdate the recrystallization and development of the preferred orientations and to reflect relatively small amounts of strain (Turner and Weiss, 1963, p. 431), since similar preferred orientations occur in rocks without such evidence of strain in the grains. These general observations suggest that most natural preferred orientations originate during recrystallization, rather than by rotation and alignment of grains by slip processes, as first proposed by W. Schmidt (1927) and preferred as the orienting mechanism by many later workers. Experimental deformation of quartzites to very high strains (J. A. Tullis, 1968) results in moderately strong preferred orientations of the pre-existing grains, but the grains are extremely flattened and bent and the textures are similar to those of some quartz mylonites. At strains similar to those in most of our experiments, the preferred orientations in the quartzites are considerably weaker than those observed in the recrystallized flints. Thus it appears certain that most natural preferred orientations originate by syntectonic recrystallization, perhaps modified by subsequent annealing. The only definite exceptions to this rule are the quartzose mylonites in which highly strained relics of the original grains survive in a very fine-grained, recrystallized matrix; the work of Mrs. Tullis (personal communication) indicates that the slip mechanisms play a major role in the development of the preferred orientation of these relic grains. It is possible that in a few cases rotation due to slip reorients the original grains in rocks, with recovery and grain boundary migration modifying the condition and shape of the grains to give a texture resembling that of a recrystallized aggregate, but it is inconceivable that such a mechanism could operate throughout the whole range of conditions in which metamorphic tectonites develop.

There are several major difficulties in applying the results of the experiments to the interpretation of preferred orientations in tectonites;

(a) Only experiments with axial symmetry of deformation have so far been performed, with two accidental but significant exceptions, and most natural preferred orientations have lower symmetry. It is therefore necessary to find a basis for generalizing the results for deformations of lower symmetry.

(b) The conditions of the experiments may differ markedly from those of deformation and metamorphism in the earth's crust. In the laboratory we are restricted to *strain rates* that are faster than those of most crustal deformations, so that it is necessary to experiment at higher temperatures and pressures to achieve similar ductile behavior. It is therefore essential to determine that the same mechanisms have operated before correlations are made between specific types of natural and experimental orientation patterns.

(c) It is probable that the thermal and deformational history of most tectonites was quite *complex* by comparison with the experiments. For example, there is evidence from several metamorphic terranes that the thermal peak followed much of the deformation, so that fabrics produced by syntectonic recrystallization may have been modified by annealing under nearly *hydrostatic* conditions.

The most promising means of overcoming these difficulties would be to identify the fundamental mechanisms producing the preferred orientations in the experiments, so that extrapolation to more general types of strain and different conditions and rates of deformation would be possible, and the effects of annealing on a specific type of fabric would be predictable. It is evident that we are still far from achieving this. However, the textures of a deformed aggregate are closely related to the mechanisms of deformation and the similarity between the microscopic textures of the experimental samples and those of quartz tectonites suggests that similar mechanisms of deformation and development of preferred orientation probably operated. We shall therefore consider first some of the natural preferred orientations of higher symmetry – those with approximately axial and orthorhombic symmetries – and compare them with the experimental patterns.

Quartz orientations with almost orthorhombic symmetry are very common in Sander's class of *S*-tectonites and the class also includes a few rocks with almost axial symmetry. In the former group the commonest type of pattern is the crossed girdle distribution of *c*-axes, variously referred to as *okl* girdles, Zweigürtelbild (Sahama, 1936, figure 2) or the "two-girdle figure" (Hietanen, 1938, figure 16); this occurs in *S*-tectonites of all metamorphic grades, including mylonites, quartzites, schists and gneisses of greenschist, amphibolite and granulite facies (see the review in Sylvester and Christie, 1968). The girdles are, more or less symmetrical to the pole of the foliation and the lineation, where present. Closely associated with these, but much rarer, are *S*-tectonites with a small-circle distribution of *c*-axes around the pole of the foliation. The well-known fabrics of the Saxony granulites include examples of these (Sander, 1930, diagrams 43,45); the distribution of maxima in the small-circles may impart axial (43) or orthorhombic (45) symmetry. In the granulites, the inclination of the small-circles and the crossed girdles to the pole of the foliation is approximately 50°. In rocks predominantly of amphibolite facies from the Val Verzasca in the Central Alps, E. Wenk (1943) recorded small circle and crossed girdle fabrics in which this angle is in the range 30–40°. Small-circle fabrics have also been obtained from quartzites in *greenschist terranes* in California (Christie and Raleigh, 1959; Harvill, 1969). In these rocks the corresponding angle is 25–30°. There is independent evidence in many of these *S*-tectonites of considerable compression normal to the foliation.

There is good evidence that these natural preferred orientations are analogous to the *r*-maximum fabric of the experiments and originated by the same mechanism. The evidence is threefold:

(i) Over the range of temperatures and strain-rates investigated here (Figure 4), the trends indicate that the *c*-maximum fabric develops only at rapid strain-rates, and that at slower strain-rates and regional metamorphic temperatures the *r*-maximum type should develop exclusively.

(ii) The textures of *r*-maximum specimens appear very similar to those of completely recrystallized natural quartzites, except that the grain-size in the experimentally deformed specimens is consistently smaller and grain flattening appears to be greater than in nature. Both effects are to be expected, however, as the grain-size is greatest and the shape anisotropy smallest in specimens deformed at higher temperatures and slower strain-rates. Moreover, samples from experiments with water added to the system from dehydration of the confining medium show very little grain flattening. During metamorphism dehydration of clays and other hydrated phases would have the same effect of promoting the growth of coarse, equant grains.

(iii) Perhaps the strongest evidence comes from the development of crossed girdle distributions of *c*-axes in the two specimens in which the deformation was not axially symmetric; these appear to originate by the same mechanism as the *r*-maximum fabrics (small-circles of *c*-axes inclined at approximately 50° to σ_1) as they were deformed under the same conditions and exhibited similar textures. It was concluded above that the crossed girdles of *c*-axes intersect in the σ_2 (ϵ_2) axis and are bisected by the σ_1 and σ_3 axes. Sylvester and Christie (1968), in a study of metamorphic rocks with well-developed crossed girdle patterns, demonstrated that the girdles intersected in the intermediate principal strain axis (ϵ_2) and were symmetrically disposed to the axes of greatest shortening and elongation, as in the experimentally deformed samples. The patterns of *c*-axes recorded by Sylvester and Christie ranged from uniform girdles with no stronger concentration at their intersection to a strong maximum at the intersection associated with weak girdles. A similar variation was also noted above in the two experimental samples.

The significance of the different and commonly recurring *maxima* in the crossed girdle patterns (Maxima I, III and IV of Sander, 1930, diagram 61) is not clear. But symmetry arguments indicate that these fabrics develop in a *non-rotational deformation,* since the symmetry of both stress and homogeneous strain cannot be lower than orthorhombic and orthorhombic fabric symmetry would reflect parallelism of these axes throughout the development of the fabric. It appears likely that the different maxima reflect differences in the *exact nature of the strain.* The variation in the opening angles of the small-circles and the inclination of the girdles appears to be related to the metamorphic conditions, that is, the pressure and temperature, though no significant differences were observed over the range of these variables studied in the experiments.

In some high-grade granulitic rocks a point-maximum of *c*-axes develops perpendicular to the foliation (the Trener *a*-rule; Hietanen, 1938, diagrams DS4b, 9). Green (1966) suggested, by analogy with the experimental results described above, that this may be due to recrystallization during deformation in the β-field of quartz. If so it may be possible, by analysis of the quartz orientations, to locate a boundary in granulite terranes between rocks that recrystallized in the stability fields of α- and β-quartz.

The *B*-tectonites generally exhibit preferred orientations with monoclinic symmetry, with *ac* as the symmetry plane. The commonest are the simple *ac* girdle, which is often incomplete and contains maxima, and the "cleft" or "split" girdle („gespaltenem Gürtel" of Sander) – small circles of *c*-axes about *B*, with a zone of low concentration in the *ac* plane. These probably originate by rotational deformation with *B* as the axis of rotation, as Sander (1930, p. 192–193) pointed out. It is possible to generate such monoclinic patterns by rotation of axial patterns from compression and extension experiments about an axis normal to the unique stress axis (σ_1 or σ_3), or rotation of orthorhombic patterns about one of the symmetry axes. This is analogous to Sander's treatment in the discussion of the relationship between *B*-tectonite girdles and *S*-tectonite maxima (Sander, ibid.) and as he emphasized there is no general consistency in the relationship of the *B*-tectonite maxima and the *ab*-plane and some of the *S*-tectonite maxima are not represented in the *B*-tectonite patterns. Moreover, this treatment is ambiguous, because the *ac* girdles, for example, could be generated by rotation of either the *c*-maximum pattern of the crossed girdle type (with maximum at the intersection) about the ϵ_3 (or σ_3) axis. Thus any attempt to interpret preferred orientations with monoclinic or lower symmetry in the light of experimental data from more highly symmetric experiments is likely to be ambiguous and gives no insight into the orienting mechanism or the nature of the deformations that produced the fabrics.

It is difficult with existing equipment to perform general deformations on quartz rocks and the rigorous interpretation of preferred orientations with monoclinic and triclinic symmetry will require a more complete knowledge of the orienting mechanisms and more insight into the nature of the local deformations in a deforming aggregate.

The relevance of the experimental *annealing* effects for natural fabrics is difficult to evaluate. Annealing in the α-quartz field produced only weak to moderate changes in the preferred orientations over the annealing periods so far employed: annealing of the *c*-maximum fabric doubled the strength of the maximum concentration of *c*-axes. However, annealing in the β-field strengthened the $c \parallel \sigma_1$ maximum by an order of magnitude (Green 1967). Most of the natural preferred orientations in the literature have maximum concentrations similar to those produced in the syntectonic recrystallization experiments (4–10 times that of a uniform distribution), suggesting that perhaps annealing has little significance in the development of most natural quartz fabrics. But a few natural fabrics, such as those of Kvale (1945) and Sylvester and Christie (1968), have very high concentrations of *c*-axes, with 37.5% and 40% of the axes in the area of a 1% counter, respectively. It is possible that annealing after deformation has been a significant factor in the development of these strong orientations, though the experimental data and theory are still inadequate to confirm this.

The most significant drawback in comparing experimental and natural preferred orientations of quartz stems from the fact that optical measurements yield only the orientations of the *c*-axes and the distributions of other crystal directions are unknown. X-ray measurements give the distributions of other crystal planes or directions but, since they are statistical distributions, the relationship between patterns for different diffracting planes in the same rock is not fully determined (Baker *et al.*, 1969).

The result is that the complete preferred orientation is not generally known, even if a suite of pole-figures for different diffracting planes is obtained for a rock. The problem of correlating the pole-figures for different diffracting planes and representing the preferred orientations completely was solved for the experimental samples with axial symmetry by Baker *et al.* (1969), using the spherical harmonic analysis method of pole figure inversion. Much of the success of this experimental program has depended on that development. The methods have now been extended to quartz samples of lower symmetry and a complete analysis of the preferred orientation in a mylonitic quartzite has been made (Baker and Wenk, 1969). A very significant feature of this fabric is that the positive and negative unit rhombs, $10\bar{1}1$ and $01\bar{1}1$, have quite different preferred orientations, as is true of the experimental samples. It is now possible, using these methods, to derive from a suite of X-ray pole-figures the preferred orientation of any crystal direction, including poles of crystal planes that cannot be measured by X-ray (such as the weakly diffracting basal planes) and those that cannot be resolved from composite diffraction peaks (such as the positive and negative trigonal forms). Only when the complete crystallographic orientations of representative natural tectonites are known will it be possible to classifiy these fabrics as the experimental fabrics have been, and thus to provide a basis for theory and for further correlation with experiment[11].

Zusammenstellung

In dieser Arbeit wird erstmalig die bevorzugte Orientierung von polykristallinen Quarzaggregaten, welche durch experimentelle Verformung und Rekristallisation entsteht, systematisch untersucht.

Im Zustandsfeld des α-Quarzes führt Rekristallisation bei achsialer Verformung zu *zwei* Orientierungstypen; bei tieferer Temperatur und schneller Verformung ergibt sich *ein* c-Achsen-Maximum parallel zur Haupdruckrichtung σ_1. Bei höherer Temperatur und langsamer Verformung liegen die Normalen auf $(10\bar{1}1)$ parallel σ_1 (r-Maximum). Bei hoher Temperatur und langsamer Verformung führt ein orthorhombischer Beanspruchungsplan, der durch Temperaturgradienten bedingt ist, zu *Kreuzgürteln* der c-Achsen.

Im Zustandsfeld des β-Quarzes ergibt eine Rekristallisation bei der Verformung zunächst eine Häufung der c-Achsen parallel σ_1, sodann auch eine Achsenkonzentration senkrecht zu σ_1.

Im α-Quarz-Feld führte das Tempern der Proben während der Verformung zu relativ geringen Texturveränderungen. Im β-Quarz-Feld prägte das Tempern der Proben während der Verformung die Achsenkonzentration um σ_1 sehr stark aus; c-Achsen-Lagen senkrecht σ_1 waren nicht mehr festzustellen.

Da sich unter verschiedenen experimentellen Bedingungen verschiedene Orientierungstypen ergeben, werden mehrere verschiedenartige Mechanismen diskutiert, welche die Regelung hervorrufen.

Ein Vergleich mit natürlichen Gefügen zeigt, daß der Orientierungstyp des „r-Maximum-Gefüges“ und des „Kreuzgürtelgefüges“ in metamorphen Gesteinen realisiert ist. Das c-Achsenmaximum normal zur Schieferung in einigen Granuliten könnte durch Verformung im β-Quarz-Feld entstanden sein.

11) Note added in proof. J.A. Tullis (1970) has shown that the preferred orientation of positive and negative forms in experimentally deformed quartzites, novaculites and flint can be explained by mechanical Dauphiné twinning. It is presumed that Dauphiné twinning also produced the observed preferred orientation of positive and negative forms in naturally deformed rocks. Thus the knowledge of this type of preferred orientation, as she points out, provides an indicator of the nature of the stress which produced the twinning. Due to the ease of Dauphiné twinning it may reflect important aspects of the stress history; the state of stress in unrecrystallized rocks without preferred orientations of *c*-axes; the stress after recrystallization and possibly even after all permanent deformation in recrystallized tectonites.

Bibliography

Aust, K. T., and Rutter, J. W., 1959, Grain boundary migration in high-purity lead and dilute lead-tin alloys, Trans. A. I. M. E., v. 215, p. 119–27.

Baker, D. W., 1965, Quartz girdle fabrics: Calculated transmission curves with crossed nicols and retardation plates (Abstract), Trans. Amer. Geoph. Union, v. 46, p. 541.

– , Wenk, H.-R., and Christie, J. M., 1969, X-ray analysis of preferred orientations in fine-grained quartz aggregates, Jour. Geol. , v. 77, p. 144–172.

– , and Wenk, H.-R., 1969, Spherical harmonic analysis of X-ray pole-figure data for specimens of low symmetry, (Abstract), Trans. Amer. Geophys. Union, v. 50, p. 323.

Barrett, C. S., 1940, Recrystallization texture of aluminum after compression, Trans A. I. M. E., v. 137, p. 128–149.

– , and Massalski, T. B., 1966, Structure of Metals, New York, McGraw-Hill, 3rd ed., pp. 654.

Beck, P. A., 1951a, Origin of the cube texture in face-centered cubic metals, Trans. A. I.M. E., Jour. Metals, v. 3, p. 474–5.

– , 1951b, Theory of annealing textures, Trans. A. I. M. E., Jour. Metals, v. 3, p. 475–6.

– , and Hu, H., 1959, Recrystallization texture and coarsening texture in high purity aluminum, Trans. A. I. M. E., v. 185, p. 627–34.

– , and – , 1966, The origin of recrystallization textures, *in* Recrystallization, grain growth and textures, Amer. Soc. Met., Metals Park, Ohio, p. 393-433.

– , Sperry, P. R., and Hu, H., 1950, The orientation dependence of the rate of grain boundary migration, Jour. Appl. Phys., v. 21, p. 420–25.

Blacic, J. D., and Griggs, D. T., 1965, New phenomena in experimental deformation of quartz at low strain rate (Abstract), Trans. Amer. Geoph. Union, v. 46, p. 541.

Brace, W. F., and Walsh, J. B., Some direct measurements of the surface energy of quartz and orthoclase, Amer. Min. v. 47, p. 1111–22.

Bunge, H. J., 1959. Zur Darstellung von Fasertexturen, Monatsber. d. Deutsche Akad. d. Wiss., v. 1, p. 27–31, 400–04.

Carter, N. L., Christie, J. M., and Griggs, D. T., 1961, Experimentally produced deformation lamellae and other structures in quartz sand (Abstract), Jour. Geoph. Res., v. 66, p. 2518–19.

– , – , and – , 1964. Experimental deformation and recrystallization of quartz, Jour. Geology, v. 72, p. 687–733.

Christie, J. M. and Green, H. W., 1964, Several new slip mechanisms in quartz (Abstract), Trans. Amer. Geoph. Union, v. 45, p. 103.

– , Griggs, D. T., and Carter, N. L., 1964, Experimental evidence of basal slip in quartz, Jour. Geology, v. 72, p. 734–56.

– , and Raleigh, C. B., 1959, The origin of deformation lamellae in quartz, Amer. Jour. Sci., v. 257, p. 385–407.

DeVore, G. W. 1966, Elastic strain energy and mineral recrystallization, a commentary on rock deformation, Contr. Geology, v. 5, # 2, Univ. Wyoming, p. 19–43.

Goranson, R. W., 1930, Thermodynamic relations in multicomponent systems, Carnegie Inst. Wash. Publ. 408, p. 329.

Green, H. W., 1966, Preferred orientation of quartz due to recrystallization during deformation, Trans. Amer. Geoph. Union, v. 47, p. 491.

– , H. W., 1967, Quartz: Extreme preferred orientation produced by annealing, Science, v. 157, p. 1444–47.

– , 1968a, Syntectonic and annealing recrystallization of *a*-quartz (Abstract), Trans. Amer. Geoph. Union, v. 49, p. 303.

– , 1968b, Metastable growth of coesite in highly strained quartz aggregates (Abstract), Trans. Amer. Geoph. Union, v. 49, p. 753.

– , 1968c, Syntectonic and annealing recrystallization of fine-grained quartz aggregates, Ph. D. Thesis, Univ. of Calif. Los Angeles, pp. 203.

Griggs, D. T., 1967, Hydrolytic weakening of quartz and other silicates, Geoph. Jour. Royal Astr. Soc., v. 14, p. 19–31.

– , and Blacic, J. D., 1965, Quartz: Anomalous weakness of synthetic crystals, Science, v. 147, p. 292–95.

– , Starkey, J. S., Green, H. W., Blacic, J. D., Baker, D. W., Carter, N. L., and Christie, J. M., 1965, Recrystallization of flint – a puzzle (Abstract), Trans. Amer. Geoph. Union, v. 46, p. 541–2.

Harvill, L. L., 1969, Deformational history of the Pelona Schist, California, Ph. D. Thesis, Univ. of California, Los Angeles.

Hietanen, A., 1938, Petrology of the Finnish quartzites, Comm. Geol. Finlande Bull., no. 122, p. 1–118.

Hobbs, B. E., 1966, Stress relaxation in single crystals of quartz (Abstract), Trans Amer. Geoph. Union, v. 47, p. 494.

– , 1968, Recrystallization of single crystals of quartz, Tectonophysics, v. 6, p. 353–401.

Hu, H., 1969, Reorientation in recrystallization, Trans. A. I. M. E., in press.

Ibe, G., and Lucke, K., 1966, Growth selection during recrystallization of single crystals, *in* Recrystallization, grain growth and textures, Amer. Soc. Met., Metals Park, Ohio, pp. 434–47.

Ito, K., 1966, Thermodynamics of nonhydrostatically stressed solids with geologic applications, Jour. Fac. Sci. Univ. Tokyo, Sec. II, v. 16, p. 347–79.

Kamb, W. B., 1959, Theory of preferred crystal orientation developed by crystallization under stress, Jour. Geol., v. 67, p. 153–70.

– , 1961a, The thermodynamic theory of nonhydrostatically stressed solids, Jour. Geoph. Res., v. 66, p. 259–71.

– , 1961b, Author's reply to discussions of the paper "The thermodynamic theory of nonhydrostatically stressed solids", Jour. Geoph. Res., v. 66, p. 3985–88.

Kitahara, S., Takenouchi, S., and Kennedy, G. C., 1966, Phase relations in the system MgO-SiO_2-H_2O at high temperatures and pressures, Amer. Jour. Sci., v. 264, p. 223–33.

Kumazawa, M., 1961, A note on the thermodynamic theory of nonhydrostatically stressed solids, Jour. Geoph. Res., v. 66, p. 3981–84.

– , 1963, A fundamental thermodynamic theory on nonhydrostatic field and on the stability of mineral orientation and phase equilibrium, Jour. Earth Sci., Nagoya, Univ., v. 11, p. 145–217.

– , 1968a, Nonhydrostatic thermodynamics, basic concepts in theory and application (Abstract), Trans. Amer. Geoph. Union, v. 49, p. 303.

– , 1968b, Preferred orientation of pyrite, ice, quartz, olivine, and hornblende by recrystallization under stress (Abstract), Trans. Amer. Geoph. Union, v. 49, p. 303.

Kvale, A., 1945, Petrofabric analysis of quartzite..., Norsk. Geol. Tidsskr., v. 25, p. 193.

MacDonald, G. J. F., 1957, Thermodynamics of solids under nonhydrostatic stress with geological applications, Amer. Jour. Sci., v. 255, p. 266–81.

– , 1960, Orientation of anisotropic minerals in a stress field, Geol. Soc. Amer. Men. 79, p. 1–8.

– , 1961, Discussion of paper by W. Barclay Kamb, "The thermodynamic theory of nonhydrostatically stressed solids", Jour. Geoph. Res., v. 66, p. 2599.

McGeary, R. K., and Lustman, B., 1951, Preferred orientation in zirconium, Trans. A. I. M. E., Jour. Metals, v. 3, p. 994–1002.

McLellan, A. G., 1966, A thermodynamical theory of systems under nonhydrostatic stresses, Jour. Geoph. Res., v. 71, p. 4341–4347.

Parlange, J.-Y., 1968, Orientation of nuclei produced under nonhydrostatic stress, Science, v. 161, p. 358–359.

Raleigh, C. B., 1965, Crystallization and recrystallization of quartz in a simple piston-cylinder device, Jour. Geology, v. 73, p. 369–77.

Reed-Hill, R. E., 1966, Physical metallurgy principles, Van Nostrand, Princeton, pp. 630.

Roe, R. J. and Krigbaum, W. R., 1964, Description of crystallite orientation in polycrystalline materials having fiber texture, Jour. Chem. Phys., v. 40, p. 2608–15.

Sahama, Th. G., 1936, Die regelung von Quarz und Glimmer in den Gesteinen der Finnisch-Lappländischen Granulitformation, Comm. Geol. de Finlande Bull., No. 113, pp. 119.

Sander, B., 1930, Gefügekunde der Gesteine, Springer, Berlin, Vienna, pp. 352.

Schmidt, W., 1925, Gefugestatistik, Tschermaks mineralog. petrog. Mitt., v. 38, p. 395–423.

– , 1927, Untersuchungen über die Regelung des Quarzgefüges, Fort. Miner. Krist. Petr., v. 11, p.29.

Starkey, J., 1964, An x-ray method for determining the orientation of selected crystal planes in polycrystalline aggregates. Amer. Jour. Sci., v. 262, p. 735–52.

Sylvester, A. G., and Christie, J. M., 1968, The origin of crossed girdle orientations of optic axes in deformed quartzites, Jour. Geol., v. 76, p. 571–580.

Thomas, L. A., and Wooster, W. A. 1951, Piezocrescence – the growth of Dauphiné twinning in quartz under stress, Proc. Roy. Soc. London, v. 208A, p. 43–62.

Tullis, J., 1968, Preferred orientation in experimental quartz mylonites (Abstract), Trans. Amer. Geoph. Union, v. 49, p. 755.

– , in press, Quartz: Preferred orientation in rocks produced by Dauphiné twinning. Science.

Turner, F. and Weiss, L., 1963, Structural Analysis of Metamorphic Tectonites, McGraw-Hill, New York, pp. 545.

Wenk, E., 1943, Ergebnisse und Probleme von Gefügeuntersuchungen im Verzasatal (Tessin), Schweiz. Min. Petr. Mitt., v. 23, p. 265–295.

Wenk, H. R., Baker, D. W. and Griggs, D. T., 1967, X-ray analysis of hot-worked and annealed flint, Science, v. 157, p. 1447–49.

REGELUNGSEIGENSCHAFTEN MONOMINERALISCHER GESTEINE BEI GERICHTETER BEANSPRUCHUNG

W. Dreyer

Abstract

In a hydrostatic stressfield mineral grains do not show any preferred orientation. In uniaxial stress we will expect preferred orientation for the crystallites. With optical and electrical methods the preferred orientation of experimental deformed calcite and quartz were determined.

I. Regelung bei verschiedenartiger Beanspruchung

1. Einführung

Die von B. Sander (1930) publizierten Gefügediagramme ließen grundlegende Gesetzmäßigkeiten der Einregelung von Mineralien im anisotropen Gestein erkennen und leiteten eine Forschungsphase ein, deren Hauptgewicht bei der *kinematischen* Beschreibung der Verformungsprozesse anhand detaillierter petrographischer Analysen lag. Diese Arbeitsrichtung hat sich in den Folgejahren bei der Untersuchung künstlich erzeugter Regelungseffekte aufs beste bewährt und zu wertvollen Erkenntnissen über den Zusammenhang zwischen Gefügeendgestalt und aufgeprägter Beanspruchung geführt. Angeführt seien hier die Arbeiten von J.F. Bell (1936), D.T. Griggs und J.F. Bell (1938), J.R. Balsley (1941), E. Bliss-Knopf (1949), D.T. Griggs und W.B. Miller (1951), D.T. Griggs, F.J. Turner und H.C. Heard (1960) und N.L. Carter, J.M. Christie und D.T. Griggs (1961).

Nach G.J.F. MacDonald (1960) orientieren sich die anisotropen Minerale bei gerichteter Beanspruchung derart, daß die gesamte potentielle Energie des Systems

$$(1) \qquad G = L + F$$

einem Minimalwert zustrebt. Sie setzt sich aus dem Anteil L der äußeren Spannung und dem Betrag F der Reaktionsspannung zusammen. Da gegenüber den aufgebrachten Oberflächenkräften die Volumenkräfte vernachlässigbar klein sind, genügt hier die Betrachtung des durch die Oberflächenkräfte verursachten Energiebetrages

$$(2) \qquad L = -\oint\!\!\oint T_i \, u_i \, dO$$

mit der Bedeutung von T_i als Spannungsvektor, u_i als Verschiebungsvektor und dO als Oberflächenelement. Führt man in (2) anstelle T_i das Produkt des Spannungstensors σ_{ij} mit dem Einheitsvektor n_j des betrachteten Oberflächenelements

(3) $$T_i = \sigma_{ij} n_j$$

ein, so folgt

(4) $$L = -\oint\!\!\oint (\sigma_{ij} u_i)\, n_j dO.$$

Der Fluß des in Klammern gesetzten Vektors durch die Begrenzungsfläche entspricht dem Raumintegral der Divergenz dieses Vektors, womit sich nach Einführung des Verformungstensors ϵ_{ij} die Endbeziehung

(5) $$L = -\iiint \sigma_{ij} \epsilon_{ij}\, dV$$

ergibt.

Die innere Spannung liefert dagegen den Energiebetrag

(6) $$F = \iiint A\, dV\,,$$

dessen elastisches Potential

(7) $$A = \frac{1}{2}\, \sigma_{ij} \epsilon_{ij}$$

die Energiedichte des Systems angibt und schließlich auf

(8) $$F = \frac{1}{2} \iiint \sigma_{ij} \epsilon_{ij}\, dV$$

führt.

Mit (5) und (8) resultiert

(9) $$L = -2F$$

und in Verbindung mit (1)

(10) $$G = -F.$$

Das unter Last stehende System ist somit im Gleichgewicht, wenn die innere Energie F einen Minimalwert annimmt. Nach (6) erfolgt die Einregelung der anisotropen Minerale bei gerichteter Beanspruchung offenbar stets so, daß das System die geringstmögliche Energiedichte A erhält.

Für die elastische Anfangsverformung ist in (7) das lineare Stoffgesetz

(11) $\sigma_{ij} = c_{ijkl}\, \epsilon_{kl}$

einzuführen, wenn angenommen werden kann, daß sich alle Kristallite wie der gesamte Probekörper gleichartig verformen.

Dies ergibt

(12) $A = \frac{1}{2}\, c_{ijkl}\, \epsilon_{ij}\, \epsilon_{kl}\ .$

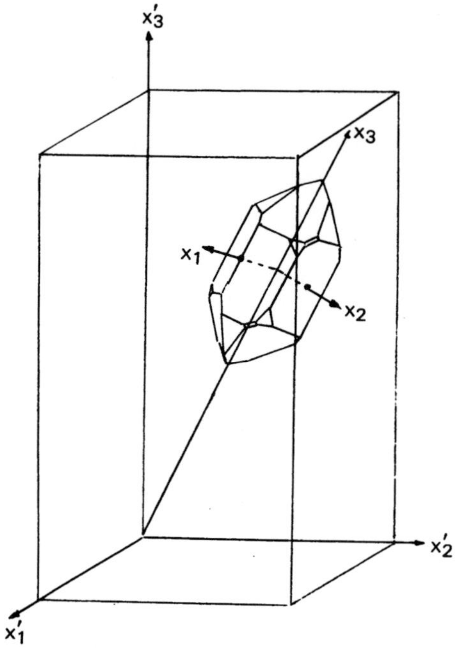

Bild 1:

Bezugssystem x_1, x_2, x_3 des Kristallits im gleichfalls rechtwinkligen Koordinatensystem x_1', x_2', x_3' des polykristallinen Probekörpers

Die elastischen Konstanten c_{ijkl} beziehen sich wie die Verformungswerte ϵ_{ij} und ϵ_{kl} auf das in Bild 1 dargestellte Koordinatensystem x_1, x_2, x_3, welches mit dem Kristall fest verankert ist. Bezogen auf das x_1', x_2', x_3'-System des Kristallaggregats gelten die Transformationen

(13) $\epsilon_{ij} = a_{im}\, a_{jn}\, \epsilon'_{mn}$

beziehungsweise

(14) $\epsilon_{kl} = a_{ko}\, a_{lp}\, \epsilon'_{op}$

mit der Nebenbedingung

(15) $a_{mi}\, a_{mj} = \delta_{ij}$

Somit folgt aus (12) die Energiedichte

(16) $$A = \frac{1}{2} c_{ijkl}\, a_{im}\, a_{jn}\, a_{ko}\, a_{lp}\, \epsilon'_{mn}\, \epsilon'_{op}\ ,$$

die mit der Abkürzung

(17) $$c'_{mnop} = c_{ijkl}\, a_{im}\, a_{jn}\, a_{ko}\, a_{lp}$$

die transformierte Beziehung

(18) $$A = \frac{1}{2} c'_{mnop}\, \epsilon'_{mn}\, \epsilon'_{op}$$

ergibt. Führt man die Rechnung durch, folgt

(19) $$\begin{aligned} A = {} & \frac{1}{2} c'_{1111} \epsilon'^2_{11} + c'_{1112} \epsilon'_{11} \epsilon'_{12} + c'_{1113} \epsilon'_{11} \epsilon'_{13} + c'_{1122} \epsilon'_{11} \epsilon'_{22} + c'_{1123} \epsilon'_{11} \epsilon'_{23} \\ & + c'_{1133} \epsilon'_{11} \epsilon'_{33} \\ & + \frac{1}{2} c'_{1212} \epsilon'^2_{12} + c'_{1213} \epsilon'_{12} \epsilon'_{13} + c'_{1222} \epsilon'_{12} \epsilon'_{22} + c'_{1223} \epsilon'_{12} \epsilon'_{23} + c'_{1233} \epsilon'_{12} \epsilon'_{33} \\ & + \frac{1}{2} c'_{1313} \epsilon'^2_{13} + c'_{1322} \epsilon'_{13} \epsilon'_{22} + c'_{1323} \epsilon'_{13} \epsilon'_{23} + c'_{1333} \epsilon'_{13} \epsilon'_{33} \\ & + \frac{1}{2} c'_{2222} \epsilon'^2_{22} + c'_{2223} \epsilon'_{22} \epsilon'_{23} + c'_{2233} \epsilon'_{22} \epsilon'_{33} \\ & + \frac{1}{2} c'_{2323} \epsilon'^2_{23} + c'_{2333} \epsilon'_{23} \epsilon'_{33} \\ & + \frac{1}{2} c'_{3333} \epsilon'^2_{33} \end{aligned}$$

Die Energiedichte A ist bei Konstanthaltung der Verformungswerte ϵ'_{mn} und ϵ'_{op} zu einem Minimum zu machen. Unter Berücksichtigung der Nebenbedingung (15) gilt daher

(20) $$\frac{\partial A}{\partial a_{pq}} = 0$$

mit der Festsetzung, daß

(21) $$\left(\frac{\partial^2 A}{\partial a_{pq}\, \partial a_{rs}}\right)^2 - \frac{\partial^2 A}{\partial a_{pq}\, \partial a_{pq}} \cdot \frac{\partial^2 A}{\partial a_{rs}\, \partial a_{rs}} < 0$$

und

(22) $$\frac{\partial^2 A}{\partial a_{pq}\, \partial a_{pq}} > 0\ .$$

Verformen sich die Kristalle jedoch so, daß die Spannung in ihnen dem des polykristallinen Gesamtverbandes entspricht, so hat man mit

(23) $$\epsilon_{ij} = s_{ijkl}\, \sigma_{kl}$$

die elastischen Moduli einzuführen. Aus (7) folgt für diesen Fall

(24) $$A = \frac{1}{2}\, s_{ijkl}\, \sigma_{ij}\, \sigma_{kl}$$

und auf das gestrichene Koordinatensystem bezogen

(25) $$A = \frac{1}{2}\, s_{ijkl}\, a_{im}\, a_{jn}\, a_{ko}\, a_{lp}\, \sigma'_{mn}\, \sigma'_{op}\ .$$

Bei konstant gehaltenen Spannungen σ'_{mn} und σ'_{op} gewinnt man aus (20), (21), (22) den gesuchten *Minimalwert* der Energiedichte. Setzt man abkürzungsweise

(26) $$s'_{mnop} = s_{ijkl}\, a_{im}\, a_{jn}\, a_{ko}\, a_{lp}$$

erhält man

(27) $$A = \frac{1}{2}\, s'_{mnop}\, \sigma'_{mn}\, \sigma'_{op}\ .$$

Entsprechend (19) folgt hier

(28) $$\begin{aligned} A = {} & \frac{1}{2}\, s'_{1111}\, \sigma'^{2}_{11} + s'_{1112}\, \sigma'_{11}\, \sigma'_{12} + s'_{1113}\, \sigma'_{11}\, \sigma'_{13} + s'_{1122}\, \sigma'_{11}\, \sigma'_{22} + s'_{1123}\, \sigma'_{11}\, \sigma'_{23} \\ & + s'_{1133}\, \sigma'_{11}\, \sigma'_{33} \\ & + \frac{1}{2}\, s'_{1212}\, \sigma'^{2}_{12} + s'_{1213}\, \sigma'_{12}\, \sigma'_{13} + s'_{1222}\, \sigma'_{12}\, \sigma'_{22} + s'_{1223}\, \sigma'_{12}\, \sigma'_{23} + s'_{1233}\, \sigma'_{12}\, \sigma'_{33} \\ & + \frac{1}{2}\, s'_{1313}\, \sigma'^{2}_{13} + s'_{1322}\, \sigma'_{13}\, \sigma'_{22} + s'_{1323}\, \sigma'_{13}\, \sigma'_{23} + s'_{1333}\, \sigma'_{13}\, \sigma'_{33} \\ & + \frac{1}{2}\, s'_{2222}\, \sigma'^{2}_{22} + s'_{2223}\, \sigma'_{22}\, \sigma'_{23} + s'_{2233}\, \sigma'_{22}\, \sigma'_{33} \\ & + \frac{1}{2}\, s'_{2323}\, \sigma'^{2}_{23} + s'_{2333}\, \sigma'_{23}\, \sigma'_{33} \\ & + \frac{1}{2}\, s'_{3333}\, \sigma'^{2}_{33}\ . \end{aligned}$$

Mit der Festsetzung der Richtungskosinus

(29) $$a_{mn} = \begin{pmatrix} a_{11} & a_{12} & a_{13} \\ a_{21} & a_{22} & a_{23} \\ a_{31} & a_{32} & a_{33} \end{pmatrix}$$

ergeben sich die Transformationsformeln:

$$
\begin{aligned}
s'_{1111} = {} & s_{1111}\, a_{11}^4 + 4s_{1112}\, a_{11}^3\, a_{12} + 4s_{1113}\, a_{11}^3\, a_{13} + 2s_{1122}\, a_{11}^2\, a_{12}^2 \\
& + 4s_{1123}\, a_{11}^2\, a_{12}\, a_{13} + 2s_{1133}\, a_{11}^2\, a_{13}^2 + 4s_{1212}\, a_{11}^2\, a_{12}^2 \\
& + 8s_{1213}\, a_{11}^2\, a_{12}\, a_{13} + 4s_{1222}\, a_{11}\, a_{12}^3 + 8s_{1223}\, a_{11}\, a_{12}^2\, a_{13} \\
& + 4s_{1233}\, a_{11}\, a_{12}\, a_{13}^2 + 4s_{1313}\, a_{11}^2\, a_{13}^2 + 4s_{1322}\, a_{11}\, a_{12}^2\, a_{13} \\
& + 8s_{1323}\, a_{11}\, a_{12}\, a_{13}^2 + 4s_{1333}\, a_{11}\, a_{13}^2 + s_{2222}\, a_{12}^4 \\
& + 4s_{2223}\, a_{12}^3\, a_{13} + 2s_{2233}\, a_{12}^2\, a_{13}^2 + 4s_{2323}\, a_{12}^2\, a_{13}^2 \\
& + 4s_{2333}\, a_{12}\, a_{13}^3 + s_{3333}\, a_{13}^4
\end{aligned}
\tag{30}
$$

$$
\begin{aligned}
s'_{1122} = {} & s_{1111}\, a_{11}^2\, a_{21}^2 + 2s_{1112}\, a_{11}\, a_{21}\, (a_{11}\, a_{22} + a_{12}\, a_{21}) \\
& + 2s_{1113}\, a_{11}\, a_{21}\, (a_{11}\, a_{23} + a_{13} a_{21}) \\
& + s_{1122}\, (a_{11}^2\, a_{22}^2 + a_{12}^2\, a_{21}^2) + 2s_{1123}\, (a_{11}^2\, a_{22}\, a_{23} + a_{12}\, a_{13}\, a_{21}^2) \\
& + s_{1133}\, (a_{11}^2\, a_{23}^2 + a_{13}^2\, a_{21}^2) + 4s_{1212}\, a_{11}\, a_{12}\, a_{21}\, a_{22} \\
& + 4s_{1213}\, a_{11}\, a_{21}\, (a_{13}\, a_{22} + a_{12}\, a_{23}) \\
& + 2s_{1222}\, a_{12}\, a_{22}\, (a_{11}\, a_{22} + a_{12}\, a_{21}) + 4s_{1223}\, a_{12}\, a_{22}\, (a_{11}\, a_{23} + a_{13}\, a_{21}) \\
& + 2s_{1233}\, (a_{11}\, a_{12}\, a_{23}^2 + a_{13}^2\, a_{21}\, a_{22}) + 4s_{1313}\, a_{11}\, a_{13}\, a_{21}\, a_{23} \\
& + 2s_{1322}\, (a_{11}\, a_{13}\, a_{22}^2 + a_{12}^2\, a_{21}\, a_{23}) + 4s_{1323}\, a_{13}\, a_{23}\, (a_{11}\, a_{22} + a_{12}\, a_{21}) \\
& + 2s_{1333}\, a_{13}\, a_{23}\, (a_{11}\, a_{23} + a_{13}\, a_{21}) + s_{2222}\, a_{12}^2\, a_{22}^2 \\
& + 2s_{2223}\, a_{12}\, a_{22}\, (a_{12}\, a_{23} + a_{13}\, a_{22}) + s_{2233}\, (a_{12}^2\, a_{23}^2 + a_{13}^2\, a_{22}^2) \\
& + 4s_{2323}\, a_{12}\, a_{13}\, a_{22}\, a_{23} + 2s_{2333}\, a_{13}\, a_{23}\, (a_{12}\, a_{23} + a_{13}\, a_{22}) \\
& + s_{3333}\, a_{13}^2\, a_{23}^2
\end{aligned}
\tag{31}
$$

$$s'_{1133} = s_{1111} a_{11}^2 a_{31}^2 + 2s_{1112} a_{11} a_{31} (a_{11} a_{32} + a_{12} a_{31})$$

$$+ 2s_{1113} a_{11} a_{31} (a_{11} a_{33} + a_{13} a_{31})$$

$$+ s_{1122} (a_{11}^2 a_{32}^2 + a_{12}^2 a_{31}^2) + 2s_{1123} (a_{11}^2 a_{32} a_{33} + a_{12} a_{13} a_{31}^2)$$

$$+ s_{1133} (a_{11}^2 a_{33}^2 + a_{13}^2 a_{31}^2) + 4s_{1212} a_{11} a_{12} a_{31} a_{32}$$

$$+ 4s_{1213} a_{11} a_{31} (a_{13} a_{32} + a_{12} a_{33}) + 2s_{1222} a_{12} a_{32} (a_{11} a_{32} + a_{12} a_{31})$$

(32)
$$+ 4s_{1223} a_{12} a_{32} (a_{11} a_{33} + a_{13} a_{31}) + 2s_{1233} (a_{11} a_{12} a_{33}^2 + a_{13}^2 a_{31} a_{32})$$

$$+ 4s_{1313} a_{11} a_{13} a_{31} a_{33} + 2s_{1322} (a_{11} a_{13} a_{32}^2 + a_{12}^2 a_{31} a_{33})$$

$$+ 4s_{1323} a_{13} a_{33} (a_{11} a_{32} + a_{12} a_{31}) + 2s_{1333} a_{13} a_{33} (a_{11} a_{33} + a_{13} a_{31})$$

$$+ s_{2222} a_{12}^2 a_{32}^2 + 2s_{2223} a_{12} a_{32} (a_{12} a_{33} + a_{13} a_{32})$$

$$+ s_{2233} (a_{12}^2 a_{33}^2 + a_{13}^2 a_{32}^2) + 4s_{2323} a_{12} a_{13} a_{32} a_{33}$$

$$+ 2s_{2333} a_{13} a_{33} (a_{12} a_{33} + a_{13} a_{32}) + s_{3333} a_{13}^2 a_{33}^2$$

$$s'_{2222} = s_{1111} a_{21}^4 + 4s_{1112} a_{21}^3 a_{22} + 4s_{1113} a_{21}^3 a_{23} + 2s_{1122} a_{21}^2 a_{22}^2$$

$$+ 4s_{1123} a_{21}^2 a_{22} a_{23} + 2s_{1133} a_{21}^2 a_{23}^2 + 4s_{1212} a_{21}^2 a_{22}^2$$

$$+ 8s_{1213} a_{21}^2 a_{22} a_{23} + 4s_{1222} a_{21} a_{22}^3 + 8s_{1223} a_{21} a_{22}^2 a_{23}$$

(33)

$$+ 4s_{1233} a_{21} a_{22} a_{23}^2 + 4s_{1313} a_{21}^2 a_{23}^2 + 4s_{1322} a_{21} a_{22}^2 a_{23}$$

$$+ 8s_{1323} a_{21} a_{22} a_{23}^2 + 4s_{1333} a_{21} a_{23}^3 + s_{2222} a_{22}^4 + 4s_{2223} a_{22}^3 a_{23}$$

$$+ 2s_{2233} a_{22}^2 a_{23}^2 + 4s_{2323} a_{22}^2 a_{23}^2 + 4s_{2333} a_{22} a_{23}^3 + s_{3333} a_{23}^4$$

$$s'_{2233} = s_{1111} a_{21}^2 a_{31}^2 + 2s_{1112} a_{21} a_{31} (a_{21} a_{32} + a_{22} a_{31})$$

$$+ 2s_{1113} a_{21} a_{31} (a_{21} a_{33} + a_{23} a_{31}) + s_{1122} (a_{21}^2 a_{32}^2 + a_{22}^2 a_{31}^2)$$

$$+ 2s_{1123} (a_{21}^2 a_{32} a_{33} + a_{22} a_{23} a_{31}^2) + s_{1133} (a_{21}^2 a_{33}^2 + a_{23}^2 a_{31}^2)$$

$$+ 4s_{1212} a_{21} a_{22} a_{31} a_{32} + 4s_{1213} a_{21} a_{31} (a_{23} a_{32} + a_{22} a_{33})$$

(34)
$$+ 2s_{1222} a_{22} a_{32} (a_{21} a_{32} + a_{22} a_{31}) + 4s_{1223} a_{22} a_{32} (a_{21} a_{33} + a_{23} a_{31})$$

$$+ 2s_{1233}(a_{21}a_{22}a_{33}^2 + a_{23}^2 a_{31}a_{32}) + 4s_{1313}a_{21}a_{23}a_{31}a_{33}$$

$$+ 2s_{1322}(a_{21}a_{23}a_{32}^2 + a_{22}^2 a_{31}a_{33}) + 4s_{1323}a_{23}a_{33}(a_{21}a_{32} + a_{22}a_{31})$$

$$+ 2s_{1333}a_{23}a_{33}(a_{21}a_{33} + a_{23}a_{31}) + s_{2222}a_{22}^2 a_{32}^2$$

$$+ 2s_{2223}a_{22}a_{32}(a_{22}a_{33} + a_{23}a_{32}) + s_{2233}(a_{22}^2 a_{33}^2 + a_{23}^2 a_{32}^2)$$

$$+ 4s_{2323}a_{22}a_{23}a_{32}a_{33} + 2s_{2333}a_{23}a_{33}(a_{22}a_{33} + a_{23}a_{32})$$

$$+ s_{3333}a_{23}^2 a_{33}^2$$

$$s'_{3333} = s_{1111}a_{31}^4 + 4s_{1112}a_{31}^3 a_{32} + 4s_{1113}a_{31}^3 a_{33} + 2s_{1122}a_{31}^2 a_{32}^2$$

$$+ 4s_{1123}a_{31}^2 a_{32}a_{33} + 2s_{1133}a_{31}^2 a_{33}^2 + 4s_{1212}a_{31}^2 a_{32}^2 + 8s_{1213}a_{31}^2 a_{32}a_{33}$$

(35)
$$+ 4s_{1222}a_{31}a_{32}^3 + 8s_{1223}a_{31}a_{32}^2 a_{33} + 4s_{1233}a_{31}a_{32}a_{33}^2 + 4s_{1313}a_{31}^2 a_{33}^2$$

$$+ 4s_{1322}a_{31}a_{32}^2 a_{33} + 8s_{1323}a_{31}a_{32}a_{33}^2 + 4s_{1333}a_{31}a_{33}^3 + s_{2222}a_{32}^4$$

$$+ 4s_{2223}a_{32}^3 a_{33} + 2s_{2233}a_{32}^2 a_{33}^2 + 4s_{2323}a_{32}^2 a_{33}^2 + 4s_{2333}a_{32}a_{33}^3$$

$$+ s_{3333}a_{33}^4$$

2. Der hydrostatische Beanspruchungszustand

Für den hydrostatischen Belastungsfall

(36)
$$\left.\begin{aligned} &\sigma'_{11} = \sigma'_{22} = \sigma'_{33} = -\sigma'_o \\ &\sigma'_{12} = \sigma'_{13} = \sigma'_{23} = 0 \end{aligned}\right\}$$

geht (28) in

(37)
$$A = (\frac{1}{2}s'_{1111} + s'_{1122} + s'_{1133} + \frac{1}{2}s'_{2222} + s'_{2223} + \frac{1}{2}s'_{3333})\,\sigma_o'^2$$

über. Setzt man die Transformationsformeln (30), (31), (32), (33), (34) und (35) in (37) ein, so folgt mit der Nebenbedingung (15) das Ergebnis

(38)
$$A = (\frac{1}{2}s_{1111} + s_{1122} + s_{1133} + \frac{1}{2}s_{2222} + s_{2223} + \frac{1}{2}s_{3333})\,\sigma_o'^2 \; .$$

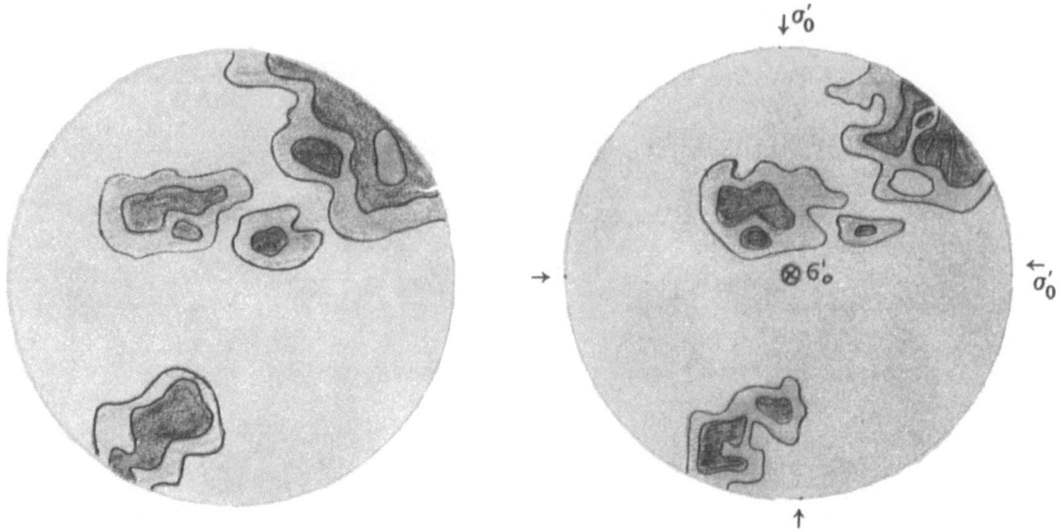

Vor der Beanspruchung

Nach der Beanspruchung
$\sigma'_0 = 4{,}5 \cdot 10^8\ \mathrm{N/m^2}$

Die verschiedenen Grautöne entsprechen 0–1; 1–2; 2–4%

Bild 2:
Gefügebild der Marmorprobe *vor* und *nach hydrostatischer* Beanspruchung

Die Energiedichte A erweist sich im hydrostatischen Spannungsfeld somit als unabhängig von der Orientierung der Kristallite. Dieses theoretische Ergebnis stimmt mit Kompressionsversuchen an Marmor- und Quarzitproben gut überein.

Wie im linken Teil von Bild 2 zu ersehen ist, zeigt die unbeanspruchte Marmorprobe eine geringe Vorregelung der eingemessenen c-Achsen. Nach einer bei 20 °C über 10 Stunden erfolgten hydrostatischen Beanspruchung σ'_0 von $4{,}5 \cdot 10^8\ \mathrm{N/m^2}$ ist keine nennenswerte Umregelung des Gefüges eingetreten.

Bei Annahme einer Gleichverformung aller Kristallite im Gefüge ist von Beziehung (19) auszugehen, wobei für den hydrostatischen Fall

$$(39) \qquad \left.\begin{aligned} \epsilon'_{11} &= \epsilon'_{22} = \epsilon'_{33} = -\,\epsilon'_0 \\ \epsilon'_{12} &= \epsilon'_{13} = \epsilon'_{23} = 0 \end{aligned}\right\}$$

zu setzen ist. Als Ergebnis resultiert

$$(40) \qquad A = \left(\frac{1}{2}\, c'_{1111} + c'_{1122} + c'_{1133} + \frac{1}{2}\, c'_{2222} + c'_{2223} + \frac{1}{2}\, c'_{3333}\right) \epsilon'^2_0$$

oder transformiert:

$$A = (\frac{1}{2} c_{1111} + c_{1122} + c_{1133} + \frac{1}{2} c_{2222} + c_{2223} + \frac{1}{2} c_{3333}) \epsilon_o'^2 \tag{41}$$

Auch hier ist die Energiedichte A unabhängig von der Orientierung der Kristallite und somit keine bevorzugte Endlage zu erwarten.

3. Der einachsige Beanspruchungszustand

Bei Annahme gleichbleibender innerer Spannungen gilt für den einachsigen Zustand

$$\left.\begin{aligned} &\sigma'_{11} = \sigma'_{22} = 0 \\ &\sigma'_{33} = -\sigma'_3 \\ &\sigma'_{12} = \sigma'_{13} = \sigma'_{23} = 0 \end{aligned}\right\} \tag{42}$$

und es folgt

$$A = \frac{1}{2} s'_{3333} \sigma_3'^2 \ . \tag{43}$$

Unter Berücksichtigung von (35) beträgt die Energiedichte für den einachsigen Fall

$$\begin{aligned} A = \frac{1}{2} (&s_{1111} a_{31}^4 + 4s_{1112} a_{31}^3 a_{32} + 4s_{1113} a_{31}^3 a_{33} + 2s_{1122} a_{31}^2 a_{32}^2 \\ &+ 4s_{1123} a_{31}^2 a_{32} a_{33} + 2s_{1133} a_{31}^2 a_{33}^2 + 4s_{1212} a_{31}^2 a_{32}^2 \\ &+ 8s_{1213} a_{31}^2 a_{32} a_{33} + 4s_{1222} a_{31} a_{32}^2 + 8s_{1223} a_{31} a_{32}^2 a_{33} \\ &+ 4s_{1233} a_{31} a_{32} a_{33}^2 + 4s_{1313} a_{31}^2 a_{33}^2 + 4s_{1322} a_{31} a_{32}^2 a_{33} \\ &+ 8s_{1323} a_{31} a_{32} a_{33}^2 + 4s_{1333} a_{31} a_{33}^3 + s_{2222} a_{32}^4 \\ &+ 4s_{2223} a_{32}^2 a_{33} + 2s_{2233} a_{32}^2 a_{33}^2 + 4s_{2323} a_{32}^2 a_{33}^2 \\ &+ 4s_{2333} a_{32} a_{33}^3 + s_{3333} a_{33}^4) \sigma_3'^2 \end{aligned} \tag{44}$$

Für die Kristalle der Klasse C_{3v}, D_3, D_{3h}, welcher die Minerale Kalzit und Tieftemperaturquarz angehören, reduzieren sich die 21 s_{mnop} durch die Symmetrierelationen

$$s_{1112} = s_{1113} = s_{1222} = s_{1223} = s_{1233} = s_{1322} = s_{1323} = s_{1333} = s_{2333} = 0$$

(45)
$$s_{1212} = \frac{1}{2}(s_{1111} - s_{1122}) \qquad s_{1213} = s_{1123} \qquad s_{1313} = s_{2323}$$
$$s_{2222} = s_{1111} \qquad s_{2223} = -s_{1123} \qquad s_{2233} = s_{1133}$$

auf die 6 Moduli s_{1111}, s_{1122}, s_{1123}, s_{1133}, s_{2323}, s_{3333}.

So folgt aus (44)

(46)
$$A = \frac{1}{2}[s_{1111}(a_{31}^2 + a_{32}^2)^2 + 4\,s_{1123}\,a_{32}\,a_{33}\,(3\,a_{31}^2 - a_{32}^2)$$
$$+ 2\,(s_{1133} + 2\,s_{2323})\,a_{33}^2\,(a_{31}^2 + a_{32}^2)]\,\sigma_3'^2 .$$

Mit (15) lassen sich die drei Richtungskosinus a_{31}, a_{32} und a_{33} auf die voneinander unabhängigen Richtungskosinus a_{32} und a_{33} reduzieren. Das ergibt

(47)
$$A = \frac{1}{2}[s_{1111}(1 - a_{33}^2)^2 + 4\,s_{1123}\,a_{32}\,a_{33}\,(3 - 4\,a_{32}^2 - 3\,a_{33}^2)$$
$$+ 2\,(s_{1133} + 2\,s_{2323})\,a_{33}^2\,(1 - a_{33}^2) + s_{3333}\,a_{33}^4]\,\sigma_3'^2 .$$

Anhand Bild 3 erfolgt die Einführung der Polarwinkel ϕ und Θ:

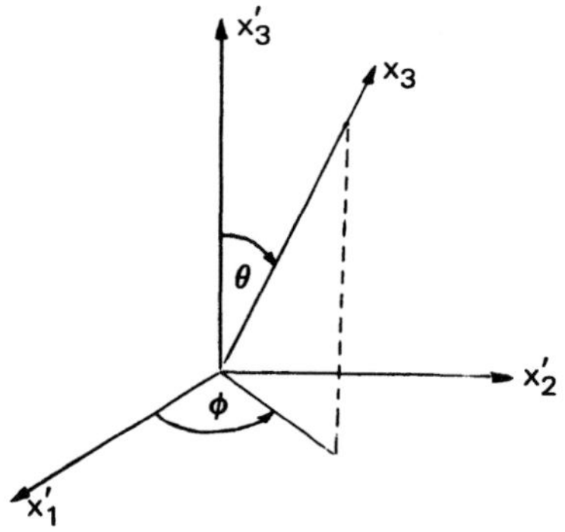

Bild 3:
Einführung von Polarwinkeln

(48)
$$\left.\begin{aligned} a_{31} &= \cos\phi\,\sin\Theta \\ a_{32} &= \sin\phi\,\sin\Theta \\ a_{33} &= \cos\Theta \end{aligned}\right\}$$

Damit geht (47) in

(49)
$$A = \frac{1}{2}\,[s_{1111}\sin^4\Theta + 4\,s_{1123}\sin 3\,\phi\,\sin^3\Theta\cos\Theta + 2(s_{1133} + 2\,s_{2323})\sin^2\Theta\cos^2\Theta + s_{3333}\cos^4\Theta]\,\sigma_3'^2$$

über.

Um das Maximum von A zu finden, wird (49) partiell nach den beiden Winkelkoordinaten ϕ und Θ differentiiert. Man erhält so die beiden Relationen

(50)
$$\frac{\partial A}{\partial \phi} = 6\,s_{1123}\cos 3\,\phi\,\sin^3\Theta\cos\Theta\,\sigma_3'^2$$

und

(51)
$$\frac{\partial A}{\partial \Theta} = 2\,[s_{1111}\sin^2\Theta\cos\Theta + s_{1123}\sin 3\phi\,\sin 3\Theta + (s_{1133} + 2\,s_{2323})\cos\Theta\cos 2\Theta - s_{3333}\cos^3\Theta]\sin\Theta\,\sigma_3'^2\ .$$

Setzt man die Ableitung (50) Null, so ergeben sich die Extremwertlagen, von denen nur

(52)
$$\phi^* = 90^\circ$$

der Minimumbedingung (20), (21), (22) genügt. Führt man weiterhin diesen Wert ϕ^* in (51) ein und setzt die Ableitung Null, erhält man die Bestimmungsgleichung

(53)
$$s_{1111}\sin^2\Theta^*\cos\Theta^* - s_{1123}\sin 3\Theta^* + (s_{1133} + 2s_{2323})\cos\Theta^*\cos 2\Theta^* - s_{3333}\cos^3\Theta^* = 0\ .$$

Der Maximalwert A* der Energiedichte resultiert aus (49) nach Einsetzen von ϕ^* und Θ^* zu:

(54)
$$A^* = \frac{1}{2}\,[s_{1111}\sin^4\Theta^* - 4s_{1123}\sin^3\Theta^*\cos\Theta^* + 2(s_{1133} + 2\,s_{2323})\sin^2\Theta^*\cos^2\Theta^* + s_{3333}\cos^4\Theta^*]\,\sigma_3'^2$$

Im zweiten Teil dieses Abschnitts sei der Fall angenommen, daß sich alle Kristalle gleichartig verformen. Die Energiedichte des einachsig beanspruchten Kristalls

(55)
$$A = \frac{1}{2}\,c'_{3333}\,\epsilon_3'^2$$

wird durch die *aufgebrachte Deformation* ϵ'_3 bestimmt. Die Symmetrieeigenschaften der trigonalen Klasse C_{3v}, D_3, D_{h3} reduzieren die elastischen Konstanten c_{mnop} auf die 6 unabhängigen Werte c_{1111}, c_{1122}, c_{1123}, c_{1133}, c_{2323} und c_{3333}, wobei

$$c_{1112} = c_{1113} = c_{1222} = c_{1223} = c_{1233} = c_{1322} = c_{1323} = c_{1333} = c_{2333} = 0$$

(56) $$c_{1212} = \frac{1}{2}(c_{1111} - c_{1122}) \qquad c_{1213} = c_{1123} \quad c_{1313} = c_{2323}$$

$$c_{2222} = c_{1111} \qquad c_{2223} = -c_{1123} \qquad c_{2233} = c_{1133}$$

ist. Unter Berücksichtigung dieser Beziehungen folgt nach kurzer Rechnung für die Energiedichte

(57) $$A = \frac{1}{2}\left[c_{1111}(1-a_{33}^2)^2 + 4c_{1123}a_{32}\,a_{33}\,(3-4\,a_{32}^2 - 3\,a_{33}^2) + 2(c_{1133} + 2\,c_{2323})\,a_{33}^2\,(1 - a_{33}^2) + c_{3333}\,a_{33}^4\right]\epsilon_3'^2$$

und nach Einführung der Polarwinkel ϕ und Θ:

(58) $$A = \frac{1}{2}\left[c_{1111}\sin^4\Theta + 4\,c_{1123}\sin 3\phi\,\sin^3\Theta\cos\Theta + 2(c_{1133} + 2\,c_{2323})\sin^2\Theta\cos^2\Theta + c_{3333}\cos^4\Theta\right]\epsilon_3'^2$$

Die Lage des Maximalwertes ist durch den Winkel

(59) $$\phi^* = 90°$$

und

(60) $$c_{1111}\sin^2\Theta^*\cos\Theta^* - c_{1123}\sin 3\Theta^* + (c_{1133} + 2\,c_{2323})\cos\Theta^*\cos 2\Theta^* - c_{3333}\cos^3\Theta^* = 0$$

gegeben. Der Maximalwert A^* der Energiedichte bestimmt sich zu:

(61) $$A^* = \frac{1}{2}\left[c_{1111}\sin^4\Theta^* - 4\,c_{1123}\sin^3\Theta^*\cos\Theta^* + 2\,(c_{1133} + 2\,c_{2323})\sin^2\Theta^*\cos^2\Theta^* + c_{3333}\cos^4\Theta^*\right]\epsilon_3'^2$$

4. Endposition der c-Achsen der Kalzitkristalle bei einachsiger Beanspruchung im Fall der Gleichverformung

Für Kalzit gilt numerisch:

$$c_{1111} = 13{,}70 \cdot 10^{10}\,\mathrm{N/m^2}$$
$$c_{1122} = 4{,}56 \cdot 10^{10}\,\mathrm{N/m^2}$$
$$c_{1123} = -2{,}08 \cdot 10^{10}\,\mathrm{N/m^2}$$
$$c_{1133} = 4{,}51 \cdot 10^{10}\,\mathrm{N/m^2}$$
$$c_{2323} = 3{,}42 \cdot 10^{10}\,\mathrm{N/m^2}$$
$$c_{3333} = 7{,}96 \cdot 10^{10}\,\mathrm{N/m^2}$$

Eingesetzt in (58) resultiert für den Schnitt $\phi = 90°$

(62)
$$A = \frac{1}{2} [13{,}70 \sin^4 \Theta + 8{,}32 \sin^3 \Theta \cos \Theta + 22{,}72 \sin^2 \Theta \cos^2 \Theta + 7{,}96 \cos^4 \Theta]\, 10^{10}\, \epsilon_3'^2$$

Die Bestimmung des Wertes

(63)
$$c'_{3333} = \frac{2A}{\epsilon_3'^2}$$

führt nach (62) auf

(64)
$$c'_{3333} = [13{,}70 \sin^4\Theta + 8{,}32 \sin^3\Theta \cos \Theta + 22{,}72 \sin^2\Theta \cos^2\Theta + 7{,}96 \cos^4\Theta] \cdot 10^{10}.$$

In Tabelle 1 sind die nach (64) berechneten Zahlenwerte aufgeführt, wonach das Verteilungsdiagramm der c'_{3333} gezeichnet worden ist. Aus Bild 4 ist ersichtlich, daß das Maximum von c'_{3333} bei etwa 69° liegt.

Tabelle 1:
Variation von c'_{3333} für Kalzit

Θ in °	c'_{3333} in 10^{10} N/m²
–90	13,700
–80	12,178
–70	10,777
–60	9,761
–50	9,180
–40	8,895
–30	8,692
–20	8,428
–10	8,121
0	7,960
10	8,206
20	9,054
30	10,494
40	12,281
50	13,988
60	15,164
70	15,499
80	14,937
90	13,700

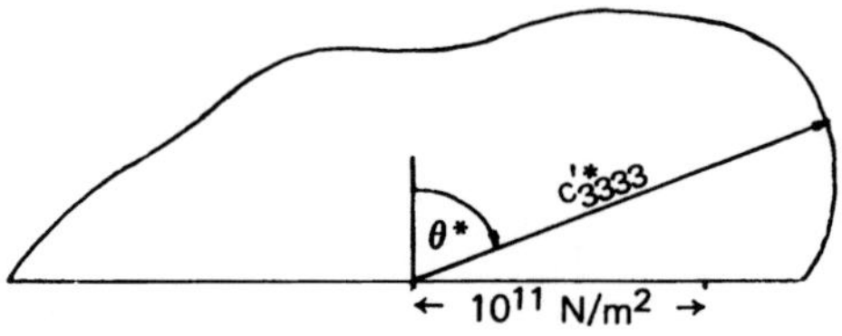

Bild 4:
Variation der elastischen Konstanten für Kalzit

Angemerkt sei noch die Punktsymmetrie

$$(65) \qquad c'_{3333}\,(\Theta + 180°) = c'_{3333}\,(\Theta),$$

deren Existenz es erlaubt, sich auf das halbe Polardiagramm zu beschränken.

Nach (60) errechnet sich der genaue Wert für die Lage des Maximums zu

$$\Theta^* = 68{,}9°.$$

Bei Annahme der Gleichverformung aller Kristallite würde im elastischen Gebiet die thermodynamisch zu erwartende Endlage der Kristallite einen Konus um die Spannungsachse mit einem halben Öffnungswinkel von 68,9° bilden. Das Maximum von c'_{3333} bestimmt sich aus (61) dann zu

$$c'^{*}_{3333} = 15{,}51 \cdot 10^{10}\ \mathrm{N/m^2}$$

5. Endposition der c-Achsen der Kalzitkristalle bei einachsiger Beanspruchung im Fall der Gleichverteilung der Spannungen

Die Moduli für Kalzit bestimmen sich zu:

$$s_{1111} = 11{,}02 \cdot 10^{-12}\ \mathrm{m^2/N}$$

$$s_{1122} = -3{,}43 \cdot 10^{-12}\ \mathrm{m^2/N}$$

$$s_{1123} = 4{,}31 \cdot 10^{-12}\ \mathrm{m^2/N}$$

$$s_{1133} = -4{,}30 \cdot 10^{-12}\ \mathrm{m^2/N}$$

$$s_{2323} = 9{,}85 \cdot 10^{-12}\ \mathrm{m^2/N}$$

$$s_{3333} = 17{,}31 \cdot 10^{-12}\ \mathrm{m^2/N}$$

Eingesetzt in (49) folgt:

(66)
$$A = \frac{1}{2} [11{,}02 \sin^4\Theta - 17{,}24 \sin^3\Theta \cos\Theta + 30{,}78 \sin^2\Theta \cos^2\Theta + 17{,}31 \cos^4 \Theta]\, 10^{-12}\, \sigma_3'^2$$

Der Wert s'_{3333} berechnet sich nach

(67)
$$s'_{3333} = \frac{2A}{\sigma_3'^2}$$

zu

(68)
$$s'_{3333} = (11{,}02 \sin^4 \Theta - 17{,}24 \sin^3 \Theta \cos\Theta + 30{,}78 \sin^2\Theta \cos^2\Theta + 17{,}31 \cos^4 \Theta)\, 10^{-12}$$

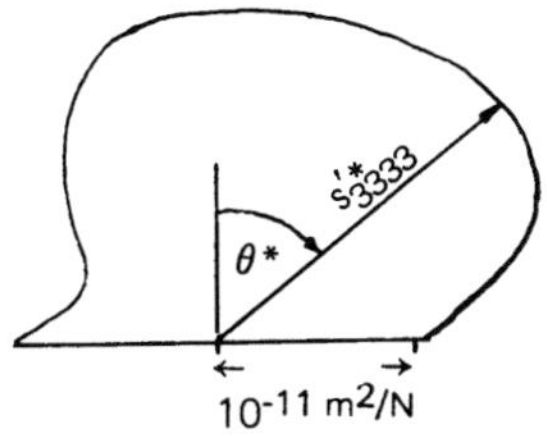

Bild 5:
Variation der elastischen Moduli für Kalzit

Das Verteilungsdiagramm der s'_{3333} ist in Bild 5 wiedergegeben. Übereinstimmend mit den Ergebnissen von F.W. Brace (1960) errechnet sich für den Fall der Spannungsgleichheit über die Beziehung (53) die Maximallage

$$\Theta^* = 49{,}2°$$

und nach (68)

$$s'^*_{3333} = 19{,}27 \cdot 10^{-12}\, m^2/N.$$

6. Experimentelle Einregelung von Marmorproben im Dauerstand

Zur Nachprüfung der thermodynamisch vorausgesagten Endlagen der Kristallite im einachsig beanspruchten Gestein wurden Dauerstandsversuche an Marmor durchgeführt. Die während des gesamten Versuchs konstant gehaltene Spannung σ_3' betrug $3{,}5 \cdot 10^7$ N/m² und wurde innerhalb 0,5 Minuten auf die Probe aufgebracht. Die Untersuchung erfolgte zunächst bei Zimmertemperatur. Gemessen wurde die Volumenänderung

$$\frac{\Delta V}{V} = 2\,\epsilon_3' - \epsilon_1' \tag{69}$$

in Abhängigkeit von der Zeit. Bei der eingeleiteten rotationssymmetrischen Verformung

$$\epsilon_2' = \epsilon_3' \tag{70}$$

ergab sich die in Bild 6 dargestellte Kriechkurve. Bis zum Punkt B ist die Kriechkurve annähernd linear und kennzeichnet den *elastischen Anteil* der Verformung. Bemerkenswert ist die bei der elastischen Verformung erzielte Volumendilatation von 1,3 %, die bei der Entlastung nahezu vollständig zurückging.

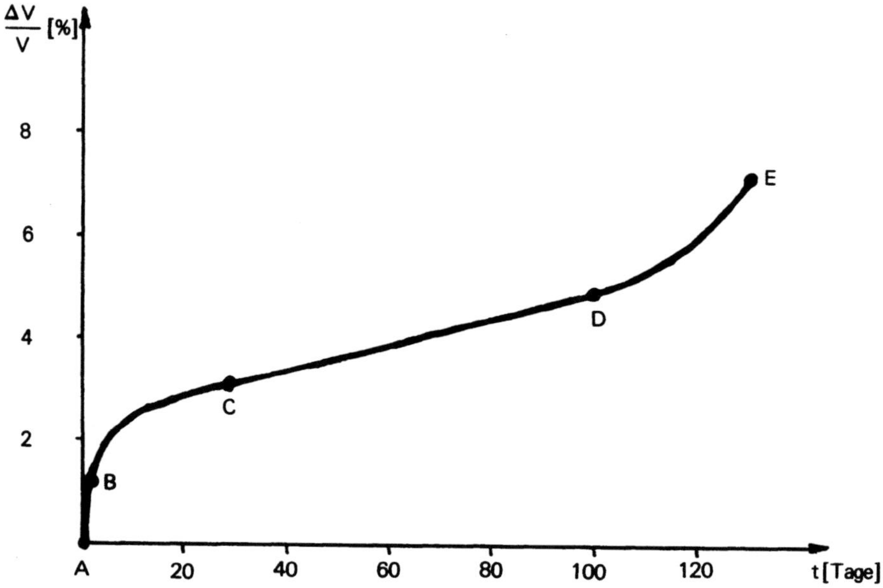

Bild 6:
Kriechkurve von Marmor bei 25° C und einer Dauerlast von $3{,}5 \cdot 10^7$ N/m²

In der zweiten Phase der Verformung, die den Kurventeil B bis C umfaßt, beginnt eine zunehmende Mikrorißbildung an den Korngrenzen. Wie aus Bild 7 zu ersehen ist, liefert eine in C vorgenommene Entlastung eine bleibende Dilatation von 0,4 %. Dies deutet darauf hin, daß bereits eine permanente Umregelung der Kristallite in eine bestimmte Vorzugsrichtung stattgefunden hat.

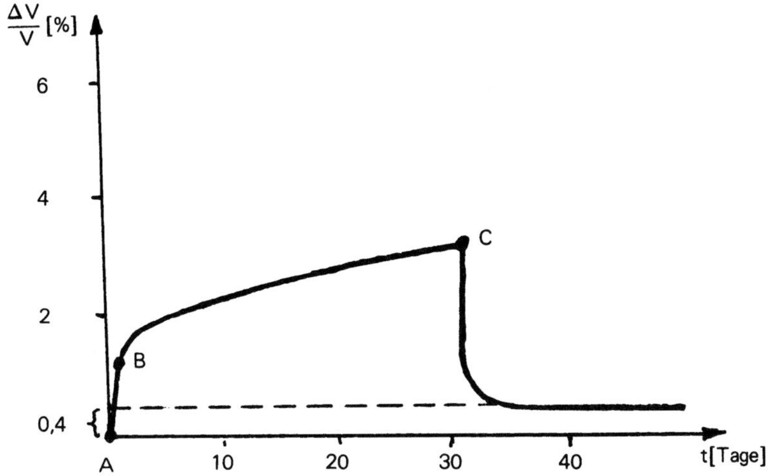

Bild 7:
Kriechkurve mit Entlastungszweig

Im Gefüge Bild 8 zeichnet sich im Bereich zwischen 49° und 69° eine gürtelartige Polanhäufung der c-Achsen-Lagen ab, die der theoretisch vorausgesagten Umregelung entspricht.

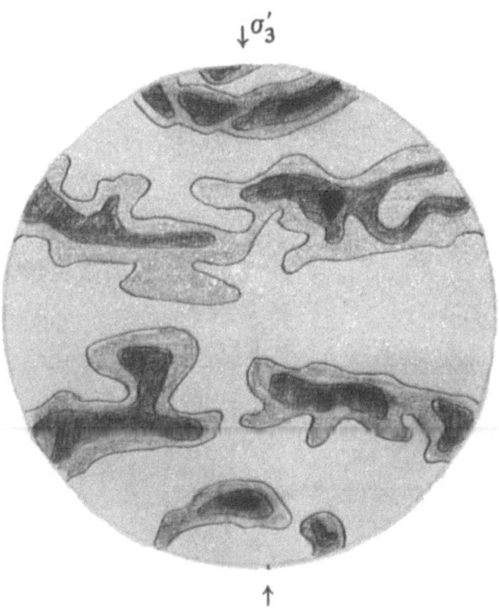

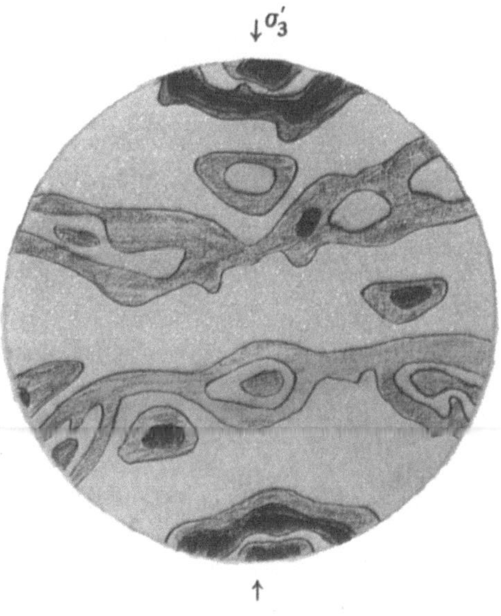

Die verschiedenen Grautöne entsprechen 0–1; 1–2; 2–4; 4–6%

Bild 8:
c-Achsen-Verteilung einer nach 30 Tagen Dauerstand entlasteten Marmorprobe

Bild 9:
c-Achsen-Verteilung nach 120 Tagen Dauerstand

Die Gürtelbildung im 20°-Bereich kann der parallel einsetzenden Zwillingsgleitung längs $(01\bar{1}2)$ = e zugeordnet werden. Die e-Lamellen werden hierbei in den Konus der Hauptschubrichtung mit 45° halber Öffnung eingeregelt. Mit $c \wedge e = 26°$ liegt dann der geometrische Ort aller c-Achsen auf einem Kegel mit einem halben Öffnungswinkel von 19°.

Im weiteren Verlauf zeigt die Kriechkurve im Bereich C bis D eine nahezu konstante Verformungsgeschwindigkeit. Nach 100 Tagen Dauerstand nimmt die Verformungsgeschwindigkeit bis zum Punkt E stärker zu und führte zum Bruch des Probekörpers.

Eine Schwesterprobe mit der gleichen in Bild 6 gezeigten Charakteristik der Kriechkurve wurde im Bereich zwischen D und E nach 120 Tagen Standzeit entlastet und gefügeanalytisch untersucht. Die bleibende Dilatation betrug hier bereits 1,2 %. Das in Bild 9 wiedergegebene Gefügediagramm zeigt eine starke Gürtelbildung im 20°-Bereich und eine gewisse Anhäufung der c-Achsen in den Polbezirken. Letztere rührt von der $(10\bar{1}1)$ = r-*Translation* her, da $r \wedge c = 45°$ ist. Die durch die Poleinregelung aktivierte Translation längs der r-Gleitebenen führt zu der verstärkten Fließbewegung. In dieser letzten Verformungsphase werden die Gürtelpartien der zuvor erfolgten elastischen Einregelung der c-Achsen weitgehend abgebaut.

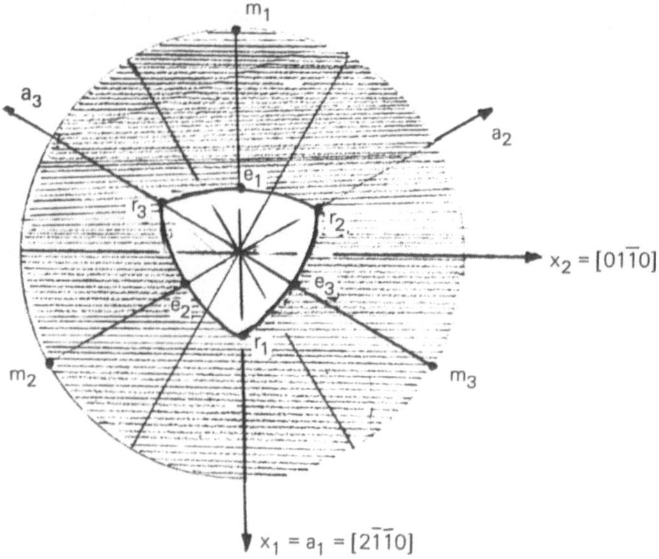

Bild 10:
Abgrenzung der Gleitbereiche beim Kalzit

schraffiert: Zwillingsgleitung
nicht schraffiert: Translation

7. Dauerstandsuntersuchung an Kalzit-Einkristallen

Aus einer Reihe von größeren Kalkspatrhomboedern wurden Prismen angefertigt, deren Längskanten parallel zur c-Achse gerichtet waren. Parallel zur c-Achse beansprucht zeigt sich lediglich Translationsgleitung auf den 3 Translationsebenen r_1, r_2, r_3. Zwillingsgleitung ist ausgeschlossen, wie anhand Bild 10 gezeigt ist, wo der schraffierte

Bereich die mögliche Zwillingsgleitung kennzeichnet. Eine zweite Testserie ermöglichte die Druckbeaufschlagung von m_1, m_2, m_3, wo ausschließlich Zwillingsgleitung beobachtet wurde. Die Belastung betrug jeweils $3{,}5 \cdot 10^7$ N/m². Aus Bild 11 ist zu entnehmen, daß Zwillingsgleitung zu höheren Verformungswerten führt als Translationsgleitung. Bei der auf Dauerstand untersuchten Marmorprobe wird somit die beobachtete bevorzugt einsetzende Zwillingsgleitung verständlich.

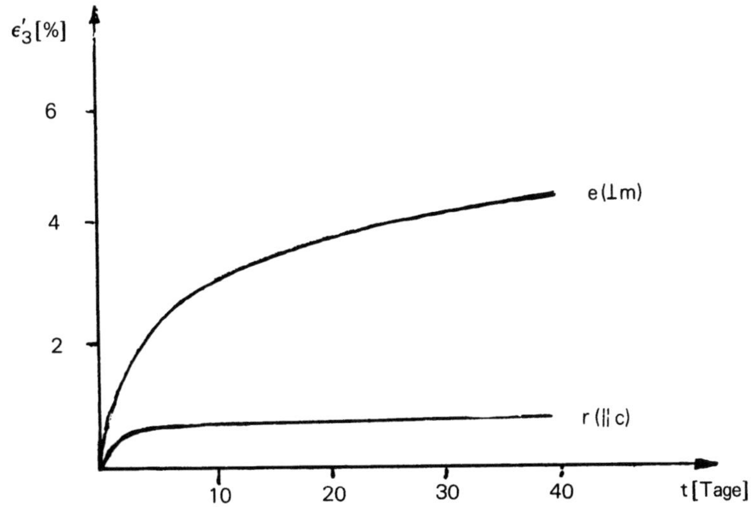

Bild 11:
Kriechkurven von Kalzit-Einkristallen unterschiedlicher Prüfrichtung

8. Rekristallisationsversuch

Die in Bild 8 erkennbare Einregelung der Kalzitkristalle in den theoretisch vorausgesagten Endlagenbereich ist nicht sehr überzeugend. Weit besser gelingt der Nachweis durch einen Rekristallisationsversuch, der wie folgt durchgeführt wurde.

Die Belastung der Marmorprobe erfolgte innerhalb einer Minute bei Zimmertemperatur auf die Vollast von $9 \cdot 10^7$ N/m², wobei eine elastische Volumendilatation von 7,2 ‰ registriert werden konnte. Unter Belastung wurde die Probe bei 800°C über eine Stunde lang getempert. Die Rekristallisation des Gefüges war nahezu vollkommen und es entstanden scharfe Korngrenzen, deren Kontur keinerlei Beziehung zur Gitterstruktur aufwies. Größere Originalkörner wurden durch den Rekristallisationsprozeß in Einzelindividuen unterschiedlicher Kristallrichtung unterteilt. Bemerkenswert ist das fast vollständige Fehlen von Zwillingsgleitung innerhalb der neu gebildeten Kristallite. Die Einregelung der c-Achsen ist in Bild 12 dargestellt.

Die Regelung erfolgt bevorzugt auf dem 65°-Gürtel und stützt die Gleichverformungshypothese, die besagt, daß sich im Kristallverband alle Körner nahezu gleichartig verformen und somit von Kristallit zu Kristallit unterschiedliche Spannungen auftreten.

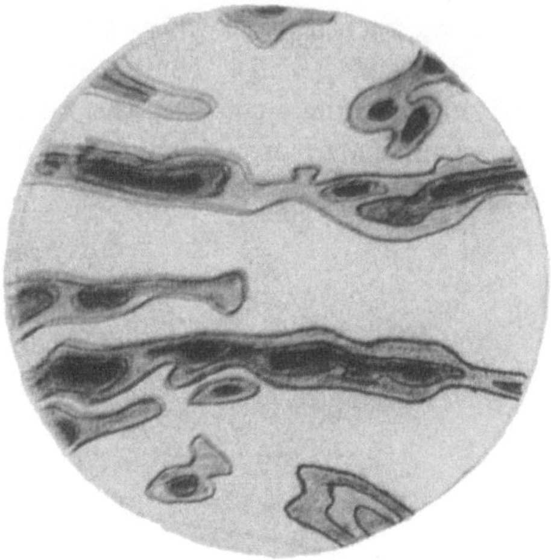

Die verschiedenen Grautöne entsprechen 0–1; 1–2; 2–4; 4–6 %

Bild 12:
Einregelung der c-Achsen einer Marmorprobe nach zuvor erfolgter Stauchung und anschließender Rekristallisation

9. Der rotationssymmetrische Beanspruchungszustand

Die Rotationssymmetrie drückt sich durch die Bedingung

$$\left.\begin{aligned} \sigma'_{11} &= \sigma'_{22} = -\sigma'_r \\ \sigma'_{33} &= -\sigma'_3 \\ \sigma'_{12} &= \sigma'_{13} = \sigma'_{23} = 0 \end{aligned}\right\} \qquad (71)$$

aus und liefert die Energiegleichung

$$\begin{aligned} A = \frac{1}{2}\,(s'_{1111} + 2\,s'_{1122} + s'_{2222})\,\sigma_r'^2 + (s'_{1133} + s'_{2233})\,\sigma'_r\,\sigma'_3 \\ + \frac{1}{2}\,s'_{3333}\,\sigma_3'^2\,. \end{aligned} \qquad (72)$$

Die Transformation ergibt bei trigonal-trapezoedrischer Kristallklasse:

$$
\begin{aligned}
A = {} & \frac{1}{2} s_{1111} [\sigma_r' + a_{31}^2 (\sigma_3' - \sigma_r')]^2 \\
& + s_{1122} [\sigma_r' + a_{31}^2 (\sigma_3' - \sigma_r')][\sigma_r' + a_{32}^2 (\sigma_3' - \sigma_r')] \\
& + 2 s_{1123} a_{32} a_{33} [\sigma_r' + a_{31}^2 (\sigma_3' - \sigma_r')] (\sigma_3' - \sigma_r') \\
& + s_{1133} [\sigma_r' + a_{31}^2 (\sigma_3' - \sigma_r')][\sigma_r' + a_{33}^2 (\sigma_3' - \sigma_r')] \\
& + 2 s_{2323} a_{32}^2 a_{33}^2 (\sigma_3' - \sigma_r')^2 \\
& + \frac{1}{2} s_{3333} [\sigma_r' + a_{33}^2 (\sigma_3' - \sigma_r')]^2
\end{aligned} \tag{73}
$$

Nach Einführung von Polarwinkeln folgt schließlich das Endresultat:

$$
\begin{aligned}
A = {} & \frac{1}{2} s_{1111} [\sigma_r' + \cos^2\phi \sin^2\Theta (\sigma_3' - \sigma_r')]^2 \\
& + s_{1122} [\sigma_r' + \cos^2\phi \sin^2\Theta (\sigma_3' - \sigma_r')][\sigma_r' + \sin^2\phi \sin^2\Theta (\sigma_3' - \sigma_r')] \\
& + \frac{1}{2} s_{1123} \sin\phi \sin 2\Theta [\sigma_r' + \cos^2\phi \sin^2\Theta (\sigma_3' - \sigma_r')] (\sigma_3' - \sigma_r') \\
& + s_{1133} [\sigma_r' + \cos^2\phi \sin^2\Theta (\sigma_3' - \sigma_r')][\sigma_r' + \cos^2\Theta (\sigma_3' - \sigma_r')] \\
& + \frac{1}{2} s_{2323} \sin^2\phi \sin^2 2\Theta (\sigma_3' - \sigma_r')^2 \\
& + \frac{1}{2} s_{3333} [\sigma_r' + \cos^2\Theta (\sigma_3' - \sigma_r')]^2
\end{aligned} \tag{74}
$$

Für den Fall der Gleichverteilung der Formänderungen folgt ein äquivalenter Ausdruck, bei dem A als Funktion der Winkel ϕ und Θ sowie der Deformationen ϵ_r' und ϵ_3' ausgedrückt ist. Die sehr umfangreiche Rechnung liefert für beide Annahmen der Gleichspannungs- bzw. Gleichverformungshypothese den Regelungsbereich

$$37° < \Theta < 58°,$$

sofern $\sigma_3' > \sigma_r'$ ist.

10. Der dreiachsige Beanspruchungszustand

Ist $\sigma_1' \neq \sigma_2' \neq \sigma_3'$, so folgt aus

$$
(75) \qquad \left.\begin{aligned}
\sigma_{11}' &= -\sigma_1' \\
\sigma_{22}' &= -\sigma_2' \\
\sigma_{33}' &= -\sigma_3' \\
\sigma_{12}' &= \sigma_{13}' = \sigma_{23}' = 0
\end{aligned}\right\}
$$

die allgemeine Beziehung

$$
A = \frac{1}{2} s_{1111}' \sigma_1'^2 + s_{1122}' \sigma_1' \sigma_2' + s_{1133}' \sigma_1' \sigma_3' + \frac{1}{2} s_{2222}' \sigma_2'^2 + s_{2233}' \sigma_2' \sigma_3' + \frac{1}{2} s_{3333}' \sigma_3'^2
$$

Für die Gleichspannungshypothese wurde dieser Fall von W.F. Brace (1960) behandelt. Unter Berücksichtigung auch der Gleichverformungshypothese erhält man die in Bild 13 dargestellten separaten Ringgebiete.

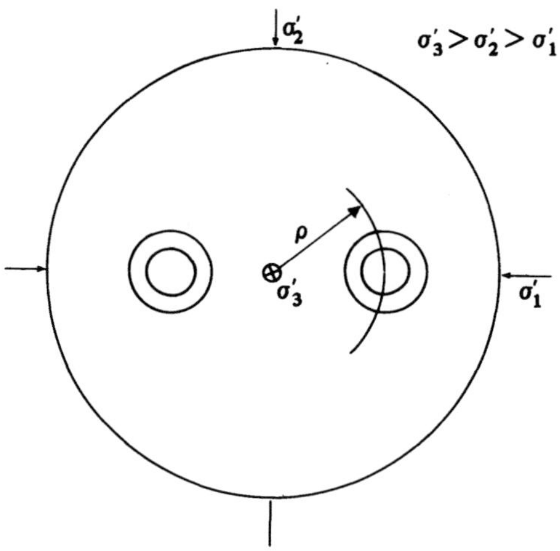

Bild 13:
Ringgebiete als geometrischer Ort der Einregelung der c-Achsen bei triaxialer Beanspruchung

Der experimentelle Nachweis der Einregelung der c-Achsen von triaxial gestauchten Mamorproben wurde von W. Dreyer (1967) geführt. Die Triaxialverformung erfolgte hierbei mit den Hauptspannungen

$\sigma'_3 = 44 \cdot 10^7\ N/m^2$

$\sigma'_2 = 22 \cdot 10^7\ N/m^2$

$\sigma'_1 = \ \ 7 \cdot 10^7\ N/m^2$

in einer Prüfanlage, welche es gestattet, in drei zueinander senkrechten Richtungen unabhängig voneinander und feinstufig regelbar Prüfkräfte bis zu 100 Mp aufzubringen.

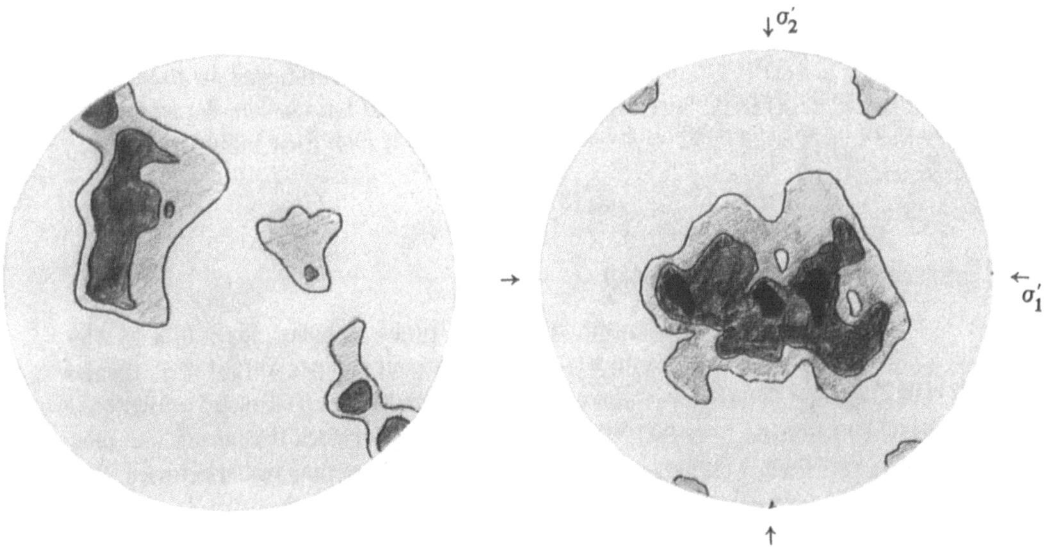

Vor der Beanspruchung

Nach triaxialer Beanspruchung
$\sigma'_3 = 44 \cdot 10^7\ N/m^2$
$\sigma'_2 = 22 \cdot 10^7\ N/m^2$
$\sigma'_1 = \ \ 7 \cdot 10^7\ N/m^2$

Die verschiedenen Grautöne entsprechen 0–1; 1–2; 2–4; 4–6 %

Bild 14:
Gefügebild der undeformierten und der triaxial deformierten Marmorprobe

Wie aus Bild 14 zu ersehen ist, hat bei der Trixialverformung eine Umregelung zu Polanhäufungen von Gleitflächen parallel σ'_2 stattgefunden. Es ist eine deutliche rhombische Symmetrie erkennbar, wobei der Winkel ρ etwa 60° beträgt. Weiterhin konnte festgestellt werden, daß die Verformung mit einer Internrotation von Gleitflächen verbunden ist, wie das Maximum in der Mitte zeigt.

II. Untersuchungen an Quarz und Quarzit

1. Brucherscheinungen am Quarz-Einkristall

Belastet man senkrecht zur c-Achse geschnittene Quarzprismen, so wird beim Bruch ein System von Bruchflächen erzeugt, das meist parallel der prismatischen Flächen, d.h. parallel zur Druckrichtung gerichtet ist. Die Kristallsplitter sind stets dünn und oft nadelig ausgebildet. Senkrecht zur c-Achse beanspruchte Einkristalle indessen bilden dickere Bruchstücke mit häufig dreieckigen Querschnittsflächen. Die Bruchflächen verlaufen zumeist parallel der pyramidalen und prismatischen Flächen. Bruchebenen in Spaltrichtung $(10\bar{1}1)$ wurden seltener beobachtet, weil die rhomboedrischen Flächen des Quarzes eine zur Druckachse ungünstige Lage haben. Bei schräger Druckrichtung oder im polykristallinen Haufwerk sind jedoch Risse in Spaltrichtung die Regel.

2. Einachsiger Drucktest am Quarzit

Eine bei 20 °C einachsig beanspruchte Quarzitprobe erbrachte das in Bild 15 wiedergegebene Diagramm der Kompression in Abhängigkeit von der Auflast. Z.T. Bieniawski (1967) gliedert derartige Lastkurven in 4 Teilabschnitte. Im Teilstück I erfolgt das Schließen vorhandener Risse im Gefüge. Das geradlinige Teilstück II kennzeichnet rein elastisches Verhalten, wohingegen im Teilstück III Rißausbreitung registriert wird. Die Rißausbreitung hört jedoch bei konstant gehaltener Last auf. Im Teilstück IV ist die

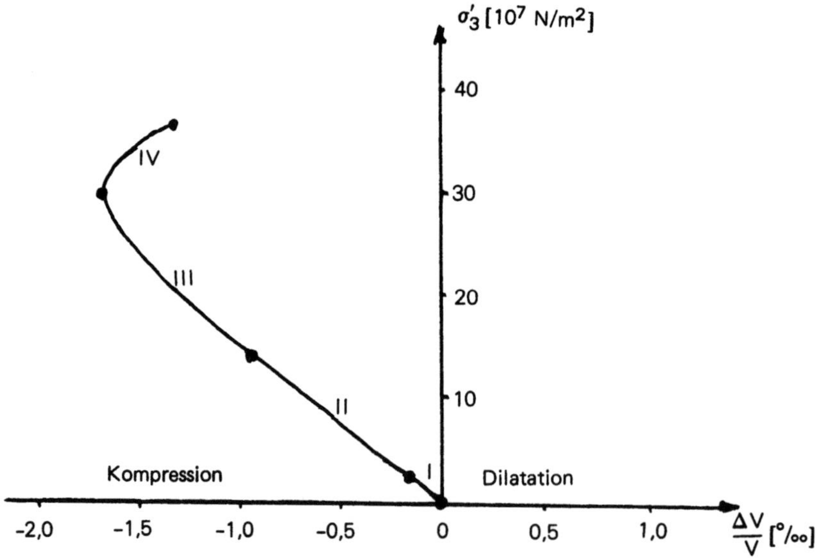

Bild 15:
Abhängigkeit der Volumenänderung von der Spannung eines einachsig beanspruchten Quarzits

Rißausbreitung instabil und führt bei konstanter Last schließlich zum Bruch des Körpers.

Die Abnahme der Volumenkompression im Teilstück III wird durch die Regelung der Quarzkristalle in die thermodynamisch vorbestimmte Vorzugsrichtung erklärt. Die Drehung der Kristallite geht Hand in Hand mit einer Mikrorißbildung längs der Korngrenzen, die stabilen Charakter hat. Beim Übergang in den Bereich IV treten auch Risse durch die günstig zur Beanspruchungsrichtung gelegenen Quarzkristalle auf, die im Dickschliff mit Hilfe des Universaldrehtisches eingemessen wurden. Um ihre Orientierung zur c-Achse feststellen zu können, wurden die Dickschliffe bis zur Dünnschliffstärke gebracht. Die Risse erwiesen sich hauptsächlich als $(10\overline{1}1)$-Spaltflächen und nur vereinzelt konnte Rißbildung längs der $(\overline{2}110)$- und $(1\overline{2}10)$-Ebenen festgestellt werden. Im Teilstück IV nimmt die Rißbildung sowohl entlang der Korngrenzen als auch im Kristallinneren stark zu, wobei einzelne Risse durch mehrere Kristallite gehen und den Bruch der Probe einleiten.

3. Endlage der Quarzachsen bei einachsiger Beanspruchung im Fall der Gleichverformung aller Kristallite

Die elastischen Konstanten sind für Quarz:

$$c_{1111} = 8{,}75 \cdot 10^{10}\ \mathrm{N/m^2}$$

$$c_{1122} = 0{,}76 \cdot 10^{10}\ \mathrm{N/m^2}$$

$$c_{1123} = 1{,}72 \cdot 10^{10}\ \mathrm{N/m^2}$$

$$c_{1133} = 1{,}51 \cdot 10^{10}\ \mathrm{N/m^2}$$

$$c_{2323} = 5{,}73 \cdot 10^{10}\ \mathrm{N/m^2}$$

$$c_{3333} = 10{,}77 \cdot 10^{10}\ \mathrm{N/m^2}$$

Die Energiedichte beträgt hier

$$A = \frac{1}{2}\,[8{,}75 \sin^4\Theta - 6{,}88 \sin^3\Theta \cos\Theta + 25{,}94 \sin^2\Theta \cos^2\Theta + 10{,}77 \cos^4\Theta]\ 10^{10}\ \epsilon_3'^2 \quad (77)$$

und der Modul

$$c'_{3333} = [8{,}75 \sin^4\Theta - 6{,}88 \sin^3\Theta \cos\Theta + 25{,}94 \sin^2\Theta \cos^2\Theta + 10{,}77 \cos^4\Theta]\ 10^{10}. \quad (78)$$

Tabelle 2:
Variation von c'_{3333} für Quarz

Θ in °	c'_{3333} in 10^{10} N/m²
–90	8,750
–80	10,139
–70	11,602
–60	12,692
–50	13,128
–40	12,890
–30	12,213
–20	11,455
–10	10,932
0	10,770
10	10,861
20	10,938
30	10,723
40	10,091
50	9,152
60	8,224
70	7,697
80	7,857
90	8,750

In Tabelle 2 sind die nach (78) berechneten Zahlenwerte aufgeführt, wonach das Verteilungsdiagramm der c'_{3333} gezeichnet worden ist. Aus Bild 16 ist zu entnehmen, daß das Maximum von c'_{3333} bei etwa –48° liegt. Nach (60) berechnet sich der genaue Wert für die Lage des Maximums zu

$$\Theta^* = -48{,}1°.$$

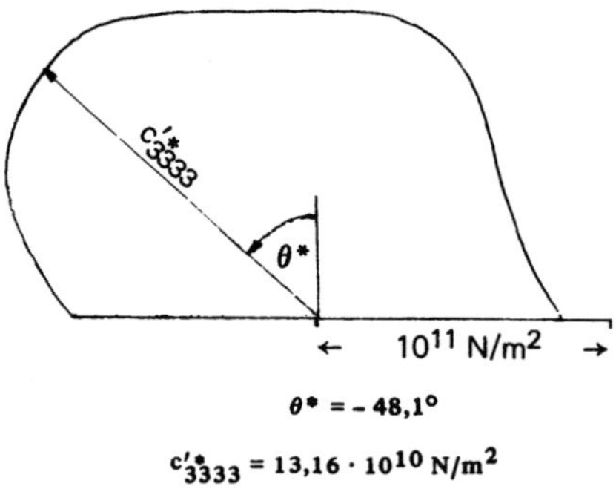

Bild 16:
Variation der elastischen Konstanten für Quarz

Das Maximum von c'_{3333} bestimmt sich aus (61) zu

$$c'^*_{3333} = 13{,}16 \cdot 10^{10}\,\text{N/m}^2$$

4. Endlage der Quarzachsen bei einachsiger Beanspruchung im Fall der Gleichverteilung der Spannungen

Für Quarz betragen die Moduli:

$$s_{1111} = 12{,}69 \cdot 10^{-12}\ m^2/N$$

$$s_{1122} = -1{,}69 \cdot 10^{-12}\ m^2/N$$

$$s_{1123} = -2{,}16 \cdot 10^{-12}\ m^2/N$$

$$s_{1133} = -1{,}54 \cdot 10^{-12}\ m^2/N$$

$$s_{2323} = 5{,}01 \cdot 10^{-12}\ m^2/N$$

$$s_{3333} = 9{,}71 \cdot 10^{-12}\ m^2/N$$

Mit (49) folgt

(79)
$$A = \frac{1}{2}\,[12{,}69 \sin^4\Theta + 8{,}64 \sin^3\Theta \cos\Theta + 16{,}96 \sin^2\Theta \cos^2\Theta + 9{,}71 \cos^4\Theta] \cdot 10^{-12}\, \sigma_3'^2$$

oder

(80)
$$s'_{3333} = [12{,}69 \sin^4\Theta + 8{,}64 \sin^3\Theta \cos\Theta + 16{,}96 \sin^2\Theta \cos^2\Theta + 9{,}71 \cos^4\Theta] \cdot 10^{-12}.$$

Das Verteilungsdiagramm der s'_{3333} ist in Bild 17 wiedergegeben. Für den Fall der Spannungsgleichheit in allen Quarzkristallen errechnet sich die Maximallage zu

$$\Theta^* = -\ 71{,}5°$$

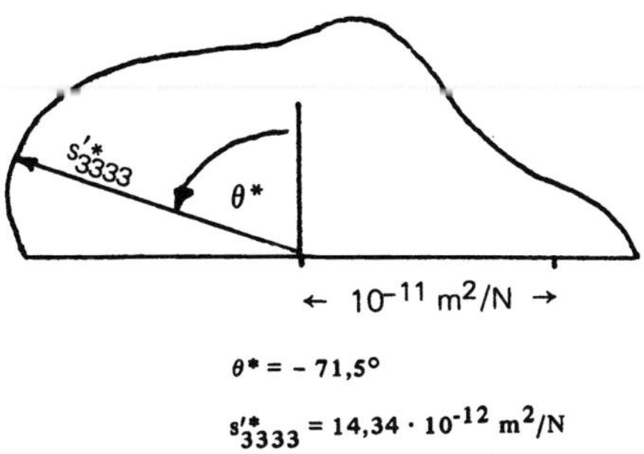

Bild 17:
Variation der elastischen Moduli für Quarz

und das Maximum zu

$$s'^{*}_{3333} = 14{,}34 \cdot 10^{-12}\ m^2/N.$$

Eine direkte Beobachtung dieser Quarzregelung war bei Zimmertemperatur nicht möglich.

III. Nachweis der Gefügeregelung an Hand der dielektrischen Polarisation

1. Zur dielektrischen Suszeptibilität des Anisotrops

Die unter definierter Beanspruchung erzielte Umregelung des Gefüges kann durch Polarisationsmessungen kontrolliert werden. Im elektrischen Feld treten an der Oberfläche von dielektrischen Körpern – sowohl bei Einkristallen als auch bei Kristallaggregaten – Polarisationsladungen auf, deren spezifisches elektrisches Moment als Polarisation bezeichnet wird. Hierbei erfolgt die Bezugnahme des elektrischen Moments in der Regel auf die Größe des polarisierten Volumens. Zwischen der Polarisation P'_n und der elektrischen Feldstärke E'_m besteht im allgemeinen anisotropen Fall der Zusammenhang

$$(81) \qquad P'_n = \epsilon_o X'_{mn} E'_m \,.$$

Im Internationalen Maßsystem besitzt die Influenzkonstante ϵ_o den Wert

$$\epsilon_o = 8{,}854 \cdot 10^{-12} \frac{As}{Vm} \,.$$

Bezogen auf das gestrichene Koordinatensystem x'_1, x'_2, x'_3 des polykristallinen Körpers gilt

$$(82) \qquad X'_{mn} = a_{mo}\, a_{np}\, X_{op},$$

so daß

$$(83) \qquad P'_n = \epsilon_o X_{op}\, a_{mo}\, a_{np}\, E'_m \,.$$

Setzt man die für Kalzit und Quarz gegebene Matrix

$$(84) \quad X_{op} = \begin{pmatrix} X_{11} & 0 & 0 \\ 0 & X_{11} & 0 \\ 0 & 0 & X_{33} \end{pmatrix}$$

in (83) ein und führt die Rechnung durch, so erhält man

$$(85) \qquad P'_n = \epsilon_o \begin{pmatrix} a_{31} a_{11} X_{11} + a_{32} a_{12} X_{11} + a_{33} a_{13} X_{33} \\ a_{31} a_{21} X_{11} + a_{32} a_{22} X_{11} + a_{33} a_{23} X_{33} \\ a_{31} a_{31} X_{11} + a_{32} a_{32} X_{11} + a_{33} a_{33} X_{33} \end{pmatrix} \cdot E'_3 \; .$$

In Richtung des Feldes E'_3 ergibt sich die Komponente

$$(86) \qquad P'_3 = \epsilon_o \; [X_{11} + (X_{33} - X_{11}) \, a_{33}^2] \cdot E'_3$$

oder mit (48)

$$(87) \qquad P'_3 = \epsilon_o \; [X_{11} + (X_{33} - X_{11}) \cos^2 \Theta] \cdot E'_3 \; .$$

Zur Kontrolle dieser wichtigen Beziehung sei mit $\Theta = O$ der Fall behandelt, daß *alle c-Achsen parallel* zur Feldrichtung stehen. Das Ergebnis ist erwartungsgemäß

$$(88) \qquad P'_3 = \epsilon_o \, X_{33} \, E'_3 \; .$$

Sind alle c-Achsen senkrecht zur Feldrichtung orientiert, wird mit $\Theta = 90°$

$$(89) \qquad P'_3 = \epsilon_o \, X_{11} \, E'_3 \; .$$

Ist der polykristalline Körper ungeregelt, ergibt die dann durchzuführende Mittelbildung

$$(90) \qquad \overline{P'_3} = \frac{1}{2} \int_o^\pi P'_3 \sin \Theta \, d\Theta$$

nach Einführen von (87) das arithmetische Mittel

$$(91) \qquad \overline{P'_3} = \epsilon_o \, \frac{2 X_{11} + X_{33}}{3} \, E'_3$$

bzw. die Suszeptibilität

$$(92) \qquad \overline{X} = \frac{2 X_{11} + X_{33}}{3} \; .$$

Dieser Mittelung liegt die Annahme zugrunde, daß bei allen Kristalliten die elektrische Feldstärke gleich der des gesamten Kristallaggregats ist, wobei die dielektrische Polarisation von Kristallit zu Kristallit entsprechend variiert.

Im Fall von Kalzit

$$X_{11} = 7{,}5 \qquad X_{33} = 7{,}0$$

ist der Wert der Polarisation des ungeregelten Haufwerks

$$\overline{X} = 7{,}33.$$

Die Untersuchung einer sehr reinen und nahezu ungeregelten Marmorprobe erbrachte bei 20 °C einen Suszeptibilitätswert von

$$\bar{X} = 7{,}24 \pm 0{,}03\ .$$

Diese Messung ist von W. Dreyer (1967) in einer Arbeit über neuere Forschungsergebnisse auf dem Gebiet der Gesteinsphysik beschrieben worden, aus der auch die meßtechnischen Details zu entnehmen sind.

Rutil zeigt mit

$$X_{11} = 86{,}5$$

$$X_{33} = 179{,}0$$

einen außerordentlich starken Regelungseffekt, wohingegen Quarz mit

$$X_{11} = 3{,}5$$

$$X_{33} = 3{,}6$$

wegen des geringen Unterschiedes von X_{11} und X_{33} keine nennenswerte Abhängigkeit der Polarisation von der Regelung erwarten läßt.

In Feldrichtung E_3' berechnet sich die Suszeptibilität X_3' der polykristallinen Probe zu

$$X_3' = X_{11} + \frac{1}{n}(X_{33} - X_{11}) \sum_{i=1}^{n} \cos^2\Theta_i\ . \qquad (93)$$

Hierbei bedeutet n die Anzahl der Körner, die vom Feld E_3' erfaßt werden. Ist die Regelung über einen größeren Bereich gleichartig, kann für die Berechnung von X_3' auch eine Teilmenge herangezogen werden. Im vorliegenden Fall betrug die Teilmenge 327 Körner und führte – einschließlich Fehlerbetrachtung – zu dem rechnerischen Ergebnis

$$X_3' = 7{,}12 \pm 0{,}07\ .$$

Dieser Wert zeigt in Verbindung mit (88), daß eine weitgehende Einregelung der c-Achsen der Kalzitkristalle in die Feldrichtung E_3' vorliegt, was schließlich auch mit dem optischen Befund übereinstimmt.

Bei völliger Einregelung in die Feldrichtung wäre der Suszeptibilitätswert X_{33} von 7,0 als Minimalwert gemessen worden. Der Meßwert

$$X_3' = 7{,}18 \pm 0{,}04$$

deutet auf eine Einregelung, deren Grad nach

(94) $$R = \frac{\overline{X} - X_3'}{X_3' - X_{33}} \qquad X_{33} \leqslant X_3' \leqslant \overline{X}$$

zu 83 % bestimmt wird.

An den Grenzen X_{33} und $\overline{X}$ wird der Regelungsgrad definitionsgemäß Unendlich (völlige Einregelung) bzw. Null (ungeregelt).

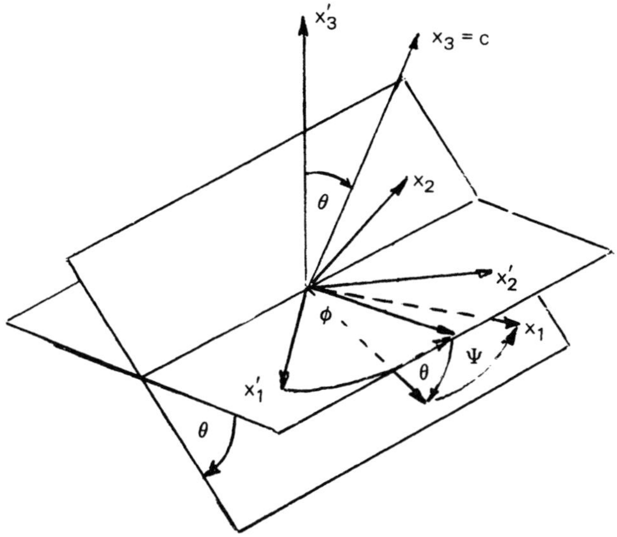

Bild 18:
Einführung allgemeiner Polarkoordinaten

2. Polarisation des Anisotrops bei abgeänderter Feldrichtung

Für die Feldpolarisation in allgemeiner Feldrichtung werde die Transformation der a_{mn} auf das System der ϕ, Θ, Ψ herangezogen. Diese in Bild 18 gezeigte Transformation führt den Vektor x_1' durch dreifache Drehung in x_1 über. Mit x_3' als Drehachse wird hierbei x_1' um ϕ gedreht und im weiterenum Θ geneigt und schließlich mit x_3 als Drehachse um Ψ gedreht. Der Vektor x_3' geht durch die Neigung Θ in x_3 über. Die Gesamttransformation ist durch

(95)
$$a_{11} = \cos\phi \cos\Theta \cos\Psi - \sin\phi \sin\Psi$$
$$a_{12} = \sin\phi \cos\Theta \cos\Psi + \cos\phi \sin\Psi$$
$$a_{13} = -\sin\Theta \cos\Psi$$
$$a_{21} = -\cos\phi \cos\Theta \sin\Psi - \sin\phi \cos\Psi$$

$$a_{22} = -\sin\phi \cos\Theta \sin\Psi + \cos\phi \cos\Psi$$

$$a_{23} = \sin\Theta \sin\Psi$$

(95) $$a_{31} = \cos\phi \sin\Theta$$

$$a_{32} = \sin\phi \sin\Theta$$

$$a_{33} = \cos\Theta$$

gegeben.

Wird das Feld in x_2'-Richtung angelegt, gilt:

(96) $$P_n' = \epsilon_o \begin{pmatrix} a_{21}\, a_{11}\, X_{11} + a_{22}\, a_{12}\, X_{11} + a_{23}\, a_{13}\, X_{33} \\ a_{21}\, a_{21}\, X_{11} + a_{22}\, a_{22}\, X_{11} + a_{23}\, a_{23}\, X_{33} \\ a_{21}\, a_{31}\, X_{11} + a_{22}\, a_{32}\, X_{11} + a_{23}\, a_{33}\, X_{33} \end{pmatrix} E_2'$$

In Richtung des Feldes E_2' beträgt die Polarisation

(97) $$P_2' = \epsilon_o\, [X_{11} + (X_{33} - X_{11})\, a_{23}^2]\, E_2'$$

und mit Berücksichtigung von (95)

(98) $$P_2' = \epsilon_o\, [X_{11} + (X_{33} - X_{11}) \sin^2\Theta \sin^2\Psi]\, E_2' \;.$$

Entsprechend folgt für

(99) $$P_1' = \epsilon_o\, [X_{11} + (X_{33} - X_{11})\, a_{13}^2]\, E_1'$$

oder

(100) $$P_1' = \epsilon_o\, [X_{11} + (X_{33} - X_{11}) \sin^2\Theta \cos^2\Psi]\, E_1' \;.$$

3. Bestimmung der Richtung einer bevorzugten Einregelung

Der Winkel Θ berechnet sich für den Sonderfall nur eines einzigen Gefügemaximums gemäß (87) zu

(101) $$\Theta = \arccos \sqrt{\frac{\dfrac{P_3'}{\epsilon_o\, E_3'} - X_{11}}{X_{33} - X_{11}}}\,.$$

Aus (98) und (100) folgt

$$(102) \qquad \Psi = \text{arctg} \sqrt{\frac{\dfrac{P'_2}{\epsilon_0 \, E'_2} - X_{11}}{\dfrac{P'_1}{\epsilon_0 \, E'_1} - X_{11}}}.$$

Sind im Gefüge *mehrere Maxima* vorhanden, geben Θ und Ψ lediglich Mittelwerte an, denen keine physikalische Bedeutung zukommt.

IV. Nachweis der Gefügeregelung an Hand der Piezoelektrizität

1. Die piezoelektrischen Moduli des Anisotrops

Notwendige Voraussetzung für das Auftreten von Piezoelektrizität ist das Fehlen eines Symmetriezentrums. Von den 32 Kristallklassen sind somit nur 20 piezoelektrisch. Der piezoelektrische Effekt, bei dem die durch eine äußere Belastung bewirkte Deformation zu Oberflächenladungen führt, ist reversibel.

Die dielektrische Polarisation P'_n ist mit der Spannung σ'_{ij} durch

$$(103) \qquad P'_n = d'_{nij} \, \sigma'_{ij}$$

verknüpft, wobei der dreistufige Tensor d'_{nij} der piezoelektrischen Moduli symmetrisch ist. Es gilt die Transformation:

$$(104) \qquad d'_{nij} = d_{rst} \, a_{nr} \, a_{is} \, a_{jt}$$

In räumlicher Matrizendarstellung des dreistufigen piezoelektrischen Materialtensors bedeutet der erste Index r die Schichtfolge, der zweite Index s die Zeile und der dritte Index t die Spalte.

$$(105) \qquad d_{rst} = \begin{pmatrix} d_{111} & d_{112} & d_{113} \\ d_{112} & d_{122} & d_{123} \\ d_{113} & d_{123} & d_{133} \end{pmatrix} \begin{pmatrix} d_{211} & d_{212} & d_{213} \\ d_{212} & d_{222} & d_{223} \\ d_{213} & d_{223} & d_{233} \end{pmatrix} \begin{pmatrix} d_{311} & d_{312} & d_{313} \\ d_{312} & d_{322} & d_{323} \\ d_{313} & d_{323} & d_{333} \end{pmatrix}$$

Der trigonal-trapezoedrische Quarz besitzt wegen seiner hohen Symmetrie nur noch zwei unabhängige Moduli

$$d_{111} = -2{,}25 \cdot 10^{-12} \frac{As}{N}$$

$$d_{123} = -0{,}43 \cdot 10^{-12} \frac{As}{N}$$

und liefert so die vereinfachte Matrix

$$\text{(106)}\qquad d_{rst} = \begin{pmatrix} d_{111} & 0 & 0 \\ 0 & -d_{111} & d_{123} \\ 0 & d_{123} & 0 \end{pmatrix} \begin{pmatrix} 0 & -d_{111} & -d_{123} \\ -d_{111} & 0 & 0 \\ -d_{123} & 0 & 0 \end{pmatrix} \begin{pmatrix} 0 & 0 & 0 \\ 0 & 0 & 0 \\ 0 & 0 & 0 \end{pmatrix}$$

Der piezoelektrische Effekt des Quarzes ist bis zu Temperaturen von 450 °C praktisch *temperaturunabhängig* und nimmt oberhalb dieser Temperatur langsam ab. Bei 576 °C geht Quarz in eine andere Modifikation mit hexagonaler Struktur über, die keinen Longitudinal-Effekt mehr besitzt. Nach Abkühlung setzt wieder eine Umkehr ein, da der Temperaturgang reversibel ist.

Bei einachsiger Beanspruchung

$$\text{(107)}\qquad \left.\begin{aligned} \sigma'_{11} &= \sigma'_{22} = 0 \\ \sigma'_{33} &= -\sigma'_3 \\ \sigma'_{12} &= \sigma'_{13} = \sigma'_{23} = 0 \end{aligned}\right\}$$

folgt:

$$\text{(108)}\qquad P'_n = \begin{pmatrix} [d_{111}(a_{23}^2 - a_{13}^2) - 2d_{123}\,a_{23}\,a_{33}]\,a_{11} + 2[d_{111}\,a_{23} + d_{123}\,a_{33}]\,a_{13}\,a_{21} \\ [d_{111}(a_{23}^2 - a_{13}^2) - 2d_{123}\,a_{23}\,a_{33}]\,a_{12} + 2[d_{111}\,a_{23} + d_{123}\,a_{33}]\,a_{13}\,a_{22} \\ [d_{111}(a_{23}^2 - a_{13}^2) - 2d_{123}\,a_{23}\,a_{33}]\,a_{13} + 2[d_{111}\,a_{23} + d_{123}\,a_{33}]\,a_{13}\,a_{23} \end{pmatrix} \sigma'_3$$

In Richtung σ'_3 ergibt sich als Longitudinaleffekt die Komponente

$$\text{(108a)}\qquad P'_3 = \{[d_{111}(a_{23}^2 - a_{13}^2) - 2d_{123}\,a_{23}\,a_{33}]\,a_{13} + 2[d_{111}\,a_{23} + d_{123}\,a_{33}]\,a_{13}\,a_{23}\}\,\sigma'_3 .$$

Nach Einführung der Koordinaten ϕ, Θ, Ψ gemäß (95) folgt schließlich

$$\text{(109)}\qquad P'_3 = d_{111} \sin^3\Theta \cos 3\Psi \cdot \sigma'_3 .$$

Der Longitudinaleffekt ist somit unabhängig von der Koordinate ϕ.

Der Transversaleffekt in x'_2-Richtung ist aus (108) zu

$$\text{(110)}\qquad P'_2 = \{[d_{111}(a_{23}^2 - a_{13}^2) - 2d_{123}\,a_{23}\,a_{33}]\,a_{12} + 2[d_{111}\,a_{23} + d_{123}\,a_{33}]\,a_{13}\,a_{22}\}\,\sigma'_3 .$$

bzw.

$$\text{(111)}\qquad P'_2 = [d_{111}(-\cos\phi \sin 3\Psi - \sin\phi \cos\Theta \cos 3\Psi)\sin^2\Theta - d_{123} \cos\phi \sin 2\Theta]\,\sigma'_3$$

abzulesen.

Entsprechend folgt für

(112) $P_1' = [d_{111} (\sin\phi \sin 3\Psi - \cos \phi \cos\Theta \cos 3\Psi) \sin^2\Theta + d_{123} \sin\phi \sin 2\Theta] \sigma_3'$.

Der Longitudinaleffekt ergibt sich für das ungeregelte Haufwerk aus

(113) $\overline{P_3'} = \frac{1}{4\pi} \int_0^{\pi} \int_0^{2\pi} P_3' \sin\Theta \, d\Theta \, d\Psi$.

Unter Berücksichtigung von (109) folgt

(114) $\overline{P_3'} = \frac{d_{111} \cdot \sigma_3'}{4\pi} \int_0^{\pi} \sin^4\Theta \, d\Theta \cdot \int_0^{2\pi} \cos 3\Psi \, d\Psi$.

Das erste Integral ist von Null verschieden, jedoch ist das zweite Integral über cos 3 Ψ Null. Somit verschwindet der Gesamtanteil

(115) $\overline{P_3'} = 0$.

Der Longitudinaleffekt ist für das polykristalline Gesteine Null, wenn völlige Regellosigkeit vorliegt.

Im folgenden werde der Transversaleffekt betrachtet, dessen Mittelwert für das regellose Haufwerk zu

(116) $\overline{P_2'} = \frac{1}{8\pi^2} \int_0^{\pi} \int_0^{2\pi} \int_0^{2\pi} P_2' \sin\Theta \, d\Theta \, d\phi \, d\Psi$

anzuschreiben ist. Setzt man in (116) für P_2' den Ausdruck (111), so folgt nach kurzer Rechnung

(117) $\overline{P_2'} = 0$.

Ebenso läßt sich zeigen, daß

(118) $\overline{P_1'} = 0$

ist, wenn über alle Orientierungen gemittelt wird.

Nunmehr sei angenommen, daß im Quarzit lediglich eine Gleichverteilung der a-Achsen-Lagen vorliegen möge.

2. Bestimmung der Polarisation bei Annahme der Gleichverteilung aller a-Achsen im Quarzit

Bei Gleichverteilung der a-Achsen gilt

(119) $\overline{P_2'}(a) = \frac{1}{2\pi} \int_0^{2\pi} P_2' \, d\Psi$,

wobei unter Berücksichtigung von (111)

$$(120) \qquad \overline{P_2'}(a) = -\,d_{123} \cos\phi \sin 2\Theta \cdot \sigma_3'$$

resultiert. Entsprechend läßt sich zeigen, daß

$$(121) \qquad \overline{P_1'}(a) = d_{123} \sin\phi \sin 2\Theta \cdot \sigma_3'$$

ist.

3. Bestimmung der Richtung einer bevorzugten Einregelung

Der Winkel ϕ errechnet sich für den Sonderfall nur eines *einzigen* Gefügemaximums aus (120) und (121) zu

$$(123) \qquad \phi = -\,\mathrm{arctg}\,\frac{\overline{P_1'}(a)}{\overline{P_2'}(a)} \ .$$

Weiter folgt:

$$(124) \qquad \Theta = \frac{1}{2}\,\arcsin \frac{\sqrt{\overline{P_1'}(a)^2 + \overline{P_2'}(a)^2}}{d_{123} \cdot \sigma_3'}$$

Diese Formeln gelten nur für den Fall des Vorhandenseins eines einzigen Regelungsmaximums und sind auf ein Gefüge mit mehreren Maxima *nicht übertragbar.*

4. Meßtechnische Ergänzungen

Für das polykristalline Haufwerk beträgt die bei Gleichverteilung der a-Achsen zu erwartende Polarisation

$$(125) \qquad P_1'(a) = \frac{1}{n}\, d_{123} \cdot \sigma_3' \sum_{i=1}^{n} \sin\phi_i \sin 2\Theta_i \ .$$

Anhand von Dünnschliff-Analysen konnte festgestellt werden, daß der für die Polarisationsmessung hergestellte Quarzit-Würfel gleichmäßig durchgeregelt war. So genügte die Untersuchung einer Teilmenge n von 619 Körnern, deren c-Achsen mit dem Universaltisch eingemessen wurden. Für die Last σ_3' von 10^7 N/m² errechnet sich die Polarisation zu

$$P_1'(a) = (3{,}9 \pm 0{,}8) \cdot 10^{-4}\,\frac{As}{m^2} \ .$$

Wie optisch nachgewiesen, so deutet der von Null verschiedene Polarisationswert auf eine Regelung des Quarzits hin, dessen Höchstwert d_{123} zu $4{,}3 \cdot 10^{-4}$ As/m² gegeben ist. Nach (121) läßt sich ein Regelungsgrad – wegen der komplizierten Abhängigkeit der Polarisation von den Winkeln ϕ und Θ – nicht definieren.

Zur Polarisationsmessung wurde eine Elektrometer-Röhrenschaltung hoher Empfindlichkeit benutzt, deren Feldeffekt-Transistoren jedoch einer gewissen Anlaufzeit bedurften. Die Nullpunktsdrift änderte sich in den ersten Minuten geringfügig und mußte nachkorrigiert werden. Danach blieb die Nullage über Stunden völlig stabil. Der mit einem Transversal-Meßkondensator versehene Quarzitwürfel von 3 cm Kantenlänge wurde mit einer Auflast von 10^7 N/m² beaufschlagt. Unter Berücksichtigung der Zuschaltkapazitäten wurde die Polarisation zu

$$P'_1 = (2{,}8 \pm 0{,}5) \cdot 10^{-4} \frac{\text{As}}{\text{m}^2}$$

bestimmt. Der Unterschied zwischen Meß- und Rechenwert ist erheblich, so daß angenommen werden muß, daß die a-Achsen-Verteilung doch nicht als statistisch gleichmäßig vorausgesetzt werden kann. Da eine Einmessung der a-Achsen im Dünnschliff optisch nicht möglich ist, werden für die zukünftige Untersuchung der a-Achsen-Verteilung im Quarzit röntgenographische Methoden herangezogen werden müssen.

Zusammenfassung

Im hydrostatischen Spannungsfeld besitzen alle Mineralkörper unabhängig von ihrer Orientierung die gleiche volumenbezogene Verformungsenergie, so daß eine Einregelung der anisotropen Kristallite in eine bestimmte Vorzugsrichtung nicht zu erwarten ist. Bei gerichteter Beanspruchung gibt es hingegen Orientierungen, für welche die volumenbezogene Verformungsenergie einen Maximalwert erreicht und Regelungseffekte auftreten. Die zu beobachtende Einregelung wurde optisch und mit Hilfe elektrischer Messungen nachgewiesen.

Literatur

Balsley, J.R.: Deformation of marble under tension at high pressure. Am. Geophys. Union Trans. 22 (1941), S. 519/525

Bell, J.F.: Festigkeit und Gefügeregel am Beispiel eines Granits. Neues Jb. Min. Beil. 71 (1936), Abt. A, S. 193/197

Bieniawski, Z.T.: Mechanism of brittle fracture of rock. Internat. Journ. of Rock Mech. and Min. Sce. 4 (1967), S. 412/413

Bliss-Knopf, E.: Fabric changes in Yule Marble after deformation in compression. Am. Journ. of Sce. 247 (1949), S. 433/461

Brace, F.W.: Discussion about orientation of anisotropic minerals in a stress field. The Geol. Soc. of Am. Memoir 79 (1960), S. 9/20

Carter, N.L., J.M. Christie und D.T. Griggs: Experimentally produced deformation lamellae and other structures in quartz sand. Journ. Geophys. Research 66 (1961), S. 2518/2526

Dreyer, W.: Neuere Forschungsergebnisse auf dem Gebiet der Gesteinsphysik. Bergbauwissenschaften 14 (1967), H. 8, S. 299/308

Griggs, D.T. und J.F. Bell: Experiments bearing on orientation of quartz in deformed rocks. Geol. Soc. Am. Bull. 49 (1938), S. 1723/1746

Griggs, D.T. und W.B. Miller: Deformation of Yule Marble. Geol. Soc. Am. Bull. 62 (1951), S. 853/862.

Griggs, D.T., F.J. Turner und H.C. Heard: Deformation of rocks at 500° to 800° C. The Geol. Soc. of Am. Memoir 79 (1960), S. 39/104

MacDonald, G.J.F.: Orientation of anisotropic minerals in a stress field. The Geol. Soc. of Am. Memoir 79 (1960), S. 1/8

Sander, B.: Gefügekunde der Gesteine. J. Springer, Berlin, (1930), S. 1/569

EXPERIMENTAL DEFORMATION OF PLAGIOCLASES*

I. Y. Borg and H. C. Heard
Lawrence Radiation Laboratory, University of California
Livermore, California 94550

Abstract

Strength properties and spatial orientation of deformation structures are decribed for 11 plagioclases, An_2–An_{95}, deformed in compression tests at 25° – 800°C, 5–10 kb confining pressure. At 800°C 10 kb, all single crystals oriented favorably for albite and pericline twin gliding have yield strengths of about 2 kb regardless of composition or structural state. Yield strengths of polycrystalline aggregates are 1.3–3.0 times greater. In both cases, the yield strengths are lowered by an increase in experimental temperature and anomalously raised by factors of 1.5–2.5 by prior annealing of the test material. The latter effect (hardening) may be due to either depletion of interstital water initially present or nucleation of additional phases during the long anneals.

Albite and pericline twinning occur in tests at 800°C, 10 kb in plagioclases within the composition range An_{30}–An_{95}, with one exception, An_{44}. {010} slip and concomitant kinking occur in the more sodic representatives, and irrational deformation lamellae occur in An_{37}–An_{77}. The latter are planar discontinuities in positions of high resolved shear stress and have strong preferred orientation with reference to the crystallographic axes of the grains in which they occur. In these respects, they differ from similar unvitrified lamellae in shock-deformed rocks.

Contents

*) Work performed under the auspices of the U.S. Atomic Energy Commission.

1. Introduction

In a previous note, we briefly described the results of laboratory deformation of a series of plagioclase feldspars (Borg and Heard, 1969). The experiments were carried out in the temperature-pressure regime of 25° to 800°C and 5–10 kb confining pressure. The present paper is intended as an elaboration on these results, with more emphasis on the mechanical behavior and the spatial orientation of the deformation features produced by the experiments.

Mügge and Heide (1931) were among the first to demonstrate that at least one plagioclase, anorthite, could be permanently twinned in the laboratory. They report no comparable successes with low albite, and it is likely that many similar futile attempts on plagioclase of diverse compositions and structural state have gone unreported over the years. Laves (1952) and Starkey and Brown (1964) observed elastic twins in high albite and anorthite respectively under the microscope, *viz.* twins produced by indention of a needle which subsequently disappeared upon release of the load. The first successful attempts to produce permanent twinning under controlled laboratory conditions were those of Borg and Handin (1966), who twinned (albite law) a non-schiller labradorite single crystal (An_{55}) in triaxial experiments at 500°C, 5-kb confining pressure at a strain rate of about 10^{-4}/sec. Borg and Heard (1967) were unable to duplicate these results on that material deformed at the same temperature and pressure (see p. 394) nor were they able to produce twinning on the microscopic scale in a series of plagioclases (An_6, An_{13}, An_{19}, An_{44}, and An_{59}) subsequently deformed at temperatures and pressures up to 700°, 5 kb. However, in some instances, minor intragranular flow (slip) was observed. Additional experiments at 800°C, 8- to 10-kb confining pressure on the above plagioclases as well as others (An_2, An_{30}, An_{37}, An_{77}, and An_{95}), spanning most of the structural and compositional range of the series, by contrast, were in many cases successful in producing albite and pericline mechanical twins (Borg and Heard, 1969). Mechanical twinning according to one law was invariably associated with mechanical twinning according to the other. No other mechanical twin laws were observed. Seifert (1968) tentatively identified mechanical twinning in a polycrystalline andesine from a series of experiments in the regime 800°C, 9 kb. He reports the strength to be very temperature-sensitive, and to be less than a few hundred bars at 900° to 1000°C.

The first report of experimentally produced slip (translation) in plagioclase at controlled conditions appears in Borg and Heard (1967, 1969). In these experiments, at least two systems appeared to be operating: {010} slip along an irrational line that probably coincides with the slip line associated with albite twinning, and slip along irrational planes 60° to 70° to [001] along an unknown direction or directions. The former tend to occur in albite-rich compositions (An_2–An_{13}); the latter was noted in the more anorthite-rich materials (An_{37}–An_{77}).

In the present context, we propose to describe certain of the phenomena observed in our experiments as mechanical twinning because: (1) as far as can be determined microscopically, the morphological and optical relations appropriate to known twin laws in plagioclase are maintained; and (2) we have established that they are processes sensitive to the externally applied stress field. While using this term, we are aware that these twins may in fact be stable pseudo-twins as described by Laves (1952, 1966) and Starkey (1967) for situations in which the twin parts do not have identical crystal structures. Our inability to mechanically twin certain of the plagioclases, (An_2 (low), An_6, An_{13}, An_{19} and An_{44}) suggests that in these, the production of twins or pseudo-twins is very difficult if not impossible at 800°C, 10 kb. Alternately, their behavior may be determined by the presence of crystalline imperfections or by unmixing rather than by the potential generation of an unstable cation configuration on the unit cell level.

Certain sub-solidus discontinuities in the plagioclase series are well known; e.g., the unmixed peristerite gap, An_2–An_{17} (Laves, 1954; Gay and Smith, 1955). Other unmixed regions of the phase diagram are suggested by electron microscopy studies of the more calcic members, e.g., certain labradorites with critical opalescence ("schiller") (Nissen *et al.*, 1967; Nissen and Bollman, 1968; Bolton *et al.*, 1966) and bytownite (Nissen, 1968). Furthermore, domains differing slightly in composition (Smith and Ribbe, 1969) and stacking faults (Megaw, 1960 a, b, c) have both been postulated to explain anomalies in single-crystal x-ray data (specifically the "b" split reflections) of many other "low" plagioclases.

In short, the incompletely determined sub-solidus portion of the plagioclase phase diagram necessitates our close study of the individual plagioclases used in these experiments before proposal of atomistic models of the movements in twin and slip processes observed. This work is in progress and will be reported in a later paper. In the ensuing discussions the gross geometry of the slip and twin processes is deduced from standard relations between the principal imposed stress axes and the orientation of the appropriate morphological crystallographic planes (Schmid and Boas, 1950).

2. Mechanical twinning and slip in naturally deformed rocks

In petrologic descriptions, the term secondary twinning has been used to describe twinning that has taken place subsequent to the initial crystallization of the feldspar. And there can be little doubt some twinning observed in rocks is in fact secondary by this broad definition (De, 1955; Vance, 1961). However, inevitable uncertainties attend its exact interpretation as it includes such diverse phenomena as mechanical twinning (in the sense given above) produced by an external stress field, and thermally-induced transformation twinning, either during the cooling history of the rock or during its subsequent history. The reader is referred to Donnay (1943) and Emmons and Gates (1943), Vogel (1964) and Laves (1965) for examples of the controversies that have arisen in the course of attempts to interpret secondary twinning in natural plagioclase.

Recognition of slip in deformed plagioclase is attended by less ambiguity than that of mechanical twinning because of the absence of associated deformational features (kinks, deformation lamellae, slip lines) in the undeformed plagioclase. Nonetheless, there are few examples in the literature apart from those in plagioclase from explosion and meteoritic craters. It is possible that some of the lamellae [especially those parallel to ($\bar{1}01$), (150), ($1\bar{5}0$)] described by Sen (1956) from labradorite of a sheared norite body are comparable to those produced in our experiments. At estimated shock pressures of 100 kb or greater, plagioclase develops a wide variety of complex deformational features; mechanical twins, deformation lamellae, "shock lamellae" – partially vitrified lamellae associated with a marked change in index of refraction – deformation bands and kinks (see for example Stöffler, 1967; Chao, 1968, Bunch, 1968 and Robertson *et al.*, 1968). Distinctions between these planar features are not clear-cut, and gradations occur between some of them. We have not produced strictly comparable deformation features in our tests, although we have chosen to describe certain of the planar discontinuities produced as deformation lamellae. In our experiments, the lamellae are not parallel or subparallel to particular planes of simple Miller indices as described in shocked rocks (Engelhardt and Stöffler, 1968) nor are they as variable in position within the crystal structure (Stöffler, 1967 and Robertson *et al.*, 1968). In shocked rocks, kinking has been associated with the slip system T = {001}, t = [010] and the external rotation axis f = [100] (Bunch, 1968); by contrast, we observe kinking in conjunction with {010} slip similar to that deduced by Seifert (1965). Deformation lamellae and {010} slip are described in a later section. We have produced no counterpart to deformation bands, "shock lamellae" or Manebach twins (Bunch, 1968).

3. Description of the undeformed plagioclases

The characteristics of the plagioclases used in the experiments are described in table 1. Mole percent of anorthite, albite and orthoclase was determined from one or more of the following methods: (1) Partial chemical analysis of Na, K, and Ca by atomic absorption and flame photometric techniques on samples freed of clay and micaceous alteration products. A full chemical analysis is given for the U-116 labradorite from Labrador (table 2). (2) Electron microprobe analyses. (3) Relations between the optical indicatrices in pre-existing twins as determined by U-stage measurements referred to the curves of Burri *et al.* (1967). The generally higher orthoclase content reported in the chemical analyses is in keeping with previous comparisons of chemical and microprobe analyses (Ribbe and Smith, 1966; Corlett and Ribbe, 1967). The discrepancy is almost certainly due to exsolved orthoclase (cryptoantiperthite) which is ignored in microprobe scans. On this account, the microprobe and/or optic data are considered to be a better measure of the plagioclase composition. The difference in Or content measured is a guide to the amount of the K-bearing phase which to some extent must inhibit intragranular flow of twinning or slip.

With the exception of the BT-1 labradorite from Lakeview, Oregon, all of the unannealed plagioclases were initially in a "low" structural state, i.e., cations have a high degree of order as judged by the obliquity and optic angle. Cell dimensions are given in table 1, together with 2θ ($131-1\bar{3}1$) and 2θ ($1\bar{3}1-220$) angles used to assess the obliquity. These data were determined from x-ray powder data using Debye-Scherrer, Gunier and conventional diffractometer methods. Powders were mixed with NaCl or Si to furnish internal standards. The film strips were read with a digitized traveling microscope, and indexing of the 20 to 30 diffraction lines used in the least-squares fit to obtain cell dimensions was accomplished by comparison with calculated x-ray powder intensities (Borg and Smith, 1968).

Table 1. Description of starting materials

		Composition (Mole %)					
		Chem.	Microprobe			Structural	
Name	Locale	Analysis	Avg (a)	Range (b)	Optics	State	Remarks
Albite (P–25)	Greenwood Maine	$An_{1.0}Or_{0.7}$			An_2	Low	Polycrystalline "cleavlandite" with 3% quartz
Albite (P–25A)	Greenwood Maine	$An_{1.0}Or_{0.7}$			An_2	High	Polycrystalline Annealed 6 wks. @ 1050°C in air; furnace cooled
Oligoclase (U111)	Sannidal, Norway	$An_{11.2}Or_{1.35}$	$An_{6.2}Or_{0.7}$	An_6–An_8	An_8	Peristerite	Single crystal; no visible opalescence
Oligoclase (2693)	Monteagle Township, Ontario	$An_{13.8}Or_{3.8}$	$An_{12.9}Or_{2.2}$	An_{10}–An_{14}	An_{13}	Peristerite	Single crystal; no visible opalescence
Oligoclase (U112)	Sannidal, Norway	$An_{20.3}Or_{3.9}$	$An_{18.9}Or_{1.5}$	An_{15}–An_{20}	An_{18}	Low	Single crystal
Andesine (P–5)	Kragerö, Norway	$An_{31.9}Or_{2.1}$			An_{30}	Low	Single crystal

Table 1. (continued)

Name	Locale	Chem. Analysis	Composition (Mole %) Microprobe Avg (a)	Range (b)	Optics	Structural State	Remarks
Andesine (P–8)	Sannidal, Norway	$An_{38.6}Or_{1.7}$	$An_{37.4}Or_{0.6}$	An_{37}–An_{38}	An_{39}	Low	Single crystal
Andesine (A–175)	Allard Lake, Quebec	$An_{51.9}Or_{3.7}$	$An_{44.4}Or_{1.5}$	An_{41}–An_{50}	An_{50}	Low	Polycrystalline; from an anorthosite; no visible schiller
Labradorite (U116)	Labrador, Ca.	$An_{53.2}Or_{4.1}$	$An_{54.6}Or_{3.0}$	An_{51}–An_{56}	An_{55}	Low	Single crystal; no visible schiller
Labradorite (BT–1)	Lakeview, Oregon		$An_{58.5}Or_{1.5}$	An_{58}–An_{59}	An_{60}	High	Single crystal of gem quality; non-schiller
Bytownite (P–24)	Crystal Bay, Minn.	$An_{76.2}Or_{0.4}$	$An_{76.9}Or_{0.4}$		An_{77}	Transitional anorthite (low)	Polycrystalline; anorthosite from top of gabbro sill
Bytownite (P–24A)	Crystal Bay, Minn.	$An_{76.2}Or_{0.4}$	$An_{76.9}Or_{0.4}$		An_{77}	Transitional anorthite (high)	Polycrystalline Annealed 6 wks. at 1050°C in air; furnace cooled
Anorthite (P–18)	Grass Valley, Calif.		$An_{95.0}Or_{0.2}$		An_{96}	Primitive anorthite	Polycrystalline; coarse grained gabbro

Table 1. (continued)

Name	Cell Dimensions[1] a Å	b Å	c Å	α (deg)	β (deg)	γ (deg)	Volume Å^3	$(131)-(1\bar{3}1)$ deg 2θ – CuK_α	$(1\bar{3}1)-(220)$ deg 2θ – CuK_α	2V[2] (deg)
Albite (P–25)	8.146	12.799	7.142	94.22	116.56	87.75	664.2	1.11	2.02	+82.6(5)
Albite (P–25A)	8.159	12.861	7.110	93.60	116.43	90.14	666.4	1.98	1.09	+130.5(2)
Oligoclase (U111)	8.163	12.806	7.148	94.20	116.54	88.14	666.7	1.31	1.84	+86.8(6)
Oligoclase (2693)	8.163	12.836	7.143	93.94	116.48	88.60	668.3	1.39	1.70	+87.3(2)
Oligoclase (U112)	8.159	12.803	7.124	93.71	116.43	89.01	664.9	1.48	1.62	+93.3(2)
Andesine (P–5)	8.159	12.844	7.121	93.75	116.37	89.37	667.1	1.67	1.42	+95.3(2)
Andesine (P–8)	8.160	12.849	7.119	93.67	116.32	89.70	667.4	1.80	1.28	+85.0(3)
Andesine (A–175)	8.167	12.853	7.110	93.55	116.24	89.93	667.9	1.84	1.24	+77.8(2)
Labradorite (U116)	8.176	12.857	7.109	93.74	116.24	90.01	668.5	1.88	1.21	+80.0(5)
Labradorite (BT–1)	8.175	12.857	7.101	93.46	116.13	90.51	668.3	2.09	1.00	+75.0(2)
Bytownite (P–24)	8.174	12.865	14.186	93.41	116.04	90.67	1336.8	2.16	0.95	+96.0(3)
Bytownite (P–24A)	8.170	12.865	14.186	93.38	115.96	90.79	1336.9	2.18	0.89	+90.4(4)
Anorthite (P–18)	8.178	12.877	14.166	93.23	115.87	91.11	1338.6	2.25	0.81	+104.0(3)

1) The probable errors in cell edges and angles are ±0.007 Å and ±0.04° for U111 and 2693 (peristerites) and ±0.003 Å and ±0.01° for the remainder of the plagioclases.

2) Number of independent determinations given in brackets.

Table 2. Chemical analysis of labradorite, U–116, Labrador

	Wt. percent	Atomic Ratio based on (32 O)				
SiO_2	54.24	Si	9.93	15.89		
Al_2O_3	27.44	Al	5.92			
TiO_2	0.10	Ti	0.01			
Fe_2O_3	0.24	Fe‴	0.03			
FeO	0.41	Fe″	0.06	4.12		
MnO	0.00	Mn	0.00			
MgO	0.11	Mg	0.03			
CaO	10.68	Ca	2.09			
SrO	0.14	Sr	0.01			
BaO	0.04	Ba	0.00			Mole Percent
Li_2O	0.006	Li	0.00			
Na_2O	4.95	Na	1.76		Albite	42.7
K_2O	0.73	K	0.17		Orthoclase	4.1
Rb_2O	0.0005	Rb	0.00		Anorthite	53.2 (by difference)
$H_2O(+)$	0.34					
$H_2O(-)$	0.07					
P_2O_5	0.03					
F	0.02					
Ign. loss[1]	0.39					
	99.9365					
Less O = F	0.01					
	99.9265					

1) Corrected for Fe″, $H_2O(+)$, $H_2O(-)$. Analysts: J.B. Bodkin & C.O. Ingamells
$\rho = 2.717 \pm 0.003$ $2V = +80.0^\circ \pm 0.5^\circ$. Cell dimensions given in Table 3.

In order to explore the influence of structural state on the strength and mode of deformation, several specimens (An_2 and An_{77}) were annealed prior to the triaxial testing. They were wrapped in platinum foil, held at 1050°C in air for six weeks, and furnace-cooled. The products were maximum high albite and maximum high bytownite (table 1). No new microscopic twinning was introduced by the heat treatment or subsequent cooling (as evidenced from thin section) even though at least the albite must have undergone a first-order phase transformation (monoalbite–high albite) during cooling which has been associated with microcline-type twinning (Schneider, 1957; Laves, 1960).

Three plagioclases (probably peristerites) in the An_6-An_{19} range were subjected to shorter anneals at lower temperatures under dynamic vacuum of 10^{-5} mm Hg (8 to 20 days at 900°C); however, none were homogenized to a single phase nor did the two coexisting phases in the peristerites reach "high" structural states. The change in optical angle[1] is small (~4°) and the x-ray patterns for the annealed material are too diffuse

1) The average of those in the two sub-microscopic phases.

for study. Pre-anneals of the labradorites An_{55} and An_{59} (20 days at 900°–1000°C in vacuum) further disordered the cations in the structures, but did not predispose the plagioclase to slip or twin in experiments at 20°–500°C, 5 kb.

4. Experimental methods

All test samples of the various single-crystal and polycrystalline plagioclases were carefully prepared in the form of right circular cylinders, using a diamond coring bit and lapidary plate. The cylinder axis was unoriented with respect to the initial fabric of the polycrystalline material. Most single crystals were best oriented to favor albite or pericline twin gliding (S_0 $\sim$0.5), that is, the sample axis was normal to an *a* axis and bisected the acute angle between {010} and {001}. By compressing crystals thus oriented, twinning is favored by either or both laws in the positive sense as previously defined (Borg and Handin, 1966). A few cylinders were prepared which were oriented normal to an *a* axis but bisected the obtuse angle between {010} and {001}. Minor slip but no twinning was observed in these crystals when compressed at pressures and temperatures ranging to 5 kb and 500°C.

The use of two different apparatus, the widely different sizes of available starting single crystals, and the different grain sizes in the polycrystalline material made it advantageous to use test cylinders of different dimensions. The diameter of these ranged from about 4 to about 8 mm; a length/diameter ratio of about 2 was common to all test samples. Generally, the larger sample sizes were deformed at 5 kb, 25° to 500°C and at a strain rate of 10^{-4}/sec in a triaxial apparatus described by Handin (1953) and Handin and Hager (1958). The smaller sample cores were compressed at 8 to 10kb, 600° to 800°C and at a strain rate of 2×10^{-5}/sec in a second apparatus (Heard and Carter, 1968). In such tests, if compressive stress (σ) is regarded as positive and $\sigma_1 \geqslant \sigma_2 \geqslant \sigma_3$, then a compression test is the case where $\sigma_1 > \sigma_2 = \sigma_3$. The stresses σ_2 and σ_3 are equal to the confining pressure (radially oriented with respect to the sample axis) and are kept constant during the loading. The stress σ_1 is parallel to the axis, and is variable depending on the sample response.

In all cases, the samples were enclosed by thick annealed copper sleeve in a sealed jacket and compressed between tungsten carbide or hardened tool steel anvils to permanent strains ranging to 12 percent. All differential stress-strain data reported here have been corrected for the loads supported by this jacketing.

After each experiment, this copper was carefully machined off the deformed sample, and standard thin sections were prepared. These sections were examined on both flat and universal stages with a petrographic microscope, using bright field illumination.

Table 3. Summary of Results

		25°C 5 kb	200°C 5 kb	400°C 5 kb	500°C 5 kb	700°C 5 kb	600°C 8 kb	800°C 8 kb	25°C 10 kb	600°C 10 kb	800°C 10 kb
An_2 (Low)	P–25										S
An_2 (High)	P–25A[1]								0		TW
An_6	U–111		0	0	0						
	U–111A[2]		0	0	0						
An_{13}	2693		S	S	S	0(?)					S
	2693A	0	0	0	0	0					
An_{19}	U–112		0	0	0						
	U–112A[3]		0		0						
	U–112A[4]		0		0						
An_{30}	P–5									0	TW
An_{37}	P–8										TW,DL
An_{49}	A–175						0	DL			DL
An_{55}	U–116						0	TW			
	U–116A[4]	0	0	0							
	U–116A[5]	0	0	0							
An_{59}	BT–1				0			TW			
	BT–1A[6]				0						
An_{77}	P–24									0	TW,DL
	P–24A[1]										TW (minor)
	P–24A[7]										TW,DL
An_{95}	P–18								0(?)		TW

1) Annealed 42 days at 1050°C in air
2) Annealed 8 days at 900°C in vacuum
3) Annealed 10 days at 900°C in vacuum
4) Annealed 20 days at 900°C in vacuum
5) Annealed 21 days at 1000°C in vacuum
6) Annealed 9 days at 1000°C in vacuum
7) Annealed 2 hours at 800°C, 10 kb after deformation

0 Primarily cataclastic flow
TW Albite, pericline twinning
S (010) slip
DL Deformation lamellae

5. Mechanical properties

The data to be presented here are, as pointed out above, an elaboration of our earlier results (Borg and Heard, 1967, 1969) together with much new data, principally at the highest pressures and temperatures. And as such, it seems necessary to compare and contrast portions of the earlier works with the new results. During the course of our plagioclase studies, 11 different materials were deformed over a wide range of conditions (table 3). Intragranular flow was largely absent in these materials compressed at 5 kb at temperatures ranging up to 700°C.

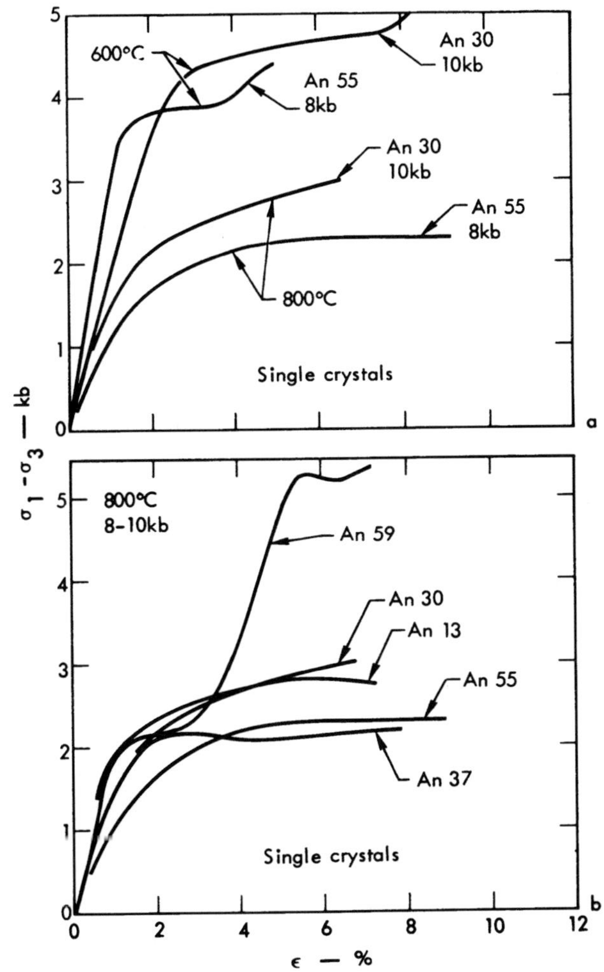

Figure 1.
(a) Stress-strain curves comparing behavior of P-5 andesine (An_{30}) at 600° and 800°C and 10 kb with U-116 labradorite (An_{55}) at same temperature but 8 kb. (b) Stress-strain curves for 2693 oligoclase (An_{13}), P-5 and P-8 (An_{30}, An_{37}), and U-116 and BT-1 labradorites (An_{55}, An_{59}). All tests conducted at 800°C, 8 to 10 kb. Single crystal BT-1 (An_{59}) disordered; all others ordered.

However, at about 8 to 10 kb and 800°C, over virtually the entire range of composition, faulting and cataclasis are much suppressed, and mechanical twinning, slip and deformation lamellae become common. The mechanical behavior at these more extreme conditions is presented in the form of differential stress-strain curves in fig. 1 for unannealed single crystals and fig. 2 for polycrystalline materials. Representative stress-strain curves for An_{30} and An_{55} plagioclase crystals tested at 600° and 800°C are compared in fig. 1a.The yield strength of each material decreases by about a factor of 2 as temperature is increased from 600° to 800°C. Further, although the test pressure is slightly different, there seems to be little effect of plagiclase composition on the yield strength at either temperature. At 800°, the mode of failure in both An_{30} and An_{55} is twin gliding; at 600°C cataclasis dominates. The critical resolved shear stress (equal to one-half the yield stress, $S_0 \sim 0.5$) associated with mechanical twinning by either law is about 1 kb at 800°C. Unpublished stress-strain curves from the work of Borg and Handin (1966) and Borg and Heard (1967) on this material at 5 kb, 25° to 500°C, show a few percent strain (with minor work hardening) is always present after the yield point, and is followed by strong work hardening and fracture. This behavior has been associated with minor kinking and twinning followed by faulting. At temperatures greater than 600°, the stress-strain curve approaches that of a ductile solid with a monotonically decreasing slope; intragranular flow predominates.

In fig. 1b, stress-strain curves are compared for five plagioclase single-crystal compositions, An_{13}, An_{30}, An_{37}, An_{55} and An_{59}. Here, all crystals except An_{13} deformed by albite and pericline twinning; in An_{13}, cataclasis dominated (table 3). From this figure, the yield strength and hence the critical resolved shear stress for twinning by either law seems relatively unaffected over a wide compositional range. The anomalous behavior of An_{59} at higher strains (showing strong work hardening terminating in fracture) is probably related to the unfavorable orientation of one-half of the specimen for twin gliding (*vis.* plate 1).

Our single crystal experiments were designed to favor albite or pericline twin gliding, and only one plagioclase (An_{13}) was also tested in orientations unfavorable for twin gliding. Hence, the results of the experiments tabulated in table 3 do not delineate the conditions favorable for either {010} slip or deformation lamellae except in that one instance.

The effect of temperature on the stress-strain behavior of An_{44} and An_{77} polycrystalline plagioclase is illustrated in fig. 2a. An increase from 600° to 800°C only lowers the curve by approximately 1/4 to 1/2, slightly less than that observed for some single crystals (fig. 1a). The An_{77} plagioclase curve is clearly lower than for the An_{44}. This is in keeping with the operation of either a twinning or slip mechanism in almost every grain making up the An_{77} specimen. By contrast, the deformation in An_{44} is largely cataclastic with only occasional grains showing evidence of accommodation to the stress by slip (deformation lamellae).

Overall, the polycrystalline material is stronger than the single crystals at comparable strains, much as one might expect. In these randomly oriented aggregates, there can be only a few grains with $S_0 \sim 0.5$ which have the positive sense for albite and pericline twinning; the single crystals (fig. 1) were all oriented with $S_o \sim 0.5$ in the positive sense.

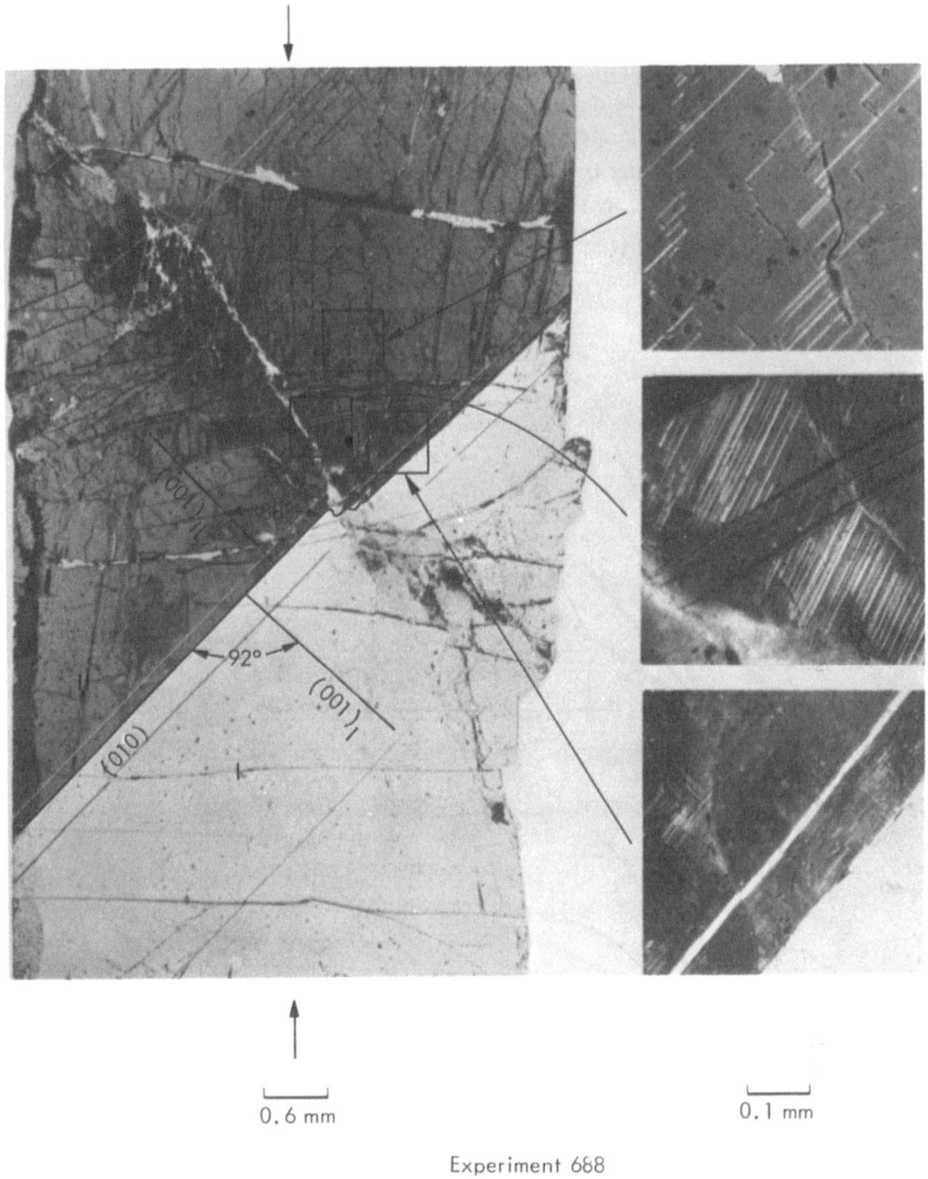

Plate I.
Single crystal of deformed An_{59} deformed at 800°C, 8 kb. Crystal consists of two parts, I and II, related across (010) by the albite twin law. All throughgoing twins are pre-existing. Top, right photomicrograph shows relation of stress-induced fractures to fine albite twins produced by the deformation. Middle, right, localized prolific albite twin lamellae. Bottom, right, "grid twinning" produced by combined albite and pericline twin glide.

Thus in the aggregates, the minor amount of material appropriately oriented for twinning or slip and the restrictions imposed by each grain's neighbors results in a much higher average stress.

Representative stress-strain curves for An_2 (low), An_{44}, and An_{77} and An_{95} polycrystalline plagioclases are compared in fig. 2b. The stronger (An_2 (low) and An_{44}) failed by dominantly cataclastic modes; the weaker (An_{95}, An_{77}) by twin gliding and slip. The data suggest that with the same deformation mode the strength is little affected by composition; this has been noted above for the single crystals (fig. 1b). In three aggregates, the very minor amounts of accessory minerals is not believed to affect the strength significantly.

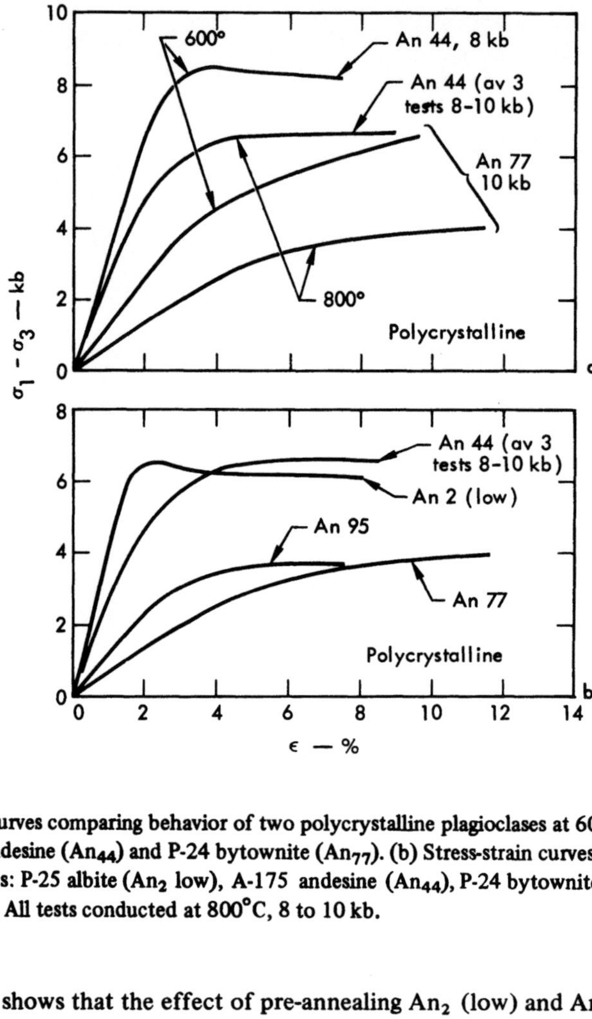

Figure 2.
(a) Stress-strain curves comparing behavior of two polycrystalline plagioclases at 600 to 800°C, 8 to 10 kb: A-175 andesine (An_{44}) and P-24 bytownite (An_{77}). (b) Stress-strain curves for four polycrystalline plagioclases: P-25 albite (An_2 low), A-175 andesine (An_{44}), P-24 bytownite (An_{77}) and P-18 anorthite (An_{95}). All tests conducted at 800°C, 8 to 10 kb.

Figure 3a shows that the effect of pre-annealing An_2 (low) and An_{77} is to raise the ultimate strength from 6 to about 10 kb in ultimate strength, and from 4 to nearly 9 kb in An_{77}. The annealing process does not alter the ordering to any degree in An_{77} but in An_2, the anneal promotes nearly complete disorder. Twinning becomes dominant and slip is suppressed as the An_2 plagioclase is disordered (table 3). However, in An_{77} the large increase in strength after anneal is associated with less twinning rather than a change in the slip mechanism *per se.*

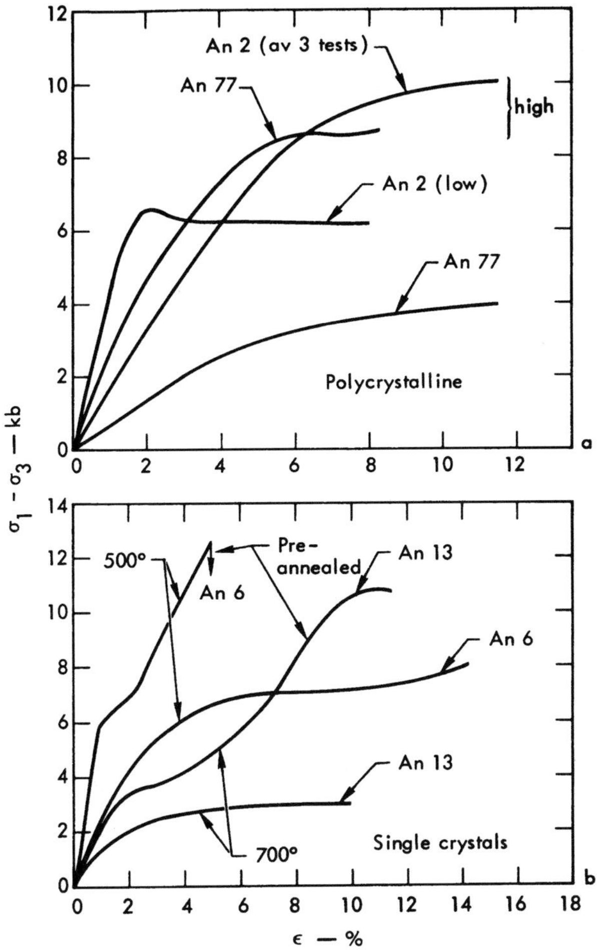

Figure 3.
(a) Stress-strain curves comparing mechanical behavior of P-25 albite (An_2) and P-24 bytownite (An_{77}) in the high and low structural states. All tests conducted at 800°C, 10 kb. (b) Stress-strain curves comparing mechanical behavior of unannealed and pre-annealed oligoclases U-111 (An_6) and 2693 (An_{13}). Tests at 5 kb and temperatures as indicated.

In comparing the strength of unannealed *vs.* annealed single crystals, we have observed that in nearly every case when the specimens were tested at the same pressure and temperature, the annealed material was found to be stronger by a factor of 1.5 to 2.5 compared to the unannealed counterpart. This behavior may be seen in fig. 3b for two compositions: An_{13} tested at 700°C and An_6 at 500°C. In most cases, there is little or no change in the structural state of the crystals. We observe this effect in An_6, An_{13} and An_{19} plagioclase crystals. It is possible that the pre-anneal may promote nucleation of additional phases on the sub-microscopic scale, and this may in turn lead to precipitation hardening at domain boundaries. It is also possible that the pre-anneal at 900°C for 8 to 20 days may promote the diffusion of H_2O out of the plagioclase structure and lead to a stronger material after the anneal. Trace amounts of H_2O (in the ppm range) have been observed to significantly alter the strength and deformational properties of plagioclase and many other silicates: Griggs (1967); Heard and Carter (1968). We do not, however, have any direct evidence to support either possibility at this time.

6. Microscopic observations

A. Twinning

No microscopic mechanical twinning was observed in any plagioclase deformed below 800°C. In experiments at 8- to 10-kb confining pressure, both albite and pericline twins were produced in all plagioclases listed in table 1 except low albite, the peristerites and the Allard Lake andesine (anorthosite). To verify that the twinning was in fact due to the imposed stress rather than due to a thermally-induced phase transformation, the bytownite (An_{77}) and two andesines (An_{30} and An_{37}) were "cooked" at 800 °C, 10-kb confining pressure, using the normal sample geometry but *without load* for one hour, the duration of the usual triaxial test, and then examined microscopically. No changes were noted. Further verification of the mechanical origin of the twins in bytownite is found in a comparison of the orientation of grains within the aggregate containing newly developed twins to those without twins. In the former, the twin glide planes and contained slip lines are in positions of higher resolved shear stress than comparable elements in untwinned grains.

Before describing the twinned crystals further, a short review of the geometry of the twin process is in order.

The geometric elements of albite and twin gliding are summarized below:

	Albite	Pericline
K_1 (slip plane)	{010}	Rhombic section (R.S.)
N_1 (slip line)	irrational	⟨010⟩
K_2 (other plane of no distortion)-	Rhombic section (R.S.)	{010}

The R. S. is an irrational plane that contains the *b*-axis and intersects (010) in a line normal to the *b* axis (fig. 4). The irrational glide line for albite twinning is the line of intersection of (010) with a plane defined by *b* and *b**. The sense of twinning has been arbitrarily designated (+) for both albite and pericline glide. The movement of upper ionic layers is toward the positive end of the *c* axis when viewed along the positive end of *b* (albite, fig. 5a); and analogously it is toward the positive end of the *b* axis when viewed along the positive end of *c* (pericline, fig. 5b). For low plagioclases between $An_{25}-An_{100}$ and all high plagioclases An_0-An_{100}, it is impossible to orient only one of the two potential slip planes (= composition planes) in a position of high resolved shear stress without also positioning the other (fig. 4). This follows from the fact that the two slip planes [R.S. and (010)] and contained glide lines are about 86° apart. Thus in those

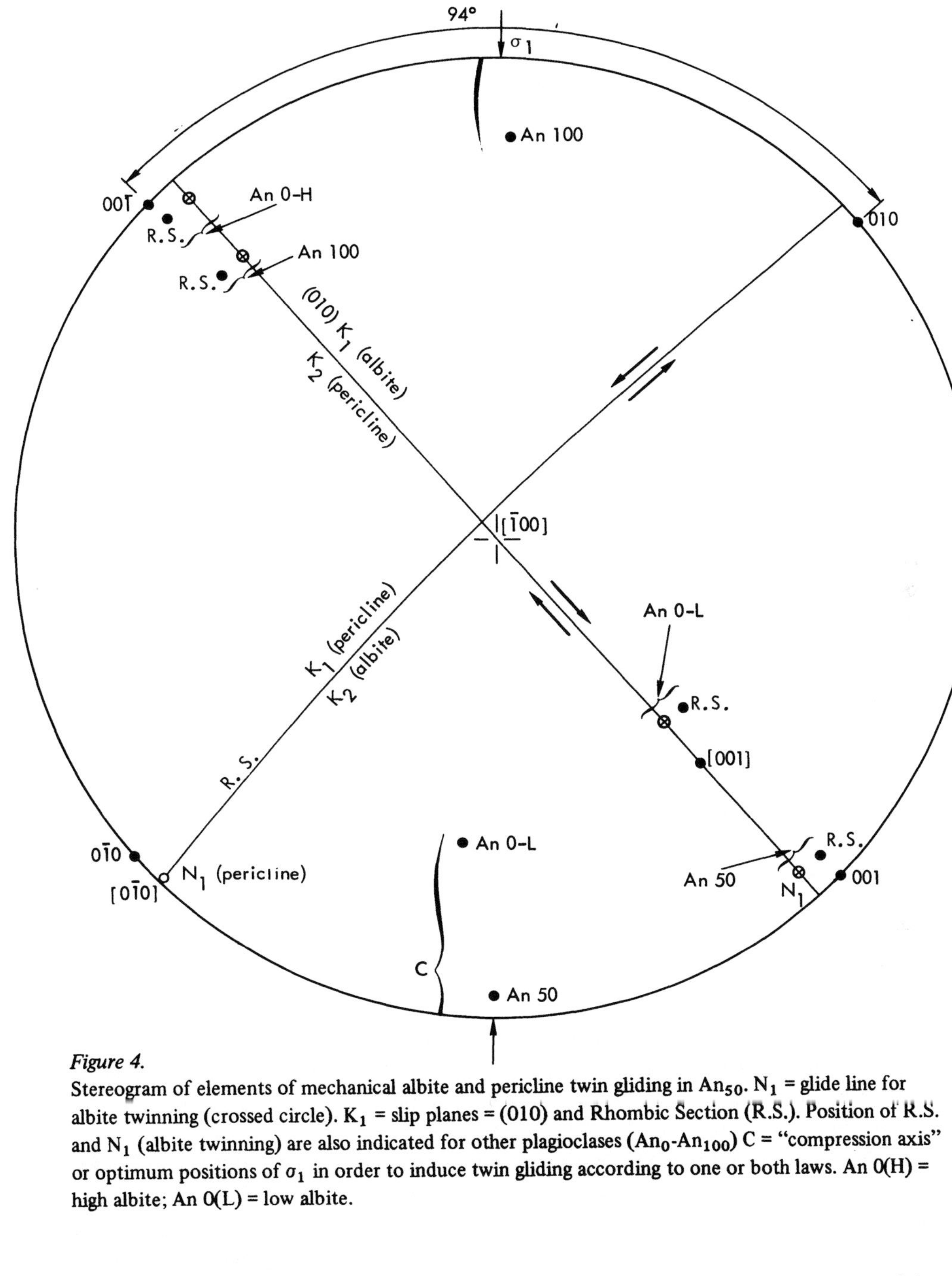

Figure 4.
Stereogram of elements of mechanical albite and pericline twin gliding in An_{50}. N_1 = glide line for albite twinning (crossed circle). K_1 = slip planes = (010) and Rhombic Section (R.S.). Position of R.S. and N_1 (albite twinning) are also indicated for other plagioclases (An_0-An_{100}) C = "compression axis" or optimum positions of σ_1 in order to induce twin gliding according to one or both laws. An 0(H) = high albite; An 0(L) = low albite.

composition intervals, the two processes should proceed simultaneously under the following conditions: (1) The resolved shear stress coefficient and the stress is sufficiently high for one and therefore both twin systems; (2) the sense of the movement is positive as given above; and (3) the critical resolved shear stresses for the two processes are similar.

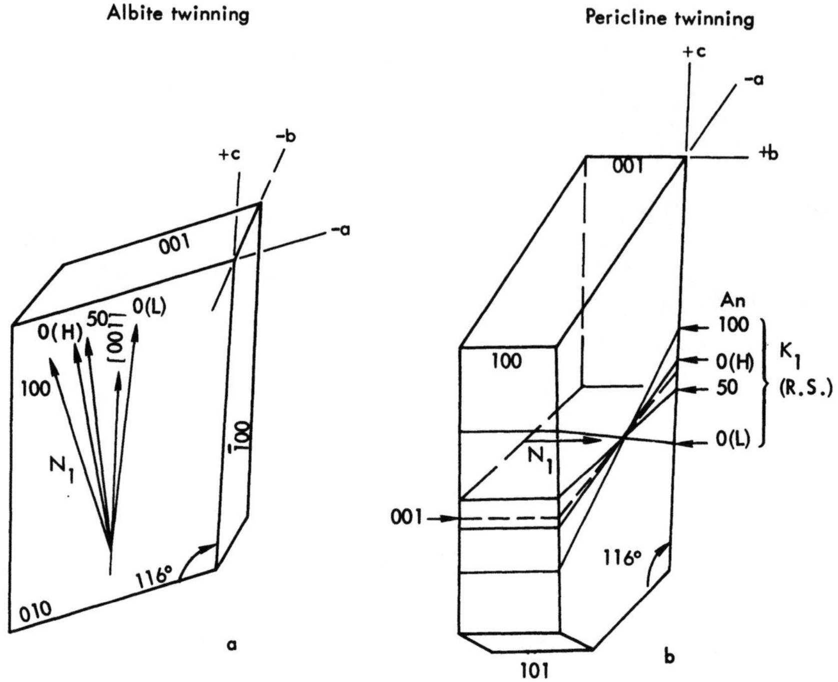

Figure 5.
(a) Orientation of N_1 and (+) sense of slip in albite twinning. Arrows = N_1 of plagioclases of different An content. (010) = K_1 slip plane. (b) Orientation of N_1 = ⟨010⟩ and (+) sense of slip in pericline twinning. Position of slip plane, K_1 (= R.S.), indicated for plagioclases of different An contents.

As one mechanical twin law is rarely observed without the other in our experiments in the $An_{30}-An_{95}$ range (and none at all are observed in low forms An_2-An_{19}), the above conditions apparently hold. This is not to say that both twins necessarily occur in the same spot in the crystal. Additional factors such as presence of impurities, alteration products and anti-perthite exsolution blebs, cleavages, pre-existing twins and local structural inhomogeneities govern the spatial distribution of the twins in crystals as well as control the relative development of one or the other twin law.

Distribution of both twin laws within a deformed single crystal of An_{59} is shown in plate I. The undeformed crystal coveniently consisted of two sub-individuals related by the albite law. The bottom half is free of all new twinning since the sense of the potential movement on (010) and R.S. is negative.

Where both twin operations have proceeded together, perhaps simultaneously, the result is a completely twinned, irregularly bounded area. Very fine (010) or R.S. twins can be resolved on the margins of the otherwise featureless sectors. Plate IIA is an example of an area-effected duplex slip. The regularity of the striations parallel to (010) is unique to this deformed specimen.

Ideal operation of the two twin laws results in nearly identical orientation of morphological and optical elements (fig. 6). The minor fracturing that accompanies the experiments precludes the distinction if composition planes are not well defined. It

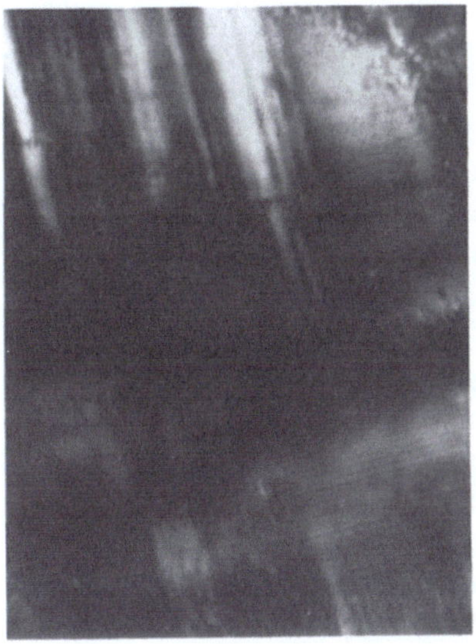

0.01 mm A

0.1 mm B

0.1 mm C

Plate II.

A. Grid twinning in An_{30} deformed at 800°C, 10 kb. Best developed twins are pericline; fine, closely spaced lamellae are parallel to (010) – albite.

B. Kinking associated with pericline twin gliding in An_{55} tested at 800°C, 8 kb. Straight through-going pericline twin is pre-existing.

C. Intersecting pericline twins in An_{77} deformed at 800°. Single, regular lamella is a pre-existent pericline twin. Prolific localized lamellae were produced during the deformation. Alteration is conspicuous on several continuous (001) cleavage planes subparallel to pericline twins.

would be expected that penetrating and interfering, albite and pericline twins would result in an array of slightly mismatched domains. Attendant strain effects at such domain boundaries may account for anomalous optic angles measured in areas affected by duplex slip (Borg and Heard, 1969, fig. 1a). Other possible explanations remain as yet unexplored: (1) The new twin structure is highly strained on a unit cell level (pseudo-twinning); (2) the optical vectors are average between untwinned and twinned submicroscopic domains; and (3) diffusion during the short experiments has locally proceeded so far as to produce a structure with a disordered cation distribution and "high" optics.

The position of the R.S. proved to be a useful criterion in recognizing new pericline twins in unannealed bytownite. As many as three intersecting sets of sharply bounded pericline twins (plate IIC) occur in the same grain. The widest are 9° from (001), the others make angles up to 15°. The smaller angle agrees well with that calculated from the cell dimensions of the undeformed bytownite, whereas the larger are appropriate to a high plagioclase of the same composition. The optic angle measured in 13 new pericline or albite twins is (+) 91.3° (avg) compared to (+) 96° in the undeformed and (+) 94° in untwinned sectors of the deformed bytownite. As previously noted, cylinders of unannealed bytownite held at 800°C, 10 kb without load contain no new twins or irregularities such as high dispersion or mottled extinction in polarized light, typical of the deformed counterpart. Here then is evidence that a second order transformation has occurred during the course of the experiment.

Apart from this example, intersecting sets of pericline twin lamellae were not observed. In some cases, e.g., in high albite, absence of pericline twins in the starting material precluded development of intersections. The composition planes of mechanical pericline twins in all cases occur within 2 to 3°, the experimental error, of their theoretical positions as calculated from cell dimensions.

Where one twin law has operated to the exclusion of the other (either albite or pericline in An_{55}), concomitant kinking occurs (plate IIB). The morphology and optics of the material in the center of the kink is rotated from the ideal position described by the pericline law by ~7°, the angle of external rotation associated with the kinking. The reason why one twin-glide operation takes precedence over the other is usually not apparent on the microscopic scale. There is no evidence to suggest any difference in the critical resolved shear stress between these two laws.

The inability to twin and kink the labradorite at 500°C, 5 kb and hence to duplicate the experiments of Borg and Handin (1966) is possibly due to pre-existing singularities in their prepared sample that made easier the formation of a hinge parallel to a (001) cleavage (kink band boundary). The formation of a free surface would minimize obstacles, e.g., breaking of bonds during bending, to the rotation of the slip plane that must by nature of the constraints in a triaxial experiment accompany twinning or slip (Schmid and Boas, 1950; Turner, 1962).

B. Deduction of σ_1 from mechanical twinned plagioclase

If it can be ascertained that the albite and pericline twins observed are mechanical in origin, it is theoretically possible to deduce the orientation of the principal stresses

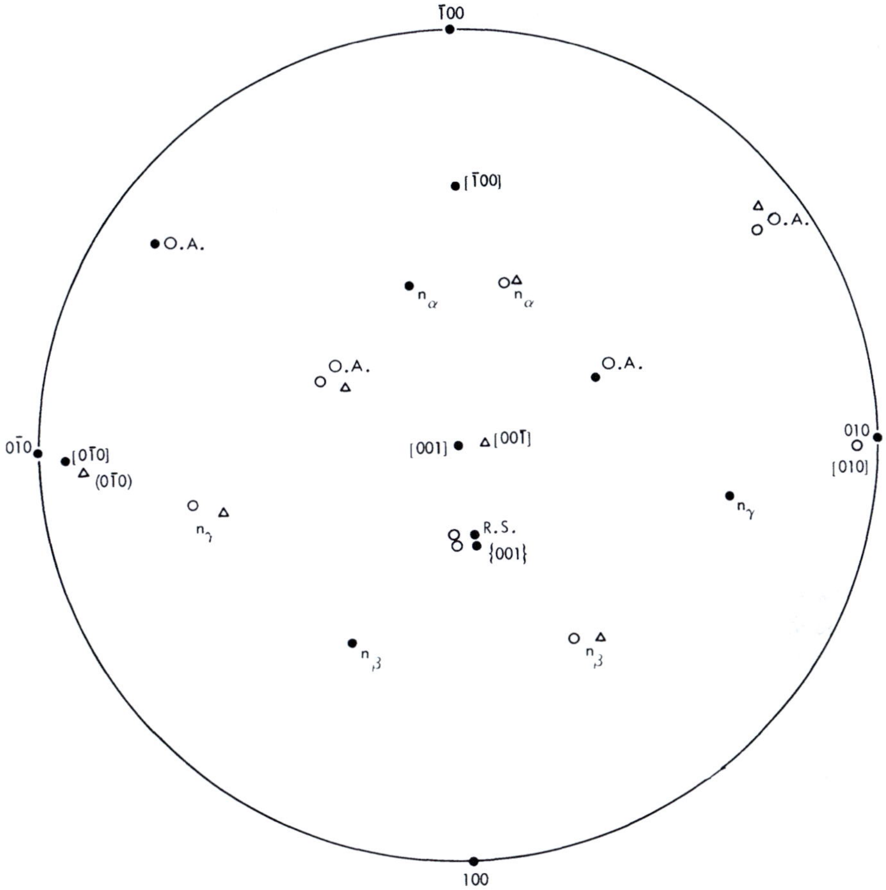

Figure 6.
Geometry of albite and pericline twinning in An_{50} illustrating near coincidence of optics and crystallography of the two twin configurations. Solid circles = host; open circles and triangles = optics and crystallographic elements in structures related to the host by the albite and pericline laws respectively. If not otherwise indicated, crystallographic elements in twins coincide with those of the untwinned crystal, e.g., (010) in albite twins. O.A. = optic axis stereographic projection normal to [001], upper hemisphere.

that produced it. We can be sure of the mechanical origin of the lamellae in our samples, but it is very much more difficult to prove a mechanical origin of twin lamellae in naturally deformed, plagioclase bearing rocks.

By analogy with the method developed by Turner (1953) for mechanically twinned calcite, a "compression axis" C can be graphically located for each twinned plagioclase grain. It corresponds to the direction the largest principal stress, σ_1, must have in order that the coefficient of resolved shear stress be at a maximum (in the positive sense) for that twin system. In a randomly oriented, mechanically twinned polycrystalline aggregate, σ_1 corresponds to the statistical center of the compression axes maximum. In the case of albite and pericline mechanical twins, such C axes are 45° to K_1 and N_1

and lie in quadrants defined by (001) and (0$\bar{1}$0) or (00$\bar{1}$) and (010) (fig. 6). The C axes for albite and pericline twinning are 2° apart and are not distinguished in Fig. 4. In practice, it is generally convenient to plot the position of the bisector, C′, of ⊥ {010} and ⊥ {001} rather than the bisector, C, of ⊥ {010} and ⊥ R.S. The R.S. is commonly more difficult to measure than (001) cleavage; moreover, if (010), (001) or R.S. are not accessible, it is simpler to calculate the position of a rational plane, e.g., (001) or (010). In all but the "low" Na-rich plagioclases ($An_0 - An_{25}$) which we where unable to twin, the error thus introduced in locating C is on the order of 0°–7°.

Most of the deformed specimens described here are either single crystals or consist of a few coarse grains. Since a large sample is requisite to the use of the technique, we were not able to test it adequately. However, a set of 18 C′ axes were calculated for all grains in a deformed cylinder of bytownite; these are plotted in fig. 7.

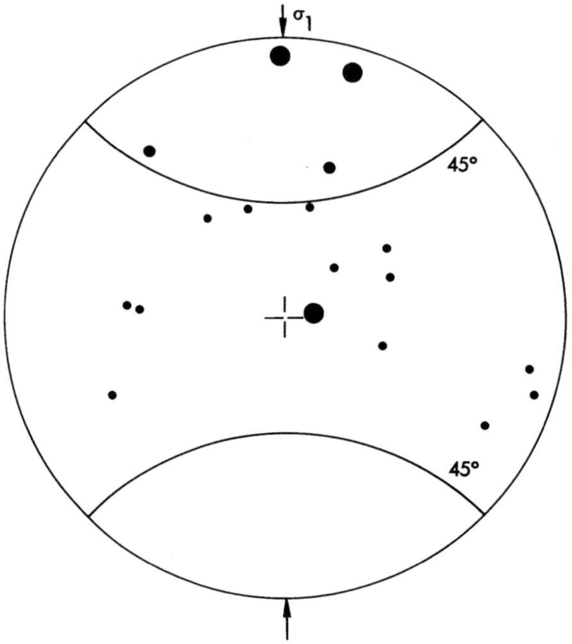

Figure 7.
Stereogram of C′ axes (bisector of acute angle between {001} and {010} for all grains in unannealed An_{77}.Large circles and small circles = grains with well developed albite and/or pericline twinning and grains with little or no polysynthetic twinning, respectively. Medium sized circles = grains with a small amount of mechanical twinning.

Most grains do not contain mechanical twins (small circles) and have C′ axes distributed in a broad belt normal to σ_1. Thus, the resolved shear stress coefficient tends to be high for {010} and R.S. twin glide, but the sense is wrong. Two grains containing profilic twins (large circles) have C′ axes near to σ_1. The anomalous point normal to σ_1 is believed to be due to local stress concentrations at grain boundaries or reversal in stress field on unloading. C' axes of grains with a small amount of mechanical twinning are indicated by medium-sized circles; these may again be due to an inhomogeneous stress field, for here the shear stress would be expected to be very low. While these few data are not sufficient to evaluate the technique, we believe it is potentially useful in deducing the orientation of stress axes in plagioclase aggregates if it can be established that the twinning is mechanical.

C. {010} slip

{010} slip was observed in low albite (800°C, 10 kb) and in a peristerite, An_{13} (200° and 400° at 5 kb and 800° at 10 kb). In all instances the crystals were unfavorably oriented for (010) twin gliding. The slip was accompanied by kinking and local rotation up to 7° of the active slip plane (010). Kink band boundaries or hinges are

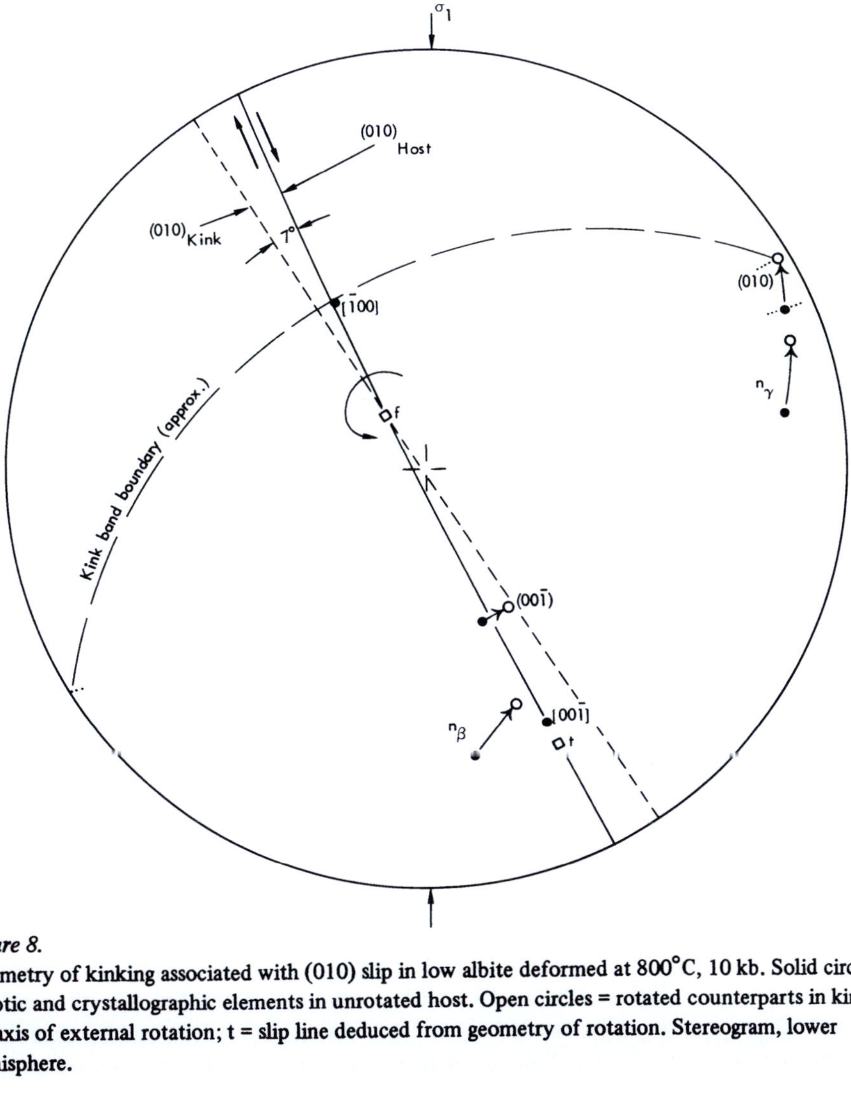

Figure 8.
Geometry of kinking associated with (010) slip in low albite deformed at 800°C, 10 kb. Solid circles = optic and crystallographic elements in unrotated host. Open circles = rotated counterparts in kink. f = axis of external rotation; t = slip line deduced from geometry of rotation. Stereogram, lower hemisphere.

not well-developed. The slip line t, as deduced from an assumed 90° relation between external rotation axis, f, and t, lies near or parallel to the irrational slip line associated with (010) twinning. The kink band boundary is only approximately located (fig. 8). The resolved shear stress coefficient, S_0 for this slip system lies between 0.4 and 0.5 in all examples. The coincidence of b^* [normal to (010)] and c^* in the two phases making up the peristerites (Laves, 1954) minimizes a potentially serious obstacle to {010} slip.

As most single crystal experiments were designed to facilitate twinning rather than {010} or {001} slip, this deformation mode has not been explored for all plagioclase deformed in this series. {010} slip is probably operative in the other plagioclase compositions, provided (010) is properly oriented with respect to σ_1. {001} slip with or without concomitant kinking was not observed, although in many of the experiments the slip system T = {001} t = [010] was in position of high resolved shear stress.

D. Deformation lamellae

The general term deformation lamellae is used here to describe non-twinned planar features of finite thickness that were produced in experiments at 700° to 800 °C, 10 kb on An_{37}, An_{44} and An_{77}. In many respects they resemble sub-basal deformation lamellae of natural quartz, another framework silicate, *vis:* (a) they form in positions of high resolved shear stress (fig. 9b); (b) although they tend to be subnormal to [001] and tend to lie in the [312] and $[\bar{1}10]$ zones of host grains, they are not parallel to any unique crystallographic plane of low indices (fig. 9a); (c) they occur in one or more sets that are commonly localized within containing grains and are not continuous across grain boundaries; and (d) individual lamellae are not strictly parallel to one another and they lack the perfection and sharpness associated with the (001) and (010) cleavage in the plagioclases. Unique features include: (a) finite width (3–5μ) which, in favorable instances, permits measurements of a small change in extinction position (2°); and (b) restriction to sectors of the crystal without deformation twinning.

7. Summary

At any particular temperature and pressure, members of the plagioclase series of feldspars have remarkably similar mechanical properties in triaxial tests spanning the 25–800 °C, 5–10 kb interval. If the initial orientation of the crystals with respect to the principal stresses is similar, e.g. in single crystal experiments, differences in composition, structural state (cation distribution), and sub-microscopic unmixing have small expression on the yield strengths of the natural (unannealed) material. For example, crystals oriented such that σ_1 bisects the acute angle between {010} and {001} have yield strengths of 1–2 kb at 800 °C, 10 kb. This yielding is associated with the onset of plastic flow either by slip (translation) or by twinning, and is followed by hardening and ultimate cataclastic failure. Not surprisingly the yield strength of polycrystalline

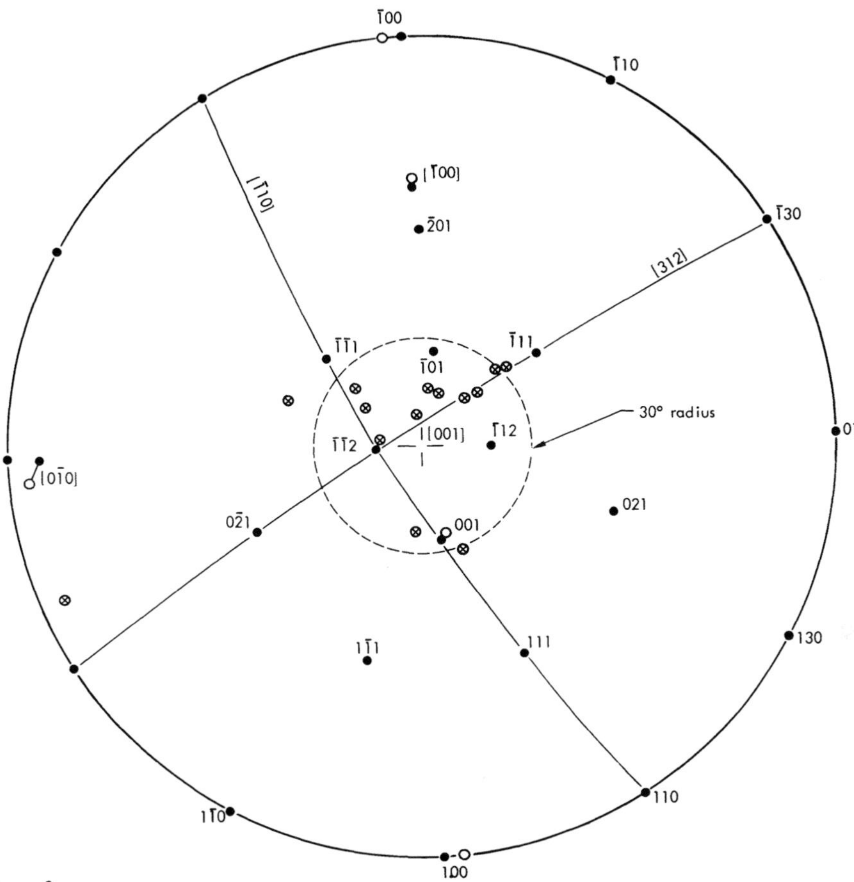

Figure 9.
(a) Crystallographic orientation of deformation lamellae (D.L.) in deformed plagioclases (An_{37}, An_{44}, An_{77}). Crossed circles = poles to D.L. Solid and open circles = albite and anorthite, respectively; only poles to principal planes and axes indicated. Stereogram normal to [001], upper hemisphere.

samples is a factor of 1.3–3.0 greater than that of single crystals under comparable experimental conditions; and for any given sample, either single crystal or aggregate, it is lowered by an increase in temperature of deformation, e.g. by approximately 2 kb between 600–800 °C, 10 kb. Plagioclases with the lowest strengths demonstrably yielded by plastic modes (twin gliding and slip); conversely, the strongest failed solely by cataclastic flow.

Both single crystal and polycrystalline specimens subject to 8–42 day anneals at 900–1050 °C prior to deformation are 1.5–2.5 times stronger than their unannealed counterparts, irrespective of the temperature of deformation or any other variable such as composition, degree of crystalline disorder, or mechanism of deformation. The reason for this anomalous behavior is not known, but the phenomenon is most likely due to the nucleation of additional phases during the anneals (precipitation hardening)

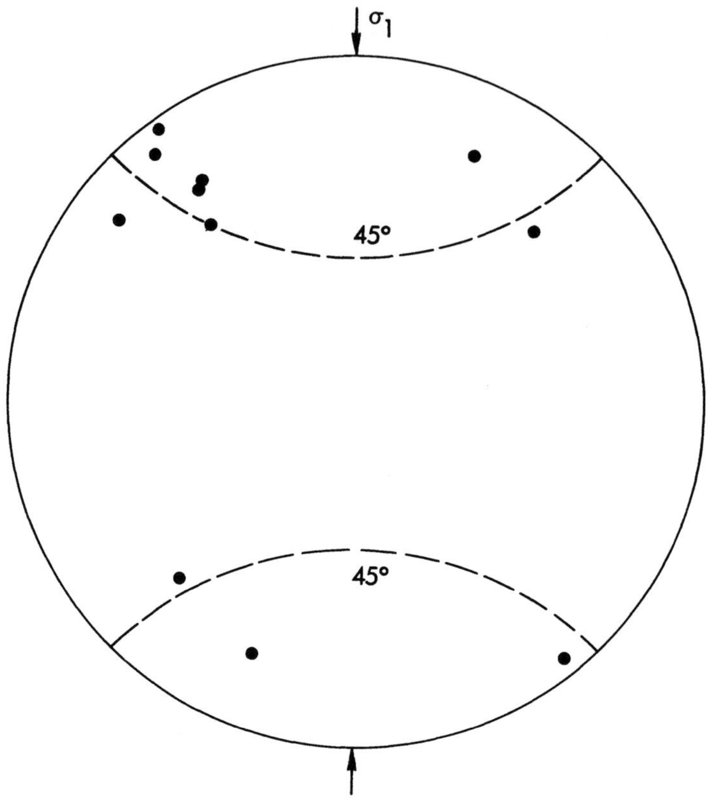

Figure 9.
(b) Steogramm of poles to 11 sets of deformation lamellae in unannealed An_{77}; deformed at 800 °C, 10 kb.

or to depletion of small amounts of interstitial water initially present (the opposite of hydrolytic weakening in silicates).

A variable amount of slip or twinning preceded brittle failure in certain of the plagioclases at 800 °C, 10 kb. Albite and pericline twinning occurs in plagioclase in the An_{30}–An_{95} interval with one exception, An_{44}; {010} slip and concomitant kinking was observed in An_2–An_{13} and deformation lamellae at 60–70° to [001] in calcic specimens An_{37}–An_{77}. As most single crystals were oriented so as to favor mechanical albite and pericline twinning, the above as well as other possible slip mechanisms were not completely explored by these experiments. Deformation lamellae are parallel to planes of high resolved shear stress and have a high degree of preferred orientation in our deformed specimens. By virtue of their limited, albeit irrational, crystallographic position within the deformed plagioclase, they are not strictly comparable to similar unvitrified structures observed in shocked rocks.

Zusammenfassung

Festigkeitseigenschaften und räumliche Orientierung werden für 11 Plagioklase, $An_2 - An_{95}$, beschrieben, die in Druckversuchen bei 25 bis 800°C mit 5 – 10 kb hydrostatischem Druck verformt wurden. Bei 800°C und 10 kb haben alle Einkristalle, die bevorzugt für Albit- und Periklin-Zwillingsgleitung orientiert sind, Bruchfestigkeiten um 2 kb, unabhängig von Zusammensetzung und Zustand des Gefüges. Bruchfestigkeiten von polykristallinen Aggregaten sind 1,3 bis 3,0-mal höher. In beiden Fällen werden die Bruchfestigkeiten gesenkt durch eine Erhöhung der Versuchstemperatur und anormal um Faktoren von 1,5 – 2,5 erhöht durch vorheriges Tempern des Versuchsmaterials.

Albit und Periklinverzwilligung treten bei Versuchen bei 800°C und 10 kb in den Plagioklasen $An_{30} - An_{95}$ mit Ausnahme von An_{44} auf. Gleitung nach {010} und Knikkung tritt in natriumreicheren Feldspäten auf, und nicht-rationale Verformungslamellen erschienen in $An_{37} - An_{77}$. Sie unterscheiden sich von ähnlichen durch Schockdeformation erzeugten Lamellen.

Acknowledgments

We thank J. N. Feather for performing some of the experiments; B. Evans and M. Corlett for microprobe analyses; J. Maxwell, D. B. Slemmons and R. Hargraves for donating specimens; J. Starkey for help in early stages of the work. One of us (I.Y.B.) is grateful to the J. S. Guggenheim Foundation for its support of the research. Portions of the experimental work were sponsored by Shell Development Co., the Air Force Cambridge Research Laboratory and the Advanced Research Projects Agency (Contract No. A. F. 19 (628)-2784), and the U.S. Atomic Energy Commission.

References cited

Bolton, H.C., Bursill, L.A., McLaren, A.C. and Turner, R.G., 1966: On the origin of the colour of labradorite. – Phys. Stat. Soc. *18*, p. 221–230.

Borg, I. Y. and Handin, J., 1966: Experimental deformation of crystalline rocks. – Tectonophysics *3*, p. 249–368.

– and Heard, H. C., 1967: Further studies on experimentally deformed plagioclase in Rock deformation and the deformation mechanisms in torsion tests. – Air Force Cambridge Res. Lab. Report, AFCRL–67–0308.

– and –, 1969: Mechanical twinning and slip in experimentally deformed plagioclases. – Contrib. to Mineralogy and Petrology *23*, p. 128–135.

– and Smith, D. K., 1968: Calculated X-ray powder patterns-Part I: Five Plagioclases. – Am. Min. *53*, p. 1709–1723.

Bunch, T. E., 1968: Some characteristics of selected minerals from craters, p. 413–432 in French, B. M. and Short, N. M., eds., Shock metamorphism of natural materials. – Baltimore, Mono Press.

Burri, C., Parker, R. L. and Wenk, E., 1967: Die optische Orientierung der Plagioklase. – Basel und Stuttgart, Birkhäuser Verlag.

Chao, E., 1968: Pressure and temperature histories of impact metamorphosed rocks based on petrographic observations. – Neus. Jahr. Miner. Abh. *108*, p. 209–246.

Corlett, M. and Ribbe, P. H., 1967: Electron probe microanalyses of minor elements in plagioclase feldspars, Part II of Laboratory investigations on plagioclase. – Schw. Min. u. Pet. Mitt. *47*, p. 317–322.

De, A., 1955: Some aspects of plagioclase twinning. – Bhu Vidja J. Geol. Institute, *18*, p. 51–56.

Donnay, J., 1943: Plagioclase twinning. – Geol. Soc. Am. Bull. *54*, p. 1645–1651.

Engelhardt, W. v. and D. Stöffler, 1968: Stages of shock metamorphism in the crystalline rocks of the Ries Basin, Germany, p. 159–168 in B. French and N. Short, eds., Shock metamorphism of natural minerals. – Baltimore, Mono Press.

Emmons, R. and Gates, R., 1943; Plagioclase twinning. – Geol. Soc. Am. Bull. *54*, 287–304.

Gay, P. and Smith, J. V., 1955: Phase relations in the plagioclase feldspars: composition range An_0–An_{70}.– Acta. Cryst. *8*, p. 64.

Griggs, D., 1967: Hydrolytic weakening of quartz and other silicates. – Geophys. Jour. Roy. Astron. Soc. *14*, p. 19–31.

Handin, J. 1953: An application of high pressure in geophysics: Experimental rock deformation, Trans. Amer. Soc. Mech. Engineers *75*, p. 315–324.

– and Hager, R. V. Jr., 1958: Experimental deformation of sedimentary rocks under confining pressure: Tests at high temperature Bull. Amer. Assoc. Petrol. Geol. *41*, p. 1–50.

Heard, H. and N. Carter, 1968: Experimentally induced "natural" intragranular flow in quartzite. – Amer. J. Sci. *266*, p. 1–42.

Laves, F., 1952: Mechanische Zwillingsbildung in Felspäten in Abhängigkeit von Ordnung-Unordnung der Si/Al-Verteilung innerhalb des $(Si, Al)_4O_8$-Gerüstes, Naturwissenschaften *39*, 546–547.

– , 1954: The coexistence of two plagioclases in the oligoclase compositional range. – J. Geol. *62*, p. 409–410.

– , 1960: Al/Si-Verteilungen. Phasen Transformationen und Namen der Alkalifeldspäte. – Zeits. Krist. *113*, p. 265–296.

– , 1965: Mechanical twinning in acid Plagioclases. – Amer. Miner. *50*, p. 511–514.

– , 1966: What is a twin and what is a "twin"? – Acta. Met. *14*, p. 58.

Megaw, H., 1960: Order and disorder: I–Theory of stacking faults and diffraction maxima. – Proc. Roy. Soc. A, *259*, p. 59–78; II–Theory of diffraction effects in the intermediate plagioclase feldspars. – Proc. Roy. Soc. A, *259*, p. 159–183; III – The structure of the intermediate plagioclase feldspars. – Proc. Roy. Soc. A, *259*, p. 184–202.

Mügge, O. and Heide, F., 1931: Einfache Schiebung am Anorthit. – Neus. Jahrb. Beilage und Band *64*, p. 163–170.

Nissen, H.-U. and Bollman, W., 1968: Doubled Kikuchi lines as a means of distinguishing quasi-identical phases. – Fourth European Regional Conference on Electron Microscopy, Rome, 1968, p. 321–322.

– , 1968: A study of bytownites in amphibolites of the Ivrea-Zone (Italian Alps) and in anorthosites: A new unmixing gap in the low plagioclases. – Schweiz. Min. u. Pet. Mitt. *48*, p. 53–55.

– , Eggmann, H. and Laves, F., 1967: Schiller and sub-microscopic lamellae of labradorite. – Schweiz. Min. u. Pet. Mitt. *47*, p. 289–302.

Ribbe, P. W. and Smith, J. V., 1966: X-ray emission microanalysis of rock-forming minerals: IV–Plagioclase feldspars. – J. Geol. *74*, p. 217–233.

Robertson, P. B., Dence, M. R., and Vos, M. A., 1968: Deformation in rock-forming minerals from Canadian craters, p. 433–452 in French, B. and Short, N., eds., Shock metamorphism of natural minerals. – Baltimore, Mono Press.

Schmid, E. and Boas, W., 1950: Plasticity of crystals. – London, Hughes.

Schneider, T. R., 1957: Röntgenographische und optische Untersuchung der Umwandlung Albite. – Analbite-Monoalbite, Zeits. Krist. *109*, p. 245–271.

Seifert, K. E., 1965: Deformation bands in albite. – Amer. Miner. *50*, p. 1469–1472.

– , 1968: Experimental deformation of anorthosite (abs.), Program 1968 GSA Spl. Pper 121, p. 272.

Sen, S., 1956: Translation gliding in deformed plagioclase from a banded norite near Willow Lake, Oregon. – Intern. Geol. Congress, 20th Session, Section 11A, Mexico City, p. 263–274.

Smith, J. V. and Ribbe, P. H., in press: Atomic movements in plagioclase feldspars: A kinetic interpretation. – Contr. Miner. Petrol.

Starkey, J., 1964: Glide twinning in the plagioclase feldspars, in Reed-Hill, R. E., Hirth, J. D. and Rogers, H., eds., Deformation twinning. – New York, Gordon & Breach.

– , 1967: On the relationship of pericline and albite twinning to the composition and structural state of plagioclase feldspars. – Schweiz. Min. u. Pet. Mitt. *47*, p. 257–269.

– and Brown, W. L., 1964: Künstliche Erzeugung mechanischer Zwillinge in Anorthit. – Zeits. Krist. *120*, p. 388–392.

Stöffler, D., 1967: Deformation und Umwandlung von Plagioklas durch Stoßwellen in den Gesteinen des Nördlinger Ries. – Contr. Miner. Petrol. *16*, p. 51–83.

Turner, F. J., 1953: Nature and dynamic interpretation of deformation lamellae in calcite of three marbles. – Amer. J. Sci. *251*, p. 276–298.

– , 1962: Rotation of the crystal lattice in kink bands, deformation bands and twin lamellae of strained crystals. – Proc. Nat. Acad. Sci., U.S. *48*, p. 955–963.

'ance, J. A., 1961: Polysynthetic twinning in plagioclase. – Amer. Miner. *46*, p. 1097–1119.

ogel, Th. A., 1964: Optical crystallographic scatter in plagioclase. – Amer. Miner. *49*, p. 614–633.

DER SCHLINGENBAU IM GRUNDGEBIRGE DES RENSTRÖMGEBIETES, SKELLEFTEFELD, NORDSCHWEDEN, IN MONTANGEOLOGISCHER UND INGENIEURGEOLOGISCHER SICHT

Hans K. Helfrich

Abstract

The aim of this work is to investigate the "Schlingenstrukturen" in the Renström Area, 50 km west of Skellefteå (Västerbotten), with statistical structural methods in connection with rock mechanic aspects. This area is situated at the northern border of the Norrland Geosyncline within the Swedish basement. Besides numerous field observations this work is to be referred to geology of the Renström Mine (approximate depth 900 meters) and investigations on the strength of rock and rock mass.

The rock series and the relations of their age are shortly discussed and there is emphasized that the area formed a basin in earlier times. The development is related to the tectonic structure of this basin with the characteristical formation of acid volcanic series, layered sediments and basic veins, which indicate weak consolidations in depth. On the base of older and new mappings, the tectonic structure is classified with respect to the regional geology and local geological relations in point of view. The result of the investigations shows that in connection with the intrusion of later orogenic Revsund granite appears an isocline folding structure with steep overlaying axes of the mainly vertical mobility, which was induced by gravitative flow of material.

The "Schlingenbau" can be resolved into the partial deformations initial, high and final phase. The temperature, pressure and time relations did not form high grade metamorphism, but enabled the formation of a shear zone at the beginning of final state of "Schlingentektonik". The shear zone enabled the intrusion of the Revsund granite. The orebody is closely connected with the "Schlingenbau". Probably there are still tectonic stresses. In situ measurements of stresses in rock masses indicate horizontal orientated residual stress.

Combined tectonic and rock mechanical methods give additional information for quantitative tectonic analysis of the rock masses and successful economical geological valuations in case of exploration, mine planning and mining operation.

Inhalt

1. Einleitung

Strukturgeologische Arbeiten, die sich der Gefügeanalyse des planaren und linearen Parallelgefüges sowie des Korngefüges nach B. Sander (1948–1950) bedienen, wurden bisher im schwedischen Grundgebirge in begrenztem Umfang durchgeführt. Zu nennen sind Arbeiten von E. Grip und Å. Wirstram (1949), H. K. Helfrich (1965 a, b, 1967), H. Koark (1951, 1953, 1959), I. Larsson (1954, 1967), B. Loberg (1963), P. H. Lundegård (1957, 1960, 1963), S. Gavelin (1943), Wenk (1936) u.a. Diese Arbeiten befaßten sich mit regionalgeologischen, baugeologischen und gebirgsmechanischen Fragestellungen.

Was den tektonischen Bau des Skelleftefeldes betrifft, werden N. Edelman (1963, 1965), E. Grip (1941), A. Högbom (1937), G. Kautsky (1955), S. Gavelin (1955) und unveröffentlichte Arbeiten vom Verfasser (H. K. Helfrich 1959–1964) genannt.

Einleitend werden nun die wichtigsten tektonischen Grundzüge des Skelleftefeldes präsentiert, soweit sie für den engeren Rahmen dieser Arbeit von Bedeutung erscheinen. Hinsichtlich regionalgeologischer Arbeiten des Verfassers wird auf eine in Vorbereitung befindliche Arbeit hingewiesen, die zur geologischen Baugeschichte des östlichen und zentralen Skelleftefeldes Stellung nehmen wird (H.K. Helfrich 1970).

Der tektonische Großbau des Skelleftefeldes wird durch großräumige Faltenzüge, die wechselnde Tendenz zur Isoklinalfaltenbildung auszeichnen, bestimmt. In ihrer Erstreckung sind sie von den Kompetenzbeziehungen zwischen starren Vulkanitblöcken, plastisch verformbaren Sedimentzügen und großen Granitkörpern abhängig. Das generelle Streichen der Faltenachsen ist um WNW–ESE gerichtet. Die Achsen der regionalen Faltung liegen überwiegend flach und werden häufig von steilstehenden Kleinfalten, Linearen und Stengligkeitsstrukturen überlagert.

Daß dieser Großfaltenbau nicht einzeitig gebildet wurde, hat E. Grip (1941) in seiner Arbeit über „Die Tektonik und Stratigraphie der zentralen und östlichen Teile des Skelleftefeldes" deutlich zum Ausdruck gebracht.

In dieser zitierten Darstellung werden zwei orogene Faltungsphasen beschrieben, die durch die Platznahme des Revsundgranites ihren Abschluß fanden. Das danach abgelagerte, mit basischem Vulkanismus interferierende Vargforskonglomerat wurde von einer noch späteren Faltungsphase betroffen, die ihrerseits eine solche Intensität entwickelte, daß es zur Ausbildung einer deutlichen Schieferung kam. Diese Phase würde als dritte Faltungsphase den oben erwähnten orogenen Phasen folgen.

G. Kautsky (1955) kommt gleichfalls zu dem Schlußsatz, daß zwei Faltungsphasen, jeweils von einem Granit begleitet, festzustellen sind. Allerdings wird nach Kautsky das Vargforskonglomerat noch vor dem Einsetzen der zweiten Phase abgelagert und somit stratigraphisch vor die Bildung des Revsundgranites gestellt. Diese Deutung gründet sich darauf, daß im Vargforskonglomerat keine Revsundsgranitgerölle aufscheinen und daß auch die jüngere Abteilung des Vargforskonglomerates, das Dömanbergkonglomerat von der regionalen Verschieferung der zweiten Faltungsphase betroffen wurde. Sowohl E. Grip als auch Kautsky sind der Auffassung, daß die zweite Faltungsphase wesentlich intensiver ablief, sie verursacht eine Verschärfung des Faltenbaues der ersten Phase, die bis zur Bildung von Isoklinalfalten führte.

S. Gavelin (1955, 1958) schließt sich, was die Zweiphasigkeit des Faltenbaues betrifft, den beiden Auffassungen an, will jedoch nicht entscheiden, ob die Isoklinalfaltung dem späteren Teil der ersten Phase oder einem frühen Abschnitt der zweiten Faltung zuzuordnen ist. Auch hinsichtlich der Stellung des Vargforskonglomerates werden gewisse Zweifel erhoben. Eine wesentliche Schwierigkeit in der Frage der Interpretation der Faltungsphasen ist die offenbare Tatsache, daß beide demselben Bauplan (symmetriekonstant) bzw. einem gleichgerichteten Kräftespiel zuzuordnen sind.

Über die Beziehungen zwischen flachachsiger und steilachsiger Tektonik im Skelleftefeld finden sich Deutungsversuche in Grip (1941) und Gavelin (1943). Ersterer schließt sich in der Frage der Altersbeziehungen zwischen beiden Axialstrukturen den Auffassungen N. H. Magnusson's (1940) an, der die steilstehende Stengligkeit als kurz nach der Isoklinalfaltungsphase entstanden auffaßt.

Im folgenden wird auf die Beziehungen zwischen flach- und steilachsigen Faltenstrukturen, letztere auch eine ausgeprägte Stengligkeit inkludierend, am Beispiel des Renströmgebietes eingegangen. Der steilachsige Faltenbau wurde vom Verfasser durch detaillierte Strukturkartierungen im Zuge einer Neuaufnahme weiter Teile des Skelleftefeldes im Maßstab 1 : 10.000 straffer gefaßt, und wie aus den folgenden Ausführungen zu ersehen sein wird, als das Resultat einer Schlingentektonik (O. Schmidegg 1933) gedeutet. Erstmals erwähnt wurde die Renströmschlinge vom Verfasser im Zuge von gebirgsmechanischen Arbeiten mit einer Gegenüberstellung von Gesteins- und Gebirgsfestigkeit (H. K. Helfrich 1965 b, 1967).

2. Geologische Situation

Das Gebiet von Renström, ca. 15 km westlich von Boliden, wurde geologisch von E. Grip (1937–1947) und H. K. Helfrich (1959–1962) detailkartiert. Es zeigt folgende Grundzüge:

Als Basis tritt eine mächtige Serie saurer Vulkanite und dazugehöriger pyroklastischer Ablagerungen hervor, die in den oberen Teilen mit Sedimenten interferieren. Diese Sedimente zeigen im Streichen rasche lithologische Wechsel, sind pelitisch bis grobklastisch und beinhalten lokal reichliche pyroklastische Ablagerungen. Dünne Lavadekken und Schlammströme sind charakteristische Einschaltungen.

Im zentralen Teil des Gebietes beherrscht ein mächtiger Quartzdioritporphyritgang die Szene, gefolgt von einem Schwarm schmaler Lamprophyrgänge.

Eingerahmt ist diese Suprakrustalserie von zwei altersverschiedenen Graniten. Im N, W, und S bildet den Rahmen der ältere Jörngranit, im E der jüngere Revsundgranit (Fig. 1). Durch die dreiseitige Umrahmung mit Jörngranit wird das Renströmgebiet von der eigentlichen zentralen Norrland-„Geosynklinale" (N. H. Magnusson 1963) abgetrennt und zum selbständigen Teilbecken erhoben. Schon E. Grip (1959) hat die Bekkennatur des Renströmgebietes erkannt, dasselbe aber keiner eingehenden tektonischen Analyse unterzogen, die N–S Struktur aber bereits 1947 als Flexur gedeutet.

Die Beckennatur ist schon durch das Auftreten der oben erwähnten vulkanischen Tätigkeit und der mit ihr in Wechselbeziehung stehenden Sedimentation paläomorphologisch begründet. Zahlreiche Schlammströme, unsortierte grobklastische Sedimente zeugen von einem lokalen Relief, welches von resistenten, sauren Lavamassen (Quarzkeratophyr und Keratophyr) aufgebaut wurde. Daß ein wesentlicher Teil dieser Vulkanite als Ignimbrite aufzufassen ist, wird hier nur gestreift.

Die prä-jörngranitische Anlage dieses Teilbeckens bildete eine der Voraussetzungen für die Entwicklung des späteren Schlingenbaues. Durch diese Anlage war auch die synjörngranitische Abtrennung dieses Beckens von der eigentlichen „Geosynklinale" begünstigt worden.

Anmerkungswert ist, daß die Gesteine im betrachteten Bereich regionalmetamorph umgewandelt sind und mineralfaziell an die untere Grenze der Aktionolithgrünsteinfazies im Sinne von P. Eskola (1939) anschließen. In keinen Abschnitten ist auch nur die Spur einer Migmatitbildung vorhanden. Festzustellen ist nur eine lokale hydrothermale Umwandlung (Sericit-Chlorit) in der Umgebung des Erzkörpers, sowie ein Übergang zur höheren Aktinolitgrünsteinfazies nahe dem Revsundgranitkontakt.

Das Fehlen einer Migmatitbildung oder anderer Anzeichen steigender Temperatur auch in 900 m Tiefe ist festzuhalten. In ähnlicher Teufe ist im Adakkupol eine Granitisierung der Suprakrustalserien im vollen Gange, ohne daß auch nur im entferntesten eine ähnliche intensive Tektonik, wie im Falle Renström, vorliegt.

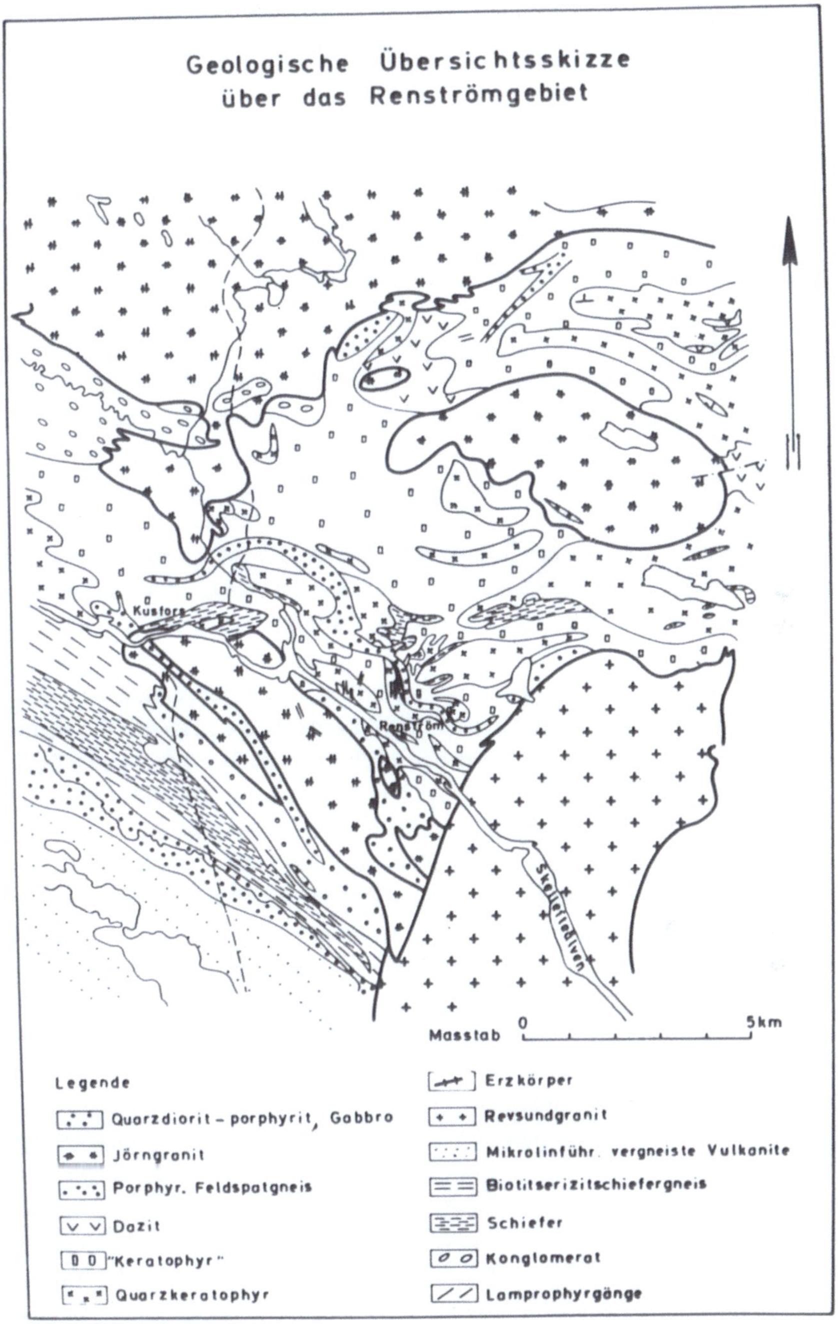

Fig. 1.
Geologische Situation des Renströmgebietes, etwa 50 km westlich von Skellefteå, Västerbotten, Nordschweden, Auszug aus einer geologischen Karte über das östliche und zentrale Skelleftefeld (Helfrich 1970).

Hinsichtlich vertiefter regional-geologischer Untersuchungen wird vom Verfasser auf die bereits zitierte und in Vorbereitung befindliche Arbeit hingewiesen.

3. Das Tektonische Flächen- und Achsengefüge

3.1. Feldaufnahmen

Das morphologische Gefüge im Grundgebirgskörper des Renströmgebietes zeigt drei hervorstechende Gefügemerkmale.

s-Flächen. – Beherrschend ist ein regional auftretendes Parallelgefüge, welches in der Hauptsache aus zwei Flächenscharen zusammengesetzt ist. Diese beiden Scharen liegen spitzwinkelig zu einander, wobei der Winkel sowohl im Horizontal- als auch im Vertikalplan um 25° streut. Die beiden Scharen sind annähernd gleichwertig ausgebildet. Mechanisch verschieden wirkende Gesteine zeigen äquivalente Planargefüge, zumindest was die Anlage der beiden Flächenscharen betrifft. Die deutlich geschichteten Sedimente und Tuffe zeigen jedoch eine wesentlich höhere Intensität als die mehr maßformigen Lavagesteine. Der Winkel ist jedoch stets ein ähnlicher. Festzustellen ist, daß das Sedimentärgefüge deutlich erhalten ist (Fig 2 a–c), also keine Durchbewegung erfahren hat, die das ss-Gefüge zerstörte.

Wie aus den dargestellten Gefügediagrammen (Fig 3 und 4) zu ersehen ist, sind die Schnittgeraden der beiden s-Flächenscharen oft steilgestellt. Das Einfallen der Schnittgeraden pendelt zwischen 60 und 90°. Die den s-Flächenscharen zugehörigen β-Punkte (Schnittpunkte der den s-Flächen entsprechenden Großkreise im Schmidtschen Netz, untere Halbkugel) ordnen sich zu einem distinkten Gürtel mit eindeutigen Maxima.

Aus der Analyse verschiedener Teilbereiche war zu ersehen, daß die s-Pole zwei Maxima zeigen, die den oben genannten Winkel von 25° einschließen (siehe Sammeldiagramm Fig 3, D 1). Die Pollagen bilden Gürtel, die wechselnde Raumstellungen der beiden s-Flächenscharen zum Ausdruck bringen. Dabei verändern auch die beiden Maxima unter Beibehaltung des charakteristischen Winkels ihre Raumlagen.

Ähnliche geometrische Beziehungen sind in Diagrammen zu beobachten, denen Untertageaufnahmen zugrunde liegen (Fig 5). Auf das s-Flächengefüge des Grubenbereiches wird im Abschnitt 3.2. zurückgekommen.

Zum regionalgeologischen Vergleich wird in Fig 3 ein β-Diagramm vorgelegt, welches auch die dazugehörigen s-Pole (D 3) enthält. Dieses Diagramm stammt von der E-Flanke des östlich von Renström vorstoßenden Revsundsgranitkeiles, aus der Gegend von Båtfors. Es zeigt eine gürtelförmige Anordnung der β-Punkte mit zwei Gipfellagen. Das Hauptmaximum liegt nahezu horizontal, sein Schwerpunkt fällt mit 15° gegen NNE ein. Das zweite Maximum steht steil, mit einem Schwerpunkt, der 68° gegen E einfällt.

Dieses Diagramm belegt, daß auch s-Flächenscharen auftreten, deren Schnittgerade nahezu horizontal liegen. Der durch das Diagramm präsentierte Bereich liegt innerhalb einer großräumigen Umbiegung, aber außerhalb typischer Schlingenbereiche. Vergleicht man hierzu die β-Diagramme aus der Schlingenzone, so fällt das Zurücktreten der Gürtelbildung auf, es tritt eine Konzentrierung der β-Punkte auf, wobei zwei oder nur eine

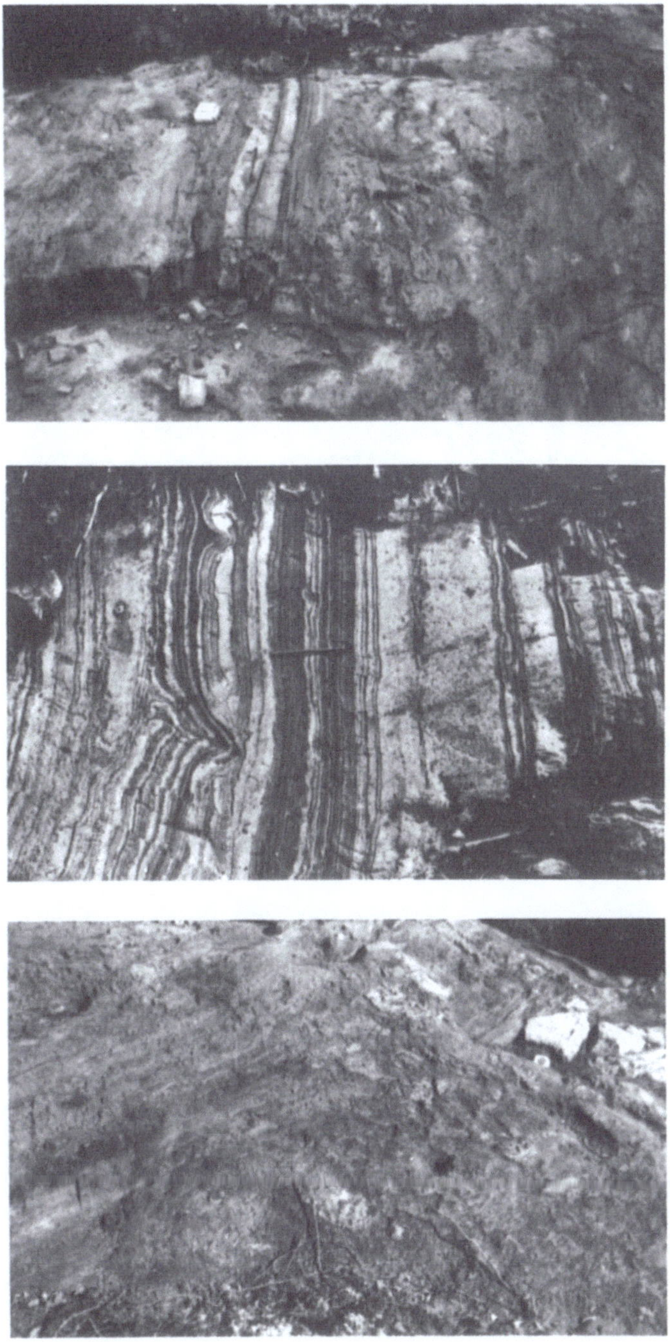

a

b

c

Fig. 2.
Gebänderte Anlagerungsgefüge (ss-Gefüge)

a gebänderte Tufflager mit vertikaler Lagerstellung

b rhythmisch gebändertes, sandig-toniges Sediment

c gebänderter Tonschiefer mit Lavabomben

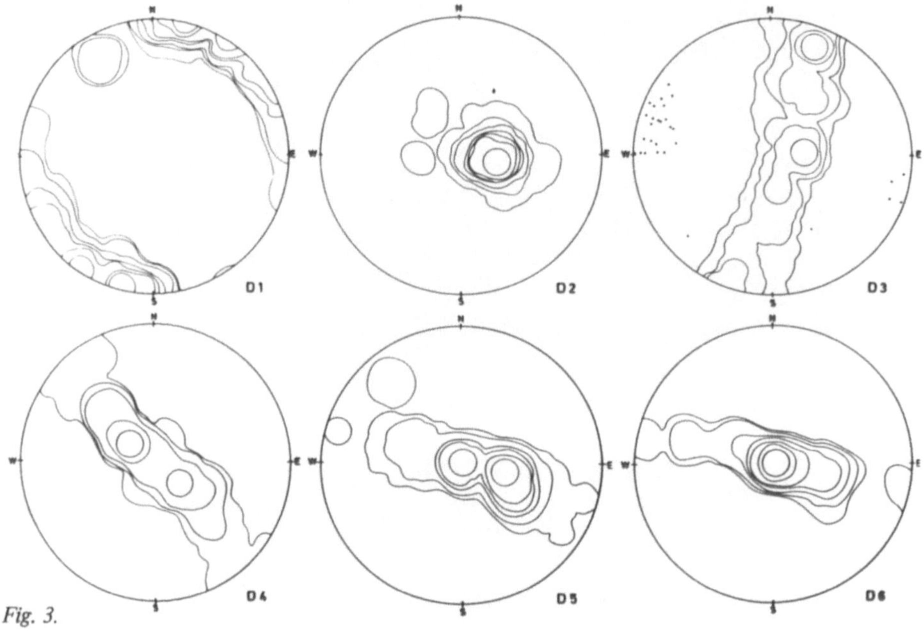

Fig. 3.

Diagrammtafel mit nachstehenden Teil- u. Sammeldiagrammen:

D_1 s-Flächenpoldiagramm

D_2 B- und L-Sammeldiagramm

D_3-D_6 β-Punktdiagramme aus verschiedenen Teilbereichen (siehe Zusammenstellung über die Besetzungsdichte auf Seite xx).

Schmidt-Netz, untere Halbkugel.

Gipfellage auftritt, letztere ist oft mit einer Streckungstendenz nach E bzw. ESE verbunden. Am Beispiel D_7 in der Fig. 4 kann rudimentär ein durchbrochener Gürtel erkannt werden.

Peripher zu den beiden Hauptflächenscharen treten einzelne s-Flächenlagen auf, die transversal die beiden Hauptscharen mit Relativbewegungen überschneiden. Es sind parallel zu Störungen (Verschiebungen) auftretende Flächen, die zu mehr oder weniger weitgreifenden Bewegungen (Verschiebungen) Anlaß gaben.

Klüfte. – Die feld- und grubengeologischen Kartierungen gestatten die Unterscheidung von 5 distinkten Kluftscharen:

Kluftschar I: N 5° W/86° E
II: N 32° E/86° W
III: N 82° E/86° W
IV: E – W/16° N
V: E – W/14° S

Unter Klüfte im Sinne von H. Cloos werden in dieser Arbeit nach B. Sander Fugen verstanden, an denen keine erkennbaren Verschiebungsbeträge der beiden aneinanderstoßenden Gesteinsteile auftreten (K. Metz 1967).

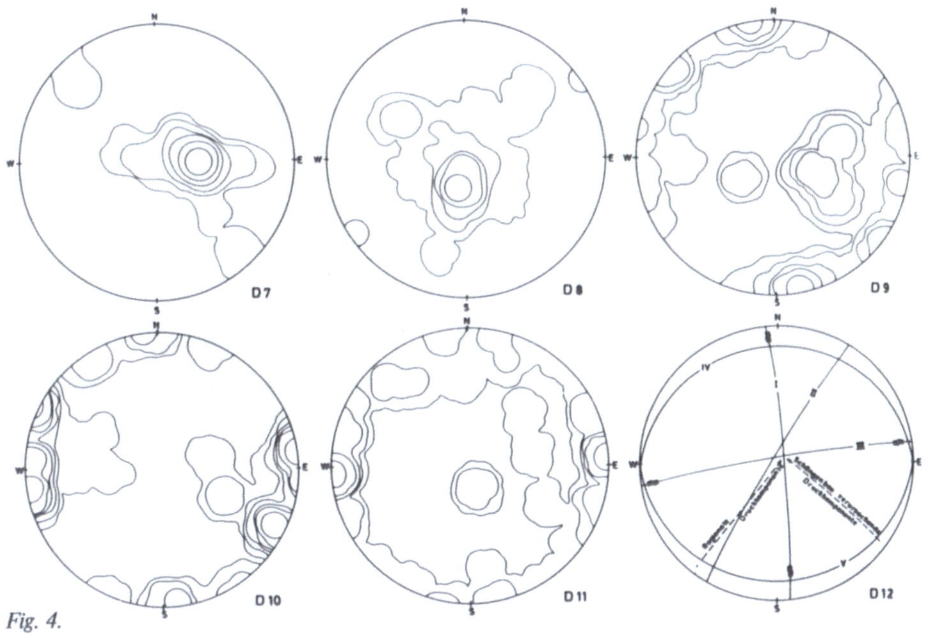

Fig. 4.

Diagrammtafel mit nachstehenden Teil- u. Sammeldiagrammen:

D_7–D_8 β-Punktdiagramme aus verschiedenen Teilbereichen

D_9–D_{11} Kluftpoldiagramme über zusammengefaßte Teilbereiche

D_{12} Schematische Darstellung der Kluftscharen, der Relativbewegungen und Verformungsrichtungen.

Schmidt-Netz, untere Halbkugel.

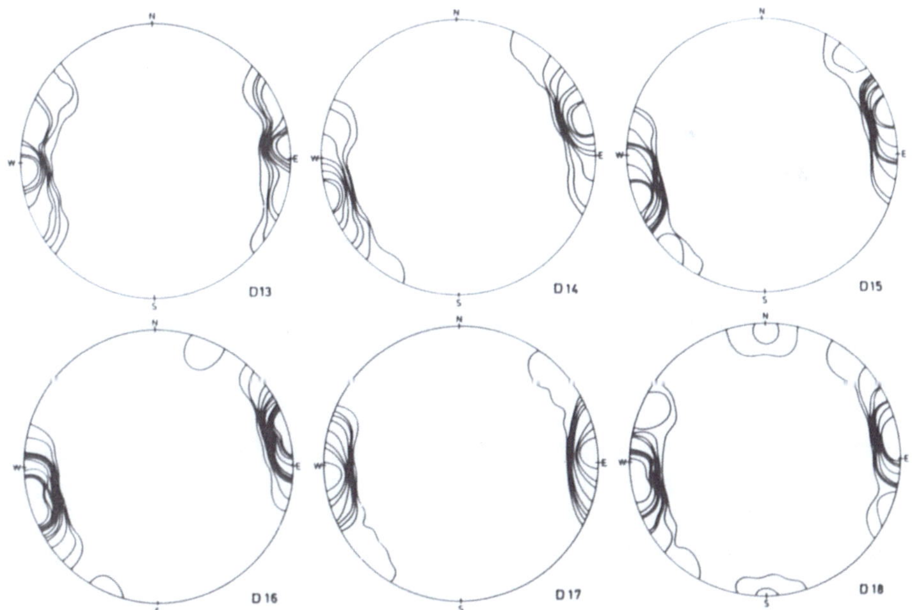

Fig. 5.

s-Flächendiagramme aus dem Grubenbereich: D_{13} 450 m, D_{14} 550 m, D_{15} 600 m, D_{16} 650 m, D_{17} 700 m, D_{18} 850 m Niveau, sämtliche Diagramme aus dem Schachtprofil.

Schmidt-Netz-untere Halbkugel.

Die 5 aufgestellten, durch Maxima repräsentierten Kluftstellungen, sind durch ihr unzufälliges planparalleles Auftreten als Kluftscharen definiert. Die Vertikalabstände, der den jeweiligen Scharen zuzuordnenden Einzelklüfte, können stark variieren. Besonders auffällig ist dies bei den Scharen IV und V. Bei beiden können die Vertikalabstände selbst noch im dm-Bereich liegen. Für diese Kluftscharen werden hohe Klüftigkeitsziffern (nach Stini) kartiert, die bei den bergmännischen Arbeiten berücksichtigt werden müssen. Darauf werden wir im Abschnitt 3.2. zurückkommen.

Während die Raumstellungen der Scharen I–III gut gestrafft sind, treten bei den Scharen IV und V starke Variationen auf. Abgesehen von Abweichungen in den Streichrichtungen nähern sich im Extremfall die Einfallswinkel (normal ist ein Winkel zwischen den beiden Scharen von ungefähr 30° zu beobachten) gleichen Werten, so daß nur mehr ein Maximum zu erkennen ist (Fig 6, D_{23}).

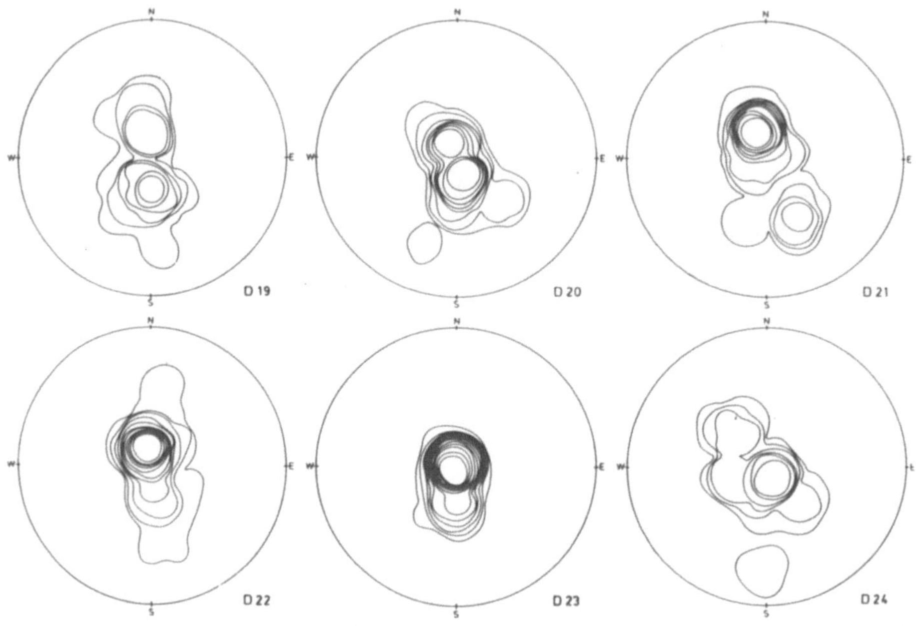

Fig. 6.
Kluftpoldiagramme aus dem Grubenbereich: D_{19} 450 m, D_{20} 550 m, D_{21} 600 m, D_{22} 650 m, D_{23} 700 m, D_{24} 850 m Niveau, sämtliche Diagramme aus dem Schachtprofil.

Schmidt-Netz, untere Halbkugel.

In allen 5 Kluftscharen können quarzgefüllte Klüfte auftreten, die Scharen IV und V weisen jedoch die geringste Anzahl auf. Lamprophyrgänge bevorzugen die Kluftschar I.

Über die beschriebenen Kluftscharen hinaus treten untergeordnet steilgestellte Klüfte mit stark voneinander abweichenden Raumstellungen auf. Auch parallel zu den dominierenden s-Flächenscharen werden Kluftstellungen beobachtet. Besonders auffällig ist die Variationsbreite der Kluftlagen im Jörngranit. Weniger auffällig, jedoch wesentlich gestraffter treten sekundäre Kluftscharen im Revsundgranit auf, ein deutliches Zeichen einer postkristallinen Deformation, bezogen auf die Bildung dieses Granites.

Was die Stellung der einzelnen Kluftscharen im regionalgeologischen Raum betrifft, ist folgendes festzustellen:

Die Scharen I und III bilden ein rechtwinkliges Kluftsystem. Diesem System sind Verschiebungsflächen zugeordnet, die paarweise sich widersprechende Relativbewegungen aufweisen (Fig 4 D_{12}). Die Schar II steht praktisch senkrecht auf dem regional WNW-ENE orientierten Großfaltenbau mit vorzugsweise flachen B-Achsen. Die beiden Scharen IV und V liegen subhorizontal und sind annähernd rechtwinkelig in Bezug auf die steilachsigen Strukturen orientiert.

Schematische Darstellung der Hauptbewegungsrichtungen
und Relativsinn der Dislokationen

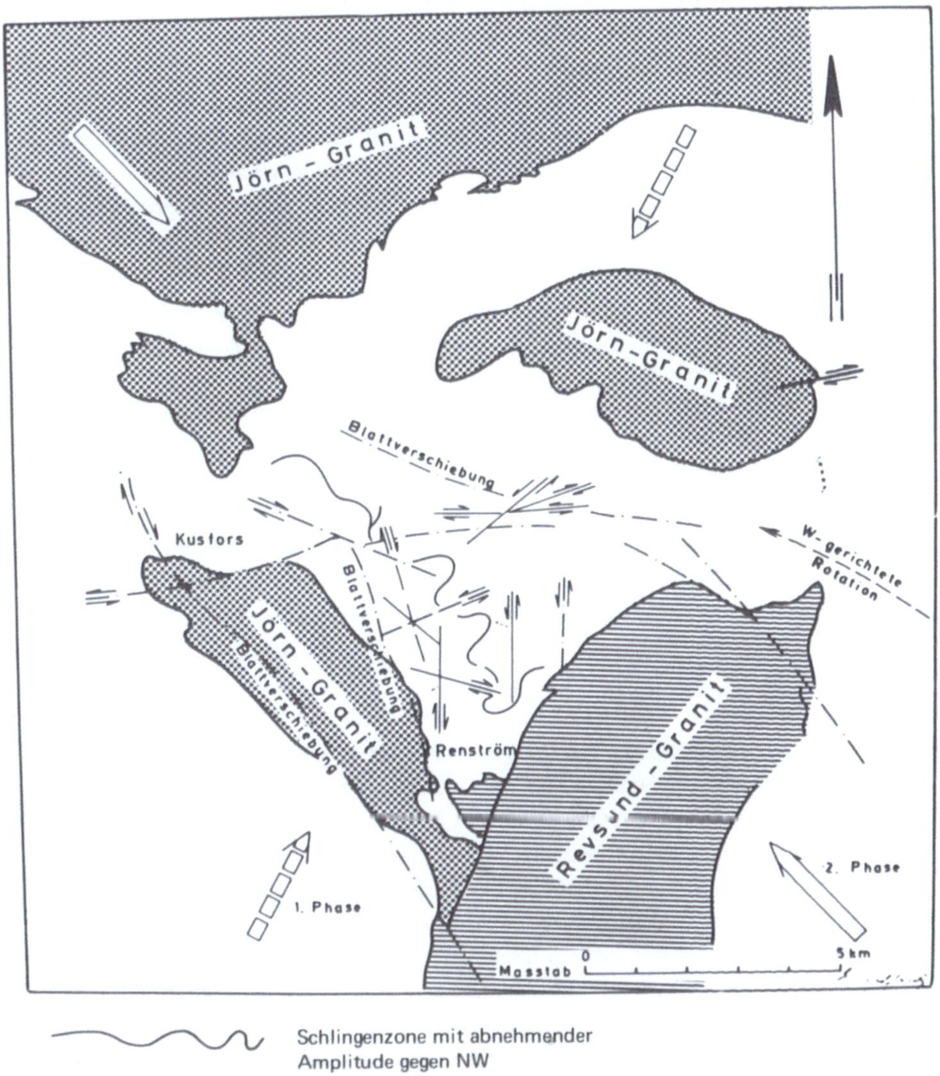

Fig. 7.
Tektonische Leitlinien und Bewegungssinn der Relativbewegungen im Renströmgebiet.

Verschiebungsflächen. – Aus der vorgelegten tektonischen Skizze (Fig 7) geht hervor, daß der Schlingenbereich mit seinem Rahmen von Störungslinien betroffen wird. Als wichtigstes Element erscheint ein WNW–ESE streichender Verwerfer (Blattverschiebung), dem sekundäre, untergeordnete Verschiebungsflächen zuzuordnen sind. Letztere kennzeichnen lokal eine Art Gleitbrettertektonik mit vertikal gerichteten Relativbewegungen. Diese Verschiebungsflächen, mit sowohl horizontalen als auch vertikalen Bewegungsrichtungen, liegen parallel bis subparallel zu den dominierenden s-Flächenscharen.

Die Schlingenzone ist in der Hauptsache von NW streichenden Störungen begrenzt (Blattverschiebungen). Diese sind nicht direkt im Felde zu beobachten, treten aber morphologisch als Gefügerelief hervor. Auffallend ist eine Störungslinie, die nahezu E–W streicht und von Kusfors bis nördlich von Renström zu verfolgen ist. Geringere Bedeutung kommen N–S streichenden Störungslinien zu. Sie sind bevorzugt im SE-Teil des betrachteten Bereiches zu beobachten.

Wie schon aus den Ausführungen über die Klüfte zu ersehen war, so lassen sich die beschriebenen Verschiebungsflächen sämtlichen steilstehenden Kluftscharen zuordnen.

Mylonite. – Im Gebiete von Renström konnten keine wesentlichen Mylonitisierungserscheinungen festgestellt werden. Eine Ausnahme bilden zwei näher zu beschreibende Bewegungszonen. Im Felde konnte eine Tendenz zu Mylonitbildung am NW-Rand des Jörngranitmassives, östlich von Kusfors, beobachtet werden. Diese Mylonitzone begrenzt den Granit gegen NW, sie liegt also am Kontakt zu einer verhältnismäßig stark verschieferten Suprakrustalserie. Sie ist an die oben bereits genannte E–W streichende Störungslinie anzuschließen.

Untertage wurde in den tieferen Teufen der Grube Renström eine deutliche Tendenz zur Mylonitbildung sowohl im Hangenden als auch im Liegenden des Erzkörpers festgestellt. Die Mylonitisierung besteht in einer Zunahme der s-Flächenfrequenz, intensiver Zergleitung mit reichlicher Harnischbildung. In diesen Abschnitten ist die Verbandfestigkeit stark herabgesetzt. Hier sind die s-Flächen nicht mehr Flächen eines modifizierten Zusammenhaltens, sondern bereits mechanisch erzwungene Trennflächen, die die gestaltliche und mechanische Kontinuität des Gebirges unterbrechen. Eine ähnliche Tendenz ist auch im Anschluß an die etwas aus dem N–S Streichen drehende B-Erzlinse festzustellen.

Lineare Gefügeelemente. – Sämtliche im Untersuchungsbereich einmeßbaren B-Achsen, Linearstrukturen und Stengligkeiten (beide L) sind in Fig 3, D_2 dargestellt. Der Schwerpunkt des deutlich hervortretenden Maximums fällt mit 68° gegen S 78° E ein. Neben diesem Maximum erkennt man, daß die B- und L-Lagen teilweise um dieses Maximum pendeln, aber auch Streulagen steil gegen W, NW und NNE einfallend aufzeigen.

Die einmeßbaren Faltenachsen zeigen Amplituden bis in den Meter- und Zehnmeterbereich. Größere Faltenstrukturen ergeben sich erst durch die Gefügeaufnahme. Linearstrukturen sind außerordentlich häufig, sie sind entweder als Schnittgeraden sich kreuzender s-Flächen oder als Stengel (Lineale) ausgebildet. Diesen Linearstrukturen sind gestreckte Gesteinsfragmente (Längsachse // L) zugeordnet (siehe Abschnitt 6).

Nicht einzumessen sind die Achsen der Beckenzone. Aus den regionalen Kartierungen kann jedoch auf eine flache Stellung der Faltenachsen des tektonischen Großbaues geschlossen werden, eine Beobachtung, die in der Literatur von allen im schwedi-

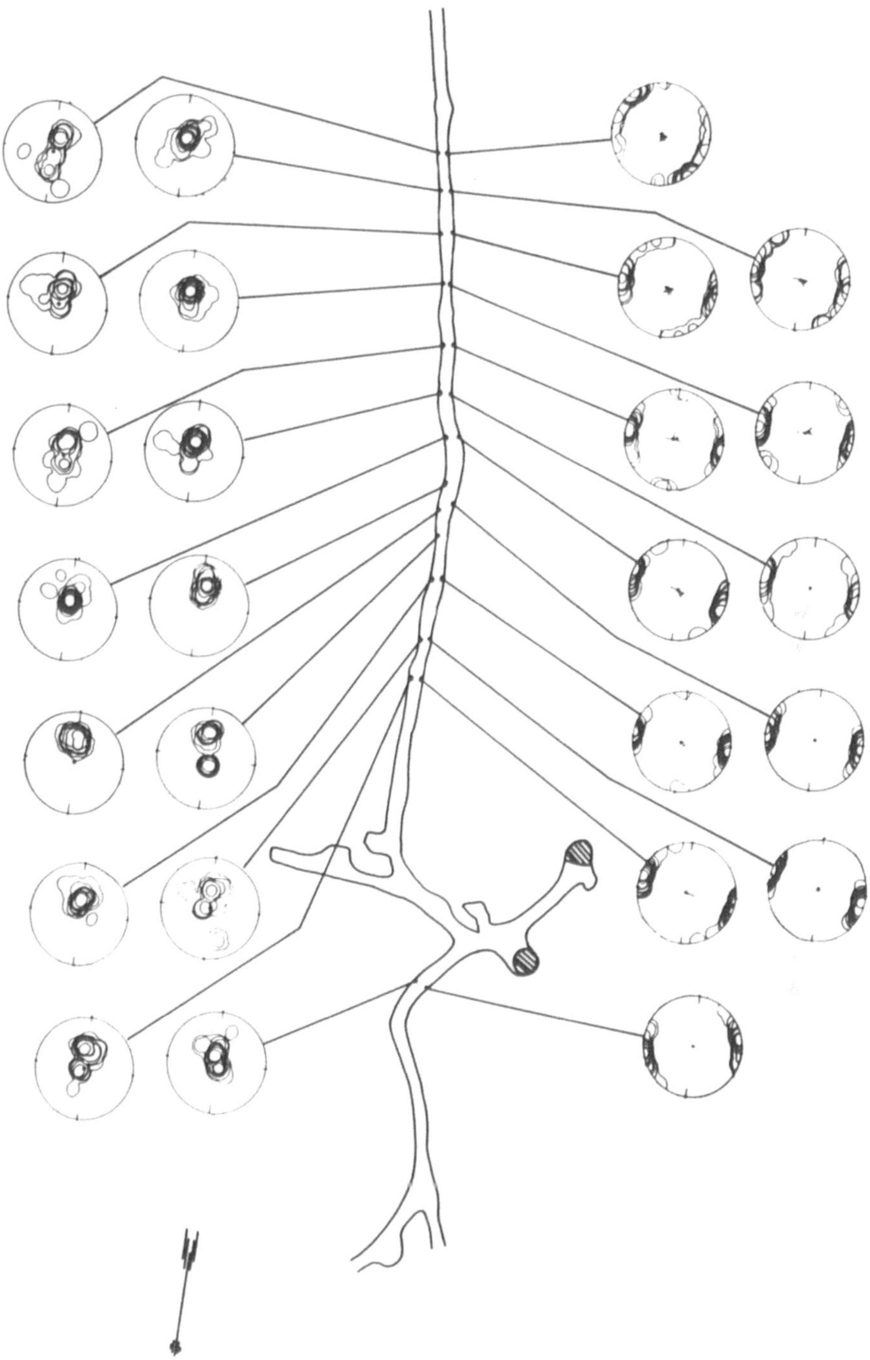

Fig. 8.
Zusammenstellung des planaren Gefüges von der 550 m Sohle. Westlich der Richtstrecke liegen die s-Pol-, östlich davon die Kluftpoldiagramme, beide jeweils 50 Daten enthaltend. Im Südteil macht sich gefügestatistisch das Auftreten der B-Erzlinse bemerkbar. Maßstab 1 : ~ 1.260

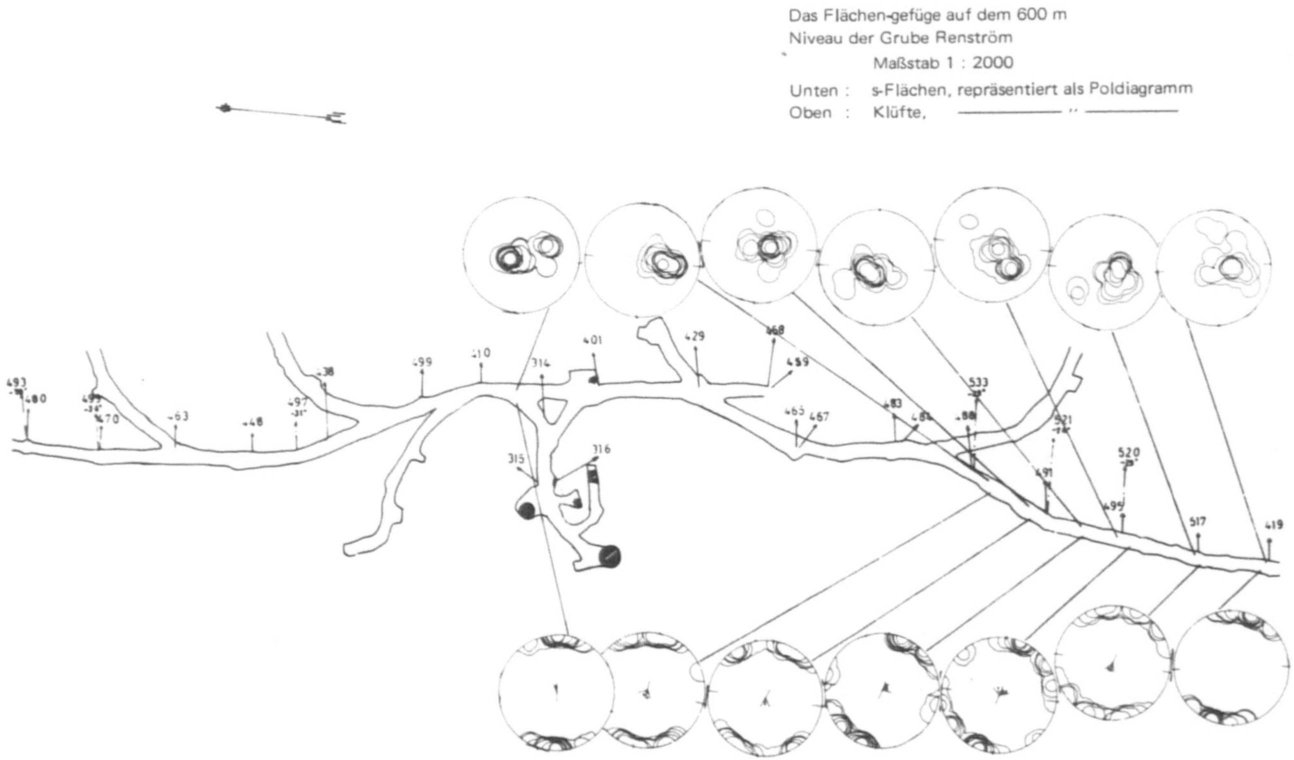

Fig. 9.
Zusammenstellung des planaren Gefüges von der 600 m Sohle. Gegenüber der 550 m Sohle macht sich eine starke Streuung der s-Flächenlagen bemerkbar, ein Hinweis auf eine lokal intensive linsige Zerscherung des Gesteinsverbandes. Maßstab 1 : 1.650.

schen Grundgebirge (insbesondere in den „Leptitformationen") kartierenden Geologen einhellig bestätigt wird.

3.2. Grubenaufnahme

Das auf den Sohlen der Grube Renström zu beobachtende Flächengefüge ist in den Diagrammen D_{13-24} (Fig 5–6) dargestellt. Von jedem Niveau wurden bestimmte Abschnitte aufgenommen und miteinander verglichen. Dabei zeigt sich hinsichtlich der schon im Zusammenhang mit Feldbeobachtungen beschriebenen Raumstellungen der s-Flächenscharen (Fig 3, D_1) eine ähnliche Charakteristik. Allerdings sind die beiden Hauptmaxima zu einem verschmolzen, wenn auch eine Streckung desselben noch rudimentär eine ursprüngliche Zweiteilung andeutet. Die Lage des Maximums pendelt von E–W nach WSW–ENE, also s-Flächenstellungen in N–S bis NNW–SSE/steil – vertikal anzeigend. Diese Lagen ergänzen den Gürtel in D_1, einem Sammeldiagramm, welches für den Gesamtbereich erstellt wurde. Daß dieses keine entsprechende Besetzung für das oben angeführte Hauptmaximum zeigt, ist auf den Mangel von Aufschlüssen im unmittelbaren Bereich der Lagerstätte zuzuschreiben. Die s-Flächen sind praktisch vertikal gestellt und deuten an, daß die eine Plättung (siehe Abschnitt 5) abbildende zweischarige Scherung in einem späteren Deformationsakt homogenisiert wurde.

Wichtig ist nun der Hinweis, daß die Verstellung der s-Flächen im Felde kontinuierlich zu verfolgen ist, wobei die Kreuzungswinkel, wo solche noch zu erkennen sind, konstant bleiben.

Die Diagramme im Grubenbereich sind zum Teil begrenzten Sohlenabschnitten, zum Teil demselben Vertikalprofil (450–850 m) zuzuordnen. Man erkennt eine drehende Verstellung der s-Flächen sowohl in horizontaler, als auch in vertikaler Richtung (Vergleiche hierzu Fig 5,6,8–10).

Mit zunehmender Teufe tritt eine starke Durchbewegung des Gebirges auf, die im Extremfall bis zur Mylonitbildung führen kann. Die Verbandsfestigkeit wird durch die Ausbildung dicht gescharter Gleitflächen stark herabgesetzt.

Neben den steilgestellten s-Flächen wurden auch die beiden flachgestellten Kluftscharen IV und V einer Analyse unterzogen. Wie aus den Diagrammen D_{19-24} (Fig 6) zu entnehmen ist, und schon bei der Beschreibung der Klüfte im Abschnitt 2.1. angeführt wurde, können deutlich beide Kluftscharen ausgebildet sein, diese aber auch zu einer Schar homogenisiert werden. Im Abschnitt 5 über die symmetrologische und genetische Deutung der Klüfte, wird noch darauf eingegangen.

Eine Kluftfrequenzanalyse der Kluftscharen IV und V in Abhängigkeit von der Teufe gab folgendes Resultat:

Die Kluftzahl (aufgenommen wurden Klüfte von über 1,5 m Streichlänge) per Vertikalmeter nimmt mit zunehmender Teufe ab (Fig 11). Ein auffallender Sprung in etwa 250–300 m Teufe kann vorläufig noch nicht erklärt werden. Der Verdacht, daß dieser Sprung eine horizontal gestellte Störung zum Ausdruck bringt, war weder durch Grubenaufnahmen noch im Felde zu belegen. Aus der Zusammenstellung über Verschiebungsflächen findet sich gleichfalls kein Anzeichen von horizontal gestellten Störungszonen.

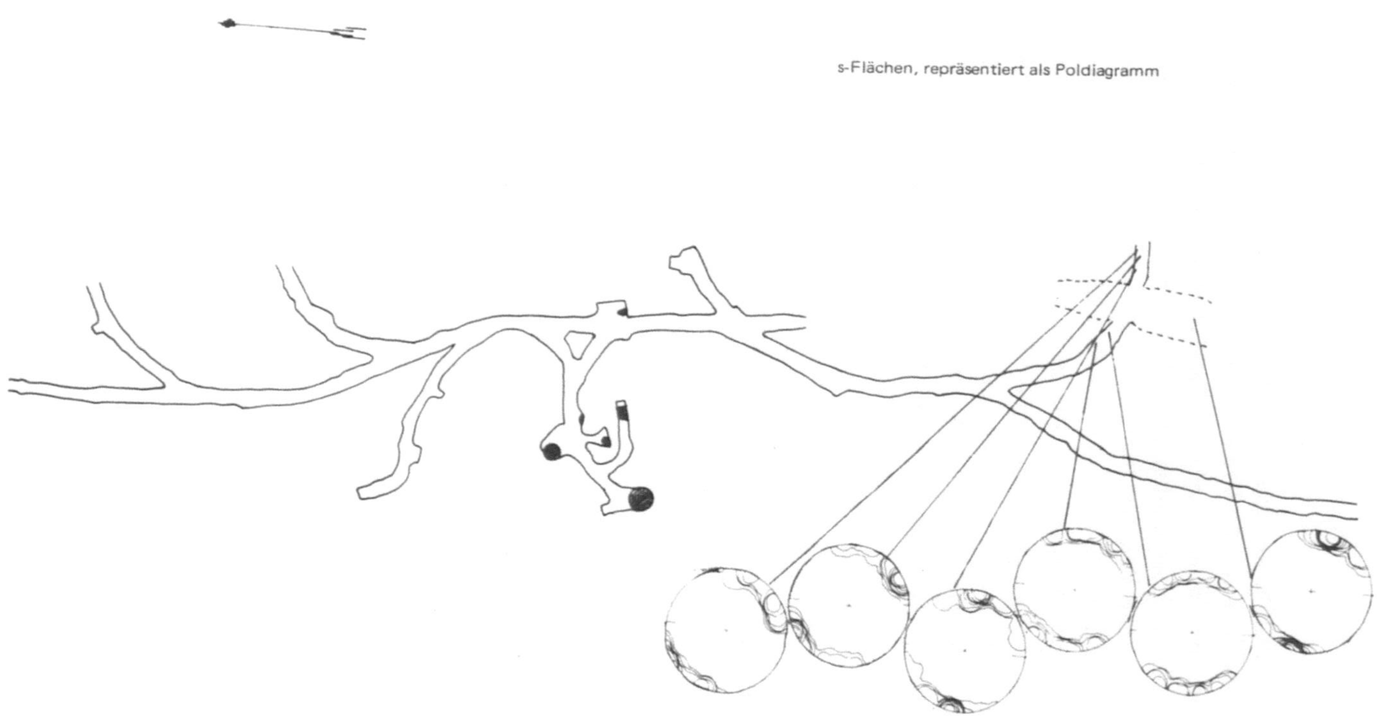

Fig. 10.
Zusammenstellung des planaren Gefüges in einem Erzteilbereich der 600 m Sohle. Die im Richtstrekkenbereich beobachtete Streuung erfährt hier, markiert durch das Auftreten stärker gestraffter Maxima, eine Homogenisierung. Maßstab 1 : 1.500.

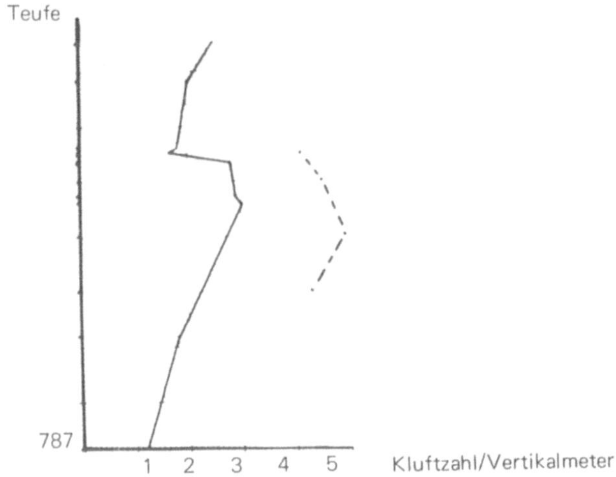

Fig. 11.
Klüftigkeitsziffern k (nach STINI) in Abhängigkeit von der Teufe (max 787 m). Die durchgezogene Linie gilt für den Abbaubereich, die strichlierte für die Förderstrecken im Liegenden des Erzkörpers. Maßstab 1 : 10.000.

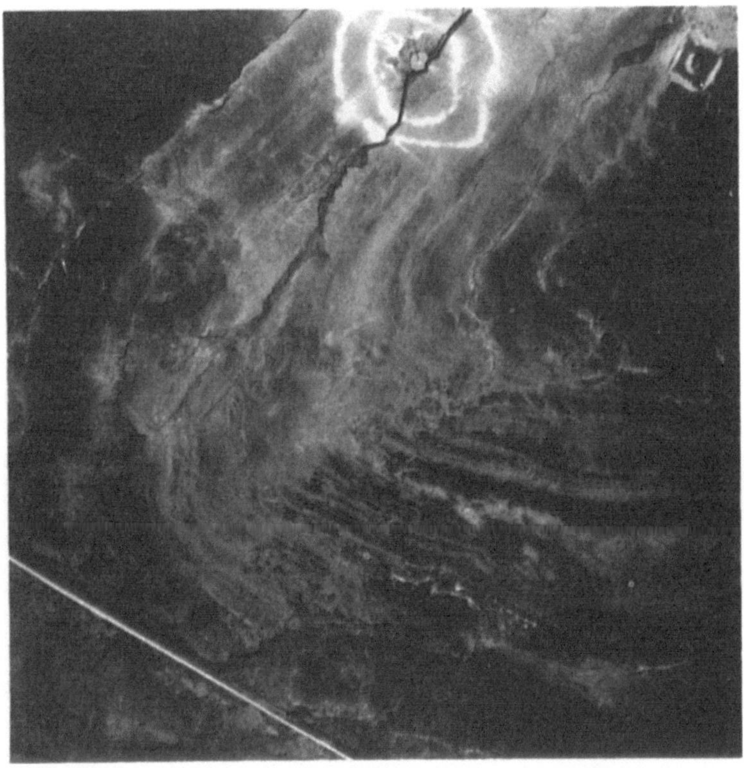

Fig. 12.
Isoklinale Biegefalte mit steiler Faltenachse, 500 m Sohle, Firstenbild (Photo I. Lövgren)

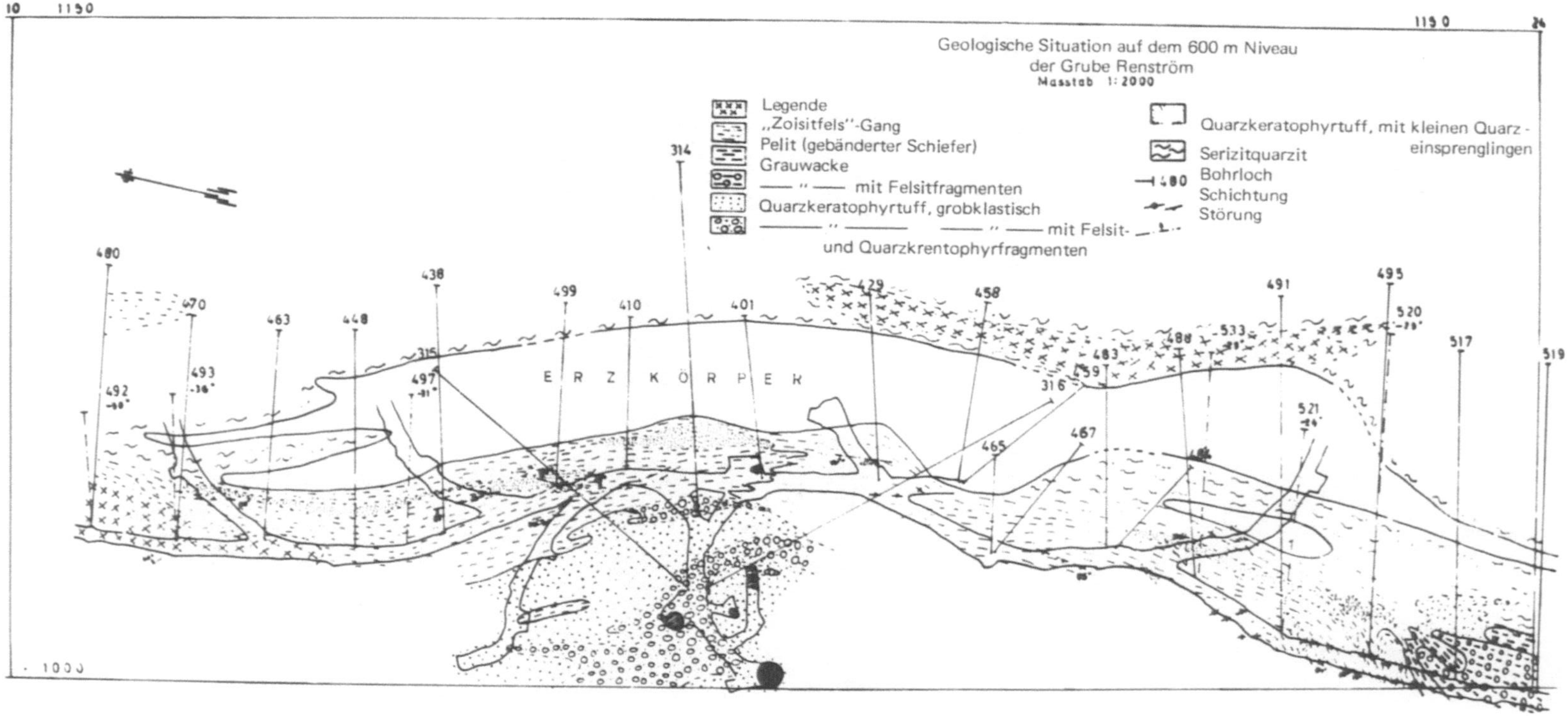

Fig. 13.
Geologische Skizze des 600 m Niveaus mit Isoklinalfaltung im Süden und Zerscherungstendenz gegen Norden. Maßstab 1 : ~ 1.650

Bemerkungswert ist der Unterschied in der Kluftfrequenz zwischen dem Abbaubereich und den Liegendstrecken. In letzteren ist die Kluftzahl nahezu doppelt so groß als im Abbaubereich. Dieser Unterschied kann subjektiver Natur sein, die Beobachtung in den Strecken ist vorteilhafter, sie wird im Abbaubereich durch Hangend- und Liegendgleitflächen gestört. Die Abnahme der Kluftzahl mit zunehmender Teufe muß von zwei Gesichtswinkeln aus betrachtet werden. Einmal kann sich der Oberflächeneinfluß, das andere Mal die zunehmende Mylonitisierung im Hangenden und Liegenden des Erzkörpers bemerkbar machen (siehe Abschnitt 5).

Für die Verankerung der Firste in den Abbauräumen scheint die Frequenz der horizontalen Klüfte von Bedeutung zu sein. Kartierungen der eingeführten Gebirgsverankerung zeigen einen Zusammenhang zwischen der Zahl von Gebirgsankern per Flächeneinheit und den Klüftigkeitsziffern. Die Zusammenhänge werden zur Zeit einer eingehenden Untersuchung unterzogen.

Verwerfungen spielen im Grubenbereich eine äußerst untergeordnete Rolle, eine Tatsache, die in günstigem Gegensatz zu den Verhältnissen im alpinen Erzbergbau steht, von denen ein charakteristisches Beispiel vom Verfasser im Falle Röhrerbühel/Tirol gegeben wurde (H. K. Helfrich 1960).

Kleinfaltenstrukturen mit Wellenlängen bis in den Zehnmeterbereich sind wunderschön an gebänderten Sedimenten zu beobachten (Fig 12). Zusammen mit aus dem Gebirgsverband herausgelösten und verkeilten Gesteinsserien (Fig 13), modifizieren sie das tektonische Schaubild, welches der Erzkörper nahezu geradlinig durchschlägt. Ein wesentlicher Teil der Detailstrukturen ist durch die hydrothermale Umwandlung des Nebengesteines in Chlorit- und Sericitquarzit verloren gegangen.

Linearstrukturen (Stengligkeit) sind häufig entwickelt. Normal folgen die Stellungen derselben der statistischen Verteilung in Fig 3, D_2 mit Ausnahme der vom Hangend- und Liegendkontakt des Erzkörpers. Hier kann man oft gegensätzliches Einfallen beobachten (gegen N im Liegenden, gegen S im Hangenden).

4. Bestimmung technischer Gebirgseigenschaften und von Gebirgsspannungen

Es mag etwas eigenwillig erscheinen, wenn der Verfasser in die tektonische Analyse gebirgsmechanische Aspekte einbaut. Daß eine solche Handlungsweise keineswegs unberechtigt ist, werden die weiteren Ausführungen erläutern. J. Müller (1963) bezeichnet die Tektonik als die ältere Schwester der Gebirgsmechanik. Es ist also nur naheliegend, wenn man einerseits die Tektonik benötigt um in die Tiefe gebirgsmechanischer Fragen zu drängen, andererseits wieder aus gebirgsmechanischen Untersuchungen Daten für die tektonische Deutung des Gebirgsbaues zu erhalten trachtet.

In unserem Beispiel Renström werden schon seit Jahren systematische gebirgsmechanische Arbeiten durchgeführt. Ihrem Zwecke entsprechend sind sie direkt für den Bergbaubetrieb abgepaßt und geben in gewissen Gliedern direkt Aufschluß über den Gebirgscharakter. Besonders vielseitig sind in dieser Hinsicht Kernbohrungen, die nicht nur über den Gesteinsbestand und Erzgrenzen Aussagen machen, sondern auch für statistische Untersuchungen hinsichtlich des Flächengefüges und der Gebirgsfestigkeit Verwendung finden.

Die Unterscheidung von Gesteins- und Gebirgsfestigkeit, in L. Müller (1963 cum lit) eindrucksvoll zum Ausdruck gebracht, ist heute unter den Bergleuten zu einer selbstverständlichen Pflicht geworden. Der quantitativen Bestimmung der so wichtigen Gebirgsfestigkeit sind allerdings Grenzen gesetzt. Im folgenden soll nun an Hand einiger Beispiele gewisse halbquantitative Möglichkeiten zur Bestimmung aufgezeigt werden.

I. Hansagi (1966) hat den Versuch unternommen, mittels eines Vergleiches zwischen erhaltenen Kernlängen, der daraus zu erhaltenen Anzahl von Zylinderproben (Größe L:B = 1:1) und den theoretischen Werten für ungebrochenes, homogenes Gebirge, einen Gefügefaktor zu errechnen, mit dem die im Laboratorium bestimmte Gesteinsfestigkeit zu modifizieren ist. Da dieser Gefügefaktor stets kleiner als 1 sein muß – das Gebirge ist immer zerbrochen und die theoretischen Werte können nie erreicht werden – wird der Gefügefaktor immer als Reduktionsfaktor die Gesteinsfestigkeit vermindern.

Nach der Hansagischen Formel (veröffentlicht in einer Arbeit über gebirgsmechanische Fragen in Kiruna, Berg- u. Hütt. M. Hefte Jg. 114, 1969)

$$C_g = \frac{1}{2\,S} \cdot \left(\frac{K^2}{n} + \frac{P_a}{P_i}\right)$$

ist

C_g – der gesuchte Gefügefaktor,

S – die Länge des Bohrloches in Metern (oder eines Abschnittes derselben)

P_a – die entsprechende Anzahl der aussägbaren Probekörper

P_i – eine Konstante (die bei Bohrkernen von 42 mm 23,8 ist),

K – die Gesamtlänge der Kernfragmente in Metern und

n – die Anzahl der erhaltenen Kernfragmente, die größer als der Kerndurchmesser sind.

Danach wird die Gesteinsfestigkeit $\sigma_{F\ Gest}$ durch Multiplikation mit dem Faktor C_g nach

$$\sigma_{F\ Gest} \cdot C_g = \sigma_{F\ Geb}$$

zur Gebirgsfestigkeit $\sigma_{F\ Geb}$ reduziert.

Beispiele aus dem Wirkungskreis des Verfassers bestätigen die Anwendbarkeit dieser Formel.

Vom Standpunkt des Gefügekundlers befriedigt jedoch die Bezeichnung „Gefügefaktor“ keineswegs. Nach B. Sander (1948) beschreiben das Gefüge die Raumdaten im

Inneren eines betrachteten Bereiches. Es wäre nach Meinung des Verfassers vielleicht günstiger von der Summe aller Raumdaten zu sprechen, wenn auch bestimmte Elemente für die Beschreibung des Gefüges herangezogen werden können.

Von diesem Gesichtspunkt aus wäre an Stelle von „Gefügefaktor" der Term „Kernlängenfaktor" vorzuziehen. Denn dieser ist, wie auch I. Hansagi richtig anführt, nicht nur das Resultat einer bestimmten Spaltbarkeit, sondern auch eine Funktion des gesamten Bohrvorganges. Nicht zu übersehen sind Spannungszerreißungen der Kerne (L. Obert and D. Stephenson 1965).

W. Dreyer (1967) führt den Begriff des „Gefüge-Bewertungsgrades" für korngefügeanalytische Fragestellungen bei der Bestimmung der Gesteinsfestigkeit ein. Nachstehende Gefügeparameter werden angeführt: Kornfeinheit, Homogenität und Verzahnungsgrad. Während diese als Korngefügeparameter anzusprechen sind, könnte I. Hansagi's „Gefügefaktor" ein Parameter des Makrogefüges sein.

Die Klassifizierung verschiedener Kernlängen kann auch für die Bestimmung eines Diskontinuitätsgrades verwendet werden. In Fig 14 wird gezeigt, wie eine solche deutliche Schwächezonen im Gebirge aufdeckt. Diese Methode wird praktisch zur Festlegung günstiger Sturzschachtpositionen sowie zur Kontrolle von Tagebaurampen verwendet. Der Parameter der Kernverteilung, bezogen auf einen bestimmten Bohrlochabschnitt, kann in % (Anzahl Kerne/Längenklasse, bezogen auf die Bereichslänge) numerisch angegeben oder graphisch dargestellt werden.

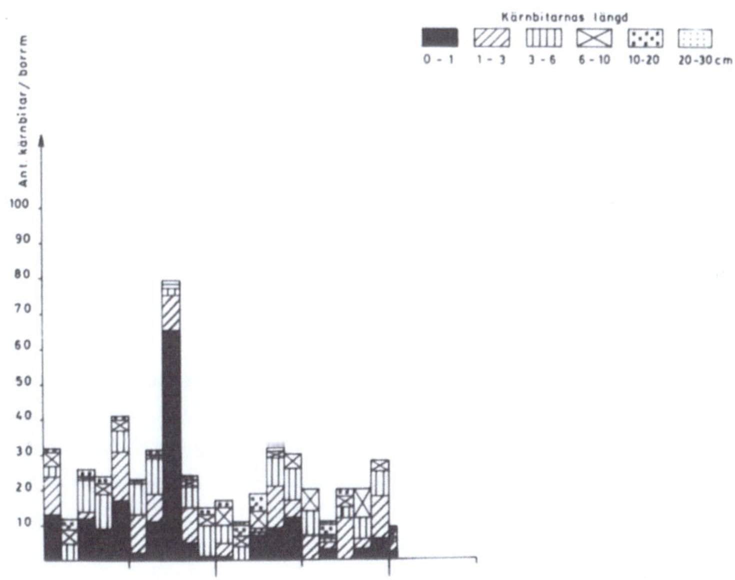

Fig. 14.
Kernklassendiagramm. Die verschiedenen Kernklassen sind gemäß der Legende rechts oben im Bild gekennzeichnet. Die laufenden Bohrmeter sind auf der Abszisse, die Anzahl der jeweiligen Kernlängen Bohrmeter auf der Ordinate aufgetragen. Kernverluste werden entsprechend ihrer Längenangabe durch die Kernklasse 0–1 cm dargestellt.

Die Gefügeaufnahme der Stollenulme kann durch Kernbohrungen eine wesentliche Erweiterung erfahren. An längsgespaltenen Kernen können die Schieferungsflächen deutlich erkannt und gerechnet werden. Diese Bearbeitung führt zu einer Häufigkeitsanalyse der Schieferungsflächen. Auf einer Plankarte (Fig 15) werden die Punkte gleicher s-Flächenhäufigkeit durch Linien (Isoplanen) miteinander verbunden. Daraus ergibt sich eine Anomaliekarte, die Aufschluß über die Dichte und das Streichen des planparallelen s-Flächengefüges gibt.

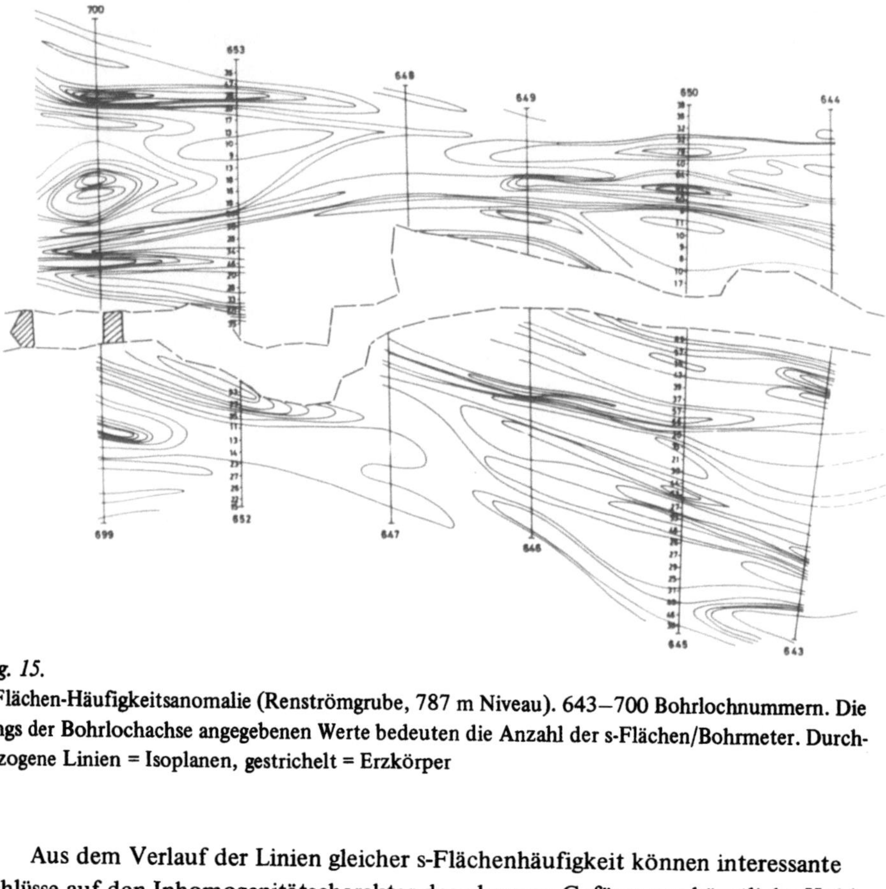

Fig. 15.
s-Flächen-Häufigkeitsanomalie (Renströmgrube, 787 m Niveau). 643–700 Bohrlochnummern. Die längs der Bohrlochachse angegebenen Werte bedeuten die Anzahl der s-Flächen/Bohrmeter. Durchgezogene Linien = Isoplanen, gestrichelt = Erzkörper

Aus dem Verlauf der Linien gleicher s-Flächenhäufigkeit können interessante Schlüsse auf den Inhomogenitätscharakter des planaren Gefüges um künstliche Hohlräume im Gebirge und die Lagebeziehungen verschiedener geologischer Körper gezogen werden. Der s-Flächenindex (P_g) kann analog der Klüftigkeitsziffer nach Stini mit

$$P_g = \frac{\Sigma // s}{L}$$

dargestellt werden.

Bei der Betrachtung der geologischen Position des Erzkörpers von Renström wird auf diesen letzten Parameter der Flächenhäufigkeit zurückgekommen.

Für die spätere Deutung der Dynamik des tektonischen Baues sei kurz auf Spannungsmessungen hingewiesen, die lokal auf dem 750 Meter Niveau durchgeführt wurden. Verwendet wurde eine von R. Hiltscher modifizierte „Doorstopper"-Methode (E. R. Leeman 1964). Die Meßresultate ergaben als größte horizontale Hauptspannungsrichtung N 35° W/S 35° E. Diese Spannung war nahezu doppelt so groß als die senkrecht dazu orientierte kleinere horizontale Hauptspannungsrichtung. Da diese Messungen bisher nur punktförmig vorliegen, kann nicht näher auf sie eingegangen werden.

Anzumerken ist jedoch, daß die größte horizontale Hauptspannungsrichtung numerisch größer als die zu erwartende Gravitationsspannung war. Man kann preliminär von einem gerichteten Horizontaldruck sprechen, der bezeichnenderweise ein deutliches Korrelat im Gefügebild hat. Auf ähnliche Beziehungen wurde vom Verfasser am Beispiel einer Korngefügeanalyse am Granit von Laisvall hingewiesen (H. K. Helfrich 1965).

5. Genetische Deutung des tektonischen Gefüges

Was bisher über die flächigen und axialen Gefügeelemente angeführt wurde, war rein beschreibender Natur. Im folgenden wird der Versuch unternommen die genetische Natur der einzelnen Elemente zu erfassen und die verschiedenen Raumdaten innerhalb des betrachteten Gesamtbereiches einander in Beziehung zu setzen.

Für die symmetrologischen Betrachtungen der Gefügeelemente und damit des Deformationsbildes werden das Sander'sche Koordinatensystem mit den Achsen a, b und c verwendet, wobei a die Gleitrichtung (Transportrichtung) repräsentiert, b steht normal dazu in s, c normal zu a und b. Die Ebene in a und c ist in diesem System als Deformationsebene festgelegt.

Als hervorstechendste, flächige Gefügeelemente wurden zwei sich spitzwinklig einander schneidende s-Flächenscharen beschrieben. Diese beiden Flächenscharen bilden eine regional für das gesamte Skelleftefeld charakteristische Schieferung. Beide Flächenscharen werden als hol-Flächen aufgefaßt und einem Plättungsvorgang zugeordnet. Der spitze Winkel deutet auf plastische Verformung, da im elastischen Verformungsbereich, vorausgesetzt ebene Verformung,die beiden Scherspannungen sich mit einem Winkel von 45° zu den Hauptspannungen einstellen.

Wie bereits erwähnt, sind die Anlagerungsgefüge der Sedimente und Tuffe gut erhalten. Die Schieferung führte zu keiner Umprägung des primären ss-Gefüges (s_1), obwohl auch das ss als Gleitebene in Erscheinung trat. Die beiden Scherflächen-scharen werden demnach bezeichnet: $s \,//\, ss = s_1 \rightarrow s_2$, $s \wedge ss = s_3$. Der Zusammenhalt im Gebirgsverband ist trotz dieser deutlich hervortretenden Schieferung gewahrt. Beim Eingriff in das Gebirge können sie jedoch als Trennflächen in Erscheinung treten und mechanisch wirksam werden. Eine Ausnahme bilden die oben genannten Mylonitzonen in den tieferen Teufen der Renströmgrube, wo der Gebirgsverband durch die intensive Schieferung eine bedeutende Umprägung erfahren hat.

Zieht man die β-Diagramme zu Rate, so ist zu ersehen, daß die Schnittgeraden der s-Flächen verschiedene Raumorientierungen aufweisen. Es liegen fast horizontale und steilgestellte Schnittlagen vor. Was die horizontalen betrifft, so sind diese dem flachgelagerten, regionalen Axialgefüge zuzuordnen. Sie liegen also in b_1, welches als Großraum

B_1 das Skelleftefeld beherrscht. Die Hauptdeformationsebene ac_1 ist SSW–NNE orientiert, wobei c_1 nahezu vertikal gestellt ist. Die diesem B_1-Plan zugehörigen Scherflächenscharen (h0l) sind symmetriegebunden. Der Kreuzungswinkel ist konstant. Hinsichtlich dieses Merkmals erscheint der betrachtete Bereich als homogen.

Festzuhalten ist noch folgendes: trotz einer deutlich sichtbaren stofflichen Inhomogenität in den Sedimenten und dem daraus zu erwartenden physikalisch anisotropen Verhalten dynamischen Einflüssen gegenüber, sind beide Scherflächenscharen einander äquivalent, obzwar die eine Scherflächenschar parallel dem primären ss ($s_{1\rightarrow2}$) orientiert ist.

Betrachtet man die maßformig ausgebildeten Stöcke aus vulkanischem Material, so tritt der gleiche Winkelbetrag auf, beide Scharen sind annähernd gleich stark entwickelt, womit eine Zweischarigkeit der Deformation belegt erscheint. Die hier dargestellten Verhältnisse wirken etwas verblüffend, wenn man bedenkt, daß für die beiden grundverschiedenen Gesteinstypen unterschiedliches Festigkeitsverhalten zu erwarten wäre, was sich auch auf den Winkel der Scherspannungen auswirken müßte.

In diesem Zusammenhang sei auf einige Festigkeitsuntersuchungen verwiesen.

Im gebirgsmechanischen Laboratorium der Boliden Aktiebolag wurden Druckfestigkeitsbestimmungen ausgeführt, wobei die Zylinderdruckfestigkeit in kp/cm² an Proben mit einem Längen-Breiten-Verhältnis von 2:1 (Probendurchmesser 22 mm) bei voller Friktion bestimmt wurde. In sämtlichen Beispielen lag die Belastungsrichtung

Fig. 16.
Quarzporphyrischer Sericitquarzit (in diesem Schliffausschnitt fehlen Quarzeinsprenglinge) mit spitzwinkelig kreuzenden s-Scharen (Winkel etwa 20–25°) und Sericitbrücken (Quersericit). – 230 fach vergrößert, ohne Analysator (Photo K. Vesterberg).

senkrecht zur Schieferungsebene (Belastungsgeschwindigkeit 10 $kp/cm^2 \cdot sek$). Folgende Werte wurden erhalten:

Renström	Winkel zwischen Druckrichtung u Schieferungsebene in °	Zylinderdruckfestigkeit in kp/cm^2
Bh 614 G		
Sericitisches, pelitisches Sediment	90	1815–2360
Sericitquarzit mit Felsitfragmenten	90	1910–2450
Bh 636 G		
Kalkschlieriges, pelitisches Sediment	90	980–1765
Sericitquarzit mit Felsitfragmenten	90	1840–2685
Sericitschiefer	90	1920–2945
Långsele		
Bh 1		
Sericitquarzit mit starker Pyrit-Impr	0	1480–1725
Sericitquarzit mit Zinkblende-Impr	90	1810–2210
Sericitquarzit mit Pyrit-Impr	0	1975–2115
Sericitquarzit	90	1960–3280
Sericitquarzit mit Zinkblende und Pyrit	0	2310–3140
Sericitquarzit	90	2585–3310
Sericitquarzit mit Pyrit-Ränder	0	2655–2975
Bh 2		
Sericitquarzit mit Pyrit-Impr	90	1085–2040
Sericitquarzitischer Quarzkeratophyr	90	1140–2580

Aus dieser Zusammenstellung ist zu entnehmen, daß die Festigkeitswerte großen Schwankungen unterworfen sind, im allgemeinen aber hoch liegen und keine wesentlichen Unterschiede zwischen sedimentären und vulkanischem Material – vorausgesetzt gleiche Umwandlungsbedingungen – vorzuliegen scheinen. Unter Sericitquarziten werden hier metasomatisch hydrothermal umgewandelte Vulkanite und Sedimente verstanden. Hinzu kommt noch für beide Teile eine durchgehende Feinkörnigkeit der Korngefüge. Festzuhalten ist auch das hohe Festigkeitsverhalten, wenn die Belastungsrichtung mit der Schieferungsebene parallel verläuft. Mikroskopische Untersuchungen haben gezeigt, daß Querglimmer (Sericit) auftreten (Fig. 16) und die Quarzeinsprenglinge eine Verankerung des Korngefüges (Fig. 17) hervorrufen (H. K. Helfrich 1967 b).

Die regionale Großfaltung mit B_1 kann als Resultat gerichteter, tangentialer Einengung in SSW–NNE angesehen werden. Die Belastungsrichtung war nahezu senkrecht auf das gefaltete ss gerichtet. Dadurch kamen stoffliche Inhomogenitäten nicht zur Wirkung und beide, Massengestein und Sediment, wurden in Richtung der größten Druckfestigkeit beansprucht.

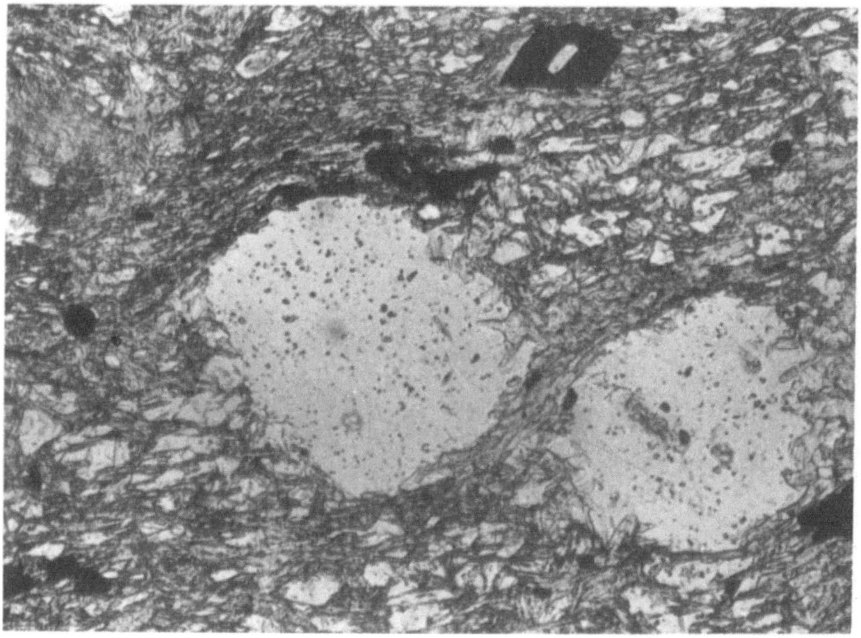

Fig. 17.
Quarzporphyrischer Sericitquarzit mit „Augen"-Textur. Die gerundeten Quarzeinsprenglinge versteifen das Korngefüge. – 80 fach vergrößert, ohne Analysator (Photo K. Vesterberg).

Aufgrund dieser Überlegungen wäre die Gleichscharigkeit und die gleichartigen Winkelbeziehungen zu erklären.

Hierzu kommen folgende Gesichtspunkte. Schließt man von den Festigkeitsversuchen auf die mögliche Gebirgsfestigkeit im km^3-Bereich, so muß unter Berücksichtigung mechanisch wirksamer stofflicher Inhomogenitäten in diesem Bereich, eine ähnliche Reduktion der Festigkeit durchgeführt werden, wie sie oben angezeigt wurde. Als Parameter wird für das zwar verfestigte, aber noch nicht tektonisierte Gebirge ein stofflicher Inhomogenitätsparameter eingeführt, der in diesem Größenbereich auf einen der Schwerkraft unterliegenden Deformationsmechanismus Einfluß hat.

Die Festigkeit von Gebirgsmassen wird eine Funktion dieses Parameters sein und damit wesentlich unter den in der Tabelle angeführten Festigkeitswerten liegen. Noch leichter zu verstehen wird die Verformungsfreudigkeit, wenn man den Zeitfaktor berücksichtigt, dem tektonische Bewegungen unterliegen. Einmal eingeleitete Bewegungen erzeugen fortlaufend neue Inhomogenitäten, die ihrerseits zu einer beschleunigten Herabsetzung der Festigkeit führen.

Dieser unkontrollierbare unstetige (Metz 1967) Prozeß einer endlichen Verformung unter den gegebenen Temperatur-Druck-Zeitbedingungen ermöglicht eine Aktivierung einer in Gebirgsmassen ruhenden, der Größe nach unbestimmbaren plastischen Verformungsreserve.

Während also die periphere Konzentration von β-Punkten eine der regionalen, horizontalen Faltung zuzuordnende zweischarige Scherung belegt, zeigt die Gürtelausbildung eine mit dieser im Zusammenhang stehenden linsigen Zerscherung an. Anders ist die Situation betreffend der steil E bzw. ESE einfallenden β-Häufungen. Es wurde bereits festgestellt, daß im Schlingenbereich vorwiegend steil gestellte Schnittgeraden zu beobachten sind. Diese Schnittgeraden und die steilachsigen Strukturen fallen zusammen, β = B. Die Häufungen von B und β sind genetisch zusammengehörig und für den betrachteten Bereich typisch.

Auffallend ist jedoch, daß mitunter zwei scharfe, steile, bis vertikale β-Maxima hervortreten. Während das etwa 70° gegen E einfallende Maximum entsprechende Falten und Linearen zeigt, sind dem vertikal gestellten nur einzelne entsprechend orientierte lineare Elemente zugeordnet. Hier muß eingeschränkt werden, daß das Beobachtungsmaterial möglicherweise nicht genügend umfassend ist.

Nicht nur im Schlingengebiet, sondern auch für das Skelleftefeld im allgemeinen, erhält man bei der Gefügedarstellung der Schieferung auch steilgestellte β-Häufungen. Wenn also steilgestellte s-Flächenschnittgerade in Gebieten, die keine charakteristische Schlingentektonik zeigen, eine Linearstruktur zum Ausdruck bringen, dann müssen die steilgestellten Linearstrukturen einen regionaltektonischen Vorgang dokumentieren. Es wird im Abschnitt 9 versucht die Relationen aufzulösen.

Die beschriebenen Kluftscharen lassen sich ohne Schwierigkeiten in das vorliegende Deformationschema einbauen.

Die Kluftschar II, mit einem NNE gerichteten Streichen, liegt in der ac-Ebene der Großraumfaltung und ist somit symmetrologisch dieser zuzuordnen. Die ac-Klüfte sind Reißfugen und als Streckung parallel B aufzufassen. Diese Kluftstellung tritt auch als morphologisch wichtiger Faktor hervor. Selbst Spaltenbildung kann in einzelnen Fällen beobachtet werden.

Die Reichweite und der Vertikalabstand dieser Klüfte wechselt stark. Bei der Streckung parallel B scheinen stoffliche Inhomogenitäten und physikalische Anisotropien im Gebirgskörper einen starken Einfluß auf den Deformationscharakter auszuüben. Dies steht im Einklang mit der Tatsache, daß die Zugfestigkiet des Gebirges wesentlich kleiner ist, als dessen Druckfestigkeit. Ähnlich wie die Gebirgsdruckfestigkeit nur einen Bruchteil der Gesteinsdruckfestigkeit beträgt, ist das Verhältnis zwischen Gebirgs- und

Gesteinszugfestigkeit. Die Frage, ob zerklüftetes Gebirge überhaupt noch zugfest sein könne, wird in L. Müller (1963) diskutiert.

Für den aktuellen Fall der ac-Kluftbildung im Faltengroßbereich dürften verhältnismäßig kleine Kräfte genügen, zumal die linsige Zerscherung eine mechanisch stark wirkende Anisotropie erzeugen sollte.

Wenn man die Festigkeitsbegriffe in tektonische Gedankengänge einbaut, dann sollte man eigentlich weder von Gesteins- noch von Gebirgsfestigkeit sprechen. Im schwedischen Sprachgebrauch wurde vom Verfasser (H.K. Helfrich 1965) eine Dreiteilung vorgeschlagen, nämlich „bergart"=Gestein, „berg"=Gebirge und „berggrund"= geographische, tektonische Gebirgseinheiten, Gebirgsmassen.

Gebirgsfestigkeit sollte demnach nur für den begrenzten Bereich gebirgstechnischer oder felstechnischer Projekte höchstens im Bereich von einem km^3 verwendet werden. Es wäre also vorteilhaft, den Begriff der Festigkeit mit einer Bereichsgröße in Beziehung zu bringen. In diesem Sinne könnte die Begriffsteilung Gestein (Probekörper) – Fels ($< 1\ km^3$) – Gebirge ($> 1\ km^3$) das sprachliche Dilemma lösen, wenn nicht der Felsbauer und Bergmann, auf einer Gleichschaltung der Begriffe Fels und Gebirge beharrend, nur das Niveau differenzieren würden. Da man aber in immer größerem Ausmaße dynamische Analysen in die Tektonik einführt, so muß auch das Festigkeits- und Formänderungsverhalten auf die jeweilige Bereichsgröße bezogen werden, z. Bsp. Gebirgsfestigkeit im km^3-Bereich. Der Ausdruck Krustenfestigkeit könnte für den 10–100 km^3-Bereich in Frage kommen.

Die Kluftscharen I und III werden als hk0-Scherklüfte dem horizontalen Großfaltenbau B_1 zugeordnet. Aus der Fig. 4, D_{12} geht hervor, daß die Relativsinne der Bewegungen der diesen Kluftscharen zugeordneten Verschiebungsflächen paarweise einander entgegengerichtet sind. Ein Bewegungspaar entspricht einer Deformation mit Deformationsebene SSW–NNE (ac_1-Plan mit vertikalgestellter c_1-Achse), während das 2. Paar einer SE–NW orientierten Deformationsebene entspricht (ac_2-Plan horizontal mit horizontaler c_2-Achse). Diese beiden Kluftscharen wurden zweifelsohne im Deformationsakt D_1 mit B_1, $s_{1\to 2}$ und s_3 geprägt und nach seiner Anlage wiederbetätigt, nun aber mit geändertem Relativsinn (Deformationsakt D_3).

Der ac_2-Deformationsebene sind diese Klüfte jedoch nicht mehr als hk0-Scherklüfte sondern als h01-Scherflächen (stark unterentwickelte Schieferung) der steilachsigen Schlingentektonik zuzuordnen.

Zu den Kluftscharen IV und V ist folgendes anzuführen. Beide Scharen liegen nahe der ac_2-Ebene, die dem Bauplan mit steilachsigen Strukturen zuzuordnen ist. Sie müssen als Reißfugen angesprochen werden und geben ein eindruckvolles Bild vom Anisotropieverhalten der Gebirgsmassen. Kontrolliert man die Achsenlagen der B- und L-Elemente in Fig. 3, D_2, so korrespondieren alle diese Elemente mit ihren Stellungen entsprechend den zuzuordnenden ac_2-Kluftbildungen. Das Pendeln der axialen Elemente kann nicht nur das Resultat eines gerichteten Einengungsvorganges sein, sondern muß mit einem gleichzeitig-gravitativen Absinken korrespondieren, bei dem die horizontale Komponente im Finalakt der Einengungstektonik überwiegt. Eine solche Erklärung könnte die primäre Ursache für die registrierten Stellungen der beiden Kluftscharen sein.

Wie schon in Abschnitt 3.2 erwähnt, ist ein charakteristisches Abnehmen der auf die Kluftscharen IV und V bezogenen Klüftigkeitsziffern zu beobachten. Diese Abnahme mit zunehmender Teufe muß von zwei Gesichtswinkeln aus betrachtet werden: erstens kann sich der Oberflächeneinfluß, zweitens die zunehmende Mylonitisierung in der Umgebung des Erzkörpers bemerkbar machen. Ersterer gibt sich dahingehend zu erkennen, daß die Klufttektonik durch parallel zur Landoberfläche verlaufende Entspannungsrisse (A. Kieslinger 1958) überlagert wird, letztere wird durch erhöhte Teilbeweglichkeit //s am Erzkontakt eine Entstehung flacher Klüfte entweder verhindern oder in das Gebirgsinnere verlagern. Aus diesem Beispiel ist zu ersehen, daß der Versuch M. Kirchmayer's (1966) die an sich polare Symmetrie von Entspannungsrissen ($C_{C_{\infty v}}$-Klüfte) zur Analyse des Deformationsmechanismus zu verwenden, nur begrenzte Gültigkeit hat. Parallel zur Landoberfläche verlaufende Klüfte waren schon früh Gegenstand detaillierter Studien von P. Geijer (1918) und I. Högbom (1925). Beide kamen zu dem Schlußsatz, daß solche Klüfte durch tektonische Kompressionsspannungen entstanden seien. Högbom will in der Hauptsache dem Belastungsdruck eine entscheidende Rolle zuschreiben. Sekundäre exogene Einflüsse nach der Vereisung wären von untergeordneter Bedeutung. Während für den oberflächennahen Anteil der horizontalen Klüfte die Deutung offenbar vielseitig sein kann, so ist die genetische ac_2-Stellung in Bezug auf B_2 für den Gebirgskörper im vorliegenden Fall eindeutig festgelegt.

Relativbewegungen konnten an den Kluftscharen IV und V nicht beobachtet werden. Die Klüfte sind außerdem unvererzt und damit in ihrer Anlage jünger als die Platznahme des Erzkörpers.

6. Gestreckte Gesteinefragmente

Die klastischen und pyroklastischen Serien, die intim mit der Schlingenzone im Renströmbereich verbunden sind, zeigen eine bedeutende Streckung des Fragmentmateriales (Fig. 18). Das Verhältnis Länge : Breite schwankt zwischen 5 : 1 und 10 : 1. Diese Stengel sind parallel zu den steil gestellten Schnittgeraden der s-Flächen orientiert.

H.J. Koark (1961) betont, daß eine Rückrechnung auf prägestreckte Kugeldiameter ($d = \sqrt[3]{abc}$) nur dann sinnvoll erscheint, wenn zwingende Annahmen für eine ursprüngliche Kugelgestalt der Fragmente vorliegen. In unserem Beispiel kann man an nahezu undeformierten Fragmenten erkennen, daß die Ausgangsgestalt sehr unregelmäßig war, was bei kurzer Transportweite der klastischen und pyroklastischen Ablagerungen zu erwarten ist.

Wie aus den Ausführungen über die Genese des Flächengefüges hervorgeht, so wird dieses als das Resultat einer zweischarigen Plättung mit lokal starker linsiger Zerscherung interpretiert. Da aber der natürliche Zusammenhang der Lagerserien vielfach gewahrt geblieben ist, kann die Streckung der Fragmente //b nicht allein das Resultat auftretender rotierender Bewegungen sein.

Im vorliegenden Fall kann es sich nicht um Lineare in a mit nach oben gerichteten Materialfließen handeln (G.D. Ashgirei 1963), da die Gerölle außerhalb des Schlingen-

Fig. 18.
Tuffagglomerataufschluß westlich von Renström mit stark gestreckten, parallel s orientierten Fragmenten in vertikaler Stellung.

bereiches nicht gestreckt und alle tektonischen Transporte gegen die Tiefe zu gerichtet erscheinen.

Die in den Fragmenten deutlich hervortretende Streckung muß natürlich den gesamten Gebirgskörper bei zunehmender Isoklinalfaltung erfaßt haben. Dies bestätigen die Untertageaufschlüsse der Grube Renström, die deutlich zeigen, daß die Lagerstellung des Gebirgsverbandes nahezu vertikal ist. Selbst in einer Teufe von 900 Metern ist noch keine Änderung der Lagerstellung zu beobachten. Wie groß die mit der Isoklinalfaltung zusammenhängende tangentiale Einengung ist, kann nur approximativ geschätzt werden. Sie dürfte in der Größenordnung von einigen km liegen.

Es wäre also durchaus verständlich, wenn sich hier schon eine Dilatanz bemerkbar macht, die auftritt, wenn die Streckgrenze bei der Scherbeanspruchung überschritten wird.

7. Zum Mechanismus der Schlingentektonik

Zum Begriff „Schlingentektonik" wird folgendes einleitend angeführt. Der Begriff Schlingentektonik für Faltenzonen mit steil gestellten Achsen, wobei die so gestalteten s-Flächen im geologischen Kartenbild als schlingenförmige Strukturen hervortreten, geht auf B. Sander (1914) und O. Schmidegg (1933) zurück. Grundlegend waren Arbeiten der beiden Autoren im zentralen Teil der Ostalpen (Ötztaler Alpen) sowie im europäischen Grundgebirge. In jüngster Zeit wurde ersteres einer Neubearbeitung unterzogen (K. Schmidt, 1965, M. Baumann, P. Helbig, K. Schmidt 1967), wobei der Schlingenbau bestätigt und tektonisch straffer interpretiert werden konnte. Zu erwähnen ist auch eine Arbeit von H. Förster (1967) aus dem Schneeberger Gesteinszug, der zur Frage der Mechanik der Schlingentektonik Stellung nahm.

In Schweden scheint der Begriff der Schlingentektonik bei H. J. Koark (1953) in einer Arbeit „Über Querfaltung, Bewegung // B und Erzlagerung mit Beispielen aus Malmberget/Gällivare" auf. Der Verfasser beschrieb aus dem Renströmgebiet eine Schlingenstruktur, die im Zusammenhang mit gebirgsmechanischen Fragen diskutiert wurde (H.K. Helfrich 1965). Aus Bergslagen, Mittelschweden, beschrieb H. Hübner (1967) eine Schlingenstruktur aus dem Gebiete von Kalvbäcken. Beobachtungen und Resultate aus Gebieten mit steilachsigen oder mit sich kreuzenden linearen Gefügeelementen wurden schon früher von N. Sundius (1923), P. Geijer (1927), N.H. Magnusson (1940), weiters von E. Grip (1941) insbesonders aber von S. Gavelin (1943) beschrieben und diskutiert.

B. Sander charakterisiert eine Querfaltung als $B \perp B'$ Gefüge, wobei die beiden Faltenachsen B und B′ funktionell durch zwei sich kreuzende Strains gekennzeichnet sind. Die Entstehung solcher Gefüge wird als „einzeitig" aufgefaßt und als „Faltung des Streichens im gleichen Akt" zum Ausdruck gebracht. Die Hemmung des Ausweichens // B wird in Gestalt von B′ abgebildet. Es kann aber auch der Vorgang eines einseitigen, seitlichen Ausfließens aus einem B-Bereich, wenn das Gefüge auf eine Fließrichtung // B beziehbar wird und auch einen Nachbarraum füllen kann, eintreffen. Einen solchen Bereich bestimmt das Gefüge B′ ($B' \perp B$) und die Symmetrieebene B′ (B. Sander 1948).

H.J. Koark (1953) verweist in diesem Zusammenhang auf die grundsätzliche Frage, ob es sich nicht bei $B' \perp B$ um einen oft wiederkehrenden Deformationsstil für Grundgebirgsgebiete mit steilstehenden Achsen (Schlingentektonik) handelt, der durch Relativbewegungen gegen die Tiefe unter Einfluß der Schwerkraft bei Aufrichtung mit Einengung der Schichten charakteristisch ist.

„Faltung mit geneigtem B kann in der Natur primär z.B. dann erfolgen, wenn der die Faltung erzeugende Einengungsvorgang ein bereits schräg gestelltes Schichtpaket betrifft. Häufig ist auch der Fall, daß eine schon enggefaltete Gesteinsserie mit steilgestellten s-Flächen später durch Querstauchungen betroffen wird, wodurch steilachsige Stauch- und Knickfalten entstehen (B_2), durch welche das B_1 der älteren Falten mitgestaucht wird" (K. Metz 1967).

Zum Mechanismus steilachsiger Faltung wird am Beispiel der Ötztaler Alpen folgendes angeführt: O. Schmidegg (1933) nimmt an, daß bei der Schlingenbildung flachachsig gefaltete Gesteinsverbände aufgerichtet und um steile B-Achsen verstellt wurden, wobei ein relativer Altersunterschied zwischen den flachen Falten der Schlingenrandzone und den neuen steilen im Schlingenkern vorzuliegen scheint.

Nach K. Schmidt (1967) sind aber beide durch kontinuierliche Übergänge verbunden. Die starken Einengungen müssen nach K. Schmidt durch Schenkeldrehungen oder Ausgleichsbewegungen parallel zur Schlingenachse kompensiert worden sein. Vertikale Komponenten der Bewegung treten offenbar im sukzessiven Achsentauchen hervor, was eine Materialwanderung nach der Tiefe zu anzeigt. Es wird weiter angenommen, daß im

Verlauf der Schlingenbildung ununterscheidbare neugebildete B-Achsen die aufgerichteten überprägen. Für den Bewegungsmechanismus wird auch eine quasiplastische Verformung als Unbekannte in Betracht gezogen. Abschließend wird das Großgefüge einem Bild polyaxialer Faltung gleichgestellt, woraus Schlüsse auf einen rheologischen Zustand des Gebirges bei der Deformation mit erhöhter Teilbeweglichkeit der Gesteine gezogen werden können, aber kaum die Rekonstruktion der erzeugenden Bewegungen gestatten.

Während O. Schmidegg (1933) versucht die Schlingenbildung einem größeren tektonischen Vorgang einzugliedern und zusammen mit E. Wenk (1963) einen Zusammenhang zwischen aufsteigenden palingenen Granitkörpern und der Schlingenbildung sieht, betrachtet B. Sander (1948) als häufigste Ursache steilachsiger Gebiete tektonische Transporte in zunehmender Tiefe in Bereiche mit enger und steilachsiger Umschließung.

Untersuchungen von H. Forster (1967) im Schneeberger Gesteinszug, welchen er den Ötztaler-Stubaier Schlingen anschließt, führen zur Auffassung, daß das Gestein während der Schlingenbildung eine äquivalente Viskosität besaß, und die Helmholtz'schen Wirbelsätze in Geltung zu bringen wären. Dieses und die Auffassung H. Försters, daß Schlingenbildung und Scherfaltung um steile Achsen mechanisch grundverschiedene Vorgänge sind, wird von K. Schmidt angegriffen, der quasiplastische tektonische Deformationen vielleicht mit rheologischen, keinesfalls aber mit Flüssigkeitsgesetzen zu beschreiben als möglich erachtet.

Zusammenfassend muß festgehalten werden, daß die Auffassungen über die Entstehung der Schlingenbildung von einfacher Stauchung bis Massenfließen im Zusammenhang mit Fließfaltung, Anatexis und aufsteigenden palingenen Granitkörpern reichen. Allen Vorstellungen gemeinsam erscheint jedoch die Notwendigkeit des Vorhandenseins rheologischer Gebirgseigenschaften, die erst diesen eigenartigen Verformungsstil ermöglichen. Bezugnehmend auf die gefügekundliche Analyse des planaren und linearen Parallelgefüges im Renströmgebiet wird nun der Versuch unternommen die Entwicklung des Schlingenbaues und dessen Mechanismus zu deuten.

Für das schwedische Grundgebirge werden beispielsweise von Sander (1914) abermaliger Zusammenschub schon aufgerichteter Schiefer parallel zum Streichen und von Magnusson (1940) Parallelstellung der Faltenschenkel und rollende Bewegungen längs der Schieferungsflächen für die Entstehung steiler linearer Strukturen angenommen. Gavelin (1943) sieht zwei Möglichkeiten der Entstehung, a. Interferenzen zwischen Verschiebungen in erheblicher Entfernung von der eigentlichen Verschiebungsebene und den normalen Schieferungsflächen, b. Resultat einer Mehrzahl kleiner Teilbewegungen, bedingend ein hochmobiles Material mit steilen Anisotropieflächen.

Nach Grip (1941) sind die Linearstrukturen am Ende der ersten Faltungsphase, als die Falten steil aufgerichtet wurden, durch Lateralbewegungen zustande gekommen. Solche seitlichen Bewegungen wären durch Richtungsveränderungen des Druckes, durch den unterschiedlichen, gebotenen Widerstand gefalteter Gesteine in verschiedenen Richtungen, entstanden. In diesem Zusammenhang wird auf die Entstehung von Schleppfalten (dragfolds) hingewiesen, die am Beispiel der Lagerstätte Boliden von O. H. Ödman (1941) beschrieben wurde. Wegleitend für diese Strukturbetrachtungen waren von D.R. Derry (1939) vorgelegte Beispiele aus dem Präkambrium Kanadas.

Sander's (1948) Auffassung, daß die Schlingenbildung durch tektonischen Transport in zunehmende Tiefe in Bereiche mit enger und steilachsiger Umschließung häufig zu erklären ist, kann als Grundidee für den vorliegenden Fall aufgegriffen werden. Vergegenwärtigen wir uns die geologische Situation.

Zwischen mächtigen Vulkanitmassiven liegt ein Sedimentationsbecken, welches durch einen regen Wechsel von Sedimentation und vulkanischer Tätigkeit gekennzeichnet ist.

Beide Vorgänge – Vulkanismus und Sedimentation – waren bereits vor dem Erscheinen des Jörngranites abgeschlossen. Die erste, mit dem synorogenen Jörngranit zusammenlaufende Faltungsphase F_1 mit B_1 erzeugte einen flachwelligen Faltenbau, dem bereits ein Schieferungssystem zugeordnet erscheint ($s_{1\rightarrow 2}$, s_3). Die Art des Bewegungsmechanismus ist bezeichnend. Die Intrusion des Jörngranites erfolgt in einer „weichen" Phase der Grundgebirgsfaltung. M. Saksela (1953) teilt die Tiefengesteine nach ihrem tektonischen Auftreten und setzt für die synorogenen konkordante Lagerstellung voraus, bedingt durch kräftige Tangentialbewegungen im schwachkonsolidiertem Grundgebirge, wobei es häufig zur Bildung von Migmatiten kommt. Zahlreiche Überschiebungsflächen (Scherflächen) hätten als Zufahrtswege fungiert, der Baustil sei alpinotyp.

In dem präsentierten Beispiel können mit Ausnahme einer gewissen Konkordanz keine Ähnlichkeiten gefunden werden. Das hohe Intrusionsniveau des Jörngranites, er ist in gewissen Abschnitten sogar effusiv geworden, deutet daraufhin, daß das Grundgebirge nicht versteift war. Für diese Feststellung gibt es einen weiteren Beweis. Der Großteil des vulkanischen Einschlages stammt von regionalen Spaltenbildungen, die zwar durch das vulkanische Material ausgefüllt, aber nicht stabilisiert wurden.

Für diese Deutung spricht der jüngere, allerdings weniger intensive basische Vulkanismus, der der ersten Faltung folgt, zum Teil schon als ihr Vorläufer einsetzte, sie gleichsam ankündigte, und lange noch nach der Bildung des Jörngranites anhielt. Ihm zugeordnet sind weitreichend entwickelte basische bis intermediäre Gänge.

Mit dem Auftreten des Jörngranites beginnt die eigentliche Existenz des Renströmer Beckens. Auch hier treten basische bis intermediäre Gänge auf, Bewegungsscharniere im Untergrund ankündigend. Das Becken wird im Laufe der zweiten, symmetriekonstant zur ersten verlaufenden, Faltung F_2 ($B_{1\rightarrow 1}'$) steil aufgerichtet und zusammengepreßt. Diese Phase wird als Initialstadium der Schlingenbildung aufgefaßt. Bedingt durch die labilen Zonen im Unterbau muß mit dem Einsetzen gravitativer Bewegungen gerechnet werden. Die „horizontale Mobilität" wird von einem Stadium der „vertikalen Mobilität" abgelöst. In der Initialphase werden die durch die horizontalen Großfaltung (F_1 u. F_2) mit B_1 und $B_{1\rightarrow 1}'$ erzeugten und erneuten Deformationen entgegenwirkenden tektonischen Spannungen überwunden, ohne daß der Gebirgskörper zerschert wurde. Es muß unter dem gravitativen Einfluß sehr rasch visko-elastisch-plastisches Verformungsverhalten aktiviert worden sein, ohne daß höhere Temperaturen oder Drücke auftraten, die zu einer Veränderung der Mineralparagenesen führen hätten können.

Auf diese Initialphase folgt die Hochphase mit dem Höhepunkt der vertikalen Mobilität, der Kulmination der Schlingenbildung mit den steilachsigen Gefügeelementen B_2 und L, an derem Ende das Aufreißen von Scherflächen im stark versteiften Gebirgskörper steht. Dieses folgt erst nach dem durch die bedeutende Streckung parallel c aufgezeichneten Materialfließen nach der Tiefe. Auch in diesem Stadium tritt keine Veränderung der Mineralparagenese in vertikaler Richtung ein. Die Verformung des Gebirgskörpers erfolgte unter Temperatur-Druck-Zeitbedingungen, die eine extreme Aktivierung plastischer Verformungsreserven ermöglichte. Unter diesen Bedingungen existieren keine physikalischen Konstanten. Das zeigt sich besonders schön an der Querdehnungszahl, deren reziproker Wert- Poissonzahl- bei größer werdendem Unterschied zwischen Manteldruck und Axialdruck abnimmt und gegen 2 tendiert (H. Link 1966).

Physikalische Anisotropien werden bei den tektonischen Prozessen einen wesentlichen Einfluß erlangen, zumal der Beanspruchungszustand der Bauplankonzeption folgt und Veränderungen unterworfen ist, die eine unkontrollierbare Entwicklung der physikalischen Parameter hervorrufen. Nicht zu vergessen ist der Wasserhaushalt (Wassergehalt-Porendruck). Laboratoriumsversuche und Festigkeitsuntersuchungen zeigen die große Bedeutung dieses Faktors an. In unserem mechanischen Bild erscheint er sicher als Katalysator.

Kurz zu berühren ist hier das rheologische Verhalten der Gebirgsmassen. R. Höppner (1964) führt an, daß es noch keine Unterscheidungsmerkmale gibt, die anzeigen, ob ein Gestein auf eine Beanspruchung durch plastisches Fließen, viskoses Fließen oder Kriechen reagierte. Der Versuch, daß rheologische Verhalten zu analysieren, hat durch die Darstellungen von A. Scheidegger (1963) eine klare Tendenz erhalten. Als Modell für Gebirge unter Deformationszeiten von > 15.000 Jahren wird das Bingham-Modell, welches eine Fließgrenze beinhaltet und ein Fließen beschreibt (das Bingham Modell ist aus einem Hooke-, St. Venant- und Newtonelement zusammengesetzt), eingeführt. Es zeigt ein viskoelastisch-plastisches Verhalten des Gebirges an. Für metamorphe Gesteine wird in O. Stephansson (1967 cum lit.) das viskoelastisch-plastische Burgermodell mit einem hochviskosem Newtonelement als typisch für deren Deformationsverhalten in geologisch-tektonischem Zusammenhange (große Zeiträume – geringe Deformationsgeschwindigkeit) angegeben.

Wenn auch diese Gedankengänge noch vielfach spekulativ sein mögen, allzu viele Unbekannte gibt es in dieser Gleichung (vergleiche Turner und Weiss 1963), so gehören sie in diese Darstellung. Die Einführung gebirgsmechanischer Gedankengänge in die tektonische Analyse wird der Synthese wichtige Unterlagen geben.

Das Aufreißen von Scherflächen dürfte das Finalstudium der Schlingenbildung einleiten. Am Übergang ist, wie aus Abschnitt 8 vorgegriffen wird, die Platznahme des Erzkörpers zu stellen. Dieser liegt diskordant im Schlingenbau, ist aber noch von Bewegungen betroffen worden. Unter anderem erfolgt nun die schon früher beschriebene Mylonitbildung, deren Intensität nach der Teufe zunimmt. Diese Mylonitisierung bietet ein klassisches Beispiel an Zunahme der Bewegungsintensität nach der Teufe, ohne daß Änderungen am Mineralbestand eintreten. Es waren vor allem die Kompetenzunterschiede zwischen der Festigkeit des Erzkörpers und dem stark verschieferten Nebengestein, die hier wirksam wurden.

Zum Aufreißen der Scherflächen ist noch folgendes anzuführen. In die Finalphase fällt die Platznahme des Revsundsgranites. Sie dürfte den Bewegungsmechanismus dahingehend verändert haben, daß die Deformationsgeschwindigkeit plötzlich zunahm, was sich im Deformationsverhalten des Gebirgskörpers wiederzuspiegeln scheint. Die plastische Reserve war verbraucht und das Gebirge reagierte nun mit Scherung.

Während des gesamten Prozesses der Schlingenbildung wurden vorwiegend alte, vorgezeichnete, planare Gefügeelemente als Bewegungsbahnen benutzt. Diese wurden nur verstellt und änderten oft den Richtungssinn der Bewegungen. Als eindeutig neues Element tritt die horizontale Klüftung, repräsentiert durch die Scharen IV und V, hervor. Dazu kommen noch die Blattverschiebungen, die bereits am Beginn der Hochphase mechanisch wirksam waren.

Zusammenfassend kann der Mechanismus der Schlingenbildung bei Renström wie folgt charakterisiert werden. Der Schlingenbau zerfällt in drei Bewegungsphasen. Voraussetzung ist die Abgrenzung eines bereits vorgefalteten (B_1) Teilbeckens, mit den beschriebenen plastisch verformbaren Ablagerungen und dem relativ resistenten Gangkörper, welcher in der Hauptfaltungsachse $B_{1 \to 1}'$ isoklinal zusammengepreßt wurde. Die bereits während der 1. Faltungsachse (B_1) angelegte Schieferung wird weiter verschärft und es kommt zur Ausbildung der ausführlich beschriebenen, spitzwinkeligen Zweischarigkeit des planaren Gefüges. In beiden Deformationsakten waren die angreifenden Kräfte tangential SSW–NNE gerichtet.

Schon im Initialstadium beginnt sich der spätorogene Revsundsgranit anzuzeigen. Es kommt zur Verlagerung des Kräfteplanes, wobei die tangentialen Kräfte SSE–NNW gerichtet waren. Gravitatives Massenfließen, hervorgerufen durch die Labilität des Unterbaues, verstärkte den Zusammenschub in SSE–NNW. Es kommt zur Ausbildung der steilachsigen Falten- und Linearstrukturen (B_2, L). Die vorgezeichneten Strukturen (s_1, $s_{1 \to 2}$, s_3) rotieren um B_2 und werden im Schlingenbau mechanisch wirksam. Diese Phase wird als Hochphase bezeichnet. Am Übergang zur Finalphase erfolgt das Aufreißen von neuen Scherflächen, die Platznahme des Erzkörpers, der noch von dieser tektonisch beeinflußt wurde (Bänderung, Hangend-Liegendmylonit). Keine Veränderungen der Mineralparagenese sind mit diesen zum Teil intensiven Teilbewegungen verbunden.

8. Stellung des Erzkörpers im tektonischen Bau

Im vorhergehenden Abschnitt wurde bereits kurz die Stellung des Erzkörpers im Schlingenbau berührt. Hier soll dieselbe näher analysiert und unterbaut werden.

Aus den geologischen Obertage- und Grubenaufnahmen ist zu ersehen, daß der Erzkörper eng an den Schlingenbau angeschlossen ist. Er ist im großen und ganzen gesehen parallel zur Hauptschieferung orientiert. Der Erzkörper liegt somit unweit der Westflanke des in diesem Abschnitt N–S gestellten Quarzdioritporphyritganges, an der vom Revsundsgranit abgewandten Seite.

Während die Großstrukturen nicht nur eine sedimentäre, sondern auch eine tektonische Konkordanz aufzuzeigen scheinen, ergibt sich aus den Detailkartierungen ein gänzlich anderes Bild. Die Detailbilder zeigen, daß der Erzkörper sowohl zur Lagerung als auch zu den tektonischen Strukturen diskordant liegt. Durch den spätorogenen Zusammenschub in SE–NW-licher Richtung, der zur Schlingenbildung anlaß gab (siehe Abschnitt 8 und 9) kam es zum Aufreißen von Schubflächen in Richtung der maximalen Scherbeanspruchung. Diese Schubflächen konnten die in die Lage der maximalen Scherbeanspruchung einrotierenden Hauptschieferungsflächen als Gleitbahnen benutzen.

In dem sich teilweise biegesteif und teilweise plastisch verhaltenden Gebirgskörper kommt es sowohl zur Ausbildung von isoklinalen Falten im Meterzehnerbereich (Fig. 13), bei dem die Faltenachsen deutlich dem Maximum in Diagramm D_2 (Fig. 3) folgen, als auch zu einer Zerscherung des Gesteinsverbandes (Fig. 13). Es wird der Hinweis in Erinnerung gerufen, daß in der Umgebung des Erzkörpers eine Homogenisierung der beiden s-Flächenscharen zu beobachten ist und die Stellungen der s-Flächen um steil stehende Achsen rotiert oder gestaucht erscheinen (Fig. 8–10). Die s-Flächenanomaliekarte (Fig. 15) zeigt deutlich, daß der Erzkörper die Anomalien diskordant durchschlägt. An gegenüberliegenden Ulmen (Hangende und Liegende) treten im Horizontalschnitt erkennbar verschiedene Orientierungen der s-Flächenlagen auf. Hinzu kommt, daß das Hangende und Liegende als deutliche Bewegungsflächen ausgebildet sind, eine Tatsache, die über den gesamten Lagerstättenbereich zu beobachten ist. Mit der Teufe nimmt die Intensität der Bewegungen zu. Es kommt zur Ausbildung von schon erwähnten Hangend- und Liegendmyloniten, die parallel mit dem Erzkörper streichen. Auch die Linearen zeigen von Fall zu Fall wechselndes Einfallen. Für den Gesamtbereich der Lagerstätte ist zu ersehen, daß neben der beobachteten Diskordanz der Gangkörper beim Übergang zur südlich vorgelagerten B-Erzlinse in ein NNE orientiertes Schieferungs-s einschwenkt. Im Kleinbereich wechselt das Gangstreichen oft sprunghaft zwischen den beiden s-Scharen. Alle diese Beobachtungen sprechen für eine tektonische Platznahme des Gangkörpers.

Die genannte Rotation der s-Flächen ordnet sich der steilachsigen Tektonik ein. Dies geht aus den Gefüge-Vertikalplänen hervor und bedeutet, daß alle vertikalen Öffnungen im Grubengebäude von steil einfallenden Axialstrukturen geschnitten werden.

Aufgrund oben angeführter Beobachtungen muß der Erzkörper von Renström als Gangkörper angesprochen werden, der als epigenetisch-hydrothermal entstanden aufzufassen ist. Er ist jünger als die Hochphase der Schlingentektonik und gehört damit jener Mineralisierungsphase an, die mit dem Auftreten des spätorogenen Revsundgranites zu verbinden ist. Die Bänderung des Erzkörpers wird als tektonisch entstanden aufgefaßt, und hängt innig mit auf die Platznahme bezogene posttektonische Bewegungen zusammen (Finalphase der Schlingentektonik).

Diese Bewegungen führten zur teilweisen Emigration von Kupfer, welches sich als Kupferkies im angrenzenden Chloritquarzit absetzte. Zerrissene Nebengesteinsschollen werden im Erzkörper beobachtet, auf die Genese eingeschlossener Dolomitschollen wird nicht eingegangen.

Auch nach der Teufe zu ist die tektonische Position deutlich abgezeichnet. Während in den höheren Etagen die vorgezeichnete Gangfläche eine distinkte Scherfläche war, zeigt sich im Zusammenhang mit der Mylonitbildung in den tieferen Etagen eine Aufsplitterung der distinkten Scherfläche in ein subparalleles Bündel (Scherzone). Der Erzkörper zeigt dem entsprechend ein Aufblättern in größerer Teufe, welches sich dem geänderten tektonischen Deformationsstil anpaßt.

9. Die tektonische Entwicklungsgeschichte

Am Nordrand der zentralen Nordland-„Geosynklinale" werden nach Edelman, Gavelin, Grip und Kautsky zwei tektonische Hauptphasen ausgeschieden, nämlich eine ältere flachwellige, der der Jörngranit als synorogene, und einer jüngeren zur Isoklinalfaltung tendierenden tektonischen Phase, der der Revsundgranit als spätorogene Bildung zugeordnet ist. Die räumlichen Beziehungen zwischen den altersverschiedenen Graniten und der Schlingenzone ergeben sich aus Fig. 1, Die steilachsigen Strukturen werden im allgemeinen der 2. Phase zugeordnet (F_2).

Die an den Flanken der Schlingenzone anschließenden, schmalen, E–W streichenden Sedimentkerne enthaltenden Synklinalen, zeigen eine vom Schlingenbau des Renströmgebietes abweichende Baugeschichte. Die Abtrennung derselben erfolgt längs WNW streichender Tiefenlinien, die in einer späteren Bewegungsphase Linien bevorzugter Wegsamkeit für Schubbewegungen darstellen. Sie geben sich heute als Blattverschiebungen zu erkennen.

Für die tektonische Entwicklung spielen im Renströmgebiet das zentrale Sedimentationsbecken (späteres Schlingengebiet) und die intermediären und basischen Gänge eine wichtige Rolle. Letztere markieren Tiefenlinien, die davon zeugen, daß die Kruste zum Zeitpunkt des Auftretens dieser Gänge noch nicht verschweißt war. Nach dem Abklingen des sauren Vulkanismus und dem Auftreten des Jörngranites wäre eine solche Entwicklung zu erwarten gewesen. Durch den synorogenen Jörngranit kam es aber zu einer Blockbildung, die die spätere Faltung wesentlich beeinflußte.

Die dreiseitige Jörngranitumrahmung des Renström-Beckens brachte dieses in eine tektonische Position, die für die weitere Entwicklung ausschlaggebend war. Beim Auftreten des spätorogenen Revsundgranites mußten diese Blöcke als starre Backen wirken, die ein Zusammenpressen des eingeschnürten Beckens ermöglichten. Daß es dabei nicht zu horizontalen Überschiebungen gekommen ist, wird auf die vorwiegend vertikale Mobilität zurückgeführt, die sich durch vertikale Massenbewegungen zu erkennen gibt.

Auf die regionalgeologischen Zusammenhänge wird in der schon früher angekündigten Arbeit zurückgekommen.

Fassen wir die tektonische Entwicklung zusammen, so ergibt sich folgende zeitliche Abfolge:

A. Saurer, linearer Spaltenvulkanismus + Sedimentation, Anlage des ss = s_1

D. Umschlag zu bas. Vulkanismus + Sedimentation (ss = s_1)

C. 1. Deformationsphase (D_1), Deformationsebene ac_1 in SSW/NNE, horizontaler, flachwelliger Faltenbau (B_1), Anlage von $s_{1\rightarrow 2}$, s_3, Kluftschar I und III, Intrusion des Jörngranites, Anlage der Kluftschar II.

D. Fortdauer des bas. Vulkanismus, Auftreten der intermediären – basischen Gänge + Sedimentation (ss = s_1!)

E. 2. Deformationsphase (D_2), Deformationasebene ac_1 in SSW/NNE, horizontale Faltung mit Isoklinaltendenz ($B_{1\rightarrow 1}'$), Verschärfung von $s_{1\rightarrow 2}'$, s_3', der Kluftscharen I, II und III. Zu D_1 symmetriekonstanter Bauplan. Regionalmetamorphose.

G. 3. Deformationsphase (D_3), Deformationsebene ac_2 horizontal (a in SE/NW).

3.a Initialphase des Schlingenbaues, Blattverschiebungen.

3. b Hochphase des Schlingenbaues mit steilgestellten B_2 und L, Rotation von $s_{1\to2}'$ und s_3', Änderung des Relativsinnes der Bewegungen an den Kluftscharen I und II, Anlage der Kluftscharen IV und V.

3. c Finalphase des Schlingenbaues, Aufreißen der Scherzone, Platznahme des Erzkörpers, Abklingen der Einengung unter Wiederbetätigung der Scherzone, entgültige Ausbildung der Kluftscharen IV und V. Platznahme des Revsundsgranites.
Aufbau der tektonischen Restspannungen.

Die tektonische Entwicklung zeigt deutlich, wie lokal der Kräftefluß seine Richtung ändern kann und wie Teile des nordschwedischen Grundgebirges (sämtliche Gesteine sind im Untersuchungsbereich älter als 1700 Mill. Jahre) trotz intensiver Durchbewegung noch gut erhaltene primäre Strukturen aufweisen. Die Bewegungen haben unter den gegebenen Temperatur-Druck-Zeitbedingungen keine hochgradige Metamorphose erzeugt, sie haben die plastische Reserve der Gebirgsmassen und deren rheologisches Verformungsverhalten optimal ausnützen können. Sie legen Zeugnis ab von der Mobilität gewisser Krustenteile in archäischer Zeit, die eine gewisse Einschränkung des Aktualitätsprinzipes für diese Zeitperiode anzudeuten scheinen.

10. Beziehung zwischen gebirgsmechanischen Beobachtungen und Hauptspannungsrichtungen

Beim Absenken des Tiefbauschachtes in Renström traten ab 600 m Gebirgsschläge auf. Diese waren beim Abteufen an der jeweiligen Schachtsohle und an einzelnen Schachtwandpositionen zu beobachten. Bei sämtlichen Schlägen handelte es sich um ein verhältnismäßig begrenztes Abplatzen von Gesteinsschalen (m^2) aus der „Auflockerungszone" (intradosal bursts, H. G. Denkhaus 1966).

Gleichzeitig waren bis zu 2 cm breite, horizontale Risse im Gebirgskörper zu beobachten, die ausnahmslos den Kluftscharen IV und V zuzuordnen waren. Vom Verfasser wurde bereits (Helfrich 1965) darauf verwiesen, daß die Ursache dieses Abplatzen in der rotiert-gespannten Raumstellung der s-Flächen zu suchen sei. Die Eigenspannung ermöglichte die Ansammlung von potentieller Energie. Da gleichzeitig die hohe lokale Festigkeit des Gesteins kein plastisches Ausfließen der Zerrütterungszone um den bergmännischen Hohlraum gestattete, erfolgte die Auflockerung unter Gebirgsschlagerscheinungen.

Bei der genetischen Deutung der Kluftscharen IV und V (Abschnitt) wurden die Klüfte der beiden Scharen als Reißklüfte interpretiert (ac_2-Ebene von D_3). Die Entspannung des Gebirges nach der Auffahrung bergmännischer Hohlräume deutet darauf hin, daß noch ein horizontalgerichteter Residual-Stress vorhanden zu sein scheint. Die bereits erwähnten Spannungsmessungen scheinen dies zu bestätigen. Daß eine von tektonischen Spannungen überlagerte horizontale Hauptspannungsrichtung in NNW–SSE durchaus realistisch ist, kann am Deformationsplan des Schlingenbaues abgelesen werden. Sie zeigen durch die oben beschriebenen Entspannungsvorgänge an, daß sie eingefroren (latent) in tieferen Teilen des Grundgebirges heute noch bei bergmännischen Arbeiten wirksam werden können. Aus dem gezeigten Beispiel ist zu ersehen, daß in größerer Tiefe rotiert-gespannte s-Flächenstellungen den Aufbau potentieller Spannungsfelder fördern, womit latent die Möglichkeit zu Gebirgsschlägen gegeben ist.

11. Gebirgsmechanik als geologisch-tektonisches Instrument für die bergbauliche Planung

Seit Jahren werden mehr oder weniger systematische gebirgsmechanische und gebirgstechnisch-geologische Arbeiten in verschiedenen Grubenbezirken Schwedens durchgeführt. Diese Untersuchungen liefern komplettierende Informationen für eine noch rationellere und sichere Erzgewinnung. Beides ist notwendig um den Forderungen nach höheren Produktionsleistungen und dem Vorstoß in größere Teufen gerecht werden zu können.

Die Erzgewinnung geht vom ersten Glied, der Prospektion, bis zur Aufbereitung in einem geologischen Milieu vor sich. Dieses ist aus Körper verschiedener Größenordnung aufgebaut, wobei jeder Körper durch seine Größe und mechanischen Eigenschaften gekennzeichnet ist. Diese variieren hinsichtlich der Raumorientierungen und Altersbeziehungen zwischen den Einzelelementen.

Tektonische Untersuchungen im Makro- und Mikrobereich sind unerläßliche Etappenziele am Wege zur technischen Erfassung von Gebirgseigenschaften. Die in diesem Aufsatz angezeigten Methoden, zweckmäßig kombiniert, können heute schon im Stadium der Projektierung zu Rate gezogen werden, wo noch keine künstlichen Hohlräume, wenn man von Bohrungen absieht, vorhanden sind.

Im besonderen gilt dies für montangeologische Erkundungsarbeiten. Mit Hilfe von optimal ausgenützten Bohrergebnissen, sowohl Bohrprozeß als auch Kernmaterial eingeschlossen, können nicht nur vom geologischen Bau, sondern vor allem auch von der Beschaffenheit des Gebirges hinsichtlich seiner Festigkeits- und Verformungseigenschaften, Kenntnisse erhalten werden, die auch eine gebirgsmechanische Beurteilung einer erst geplanten Lagerstätte gestatten. Ein Arbeitskonzept zur Erstellung der geologischen Unterlagen wurde vom Verfasser im Rahmen einer Gruppenarbeit im Kommité für Geologie und Geophysik der schwedischen Grubenforschung präsentiert (Helfrich 1968).

Die in der vorliegenden Arbeit diskutierten Gefügeparameter ergänzen sinnvoll dieses Konzept.

Benutzt die Gebirgsmechanik ihrerseits die geologischen tektonischen Arbeitsmethoden, so ergänzen sich beide und die Gebirgsmechanik wird nicht nur eine technische Materialwissenschaft sondern auch in hohem Maße ein ökonomisch-geologischer Bewertungsfaktor bei der Prospektion, der Projektierung und den laufenden Betriebsplanierungen. Vertauscht man die Rollen, können der kinematischen und dynamischen Deutung geologisch-tektonischer Strukturen aller Größenbereiche wertvolle mechanische Impulse zugeführt werden. Dem Felde der experimentellen Tektonik, wie es von einer Reihe von Forschern bereits betreten wurde (R. Kvapil, 1963, H. Ramberg 1965, A. Scheidegger 1963 u.a.) sind bereits die Tore geöffnet, genauso wie der Behandlung gefügekundlicher Ergebnisse mit elektronischen Rechenanlagen (G. Hertweck und F. Krueckeberg 1963,

Readler, F. Krückeberg und M. W. Schmidt 1968), die heute schon eine rationelle Behandlung ansonsten sehr zeitraubender Arbeitsmethoden gestattet.

Abschließend erlaubt sich der Verfasser für die Einladung zu danken, an dieser Festschrift mitwirken zu dürfen. Diese Gelegenheit benützend dankt der Verfasser Herrn Direktor Sigvard Ando, Boliden Aktiebolag, für die Genehmigung zur Veröffentlichung dieser Arbeit. Der Dank gilt auch Herrn fil dr E. Grip (Chefgeologe) für sein reges Interesse, seine Diskussionen und für die Durchsicht des Manuskriptes. Auch den Mitarbeitern C. Burlin, S. Fjellman, G. Lindgren, L. Lövgren und B. Sjöberg wird für die Mithilfe bei der Herstellung des Illustrationsmateriales gedankt.

Daten und Besetzungsdichte der Diagramme 1–24

Diagramm	Anzahl der Daten	Besetzungsdichte in %
1	192 s-Pole	0-2,1-4-8-12-16-20-21,6
2	73 B u. L	0-5-10-15-20-25-30-31
3	406 β-Punkte	0-2-4-6-8-9,1
4	153 „	0-2,5-5-10-15-16,3
5	435 „	0-2-4-8-12-16-18,3
6	210 „	0-3-5-10-15-20-25-27
7	253 „	0-3-5-10-15-20-22,9
8	231 „	0-2,5-5-10-15-16
9	290 Kluftpole	0-1,5-3-5-7-8,2
10	306 „	0-2-4-6-8-10-10,4
11	208 „	0-2-4-6-8-9,1
13	50 s-Pole	0-4-8-12-16-20-24-28-32
14	„ „	0-4-8-12-16-20-24-28-32
15	„ „	0-4-8-12-16-20-24-28-32-36
16	„ „	0-4-8-12-16-20-24-28-32-36-40-44
17	„ „	0-4-8-12-16–20-24-28-34
18	„ „	0-4-8-12-16-20-24-28-32
19	„ Kluftpole	0-4-8-12-16-20-24
20	„ „	0-4-8-12-16-20-24-28-32
21	„ „	0-4-8-12-16-20-24-28-32-36
22	„ „	0-4-8-12-16-20-24-28-32-36-40-44
23	„ „	0-4-8-12-16-20-24
24	„ „	0-4-8-12-16-20-24-28-32-36-40-44

Zusammenfassung

Schlingenstrukturen im Renströmgebiet, 50 km westlich von Skellefteå, Västerbotten, am Nordrand der dem schwedischen Grundgebirge zugehörigen „Norrland-Geosynklinale“, gaben Anlaß zu einer gefügestatistischen Bearbeitung. Bei diesen Arbeiten konnte neben umfangreichen Feldbeobachtungen auch auf Grubenaufschlüsse bis 900 Meter Tiefe und gebirgsmechanische Untersuchungen zurückgegriffen werden.

Die Gesteinsserien und deren Altersbeziehungen werden kurz gestreift und die primäre Beckennatur des Gebietes hervorgehoben. Der tektonische Bau dieses Beckens wird zur Entwicklung desselben mit seinem charakteristischen Einschlag von geschichteten Ablagerungen und basischen Gängen, die Tiefenlinien im schwach konsolidierten Unterbau anzeigen, in Beziehung gesetzt. Er wird aufgrund älterer Kartierungen und vorliegender Neuaufnahme, von regionalgeologischer Warte und den spezifisch lokalgeologischen Verhältnissen aus gesehen, entsprechend gegliedert.

Die Untersuchungsresultate zeigen einen mit dem Auftreten des spätorogenen Revsundsgranites zusammenhängenden, steilachsig überprägten, isoklinalen Faltenbau mit vorwiegend vertikaler Mobilität, hervorgerufen durch gravitatives Materialfließen unter Aktivierung rheologischer Verformungsverhalten und plastischer Reserven der Gebirgsmassen. Der Schlingenbau kann in drei Teildeformationen – Initial-Hoch-Finalphase aufgelöst werden. Die Temperatur-Druck-Zeitbedingungen schufen keine hochgradige Metamorphose, ermöglichten aber am Beginn des Finalstadiums der Schlingentektonik die Bildung einer Scherzone, die die Voraussetzung für die Platznahme des Renströmerzes bildete. Der Erzkörper ist eng an den Schlingenbau gebunden, liegt diskordant und wurde noch von Bewegungen betroffen, die in größerer Tiefe das unmittelbare Nebengestein mylonitisierten. Tektonische Restspannungen konnten wahrscheinlich gemacht werden.

Kombinierte tektonisch-gebirgsmechanische Arbeitsmethoden, sinnvoll für das jeweilige geologische Milieu abgewogen, bilden zusätzliche Voraussetzungen für eine vertiefte tektonische Analyse der Gebirgskörper und eine ökonomisch-geologische Bewertungsunterlage für die bergbauliche Planung.

12. Literatur

Adler, R.E., Krückeberg, F. und Schmidt, M.W. 1968: Gang einer elektronischen Datenverarbeitung bei montangeologisch-tektonischen Fragestellungen. Bergbauwissenschaften 15, Nr. 2.

Ashgirei, G.D. 1963: Strukturgeologie. VEB Deutscher Verlag der Wissenschaften, Berlin.

Barth, T., Correns, C.W., Eskola, P. 1939: Die Entstehung der Gesteine, Berlin.

Baumann, M., Helbig, P. und Schmidt, K. 1967: Die steilachsige Faltung im Bereich des Gurgler und Venter Tales (Ötztaler Alpen). Jahrb. Geol. B.A. Bd. 110, Wien.

Denkhaus, H.G. 1966: Erfahrungen und Gedanken zum Problem der Gebirgsschläge in Südafrika. 7. Ländertreffen des Int. Büro f. Gebirgsmechanik in Leipzig 1965. Berlin.

Derry, D.R. 1939: Some examples of detailed Structure in Early Pre-Cambrian Rocks of Canada. Quart. Journ. Geol. Soc. XCV, London.

Dreyer, W. 1967: Die Festigkeitseigenschaften natürlicher Gesteine insbesondere der Salz- und Karbongesteine. Clausthaler Hefte zur Lagerstättenkunde und Geochemie der mineralischen Rohstoffe, Heft 5. Berlin.

Edelman, N. 1963: Structurel Studies in the Western Part of the Skellefte District, GFF, Vol 85, Stockholm.

– 1965: A Geotectonic Model of the Svecofennidic Orogeny. GFF, Vol 87, Stockholm.

Förster, H. 1967: Kristallisation und Tektonik des Schneeberger Gesteinszuges. Geol. Rundschau 56, H. 2.

Gavelin, S. 1943: Die Beziehungen zwischen flachachsiger und steilachsiger Tektonik im Vindelgransele-Gebiet, Västerbotten, Nordschweden, Geol. Rundschau, Bd. XXXIV, Heft 2/6.

– 1955: Beskrivning till berggrundskarta över Västerbottens län. S.G.U. Ser. Ca, Nr. 37, Stockholm.

– 1958 Synpunkter på urbergsstratigrafin inom gränsområdena mellan Västerbottens och Norrbottens län. GFF, Vol 80, Stockholm.

Geijer, P. 1918: Nautanenområdet. S.G.U. Ser. C, Nr 283, Stockholm.

– 1927: Stråssa och Blanka järnmalsfält, S.G.U. Ser. Ca, Nr 20, Stockholm.

Grip, E. 1941: Die Tektonik und Stratigraphie der zentralen und östlichen Teile des Skelleftefeldes. Bull. Geol. Inst. Upsala, XXX.

– 1960: The Skellefte District and the Laisvall Area. Int. Geol. Congress XXI Session. Guide to Excursion nos. A 27 and C 22. Norden.

– och Wirstam, Å. 1949: Hållfasthet, spricksystem och ras i nordsvenska sulfidmalmsgruvor, Jernkontorets annaler 133. Stockholm.

Hansagi, I. 1969: Gebirgsmechanische Fragen in Kiruna. Berg- und Hüttenmännische Monatshefte. Jahrgang 114, Heft 8.

Helfrich, H.K. 1960: Die Ergebnisse der praktisch-geologischen Untersuchungen im alten Bergbau Röhrerbühel (Tirol) anläßlich der Schurfarbeiten in den Jahren 1952–1955. Jahrb. Geol. B.A. Bd. 103, Wien.

– 1965a: Zur Gefügeanisotropie des Granites der Bleierzlagerstätte Laisvall und deren Beziehung zu den horizontalen Hauptspannungsrichtungen. Felsmechanik und Ingenieurgeologie, Vol III/2.

– 1965b: Geologiska synpunkter på bergarternas och bergets hållfasthet med exempel från Renström, Adak och Laisvall. IVA-meddelande 142, Stockholm.

– 1967a: Geologische Gesichtspunkte zur Gesteins- und Gebirgsfestigkeit mit Beispielen von Renström, Adak und Laisvall. Eng. Geol. 2 (1).

– 1967b: Diskussionsbeitrag: Die geologischen Raum-Zeitbeziehungen zum triaxialen Spannungszustand im Gebirge. 8. Ländertreffen des Int. Büro f. Gebirgsmechanik in Leipzig 1966. Berlin

– 1968: Teknisk-geologisk kartering inom gruvindustrin. (Back-Helfrich-Marinder-Ornstein). Gruvforskningen Serie B, Nr 120, Stockholm.

– 1970: Stratigraphie, Tektonik, Petrographie und montangeologische Züge am Nordrand der „Norrlandgeosynklinale. S.G.U. Ser. C, Stockholm (im Druck).

Hertweck, G. und Krückeberg, F. 1963: Die Behandlung von Gefügediagrammen durch elektronische Rechenanlagen. N. Jahrb. f. Geol. u. Pal., Monatshefte, Stuttgart.

Hills, E.S. 1963: Elements of structural geology. London.

Hoeppner, R. 1964: Zur physikalischen Tektonik. Felsmechanik und Ingenieurgeologie, Vol II/1, Wien.

Högbom, I. 1925: Der Berg Luppio. Bull. Geol. Inst. Upsala XIX.

Högbom, A. 1937: Skelleftefältet med angränsande delar av Västerbottens och Norrbottens län. S.G.U. Ser. C. Nr 389, Stockholm.

Hübner, H. 1966: Die Geologie der Sulfiderzlagerstätte Kalvbäcken, Mittelschweden. S.G.U. Ser. C, Nr 615, Stockholm.

– 1967: Klüftung und Vererzung im Grubengebiet Adak, Nordschweden. S.G.U. Ser. C, Nr. 628, Stockholm.

Karl, F. 1964: Anwendung der Gefügekunde in der Petrotektonik. Tektonische Hefte 5. Clausthal-Zellerfeld.

Kautsky, G. 1957: Ein Beitrag zur Stratigraphie und dem Bau des Skelleftefeldes, Nordschweden. S. G.U. Ser. C, Nr. 543, Stockholm.

Kieslinger, A. 1958: Restspannung und Entspannung im Gestein. Geologie und Bauwesen, 24, Heft 2. Wien.

Kirchmayer, M. 1966: Einfache Beispiele zur Anwendung des Symmetrie-Konzeptes CURIE 1884 in der Makrogefügekunde. N. Jahrb. f. Geol. u. Pal., Monatshefte, Stuttgart.

Koark, H.J. 1949–53: Über Querfaltung, Bewegung // B und Erzlagerung mit Beispielen aus Malmberget/Gällivare. Bull. Geol. Inst. Upsala XXXIV.

– 1951: Zur tektonisch-petrographischen Analyse der Kalkbrüche bei Burträsk in Västerbotten. GFF, Vol 73, H. 2, Stockholm.

– 1959: Nyare geologisk-tektoniska undersökningsmetoder vid byggnadsföretag i fast berg. GFF, Vol 81, H. 4, Stockholm.

– 1961: Zur Deformation des Venna-Konglomerates im Trondheim-Gebiete, Norwegen. Bull. Geol. Inst. Upsala Bd. XL.

Kvapil, R. 1963: Tectonic Experiments on Natural Rocks. Int. J. Rock Mech. Mining Sci. Vol 1.

Larsson, I. 1954: Structure and Landscape in Western Blekinge, Southeast Sweden, Lund Studies in Geography, Ser A. Physical Geography, Nr. 7.

– Anisotropy in Precambrian Rocks and post-cristalline Deformation Models, Lund Studies in Geography, Ser. A. Physical Geography, Nr. 38.

Leeman, E.R. 1964: The measurement of stress in rock, J.S. Afr. Inst. Min. Metall., Vol 65, Sept/Nov.

Link, H. 1966: Zur Querdehnungszahl von Gestein und Fels bei Beanspruchungen nahe der Bruchfestigkeit. Proc. of the 1. Congress of the Int. Soc. of Rock Mechanics. Lisboa.

Loberg, B. 1963: The Formation of a Flecky Gneiss and Similar Phenomena in Relation to the Migmatite and Vein Gneiss Problem. GFF, Vol 85. Stockholm.

Lundegårdh, P. H. 1957: Petrology of the Uppsala region, Eastern Sweden. S.G.U. Ser. C, Nr. 544. Stockholm.

– 1960: The Miogeosynclinal Rocks of Eastern Central Sweden. S.G.U. Ser. C, Nr. 570. Stockholm.

– 1963: Projektierung av rum och tunnlar i berg. S.G.U. Ser. C. Nr. 590, Stockholm.

Magnusson, N.H. 1940: Ljusnarsbergs malmtrakt. S.G.U. Ser. Ca, Nr 30, Stockholm.

– 1960: The Swedish Precambrian outside the Caledonian Mountain Chain. S.G.U. Ba 16, Stockholm.

– Lundqvist, G.- Regnéll, G. 1963: Sveriges geologi. Stockholm.

Metz, K. 1967: Lehrbuch der tektonischen Geologie. 2. umgearbeitete Auflage. Stuttgart.

Müller, L. 1963: Der Felsbau. Bd. 1. Stuttgart.

Obert, L. and Stephenson, D. 1965: Stress Conditions under which Core Discing. Occurs. Trasns. SME, AIME 232 (3).

– and Duvall, W.J. 1967: Rock Mechanics and the Designe of Structures in Rock. New York. London. Sydney.

Ödman, O.H. 1941: Geology and Ores of the Boliden Deposit, Sweden. S.G.U. Ser. C. Nr. 438, Stockholm.

Ramberg, H. 1965: The effect of gravity on folding and other deformations in the earth's crust. IVA-meddelande Nr 142. Stockholm.

Saksela, M. 1953: Über die tektonische Einteilung der Tiefengesteine. Bull. Com. géol. Finl. Nr 159, Helsinki.

Sander, B. 1914: Bemerkungen über tektonische Gesteinsfazies und Tektonik des Grundgebirges. Verh. Geol. R.A. Wien.

– 1948–50: Die Gefügekunde der Gesteine. Bd. 1 und 2. Wien.

Scheidegger, A. 1963: Principles of Geodynamics. 2nd edition, Springer Verlag.

Schmidegg, C. 1933: Neue Ergebnisse in den südlichen Ötztaler Alpen. Verh. Geol. B.A. Wien.

Sundius, N. 1923: Grythyttefältets geologi. S.G.U. Ser C, Nr. 312., Stockholm.

Schmidt, K. 1965: Zum Bau der südlichen Ötztaler und Stubaier Alpen. Verh. Geol. B.A. Sonderheft G, Wien.

Stephansson, O. 1967: Bergarternas mekaniska och reologiska egenskaper. Min.-geol. institutionen, Uppsala.

Stålhös, G. 1962: Nya synpunkter på Sörmlandsgnejsernas geologi. S.G.U. Ser. C, Nr. 587, Stockholm.

Turner, F.J. and Weiss, L.E. 1963: Structural Analysis of metamorphic Tectonites. New York. San Francisco. Toronto. London.

Wenk, E. 1936: Zur Genese der Bändergneise von Ornö Huvud (Schärenhof von Stockholm). Bull. Geol. Inst. Upsala. Vol XXVI.

– 1962: Das reaktivierte Grundgebirge der Zentralalpen. Geol. Rundschau 52, Heft 2.

EIN BEITRAG ZUR TYPISIERUNG DER SCHIEFGÜRTELBILDER IN QUARZTEKTONITEN

D. Němec, Jihlava, ČSSR

Abstract

The oblique-girdle patterns of quartz tectonites are connected by all transitions with the Moravian type and the B $\wedge$ B′-girdle type. The increasing share of rotational strains in the complex deformation is associated in them with the diminution of the angle concluded between the girdle an the c-axis of the fabric and with the more homogenous distribution of maxima in the girdle. However, the most prominent maxima of the original patterns, namely maxima I and II, retain even in the oblique-girdles their prevalance over all the other maxima. Like other types of preferred orientation, the oblique-girdle pattern may also be obliquely overprinted upon older fabric of the rock. A large amount of feldspar in the tectonite not only diminishes the sharpness of the orientation pattern of quartz, but at the same time also reduces the triclinicity of the strain. A study of tectonites consisting exlusively of quartz displaying different girdle patterns of extraordinarily high sharpness, using the A.V.A. technique, showed a clear correlation between the type of the orientation of the quartz, the symmetry in the distribution of the disclosed s-surfaces and the shapes of the quartz grains. A trial is made to explain these facts with the aid of the hypothesis of shear surfaces. In the girdle diagram every girdle seem to be associated with a corresponding set of diagonal s-surfaces. As to the oblique-girdle patterns, the following conclusions may be drawn: For the bc-sections: indistinct s-surfaces, asymmetrically distributed, whose cummulation coincides with the direction of the girdle of the axes; the elongation of the grains toward the quadrant throug which the girdle of the axes is running, which often causes a pronounced new S (S_2) inclined under moderate angles to S_1. For the ac-sections: distribution of s-surfaces symmetrical in relation to the bc-plane. – The oblique girdles of the quartz tectonites are sometimes uniformly oriented in relation to the geographical directions even in very extensive areas covering some hundreds of square kilometers. This points to a surprisingly high grade of uniformity of acting stress field in similar case. Sometimes, triclinization, which is also reflected in the development of the oblique girdles may be evidently attributed to the influence of rigid obstacles, such as metabasites, which hinder an undisturbed tectonic transport, restricted or unrestricted (in the sense of H.W. Fairbarin 1949). In the area under study, the orientation of quartz in oblique girdles was probably and brought about by superposition of intragranular rotations and recrystallization or by portraying crystallization (Abbildungskristallisation).

Einleitung

Unter den Einregelungstypen der Quarztektonite hat der in der Literatur gewöhnlich als Schiefgürtel bezeichnete Typ eine ziemlich große Verbreitung. Die Quarzachsen belegen in ihm einen Gürtel, der ungefähr die Form eines Großkreises besitzt. Zwar geht er durch a des Gefüges, doch verläuft er schief zu der für das Grob- und Glimmergefüge gültigen ac-Symmetrieebene (Abb. 4). Den Verlauf eines Großkreises täuscht dieser Gürtel eigentlich nur bei unscharfer Einregelung vor, sonst ist stets ein Umbiegen in seinem Verlauf bemerkbar (Abb. 21), sodaß er sich eher als Kombination eines ac-Gürtel-Abschnittes um a, dessen Länge zwischen 60° und 80° schwankt, und eines Abschnittes eines Okl-Gürtels, der die c-Gefügeachse umarmt, beschreiben läßt. Ähnliche Gefügebilder wurden öfters auch im Ostteile der Böhmischen Masse in Quarztektoniten festgestellt. Das aus diesem Gebiete stammende reiche Untersuchungsmaterial ermöglicht zugleich auch einige allgemeinere Schlüsse über diesen Regelungstyp zu ziehen.

Die Übersichtskarte in Abb. 1 zeigt das behandelte Gebiet. Auch zum Zwecke der Gefügeuntersuchung ist ihre Zergliederung in zwei entlang einer ausgeprägten tektonischen Linie aneinandergrenzende geologische Einheiten wichtig, nämlich in das östlich liegende Moravikum und das westlich sich erstreckende Moldanubikum. Das Moravikum zerfällt in zwei getrennte Kuppeln. Den weitaus überwiegenden Typ unter den metamorphen Gesteinen bilden hier Serizitgneise (besonders die s.g. Bitteschen Gneise), seltener sind Phyllite, Quarzite usw. Das Moravikum wurde mit Ausnahme der autochthonen Batolithen in seiner ganzen Breite unter scharfer Quarzeinregelung durchbewegt. Den Grundtyp der Einregelung stellt der vom Verf. als moravisch bezeichnete Typ dar. Er ist durch zwei mit einem Gürtel über a verbundene Maxima II, sowie durch zwei deformierte Kleinkreisgürtel um c charakterisiert. Vergleiche hierzu auch das synoptische Diagramm der Hauptmaxima in Bitteschen Gneisen in Abb. 2. Grob-, Glimmer- und Quarzgefüge entstanden wahrscheinlich homotaktisch.

Das Moldanubikum stellt ein offensichtlich polymetamorph metamorphosiertes Gebiet dar, dessen Metamorphosegrad meist der Almandin-Amphibol- und Granulitfazies entspricht. Die metamorphen Gesteine sind hier meistens durch verschieden stark migmatisierte Gneise von verschiedenen Typen vertreten, wobei die Migmatisierung oft einen anatektischen Charakter trägt. Kein Wunder, daß, wenn auch diese Gesteine ursprünglich eine Quarzeinregelung besitzen konnten, sich durch die Migmatisierungsprozesse eine Entregelung einstellen mußte. Infolgedessen muß man also jetzt die statistische Isotropie des Quarzgefüges für das ursprüngliche Merkmal des Moldanubikums halten. Die Quarzeinregelung ist an jüngere, wahrscheinlich meist jungvaristische Störungs- und Bewegungszonen gebunden, über deren Verteilung im Terrain Abb. 1 Auskunft gibt. Das Quarz- und Glimmergefüge ist daher im allgemeinen heterotaktisch, da älteres Grob- und Glimmergefüge durch jüngeres Quarzgefüge überprägt wurde. Um die Gefügeachsen für Quarz und Glimmer nicht zu verwechseln, benützt man im weiteren im Einklang mit E. Wenk (1943) für die Quarzgefügeachsen die Bezeichnung x, y, z, für die Grob- und Glimmergefügeachsen a, b, c. Gewöhnlich aber fallen diese Achsen aufeinander, da die jüngeren Bewegungen in den Bewegungszonen meist in den älteren tektonisch prädisponierten Gefügeflächen stattfanden. Den Grundtyp für die Quarzeinregelung stellt im Moldanubikum das Zweigürtelbild, mit einem ausgeprägten Maximum I in der Kreuzungsstelle der Okl-Gürtel. Vergleiche dazu das synoptische Diagramm der Hauptmaxima, die aus den Gefügebildern der mit Moravikum in Berührung stehenden Deformationszonen des Moldanubikums entnommen wurden (Abb. 3). Eine eingehende gefügekundliche Charakteristik des Moldanubikums gibt der Verf. anderswo (D. Němec 1959, 1961, 1963) an.

Allgemeine geometrische Charakteristik der Schiefgürtel

Enge Beziehung der Schiefgürtel zu den Tektoniten des B ∧ B′-Typs und des moravischen Typs ist nicht nur durch den Charakter der betrachteten Gefügebilder, sondern auch durch die Existenz aller Übergänge zwischen ihnen belegt. Diese Übergänge kommen meist durch Triklinisierung der Ausgangstypen zustande. Abb. 4 dokumentiert den Übergang vom moravischen Typ, ähnliches gilt vom B ∧ B′-Gürteltyp. Neben dem ähnlichen Gürtelverlauf zeichnen sich die betrachteten Grenztypen auch durch Führung derselben Maxima aus.

Den B-Tektoniten fehlt bekanntlich das Maximum III. Der Übergang von dem B ⊥ B′-Gürteltyp, für den die Führung des Maximums III recht charakteristisch ist, zum Schiefgürtel wird immer mit einem Zusammenrücken der Gürtel gegen die c-Gefügeachse begleitet, oder aber, falls die Gürtel eines B ⊥ B′-Bildes ungleich belegt sind, ist der Gürtel an der Stelle des Maximums III unterbrochen. Eingehend behandelt der Verf. die Übergänge zwischen verschiedenen Gürteltypen in einem selbständigen Artikel (D. Němec 1965 a).

Die Verminderung des Winkels φ, den der Gürtel mit der c-Achse einschließt, die den Übergang von dem stationären zum rotationellen Strain begleitet, ist anhand der Abb. 5 ersichtlich. Der betreffende Winkel wird hier mit Hilfe der Histogramme getrennt für die Zweigürtelbilder des Moldanubikums (überwiegend der Zweigürteltyp), des Moravikums (überwiegend der moravische Typ), sowie der im Moravikum festgestellten Schiefgürtelbilder statistisch ausgewertet. In den Schiefgürteln sinkt er im Durchschnitt auf 25° hinab. Nur ganz ausnahmsweise fällt er im Untersuchungsgebiet bis zu Null hinunter. Stets ist im Gürtelverlauf ein Umbiegen wahrnehmbar (vgl. z.B. Abb. 21), das auf Beteiligung der Teilbewegungen auch in der Richtung der b-Achse schließen läßt. Es handelt sich also noch um dreidimensionale Tektonite im Sinne B. Sanders (1950).

Für die Schiefgürteldiagramme ist weiterhin typisch, daß ihre Gürtel gleichmäßiger mit Maxima belegt sind als diejenigen der Zweigürtelbilder. Die Maxima der Schiefgürtelbilder sind öfters stark in der Richtung des Gürtelverlaufes gestreckt. Würde man sie mit Existenz entsprechender Scherflächen in Verbindung setzen, wäre dadurch ein beträchtliches Pendeln dieser Scherflächen in der Gürtelrichtung belegt. Größere Maxima zerfallen öfters, im Extremfalle sind die Maxima im ganzen Gürtelverlauf gleichmäßig verteilt (Abb. 4). Dies wird auch an Histogrammen in Abb. 6 sichtbar. Aus ihnen sieht man zugleich, daß die Grundrisse der Gefügebilder, aus denen die Schiefgürtel abgeleitet werden, in ihnen noch erhalten bleiben. Im Moldanubikum, wo Maximum I sehr stark in den Vordergrund tritt (vgl. Abb. 3), überwiegt es weiterhin auch in den Schiefgürteln, ähnlicherweise Maximum II in denjenigen des Moravikums (Abb. 2).

Die Entstehung der Schiefgürtel durch Überbetonung eines der paarig auftretenden Gürtel der Zweigürtelbilder ist die Folge des triklinisierenden Charakters des erzeugenden Strains. Dies bedeutet aber nicht, daß die Schiefgürtel zwangsläufig kein weiteres Symmetrieelement neben dem Symmetriezentrum haben dürfen. Manchmal bleibt ihnen noch die mit der a-Gefügeachse zusammenfallende zweizählige Rotationsachse und daher auch die zu ihr senkrecht stehende Symmetrieebene übrig. Die Existenz der erwähnten Symmetrieelemente konnte in ähnlichen Fällen behilfs der Methoden der mathematischen Statistik bewiesen werden (vgl. D. Němec, 1960).

Schiefgürtel der Quarztektonite und die Gefügegenossen

Gesetzmäßige Beziehungen zwischen der Lage der Schiefgürtel der Quarzachsen und der Einregelung anderer Gesteinsbestandteile sowie der Lage der Handstückkoordinaten bestehen natürlich nur bei homotaktisch eingeregelten Teilgefügen. Bei den heterotaktischen fehlen sie natürlich. Dieser Fall ist im Moldanubikum aktuell. Hier konnten die Schiefgürtel ähnlich wie alle anderen Quarzregelungstypen schief an das ältere Gesteinsgefüge in beliebiger Richtung eingeprägt werden. Dies beweist Abb. 7. Es handelt sich um eine etwa 2 cm mächtige Quarzlage, die in Zweiglimmergneise parallel zu ihrer Schieferung eingeschaltet ist. Diese Schieferungsflächen sind auch in das betrachtete Quarzgefügebild eingezeichnet. Falls man das Regelungsbild des Quarzes auf sie bezieht, wäre seine Interpretierung sehr obskur. Die Betrachtung der Verhältnisse in der Umgebung des Ortes der Probeentnahme belehrt, daß es sich in einer Deformationszone befindet, wo der tektonische Transport, möge es sich schon um einen begrenzten oder unbegrenzten Transport im Sinne H. W. Fairbairns (1949) handeln, in beinahe horizontal liegenden Bewegungsflächen (xy-Fläche des Gefüges) stattfand. An der Stelle der Probeentnahme durchschneiden diese Quarzgefügeflächen die kristallinen Schiefer mit steil stehenden Schieferungsflächen fast senkrecht zu ihrer Schieferung. Legt man in Abb. 7 die xy-Ebene entsprechend ihrer Lage in der ganzen Deformationszone etwa in den spitzen Winkel zwischen die megaskopisch sichtbare Schieferungsfläche und die Horizontalebene, so läßt sich gut erkennen, daß es sich um ein an das ältere Gefüge schief eingeprägtes Schiefgürtelbild handelt.

Im Gegensatz zum Moldanubikum sind die Quarz- und Glimmerteilgefüge der Tektonite im Moravikum stets homotrop – ihre Gefügeachsen fallen immer zusammen. Glimmer rotiert manchmal um die b-Gefügeachse. In den Tektoniten, wo die Quarzachsen Schiefgürtel belegen, ist keine Spur von ähnlicher Triklinisierung im Glimmergefüge sichtbar. In ähnlichen Fällen gehört entweder das Quarzgefüge zwar demselben

Deformationsakt an wie das Glimmergefüge, aber einer späteren Phase, die sich nur im Quarzgefüge abgebildet hat, oder sowohl das Quarz- als auch das Glimmergefüge entstanden in derselben Deformationsphase, aber Glimmer kann nicht ähnlich zarte Stressfeinheiten wie Quarz in seinem Gefüge abbilden.

Zum Unterschied von den Glimmern, deren Anwesenheit in den Glimmer-Quarz-Gesteinen wie Quarzite oder Glimmerschiefer ohne Einfluß auf die Ausbildung der Quarzachsengürtel sind, dürfte dies nicht immer im Falle der feldspatreichen Gesteine zutreffen. Die Gneise des Moravikums und ausnahmsweise auch diejenigen des angrenzenden Moldanubikums enthalten zahlreiche meist nur wenige Zentimeter breite Quarzknauer und -lagen. Es handelt sich wahrscheinlich um Sekretionsquarz. Ihre gefügekundliche Untersuchung zeigte, daß sie fast ausnahmslos den Charakter der Tektonite tragen. Mit ihren Regelungstypen, Verteilung der Maxima in bezug auf die Himmelsrichtungen usw. entspricht das Gefüge dieser Quarzeinlagerungen demjenigen der sie einschliessenden Gneise, in ersteren ist aber der Einregelungsgrad stärker. Der negative Einfluß der Gefügegenossen auf die Quarzeinregelung wurde schon von mehreren Autoren eingehend studiert und ist sicher allen auf dem Gebiete der Gefügekunde arbeitenden Fachgenossen gut bekannt. In unserem Falle ist aber bemerkenswert, daß in den Regelungsbildern des Quarzes aus den Gneisen beide Gürtel gleich stark belegt sind, während in den in ihnen eingeschlossenen Quarzlagen ein Gürtel stark unterbesetzt ist. Ähnlich Fälle kehren mit einer solchen Persistenz wieder, daß man über ihre Unzufälligkeit nicht zweifeln kann. Es scheint also als ob das starre Feldspatgerippe der Gneise in den diskutierten Fällen den Strain in der Richtung seiner Symmetrieerhöhung (Homogenisierung) beeinflußte. Der regionale Vergleich der Verhältnisse im Moravikum und Moldanubikum läßt erkennen, daß die Schiefgürtelbilder hauptsächlich in den moravischen Gesteinen entwickelt sind, die sich offensichtlich während der die Quarzeinregelung erzeugenden Deformation mehr plastisch verhielten als das starre Moldanubikum. Bei Betrachtung des Moldanubikums für sich selbst findet man wieder die Schiefgürtelbilder öfters in den bei der Stresseinwirkung sich mehr plastisch verhaltenden Quarziten und Glimmerschiefern als in den Gneisen.

Ergebnisse der Achsenverteilungsanalysen an Quarzgürteltektoniten

1. Einleitende Bemerkungen

Die von H. Ramsauer und B. Sander (1950) ausgearbeitete Achsenverteilungsanalyse ist derzeit die gründlichste Methode zur Charakterisierung des Gefüges und daher wurde sie auch in unserem Falle zur Untersuchung des Schiefgürteltyps benützt. Zu Vergleichszwecken wurden zugleich auch die Haupttypen der Quarzgürteltektonite auf die selbe Weise untersucht. Erwählt wurden Gesteinsproben mit außerordentlich scharf eingeregeltem Gefüge. AVA ist eine verhältnismäßig wenig benützte Methode. Neben dem großen zu ihrer Durchführung benötigten Zeitaufwand treten noch Schwierigkeiten mit der statistischen Bearbeitung der Meßergebnisse dazu. Störend wirkt besonders die gewöhnlich große Inhomogenität des untersuchten Dünnschliffbereiches, starke Anisotropie der Kornform, Ungleichheit der Korngröße usw. Falls man die Körner durch Punkte approximiert, kann man bei der statistischen Bearbeitung leicht zu Fehlzeichnungen der Meßresultate kommen. Es wurden auch Einwände gegen die Auswahlart der Richtungsgruppenlagen in den AVA-Diagrammen erhoben und man muß gestehen, daß besonders in dicht mit Körnern belegten Teildiagrammen kaum eine solche Auswahl ohne jegliche Willkür geschehen kann. Doch es ist nicht angebracht, wegen solcher Schwierigkeiten die Existenz der Richtungsgruppenfeinlagen im Gefüge überhaupt ablehnen. So läßt sich z.B. dort, wo nur sehr wenige Körner sichtbar sind, die Auswahl der Feinlagen kaum anders durchführen, als es bereits getan wurde, und zwar umsomehr, als schon die Form der Körner auf die Existenz solcher bevorzugter Richtungen schließen läßt.

Im weiteren wurde bei den AVA folgender Vorgang benützt: Bei der Auswertung der Teildiagramme wurden den Stoffdichten (ihre Definition vgl. bei B. Sander 1950) vor den Korndichten Vorrang gegeben, da dabei zugleich die Kornform und -größe mitberücksichtigt wird. Um den Fehlzeichnungen zu entgehen sind die Teildiagramme für einzelne Richtungsgruppen ohne Auswertung gelassen, die ausgewählten Feinlagen sind durch Striche an den Diagrammrändern angegeben. Eingezeichnet wurden möglichst alle wahrnehmbaren Feinlagen, wobei vorausgesetzt wird, daß die zufälligen Feinlagen nur singulär bleiben werden, während sich die Lagen der unzufälligen durch eine größere Persistenz ihres Vorkommens auszeichnen werden.

Bei den Quarzgefügediagrammen wurden einzelne Richtungsgruppen gewählt und die zu jeder RG zugehörigen Körner abgetrennt in Teildiagrammen eingezeichnet. Geprüft wurde dabei die Korrelation zwischen dem Regelungstyp der Quarzachsen, der Lage und Verteilung der Richtungsgruppen und der durchschnittlichen Kornform. Die Kornform wurde dadurch charakterisiert, daß an einer großen Zahl der Körner statistisch ihre durchschnittlichen maximalen Längen in bestimmten Richtungen festgestellt wurden. Dieser Vorgang ist sicher nicht einwandfrei – die Kornform kann z.B. von der Korngröße, oder von der Zugehörigkeit zu einzelnen Richtungsgruppenlagen abhängig sein – doch erlauben die so gewonnenen Durchschnittswerte einen besseren Vergleich der Proben untereinander.

Die mit der AVA studierten Dünnschliffausschnitte sind alle parallel zu der megaskopischen S-Fläche gelegt. Infolgedessen ist die Wahrscheinlichkeit des Erscheinens der parallel zu den S-Flächen verlaufenden Feinlagen entsprechend vermindert. Für die AVA wurden nur solche Proben gewählt, bei denen sich die Entstehung des Grob- und Quarzgefüges als homotrop halten läßt. Absichtlich wurde auf weitgehende genetische Deutungen, die zur Zeit infolge der stets noch mangelhaften experimentellen Kenntnisse über die Regelungsmechanismen der Quarzachsen sehr hypothetisch sind, verzichtet und die Aufmerksamkeit wurde hauptsächlich auf die phänomenologische Seite der Sache gelenkt.

2. AVA der bc-Schnitte

a) Schiefgürteltyp. Quarzit, Koroužné, Svratkakuppel (Moravikum). Die untersuchte Probe wurde aus einer konform in stark durchgefaltete Phyllite eingelagerten Quarzitbank entnommen. Es handelt sich um einen feldspatfreien Quarzit, der noch etwas Muskovit enthält, der scharf in megaskopisch sichtbare S-Flächen eingeregelt ist. Die Quarzkörner sind stark gelängt, wodurch eine ausgeprägte S-Fläche entsteht, die mit der megaskopisch wahrnehmbaren und durch die Glimmerschüppchen im Dünnschliff angegebenen S_1 den Winkel 30° einschließt. Für die AVA wurde eine glimmerfreie Lage gewählt. Die Verbindungslinien der Lamellenlote mit den c-Achsen derselben Körner weisen gegen die megaskopische B-Gefügeachse hin. Während der die Lamellen erzeugenden Deformation mußte also b mit σ_1 oder σ_3 des Strainellipsoides zusammenfallen. (Näheres hierzu vgl. bei H.C. Heard, N. L. Carter 1968.)

Die Quarzachsen belegen einen scharfen Schiefgürtel, Maxima II sind aber darin noch sehr ausgeprägt. Der untersuchte Dünnschliffbereich zählt 573 Körner. Die zu einzelnen ausgewählten Richtungsgruppen zugehörigen Körner sind verhältnismäßig gleichmäßig verteilt, sodaß die Aussonderung der Feinlagen problematisch ist. Sofern es sich überhaupt beurteilen läßt, ist keine Feinlage für irgend eine Richtungsgruppe spezifisch, es handelt sich also um polymaximale Feinlagen. In bezug auf die ab-Ebene sind die Feinlagen asymmetrisch verteilt, mit der größten Häufung im Quadrant, durch den der Gürtel hinzieht, wohin auch die längste Richtung der Quarzkörner gerichtet ist. Aus den Teildiagrammen läßt sich entnehmen, daß es, wenn aucn nur vereinzelt, auch Körner gibt, die senkrecht zu ab gelängt sind. Die ab-Gefügeebene ist aber weder durch Kornlängung noch durch die Feinlagen markiert. Der Winkel, den der Achsengürtel mit der ab-Ebene einschließt (70°), ist beträchtlich größer als derjenige den die Kornlängung (30°) und die maximale Anhäufung der Feinlagen mit derselben Ebene einschließen.

Quarzknauer im Glimmerschiefer, Makov, Svratkakuppel (Moravikum). Die Mächtigkeit der Knauer beträgt 3 cm. Quarz ist darin vollkommen rekristallisiert, seine Körner sind gerundet, ohne Spuren postkristalliner Beanspruchungen. Das Gefüge ist vom moravischen Typ; ein Gürtel fehlt aber gänzlich, sodaß ein typisches Schiefgürtelbild entsteht. Die Formanisotropie der Körner ist deutlich und verursacht wieder die Entstehung einer S_2-Fläche. Die Probe ist stark inhomogen, sowohl betreffs der Korngröße als auch betreffs der Orientierung der Körner. Die zu denselben Richtungsgruppen zugehörigen Körner bilden öfters insulare Häufungen. Der untersuchte Bereich bestand aus 682 Körnern. Die Feinlagen sind undeutlich, und, sofern man sie überhaupt beurteilen kann, sind sie wieder polymaximal. In bezug auf die ac-Ebene sind sie asymmetrisch verteilt. Ihre Lage streut zwar in einem breiten Interval, am dichtesten kommen sie aber in dem Quadrant vor, durch welchen der Gürtel läuft. Gegen diesen Quadrant ist auch der maximale Durchmesser der Körner gerichtet, aber unter einem mäßigeren Winkel (40°) als der Gürtel, der mit der ab-Ebene 70° einschließt. Wie sich zeigte, entspricht die Kornbegrenzung manchmal dem Verlaufe der wichtigsten Feinlagenscharen.

Unter den von H. Ramsauer und B. Sander (1950) mit der AVA bearbeiteten Proben gehört Quarzit der Rensenspitze in den Alpen dem Schiefgürteltyp an. Von dem entgegengesetzten Gürtel sind noch Reste zurückgeblieben. Durch Kornlängung wird in dieser Probe wieder eine S_2-Ebene angegeben, die mit S_1 20–30° einschließt. Die Kornlängung fällt mit einer der beiden auftretenden Okl-Feinlagenscharen zusammen, während die zweite Feinlagenschar Okl den Winkel 40° (also 140°, wenn in demselben Sinn gemessen wird) mit der ab-Ebene einschließt. Die Verteilung der Feinlagen ist also in bezug auf die ac-Ebene asymmetrisch. Die Richtungsgruppenfeinlagen schließen mit der ab-Ebene einen mäßigeren Winkel ein als die Achsengürtel.

b) Zweigürteltyp. Quarzit, Šebkovice (Moldanubikum). Es handelt sich um einen kompakten Quarzit mit undeutlich sichtbarer Schieferung. Er enthält einige Prozent Muskovit, meist in Serizitform, der die Schieferungsflächen belegt. Das Gestein wurde stark postkristallin beansprucht. Die Quarzkörper löschen stark undulös aus, größere Körner zerfallen in ein Mosaik kleinerer Domänen. Der Regelungstyp ist ein typisches Zweigürtelbild mit sehr ausgeprägten Maxima I und III. Daneben erscheint auch ein unpaariges Maximum II als ein Nebenmaximum, das mit der a-Achse 35° einschließt. Dank seiner Anwesenheit ist die Symmetrie des Regelungsbildes monoklin, nähert sich aber der rhombischen. Die Korngröße der Probe ist inhomogen. Besonders die Großkörner sind stark in der Richtung der ab-Ebene gestreckt. Ähnliche Streckung ist auch im ac-Schnitt beobachtbar. Alle Theorien der Quarzeinregelung fordern bei solchen hochsymmetrischen Gefügen die Stresseinwirkung senkrecht zur Schieferung, also die Plättung. Damit steht auch die Anwesenheit der Plattenquarze im Einklang.

Der mit Hilfe der AVA untersuchte Bereich zählt insgesamt 650 Quarzkörner. Die zu denselben Richtungsgruppen zugehörigen Körner sind ungleichmäßig verteilt, es besteht eine Tendenz zu Überindividuenbildung. In den Teildiagrammen einzelner Richtungsgruppen sind deutliche flach in bezug auf die ab-Ebene verlaufende Okl-Feinlagen beobachtbar. Alle Richtungsgruppen sind an beiden Diagonallagenscharen beteiligt. Die Existenz der betrachteten Feinlagen ist manchmal auch durch Glimmerbelag gestärkt. Obwohl die Quarzkörner mit ihrer Längsrichtung in der ab-Ebene liegen (Abb. 13), sind entsprechend gerichtete Feinlagen nur selten. Die Okl-Feinlagen schließen den Winkel 60° über ab ein, der also kleiner als der entsprechende Winkel der Gürtel ist (90°). Sowohl die Feinlagenscharen als auch die Gürtel sind gegen die megaskopisch bestimmten Gefügeachsen um a in demselben Sinn um etwa 10° gedreht. Gegen sein eigenes Koordinatenkreuz besitzt also sowohl die Feinlagenverteilung als auch das Quarzgefügebild dieselbe fastrhombische Symmetrie.

Es soll noch bemerkt werden, daß auch im ac-Schnitt zwei Scharen diagonal verlaufende Feinlagen mit Hilfe der Gipsplatte sich enthüllen lassen.

Abb. 17 zeigt das Achsengefüge und die Feinlagenanordnung in einem Quarzknauer aus Glimmerschiefern des Rossauer Waldes im Erzgebirge. Das Gefügebild ist von H.-J. Behr (1964) übernommen, die Feinlagenrichtungen entnahm der Verf. selbst aus der Zeichnung des entsprechenden Dünnschliffausschnittes, den auch H.-J. Behr (1961) veröffentlichte. Abb. 18 zeigt die durchschnittliche Form der Quarzkörner. Das Regelungsbild entspricht einem typischen Zweigürteltyp, dessen Gürtel miteinander den Winkel von 130° über b einschließen. In der betrachteten Probe sind die Feinlagen deutlich. Dabei sind sie für alle Richtungsgruppen gleich orientiert. Sie häufen sich zu zwei ungleich ausgeprägten Scharen an, deren Maxima mit den Gürteln parallel verlaufen, wenn sie auch einen kleineren Winkel (80°) über ab als die Gürtel einschließen. Die Quarzkörner sind zwar auch annähernd parallel zu ab gestreckt, ihre durchschnittliche Form ist aber nicht so regelmäßig wie im vorangehenden Falle. Bei Betrachtung des Achsengefüges, der Feinlagenverteilung und der durchschnittlichen Kornform ergibt sich, daß sie alle um die a-Gefügeachse um etwa 10° gegen den Uhrzeiger gegen die Grobgefügekoordinaten gedreht sind. Gegen ihre Eigenkoordinaten würde die Symmetrie sowohl des Quarzachsengefüges als auch diejenige der Feinlagenverteilung fastrhombisch, die Richtung der Kornlängung würde mit der neu gewählten b-Achse zusammenfallen.

Quarzgefüge eines Tektonites mit einem Zweigürtelbild bearbeiteten mit Hilfe der AVA H. Ramsauer und B. Sander (1950) am Beispiel eines Paraquarzites aus Gries am Brenner. Auch in diesem Fall stellt man im Gefüge zwei diagonal verlaufende polymaximale Feinlagenscharen fest, die scharf um eine Okl- und eine O$\bar{k}$l-Ebene angehäuft sind. In bezug auf die Grobgefügekoordinaten besitzen sie, ähnlich wie das Achsengefüge, rhombische Symmetrie. Bei den Feinlagen und Achsengürteln stellt man dieselben Verhältnisse wie im vorangehenden Falle: die Gürtel schließen miteinander über ab den Winkel 120° und die Feinlagenscharen 80° ein. Die Quarzkörner zeigen eine ausgesprochene Längung parallel der ab-Ebene. Unter den Feinlagen ist aber diese Richtung nicht vertreten.

c) Typ der B-Gürteltektonite mit Parallelgürteln. Die Stengelgneise von Doubravčany, Ostböhmen (Moldanubikum). Dieses Gestein ist unter dem Namen „böhmische Stengelgneise" in der Literatur bekannt. In typischer Ausbildung entbehrt es der Schieferung und besteht aus dünnen parallel verlaufenden Stengeln, die mehrere Meter lang sind. Auch Quarz bildet Stengel, die monomineralisch sind. Seine Körner sind abgerundet, ohne Spuren von tektonischen Beanspruchungen kataklastischer Art. Das Achsengefüge besteht aus zwei ac-Parallelgürteln. Die Quarz-c-Achsen liegen also auf Kegeln um B mit dem Öffnungswinkel 120°. Die Symmetrie ist wegen der ungleichmäßigen Belegung der Gürtel monoklin (Abb. 20). Die Kleingürtel sind also keine genauen Kreise, ihre Radien vermindern sich gegen die ab-Ebene, was Abb. 19 besonders anschaulich zeigt. Zu der AVA wurde ein breiterer Quarzstengel in bc-Schnitt gewählt. An der Stufe sind zwar die a- und c-Gefügeachsen nicht unterscheidbar, ihre Lage konnte aber aus dem Gefüge der Flasergneise, die den Ausbiß der Stengelgneise umsäumen und den Übergang zu den gewöhnlichen Schiefergneisen vermitteln, bestimmt werden. In dem betreffenden Quarzstengel konnten nur 323 Quarzkörner eingemessen werden. Sein Achsengefüge ist in Abb. 20 dargestellt. In den Teildiagrammen einzelner Richtungsgruppen sind ausgeprägte Feinlagenscharen sichtbar, und zwar zwei diagonal verlaufende und zwei weitere, die mit den zu der bc-Ebene senkrecht stehenden Achsenebenen zusammenfallen. Alle Feinlagenscharen sind polymaximal. Ihre Verteilung zeigt rhombische Symmetrie. Der über c gemessene Winkel der diagonalen Feinlagenscharen ist größer (105°) als derjenige der entsprechenden Gürtel (60°). Die Kornlängung schließt mit der B-Gefügeachse 40° ein, sodaß sie mit einer Feinlagenschar zusammenfällt. Zugleich besteht jedoch noch eine andere minder deutliche Richtung der Kornlängung. Diese Richtung liegt in der Nähe der zweiten Feinlagenschar Okl, schließt aber mit der b-Gefügeachse einen größeren Winkel (60°) als das Feinlagenmaximum ein. Die ausgeprägte Kornformanisotropie spiegelt nicht die Symmetrie in der Feinlagenverteilung und des Achsengefüges wider. Vielleicht könnte dies genetisch bedingt sein, da von diesem Standpunkt aus die Gürtel nicht gleichwertig sind. Wie schon oben gesagt wurde, sind die Stengelgneise über Flasergneise mit normalen Schiefergneisen verbunden und es läßt sich mit Hilfe aller Zwischenstadien verfolgen, wie das in den Schiefergneisen übliche B $\wedge$ B'-Gürtelbild in das Parallelgürtelbild übergeht, indem der Abschnitt des ac-Gürtels um die a-Gefügeachse zusammen mit einem der beiden Okl-Gürtel in einen der beiden Parallelgürtel übergeht, während durch Rotation des in dem zweiten Okl-Gürtel liegenden Maximums der minder belegte Parallelgürtel entsteht (näheres hierzu vgl. D. Němec, 1965 b). Die Richtung der Kornlängung fällt mit dem letztgenannten Parallelgürtel zusammen.

3. AVA der ac-Schnitte

a) Schiefgürtel. Quarzeinlagerung im Bitteschen Gneis, Mikulovice, Thayakuppel (Moravikum). Zur AVA wurde ein schmales Band ausgewählt, in dem 1225 Quarzkörner eingemessen wurden. Teildiagramm Abb. 23 zeigt seine ganze Mächtigkeit. Sein Gefüge ist kristalloblastisch, Quarz wurde nicht nachkristallin deformiert. Die Quarzachsen belegen einen typischen Schiefgürtel. Die Richtungsgruppenlagen sind ausgeprägt, polymaximal und häufen sich zu zwei diagonal verlaufenden Scharen an, die symmetrisch gegen a und c des Gefüges geneigt sind. Mit der c-Gefügeachse schließen sie den Winkel 55° ein, sie sind also etwa gegen die dem Maximum II zugehörige Lage gerichtet. Würde man den Schiefgürtelabschnitt um die c-Gefügeachse durch einen Kleinkreis approximieren, so wäre sein Radius etwa 40°. Der Gürtel liegt also näher zu der c-Gefügeachse als die Feinlagenscharen.

Quarzband im Gneis, Val Redorta, Alpen. Aus der Literatur ist mir nur diese AVA eines dem Schiefgürtel nahestehenden Gefügebildes bekannt (v. Trommsdorf, E. Wenk, 1963). Die Richtungsgruppenlagen wurden vom Verf. auf die in der Einleitung beschriebene Weise aus den in der Originalliteratur angeführten Teildiagrammen entnommen. Die Feinlagen sammeln sich in drei Anhäufungen, von denen eine parallel zu ab liegt. Die zwei übrigen sind vom Okl-Typ, symmetrisch gegen die ab-Ebene zugeneigt. Mit ab schließen sie 20° ein. In bezug auf die c-Gefügeachse beträgt der entsprechende Winkel 70°, ist also beträchtlich größer als derjenige, den c mit dem Schiefgürtel einschließt (40°). Sämtliche Richtungsgruppen sind an jeder Feinlagenschar beteiligt.

b) Typ der Eingürtel-b-Tektonite. Einen typischen Eingürtel-b-Tektonit untersuchte mit Hilfe der AVA H. J. Koark (1957) aus dem Vikartal in den Alpen. Der Gürtel ist durch zwei ungleich belegte Maxima II verstärkt. Die Richtungsgruppen wurden so ausgewählt, daß die Maxima II, der Gürtelabschnitt um c und a getrennt verfolgt werden. Die Richtungen der Feinlagen hat der Verf. selbst aus den in der Originalliteratur veröffentlichten RG-Teildiagrammen ausgewertet. Die Feinlagen zeigen eine verhältnismäßig große Streuung. Stärkere Häufung der Feinlagen stellt man nur um die c-Gefügeachse fest. Auch für den von H. Ramsauer und B. Sander (1950) aus der Vikarspitze in den Alpen untersuchten Quarzit mit Eingürtelbildeinregelung ist eine beträchtliche Lagenfreiheit der

Feinlagen der b-Zone kennzeichnend, sodaß B. Sander insgesamt 4 Hauptanhäufungen, die mit ab die Winkel von 30°, 60°, 110° und 145° einschließen, aussondern konnte. In bezug auf die ab-Ebene ist die Lage dieser Feinlagenscharen asymmetrisch.

4. Auswertung der Ergebnisse der AVA

Die Zahl bisher mit der AVA untersuchten Proben ist zu klein um verläßliche Verallgemeinerungen zu erlauben. Es sei ausdrücklich betont, daß die oben angeführten AVA wegen des Platzmangels nur von einer kleinen, für die Zwecke der vorliegenden Arbeit nicht ausreichenden Zahl von Abbildungen begleitet werden konnten. Wenn man aber doch versuchen wollte, aus den angeführten Beispielen einige Schlüsse zu ziehen, muß man sich dessen bewußt sein, daß sie durch weitere Untersuchungen ergänzt oder modifiziert werden können. Bei der Beurteilung der Verteilung der Richtungsgruppenlagen ist es von besonderer Bedeutung, ob man sie für Scherflächen halten darf. Diese von B. Sander (1950) vertretene Auffassung wird von einigen Autoren (z.B. F.J. Turner, L.E. Weiss, 1963) in Frage gestellt. Die Einwände sind insofern berechtigt, weil es, soweit mir bekannt ist, bisher noch nicht gelungen ist, ähnliche Feinlagescharen künstlich nachzuahmen. Aus der Natur sind aber auch Tektonite mit Führung von mehreren Scherflächenscharen bekannt, wobei die ganz unanzweifelbaren Scherflächen dieselbe Lage in bezug auf das Achsengefüge wie die aus der AVA entnommenen Richtungsgruppenlagen einnehmen. Als Beispiel kann Abb. 24 dienen. Sie stammt aus stark nachkristallin beanspruchten moldanubischen Gneisen Westmährens. In den betrachteten Fällen sind kräftige Bewegungen an scharf gezeichneten Scherflächen durch Zerschmierung und Zerstengelung der durchgeschnittenen Quarzkörner sowie durch Glimmerzerreibsel gekennzeichnet. Besonders ausgeprägt sind die diagonalen Scherflächen im bc-Schnitt, im ac-Schnitt sind sie minder deutlich. Wir wollen also als eine Arbeitshypothese annehmen, daß die aus der AVA der Quarztektonite entnommenen Richtungsgruppenlagen in irgend einer Beziehung zu der Scherflächen stehen. Die Feinlagen konnten natürlich kaum unmittelbar durch Scherungen erzeugt werden, sie könnten z.B. die Scherflächen nur durch Abbildungskristallisation nachahmen.

Ein Vergleich der Symmetrie des Achsengefüges mit derjenigen der Feinlagenverteilung zeigt gewisse Korrespondenz. Dabei ist, wie es scheint, vielmehr der allgemeine Charakter der Gürteldiagramme als die Verteilung der Maxima in den Gürteln entscheidend. Wenn bei einer solchen Auffassung der Symmetrie der Achsendiagramme eine Symmetrieebene senkrecht zu der Zeichenebene steht (Abb. 12, 17, 20, 21), erscheint sie auch in der Verteilung der Richtungsgruppenlagen. Da sich die Feinlagen als Geraden im Diagramm projizieren, müssen infolge des unpolaren Charakters der Ebenen immer zwei senkrecht zueinander stehende Symmetrieebenen in den Feinlagendiagrammen auch in jenen Fällen erscheinen, wo nur eine einzige Symmetrieebene im Achsengefügediagramm vertreten ist (Abb. 17, 20). In den Achsendiagrammen, wo senkrecht zu der Zeichenebene eine zweizählige Symmetrieachse steht, ist die Verteilung der Feinlagen asymmetrisch. Der Rotationscharakter der Achsen spiegelt sich also auch in der Verteilung der mit der Achse tautozonalen Feinlagen wider. Eine senkrecht zur Zeichenebene stehende Symmetrieachse D∞h muß aber in den Feinlagendiagrammen natürlich auch in solchen Fällen erscheinen, wo die entsprechenden Achsengefüge ausgesprochen triklin, d.h. ohne Symmetrieachsen und -ebenen sind (Näheres hierzu vgl. in M. S. Paterson und L. E. Weiss, 1961).

Die Unabhängigkeit der Symmetrie in der Verteilung der Feinlagen von der Belegungsart der Gürtel wäre leicht erklärbar, würde man die Richtungsgruppenlagen als Abbildung der Scherflächen betrachten. Die Verteilung der Achsengürtel würde von der Existenz der Scherflächen abhängig sein und dadurch wären auch die Beziehungen zwischen dem Achsengefüge und den Feinlagescharen gegeben. Die Verteilung der Maxima innerhalb der Gürtel würde aber von der relativen Häufigkeit der tatsächlich stattgefundenen Gleitungen in den entsprechenden Scherflächen abhängen und würde daher nicht in der Feinlagenverteilung abgebildet. Daraus folgt aber zwangsläufig, daß die (statistische) Symmetrie der Feinlagenverteilung der reellen Symmetrie des Achsengefüges entweder gleich ist oder dieselbe noch übertreffen muß.

Es scheint auch als ob in den senkrecht zum Gürtelverlauf geführten Schnitten die Zahl der Hauptfeinlagenscharen derjenigen der Gürtel entspricht oder größer sein kann. Bei den Schiefgürteln, wo nur ein Gürtel erscheint, stellt man nur eine, wenn auch sehr breite, Feinlagenschar fest, in den Zweigürtelbildern sind mindestens 2 Feinlagenscharen anwesend. Auch in solchen Fällen, wo mehrere Feinlagenscharen erscheinen, sind stets die den Achsengürteln entsprechenden Diagonalfeinlagenscharen vorhanden. Bei der Auffassung der Feinlagen als Scherflächen müßte es sich also bei den Schiefgürtelbildern (in ihren bc-Schnitten) prinzipiell um einscharige Zerscherung, bei den Zweigürteln um zweischarige Zerscherung handeln.

Es zeigt sich weiterhin, daß der Winkel, den die diagonalen Richtungsgruppenlagen mit der ab-Ebene sowohl in den ac- als auch in den bc-Schnitten einschließen, stets kleiner ist, als diejenigen der Achsengürtel, die zu den Feinlagen korrelat sind. Nähern sich in den Zweigürtelbildern die Achsengürtel der c-Gefügeachse, rücken auch entsprechend die Feinlagenscharen näher an sie heran. Der Winkel den die Feinlagenscharen mit den zu ihnen korrelaten Achsengürteln einschließen, schwankt zwischen 15 und 30°. Der Verf. hält es nicht für angebracht, auf eine hypothetische Deutung dieser Tatsachen einzugehen, da noch zu wenig über den Regelungsmechanismus der Quarzachsen bei tektonischer Beanspruchung bekannt ist.

In allen betrachteten Fällen handelte es sich um polymaximale Feinlagen, es wurden nicht einmal Feinlagen mit ausgesprochener Eigenregelung gefunden. Ob dies eine allgemein gültige Regel bei den Gürtelgefügen ist, muß weiteren Untersuchungen zur Entscheidung überlassen werden.

Vergleicht man die Symmetrie der durchschnittlichen Kornform mit derjenigen der Feinlagenverteilung, so stellt man gleiche Verhältnisse wie beim Vergleich der Achsengefüge – Feinlagen fest. Annähernde Symmetrie der Feinlagenverteilung ist gleich oder höher. Wie die Verhältnisse im Moravikum, wo die Schiefgürtel häufiger erscheinen zeigen, wird durch Kornlängung eine S_2-Ebene angegeben, die mit S_1 den Winkel 20–30° einschließt und in denselben Quadrant wie der Schiefgürtel hinzieht. Im Falle der Zweigürtelbilder weist die durchschnittliche Kornform entweder dieselbe Symmetrie wie die Feinlagenverteilung (Abb. 12) auf oder sie ist mindersymmetrisch (Abb. 18). Auch bei der Erklärung der Unterschiede in der durchschnittlichen Kornform einiger Tektonite könnte die Hypothese der Scherbewegungen behilflich sein. Im Falle der Schiefgürtel könnte sich es um eine ausgeprägte ungleichscharige Zerscherung handeln, für den Fall der Abb. 13 würde eine gleichscharige mit plastischer Formung (flow creep) verbundene Zerscherung zutreffen. Es sei nochmals betont, daß es sich auch bei den Kornformen in allen Fällen nicht um eine unmittelbare Folge der Scherbewegungen handeln muß, sondern das längende Kornwachstum könnte nur die bessere Wegsamkeit in den bereits geschaffenen Scherflächen abbilden.

Die aus den AVA für die Schiefgürtelbilder abgeleiteten Schlüsse lassen sich folgendermaßen zusammenfassen: Im bc-Schnitt sind die Feinlagen undeutlich, Achsengefüge, Feinlagenverteilung und durchschnittliche Kornform entbehren jede senkrecht zu der bc-Ebene stehende Symmetrieebene. Die längsten Korndurchmesser sowie die Feinlagenanhäufung sind in dieselbe Richtung wie die Achsengürtel gerichtet. In den ac-Schnitten sind die Feinlagen in bezug auf die bc-Ebene symmetrisch verteilt.

Das Vorkommen der Schiefgürtelbilder regional betrachtet

In den untersuchten Gebieten der Böhmischen Masse sind die Schiefgürtelbilder beträchtlich häufiger in moravischen als in moldanubischen Gesteinen vertreten. Dies hängt mit dem Umstande zusammen, daß in den Quarzgefügebildern der moravischen Gesteine die Okl-Gürtel stark belegt sind, während diese in den moldanubischen Gesteinen auf Kosten des Maximums I reduziert sind. Auffallend ist auch die Tatsache, daß die meisten Quarzgefügebilder des Moravikums verschiedentlich von der genauen rhombischen Symmetrie, z.B. durch ungleiche Belegung der paarigen Maxima II oder Okl-Gürtel usw. abweichen, während die Gefügebilder der moldanubischen Gesteine mehr stabil und gleichmäßiger sind.

Die Verhältnisse im Moravikum zeigen, daß die Schiefgürtel erst bei einer mehr intensiven Beanspruchung erscheinen, da hier ihr Vorkommen auf tektonisch besonders stark deformierte Abschnitte beschränkt ist. Es handelt sich vor allem um den geschleppten verdünnten NE-Flügel der Thayakuppel sowie um die Randpartien der moravischen Kuppel. In den Zentralpartien der Kuppel wurden sie nicht angetroffen. Im Einklang mit der schon oben erwähnten Beschaffenheit der Gesteine sind die Schiefgürtelbilder besonders in den praktisch monomineralischen Quarzgesteinen (Quarzknauern und -einlagerungen in Gneisen, Phylliten und Glimmerschiefern, Quarziten), die auf die tektonische Durchbewegung mehr empfindlich reagieren, vertreten. Erst bei einer stärkeren Deformation erscheinen sie auch in Gneisen.

Im Moldanubikum begegnet man den Schiefgürteln nur selten, und zwar in einer schmalen Zone, die die moravischen Kuppeln umsäumt, und in den Deformationszonen, die sich westlich und nordwestlich von der Masse von Třebíč-Meziříčí (der ausgedehnte dreieckförmige Körper inmitten der Karte, Abb. 1) erstrecken. In den letztgenannten Gebieten sind unter den Gefügebildern untergeordnet auch diejenigen des moravischen Typs sowie einige durch verschiedene Unregelmäßigkeiten sich auszeichnende Bilder vertreten, deren rhombische Symmetrie verzerrt ist. Das Erscheinen der Schiefgürtel ist hier nur auf bestimmte kleine Abschnitte innerhalb der Bewegungszonen beschränkt.

Im Moravikum liegen die Schieferungsflächen der kristallinen Schiefer meist nahe der Horizontalebene, der tektonische Transport verlief zur Zeit der die Quarzeinregelung erzeugende Deformation meist annähernd in der NE-Richtung (Pfeile in Abb. 1). Quarz ist meist nach dem moravischen Typ mit ungleich belegten Gürteln (den Extremfall dieser ungleichen Ausbildung stellt gerade der Schiefgürtel dar) eingeregelt. Dabei ist der überbetonte Gürtel fast ohne Ausnahme einheitlich geographisch orientiert, indem er nordwärts nach oben, d.h. über die Horizontalebene, südwärts unter die Horizontalebene gerichtet ist. Dies ist recht erstaunlich, wenn man erwägt, daß dies für das ganze Moravikum, das sich in einer Länge von fast 140 km hinzieht, zutrifft. Eine solche Regelmäßigkeit weist auf Einheitlichkeit des einwirkenden Stressfeldes hin.

Durch Reduktion eines der paarigen Gürtel unter Überbetonung des entgegengesetzten entsteht eigentlich ein verzerrtes Eingürtelbild, dessen Rotationsachse b' zu der ursprünglichen b-Achse geneigt ist. Die Winkeldifferenz zwischen diesen b-Achsen beträgt im Durchschnitt etwa 30°. Der Verlauf der ursprünglichen b-Achse macht sich im Gesteinsgefüge durch Streifung der Schieferungsflächen oder als Rotationsachse des Glimmergefüges bemerkbar. Die a-Gefügeachsen fallen in den Glimmer- und Quarzgefügen weiterhin zusammen. Trägt man die b- und b'-Achsen derselben Proben aus Moravikum in ein Sammeldiagramm (Abb. 25, 26) ein, stellt sich heraus, daß die ursprünglich ungefähr horizontal liegenden b-Achsen während des die Quarzachsen einregelnden Aktes sich gegen nordwärts unter die Horizontalebene gerichtet haben. Falls das Quarzgefüge einer späteren Deformationsphase als das Glimmergefüge angehört, was natürlich erst zu beweisen wäre, würde dies auf eine entsprechende Verdrehung der Achsen des Deformationsellipsoides um die a-Achse hindeuten. Ähnliche Verdrehung der Gefügeachsen in ausgedehnten Arealen wurde auch in anderen Gebieten beobachtet (vgl. z.B. E. Wenk, 1943).

Im Moldanubikum ist zwar b' der Schiefgürtelbilder in kleineren Gebieten auch einheitlich geographisch orientiert, im Gegensatz zum Moravikum ist aber seine Lage im ganzen Moldanubikum nicht einheitlich. Darin spiegelt sich sicher der Einfluß lokaler Verhältnisse ab. In dem die moravischen Kuppeln umsäumenden Streifen des Moldanubikums entspricht die Lage der b'-Achsen derjenigen der moravischen Gesteine.

Triklinisierung, die unter anderem auch zur Entwicklung der Schiefgürtelbilder führt, ist manchmal durch Anwesenheit von Hindernissen, die den freien tektonischen Transport hemmten, bedingt. Im Moldanubikum ist es dort deutlich sichtbar, wo in den Deformationszonen Körper mechanisch starrer Gesteine wie Amphibolite oder Serpentinite erscheinen (Näheres hierzu vgl. in D. Němec 1961, 1963). Besonders anschaulich zeigte H.-J. Behr (1964) diese triklinisierenden Einflüsse der Metabasitschollen an Beispielen aus dem sächsischen Granulitgebirge.

Bemerkungen zu dem Regelungsmechanismus

Bei Betrachtung des Einregelungsmechanismus der Quarzachsen der Schiefgürtelbilder müssen die auf der Lamelleneinregelung beruhenden Mechanismen ausgeschlossen werden. Zwar wurden die Quarzlamellen auch in einigen Proben festgestellt, doch zeigte das Studium, daß sie erst am eingeregelten Quarzgefüge bei einer späteren tektonischen Beanspruchung entstanden sind (D. Němec 1968).

Einige Proben mit Schiefgürtelgefügen zeigen Spuren kräftiger nachkristalliner Beanspruchung, andere wieder zeigen typische kristalloblastische Strukturen. Daß mindestens in einigen Fällen das ursprüngliche Gefüge statistisch isotrop war, beweist ein unter Entstehung eines Schiefgürtelbildes tektonisch beanspruchter Quarzknauer, der Feldspatkristalle führt. Der Einschlußquarz (si) dieser Feldspäte zeigt in seiner Orientierung keine Regel. Andererseits bestehen auch Anzeichen, daß der Einregelungsprozeß von keinen weitgehenden intergranularen Bewegungen begleitet wurde, vielmehr handelte es sich um Amplatzgefüge. In den Deformationszonen des Moldanubikums kann man sich manchmal an mechanisch stark beanspruchten Glimmerschiefergneisen überzeugen, daß trotz der gänzlichen Umorientierung des Quarzes und Einregelung der Quarzstengel z.B. in die senkrecht zur Schieferung stehende Richtung Glimmer unversehrt seine ursprüngliche Orientierung beibehält. Die Theorie des Zerfalles der Quarzgroßkörner in kleine Domänen und ihre Rotierungen, wie sie in jüngster Zeit besonders von H.R. Wenk (1966) propagiert wird, trifft für manche Fälle gut zu. Als Beispiel machen wir auf Abb. 27 aufmerksam. Es handelt sich um ein Quarzknauer in Phylliten der Thayakuppel, Moravikum (Fundort Vranov a.d. Thaya). Sein Gefüge ist vom moravischen Typ. Die Quarzgroßkörner sind in kleine Domänen mit gut wahrnehmbaren Begrenzungen zerfallen, dabei sind diese Domänen leicht gegeneinander derart rotiert, daß der Drehungswinkel desto größer ist, je mehr die betreffende Domäne von der Großkornmitte entfernt ist (die c-Achsen der Körner liegen in dem auf Abb. 27 dargestellten Falle ungefähr in der Bildebene). In diesem Falle konnte vielleicht auch die Rekristallisierung mitwirken.

Das Zusammenwirken von Internrotationen und Abbildungskristallisation ist vielleicht die Hauptart der Quarzeinregelung in den die Schiefgürtel zeigenden Tektoniten des Moravikums. Als Beweis starker Anteilnahme von Rekristallisation kann hier die Tatsache dienen, daß Quarz in Knauern und Lagen auch bei sehr ausgeprägter Einregelung oft grobkörnig und ohne Spuren von Beanspruchungen mechanischer Art ist und sogar Riesenkristalle führt, die mit Orientierung ihrer c-Achsen gut in das Gefügebild hineinpassen. Ja, man findet sogar nur aus solchen Riesenkristallen bestehende Knauern, deren Orientierung doch das übliche, wenn auch stark inhomogen belegte Regelungsbild liefert. In solchen Fällen läßt sich voraussetzen, daß es sich nicht um eine Rekristallisierung, sondern um eine Neukristallisierung handelte: Die Kristallisation des Quarzes der betrachteten Quarzknauern fällt in die Zeit der Deformationsvorgänge hinein.

Zusammenfassung

Die Schiefgürtel der Quarztektonite sind durch allmähliche Übergänge mit denjenigen des moravischen Typs und des B ∧ B′-Gürtel-Typs verbunden. Die Überlagerung der zweischarigen Deformation durch einen rotationellen Strain macht sich zugleich durch Verminderung des Winkels, den der Gürtel mit der c-Achse des Gefüges einschließt, sowie durch eine gleichmäßigere Belegung der Gürtel mit Maxima bemerkbar. Die Hauptmaxima der Ausgangstypen, nämlich Maximum I und II, werden aber auch in den Schiefergürteln ihre Hauptrolle beibehalten. Ähnlich wie alle anderen Quarzgefügebilder können auch die Schiefgürtel über das ältere Gesteinsgefüge schief überprägt sein. Größere Feldspatgehalte vermindern nicht nur den Regelungsgrad der Quarztektonite, sondern manchmal auch den triklinisierenden Charakter des Strains. Gefügeuntersuchungen mit Hilfe der Achsenverteilungsanalysen an anchimonomineralischen Quarzgesteinen mit Führung verschiedener Gürteltypen und mit ausgeprägter Einregelung, zeigten eine Korrelation zwischen dem Achsengefüge, der Symmetrie der Verteilung der Feinlagen und zwischen der Kornform. Es wurde ein Versuch gemacht mit Hilfe der Hypothese der Scherflächen die Tatsachen zu deuten. Bei den Gürteltypen ist in den bc-Schnitten jedem Gürtel der Quarzachsen eine Schar von Diagonallagen zuordenbar. Für die Schiefgürtel sind folgende Merkmale charakteristisch: In den bc-Schnitten: Undeutlichkeit der Feinlagen, ihre asymmetrische Verteilung und zugleich ihre Anhäufung in dem den Gürtel enthaltenen Quadrant; Anwesenheit von einer S_2-Fläche durch Kornlängung, die mit S_1 einen kleinen Winkel einschließt und in denselben Quadrant wie der Gürtel geneigt ist. In den ac-Schnitten: Feinlagen symmetrisch in bezug auf die bc-Ebene verteilt. – Die Orientierung der Schiefgürtel hat manchmal im Gelände eine in bezug auf die Himmelsrichtungen erstaunlich beständige Lage, und zwar sogar in ausgedehnten Arealen von mehreren hundert Quadratkilometern. Dies deutet auf Beständigkeit des einwirkenden Stressfeldes zur Zeit der quarzeinregelnden Prozesse in ähnlichen Fällen hin. Die Triklinisierung, deren Ausdruck auch die Entwicklung der Schiefgürtel ist, wird manchmal offensichtlich durch Einwirkung fester Hindernisse wie Metabasitkörper u.ä. verursacht, die den ungestörten tektonischen Transport (möge es sich schon um einen unbegrenzten oder begrenzten Transport im Sinne H.W. Fairbains, 1949, handeln), behinderten. Die Quarzeinregelung geschah wahrscheinlich in den Schiefgürteltektoniten des Untersuchungsgebietes durch Zusammenwirkung von Internrotationen und Rekristallisierung oder durch Abbildungskristallisation.

Literatur

Behr, H.-J. (1961): Beiträge zur petrographischen und tektonischen Analyse des sächsischen Granulitgebirges. – Freiberger Forschungs-H. C 119, 1–146.

– (1964): Die Korngefügefazies der Zweigürteltektonite im kristallinen Grundgebirge Sachsens. – Abh. Deutsch. Akad. Wissensch. Berlin, Kl. Bergb. usw., No. 1.

Fairbairn, H. W. (1949): Structural petrology of deformed rocks. – Cambridge.

Heard, H. C., Carter, N. L. (1968): Experimentally induced "natural" intragranular flow in quartz and quartzite. – Amer. Journ. Sci. 266, 1–42.

Koark, H. J. (1957): Gefügeregel und Gefügegenität in einem Quarz-B-Tektonit. – Bull. Geol. Inst. Univ. Uppsala 37, 43–78.

Němec, D. (1959): Das Quarzgefüge im Moravikum und im benachbarten Moldanubikum Westmährens. – Geologie, 8, 366–383.

– (1960): Symmetrie der Gefügediagramme der Gesteine mittels statistischen Methoden beurteilt. N. Jb. Miner. Mh., 15–23.

– (1961): Das Quarzgefüge im Moravikum und im benachbarten Moldanubikum Westmährens (tschechisch mit deutsch. Zsf.). – Knihovna Ústř. úst. geolog. No 37.

– (1963): Geologische Folgerungen aus den Quarzgefüge-Untersuchungen in der Böhmisch-Mährischen Anhöhe und im Eisengebirge. – N. Jb. Geol. Paläont. Abh. 116, 223–254.

– (1965 a): Beitrag zur Typisierung der Übergänge zwischen Kreuzgürtel- und B-Gürtel-Quarztektoniten. – N. Jb. Miner. Abh., 102, 251–257.

– (1965 b): Quarzgefügeuntersuchungen an Stengelgneisen von Doubravčany (Zentralböhmen). – Geologie 14, 814–828.

– (1968): On the mutual orientation of lamellae poles and [0001] axes of quartz in tectonites. – Journal Geology. 76, 358–364.

Paterson, M.S., Weiss, L. E. (1961): Symmetry concepts in the structural analysis of deformed rocks. – Geol. Soc. Amer. Bulletin 72, 841–882.

Sander, B. (1950): Einführung in die Gefügekunde der geologischen Körper. – Wien, Innsbruck.

Trommsdorff, V., Wenk, E. (1963): Diskussion eines Zwillingsgefüges durch Achsenverteilungsanalyse an Quarz eines Tessinergneises. – Schweiz. Min. Petr. Mitt. 43, 687–698.

Turner, F.J., Weiss, L.E. (1963): Structural analysis of metamorphic tectonites. – New York, San Francisco, Toronto, London.

Wenk, E. (1943): Ergebnisse und Probleme von Gefügeuntersuchungen in Verzasca-Tal (Tessin). Schweiz. Min. Petr. Mitt. 23, 265–294.

Wenk, H. R. (1966): Fehlbau in Quarzkristallen aus Tektoniten. – Contr. Miner. und Petrol. 12, 63–72.

Abb. 1.
Mikrotektonische Übersichtskarte des westmährischen Kristallins sowie des angrenzenden niederösterreichischen Waldviertels. Gestrichelt – Erstarrungsgesteine, punktiert – Kristalline Schiefer mit Quarzeinregelung, weißes Feld – kristalline Schiefer mit der statistischen Isotropie des Quarzgefüges, Fragezeichen – gefügekundlich nicht untersucht; breite Linie – Grenzlinie zwischen dem Moravikum und Moldanubikum.

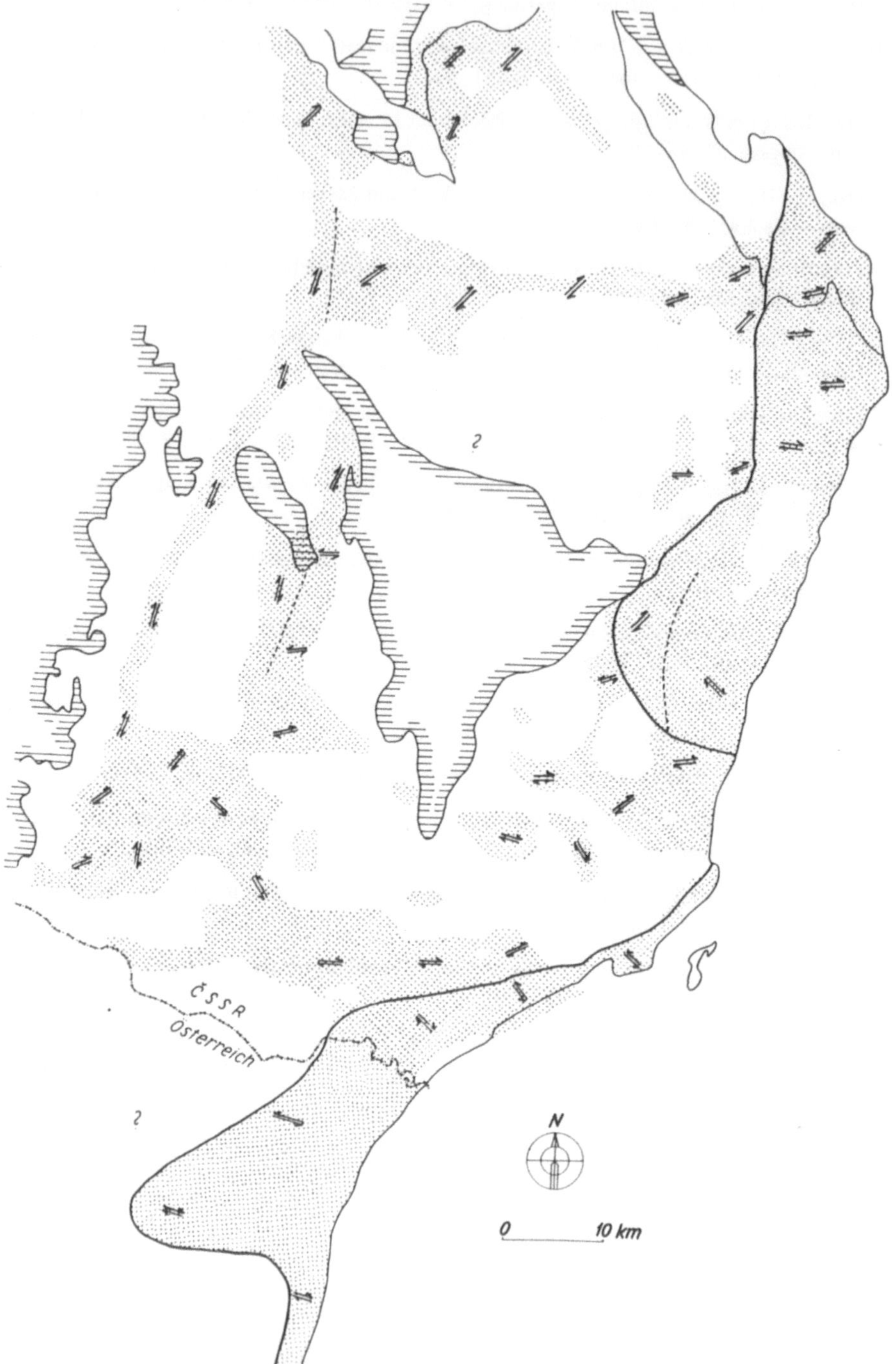

Abb. 1

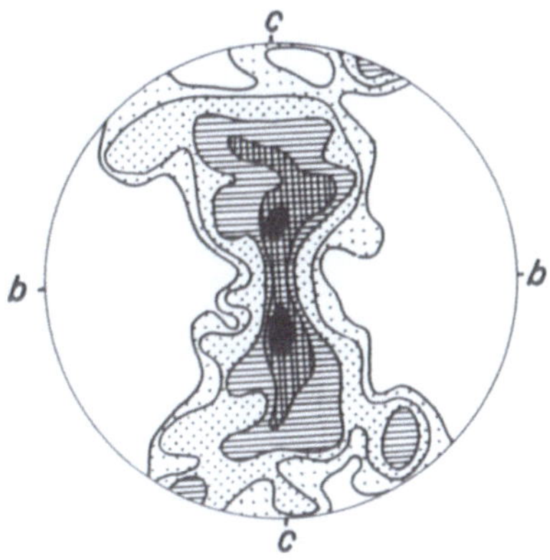

Abb. 2.
Sammeldiagramm der Maxima über 3 % Belegungsdichte, Bittescher Gneis (Moravikum). 258 Maxima aus 93 Diagrammen. 0,5 – 1 – 2 – 3,5 – 5 (– 6 %).

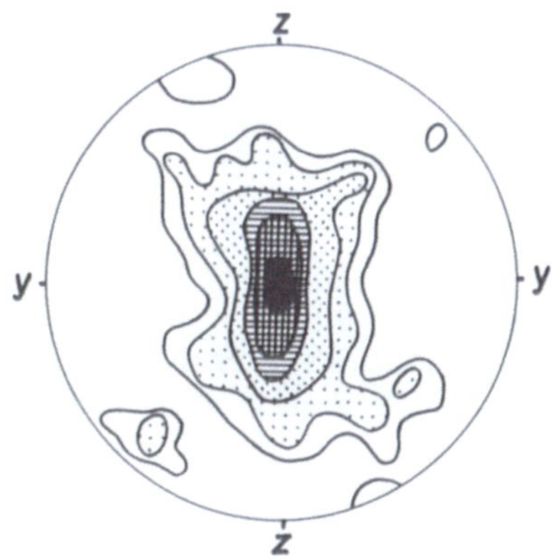

Abb. 3.
Sammeldiagramm der Maxima über 3 % Belegungsdichte, moldanubische Gesteine aus den im Kontakt mit dem Moravikum stehenden Deformationen. 325 Maxima aus 132 Diagrammen. 0,5 – 1 – 2 – 4 – 6 – 11 (– 15,5 %).

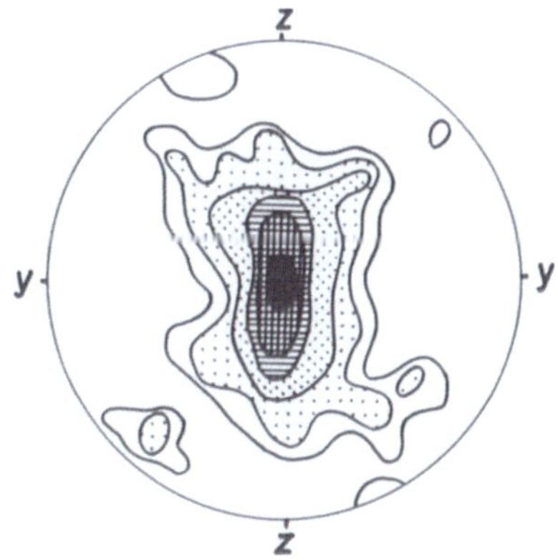

Abb. 4.
Quarz, Bittescher Gneis, Kleinmeiseldorf (niederösterreichisches Waldviertel), Thayakuppel (Moravikum). 280 c-Achsen. 0,5 – 1 – 2 – 3 – 4 (– 5 %).

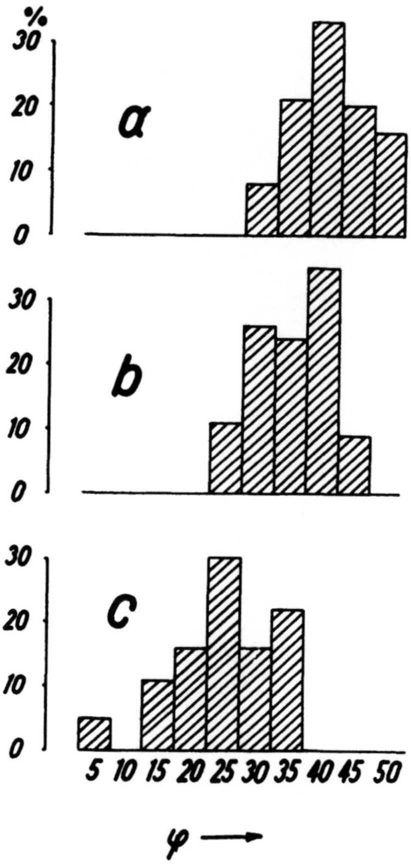

Abb. 5.
Der Winkel φ zwischen dem Gürtel und der c(z)-Gefügeachse.

a – Zweigürtelbilder des Moldanubikums (49 Proben),

b – Zweigürtelbilder des Moravikums (46 Proben),

c – Schiefgürtelbilder des Moravikums (37 Proben).

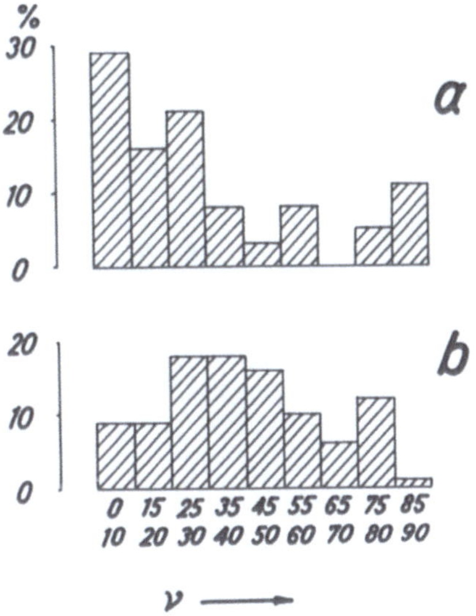

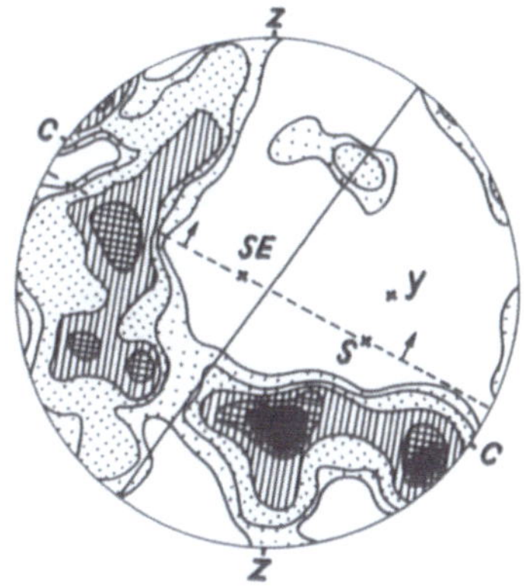

Abb. 6.
Der Winkel ν zwischen der a(x)-Gefügeachse und den Maxima in Schiefgürteln.

a – Moldanubikum (38 Maxima aus 16 Proben),

b – Moravikum (82 Maxima aus 29 Proben).

Abb. 7.
Quarz, Quarzeinlagerung im Gneis, Vír (Moldanubikum). 205 c-Achsen. 0,5 – 1 – 2 – 3,5 – 5 (– 7 %).

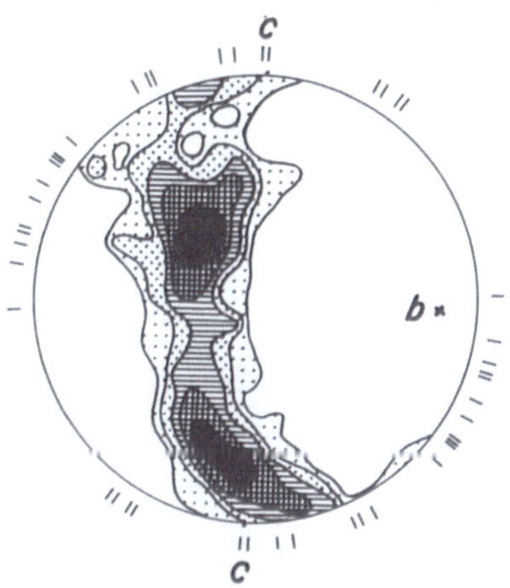

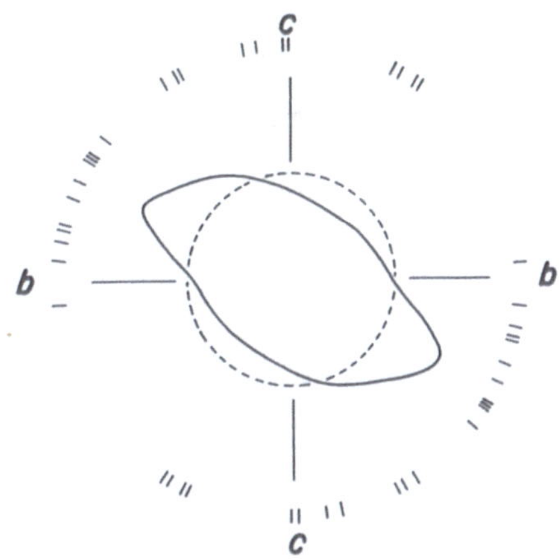

Abb. 8.
Quarz, Quarzit, Koroužné, Svratkakuppel (Moravikum). 255 c-Achsen. 0,5 – 1 – 2 – 3,5 – 6 (– 12%).
Am Diagrammrande Feinlagen aus den RG-Stoffdichte-Verteilungsbildern.

Abb. 9.
Durchschnittliche Kornform der Quarzkörner im Quarzit, Koroužné. Am Diagrammrande Feinlagen aus den RG-Stoffdichte-Verteilungsbildern.

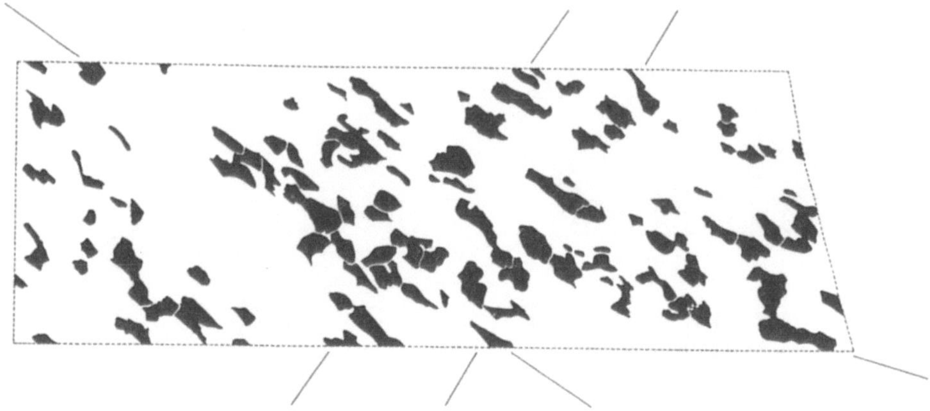

Abb. 10.
Quarzit, Koroužné, Richtungsgruppe 3, Einzeldarstellung.

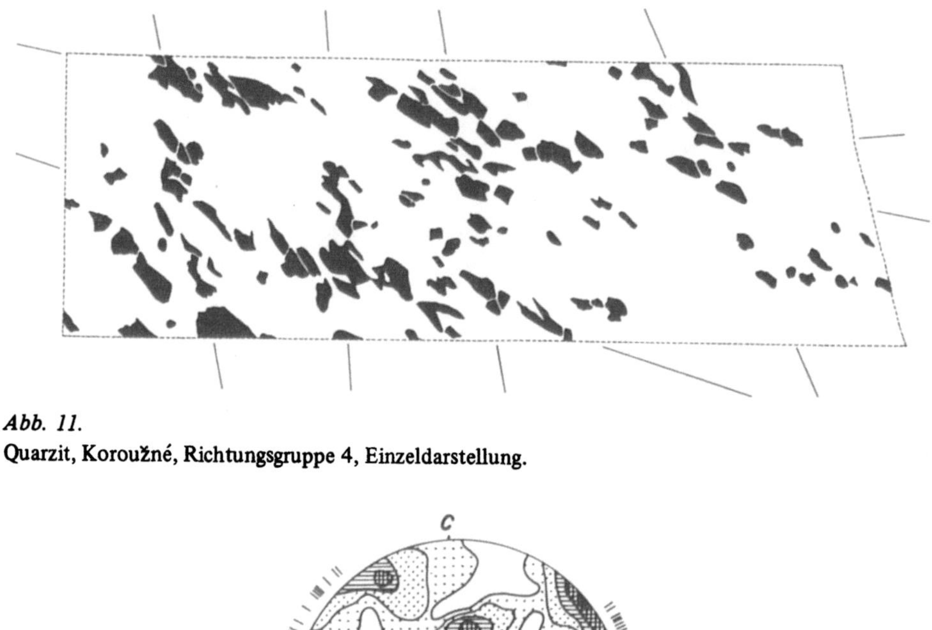

Abb. 11.
Quarzit, Koroužné, Richtungsgruppe 4, Einzeldarstellung.

Abb. 12.
Quarz, Quarzit, Šebkovice (Moldanubikum). 325 c-Achsen. 0,5 – 1 – 2 – 3 – 4,5 (– 6 %). Am Diagrammrande Feinlagen aus den RG-Stoffdichte-Verteilungsbildern.

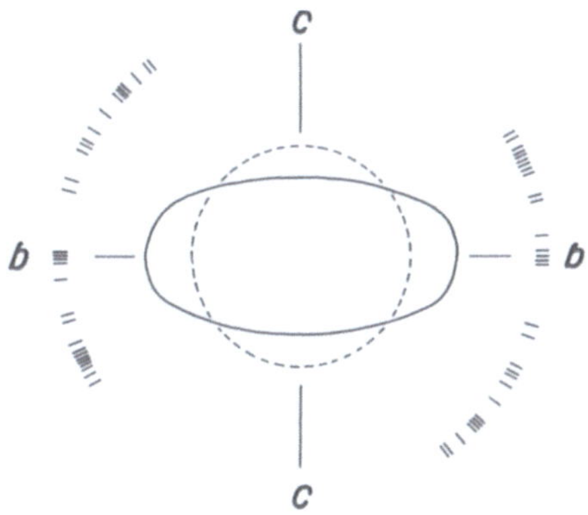

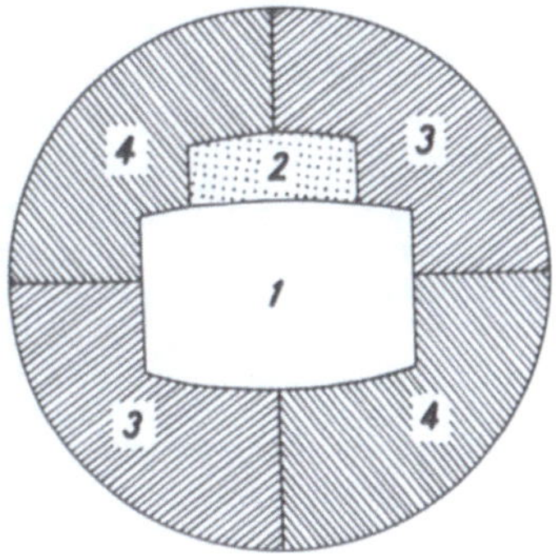

Abb. 13.
Durchschnittliche Kornform der Quarzkörner in Quarzit, Šebkovice. Am Diagrammrande Feinlagen aus den RG-Stoffdichte-Verteilungsbildern.

Abb. 14.
Quarzit, Šebkovice. Einteilung in Richtungsgruppen.

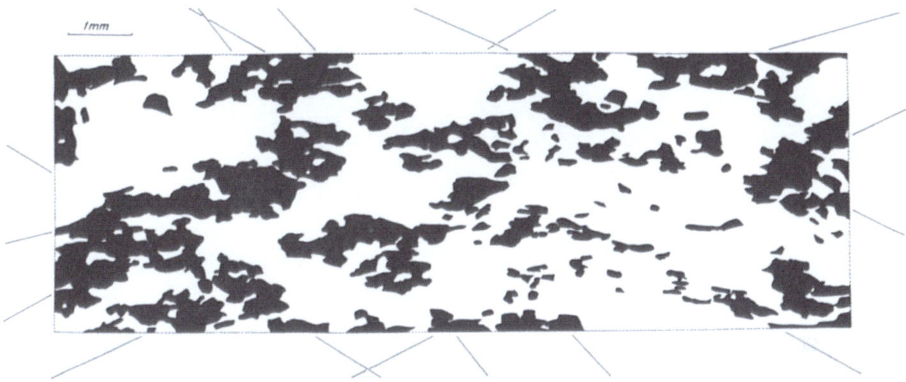

Abb. 15.
Quarzit, Šebkovice. Richtungsgruppe 1, Einzeldarstellung.

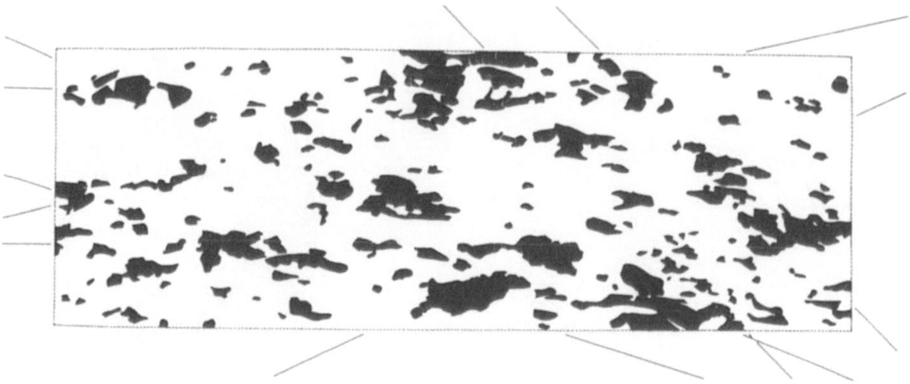

Abb. 16.
Quarzit, Šebkovice. Richtungsgruppe 3, Einzeldarstellung.

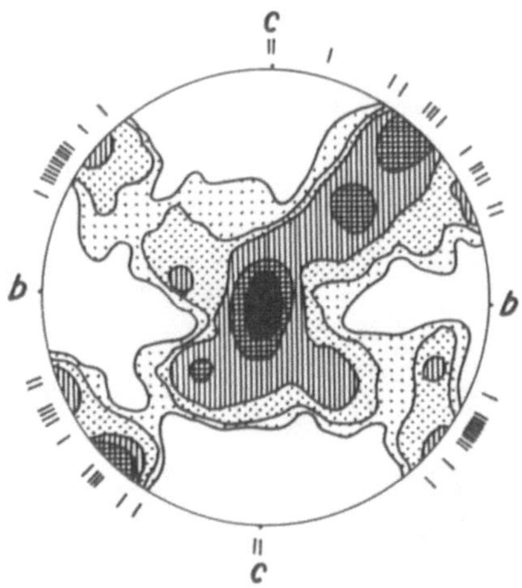

Abb. 17.
Quarz, Quarzknauer im Glimmerschiefer, Rossauer Wald (Erzgebirge), 764 c-Achsen. 1 – 2 – 3 – 5 – 7 (– 10 %). Nach H.-J. Behr (1964). Am Diagrammrande Feinlagen aus den RG-Stoffdichte-Verteilungsbildern.

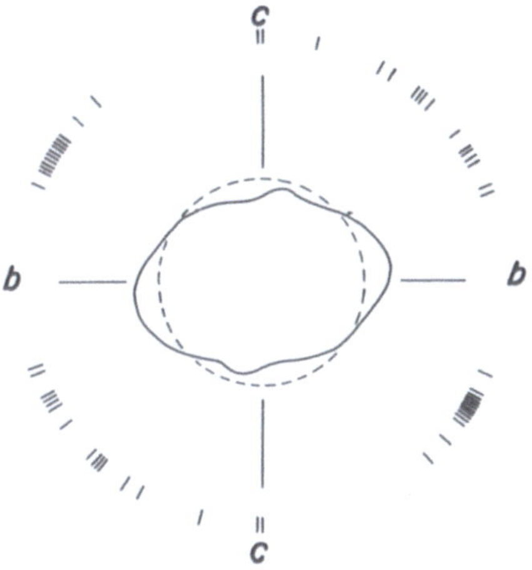

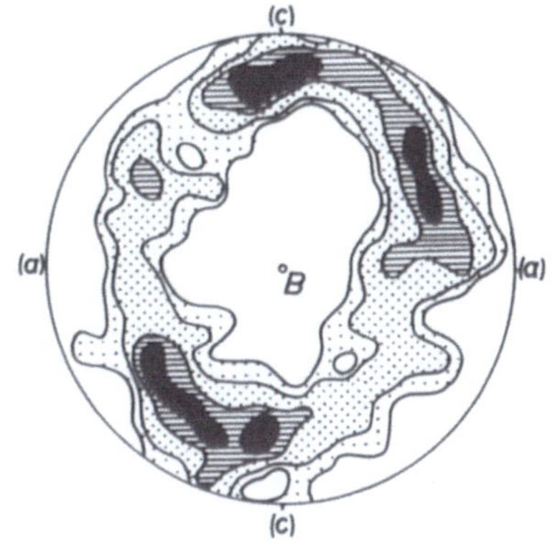

Abb. 18.
Durchschnittliche Kornform der Quarzkörner im Quarzknauer, Rossauer Wald. Am Diagrammrande Feinlagen aus den RG-Stoffdichte-Verteilungsbildern.

Abb. 19
Quarz, Stengelgneis, Doubravčany (Ostböhmen, Moldanubikum). 355 c-Achsen. 0,5 – 1 – 2 – 3 (– 5 %).

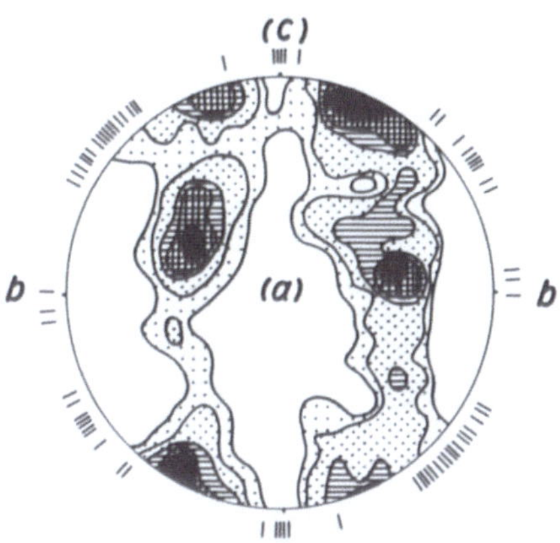

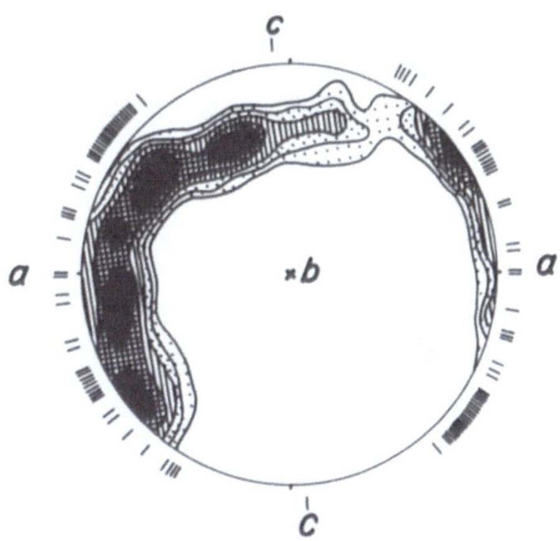

Abb. 20.
Quarz, Quarzstengel im Stengelgneis, Doubravčany. 325 c-Achsen. 0,5 – 1 – 2 – 3 – 4 (– 7,5 %). Am Diagrammrande Feinlagen aus den Stoffdichte-Verteilungsbildern.

Abb. 21.
Quarz, Quarzeinlagerung im Bitteschen Gneis, Mikulovice, Thayakuppel (Moravikum). 245 c-Achsen. 0,5 – 1 – 2 – 3,5 – 5,5 (– 9,5 %). Am Diagrammrande Feinlagen aus den RG-Stoffdichte-Verteilungsbildern.

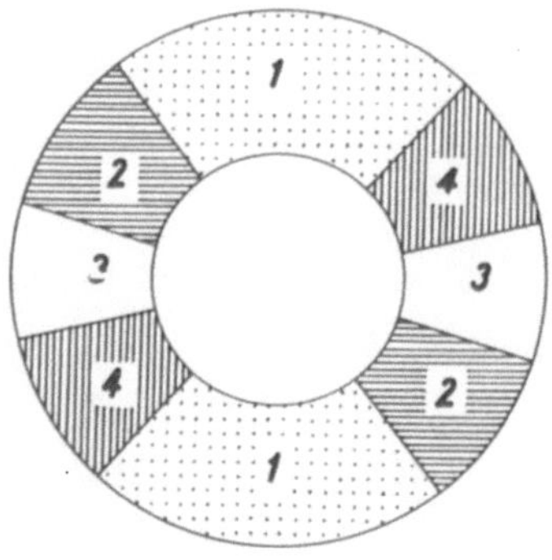

Abb. 22.
Quarzeinlagerung, Mikulovice. Einteilung in Richtungsgruppen.

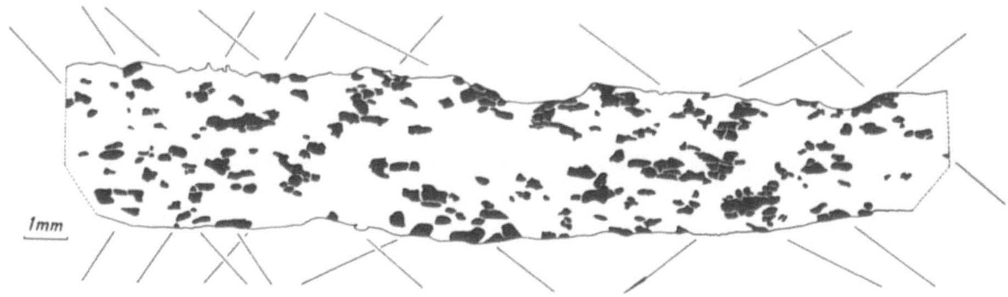

Abb. 23.
Quarzeinlagerung, Mikulovice. Richtungsgruppe 3, Einzeldarstellung.

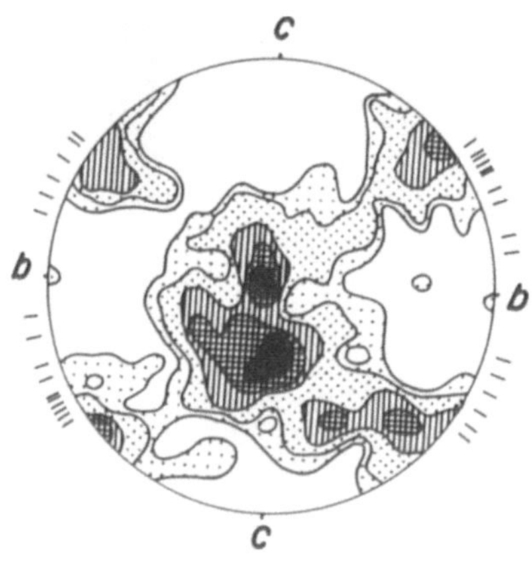

Abb. 24.
Quarz, Gneis, Žďárec (Moldanubikum). 305 c-Achsen. 0,5 – 1 – 2 – 3 – 4 (– 5 %). Am Diagrammrande Richtungen der Scherflächen.

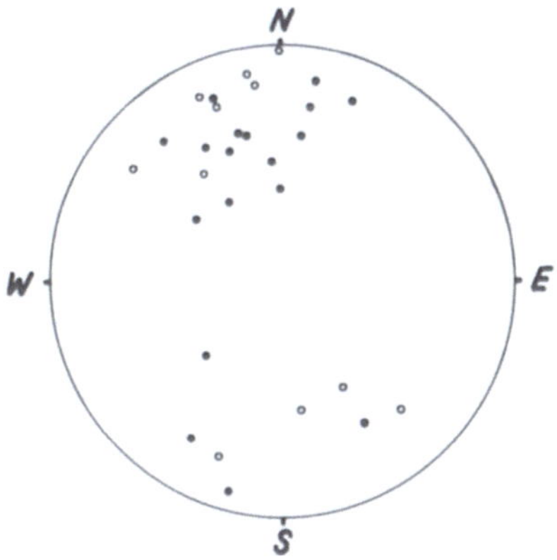

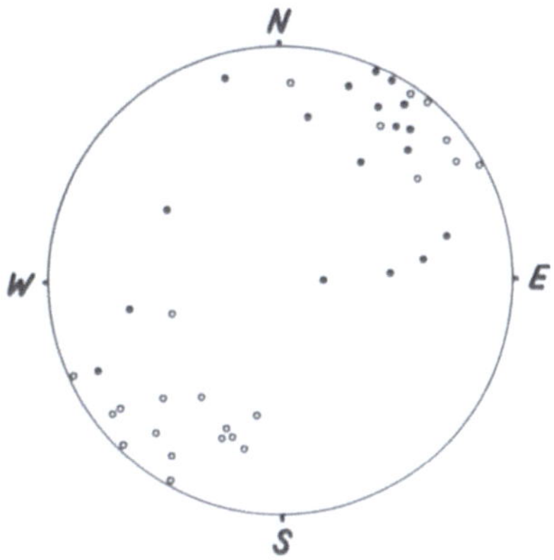

Abb. 25.
b-Achsen aus dem Makro- und Glimmergefüge (leere Kreise) und b'-Achsen der Schiefgürtel (ausgefüllte Kreise) derselben Gesteinsproben. Nördlicher Teil der Svratkuppel, Moravikum. Stereographische Projektion, untere Halbkugel; Grundkreis – Horizontalebene.

Abb. 26.
b-Achsen aus dem Makro- und Glimmergefüge (leere Kreise), und b'Achsen der Schiefgürtel (ausgefüllte Kreise) derselben Gesteinsproben. Thayakuppel und südlicher Abschnitt der Svratkakuppel, Moravikum. Stereographische Projektion, untere Halbkugel; Grundkreis – Horizonalebene.

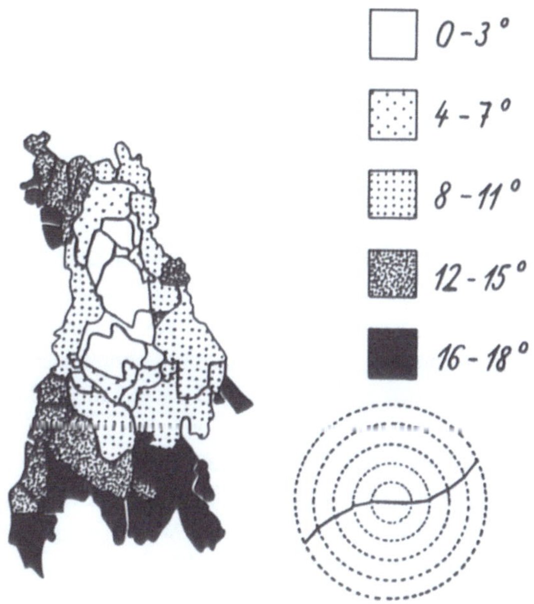

Abb. 27.
In Domänen zerlegtes Korn einer Quarzlinse im Phyllit, Varnov a.d. Thaya, Thayakuppel (Moravikum). Die Quarz-c-Achsen in der Bildebene; mit Abstufung der Farbe wird die Verdrehung der Achse je nach 3° angedeutet. Im Kreisdiagramm ist der Drehbetrag übertrieben dargestellt.

ZUR ENTSTEHUNG STEILSTEHENDER B-ACHSEN AM BEISPIEL EINES QUERPROFILES IN DEN HOHEN TAUERN (DORFERTAL, GROSSVENEDIGERBEREICH)

E. Wernick* u. F. Karl
(Aus dem Institut f. Mineralogie u. Petrologie der Universität Kiel)

Abstract

The development of a steep B-axial fabric in a compression zone has been determined by distribution of B-axes and s-surfaces in the southern Grossvenediger (Dorfertal, Hohe Tauern, Eastalps). It was assumed that the steep B-axes was formed by compression parallel to the gentle regionally distributed B-axes. (Stauchfaltenbildung). The fabric is described as a syntectonic $B \perp B'$ type.

The steep B-axes are dominant in the area of maximal compression and steep s-surfaces. In the adjoining northern areas with progressive minor compression and more gentle s-surface they loose their importance and eventually disappear. Then only the regional gentle B-axes are observed.

This example shows the origin of a syntectonic steep B-axial fabric in regions with generally gentle B-axes.

Einleitung

Obwohl die Hauptzüge des Bewegungsbildes der Venediger Gruppe aufgrund der Untersuchungen von Schmidegg (1961), Karl (1959) sich schon abzeichnen, bedürfen besonders die Gebiete mit Achsenüberprägung noch einer genaueren tektonischen Analyse. Das allgemeine Formungsbild wird in der Geologischen Übersichtskarte der Venediger Gruppe dargestellt und von Schmidegg (1961, S. 49) folgendermaßen zusammengefaßt:

„Die Großverformung des Venediger Gebietes, der die meisten Gesteinsbereiche unterworfen waren, verlief nach einer generellen B-Achse, die etwa N 70 E bis N 60 E gerichtet ist, bei vorwiegend flachen Einfallen gegen W. Es ist dies die vom Tauern Westende über die Zillertaler Alpen herrschende Gebirgsrichtung. Sie entspricht also einer Hauptbeanspruchung mit Einspannung in Richtung NNW/SSE. Außer einem gewissen Schwanken der Achsen, das gebietsweise verschieden groß sein kann, zeigen

*) Dr. E. Wernick, Faculdade de Filosofia, Departamento de Mineralogia e Petrografia Rio Claro, Estado de Sao Paulo, Brasil.

sich in manchen Bereichen kleinere oder größere Abweichungen von der generellen Achsenrichtung, wobei sich auch hier eine gewisse Abhängigkeit vom Gesteinsmaterial erkennen ließ.“

Zur Tektonik des Tonalitgranites im Venedigerkern und der südlichen Schieferhülle ist bekannt: Nach Karl (1959) ist der Tonalitgranit relativ homogen nach einer B-Achse N60E, 15–25 W geformt, wobei die Intrusion syndeformativ erfolgte. In der südlichen Schieferhülle herrscht nach Karl (1957, 1958) und Schmidegg (1957, 1958) die gleiche Achsenrichtung N60E mit WSW-Fallen vor, mit bereichsweisem Abschwenken nach NE, und zum Teil steilerem Einfallen. Als größeres Gebiet steiler Achsenlagen wird der Raum zwischen dem oberen Umbaltal und dem Ahrntal angeführt, wo bis zu 70 W einfallende B-Achsen existieren. Weitere steilachsige Verfaltungen wurden in den altkristallinen Paragneisen des Dorfertales und den Prasinitzügen des unteren Umbaltales bis hinaus nach Hinterbichl beobachtet. Karl (1957) beobachtete dazu, daß mit Annäherung an den Hauptkamm im hinteren Maurertal bei flach S-fallenden s-Lagen nur 25–30 SW fallende B-Achsen auftreten, während südlich der Rostocker Hütte im vorderen Maurertal und am Talausgang gegen das Virgental auf steilen s-Flächen steilstehende B-Achsen dominieren. Diese Verteilung der B-Achsen wurde als mögliches B ⊥ B′ Gefüge in maximalen Einengungszonen gedeutet. Es sollte durch behinderte Ausdehnung parallel B oder örtlich erhöhte Teilbeweglichkeit entstanden sein. Auch wurde in diesen Bereichen die Gleichalterigkeit der flachen und steilen Achsen im Sinne eines geologisch-tektonischen Formungsablaufes festgestellt.

Zur genaueren Untersuchung der o.a. Verhältnisse insbesondere des Auftretens steiler B-Achsen mit Annäherung an die tektonische Einengungszone des Virgentales wurde eine B-Achsen-Verteilungsanalyse im Profil des Dorfertales bearbeitet.

Geologische Situation

Das Dorfertal verläuft NS senkrecht zum Streichen der Schichten. Es ist im Norden durch den zentralen Hauptkamm, im Süden durch das Virgental, in das es bei Hinterbichl mündet, begrenzt und erschließt von N nach S einen schmalen Streifen des zentralen Tonalitgranitkerns sowie die untere und obere Schieferhülle in ihrer gesamten Breite (Abb. 1).

Aufgrund der hier durchgeführten geologisch tektonischen Aufnahmen im Dorfertal wurde zu den vorliegenden Kartierungen ein N-S Vertikalschnitt erstellt (Abb.2).

Der zentrale Tonalitgranit ist in den erschlossenen Bereichen vergneist. die s-Flächen liegen parallel zu denen der Schieferhülle. Im Tonalitgranitgneis finden sich einzelne konkordante zum Teil mehrere Meter mächtige Lamprophyrgänge. Die Gesteine der unteren Schieferhülle an der Grenze gegen die Tonalitgranitgneise sind größtenteils migmatischer Natur, lokal mit Schollenbildung, oder metasomatisch homogenisiert. Der Kontakt Tonalitgranitgneis- untere Schieferhülle verläuft in Richtung EW und damit spitzwinklig diskordant zur generellen tektonischen und stofflichen s-Flächenanlage des nördlichen Dorfertales.

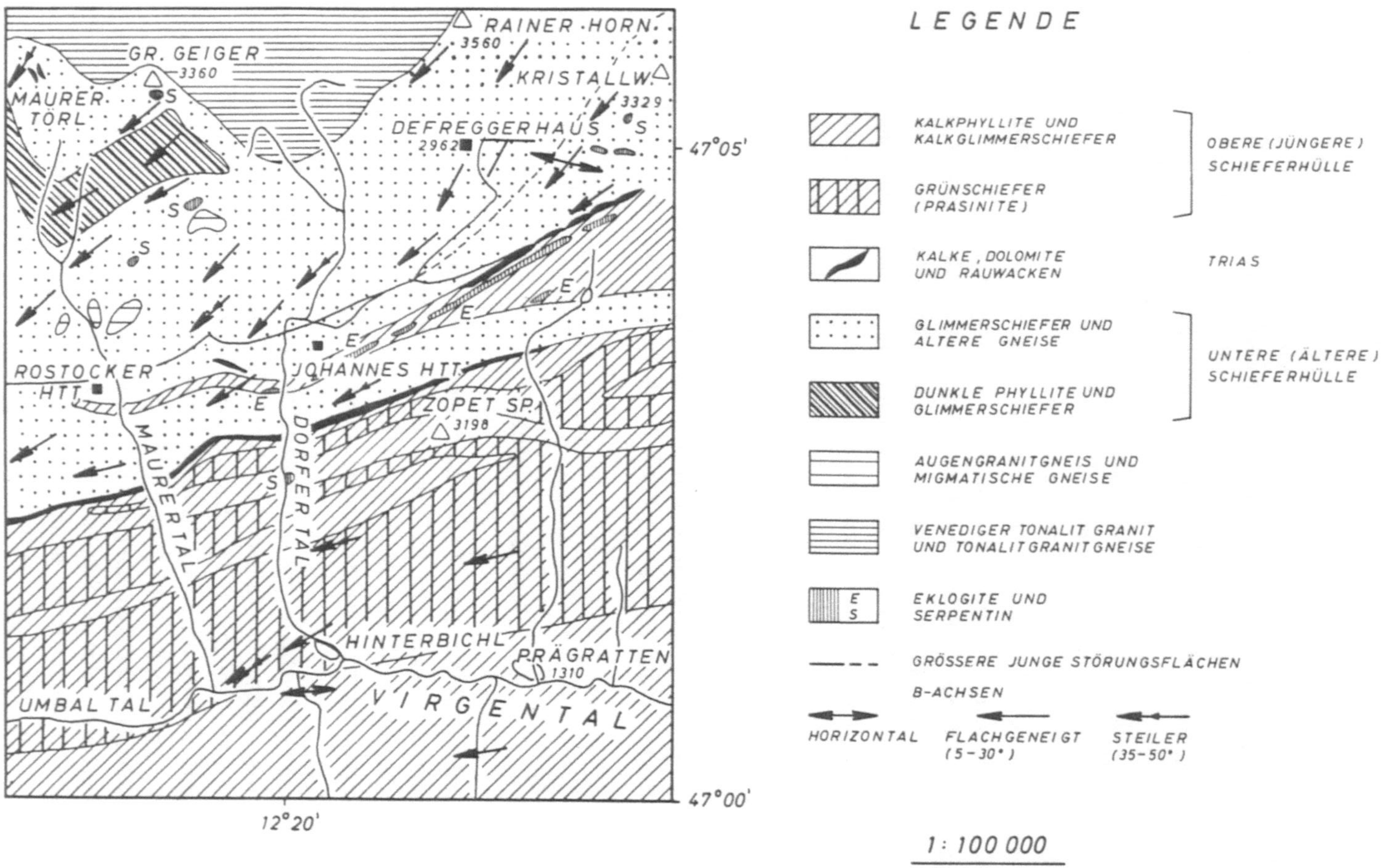

Abb. 1.
Geologische Übersichtskarte des Dorfertales und Umgebung (nach Schmidegg, 1961)

In der unteren Schieferhülle sind hauptsächlich Biotit-Plagioklas-Gneise mit schwankendem Farbindex vertreten, in denen bereichsweise häufiger Amphibolitlagen, seltener Serpentiniteinschaltungen auftreten. Gesteinsveränderungen von schwach pegmatoiden Mobilisationen im S bis zu metatektisch-anatektischen Ausbildungen im Grenzbereich gegen den Tonalitgranitkern im N kennzeichnen ihre stoffliche und texturelle Heterogenität.

Die Gesteine der oberen Schieferhülle, die im Profil südlich anschließen, erstrecken sich mit Ausnahme einer Einschaltung von Schiefergneisen der unteren Schieferhülle bis nach Hinterbichl am südlichen Talausgang. Sie sind von N nach S folgendermaßen zu gliedern:

a) Eine heterogene Abfolge (Gastachwand-Serie), bestehend aus hellen Muskowitgneisen, zum Teil granatführend, Biotitgneisen, Amphiboliten, Eklogiten, Kalkglimmerschiefern und Marmoren. Aufgrund neuer Aufschlüsse ist noch ein mächtiger Marmorzug am Fuße der Gastacher Wand festgestellt worden, der dieser Serie zuzuordnen ist. Er besteht aus einer basalen 1 Meter mächtigen Bändermarmorbank, die durch eine Muskowit-Chlorit-Granatschieferlage von einem hangenden, grobkristallinen, 12 Meter mächtigen weißen Marmor getrennt ist.

b) Eine nördlichste Schichtfolge aus mächtigen Prasiniten mit Chlorit-Muskowitschiefern.

c) Der nördlichste Kalkglimmerschieferzug, in dem auch vereinzelt Marmor- und Prasiniteinschaltungen vorkommen, sowie auch eine mächtige eingeschlichtete Serpentinlinse.

d) Ein mittlerer Prasinit-Horizont, aus Prasiniten, Hornblendeschiefer und untergeordneten Kalkglimmerschieferlagen.

e) Der südliche Kalkglimmerschiefer-Horizont. Im Vergleich zur nördlichen Schichtfolge treten hier häufiger Prasinit- und Marmoreinschaltungen auf.

f) Der südlichste Prasinitzug. Auch in diesem sind wieder Kalkglimmerschiefereinschaltungen in geringem Ausmaß vertreten.

Tektonische Gefügeanalyse

I. Methodik

Das tektonische Gefüge des Dorfertales wurde anhand zweier Formelemente, der s-Flächen und der B-Lineation, erfaßt. Ein kontinuierliches tektonisches Profil war durch gute und beständige Aufschlüsse gewährleistet. Die insgesamt 251 Meßpunkte wurden in regelmäßigen Abständen von 30–35 Meter angelegt. Der schmale Streifen von Tonalitgranitgneisen, sowie die Migmatitvorkommen im Grenzbereich blieben ausgeklammert. Die Einmessung der B-Lineation erfolgte auf den s-Flächen, indem der Winkel zwischen der Lineation und dem s-Streichen vermessen wurde. Die Raumlage der Lineare wurde nach dem Nomogramm von Ingerson und Tuttle (1943) bestimmt. Die so erhaltenen Daten wurden in homogene Bereiche zusammengefaßt und statistisch im Schmidtschen Netz ausgewertet.

II. Ergebnisse

1. Homogenbereiche

Die Verteilungsanalyse der erfaßten Formelemente (s-Flächen und B-Achsen) zeigte, daß diese in 5 homogene Bereiche in Bezug auf s-Flächen und B-Achsen zusammengefaßt und mit der Geologie in folgenden Einklang gebracht werden konnten. (Tab. 1)

Die Abgrenzung der tektonischen Homogenbereiche ist in Abb. 2 dargestellt.

Es zeigte sich also, daß im untersuchten Gebiet ein Homogenbereich nicht speziell an einen Gesteinstypus gebunden ist, sondern mehrere Gefüge-Homogenbereiche unterschiedliche Gesteine, auch mit verschiedener Teilbeweglichkeit, erfassen kann.

Tabelle 1

Homogenbereich		Gestein
N	1	Biotitgneise der unteren Schieferhülle
	2	Gastacherwand-Serie und die Biotitgneis-Einschaltung der unteren Schieferhülle N des Grumbachkreuzes
	3	Nördlicher Prasinit, Chlorit-Muskowit-Schieferzug und nördlicher Kalkglimmerschiefer-Zug
	4	Mittlere Prasinitschichtfolge
S	5	Südlicher Prasinit- und Kalkglimmerschiefer-Horizont

2. S-Flächen Gefüge

Die Metamorphite des Dorfertales streichen generell ENE mit Schwankung nach E und ESE und fallen fast immer nach S ein. Der Einfallswinkel schwankt stark und ist im S fast 90°, im N dagegen bis zu 30°. In den 5 aufgestellten Homogenbereichen nimmt der Einfallswinkel kontinuierlich von N nach S zu, so daß eine Flächerung vorliegt, wie es aus Abb. 2 und nachfolgender Tabelle ersichtlich ist:

Tabelle 2

Homogenbereich		Streichrichtung (Mittelwert)	Einfallswinkel (Mittelwert)
N	1	79	51
	2	80	73
	3	74	72
	4	96	77
S	5	99	83

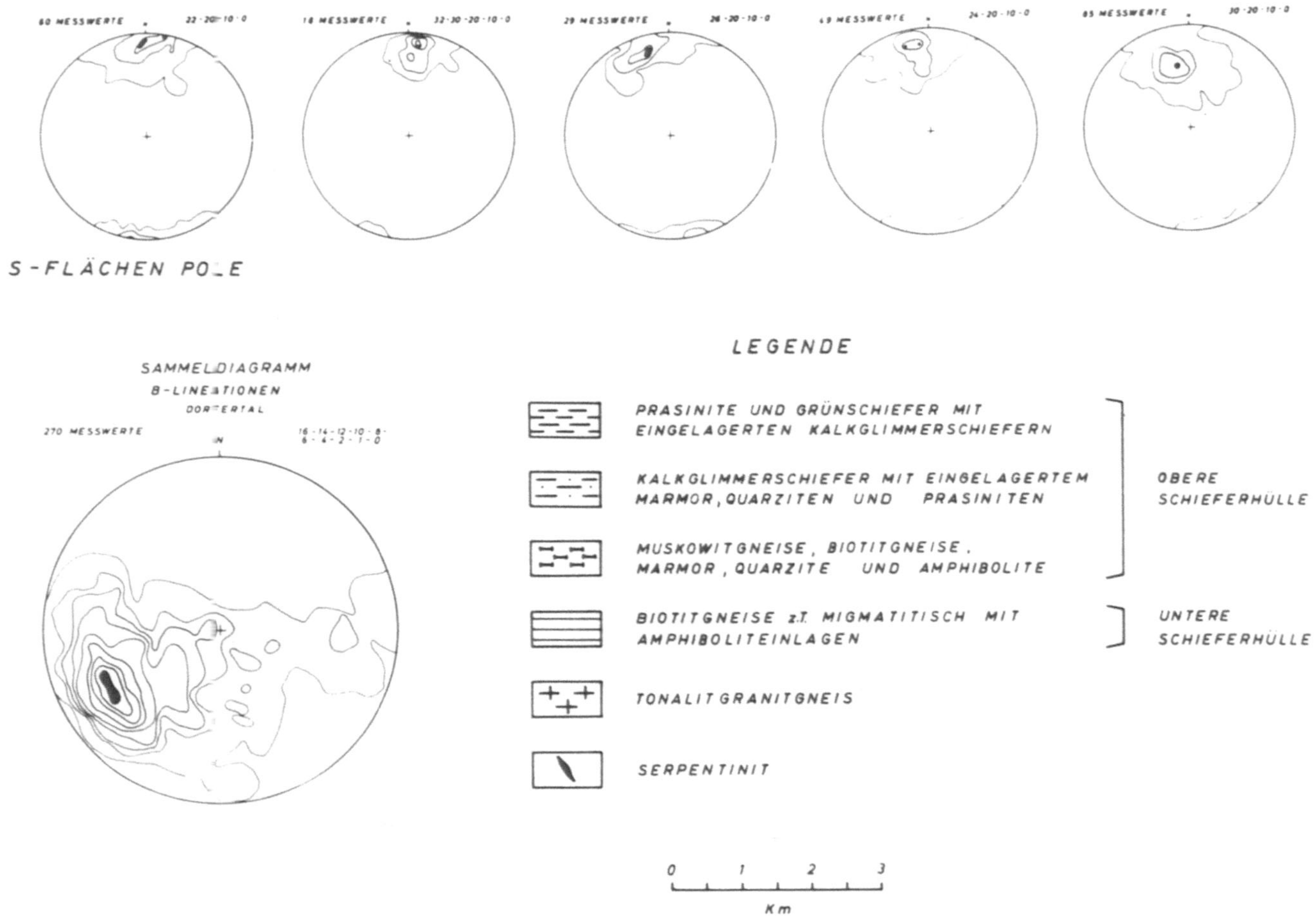

Abb. 2

Geologischer Vertikalschnitt entlang des Dorfertales und Darstellung der tektonischen Homogenbereiche

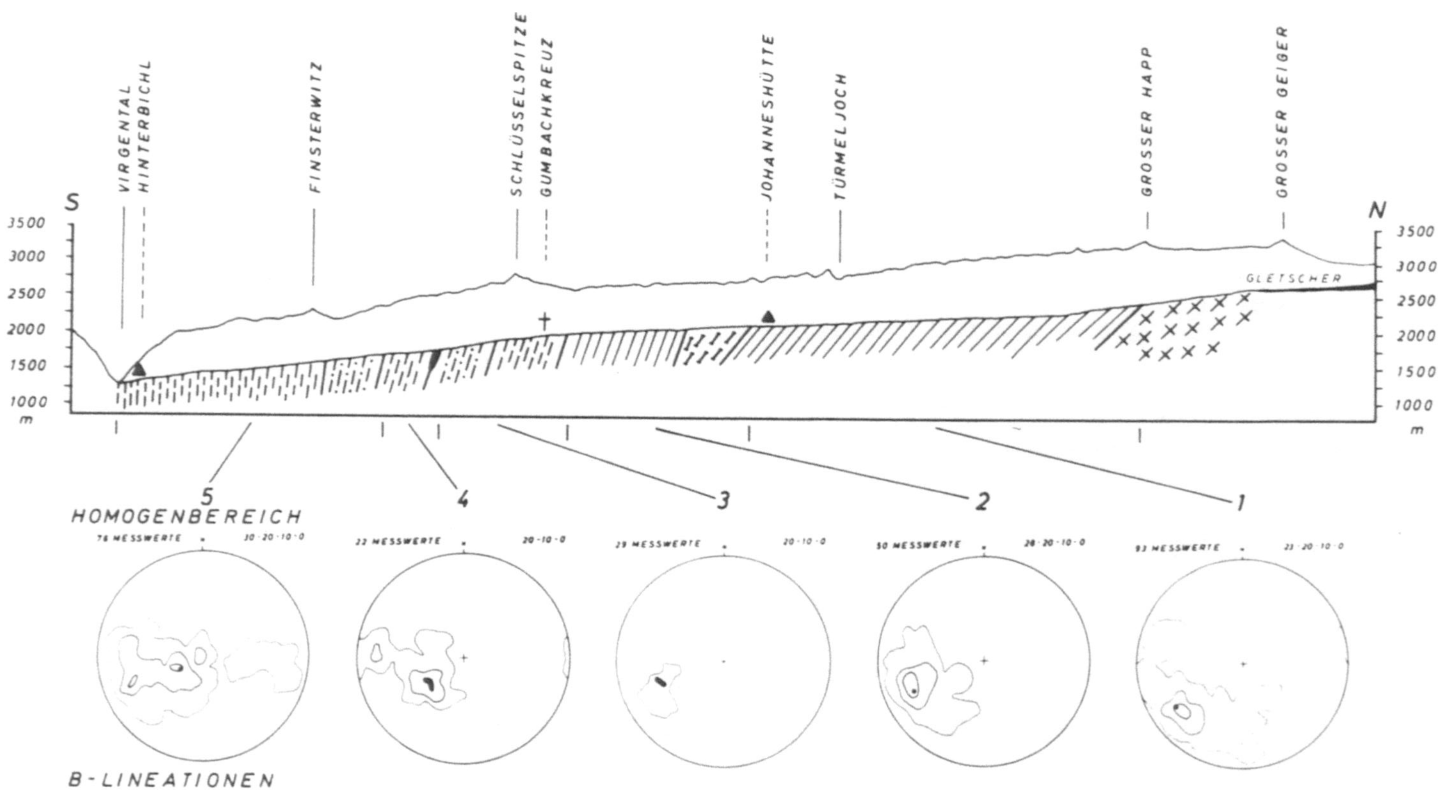

Abb. 2 (Fortsetzung)

3. B-Achsengefüge

Als B-Achsen werden im Sinne der Gefügekunde alle Faltenachsen und b-Lineationen betrachtet. Die Konfrontation der B-Achsen-Diagramme der 5 Homogenbereiche ergab folgendes:

a) In allen 5 Diagrammen treten Maxima mit rund 30° Einfallwinkel auf. Ihre Summe entspricht dem Maximum des Sammeldiagramms auf Abb. 2.

b) In den südlichen Homogenbereichen (4 und 5) tritt eine steile B-Lineation dazu. Da dieser Achsentyp nicht in allen Homogenenbereichen vertreten ist, erscheint er im Sammeldiagramm nur in der Form von Submaxima, die durch deutliche Einschnürung hervorgehoben werden. Aus den Diagrammen der Homogenbereiche (Abb. 2) und den Mittelwerten der Tabelle 3 ergibt sich, daß die steileren Achsen von S (Homogenbereich 5) nach N (Homogenbereich 4) etwas flacher werden.

Tabelle 3

Homogenbereich		Einfallrichtung und Einfallwinkel der B-Achsen und b-Lineationen	
		flach	steil
N	1	236/26	-
	2	246/29	-
	3	252/38	-
	4	270/19	235/57
S	5	255/30	240/69,270/88

4. S-Flächen und B-Achsen

Die Maxima der flächigen und linearen Gefügedaten der 5 Homogenbereiche wurden in einem synoptischen Diagramm wiedergegeben (Abb. 3). Dieses zeigte eine eindeutige Abhängigkeit in der Raumlage der beiden Formelemente wie folgt:

a) Die flachen Achsen treten in Bereichen mit flachen und steilen s-Flächen auf.

b) Die steilen Achsen treten nur bei steiler s-Flächenlage auf, der Einfallswinkel der B-Achsen nimmt mit steileren s zu.

Diskussion der Ergebnisse

Der gesetzmäßige Zusammenhang zwischen den s-Flächen und den B-Achsen und deren charakteristische Verteilung erlaubt folgende Deutung: Im Talausgang gegen das Virgental existiert eine starke Kompressionszone mit ENE Streichen. Dieses kommt in zunehmendem Versteilen der s-Lagen von N nach S zum Ausdruck. Die hier anzunehmende intensive NNW-SSE Pressung sollte eine syntektonische Dehnung in der ENE-Streichrichtung behindert und zur Stauchfaltenbildung in s geführt haben. Diese Stauch-

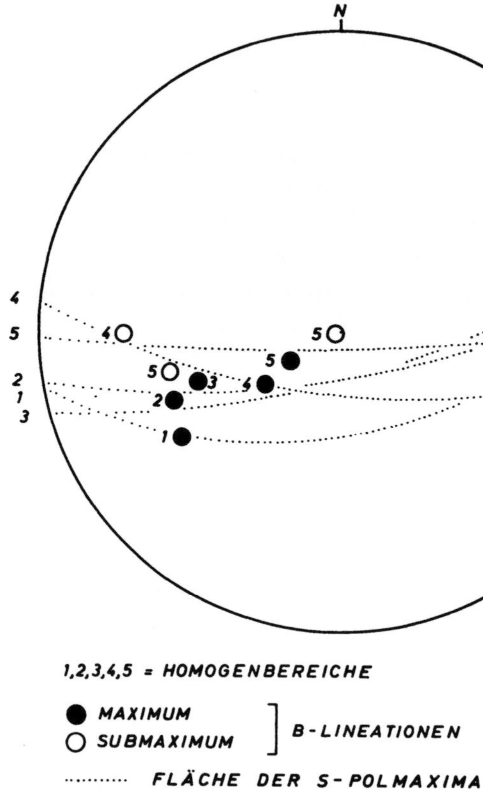

Abb. 3.
Synoptisches Diagramm der Maxima der Formelemente (S-Flächen und B-Lineationen) der tektonischen Homogenbereiche des Dorfertales

In Abb. 4 sind die Beziehungen zwischen s-Flächen und B-Achsen in einem schematisierten Raumbild dargestellt.

Abb. 4.
Schematische räumliche Darstellung der Beziehungen zwischen s-Flächen und B-Achsen im Dorfertal

falten überprägen sich den im Sinne eines Deformationsablaufes geologisch gleichalten flachen ENE-Achsen. Im Starkwirkungsbereich der Einengungszone dominieren sie. In den nördlich anschließenden Bereichen geringerer Einengung mit flach nordvergentem Faltenbau scheint eine Dehnungsbehinderung parallel B deutlich abzunehmen, so daß dort die tektonische Hauptachsenrichtung ENE dominiert.

Dieses Beispiel zeigt einen möglichen Typ steilachsiger Tektonik, der als syntektonische Prägung öfter in starken Einengungszonen zu erwarten ist. Vergleiche mit ähnlichen Gefügen in anderen alpinen Pressungs- und „Wurzelzonen" sind prüfenswert.

Zusammenfassung

Am Beispiel einer B-Achsen und s-Flächen Verteilungsanalyse im südlichen Großvenedigerbereich (Dorfertal, Hohe Tauern, Ostalpen) wurde die Ausbildung steiler B-Achsengefüge in Kompressionszonen gezeigt. Dabei wurden die steilen Achsen als Stauchung parallel zur regionalen, flachen B-Achsenlage gedeutet und als syntektonisches $B \perp B'$-Gefüge beschrieben.

Diese steilen Stauchfaltenbildungen dominieren nur in einer intensiven Einengungszone mit steiler s-Flächenlage. In nördlich anschließenden Bereichen mit abnehmendem Einengungscharakter und flacherer s-Flächenlage treten sie zurück und fehlen schließlich. Es herrscht dann die regionale flache B-Achsenrichtung vor.

Es sollte damit ein Beispiel für syntektonische Steilachsenprägung im Rahmen einer regionalen Flachachsenprägung gezeigt werden.

Literaturverzeichnis

Ingerson, E. und Tuttle, O. F. (1943): A Graph for determining Angle and Direction of Pitch of Lineation in the Field, Am. Min., 28, 3.

Karl, F. (1957): Bericht 1956 über Aufnahmen auf Blatt Dreiherrenspitze und Blatt Rötspitze. Verh. Geol. B.-A., Heft 1, Wien.

– (1958): Bericht 1957 über Aufnahmen auf Blatt Krimml. Verh. Geol. B.-A., Heft 1, Wien.

– (1959): Vergleichende petrographische Studien an den Tonalitgraniten der HohenTauern und den Tonalitgraniten einiger periadriatischen Intrusivmassen, Jahrb. Geol. B.-A., 102, Wien.

Schmidegg, O. (1957): Bericht 1956 über Aufnahmen auf Blatt Dreiherrenspitze und Blatt Rötspitze. Verh. Geol. B.-A., Heft 1, Wien.

– (1958): Bericht 1957 über Aufnahmen auf Blatt Krimml. Verh. Geol. B.-A., Heft 1, Wien.

– (1961): Geologische Übersicht der Venediger-Gruppe nach dem derzeitigen Stand der Aufnahmen von F. Karl und O. Schmidegg. Verh. Geol. B.-A., Heft 1, Wien.

PRINCIPAL γ-OLIVINE FABRICS: THEIR TECTONIC AND METAMORPHIC SIGNIFICANCE

E. den Tex

Introduction

The fabric of olivine in mafic and ultramafic rocks is the subject of increasingly active research ever since Andreatta (1934) published the first fabric diagrams of olivine in olivinites from Alpe Seefeld and the Cima degli Olmi in the Italian Alps. Much controversy of thought has meanwhile arisen over the kinematic and dynamic significance of the various olivine fabrics that were described in the literature, most of which are principal *a*-olivine fabrics in the sense that *a* = [010] shows preferred orientation, of either point- or girdle type, at right angles to the principal S-plane of the rock.

Indeed such *a*-olivine fabrics may be due to a variety of causes e.g. 1) deposition or apposition of olivine grains with prominent {010} from a stagnant or flowing magma; 2) plastic deformation of olivine on the translation glide plane T = {010}; 3) thermodynamic equilibrium orientation under uniaxial compression of olivine in the presence of an interstitial liquid capable of dissolving and precipitating olivine (Hartman and den Tex, in press; preprint 1964).

Natural evidence

Brothers (1959), an ardent advocate of the exclusive validity of mechanism 1, was the first to publish fabric diagrams of olivine from porphyritic basalt dykes in New-Zealand, where γ = [100] shows slight tendencies to replace *a* = [010] in girdles and point-maxima perpendicular to the flow plane. Brothers attributed this orientation to an extraordinary development of {110} with corresponding reduction of {010}, such that the crystals should effectively be flattened parallel to {100}. However, the general absence of {100} as crystal faces precludes the dimensional orientation of *γ-ol* strictly perpendicular to the plane of flow or settling as may be seen in fig. 1 and 2 (righthand side). Rather, a partial girdle of *a* + γ, with paired point maxima of γ inclined at 65° either way to the principal S-plane, should be the net result of this orienting mechanism acting on olivine crystals with prominent {110} and {010} (cf. den Tex, 1969).

Incipient orientation of γ-ol perpendicular to a secondary slip-cleavage plane in clinopyroxene bearing peridotite-mylonite from the Higashi-Akaishi-Yama District in the Sambagawa belt (Shikoku, Japan) was recorded by Yoshino (1961, p. 384, fig. 27).

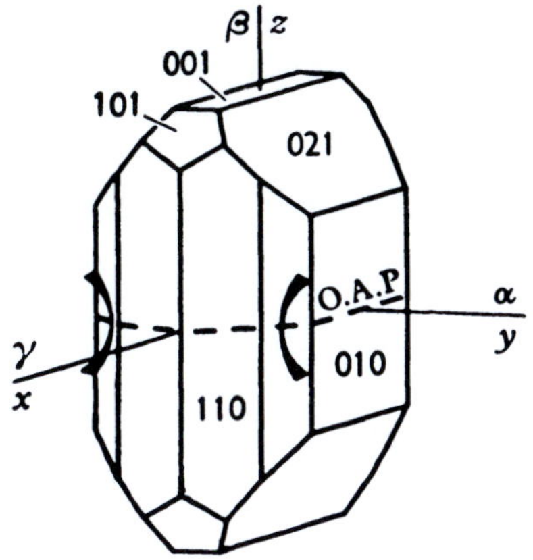

Fig. 1.
Normal crystallographic habits of olivine. From W. A. Deer et al. Rockforming minerals, vol. 1, p. 1, Longmans, Green & Co. Ltd., London (1962) Note prominence of {010}, {021}, and {110}, absence of {100}.

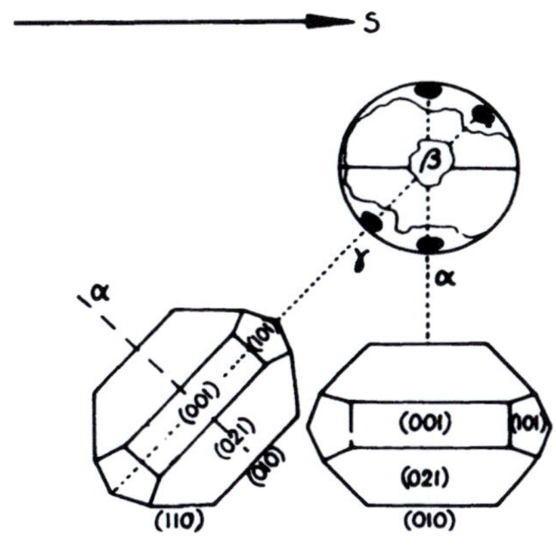

Fig. 2.
Lattice orientation of olivine caused by anisotropic habit with prominent {010} and {110} under conditions of gravitation or laminar flow. Partial girdle of $\alpha + \gamma$ perpendicular to plane of settling or flow (S), but γ always oblique to it.

Yoshino gave no explanation for this unusual orientation of γ-ol other than a passing reference to its having been disturbed.

In a preliminary study of the lherzolite fabric at the type locality of Lers in the French Pyrenees Collée (1962/3) reported strong γ-ol point maxiam and partial girdles (up to 17 % density) oriented parallel to the primary layering of the lherzolite but, at the same time, rougly at right angles to the axial plane cleavage of alpine folds in their Mesozoic country rocks. On the strength of the preferred orientations of α-ol and β-ol, which fit the Alpine cleavage plane better than the primary layering, Collée concluded that this γ-ol fabric was caused by the alpine stress field either through translation gliding on T = {010}, t = [100] or by recrystallization of olivine under non-hydrostatic stress in the absence of an interstitial liquid (fig. 3). In the light of recent experimental work (Riecker & Rooney, 1966; Raleigh, 1967[b]; Carter & Avé Lallemant, pers. commun.) a more suitable mechanism to cause this orientation appears to be translation gliding at relatively low temperatures on T = {100}, t = [001] or [010].

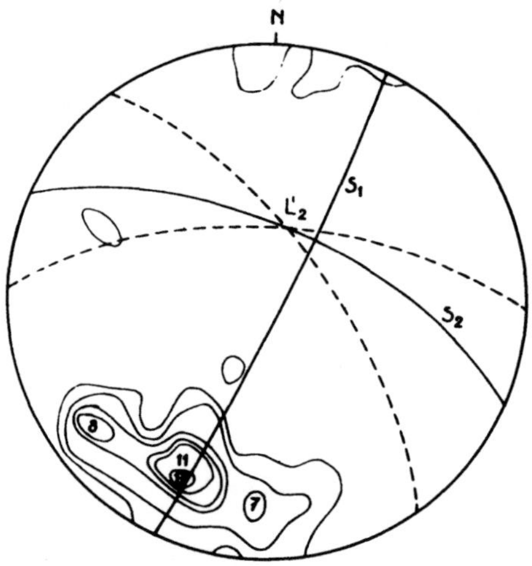

Fig. 3.
γ-ol orientation parallel S_1 but perpendicular S_2 with partial girdle around L_2^1 and subsidiary maxima possibly corresponding with positions of active glide planes (100) during alpine deformation (dashed great circles). Lherzolite at Lers (French Pyrenees). After Collée (1962/3), D 107.

Kazakov (1965) also reported a principal γ-ol fabric of porphyroclasts in an olivinite-mylonite from the Montsjegorski pluton (Kola peninsula, U.S.S.R.). Here β-ol was found to girdle roughly around the γ-ol maximum, but the β-girdle is not strictly coincident with the plane of mylonitisation. Kazakov regards this fabric as a relict of a magmatic flow fabric with three axes of rotation.

By far the most convincing principal fabrics of γ-ol were found by Möckel (1969) to occur in the garnet-peridotite at Alpe Arami, in the Pennine "root zone" of the Swiss Alps. Here primary layers of garnet-bearing peridotite exhibit strong point-maxima of γ-ol perpendicular to the layering plane (S_L) combined with more or less complete girdles of β-ol parallel to that plane (fig. 4). In first generation, pre-alpine fold hinges of the primary layering γ-ol shows a tendency to girdle away from an orientation at right angles to S_L towards one at right angles to the axial plane schistosity (S_0), while β-ol or α-ol tends to become restricted to the locus of the pre-alpine fold axis or the intersection-lineation of the layering plane with the axial plane schistosity (fig. 5). These fabrics developed under eclogite facies conditions and probably survived the ensuing granulite facies retrogradation, also of pre-alpine age. But during alpine mylonitisation under amphibolite facies conditions the principal γ-ol fabric was preserved only in porphyroclasts of suitable initial orientation with regard to the alpine stress-field, while the fabric of the granulated and recrystallized matrix was converted into a principal α-ol fabric (fig. 6) oriented at right angles to the alpine cleavage plane which is marked by parallelism of chlorite {001}.

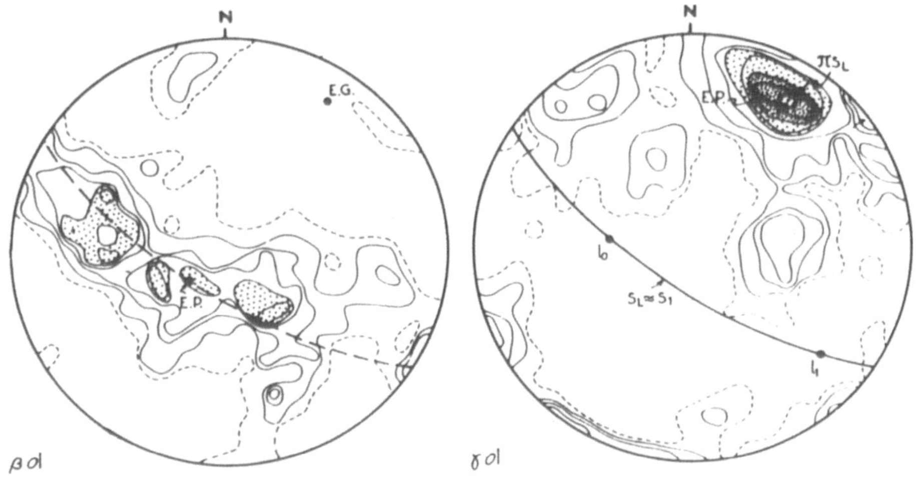

Fig. 4.
γ-ol and β-ol orientations in layered garnet peridotite at Alpe Arami (Ticinese root zone of the Swiss Alps). Note strict perpendicularity of γ-ol to plane of layering (S_L). From Möckel (1969), fig. 20.

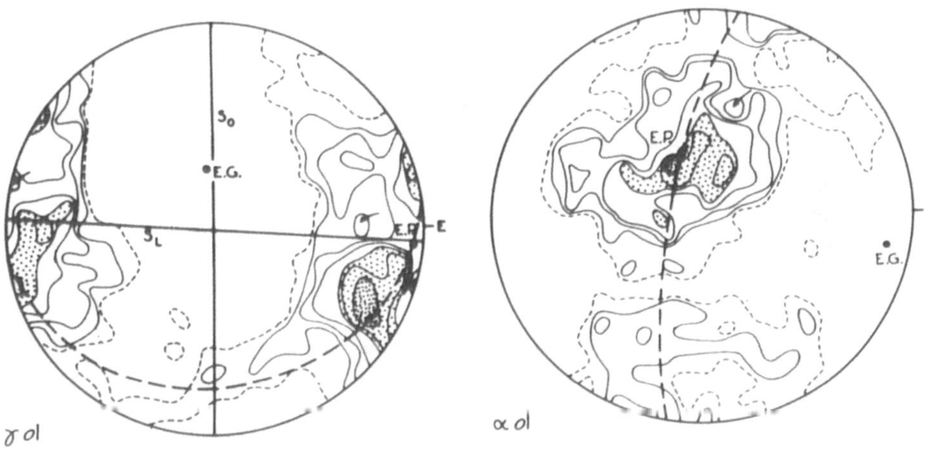

Fig. 5.
γ-ol and α-ol orientations in garnet peridotite with folded layering at Alpe Arami. Note girdling tendency and perpendicularity of γ-ol to axial plane schistosity (S_0). From Möckel (1969), fig. 24.

Möckel regards these γ-ol fabrics as high-pressure, relatively low temperature features, developed most probably in a portion of the upper mantle underlying the greatest thickness of piled-up nappes in the alpine geosyncline, and possibly subject to tectonic overpressures.

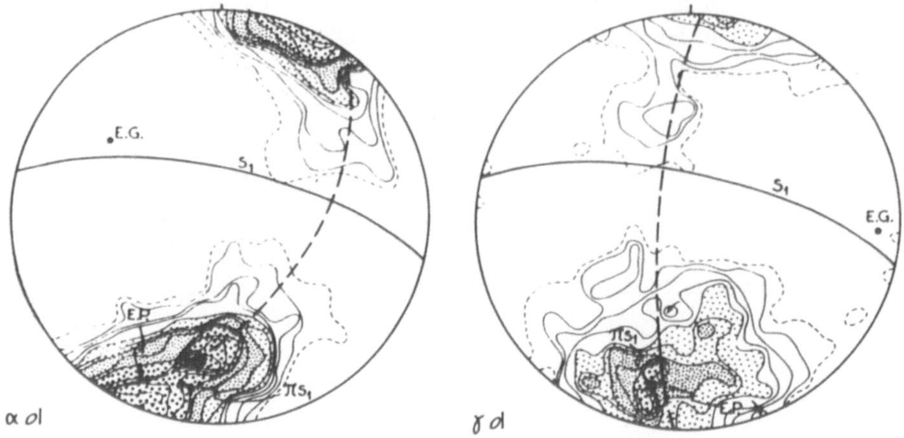

Fig. 6.
γ-ol in porphyroclasts and α-ol in matrix of alpine chlorite-peridotite-mylonite at Alpe Arami. Note perpendicularity of both γ and α to the alpine axial plane schistosity (S_1). From Möckel, (1969) fig. 29.

Experimental Evidence

Plastic deformation of olivine is known to take place by translation gliding, causing undulose extinction, deformation lamellae and kink bands, not only in natural tectonites, but also in experimentally deformed crystals and aggregates containing olivine.

Among the many possible gliding mechanisms the one first hinted at by Turner (1942) and identified by Chudoba and Frechen (1950) with T = {010}, t = [100] and f = [001], is most conspicuous in natural olivine tectonites.

It was later produced experimentally by Raleigh (1963, 1967[a], 1967[b]) at 1000°C and 5kb confining pressure under a strain rate of 10^{-4} sec^{-1}. The resolved shear stress on {010} critical for this mechanism to operate was shown to rise most steeply with falling temperature, such that other gliding mechanisms, e.g. T = {110}, t = [001] and T = {100}, t = [001], requiring lower critical resolved shear stresses on their glide planes, take over at temperatures in the order of 500 to 200°C. (fig. 7).

The latter mechanism with {100} as translation glide plane was first inferred by Becke (1895) for olivines with patchy extinction in an "Olivinfels" from the Stubachtal (Austria), but most probably this phenomenon is due to gliding on T = {010} in the direction t = [100] having produced kink bands parallel to {100}. However, Raleigh (1963) confirmed (100)/[001] glide in olivine from the Fidalgo peridotite, while Riecker & Rooney (1966), Raleigh (1963, 1967[a], 1967[b]) and Carter & Avé Lallemant (pers. commun.) succeeded in experimentally deforming olivine by translating gliding on T = {100} under a confining pressure from 5 – 30kb (strain rates from 10^{-1} sec^{-1} to

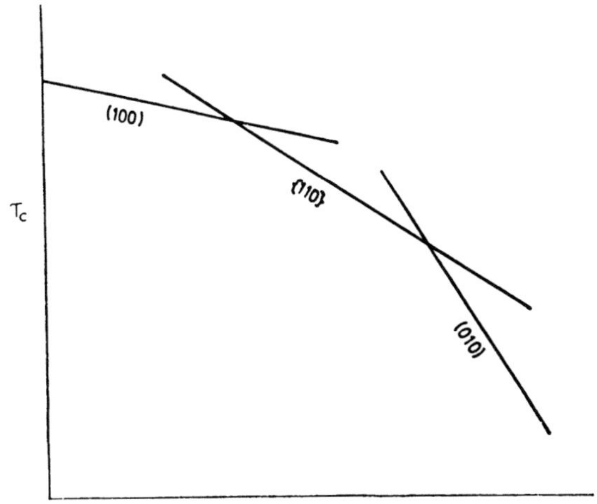

Fig. 7.
Qualitative graph of critical resolved shear stress (τ_c) vs. temperature for three translation glide systems in olivine: {010}, {110} and {100}. From Raleigh (1967[b]), fig. 1.

10^{-4} sec^{-1}) at temperatures up to 800°C. Kink bands parallel {001} predominate those parallel (010) indicating that the preferred glide direction (t) is [001] rather than [010]. The critical resolved shear stress on {100} necessary for this mechanism to operate rises most slowly with falling temperature (fig. 7). It is therefore less subject to thermal activation energy than the other mechanism, but on the other hand it is much more activated by high strain rates as may be seen on Raleigh's graph of strain rate vs. temperature (1967[b], fig. 2). This corresponds with the fact that glide on T = {100}, t = [001] has been reported as the only mechanism to occur in olivine from chondritic meteorites (Raleigh, 1967[b]).

In simple shear the translation glide plane should be inclined appreciably to the major (σ_1) and minor (σ_3) principal axes of stress, causing [100] = γ to be oriented for preference in a $\sigma_1 \sigma_3$ girdle with a maximum between σ_1 and σ_3, where σ_1 is assumed to be perpendicular to the principal S-plane and σ_3 to ly within it (fig. 8). This γ-orientation is independent of the glide direction in {100} which only determines whether it is α – [100] or β = [001] that spreads in a partial girdle around the axis of external rotation (cf. left- and right-hand portions of fig. 8).

However in pure shear, such as takes place in most folding and flattening mechanisms of natural rock deformation, only the *active* glide planes are inclined at high angles to σ_1 and σ_3 since external rotation causes them to approach parallelism with the axial plane or plane of flattening, and thereby to become inactive. The result is that [100] = γ-ol approaches a position perpendicular to the principal S-plane within a partial $\sigma_1 \sigma_3$ girdle.

Quite a different pattern of perferred orientation for γ-ol should be the result of glide on T = {110}, t = [100]: the intermediate temperature and critical resolved shear

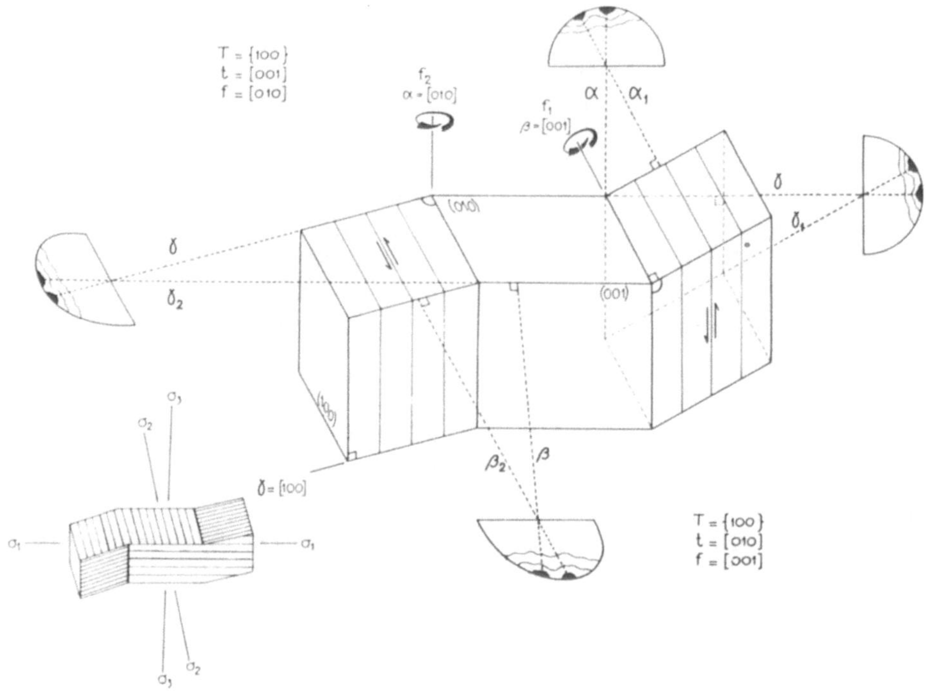

Fig. 8.

Diagram of translation gliding and resulting preferred orientations of olivine on T = {100}. Left-hand portion: t = [001], f = [010]. Right-hand portion: t = [010], f = [001]. Inset: triaxial stress field ($\sigma_1 > \sigma_2 > \sigma_3$) and deformation plan.

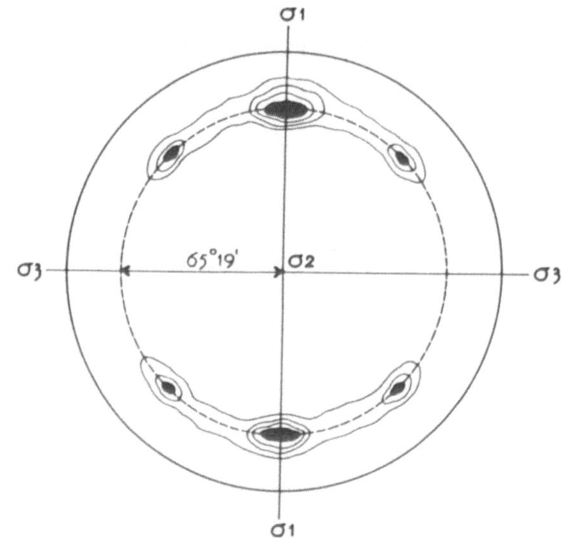

Fig. 9.

Diagram of preferred orientation of γ-ol to be expected from translation gliding on T {110}, t = [001] under triaxial stress ($\sigma_1 > \sigma_2 > \sigma_3$).

stress mechanism for olivine (cf. Raleigh, 1965, 1967[b], and fig. 7). Here the glide line [001] is the common intersection of the four lattice planes of {110} to wit: (110), $(1\bar{1}0)$, $(\bar{1}\bar{1}0)$ and $(\bar{1}10)$, while [100] = γ-ol is the bisectrix of the obtuse interfacial angle (110) Λ $(1\bar{1}0)$ which equals 130°38′. Depending on the choice of either (110) and $(1\bar{1}0)$ or $(1\bar{1}0)$ and $(\bar{1}10)$ as active glide planes, γ-ol will be inclined at 24°41′, either one way or the other, from the pole of the glide plane and hence should tend to occupy a pair of partial small-circle girdles of apical angle 65°19′ with σ_2 as axis. Within these cleft-girdles subsidiary point-maxima may occur more or less close to σ_1 (the pole of the principal S-plane) depending on the tightness of folding or on the extent of flattening of the rock (fig. 9).

Theoretical Evidence

Using a slightly modified version of Kamb's (1959, 1961) theory for the thermodynamic equilibrium orientation of minerals under non-hydrostatic stress Hartman and den Tex (in press, preprint 1964) calculated the various equilibrium orientations of olivine taking into account the elastic deformation energy derived from the elastic constants of olivine as determined by Verma (1960). In the absence of an interstitial liquid capable of dissolving and precipitating this mineral, they found that the thermodynamically most stable orientation of olivine is that which has its [100] or γ parallel to the unique compression axis of uniaxial stress. This should give rise to so-called piezocrystalline fabrics of olivine, where – in the absence of the above-mentioned liquid – γ-ol would be oriented for preference at right angles to the principal S-plane (axial plane schistosity, plane of flattening) assuming that this plane is roughly perpendicular to the unique compression axis.

This orienting mechanism may be invoked to explain the principal γ-ol fabric at right angles to the primary layering in the garnet peridotite of Alpe Arami (cf. Möckel, 1969; den Tex, 1969). Its rectangular relation not only to the primary layering but also to the axial plane schistosity of first generation (pre-alpine) folds is outstanding, while its tendency to form partial girdles around the axis (B) in the hinge of folds may be tentatively attributed to deviations from uniaxiality of the pertinent stress-field. Where signs of plastic deformation, such as kink bands, slip lines and undulatory extinction are lacking, piezocrystallization is the only mechanism, presently available, that is capable of explaining principal γ-olivine fabrics strictly parallel to the unique compression axis or to the pole of an axial plane schistosity or of a plane of flattening. Its presence in a garnet peridotite, and its absence in favour of an α-olivine fabric in granulite facies lherzolites, such as the one at Lers in the French Pyrenees (cf. Avé Lallement, 1967), would seem to indicate that γ-piezocrystallization of olivine is favoured by eclogite facies conditions (very high pressure, relatively low temperature). Nevertheless it may be inferred to persist under granulite- and amphibolite facies conditions, where porphyroclastic olivines in mylonitized rocks happened either to be in the new thermodynamic equilibrium orientation (and were therefore preserved from being granulated and reoriented), or to be suitably oriented for glide on T = {100} to occur, accompanied by external rotation of {100} towards the plane of flattening or axial plane schistosity. (cf. Yoshino, 1961; Collée, 1962/63; Möckel 1969).

Conclusions

Natural, experimental, and theoretical fabrics of olivine are reviewed that consist principally of a preferred γ-olivine orientation parallel to the major principal stress axis (σ_1) or perpendicular to the plane of flattening or axial plane schistosity in folds.

Principal γ-olivine fabrics may be caused by either of two orienting mechanisms: 1) Flattening by translation gliding on T = (100, t = [001] or [010] accompanied by external rotations about f = [010] or [001], 2) piezocrystallization under unaxial compression in the absence of a liquid capable of dissolving and precipitating olivine. Both mechanisms are conditioned by relatively low temperature, the first may necessitate very strong critical resolved shear stresses, and the second probably requires very high lithostatic pressures (eclogite facies) for its operation.

Zusammenfassung

Es werden natürliche, experimentelle und theoretische Olivingefüge nachgeprüft, die hauptsächlich aus einer γ-Olivinregel bestehen parallel der größten Hauptspannungsachse, bzw. senkrecht zur Plättungsebene oder zur achsialen Schieferungsebene in Falten. In erster Linie kommen *zwei* Regelungsmechanismen für diese Olivingefüge in Betracht: 1. Plättung durch Translationsgleitungen auf T = {100} nach t = [001] oder [010], begleitet von externen Rotationen um f = [010] oder [001]; 2. Piezokristallisation unter einachsiger Kompression ohne intergranulare Flüssigkeit, die im Stande wäre Olivin zu lösen und zu fällen. Beides ist bei verhältnismäßig niedrigen Temperaturen möglich, der erstere Mechanismus könnte sehr große kritische Schubspannungen benötigen, der zweite erfordert wahrscheinlich sehr hohen lithostatischen Druck (Eklogitfazies), um wirksam zu werden.

References

Andreatta, C. (1934), Analisi strutturali di rocce metamorfichi V. Oliviniti. Per. di Miner. **5**: 1–19.

Avé Lallemant, H. G. (1967), Structural and petrofabric analysis of an alpine-type peridotite: the lherzolite of the French Pyrences. Leid. Geol. Med. **42**: 1-57.

Becke, F. (1895), Olivinfels und Antigoritserpentin aus dem Stubachtal (Hohe Tauern). Tscherm. Min. Pet. Mitt. **14**: 271–276.

Brothers, R. N. (1959), Flow orientation of olivine. Amer. J. Sci. **257**: 574–84.

Chudoba, K. F. & Frechen, J. (1950), Über die plastische Verformung von Olivin. N. Jb. Min. Abh. **A81**: 183–200.

Collée, A. L. G. (1962/3), A fabric study of lherzolites with special reference to ultrabasic nodular inclusions in the lavas of Auvergne, France. Ph. D. thesis Leyden Univ., Leid. Geol. Meded. **28** (1963): 1–102.

Den Tex, E. (1969), Origin of ultramafic rocks, their tectonic setting and history. Tectonophysics, 7 (in press).

Hartman, P. & Den Tex, E. (1964), Piezocrystalline fabrics of olivine in theory and nature. Int.Geol. Congress, XXII Sess., New Delhi, Rep., Sect. Rock deformation and Tectonics (in press). Preprint in roneo, privately circulated.

Kamb, W. B. (1959), Theory of preferred crystal orientation developed by crystallization under stress. J. Geol. **67**: 153–170.

– (1961), The thermodynamic theory of non-hydrostatically stressed solids. J. Geophys. Res. **66**: 259–271.

Kazakov, A. N. (1965), Microstructural orientation of olivine in rocks of the supposed upper earth mantle. Zap. Vsesoyuzn. Obshch. 2nd Ser. **94**: 576–580.

Möckel, J. R. (1969), The structural petrology of the garnet peridotite of Alpe Arami (Ticino, Switzerland). Ph. D. thesis Leyden Univ., Leid. Geol. Meded. **42**: 61–130.

Raleigh, C. B. (1963), Fabrics of naturally and experimentally deformed olivine. Ph. D. thesis, Univ. of California, Los Angeles, 215pp. Univ. Microfilms Inc., Ann Arbor.

– (1965), Glide mechanisms in experimetally deformed minerals. Science **150**: 739–741.

– (1967[a]), Experimental deformation of ultramafic rocks and minerals. In "Ultramafic and related rocks", ed. by P. J. Wyllie, John Wiley & Sons, New York, Ch. **6**: 191–199.

– (1967[b]), Plastic deformation of Upper Mantle silicate minerals. Geophys. J. Roy. Astr. Soc. **14**: 45–49.

Riecker, R. E. & Rooney, T. P. (1966), Weakening of dunite by serpentine dehydration, Science **152**: 196–198.

Turner, F. J. (1942), Preferred orientation of olivine crystals in peridotites with special reference to New Zealand examples. Trans. Roy. Soc. N. Zeal. **72**: 280–300.

Verma, R. K. (1960), Elasticity of some high density crystals. J. Geophys. Res. **65**: 757–66

Yoshino, G. (1961), Structural-petrological studies of peridotite and associated rocks of the Higashi-Akaishi-Yama district, Shikoku, Japan. J. Sci. Hiroshima Univ. C. **3**: 343–402.

METRIC AND TOPOLOGICAL PROPERTIES OF ROCK AND ORE TEXTURES

G. C. Amstutz and H. Giger
Universität Heidelberg

1. Introduction

Discrete geometry deals with the variability of properties of discrete objects. Its application to solid state has long been known as "crystallography", with its two closely related fields, crystal morphology and lattice geometry.

The geometry of random orders, as known in gases, presents hardly any problems, if the spaces of the individual particles can be neglected. However, the space geometry present in liquids and melts, is little known. The same is true for the geometric properties of their products, the mineral aggregates of rocks, ores, salts, ice, metals and other aggregates.

Any attempt to investigate these semi-regular structures is justified by their theoretical and practical importance, despite the difficulty of the task. The present paper intends to investigate what can be contributed to this analysis by stereologic, metric or topological concepts and formulae. For this purpose we will follow a custom of geometrical analysis, where the term structure stands for what the petrologist-mineralogist calls fabric, or texture *and* structure.

2. The Problem

Stereology deals with the investigation of geometric properties of three dimensional structures by measuring and counting in subdimensional samplings, in our case by using thin or polished sections of rocks and ores. One of the fundamental relationships was perhaps first investigated or stated in print by the French Mineralogist-Geologist Delesse in 1847. Stereologic relations were reconsidered more recently by various investigators, in petrology for example by Chayes (1956). Aside from stereologic methods, various authors use geometric models in order to motivate and explain certain terms. Smith (1950, 52, 64) applied twodimensional models to explain the grain-shape and other properties of metal aggregates. Stanton (1964) applied Smith's metallurgical models to various mineral aggregates. Recently Kretz investigated certain intergrowth properties of rock minerals (1966).

These introductory remarks are designed to point out the general role of discrete geometry in its application to mineralogic and metallurgical problems, and to justify the following report on a further development.

From extensive work on intergrowth problems in ore dressing for the Cerro de Pasco Corporation in Peru and subsequently also on many other concentrates and ores, the following impression was gained: The intergrowth or, in terms of ore dressing microscopy, the locking-properties of ores are most important for a satisfactory recovery and for an understanding of the mode of formation of an ore.

With these two important objectives before us, we first tried to work out some part of a semi-quantitative method of description and classification. This started in the Petrology and Ore Dressing Laboratory of the Cerro de Pasco Corporation in Peru in 1953/56. The resulting locking chart was published by the AGI as a Data sheet (fig. 1). But all attempts to approach the same problem from an exact, quantitative angle was beyond the capacity of a mineralogist and required the team work with a mathematician interested in, and capable of dealing with problems of integral geometry and topology.

It is obvious that the geometry of the mineral intergrowth originating during crystallisation of igneous rocks from melts or of sedimentary rocks during diagenesis, and of metamorphic rocks during recrystallisation, are mainly a function of their composition and of their genetic history. Consequently, it should be possible to reconstruct the genesis, especially the paragenetic history, from the intergrowth patterns observed. This basic fact has been used almost only in a purely qualitative way. The most extensive work along this line was perhaps that of Rosenbusch in his classical descriptive petrography. He based his paragenetic crystallisation sequence on the variable degree of idiomorphism. The directional analysis of fabrics, on the other hand, has been brought to a high level of specialization by Sander and his school (1948, 1950). Intergrowth, contiguity or "neighbourhood" problems were considered only in relatively recent time by metallurgists, especially by Prof. Cyril Smith and his school (1952, 1964).

In a preliminary investigation of intergrowth of ores, especially in the ore dressing products mentioned before, we started off from the hypothesis that the paragenetic ore intergrowth sequence of minerals in ores and rocks should yield to a rigid quantitative investigation. As just stated, the first "try" at these problems, were established for semi-quantitative work, and later, an index of intergrowth was defined (Amstutz, Oelsner Festschrift 1965).

For a strict quantitative approach, stereologic functionals must be sought which express the qualitative relationships between minerals in a reasonably quantitative way. At the same time it is attempted to enlarge the schemes in such a way as to make them applicable also to metamorphic mineral aggregates. Ultimately, we hope to be able to differentiate quantitatively between rocks of similar composition, but different genetic history; for example between metamorphic and primary fabrics. This goal we hope to reach by metric and topologic analysis, especially by a rigid investigation of intergrowth and neighbourhood relations.

3. Basic Stereologic Formulae for Rock and Ore Microscopy

We are first going to develop some 1. *Basic stereologic formulae for rock and ore microscopy.*

A connotation-free set of purely descriptive patterns, 1) for studies of rocks and mineral deposites, particularly for the present revision of genetic theories, 2) for ore dressing microscopy, metallography, and other fields of applied petrology, mineralogy, and metallurgy.
Between most of these nine common locking types there are naturally gradational transitions with regard to both pattern and size. Particle or grain size data are a pre-requisite of any accurate study of rocks and mineral deposits and enhance the value of this chart.

Type 1a Simple intergrowth or locking type; rectilinear or gently curved boundaries. Most common type, many examples.

Type 1b Mottled, spotty, or amoeba-type locking or intergrowth. Simple, common pattern; many examples.

Type 1c Graphic, myrmekitic, or "eutectic" type. Common; examples: chalcopyrite and stannite; quartz and feldspars; etc.

Type 1d Disseminated, emulsion-like, drop-like, buckshot or peppered type. . Common; examples: chalcopyrite in sphalerite or stannite; sericite, etc. in feldspars; tetrahedrite in galena; etc.

Type 2a Coated, mantled, enveloped, corona-, rim-, ring-, shell-, or atoll-like. Common; examples: chalcocite or covellite around pyrite, sphalerite, galena; etc.; kalyphite rim, and other rims.

Type 2b Concentric-spherulitic, or multiple shell-type. Fairly common; ex.: uranite with galena, chalcopyrite, bornite; cerussite-limonite; Mn- and Fe-oxides; etc.

Type 3a Vein-like, stringer-like, or sandwich-type. Common; ex.: molybdenite-pyrite; silicates; carbonates; phosphates; etc.

Type 3b Lamellae-layered, or polysynthetic type. Less common; examples: pyrrhotite-pentlandite; chlorite-clays; etc.

Type 3c Network, boxwork, or Widmanstatter-type. Less common; ex.: hematite-ilmenite-magnetite; bornite or cubanite in chalcopyrite; millerite-linneite; metals; etc.

Fig. 1. A Geometric Classification of Basic Intergrowth Patterns of Minerals

Then we will pass only very briefly over the 2. *Directional properties of semi-regular structures,* referring always to rocks and ores as examples; thirdly we want to define our 3. *Index of intergrowth or locking* and 4. the *Matrix of Coordination.* Finally we are going to mention very briefly the so-called 5. *"Straight-intersection-number".*

Geometrical analysis of structures deals with one-, two- and three-dimensional patterns as given in a mineral aggregate by a phase or the boundaries between two phases or the lines between three phases.

The fundamental densities of such a structure in rock and ore microscopy can be found with the aid of the following system of formulae which were proposed by different authors (Rhines, 1965) and which have been shown to be valid for structures with general properties by Giger et al. (1967). An interpretation of these formula in the sense of sampling theory is given by Giger and Erkan (1968).

$$
\begin{aligned}
V_V &= a_a = l_l = c_p \\
S_V &= (4/\pi)\, b_a = 4c_l \\
M_V &= 2\pi c_a
\end{aligned}
\tag{1}
$$

V_V, S_V, M_V are the densities of volume, of surface, and the integral of mean curvature of the structure (the value of these measures per unit-volume of the space are named densities); a_a, b_a, c_a are the densities of area, of length of the boundaries, and of the Eulerian characteristic of the structure in a section plane; l_l and c_l are the densities of the length and of the number of the segments of a structure on a straight line. c_p can be interpreted as the probability that a random point lies within the structure.

These formulae have to be interpreted in the sense of the sampling theory. Consequently, if S_0 designates any planar region in the observational field, with the area a_0 and the length of the boundary b_0, the densities a_a, b_a, c_a can be estimated according to the following equations:

$$
\begin{aligned}
a_a &= (1/a_0)A \\
b_a &= (1/a_0)B \\
c_a &= (1/a_0)\,(C - (C'/2) - (B'/b_0)).
\end{aligned}
\tag{2}
$$

A is the sum of the areas of the parts of the structure within S_0. C' and B' respectively are the number of segments and the total length of these segments, which belong to the structure, on the boundary of S_0' or S_0. The Eulerian characteristic C can be calculated as the difference of the numbers of the outer and the inner boundaries of the structure within S_0.

If T_0 is a complex of lineal segments of total length l_0 laid out in the observational field, l_l and c_l can be estimated according to

$$
\begin{aligned}
l_l &= (1/l_0)\,l \\
c_l &= (1/l_0)\,(c - (c'/2)) = (1/l_0)\,(n/2).
\end{aligned}
\tag{3}
$$

l is the sum of the lengths of the segments of T_0, which belong to the structure, c is the number of these segments and c' the number of the endpoints of T_0 lying within the structure. Obviously the difference $(c - (c'/2))$ equals half the number n' of intersection points, which the complex T_0 has in common with the boundaries of the structure.

Finally c_p equals the quotient of the number n of the points lying within the structure and the total number n_0 of the points, when a bound planar set P_0 of a finite number of points is laid out in the observational field.

$$c_p = n/n_0 . \tag{4}$$

It should be pointed out that the quotients (2), (3) and (4) are unbiased estimates of the densities (1) for a class of very general structures as shown by Giger (1970), if all positions of S_0, T_0 and P_0 within the structure are equal with respect to the group of motion. For the formulae concerning the density of volume even the translation group alone applies.

4. Directional properties of structures

Most of the fabrics or textures or structures observed in nature are polar. This anisotropy has been investigated by different authors for many years (see Rhines, 1965). In geometrical analysis it is easy to define unbiased estimates for directional projections of structures; this means estimates, which do not depend on the shape of the sample, but which express the directional properties of the structure in a numerical way.

We will, for the purpose of this discussion restrict ourself to samples which are oriented. $S_0(e)$ may designate the oriented planar region S_0, oriented according to the normal vector e of its plane; $T_0(e)$ is a complex of oriented straight segments with the direction e; then the quotients $b_a(e)$ and $c_a(e)$ in (2) and the one of $c_l(e)$ in (3) are unbiased estimates for quantities characterising properties of the spacial structure depending on the direction e. For planar structures there exists only one unbiased estimate relating the directional properties of the structure; this is $c_l(e)$ in (3).

As illustrated by fig. 2a for areal analysis the quantities $b_a(e)$, $c_a(e)$ respectively are measuring the mean density of the length of the boundaries and the mean density of the Eulerian characteristic in the section planes of the structure, which are normal to the vector e; for linear analysis, fig. 2b, $c_l(e)$ is the mean density of the number of the in-

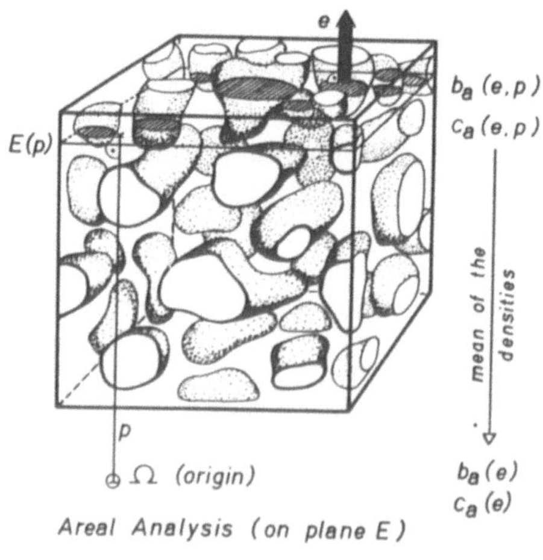

Fig. 2a. Areal Analysis (on plane E)

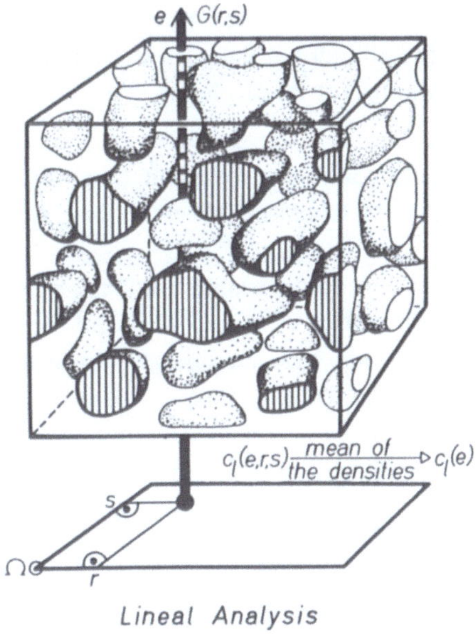

Fig. 2b.

tersection segments on the straight lines with direction e cutting the structure. The explanations given here are only a qualitative approach to the definitions of directional properties of the structure, which can be given in a much more rigorous way. For many structures it would be sufficient to measure in three mean directions only, because for any other direction the quantity describing the directional property can be found by the assumption, that the endpoint of the "anisotropy"-vector lies on a point set of the second degree, in space on a ellipsoid, in plane on an ellipse.

5. Index of intergrowth (or locking)

By applying the second formula (1) on the boundaries of two phases i and k we obtain the density $S_V(i, k)$ of the surface of intergrowth of these phases.

The relative surface density between the i-th and the k-th phase, is defined by the quotient of $S_V(i, k)$ and the density of the total surface between the phases of the aggregate; the density S_V itself, is a numerical value for the intergrowth relations between these two phases. This quotient was introduced to structural analysis as "contiguity" by Gurland (1956), as "proximity" by Dörfler (1966) and as "index of intergrowth" by Amstutz (1953-65), all working out these concepts indepently.

The relevant equation for the Intergrowth Index is

$$V(i, k) = \frac{S_V(i, k)}{S_V} \qquad (5)$$

$V(i, k)$ is the Index of Intergrowth between an i-th and a k-th phase (or mineral),
$S_V(i, k)$ is the density of the boundaries between these phases, and
S_V the density of the whole surface of all phases.

The surface density is as a useful quantitative expression. Four times the quotient of volume and surface density equals the mean length of intercepts on a straight line and therefore is a measure for the grain size (provided the grain boundaries are not too intricate).

What is now the easiest way to determine the locking index? We simply put a grid over the polished or thin section or a map of it and count the number $N(i, k)$ of intersection points of the grid-lines with the intergrowth lines (as seen in fig. 3).

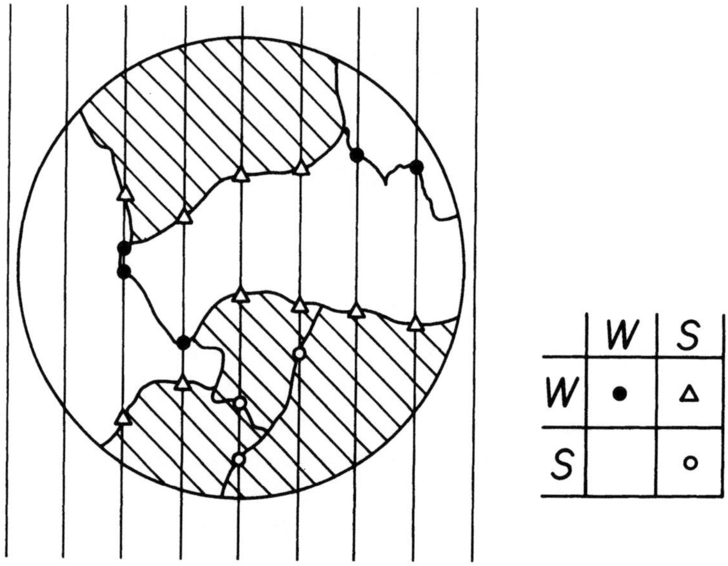

		W	S
W	$N_{(i,k)}$	5	10
	S_V	0.18	0.37
S	$N_{(i,k)}$		3
	S_V		0.11

Fig. 3.

If all positions of the measured field are equivalent in the sense of probability theory, an unbiased estimate of density of surface can be given. The expression is:

$$S_V(i, k) = \frac{2 \cdot N(i, k) \cdot d}{a_0}$$

Table I:
Index of Intergrowth and surface density of three oriented thin sections of a granite from Granitville, Missouri

	Index of Intergrowth (%)				Surface density, S_V (1/cm.)			
Thin Section A								
	1	2	3	4	1	2	3	4
1	13.32	26.80	9.87	2.04	3.74	7.52	2.77	0.57
2		21.63	19.59	1.49		6.07	5.50	0.42
3			5.02	0.24			1.41	0.07
4				-				-
							Total	28.07 1/cm
Thin Section B								
1	13.05	27.91	6.63	2.21	3.04	6.49	1.54	0.51
2		22.89	22.29	0.60		5.32	5.18	0.14
3			4.22	0.20			0.98	0.05
4				-				-
							Total	23.25 1/cm.
Thin Section C								
1	13.33	27.74	10.65	2.34	3.50	7.30	2.79	0.62
2		17.02	20.54	2.51		4.46	5.39	0.66
3			5.45	0.42			1.43	1.10
4				-				-
							Total	27.25 1/cm.

1 – Quartz
2 – K-Feldspar
3 – Plagioklase
4 – Mafic constituents, accessory and opaque minerals.

In this expression we have defined all parts except d, which is the grid constant, and a_0, which is the surface of the measured field. With the aid of a nomogram, proposed by Giger and Erkan (1968) the variation-coefficients of the surface density can be calculated, but only if the structures are isotropic.

Table II:
Index of Intergrowth and surface density of three oriented thin sections of a granite from Seebach-Wolfsbrunnen, Black Forest, Germany.

Thin Section A

	Index of Intergrowth (%)				Surface Density, S_V (1/cm.)			
	1	2	3	4	1	2	3	4
1	10.71	16.24	4.06	6.99	6.88	10.43	2.61	4.51
2		28.21	10.80	14.97		18.12	6.94	9.63
3			1.06	1.84			0.69	1.25
4				4.87				3.16
							Total	64.22

Thin Section B

1	24.28	17.88	7.15	12.70	18.14	12.10	3.47	8.64
2		12.89	9.44	7.96		8.93	5.47	7.78
3			0.84	0.97			0.43	2.59
4				4.81				9.07
							Total	76.62

Thin Section C

1	11.62	18.64	5.48	8.76	6.36	10.20	3.00	4.80
2		29.38	10.96	11.62		16.08	6.00	6.36
3			0.43	0.86			0.24	0.49
4				2.18				1.20
							Total	54.73

1 – Quartz
2 – K-Feldspar
3 – Plagioklase
4 – Dark constituents, Accessories and Opaques.

As example (Tables I to IV), we are going to look at values of five granites of different age and location, all measured by Erkan (1969):

1) A typical Precambrian granite from Granitville, Missouri;
2) one from Virginia (probably of Paleozoic age);

Table III:
Comparison of Index of Intergrowth and surface density of three granites from different localities

	Indices of Intergrowth (%)				Surface Densities, S_V (1/cm.)			
	1	2	3	4	1	2	3	4
Seebach-Wolfsbrunnen, Black Forest (averages)								
1	15.46	17.05	4.76	8.69	10.46	10.91	3.03	5.98
2		22.61	9.89	10.23		14.38	6.14	7.92
3			0.80	1.89			0.45	1.44
4				3.95				4.48
							Total	65.18
Virginia (USA)								
1	11.51	17.45	7.88	5.23	3.73	5.65	2.55	1.69
2		27.90	15.85	8.41		9.04	5.14	2.73
3			3.54	2.21			1.15	0.72
4				-				-
							Total	32.40
Mt. Orfano (Italy)								
1	7.20	16.51	3.00	8.40	1.59	3.65	0.66	1.86
2		24.32	17.41	12.91		5.38	3.84	2.85
3			3.60	3.60			0.80	0.80
4				3.00				0.66
							Total	22.09

1 – Quartz
2 – K-Feldspars
3 – Plagioklase
4 – Dark constituents, Accessories and Opaques.

3) one of Paleozoic age from the Black Forest (Seebach-Wolfsbrunnen);
4) one from Baveno-Lago;
5) one from Mt. Orfano, both in Northern Italy and both of Tertiary age.

In order to test the degree of anisotropy, the granites from Granitville, Missouri (Table I) and from the Black Forest (Table II) were measured on three perpendicu-

Table IV:
A Comparison of the Index of Intergrowth and the Surface Densities of two additional granites (Compare Table III).

Granitville, Missouri (Averages)

	Index of Intergrowth (%)				Surface Densities, S_V (1/cm.)			
	1	2	3	4	1	2	3	4
1	13.23	27.48	9.05	2.19	3.43	7.10	2.37	0.57
2		20.51	20.48	1.53		5.28	5.36	0.41
3			4.89	0.29			1.27	0.41
4				-				-
							Total	26.20

Baveno, Lago

1	13.11	35.56	8.16	4.66	3.51	9.51	2.18	1.25
2		15.45	14.28	4.95		4.13	3.82	1.33
3			1.16	0.87			0.31	0.23
4				2.32				0.47
							Total	26.74

1 – Quartz
2 – K-Feldspar
3 – Plagioklase
4 – Dark constituents, Accessories, Opaques.

lar planes. Both, the surface density S_V and the Locking Index V (i, k) were obtained. In all three cuts of the Granitville Granite the values are almost identical; consequently this granite may be considered to be isotropic.

Table II, on the other hand, shows that the granite from the Black Forest has different values in the three directions of the system of coordinates. Table III shows that the values of the other three granites have very similar Indices as the two previous ones.

Consequently, these and other measurements of surface densities and Intergrowth Indices have indicated so far that these two numerical values provide a useful numerical basis for paragenetic comparisons of crystallisation sequences.

6. Matrix of Coordination

Next in line for introduction is now the topologic concept named matrix of coordination (Giger, Erkan, Amstutz, 1967). It can be considered as a generalisation of the run-concept, a probabilistic idea investigated by Wald (1940) and by others, but introduced into lineal analysis only by Gücer (1965). Although Gücer's introduction is not satisfactory in every respect it indicates a way of describing the aggregates from a topological point of view, which supplements the metric description of the structure given in the third and fourth section of this paper.

The concept of the matrix of coordination shall first be explained with two model-experiments.

Fig. 4 shows a part of a thin section of a diabase. This map was used as a field of grains which for each experiment could be coloured according to a selected rule.

In one of these experiments, which shall be used only to explain the concept of the matrix of coordination, the map given in fig. 5 resulted.

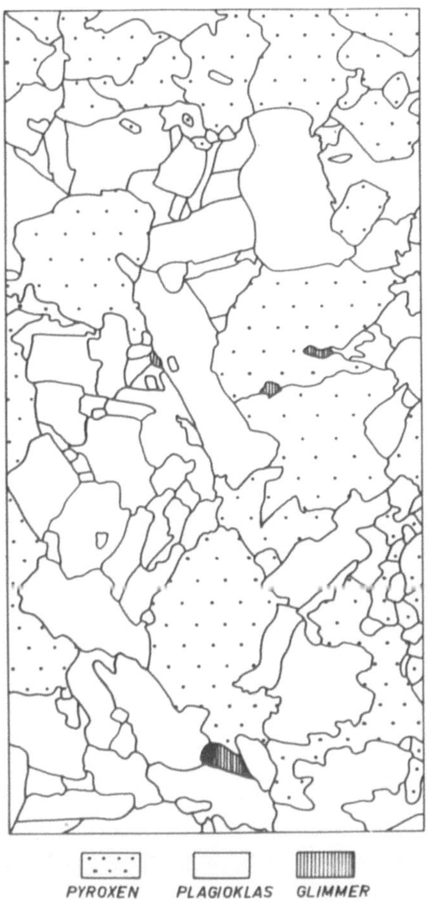

Fig. 4.

Fig. 5.

If we count for a given domain A the number of the adjacent (or contiguous) domains B and sum up these numbers for all domains A in the section plane we obtain the total number N(A, B) of neighbourhoods between A and B.

If N denotes the total number of domains considered, N(A) the number of domains A, and N(B) the number of domains B, the following quotient shall be named Coordination-Number of A and B:

$$K(A,\ B) = \frac{N(A, B) \cdot N}{N(A)\, N(B)}$$

The four numbers K(A, A), K(A, B) = K(B, A), K(B, B) can be interpreted as components of a symmetric Matrix of Coordination.

The result of our experiments of fig. 5 is given by Table P and the calculated numbers of coordination listed in Table Q.

Table P

N (A, B)	A	B
A	302	872
B	872	1599

Table Q

K (A, B)	A	B
A	2,24	5,20
B	5,20	7,66

In the given model case this matrix represents the fact that the domains B are all linked together to what the petrologist calls a groundmass and the groups A – A are dispersed in the network of B-domains.

In general we define:

$$K(i, k) = N(i, k) \cdot N/N(i) \cdot N(k).$$

N (i, k) equals the number of particles of the ith phase intergrown with the particles of the kth phase; N (i), or N (k) respectively, is the total number of particles of the ith or kth phase taken into account; N is the total number of particles in the aggregate.

Fig. 6 shows the result of the experiment, where four colours A, B, C, D were used. The grains are covered in the proportion 1 : 2 : 3 : 4 with the four colours, A, B, C, D. Each of the colours was applied to the grains by using a table of random numbers and applying the colours if

A was equal = (0), B = (1, 2), C = (3, 4, 5), D = (6, 7, 8, 9).

This means: a noncoloured grain of Fig. 4 was chosen and afterwards a random number was assigned to it. If this number was for instance 4 then the grain was coloured with colour C.

Table V

	A	B	C	D		N_i
A	25	50	90	137	$N_{(i,k)}$	55
	4.97	5.02	5.50	5.78	$K_{(i,k)}$	
B		101	210	224		109
		5.11	6.47	4.47		
C			313	356		179
			5.88	4.62		
D				558		259
				5.00		

$K_{(i,k)} = 5.312 \mp 0.180$
$\kappa = 5.201$
$\chi^2 = 8.618 \quad f = 10$
$p = 50\,\%$ bis $70\,\%$

The corresponding matrix of coordination given in Table V shows the important quality of the coordination numbers, to become equal, if a large number of domains is taken into account, and if the assignment of the colours A, B, C, D to the domains is random. The coordination-number K(i, k) is then equal the *mean* number of neighbourhoods κ of a domain in the given partition of the plane.

Table VI shows the results, if the matrix is determined for the structure on a straight line, which means, by a lineal analysis in the structure given by the figure 6. It is clear that here $\kappa = 2$, whereas in Table V $\kappa \leqslant 6$.

Table VI

	A	B	C	D		N_i
A	6 2.10	14 2.10	16 1.63	32 2.08	$N_{(i,k)}$ $K_{(i,k)}$	34
B		30 2.62	40 1.82	54 1.60		68
C			78 1.84	122 2.41		131
D				142 1.96		171

$K_{(i,k)} = 2.016 \mp 0.100$
$\kappa = 2.010$
$\chi^2 = 3.558 \quad f = 10$
$p = 90\,\%$ bis $95\,\%$

Fig. 7 shows the graph of the result. In our experiment the χ^2-Test was used to verify the important quality of the coordination numbers to become equal when the arrangemer of the different grains in the aggregate is random and to also verify that this quality is preserved if the dimension of the sample is changed. This statement is mathematically correct; but it must be pointed out, that this quality is not preserved if the arrangement of the grains is not random. This was shown by the experiment of fig. 8, Table VIIa and Table VIIb respectively correspond to cases where the sample were two- and one-dimensional. In Table VIIb K(A, B) and K(B, B) are approximately equal; they differ greatly in Table VII a. This result shows that it is not possible to determine the topological properties contained in the matrix of coordination of spacial aggregates by measuring in sections only. Therefore the interpretation of the matrices derived from thin-sections or from lineal analysis is still an unsolved problem. But we hope, that the topologic-metric matrices derived from one- or two-dimensional samples of rocks and ores promise to enable the petrologist to approach problems of phase relations and genesis by quantitative studies of intergrowth. So far the methods described were tested on granites, dolerites, charnockites, and chromites and massif sulfide ores.

A
B
C
D

Fig. 6.

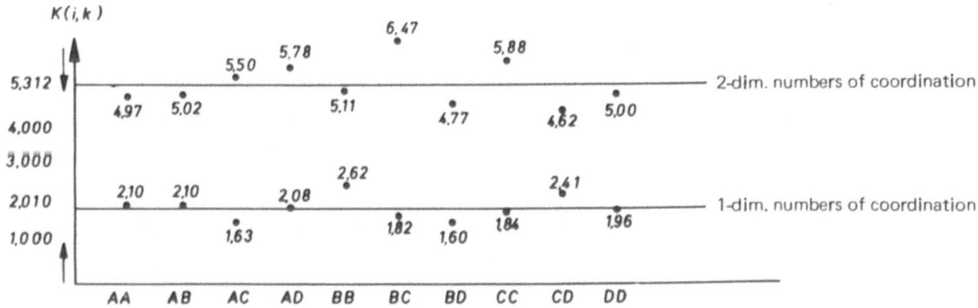

K(i,k)
5,312
4,000
3,000
2,010
1,000
2-dim. numbers of coordination
1-dim. numbers of coordination
4,97
5,02
5,50
5,78
5,11
6,47
4,77
5,88
4,62
5,00
2,10
2,10
1,63
2,08
2,62
1,82
1,60
1,84
2,41
1,96
AA
AB
AC
AD
BB
BC
BD
CC
CD
DD

Fig. 7.

Table VII/a

	A	B		N_i
A	302	872	$N_{(i,k)}$	302
	2.24	5.20	$K_{(i,k)}$	
B		1599		376
		7.66		

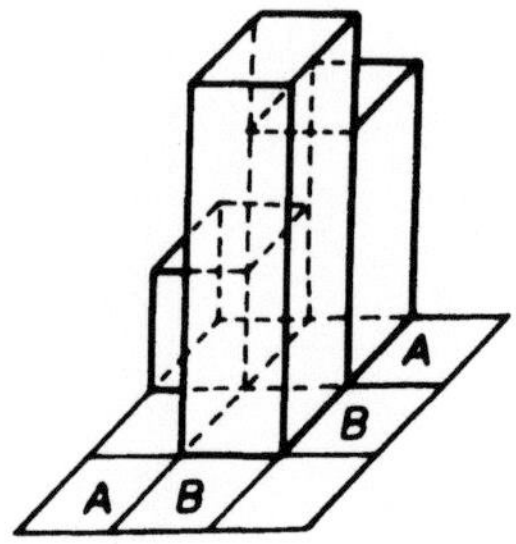

Fig. 8a.

Table VII/b

	A	B		N_i
A	74	296	$N_{(i,k)}$	188
	1.69	2.05	$K_{(i,k)}$	
B		958		621
		1.89		

χ^2 (1 dim., 2 dim.) = 360.957 f = 2
p ≈ 0 %

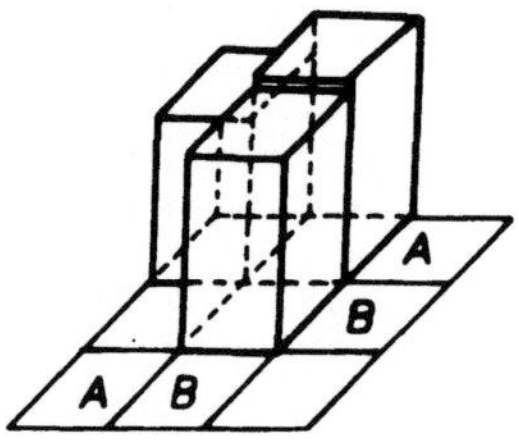

Fig. 8b.

7. "Straight-intersection-numbers"

In most mineral aggregates it is quite obvious that during the crystallization process grain agglomeration is a continuous process. This means that the earliest grains are surounded by the next generation and so on. This simple fact may be illustrated by two well-known examples. Fig. 9a displays a vein pattern with a clear paragenetic sequence of crystallization. This sequence is reflected in the geometry of overgrowth. If this vein material is crushed and the particles investigated, it must be possible from the intergrowth geometry seen in the particles, to reconstruct the paragenetic history of the original ore vein. This was confirmed by a model test. One of the methods developed for this purpose is the determination of the so called "straight intersection numbers", which will shortly be explained. It is closely related to the convex-concave test performed by Amstutz (1965).

One may say that the paragenetic geometry of a vein is a special case and for this reason a poor example. Let us therefore examine a common rock such as an oolite; we see the same holds true, as fig. 9b demonstrates. Here, the superposition principle is correct not only in two dimensions, as in the vein, but also in the third dimension: the sequence of the layers in oolites is of course clear; they are surrounded by an intermediate corona of calcite and the last generation of carbonate fills the left-over triangular pore spaces between the individual spheres.

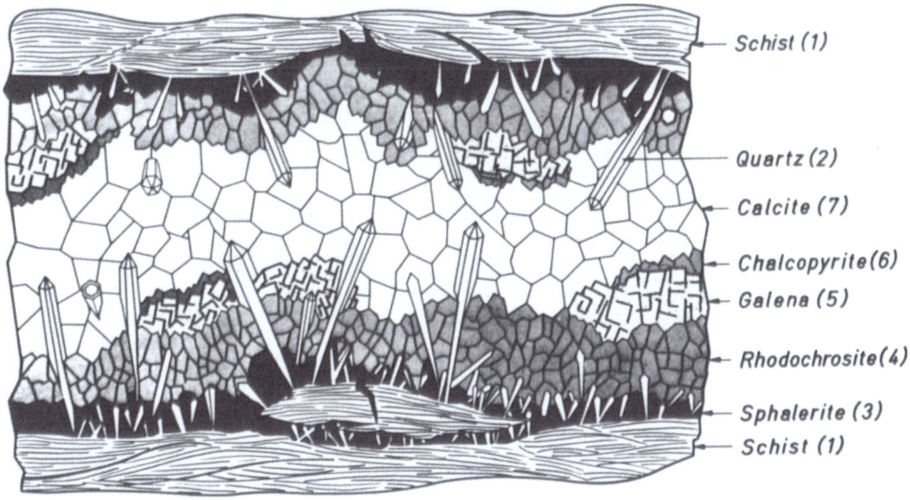

Fig. 9a. (after Mancher)

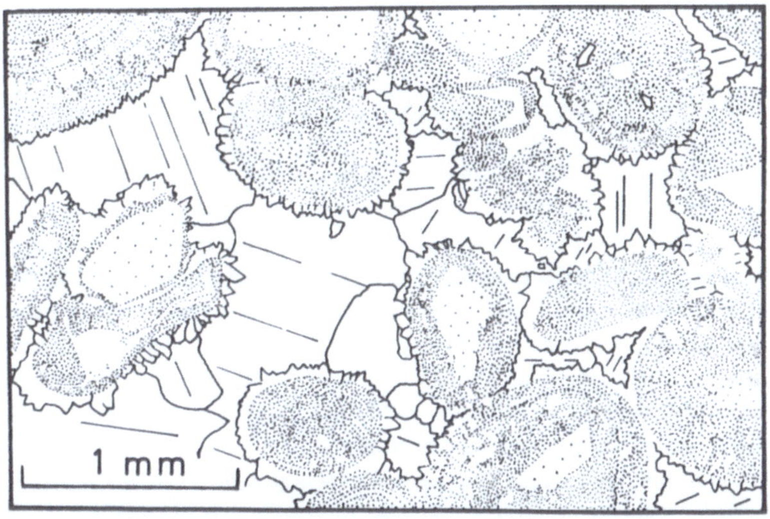

Fig. 9b. (after Park, 1968)

Similar geometric relations apply to magmatic rocks, whereas in metamorphic rocks we deal with an entirely different situation, but which again is reflected in the geometric intergrowth properties.

The simple fact of this basic overgrowth-in-time relation can be illustrated by the following drawing (fig. 10):

From it we see that the boundary of the earlier grain A is straight or at least a smooth line at the intersection point of two subsequent grains, – provided this boundary does not

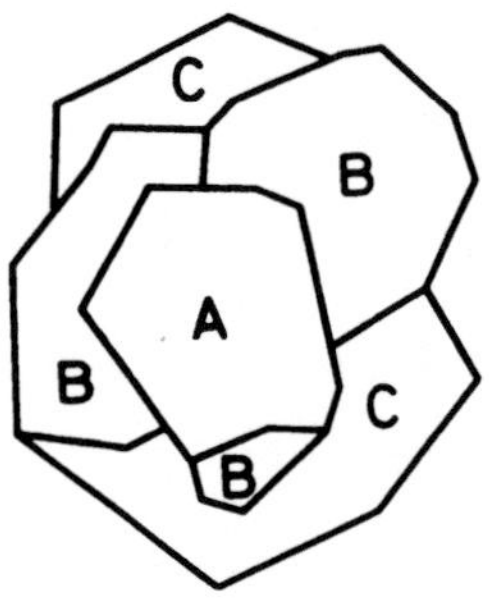

Fig. 10a.

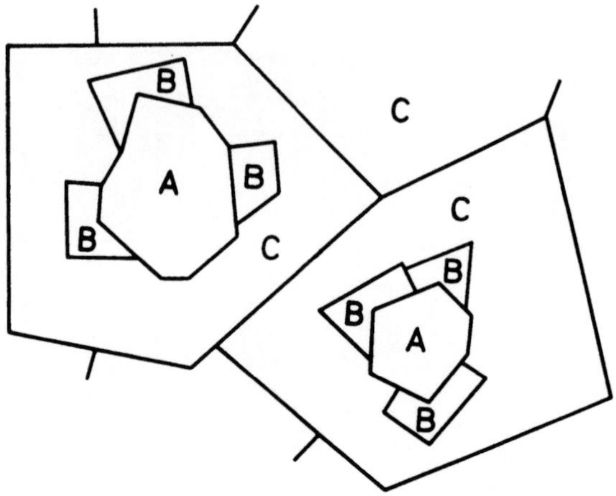

Fig. 10b.

coincide, by accident, with a corner of grain A, which is surely an exception. The "straight-intersection" points may for convenience be termed "false corners".

If one determines in a thin or polished section all false corners of grain type i and averages over the total number of grains investigated, one obtains a mean straight-intersection number I (i)

$$I(i) = \lim_{N(i) \to \infty} \frac{\sum_{n=1}^{N(i)} N_n(i)}{N(i)}$$

where $N_n(i)$ is the number of false corners on the rim of the n-th cut grain of grain type i, and N (i) is the number of all cut grains of component i, which were recorded.

In metamorphic mineral aggregates recrystallisation often produces triangular points, due to the tendency of the surfaces to reach an equilibrium of surface energy levels. These grains do not contribute to the count of the straight intersection number, but yield through an additional investigation of the angles an additional set of geometric information. Whatever straight intersections are still present in the rock must have a meaning and must, if enough observations are made, yield some clue to the original paragenetic sequence – unless all of the minerals are recrystallized.

In order to test the basic assumption made on these straightline relationships, some granites and norites were measured. It would lead too far, to also present this information. Of course, one must keep in mind certain limitations or modifying factors, such as the influence of the individual shape of minerals which are rarely spherical. Also, mechanical forces or exsolution or epitactic overgrowth may have played a certain role.

It should be mentioned that a practical geometrical analysis with combined automatic recording and computing is now in use in many Research Laboratories, for example in the French iron industry.

The results requested by this industrial Laboratory are still relatively simple: Only the average composition, the grain size and the locking properties of three components are sought. But it is obvious that a more detailed and scientific analysis only depends on the degree of refinement of the micro-photometer and the computer program.

Reports on many more applications are given in the book "Stereology" edited by Elias (1967), which represents the summaries of papers presented at the Second International Congress for Stereology.

In conclusion we would like to say that the preliminary tests briefly outlined, appear to indicate quite clearly that the Index of Intergrowth, the coordination matrix and the straight-intersection-numbers are distinct metric and topologic properties of mineral aggregates. When compared systematically, different rocks and ores show discrete, quantitative differences of intergrowth and coordination. We believe that it should be possible to use them for comparisons and to connect them with distinct modes of formation, for example a formation from a melt or a solution as compared to a formation by recrystallisation of replacement.

Literature

Amstutz, G. C.: A Quantitative Approach to Paragenetic Relations of Ore Minerals, Freiberger Forschungshefte, C *186,* 41–50 (1965) Oelsner Festschrift.

– A geometric classification of basic intergrowth patterns of minerals. AGI-Data Sheet 21, Geotimes (1954/60).

Chayes, F.: Petrographic Modal Analysis. New York: Wiley, 1956.

DeHoff, R. T. and F. N. Rhines: Determination of Number of Particles Per Unit Volume from Measurements made on Random Plane Sections. AIME Trans. *221,* 975–982 (1961).

DeHoff, R. T.: The Determination of the Geometric Properties of Aggregates of Constant-Size Particles from Counting Measurements made on Random Plane Sections. AIME Trans. *238,* 764–769 (1964).

Delesse, M. A.: Procédé mécanique pour déterminer la composition des roches. C. R. Acad. Scie (Paris) *25,* 544 (1847).

Dörfler, G.: Stereometrische Strukturaufklärung mit Hilfe der Elektonenstrahl-Mikrosonde, Z. F. analyt. Chemie, 221, Bd. (1966).

Elias, H., ed.: Stereology. Proc. Sec. Internat. Congress for Stereology, Chicago, April 1967, 337 p., Springer, New York (1967).

Erkan, Y.: Ein Versuch zur quantitativen Erfassung der Festigkeitseigenschaften und zur quantitativen Charakterisierung der Granite. Diss. Univ. Heidelberg (1969) 70 p.

Fejes Toth, L. und Hadwiger, H.: Über Mittelwerte in einem Bereichssystem. G. H. Asachi, *3/1,* 29–33 (1948).

Giger, H.: A system of basic stereologic formulae. Proc. sec. Internat. Congress for Sterology, Chicago, 257–258 (1967).

Giger, H.: Ermittlung der mittleren Maßzahlen von Partikeln eines Körpersystems durch Messungen auf dem Rand eines Schnittbereichs. ZAMP, 18/6, 883–888 (1967).

Giger, H.: Grundgleichungen der Stereologie I und II., Metrika XVI/1 (im Druck).

Giger, H. und Erkan, Y.: Zur Bestimmung der fundamentalen Dichten in einem Festkörpergefüge. Z. f. wiss. Mikroskopie, *68,* I, 36–48 (1968).

Giger, H., Erkan, Y. und Amstutz, G. C.: Topologische Eigenschaften von Mineralaggregaten. Verhandl. Schweiz. Naturf. Ges. *1967,* 125–129 (1967).

Gücer, D.: A statistical description of distribution of phases. Bulletin of the Technical University, Istanbul, 18, 107–125 (1965).

Gurland, J.: The measurement of grain contiguity in two-phase alloys. Trans. Am. Inst. Mining Met. Engrs., 212, p. 452 (1958).

Hadwiger, H.: Normale Körper im euklidischen Raum und ihre topologischen und metrischen Eigenschaften. Math. Z. *71*, 124–140 (1959).

Hennig, A.: Bestimmung der Oberfläche beliebig geformter Körper mit besonderer Anwendung auf Körperhaufen im mikroskopischen Bereich. Mikroskopie *11*, (1956).

Kauffman, M. E.: Using Quantitative Methods in Geology. Geologie en Mijnbouw, *45*, 231–237 (1966).

Kretz, R.: Interpretation of the shape of Mineral Grains in Metamorphic Rocks. J. of Petrology, *7*, Part 1, 68–94 (1966).

Park, W. C.: Sedimentation, diagenesis and ore genesis in the Cave-In-Rock fluorspar district, Southern Illinois. Diss. Univ. Heidelberg, 153 p. (1968).

Rhines, F. N.: Origins of quantitative metallography. Trans. AIME 232, 417–434 (1965).

Sander, B.: Einführung in die Gefügekunde der geologischen Körper. 1. Teil 1948, 2. Teil 1950.

Smith, C. S.: Interphase Interfaces. In: Imperfections in Nearly Perfect Crystals. (ed. J. H. Holloman, R. Maurer, F. Seitz). New York: Wiley, 1950.

Smith, C. S.: Grain shapes and other metallurgical applications of topology. (1952).

– Some elementary principles of polycrystalline microstructure. Metallurgical Reviews, Vol. 9, No. 33 (1964).

Stanton, R. L.: Textures of Stratiform Ores. Nature *202*, 4928, 173–174 (1964).

Steinhaus, H.: Mathematical Snapshots. Oxford University Press, pp. 90–91 (1960).

Tomkeieff, S. L.: Linear Intercepts, Areas and Volumes. Nature, *155*, 24 (1945).

Weibel, E. R.: A Principle for Counting Tissue Structures on Random Sections. J. Appl. Physiol. *17*, 343 (1962).

– Principles and Methods for the Morphometric Study of the Lung and other Organs. Laboratory Investigation, *12*, 2, 131–155 (1963).

– Practical Morphometric Methods for Cytology. J. Bell Biology (1965).

Together with the proofs of this paper the following *new* publications were received:

Underwood, E. E.: Quantitative Stereology. London: Addison-Wesley, 274 p., 1970.

Erkan, Y.: Ein Versuch zur quantitativen Erfassung der Festigkeitseigenschaften und zur quantitativen Charakterisierung der Granite. N. Jb. Miner. Abh., *113*, 91–109 (1970).

TEKTONIK UND VERERZUNG IM COBALT-GEBIET, CANADA: EINIGE NEUE ASPEKTE.

E.F. Stumpfl
Department of Geology, University of Manchester, Manchester, England
und
C. Halls
Mineralogy Department, New Brunswick Research Council, Fredericton, N.B., Canada

Abstract

Structural investigation of Silver deposits in the Cobalt district, Ontario, reveals the significance of primary fracture patterns in the Keewatin basement for the development of Silver-bearing lodes in the Huronian. The Penokian (1200 m.y.) and the Grenville orogeny (880 m.y.) resulted in post-platform tectonic activation of the Cobalt Block, generating fault systems which acted as channelways for mineralising solutions. Co-Ni-Ag-mineralisation is poly-ascendent; there are four structurally and mineralogically defined types of ore veins.

1. Einleitung

Die Silberlagerstätten des Cobalt-Gebietes stehen seit Beginn dieses Jahrhunderts in Abbau und haben bisher an die 20 000t Ag geliefert. Die hohen Silbergehalte (bis zu 7 %) mancher Gänge, und beträchtliche Gehalts-Schwankungen im Streichen führten von Anfang an dazu, daß vorwiegend Reicherzkörper in Oberflächennähe und bis zu etwa 100 m Tiefe abgebaut wurden. Die einzelnen Gruben waren verhältnismäßig klein und wurden von einer Vielzahl verschiedener Gesellschaften betrieben. Erkundung ärmerer Gangpartien und neuer Lagerstätten, sowie Koordination der Befunde auf regionaler Ebene kam dabei häufig zu kurz. In der Literatur finden sich vorwiegend Arbeiten rein mineralogischen, stratigraphischen oder petrographischen Inhalts. Eine Ausnahme bilden die ausgezeichneten Berichte Thomsons (1960 ff.). Genetische Hinweise beschränken sich weithin darauf, den Nipissing-Diabas oder die huronischen Sedimente als Erzbringer anzuführen. Die vorliegende Arbeit versucht, einige vorläufige tektonische Ergebnisse in Übersicht zu bringen. Die Bedeutung gefügeanalytischer Arbeitsmethoden für den Bergbau wurde erstmals von Karl (1953) am Beispiel der Grube Mitterberg, Salzburg, ausführlich dargelegt. Die in den letzten Jahren durchgeführten absoluten Altersbestimmungen an Gesteinen des kanadischen Schildes (Stockwell 1964) ermöglichen es jetzt, Tektonik und Vererzung in einem altersmäßig definierten Rahmen zu sehen.

Drei Aspekten wandte sich besonderes Interesse zu: 1) Korrelation von Strukturen im regionalen und Aufschluß-Bereich. 2) Einfluß der Gesteinsbeschaffenheit auf das tektonische Gesamtbild. 3) Monoaszendenter oder polyaszendenter Charakter der Vererzung. – Alle diese Fragen sind von beträchtlichem bergmännischen Interesse, liefern die Gruben des Cobalt-Gebietes doch an die 150,000 kg Silber pro Jahr.

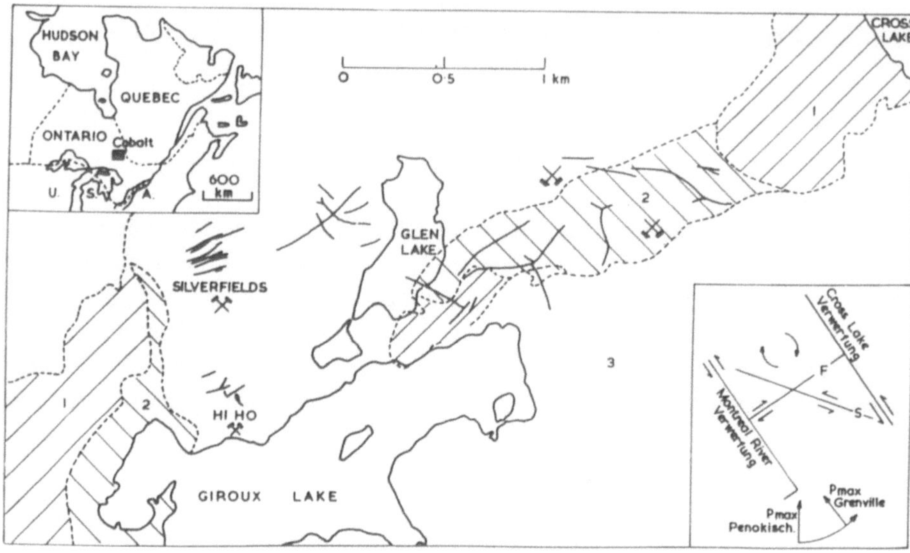

Abb. 1.
Geologische Skizze der Umgebung der Gruben Silverfields und Hi Ho, Cobalt, Ontario. 1 = Keewatin (vorwiegend andesitische Laven); 2 = Huron (klastische Sedimente); 3 = Nipissing-Diabas. Die schwarzen Linien sind Erzgänge. Die Skizze rechts unten zeigt den Versuch, das Aufreißen der vererzten Fiederspalten den Beanspruchungs-Plänen der penokischen und der Grenville-Orogenese zuzuordnen. Beide Orogenesen erfaßten Bereiche die S bzw. SE des Cobalt-Blockes liegen. In letzterem kam es dabei vor allem zur Reaktivierung alter Bruchtektonik, jedoch nicht zu Faltungsvorgängen.

Die wichtigsten Glieder der präkambrischen Schichtfolge im Cobalt-Gebiet sind im Blockdiagramm (Abb. 2) in Übersicht gebracht; ihre Verteilung im Bereich der untersuchten Gruben geht aus Abb. 1 hervor. Es handelt sich dabei um folgende Einheiten:

1. Der Nipissing Diabas, ein bis zu 300 m mächtiger Lagergang, der vor etwa 2100 Mio. J. in die huronischen Sedimente intrudiert ist, und diese geringfügig kontaktmetamorph beeinflußte.

2. Huron. Klastische, z.T. wohl periglaziale Sedimente: Grauwacken, Schiefertone, Konglomerate, ? Tillite. Diese wurden z.T. in Erosionsrinnen auf dem älteren Keewatin abgelagert.

3. Keewatin. Basische bis intermediäre (andesitische) Vulkanite, z.T. Kissenlaven, die mit feinkörnigen Sedimenten ("black shales") wechsellagern.

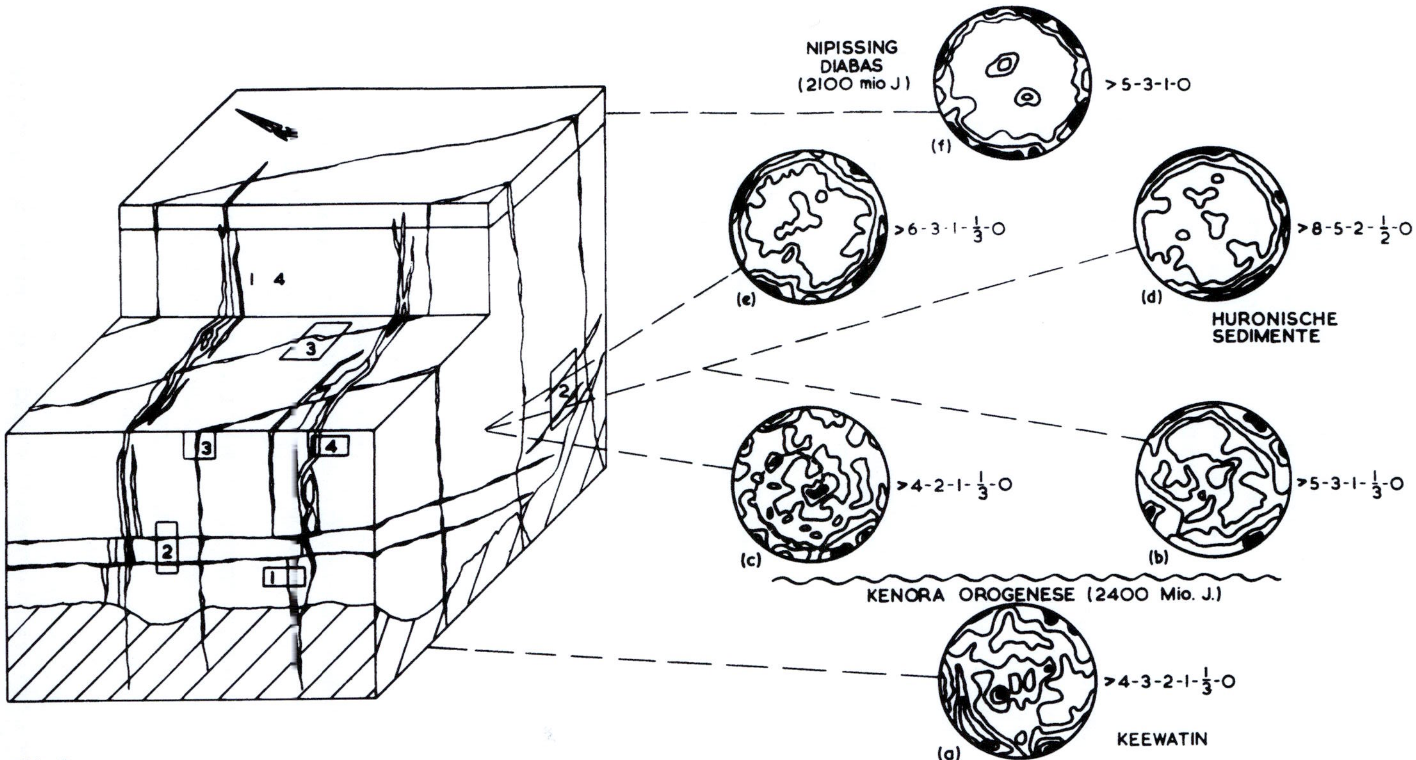

Abb. 2

Vereinfachtes Raumbild der präkambrischen Schichtfolge und Gangentwicklung im Gebiet der Gruben Silverfields und Hi Ho (nach Halls und Stumpfl, 1969). Klastische huronische Sedimente liegen zwischen den Vulkaniten des Keewatin im Liegenden und dem Nipissing-Diabas im Hangenden. Gänge der Typen 1–4 sind vorzugsweise im Huron entwickelt. – Der rechte Teil der Abb. ordnet den Hauptgesteinstypen die entsprechenden Poldiagramme der Klüfte zu. (a) Vulkanite des Keewatin, 4. und 5. Sohle der Grube Silverfields, 300 Pole; (b) Konglomerate und Quarzite des Huron, Grube Silverfields, 300 Pole; (c) Verschiedene klastische Sedimente des Huron, Grube Silverfields, 4. und 5. Sohle, 300 Pole (Maxima sind auf einer Spiralbahn angeordnet.); (d) Feinschichtige huronische Grauwacken, Grube Hi Ho, 300 Pole; (e) Feinschichtige huronische Grauwacken, Grube Silverfields, 4. Sohle, 300 Pole; (f) Nipissing Diabas, Übertage-Aufschluß, 150 Pole.

2. Tektonik

Der Cobalt-Block wird im E durch die NNW streichende Temiskaming-Störung, im W durch die Onaping-Störung, und im SE durch die verhältnismäßig junge Grenville-Provinz (880 Mio. J.) begrenzt. Die zwei genannten Störungssysteme gehen ihrer Anlage nach auf das ältere Präkambrium zurück und lassen sich von der Grenville-Front im S bis ins Mattagami-Gebiet westlich von Timmins verfolgen. Die gegenwärtige Topographie des Gebietes läßt den markanten Einfluß dieser tektonischen Lineamente erkennen, die im Zuge späterer Orogenesen (Penokische, 1200 Mio. J., Grenville, 880 Mio. J.) mehrfach reaktiviert wurden. Bewegungen im Großbereich der genannten Störungen führten zur Entstehung sekundärer Systeme von Scher- und Fiederspalten; auf letzteren kam es später zum Ansatz hydrothermaler Co-Ni-Ag-Erze (siehe Abb. 1). Die Kenora-Orogenese (2400 Mio. J.) ist von grundlegender Bedeutung für das Verständnis der tektonischen Entwicklung im Cobalt-Gebiet. Vor 2400 Mio. J. führte diese zur Auffaltung der Keewatin-Gesteine, die jetzt in steilstehenden isoklinalen Faltenzügen vorliegen, mit vertikalem, WNW-streichendem sedimentären s. Diese stellen Schwächezonen dar, welche im Zuge späterer Orogenesen bevorzugte Richtungen für den Druckausgleich liefer-ten. Diese im Keewatin so gut ausgebildeten Richtungen wurden im Zuge der penokischen und Grenville-Orogenese reaktiviert: Sedimentäres s wurde zum Scherungs-s. Diese Bewegungen übertrugen sich auf das huronische „Deckgebirge" sowie auf den Nipissing-Diabas, und führten zum Aufreißen von NE–SW (ENE–WSW) und NW–SE streichenden Spaltensystemen in den teilweise richtungs-isotropen klastischen Sedimenten. Hier stellen sich zwei Fragen: 1). Warum hält sich die bergwirtschaftlich bedeutsame Vererzung vorwiegend an die NE–SW (ENE–WSW) streichenden Spaltensysteme? 2.) Warum sind die reichsten Erzkörper in den huronischen Sedimenten im Liegenden des Nipissing-Diabas? Letzterer Befund hat häufig dazu Anlaß gegeben, genetische Zusammenhänge zwischen Diabas-Intrusion und Vererzung zu sehen. Tektonische Untersuchungen unter und über Tage lassen jedoch erkennen, daß der Grund für „2" in der mechanischen Beschaffenheit der huronischen Sedimente zu suchen ist. Zwischen dem bereits seit der Kenora-Orogenese mit bevorzugten Bewegungsrichtungen ausgestatteten, hochteilbeweglichen Keewatin, und dem Nipissing-Diabas, verhielt sich das minderteilbewegliche Huron bei späterer Beanspruchung spröd. Auf von der penokischen (von S) und von der Grenville Orogenese (von SE) kommenden Druck antworteten die Sedimente mit dem Aufreißen von Scher- und Fiederspalten, wobei letztere die zur Platznahme der Vererzung notwendigen Räume boten (siehe Abb. 1, rechts unten). Dies beantwortet die oben gestellte Frage „1".

Gefügekundliche Methoden kamen vor allem in den Gruben Silverfields und Hi Ho, sowie an einigen Übertage-Aufschlüssen zur Anwendung. Die Ergebnisse von Kluftmessungen sind in Abb. 2 in Übersicht, und in Beziehung zum Blockbild gebracht. Dabei ist deutlich die Kontinuität der Beanspruchungs-Symmetrie über beträchtliche Zeiträume zu erkennen (Kenora – Grenville Orogenese = 2400–880 Mio. J.). Kluftsysteme im Keewatin, das der Kenora-Orogenese ausgesetzt war, sind komplexer als in den huronischen Sedimenten, die nur von den „Fernwirkungen" (= reaktivierte Bruchtektonik) der penokischen und Grenville Orogenese betroffen waren.

1.) Klufttektonik in den Laven des Keewatin (Abb. 2, (a)). Besonders gute und typische Aufschlüsse sind auf der 4. Sohle der Silverfields-Grube zu finden. Andesite und andesitische Brekzien des Keewatin liegen hier ohne die sonst weitverbreiteten sedimentären Zwischenlagen vor. Letztere zeigen (im Gegensatz zu den Vulkaniten), intensive plastische Deformation und z.T. Rekristallisation. Die wesentlichen Daten des Diagramms Abb. 2(a) sind in Abb. 3 hervorgehoben. Dabei läßt sich die Kombination A–B als ein Paar von Scher- und Zug-Klüften erklären, die ihren Ursprung in den mit der Kenora-Orogenese verbundenen Faltungsvorgängen haben. Rotation dieses Diagrammes in die prä-Kenora-Lage zeigt, daß die Gesteine des Keewatin während der Kenora-Orogenese einem von SSW–NNE Richtungen dominierten Beanspruchungsplan ausgesetzt waren. – Diese primäre Kluftverteilung kann später im Zuge andauernder Kompression in NE–SW-Richtung noch verstärkt worden sein. Damit sind jedoch die auf einem

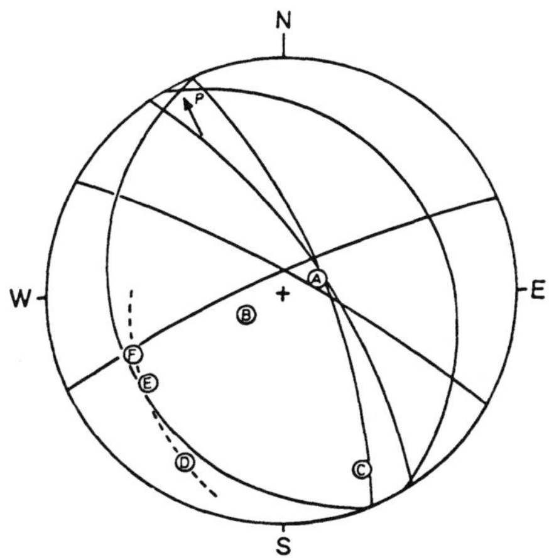

Abb. 3.
Maxima der Kluftpol-Verteilung in Vulkaniten des Keewatin aus der Grube Silverfields.

Großkreis liegenden Maxima D und E–F noch nicht erklärt. Der Cobalt-Block kam in post-huronischer Zeit vor allem in seinen randlichen Bereichen unter den Einfluß der penokischen und der Grenville-Orogenese. Zunächst würden die nun steilstehenden sedimentären s sowie die primär angelegten Maxima A und B als Bewegungsbahnen für den Druckausgleich dienen. In spitzem Winkel zum ursprünglich sedimentären s kamen dann auch sekundäre Scherklüfte (E–F) zur Ausbildung. Die gürtelartige Besetzung des Bereiches zwischen E–F und D ist eventuell durch Rotation des Beanspruchungsplanes zu erklären. Besonders im Bereich der Erosionsrinnen übernahmen die huronischen Sedimente die flach fallenden Strukturelemente des Keewatin. Im Huron sind diese nun als dolomitische PbS-ZnS-$CuFeS_2$-Gänge des Types „2" (siehe Blockbild, Abb. 2) ausgebildet. Auf den Einfluß des sedimentären s auf die Gangbildung im Huron wird später noch hingewiesen.

Inwiefern das gut ausgebildete Maximum C den ac-Klüften des Kenora-Beanspruchungsplanes entspricht, wird erst durch weitere Untersuchungen zu klären sein. Bemerkenswert ist jedenfalls, daß diese Richtung mit der Hauptrichtung der Erzgänge im Bereich Silverfields- Hi Ho (N65–70E, ± saiger) zusammenfällt.

2.) Klufttektonik im Huron. Diese ist weithin durch die Strukturelemente des älteren Keewatin bestimmt. Das ursprüngliche Bild wurde jedoch durch folgende Faktoren beeinflußt bzw. verändert:

a) Die Morphologie der Sedimentations-Fläche (Erosionsrinnen).

b) Richtungs-Anisotropie in den Sedimenten: Schichtflächen, Fazieswechsel, diagenetische Klüftung.

c) Bewegungssinn auf den Strukturen im Liegenden (Keewatin): Einfache Seitenverschiebung kann zur Entstehung komplexer Verwerfungssysteme im Deckgebirge führen. Die klassischen Experimente von Riedel (1929) und E. Cloos (1955) zeigten, daß die so entstandenen Strukturelemente denen im Liegenden nicht notwendigerweise parallel sind.

Die Vielfalt der an der huronischen Schichtfolge beteiligten Sedimente läßt sich für Zwecke der gefügekundlichen Betrachtung zwei Typen zuordnen: Gesteine mit ausgeprägtem sedimentären s (vor allem feinschichtige Grauwacken und Schiefertone) und Gesteine, die im Aufschlußbereich weithin richtungs-isotrop sind (Konglomerate, ? Tillite, sedimentäre Misch-Fazies).

A) Die feinschichtigen Grauwacken sind durch ein besonders gut entwickeltes System senkrechter Klüfte charakterisiert. Die Verhältnisse im Bereich des „II"-Ganges, Grube Silverfields, sind in Abb. 2, Diagramm(e), die in einem lithologisch ähnlichen Bereich von der Grube Hi Ho in Abb. 2, Diagramm (d) in Übersicht gebracht. Diese Diagramme zeigen in Gegensatz zu Abb. 2 (a) einen deutlichen Gürtel. Derartige Verschiedenheiten zwischen Keewatin und Huron sind nicht nur an Hand der Kluftdiagramme zu beobachten. Der C-14 Gang auf Grube Hi Ho ist ein gutes Beispiel dafür, wie einfache Seitenverschiebungen im Keewatin zur Ausbildung von zwei tektonischen Richtungen im Huron führen können: Der erwähnte Gang verläuft innerhalb der Laven des Keewatin mehr oder weniger geradlinig, bei Übergang in die Sedimente des Hangenden jedoch folgt er „treppenartig" zwei (offensichtlich durch Klüftung vorbestimmten) Richtungen.

B) Huronische Konglomerate und Mischfazies unterscheiden sich von den Grauwacken grundsätzlich durch das Fehlen ausgeprägter sedimentärer s. Das Diagramm (Abb. 2 (c)) zeigt gute Übereinstimmung mit dem Keewatin bezüglich der Verteilung steil bis senkrecht fallender Klüfte. Die in den Grauwacken gut ausgebildeten Gürtel sind hier nur angedeutet.

Von besonderem Interesse ist die Anordnung der Maxima in Abb. 2, Diagramm (c): Diese fallen auf eine Spiralbahn. Es handelt sich hier um krummflächige Gefüge im Sinne von Kirchmayer (1965, 1968), denen in diesem Fall der Koeffizient 1/4 positiv zuzuordnen ist. Die dafür erforderliche Rotation des Stress-Feldes steht im Einklang mit den großtektonischen Befunden. Sie ist im Zusammenhang mit dem Übergang vom penokischen zum Grenville-Beanspruchungsplan zu verstehen. Die Kenntnis der z.B. im Ruhrgebiet weitverbreiteten krummflächigen Gefüge geht weithin auf die ausgezeichneten

Arbeiten von Kirchmayer zurück. Unseres Wissens sind krummflächige und krummlinige Gefüge aus präkambrischen Bereichen bisher nicht beschrieben. Gerade in kaum metamorphosierten präkambrischen Sedimenten wie z.B. den huronischen steht weiteren Untersuchungen hier ein großes Feld offen.

3.) Klufttektonik im Nipissing Diabas. Aus Zeitgründen war es bisher noch nicht möglich, statistisch ausreichende Daten für den Nipissing Diabas zu sammeln. Die z.Zt. verfügbaren Beobachtungen haben deshalb als vorläufig zu gelten; sie sind in Abb. 2, Diagramm (f) in Übersicht gebracht. Das Vorherrschen senkrechter bzw. sehr steil fallender Richtungen ist sicher z.T. auf die Anlage primärer Kontraktionsrisse im Zusammenhang mit der Erstarrung des Lagerganges zurückzuführen. Ein Paar flach fallender Klüfte läßt gewisse Ähnlichkeiten mit Komponenten von Kluftsystemen im Huron erkennen und verdankt seine Entstehung späteren Bewegungsvorgängen.

3. Die Erzgänge

Makroskopische und erzmikroskopische Untersuchung der Erzgänge auf den Gruben Hi Ho und Silverfields zeigt, daß es sich nicht – wie bisher vielfach angenommen – um einfache Gangfüllungen handelt. Vielmehr lassen sich deutlich Produkte polyaszendenter Vererzung im Sinne von Kutina (1963) erkennen, die mit über längere Zeit anhaltenden Öffnungsvorgängen im Zusammenhang stehen. Eine Diskussion polyaszendenter Vorgänge in Cobalt ist in Halls und Stumpfl (1969) zu finden.

Insgesamt liegen vier Gangsysteme vor, wobei der Großteil der Vererzung auf den während der Haupt-Öffnungsphase gebildeten Gängen des Types „I" zum Absatz kam (siehe Blockbild, Abb. 1). Innerhalb dieser Phase sind im wesentlichen zwei Abschnitte zu unterscheiden:

a) Co-Arsenide mit Silber (Ag-Sb-Hg-Minerale) und dolomitischer Gangart.

b) Ni-Arsenide (hauptsächlich Rotnickelkies, wenig Breithauptit) mit dolomitisch-kalzitischer Gangart.

Spätere Bewegungsvorgänge versetzten die Gänge des Typ „I" geringfügig und bevorzugt auf flach fallenden, z.T. dem sedimentären s der huronischen Gesteine entsprechenden Klüften. In letzteren kamen Bleiglanz, Zinkblende und Kupferkies in vorwiegend dolomitischer Gangart zum Absatz: Gänge des Typs „2" (Abb. 1).

Jünger als „I" und „2" sind geringmächtige NW streichende Gänge („3"), die Kalzit und bergmännisch nicht interessierende Mengen von Buntmetallsulfiden enthalten. Eine letzte Öffnungsphase schuf schließlich die Voraussetzungen für die Bildung von Gängen des Typs „4". Dabei handelt es sich teilweise um Wieder-Aufrisse der Haupt-Erzgänge („I"), teils um selbständige Gänge, die jedoch stets den Gängen des Typs „I" parallel verlaufen. Kalzit und Silber-Sulphosalze stellen die wichtigsten Glieder der Paragenese dieser Gänge dar. Aus dieser gedrängten Übersicht geht hervor, daß die Vererzung auf den untersuchten Gruben komplexer Natur ist. Paragenetische Betrachtungen die nicht auf das tektonische Bezugssystem Rücksicht nehmen werden den Tatsachen nicht gerecht. Dies ist besonders für die Stellung der Buntmetall-Sulfide und der Silber-Sulfosalze von Bedeutung. Die Befunde weisen auf einen beträchtliche geologische Zeiträume umfassenden Vererzungs-Prozeß. Die von manchen Autoren vorgeschlagenen genetischen Beziehungen zwischen Diabas-Intrusion und Vererzung halten einer kritischen Betrachtung im Licht der erwähnten Ergebnisse nicht stand. Vielmehr deuten sich Parallelen mit der tektonischen Entwicklung der varistischen Plattform Mitteleuropas im Sinne von Baumann und Rösler (1967) an. In Analogie mit jenen Lagerstätten der varistischen Plattform, bei denen eine Remobilisation im Zuge der alpinen Orogenese zur Vererzung geführt hat, verdanken die Lagerstätten im Cobalt-Gebiet ihre Entstehung der tektonischen und thermalen Einwirkung der penokischen und der Grenville-Orogenese. Ähnliche Verhältnisse hat Kazanskii (1968) in den Randzonen der sibirischen Plattform nachgewiesen. In vielen Lagerstättenbezirken hat sich heute die Erkenntnis durchgesetzt, daß die Vererzung nicht notwendigerweise an eine einzige Phase plutonischer oder vulkanischer („thermaler", engl. "thermal event") Aktivität gebunden ist, sondern sich über beträchtliche Zeiträume erstrecken kann. In diesem Sinne haben sich u.a. auch unsere Anschauungen zur Lagerstättenbildung in den Alpen (z.B. Friedrich 1968) und in Cornwall gewandelt. In SW England zeigen absolute Altersbestimmungen, daß magmatische, und damit lagerstättenbildende Vorgänge sich vom Paläozoikum bis ins Tertiär nachweisen lassen.

Die Erkennung krummflächiger Gefügeelemente verdanken wir anregenden Diskussionen mit Herrn Dozent Dr. Kirchmayer, Heidelberg. Ihm und Herrn Dr. Treagus, Manchester, sind wir für viele wertvolle Hinweise sehr verbunden.

Zusammenfassung

Gefügekundliche und tektonische Untersuchungen an Silberlagerstätten in Cobalt, Ontario, zeigen die Bedeutung primär in den altpräkambrischen Gesteinen des Keewatin (> 2400 Mio. J.) angelegter Strukturen für die Entwicklung der Erzgänge im jüngeren, huronischen „Deckgebirge". Die penokische (1200 Mio. J.) und die Grenville Orogenese (880 Mio. J.) führten zu tektonischer Reaktivierung des kratonischen Cobalt-Blockes und zum bevorzugten Aufreißen von Gangspalten in den minderteilbeweglichen huronischen Sedimenten. Es handelt sich hier um ein System sekundärer Scher- und Fiederspalten, das auf Bewegungen auf NNW streichenden regionalen Störungen zurückzuführen ist. Die Klufttektonik in verschiedenen Teilen der präkambrischen Schichtfolge ist z.T. von der Gesteinsbeschaffenheit beeinflußt. Die vorwiegend arsenidische Co-Ni-Ag Vererzung erweist sich als polyascendent und ist vier definierten Gangsystemen zuzuordnen.

Literatur

Baumann, L. und Rösler, H.J., 1967. Zur genetischen Einstufung varistischer und postvaristischer Mineralisationen in Mitteleuropa. Bergakademie, *19*, 660–664.

Cloos, E. 1955. Experimental analysis of fracture patterns. Bull. Geol. Soc. America, *66*, 241–256.

Friedrich, O.M., 1968. Die Vererzung der Ostalpen, gesehen als Glied des Gebirgsbaus. Arch.Lgst. Forschg. Ostalpen, 8. Bd., 1–136.

Halls, C. und Stumpfl, E.F., 1969. Geology and Ore deposition, Western Kerr Lake Arch, Cobalt, Ontario. 9th Commonwealth Min. Met. Congr., Paper 18, 1–44.

Karl, F., 1953. Anwendung gefügeanalytischer Arbeitsmethoden am Beispiel eines Bergbaues (Kupferbergbau Mitterberg, Salzburg). Neues Jb. Mineral., Abh., *85*, 203–246.

Kazanskii, V.I. 1968. The distribution of basements and the metallogeny of activated regions of the eastern part of the USSR. Geol. J. *6*, 63–78.

Kirchmayer, M. und Mohr, K., 1964. Zur Terminologie und Darstellung krummflächiger und krummliniger Gefügeelemente. Rock Mechanics Engng Geol., *2*, 106–114.

Kirchmayer, M., 1968. Die Bedeutung des Spiralbahnen-Koeffizienten bei im SCHMIDT'schen Netz dargestellten krummflächigen und krummlinigen Gefügeelementen. Neues Jb. Geol. Paläont., Mh., 676–683.

Riedel, W., 1929. Zur Mechanik geologischer Brucherscheinungen. Cbl. f. Min., Geol. u. Pal., Abt. B, 354–368.

Stockwell, C.H., 1964. Fourth report on structural provinces, orogenies and timeclassification etc. Pap. Geol. Surv. Canada 64–17 (pt II), 1–21.

Thomson, R., 1960–1961. Preliminary report on parts of Coleman township etc. Prelim. Rep. Ontario Dept. Mines, 1960–3, 1961–3, 1961–4, 1961–6, 1961–7.

MIX
Papier aus verantwortungsvollen Quellen
Paper from responsible sources
FSC® C105338

If you have any concerns about our products,
you can contact us on
ProductSafety@springernature.com

In case Publisher is established outside the EU,
the EU authorized representative is:
Springer Nature Customer Service Center GmbH
Europaplatz 3, 69115 Heidelberg, Germany

Printed by Libri Plureos GmbH
in Hamburg, Germany